**Die Verbrennungskraftmaschine**

**Herausgegeben von Hans List und Anton Pischinger**

**Neue Folge**

**Band 6**

# Gemischbildung bei Ottomotoren

**H. P. Lenz**

Unter Mitwirkung von
M. Akhlaghi, W. Böhme, H. Duelli,
G. Fraidl, H. Friedl, B. Geringer,
G. Pachta, E. Pucher und G. Smetana

Springer-Verlag
Wien New York

Univ.-Prof. Dipl.-Ing. Dr. sc. techn. Hans Peter Lenz
Institut für Verbrennungskraftmaschinen und Kraftfahrzeugbau
der Technischen Universität Wien, Österreich



Printed in Austria
by Novographic, Ing. W. Schmid, A-1238 Wien

Mit 352 Abbildungen und 12 Tabellen

CIP-Titelaufnahme der Deutschen Bibliothek

Die **Verbrennungskraftmaschine** / hrsg. von Hans List u. Anton Pischinger. - Wien ; New York : Springer.
NE: List, Hans [Hrsg.]

N.F., Bd. 6. Lenz, Hans Peter: Gemischbildung bei Ottomotoren. - 1990

**Lenz, Hans Peter:**
Gemischbildung bei Ottomotoren / H. P. Lenz. Unter Mitw. von M. Akhlaghi ... - Wien ; New York : Springer, 1990
(Die Verbrennungskraftmaschine ; N.F., Bd. 6)
ISBN 3-211-82193-7 (Wien)
ISBN 0-387-82193-7 (New York)

ISBN 3-211-82193-7 Springer-Verlag Wien-New York
ISBN 0-387-82193-7 Springer-Verlag New York-Wien

Gedruckt auf säurefreiem Papier

# Vorwort

Seit das umfasssende Werk von K.Löhner und H.Müller "Gemischbildung und Verbrennung im Ottomotor" 1967 erschienen ist [1.1.], sind 23 Jahre vergangen.

Verständlicherweise haben sich in dieser Zeit große Fortschritte und viele neue Erkenntnisse auf dem Gebiet der Gemischbildung und Verbrennung im Ottomotor ergeben, sodaß es an der Zeit erschien, diesen neuen Wissensstand nunmehr zusammengefaßt vorzulegen. Ich kam daher der Anregung der Herausgeber dieser Buchreihe, den Herren Professoren Dr. H. List und Dr. A. Pischinger, gerne nach, ein Buch, das den heutigen Stand der Erkenntnisse enthält, zu verfassen.

Da ein besonderer Arbeitsschwerpunkt des von mir geleiteten Institutes für Verbrennungskraftmaschinen und Kraftfahrzeugbau der Technischen Universität Wien auf dem Gebiet der Gemischbildung in Zusammenarbeit mit der einschlägigen Industrie liegt, wurden zahlreiche hier erarbeitete neue Ergebnisse aufgenommen.

Aufgrund der Komplexität dieses Gebietes haben zahlreiche Fachleute bei der Herausgabe dieses Bandes mitgewirkt, insbesondere frühere und derzeitige Mitarbeiter. Herzlichst danke ich in diesem Zusammenhang für die Ausarbeitung einzelner Abschnitte:
Herrn Dipl.-Ing. Dr. Mehdi Akhlaghi, Herrn Dipl.-Ing. Walter Böhme, Herrn Dipl.-Ing. Dr. Heinz Duelli, Herrn Dipl.-Ing. Dr. Günter Fraidl, Herrn Dipl.-Ing. Hubert Friedl, Herrn Dipl.-Ing. Dr. Bernhard Geringer, Herrn Dipl.-Ing. Dr. Georg Pachta, Herrn Dipl.-Ing. Dr. Ernst Pucher und Herrn Dipl.-Ing. Dr. Günter Smetana.
Herrn Prof. Dr. Hellmuth Schindlbauer gilt mein Dank für die Durchsicht des Abschnittes "Kraftstoff".

Die Grundlagen der Verbrennung werden nur in dem Umfang erläutert, als sie zum Verständnis der Auswirkungen der Gemischbildung erforderlich sind. Dies erscheint auch deshalb zweckmäßig, weil in der gleichen Reihe 1989 der Band "Die Thermodynamik der Verbrennungskraftmaschine" von R.Pischinger, G.Krassnig, G.Taucar und T. Sams [1.2.] erschienen ist, der dieses Gebiet eingehend behandelt.

Den Schwerpunkt dieses vorliegendenden Bandes stellt daher die Gemischbildung für Ottomotoren dar, sowohl bezüglich der Grundlagen, als auch hinsichtlich der Ausführung der Gemischbildner und der zugehörigen Saugrohre. Ebenso wird auf die dazugehörige Meßtechnik eingegangen.

Das Buch soll damit sowohl dem in der Wissenschaft wie in der Praxis tätigen Ingenieur, wie auch Studierenden, die sich auf diesem Gebiet vertiefen wollen, einen Überblick über den Stand des Wissens und der Technik geben.

Dabei muß darauf hingewiesen werden, daß auch nach mehr als hundertjähriger Entwicklung im Motorenbau auf diesem Gebiet gerade heute weltweit intensive Forschung betrieben wird und große Fortschritte zu verzeichnen sind. Die insgesamt ca. 400 direkt berücksichtigten Literaturquellen sind daher nur ein Teil der gesamten Literatur.

Für die vielfältige Unterstützung und Freigabe von Urheberrechten sei insbesondere den Unternehmen

Adam Opel AG., Rüsselsheim,
AUDI AG., Ingolstadt,
BMW AG, München,
Dr. Ing. h. c. F. Porsche AG, Stuttgart,
Fritz-Hintermayer GmbH, Nürnberg,
Mercedes-Benz AG, Stuttgart,
Pierburg GmbH., Neuss,
R.Bosch GmbH., Stuttgart,
Volkswagen AG, Wolfsburg

herzlichst gedankt.

Weiterer Dank gilt den Herren Dr. Mehdi Akhlaghi und Dr. Ernst Pucher für die Schlußredaktion dieses Werkes, Herrn Dipl.-Ing. Peter Kohoutek und Herrn Walter Leitner für die graphische Gestaltung vieler Bilder.

Wien, Januar 1990
o. Univ. Professor Dr. sc. techn. Dipl.-Ing. Hans Peter Lenz

# Inhaltsverzeichnis

# Formelzeichen, Abkürzungen und Indizes

## Formelzeichen

| | | |
|---|---|---|
| a,b | [m] | Abstand |
| A | [$m^2$] | Fläche (verschiedene Dimensionen möglich) |
| b | [$m.s^{-2}$] | Beschleunigung |
| b | [$g.kW^{-1}.h^{-1}$] | spezifischer Kraftstoffverbrauch |
| B | [$l.h^{-1}$] | Kraftstoffverbrauch |
| c | [$m.s^{-1}$] | Schallgeschwindigkeit |
| $c_v, c_p$ | [$J.kg^{-1}.K^{-1}$] | spezifische Wärmekapazität bei v = konst. bzw. p = konst. |
| $d\chi/d\varphi$ | [$^oKW^{-1}$] | Energieumsatzrate |
| D,d | [mm] | Durchmesser |
| $D_{32}$ | [$\mu m$] | Sauterdurchmesser |
| $D_{32}$ | [$\mu m$] | mittlerer Sauterdurchmesser |
| $E(x)/E_{max}$ | [-] | normierte Streulichtenergie |
| E | [J] | Energie |
| f | [-] | Faktor |
| f | [Hz] | Frequenz, Zündfunkenanzahl |
| f | [mm] | Brennweite, Linsenbrennweite |
| $f_{SE}$ | [$mm^2.kW^{-1}$] | spezifischer Einzelrohrquerschnittsfaktor |
| F | [%] | filmförmiger Kraftstoffanteil |
| F | [N] | Kraft |
| $F_R$ | [$N.kg^{-1}$] | spez. Reibungskraft (bezogen auf $\rho$.A.dx) |
| g | [$m.s^{-2}$] | Erdbeschleunigung |
| h | [m] | Höhe |
| $(h/c)_{Masse}$ | [-] | Wasserstoff/Kohlenstoff Massenverhältnis |
| H | [$kJ.m^{-3}$] | Heizwert |
| HC | [g] | Summenemission für unverbrannte Kohlenwasserstoffe |
| $H_o$ | [$kJ.kg^{-1}$] | spezifischer Brennwert (oder "oberer Heizwert") |
| $H_G$ | [$kJ.m^{-3}$] | Gemischheizwert |
| $H_u$ | [$kJ.kg^{-1}$] | spezifischer Heizwert (oder "unterer Heizwert") des flüssigen Kraftstoffes |
| $H_u$ | [$kJ.m^{-3}$] | spezifischer Heizwert oder "unterer Heizwert" des gasförmigen Kraftstoffes |
| $i_{HA}$ | [-] | Übersetzung der Antriebsachse |
| $I(x)/I_{max}$ | [-] | normierte Streulichtintensität |
| $I_H$ | [A] | Heizstrom |
| $k_s/d$ | [-] | bezogene Rohrrauhigkeit |
| K | [-] | Konstante |

| | | |
|---|---|---|
| L, l | [m] | Länge |
| m | [kg] | Masse |
| m | [kg.s$^{-1}$] | Massendurchsatz, Durchflußmenge |
| m | [mm$^{3}$.(ms)$^{-1}$] | statischer Durchfluß |
| m | [-] | Vibe-Faktor |
| $m_F$ | [%] | gespeicherte Filmmenge |
| M | [-] | Mischungsverhältnis |
| $M_d$ | [N.m] | Motordrehmoment |
| n | [-] | Anzahl |
| n | [min$^{-1}$] | Drehzahl |
| N | [kW] | Leistung, Motorleistung |
| $NO_x$ | [g] | Summenemission für Stickoxide |
| $(o/c)_{Masse}$ | [-] | Sauerstoff/Kohlenstoff-Massenverhältnis |
| $O_h$ | [-] | Ohnesorge-Zahl |
| p | [N.m$^{-2}$] | Druck |
| $p_s$ | [N.m$^{-2}$] | Saugrohrunterdruck (verschiedene Dimensionen möglich) |
| q | [mm$^{3}$] | eingespritzter Kraftstoff pro Hub |
| $q_A$ | [J.kg$^{-1}$] | abgeführte spezifische Wärmemenge |
| $q_B$ | [J.kg$^{-1}$] | zugeführte spezifische Wärmemenge |
| Q | [J] | Wärmemenge |
| $Q_A$ | [%] | Quetschflächenanteil |
| r | [m] | Radius |
| r | [mm] | Meßradius in der Brennebene |
| R | [Ω] | Widerstand |
| R | [J.kg$^{-1}$.K$^{-1}$] | spezifische Gaskonstante |
| Re | [-] | Reynoldszahl |
| S | [J.K$^{-1}$] | Entropie |
| s | [J.kg$^{-1}$.K$^{-1}$] | spezifische Entropie |
| s | [m] | Hub |
| t | [s] | Zeit |
| t | [s] | Pulsationsperiode |
| T | [$^{o}$K, $^{o}$C] | Temperatur |
| $T_i$ | [ms] | Impulsdauer |
| $T_i$ | [ms] | Impulssteuerzeit |
| $T_m$ | [ms] | Impulszeitverlängerung durch Korrekturen |
| $T_p$ | [ms] | Einspritzgrundzeit |
| $T_t$ | [ms] | Tropfenflugzeit |
| $T_u$ | [ms] | Impulszeitverlängerung durch Spannungskompensation |
| $T_v$ | [ms] | Zeitverzögerung |
| U | [V] | elektrische Spannung |
| $U_\lambda$ | [mV] | Sondenspannung |
| $U_v$ | [V] | Ansteuerspannung |
| $U_v$ | [V] | Ventilsteuerspannung |
| v | [m.s$^{-1}$] | Geschwindigkeit |

| | | |
|---|---|---|
| $v$ | [$m^3.kg^{-1}$] | spezifisches Volumen |
| $V$ | [$cm^3$] | Volumen (verschiedene Dimensionen möglich) |
| $V$ | [$mm^3.ms^{-1}$] | statisches Durchflußvolumen |
| $\dot{V}$ | [$m^3.h^{-1}$] | Durchsatz |
| $V_C$ | [$m^3$] | Kompressionsvolumen |
| $V_F$ | [$m.s^{-1}$] | mittlere Filmgeschwindigkeit |
| $V_H$ | [$dm^3$] | Hubvolumen (verschiedene Dimensionen möglich) |
| $V$ | [%] | Variationskoeffizient |
| $w_e$ | [$kJ.dm^{-3}$] | spezifische effektive Arbeit |
| We | [-] | Weberzahl |
| $x$ | [m] | Ortskoordinate |
| $x$ | [-] | Wasser bzw. Kraftstoffgehalt der Luft |
| $x$ | [-] | normierter Meßradius |
| $y$ | [m] | Ortskoordinate |
| $\alpha$ | [-] | Durchflußzahl |
| $\alpha$ | [$^o$] | Winkel |
| $\alpha_Z$ | [$^o$KW] | Zündwinkel |
| $\delta$ | [$\mu$m] | Dicke des Wandfilms |
| $\delta$ | [$^o$] | Winkel, Krümmungs-Winkel |
| $\Delta\kappa$ | [%] | Abweichung der Einzylinder-Kraftstoffzahl von der berechneten mittleren Kraftstoffzahl aller Zylinder |
| $\Delta O_T$ | [$m^2$] | Oberflächenvergrößerung durch den Zerfallsvorgang |
| $\Delta p$ | [mbar] | Druckverlust (verschiedene Dimensionen möglich) |
| $(\Delta p/l)_{R,zp}$ | [$mbar.m^{-1}$] | bezog. Reibungsdruckverlust |
| $\Delta p_R$ | [$N.m^{-2}$] | Reibungsdruckverlust |
| $\varepsilon$ | [-] | Verdichtungsverhältnis des Motors |
| $\varepsilon$ | [-] | Seitenlängenverhältnis |
| $\Phi$ | [-] | Pulsationskennzahl |
| $\gamma$ | [$kg.m^{-3}$] | spezifisches Gewicht |
| $\eta$ | [-] | Wirkungsgrad |
| $\eta_D$ | [ ] | Düsenwirkungsgrad |
| $\eta$ | [Pa.s] | dynamische Zähigkeit (verschiedene Dimensionen möglich) |
| $\varphi$ | [$^o$kW] | zeitliche Phase der Energieumsetzung |
| $\varphi$ | [-] | Volumensteigerungsverhältnis |
| $\varphi$ | [$^o$KW] | Kurbelwinkel |
| $\varphi_B$ | [$^o$KW] | Brenndauer |
| $\varphi/\varphi_B$ | [-] | normierte Kurbellage der Brenndauer |
| $\kappa$ | [-] | Adiabatenexponent |
| $\kappa$ | [-] | Kraftstoffzahl |
| $\chi$ | [-] | Anteil der umgesetzten Energie (Brennfunktion) |
| $\lambda$ | [-] | Luftzahl (Luftverhältnis) |
| $\lambda$ | [mm] | Lichtwellenlänge |
| $\lambda_a$ | [-] | Luftaufwand |
| $\lambda_R$ | [-] | Rohrreibungswert |

| | | |
|---|---|---|
| $\mu$ | [-] | Kontraktionszahl |
| $\nu$ | $[m^2.s^{-1}]$ | kinematische Zähigkeit |
| $\Theta$ | [°] | Streuwinkel |
| $\rho$ | $[kg.m^{-3}]$ | Dichte |
| $\sigma$ | $[N.m^{-2}]$ | Oberflächenspannung |
| $\tau$ | $[N.m^{-2}]$ | Schubspannung (Scherspannung) |
| $\xi$ | [-] | Sauerstoff/Kohlenstoff-Atomverhältnis im Kraftstoff |
| $\psi$ | [-] | Drucksteigerungsverhältnis |
| $\psi$ | [-] | Durchflußfunktion |
| $\psi$ | [-] | Wasserstoff/Kohlenstoff-Atomverhältnis im Kraftstoff |
| $\zeta$ | [-] | Widerstandsbeiwert |

## Abkürzungen und Indizes

| | |
|---|---|
| 0 | Normzustand |
| 0 | Bezugszustand (Umgebungszustand) |
| 0 | Ruhezustand |
| A | Auftrieb |
| A | Ausgleichsbehälter |
| A | Auslaß |
| A | Auslaßventil |
| A | abgeführt |
| A | Ansaug |
| Abb | Abbildung |
| abs, Abs | Absolut |
| atm | atmospherisch |
| ABS | Antiblokiersystem |
| AEGS | elektronische Getriebesteuerung |
| AFI | Luftunterstützte Kraftstoffeinspritzung |
| AS | Auslaßventil schließt |
| ASC | Antiblockiersystem mit Stabilitätskontrolle |
| ASTM | American Standard Test Method |
| AVL | Anstalt für Verbrennungskraftmaschinen und Meßtechnik mbH. List |
| * | kritischer Zustand |
| (x) | normierter Meßradius |
| B | Brennstoff |
| B | zugeführt |
| B | Behälter |
| BA | Beschleunigingsanreicherung |
| C | Kompression |
| CFR | Cooperative Fuel Research Commitee, USA |
| const | konstant |
| CVCC | Compound Vortex Controlled Combustion |
| CZ | Cetanzahl |
| D | Dampf |
| DFR | Dynamic Flow Range |
| DKA | Drosselklappenschalter |
| DIN | Deutsches Institut für Normung e.v. |
| DK | Drosselklappe |
| DME | Digitale Motor Elektronik |
| DS | Sättigungsdampf |
| DSM | Divisions-Steuermultivibrator |
| DVG | Deutsche Vergaser-Gesellschaft |
| e, eff | effektiv |
| E | Einlaß |
| E | Einlaßventil |
| ECE | Economic Commission for Europa |
| EDV | Elektronische Datenverarbeitung |
| EMK | Elektromotorische Kraft |

| | |
|---|---|
| EML | elektronische Motorleistungsregelung |
| EÖ | Einlaßventil öffnet |
| ES | Einlaßventil schließt |
| ES | Endstufe |
| ETBE | Ethyltertiärbutylether |
| EV | Einspritzventil |
| f | feucht |
| Fl | Flüssigkeit |
| FOZ | Front-Oktanzahl |
| FTP | Federal Test Procedure |
| G | Gemischbildner |
| G | Gemisch |
| G | Gas |
| ges | gesamt |
| GS | gesättigtes Gemisch |
| H | Hitzdraht |
| HA | Hinterachse |
| HLM | Hitzdrahtluftmassenmesser |
| HSP | Heizmediums im Hotspot |
| i | indiziert |
| i | innen |
| i | Impuls |
| I | Strom |
| INA | Internationale Norm-Atmosphäre |
| inst. | instationär |
| IS | Heizstrom |
| IVK | Institut für Verbrennungskraftmaschinen und Kraftfahrzeugbau |
| IC | Integrated Cercuit |
| K | Kraftstoff |
| k | Kühlmittel |
| KD | Kraftstoffdüse |
| L | Luft |
| LK | Luftkorrektur |
| LL | Leerlauf |
| LPG | Liquified Petroleum Gas |
| LT | Lufttrichter |
| M | Mischkammer |
| M | Mittelwert |
| M | Motor |
| m | Massenstrom |
| m | mittel |
| max | maximal |
| min | minimal |
| MOZ | Motor-Oktanzahl |
| MSR | Motorschleppmoment-Regelung |
| MTBE | Methyltertiärbutylether |
| MTL | Bleitetramethyl |
| NA | Nachstartanhebung |
| NTC | Negative Temperature Coefficient |
| OH | Hydroxylgruppe |
| ÖNORM | Österreichische Norm |
| Opt | Optimal |
| OT, oT | oberer Totpunkt |
| OZ | Oktanzahl |
| PCI | Pre-Chamber-Injection |
| PLU | Pierburg Luftfahrt Union |
| proz | prozentuell |
| PTC | Positive Temperature Coefficient |
| R | Widerstand |
| R | Reibung |
| R | Resonanz |
| red | reduziert |
| rel | relativ |
| ROZ | Research-Oktanzahl |
| S, s | Saugrohr |
| SA | Startanhebung |
| SAS | Schubabschaltung |
| SKS | Schichtlade-Kammer-System (Porsche) |
| spez | spezifisch |
| sog | sogenannte |
| SOZ | Straßen-Oktanzahl |
| st | Stau |
| stat. | stationär |
| stö | stöchiometrisch |
| SU | Summierer |
| T | Tropfen |
| t | trocken |
| Tab | Tabelle |
| TBI | Throttle Body Injection |
| th | thermisch |
| TL | Teillast |
| TOP | thermodynamisch optimierter Porschemotor |
| Ü.OT | Überschneidungs-OT |
| UT | unterer Totpunkt |

| | |
|---|---|
| VK | Vollastkorrektur |
| VD | Vordrosselklappe |
| VL | Vollast |
| VZ | Vorzerstäuber |
| W | Wand |
| WA | Warmlaufanreicherung |
| WD | Wasserdampf |
| ZOT | Zündungs-OT |
| zu | zugeführt |
| Z, Zyl | Zylinder |
| ZZP | Zündzeitpunkt |
| °KWn.OT | Grad-Kurbelwellenwinkel nach dem oberen Totpunkt |
| °KWv.OT | Grad-Kurbelwellenwinkel vor dem oberen Totpunkt |

# 1. Grundlagen der Verbrennung

## 1.1 Allgemeines

Nach dem Grundprinzip der Verbrennungsmotoren gilt:

Verbrennungsmotoren sind Maschinen, die chemische Energie eines Kraftstoffes über einen Verbrennungsvorgang in Wärme und weiter - unter Verwendung eines gasförmigen Arbeitsmediums - in mechanische Energie umwandeln:

Der erste Teil dieser Vorgänge, die Umwandlung der chemischen Energie in Wärme kann mit Hilfe von sog. Kalorimetern quantifiziert werden. Man erhält so den sog. Heizwert, d.h. ein Maß für den Energiegehalt des Kraftstoffes.

Der zweite Teil der o.a. Vorgänge, die Umwandlung von Wärme in mechanische Arbeit erfolgt in einem motorischen Arbeitsprozeß. Um denjenigen motorischen Arbeitsprozeß, der die Wärme optimal nutzt, zu ermitteln, geht man zweckmäßigerweise in zwei Schritten vor:

- A. Ermittlung des theoretisch besten Arbeitsverfahrens.
- B. Ermittlung des besten praktisch möglichen Arbeitsverfahrens.

Beim Schritt A, bei der Ermittlung des theoretisch besten Arbeitsverfahrens, ist es zunächst unwesentlich, ob ein entsprechender Motor praktisch herstellbar ist. Diese theoretischen Berechnungen sind in erster Linie als Vergleichsbasis wertvoll.

Kennt man das beste theoretische Arbeitsverfahren, dann ist zu entscheiden, welches praktisch durchführbare Verfahren die beste Kraftstoffausbeute erlaubt.

Die höchsten praktisch erreichbaren Leistungen eines bestimmten Motors, die im Schritt B bestimmt werden, können aufgrund der thermodynamischen Betrachtungen nach A nicht bestimmt werden, da hierfür die Werkstoffeigenschaften des Motors, Kraftstoffeigenschaften, Schmierstoffeigenschaften u.a. ausschlaggebend sind.

Schließlich müssen auch noch andere Eigenschaften der Verbrennung, und auch solche, die Auswirkungen auf die Emissionen haben, beachtet werden, z.B. der Temperatureinfluß auf die Stickoxydemissionen, der Druckanstieg auf das Motorgeräusch, und andere.

## 1.2. Bestimmung des Heizwertes

Der Heizwert wird z.B. in einer kalorimetrischen Bombe bestimmt, **Abb. 1.1**, indem eine bestimmte Kraftstoffmenge vollständig verbrannt und die dabei entstehende Wärme durch die Temperaturänderung eines die Bombe umgebenden Wärmemantels festgestellt wird.

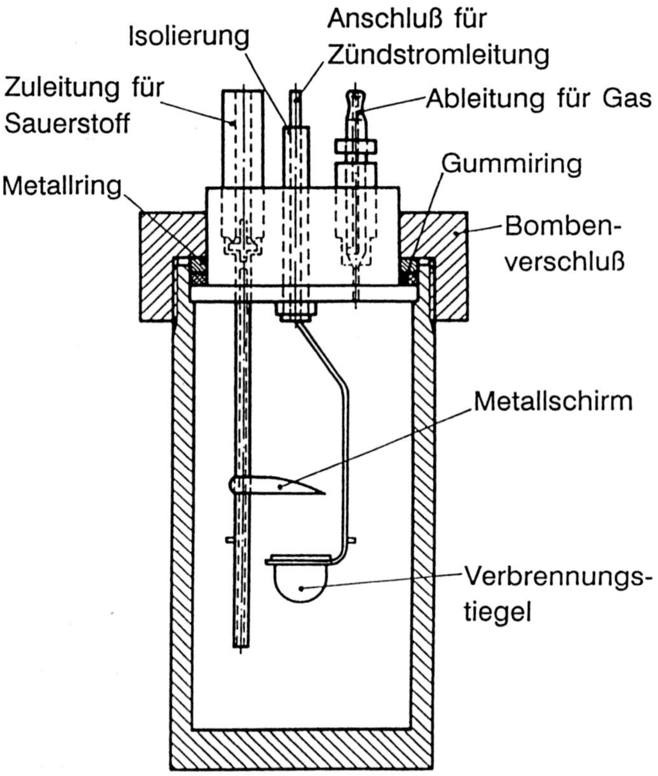


**Abb. 1.1.** Schematische Darstellung einer kalorimetrischen Bombe [1.33]

# 1.3. Grundlagen des motorischen Arbeitsprozesses

## 1.3.1. Allgemeines, idealisierte Kreisprozesse, Vergleichsprozesse

Während eines Arbeitszyklus laufen im Inneren eines Motors eine große Zahl physikalischer und chemischer Vorgänge ab, die sich gegenseitig beeinflussen, und die in ihrer Gesamtheit einer Berechnung schwer zugänglich sind.

Nur durch Aufteilung und getrennte Untersuchung der einzelnen Vorgänge läßt sich eine Klärung dieser komplexen Verhältnisse finden. Die Verwendung von mehr oder weniger idealisierten Vergleichsprozessen hat sich als brauchbares Hilfsmittel erwiesen.

Mit Hilfe dieser Prozesse können die grundsätzlichen Eigenschaften der Arbeitsverfahren des Motors ermittelt werden, die in ähnlicher Form auch bei praktisch ausgeführten Motoren auftreten werden. Verständlicherweise sind die Ergebnisse der Berechnungen umso praxisnäher, je besser der Vergleichsprozeß dem Prozeß im wirklichen Motor entspricht. Andererseits werden mit Annäherung an die Wirklichkeit die Rechenmodelle immer komplexer und weniger übersichtlich. Es ist daher von Fall zu Fall zu entscheiden, welche Vergleichsprozesse man wählt. Eine exakte Erfassung aller wirklich im Motor stattfindenden Einflüsse ist derzeit noch nicht möglich.

Man unterscheidet:

A) Idealisierte Kreisprozesse mit folgenden Annahmen;

- Das Arbeitsmedium ist ein ideales Gas mit den Eigenschaften der Luft bei Raumtemperatur, d.h. die spez. Wärmen bei konstantem Druck $c_p$, bei konstantem Volumen $c_v$ und der Adiabatenexponent sind konstant;
- Die Wärmezufuhr bei der Verbrennung erfolgt ohne physikalische oder chemische Änderung des Arbeitsmediums;
- Der Ladungswechsel wird durch Wärmeabfuhr ersetzt;
- Kompression und Expansion erfolgen adiabatisch.

B) Vergleichsprozesse, die beliebige Stufen zwischen dem idealisierten und dem wirklichen Prozeß darstellen.

Mögliche Annahmen sind:

- Dissoziation berücksichtigt;
- reale Gase oder Gasgemische; $c_p$, $c_v$, $\kappa = f(T)$;
- Verlauf der Wärmezufuhr frei wählbar;

- Unvollkommene Verbrennung;
- Unvollkommener Ladungswechsel;
- Wärmeverluste.

Im folgenden werden Beispiele von idealisierten Kreisprozessen und von Vergleichsprozessen gegeben.

### 1.3.2. Der Carnot-Prozeß (idealisierter Kreisprozeß)

Die Wärmezu- und -abfuhr erfolgt bei konstanter Temperatur, **Abb. 1.2**. Der thermische Wirkungsgrad $\eta_{th}$ ergibt sich aus der Beziehung:

$$\eta_{th} = \frac{\text{zugeführte spez. Wärme } q_B - \text{abgeführte spez. Wärme } q_A}{\text{zugeführte spez. Wärme } q_B} \qquad (1.1)$$

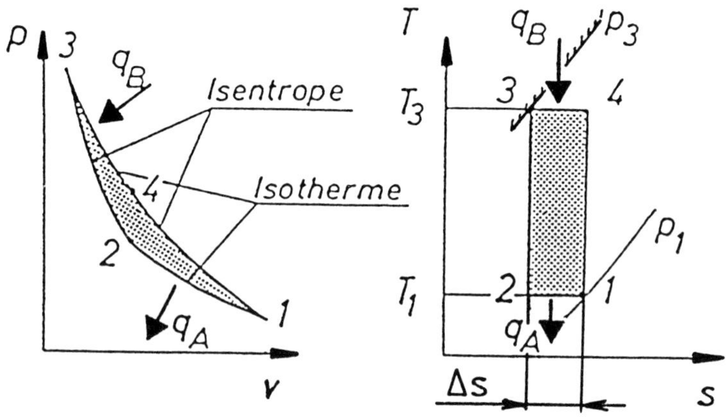


**Abb. 1.2.** Carnot-Prozeß im p-v- und T-s-Diagramm

$$\eta_{th} = \frac{q_B - q_A}{q_B} = \frac{\Delta s \,.\, (T_3 - T_1)}{\Delta s \,.\, T_3} = 1 - \frac{T_1}{T_3} \qquad (1.2)$$

Der thermische Wirkungsgrad ist unabhängig von der Art des arbeitenden Gases. Er hat den höchstmöglichen Wert.

Der Carnot-Prozeß hat eine für verbrennungsmotorische Anwendungen zu kleine Arbeitsfläche. Die zugeführte spezifische Wärmemenge $q_B$ erfordert so wenig Kraftstoff pro Zyklus, daß das magere Gemisch in der Praxis weniger Arbeit freisetzen würde, als für die Überwindung der Reibung erforderlich wäre. Der Carnot-Prozeß ist daher praktisch nicht realisierbar.

### 1.3.3. Der Gleichraum-Prozeß (idealisierter Kreisprozeß)

Beim Gleichraumprozeß, **Abb. 1.3**, erfolgt die Wärmezu- und -abfuhr bei konstantem Volumen.

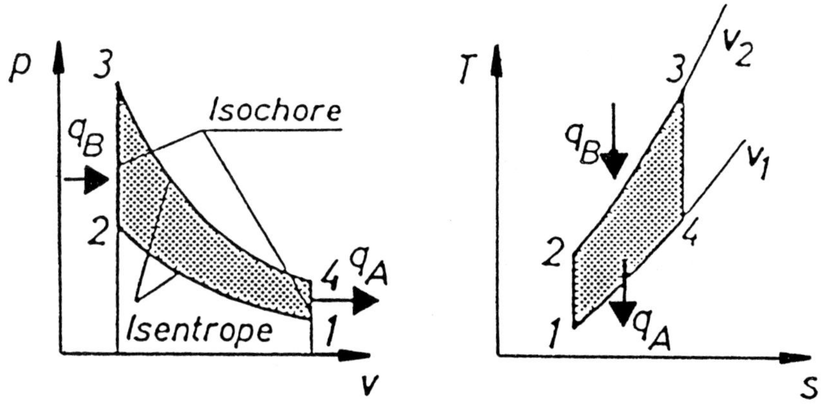


**Abb. 1.3.** Gleichraum-Prozeß

Der thermische Wirkungsgrad $\eta_{th}$ dieses Prozesses kann nach dem schon beim Carnot-Prozeß durchgeführten Ansatz ermittelt werden; er ergibt sich zu:

$$\eta_{th} = 1 - \frac{1}{\varepsilon^{\kappa - 1}} \qquad (1.3)$$

$\varepsilon$ [-] ..... Verdichtungsverhältnis des Motors, $\varepsilon = v_1/v_2 = v_4/v_3$

$\kappa$ [-] ..... Adiabatenexponent

### 1.3.4. Der Gleichdruck-Prozeß (idealisierter Kreisprozeß)

Beim Gleichdruckprozeß, **Abb. 1.4**, erfolgt die Wärmezufuhr bei konstantem Druck, die Wärmeabfuhr bei konstantem Volumen.

Der thermische Wirkungsgrad $\eta_{th}$ ergibt sich, wie vorstehend, zu:

$$\eta_{th} = 1 - \frac{\varphi^{\kappa} - 1}{\varepsilon^{\kappa - 1} \cdot \kappa \cdot (\varphi - 1)} \qquad (1.4)$$

$\varphi$ [-] .....Volumensteigerungsverhältnis; $\varphi = v_3/v_2$; Abb. 1.4.

Der Wirkungsgrad ist nicht nur von den Größen ε und κ, sondern über φ auch von der Motorlast abhängig.

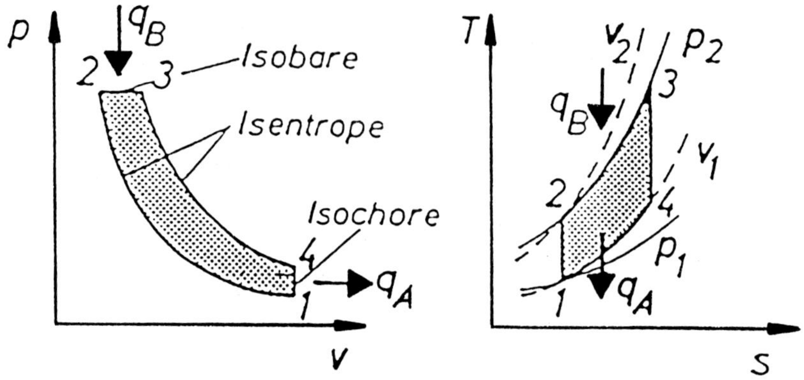


**Abb. 1.4.** Gleichdruck-Prozeß

### 1.3.5. Der Seiliger-Prozeß (idealisierter Kreisprozeß)

Der Seiliger-Prozeß, **Abb. 1.5**, ist ein idealisierter Kreisprozeß mit begrenztem Höchstdruck. Die Wärmezufuhr wird so gesteuert, daß bis zu einem, z.B. aus Festigkeitsgründen festliegenden Höchstdruck die Verbrennung isochor verläuft und von dort aus isobar. Mit diesem Prozeß kann man einen motorischen Verbrennungsprozeß besser als mit dem Gleichraum- oder Gleichdruckprozess darstellen.

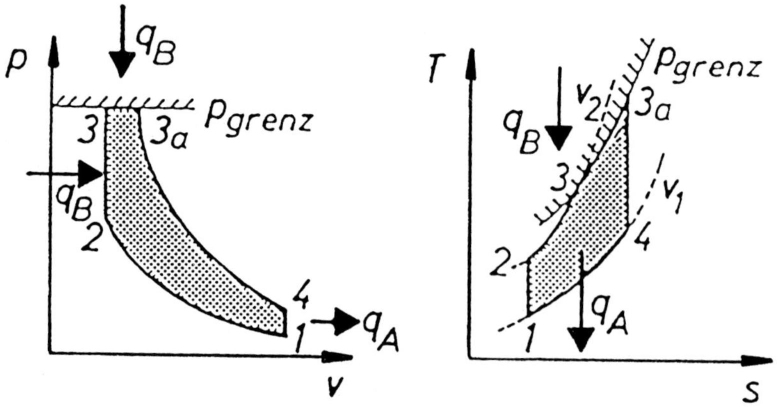


**Abb. 1.5.** Prozeß mit begrenztem Druck (Seiliger-Prozess)

Der Wirkungsgrad ergibt sich zu:

$$\eta_{th} = 1 - \frac{\varphi^{\kappa} . \psi - 1}{\varepsilon^{\kappa - 1} [(\psi - 1) + \kappa . \psi . (\varphi - 1)]} \qquad (1.5)$$

$\psi$ [-] .....Drucksteigerungsverhältnis; $\psi = p_3/p_2$
$\varphi$ [-] .....Volumensteigerungsvehältnis; $\varphi = v_{3a}/v_3$

Der Wirkungsgrad ist von den Faktoren $\varphi$ und $\psi$ abhängig; diese hängen mit dem Betriebspunkt des Motors zusammen.

### 1.3.6. Die Vibe-Funktion

Bei einem Kreisprozeß kann der Arbeitszyklus im Bereich der Wärmezufuhr mit Hilfe einer Ersatzbrennfunktion, der Vibe-Funktion [1.5, 1.6, 1.7], angenähert mathematisch dargestellt werden:

$$\chi = 1 - e^{[-f . (\varphi/\varphi_B)^{m+1}]} \qquad (1.6)$$

Hierbei bedeuten:
$\chi$ [-] .....Anteil der umgesetzten Energie, Brennfunktion: $E/E_{max}$
f [-] .....Faktor, für Otto- und für Dieselmotoren f = 6,908
$\varphi_B$ [°KW] .....Brenndauer
$\varphi$ [°KW] .....zeitliche Phase der Energieumsetzung
$\varphi = 0$ ergibt den Anfang der Umsetzung $\chi = 0$,
m [-] .....Vibe-Faktor (Formfaktor)

Die zeitliche Ableitung der Brennfunktion ergibt die Energieumsetzungsgeschwindigkeit (Energieumsatzrate).

Durch die Auswahl des sogenannten Formfaktors m und der Brenndauer $\varphi_B$ wird der Brennverlauf dargestellt, **Abb. 1.6** [1.5, 1.31]. Daraus können unter anderem die Verläufe des Druckes und der Temperatur über dem Kurbelwinkel bestimmt werden. Es ergibt sich ein p-v-Diagramm des Vergleichsprozesses, **Abb. 1.7**.

Zur Beschreibung der anderen Phasen des Arbeitsprozesses sind Annahmen bezüglich der Wärmeabfuhr und bezüglich des Ladungswechsels notwendig (Wärmeübergangsgesetz, Steuerzeiten, Hübe und Durchflußzahlen der Ventile, Schwingungsverhalten im Saugrohr und Auspuffkrümmer).

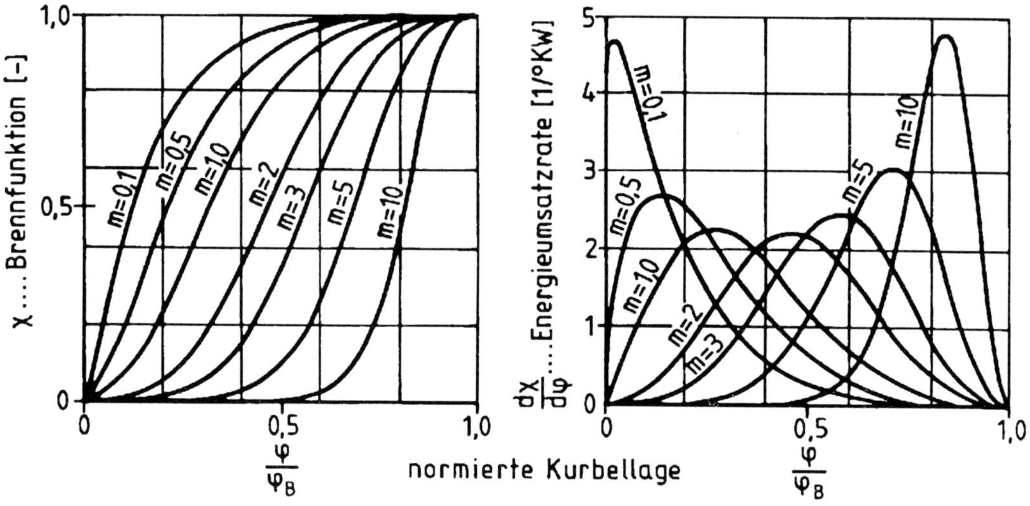


**Abb. 1.6.** Die Vibe-Funktion und ihre Ableitung in normierter Darstellung für verschiedene Formfaktoren m [1.5 und 1.31]

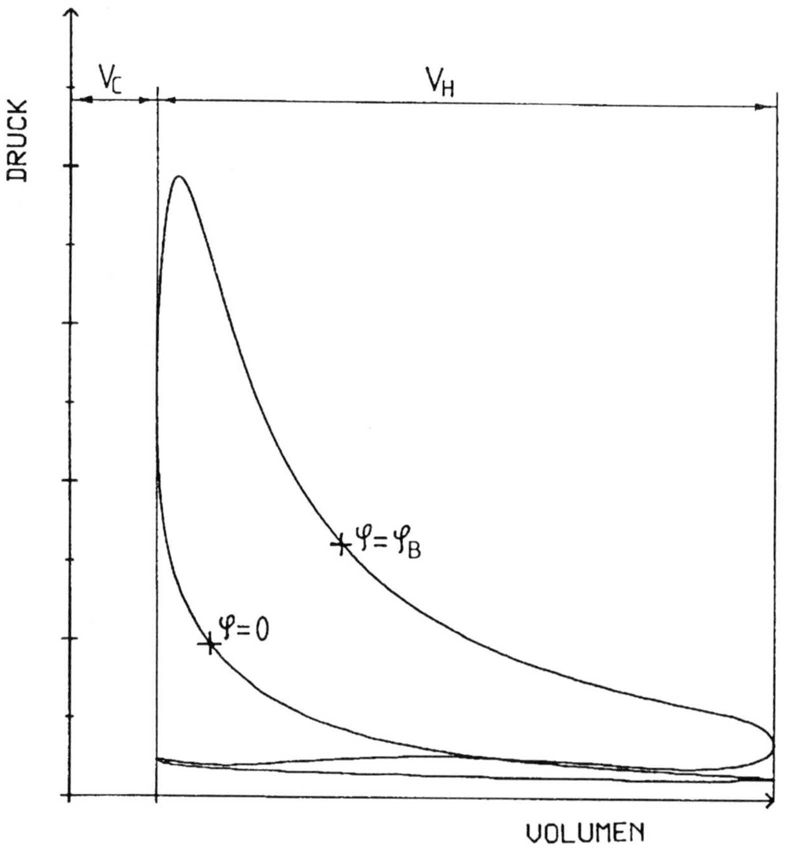


**Abb. 1.7.** p-v Diagramm eines Vergleichsprozesses. Die Vibe-Funktion gilt im Bereich $0 < \varphi < \varphi_B$

### 1.3.7. Dissoziation

Mit zunehmender Temperatur zerfallen die meisten mehratomigen Gase in einfachere Moleküle und bei noch höheren Temperaturen in Atome.

Beispielsweise gelten folgende Verhältnisse bei Atmosphärendruck [1.3]:

| Gas | Temperatur | Zerfall in | zu % |
|---|---|---|---|
| $CO_2$ | 2 000 K | CO, $O_2$ | 1,5 |
| | 3 500 K | CO, $O_2$ | 86 |
| $O_2$ | 2 000 K | O-Atome | 0,04 |
| | 4 000 K | O-Atome | 61 |

Bei einer Temperaturerhöhung mit gleichzeitiger Dissoziation ist nicht nur die zur Erwärmung des Gases entsprechend der spez. Wärme erforderliche Wärmemenge aufzuwenden, sondern es ist gleichzeitig auch die zur Dissoziation erforderliche Wärmemenge zuzuführen.

### 1.3.8. Prozeßrechnung

Genauere Berechnungen der motorischen Verbrennung erfolgen heute mit der sog. Prozeßrechnung, bei der der gesamte Ladungswechsel, die Vorgänge bei der Kompression und Kraftstoffeinbringung, die Wärmeübergänge sowie der Verbrennungsablauf detaillierter behandelt werden. Um den Umfang dieses Buches nicht zu sehr anwachsen zu lassen, kann trotz der großen Bedeutung hier nur auf die Literatur verwiesen werden, insbesondere auf das diesem Buch vorausgegangene Werk [1.2], in dem neben eigenen Arbeiten auch auf die grundlegenden Arbeiten, u.a. von Woschni, hingewiesen wird.

# 1.4. Einzelheiten der Verbrennung beim Ottomotor

## 1.4.1. Reaktionen vor der Zündung

Zur Einleitung der Verbrennung im Ottomotor muß der Kraftstoff mit Luft in einem zündfähigen Mischungsverhältnis verdichtet und durch einen elektrischen Funken gezündet werden. Die Flamme pflanzt sich dann von der Zündstelle aus im Brennraum fort.

Das aus Luft, Abgasresten und Kraftstoffdampf bestehende Gemisch wird im Verdichtungshub auf hohen Druck und hohe Temperatur gebracht. Die Endtemperatur der Verdichtung nimmt mit zunehmendem Kraftstoffgehalt der Mischung ab, da die spezifische Wärme des Gemisches mit dem Gehalt an Kraftstoffdampf wächst. Der Kraftstoffdampf ist am Ende der Verdichtung stark überhitzt, so daß auch die schwersiedenden Kraftstoffanteile bei betriebswarmem Motor verdampfen und schon Reaktionen des Kraftstoffes mit der Luft auftreten.

Die Temperaturzunahmen vom Ansaugzustand bis zum Verdichtungsbeginn bzw. Verdichtungsende weisen etwa folgende Werte auf:

| | Verdichtungsbeginn | Verdichtungsende |
|---|---|---|
| Wassergekühlter Zylinder: | 40 - 90 °C | 460 - 730 °C |
| Luftgekühlter Zylinder: | 100 -120 °C | 600 - 820 °C |

Es gibt Kohlenwasserstoffverbindungen, die durch die Verdichtungsendtemperaturen in der dem Motor zur Verfügung stehenden Zeit chemisch nicht verändert werden, z.B. Benzole und Alkohole. Andere Bestandteile der Kraftstoffe zerfallen bzw. reagieren aber schon bei diesen Temperaturen mit Sauerstoff; z.B. Änderungen der Kraftstoffstruktur durch Kracken und Dehydrieren, Polymerisierung von Oxidationsprodukten, Bildung von anoxidierten Komponenten.

## 1.4.2. Glühzündung (Frühzündung)

Heiße Stellen im Brennraum (Zündkerzenelektroden, Auslaßventile oder glühende Brennraumablagerungen) sind die Ursache für Glühzündungen. Zur Einleitung einer Glühzündung muß die Temperatur der Zündquelle über der Zündtemperatur des Gemisches liegen und eine gewisse Zeit auf das Gemisch einwirken.

Einfluß auf Glühzündungen haben folgende Faktoren:

- Verdichtungsverhältnis: Steigendes Verdichtungsverhältnis begünstigt das Erscheinen von Glühzündungen infolge der höheren Drücke und Temperaturen;

- Luftverhältnis: Bei einem Luftverhältnis von ca. 0,9 ist die Glühzündungsneigung am größten;
- Wachsende Drehzahlen begünstigen ebenfalls das Auftreten von Glühzündungen, da damit ein Ansteigen der Temperaturen der Brennraumwand verbunden ist. Das entsprechende gilt für höhere Motorbelastung;
- Entstehung von Ablagerungen begünstigt das Auftreten von Glühzündungen.

Die Möglichkeiten, Ablagerungen im Motor zu vermeiden, sind gering. Am wirksamsten sind die Verwendung von Kraftstoff mit niedrigem Siedeendpunkt und von Öl mit geringer Verkohlungsneigung. Die Zugabe von Additiven kann günstigen Einfluß haben. Motorseitig helfen gute Kühlung der Auslaßventile, schnelle Erwärmung des Brennraumes nach dem Start und die Vermeidung zu heißer Stellen im Brennraum an denen Bleiverbindungen besonders gut haften.

### 1.4.3. Zündung

Die Zündung erfolgt im Ottomotor normalerweise dadurch, daß ein kleiner Teil des Gemisches durch den Durchschlag eines elektrischen Funkens mit einer Temperatur von 3000 - 6000 °C zur Reaktion gebracht wird. Nur zum kleineren Teil sind Wärmewirkung zum größeren Teil aber Molekülanregung und Ionisation für die Zündung maßgebend. Bei zu geringer Energie des Zündfunkens führt die Reaktion nicht zur Zündung der nicht direkt vom Funken durchschlagenden Gemischteile; eine gewisse Aktivierungsenergie ist erforderlich.

Die Flammengeschwindigkeit, d.h. die Fortpflanzungsgeschwindigkeit der Flammenfront kurz nach der Zündung, hängt von den Eigenschaften und der Zusammensetzung des Gemisches sowie von Druck, Temperatur und Strömungsverhältnissen ab.

**Abb. 1.8** zeigt Flammengeschindigkeiten in Verbrennungsbomben, d.h. in ruhendem Medium.

In **Abb. 1.9** erkennt man die wesentlich höheren Flammengeschwindigkeiten infolge der Ladungsbewegung in Motoren. Sie nimmt mit Veränderung des Luftverhältnisses zu den Zündgrenzen hin ab. Die Fortpflanzung der Entzündung ist für jeden Kraftstoff nur innerhalb eines bestimmten Bereiches seiner Konzentration in Luft möglich.

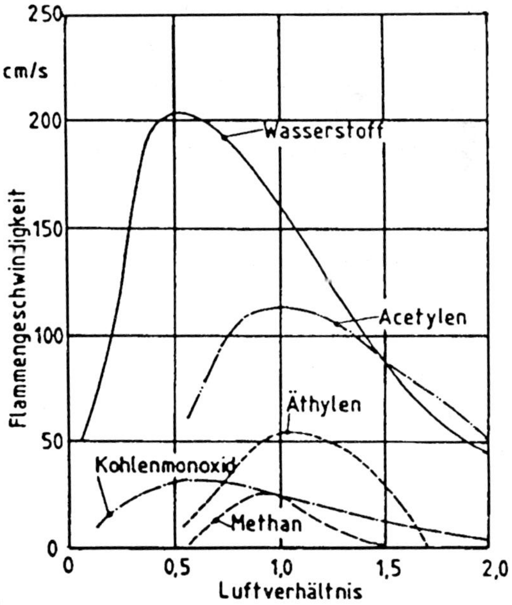


**Abb. 1.8.** Flammengeschwindigkeiten in Verbrennungsbomben [1.1]

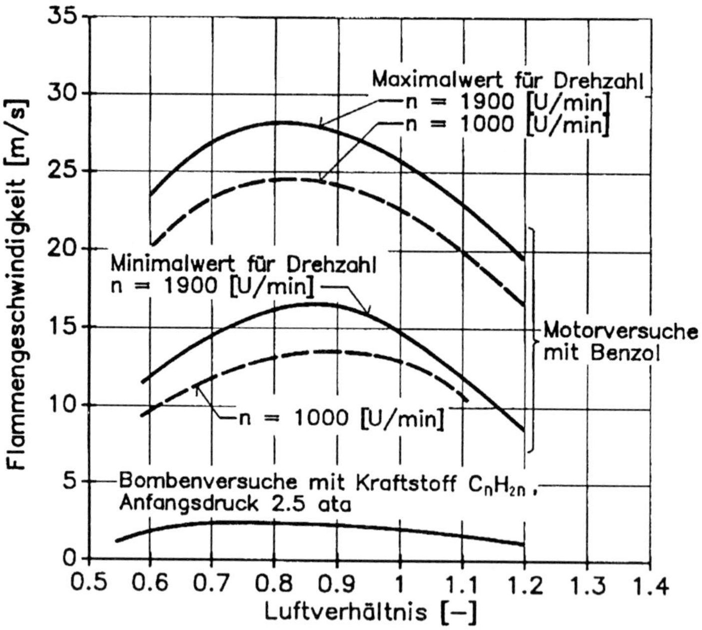


**Abb. 1.9.** Flammengeschwindigkeiten für Benzol- und Benzindampf-Luft-Gemische [1.1]

Man unterscheidet eine "magere" Zündgrenze bei Kraftstoffmangel und eine "fette" Zündgrenze bei Kraftstoffüberschuß. In der unteren Aufstellung sind die beiden Zündgrenzen für Methanol, Äthanol, Wasserstoff und handelsübliches Benzin ersichtlich:

| | "Fette" Zündgrenze Luftverhältnis λ | "Magere" Zündgrenze Luftverhältnis λ |
|---|---|---|
| Methanol | 0.40 | 2.40 |
| Äthanol | 0.40 | 1.90 |
| Wasserstoff | 0.12 | 9.00 |
| Handelsübl. Benzin | 0.60 | 1.60 |

Die Vorgänge kurz nach der Zündung sind für den Gesamtablauf der Verbennung besonders wichtig, weil die Flammengeschwindigkeit zu Beginn am geringsten ist und Verzögerungen zu dieser Zeit die größten Auswirkungen zeigen. Kurze Funkendauer ist für die Entflammung magerer Gemische ungünstig, da die Wahrscheinlichkeit brennbares Gemisch an der Zündstelle zu finden, sinkt. Durch Entflammungsaussetzer steigen die Emissionen der unverbrannten Kohlenwasserstoffe HC, **Abb. 1.10**. Bei längerer Funkendauer sinkt der Zündverzug bei sonst gleichen Parametern, **Abb. 1.11**.

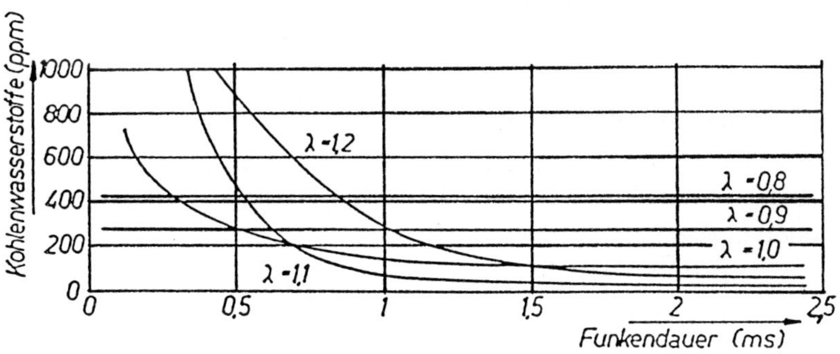


**Abb. 1.10.** Einfluß der Funkendauer auf die Emissionen [1.34]

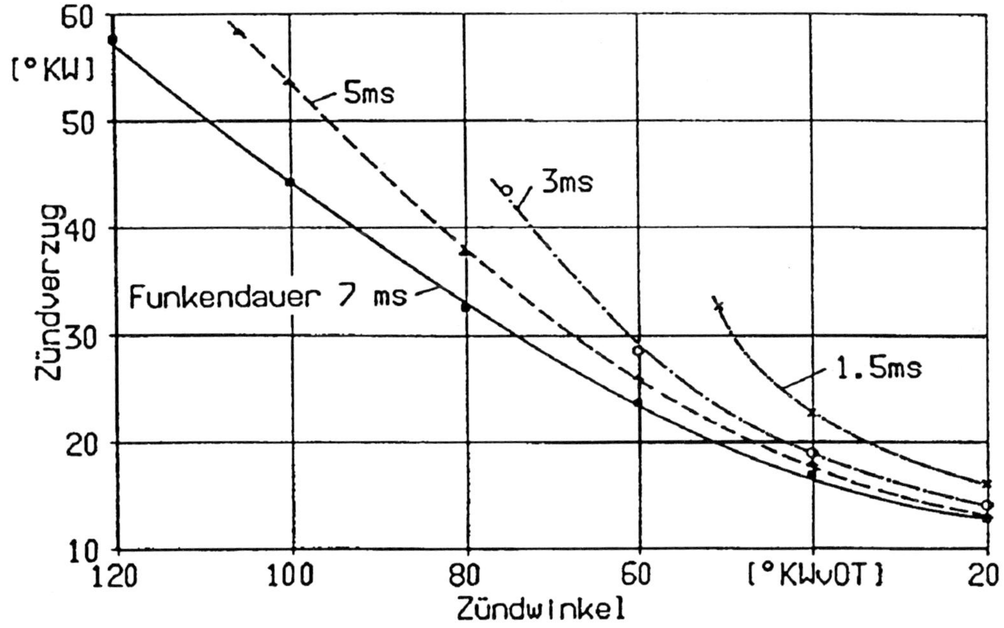


**Abb. 1.11.** Zündverzug über dem Kurbelwinkel bei verschiedener Funkendauer [1.34]

### 1.4.4. Zündverzug

Bei Erreichen der Zündtemperatur entzündet sich das Kraftstoff-Luft-Gemisch durch Selbstentzündung. Bei Fremdzündung wird die Entzündung durch eine starke örtliche Erhitzung, z.B. mittels elektrischer Funken ausgelöst. Die Entflammung erfolgt erst nach einer zeitlichen Verzögerung, dem Zündverzug. Man sieht als Entflammung die erste Flammenerscheinung oder den Beginn einer merkbaren Drucksteigerung an. Der Zündverzug hat seine Ursache darin, daß von dem Zeitpunkt an, in dem das brennbare Gemisch hohe Temperaturen erreicht hat, Reaktionen einsetzen. Diese beschleunigen sich erst nach einer bestimmten Zeit selbst so stark, daß eine merkbare Verbrennung erfolgt. Bei Fremdzündung, z.B. durch elektrischen Funken, nennt man meist die Zeit vom Überspringen des Funkens bis zum merkbaren Anstieg des Zylinderdruckes über den Kompressionsdruck "Zündverzug".

Während des Zündverzuges wird infolge der chemischen Umsetzung innerhalb und an der Oberfläche der Initialflamme eine gewisse Energie erzeugt. Gleichzeitig wird durch Wärmeleitung, Strahlung und Konvektion dem Flammenkern die Energie entzogen. Die überschüssige Energie dient der Entwicklung dieses Flammenkerns. Überwiegen die Energieverluste, kommt die Entflammung nicht zustande, die Initialflamme löscht aus.

### 1.4.5. Verbrennungsablauf und Ladungsbewegung

Ist die Verbrennung durch den Zündfunken eingeleitet worden, so setzt sich die Verbrennung im Gemisch durch Wärmeleitung, Diffusion, Strahlung und Konvektion fort. Die unverbrannte Mischung wird erwärmt und gelangt zur Entzündung. Wärmeleitung und Diffusion vom Frischgas in das verbrannte Gas hinein und umgekehrt sind wichtig. Die Flammengeschwindigkeit hängt von den Eigenschaften und dem Zustand des Gemisches ab. Wenn die Verbrennung von der Zündkerze aus nach allen Richtungen gleich schnell fortschreitet, falls keine gerichteten Strömungen vorhanden sind, dann hat die jeweilige vorderste brennende Schicht etwa die Form einer Kugelschale. Diese Schicht, Flammenfront, hat bei laufendem Motor, von der Verdrängungsverschiebung abgesehen, eine Geschwindigkeit von etwa 10 - 25 [$m.s^{-1}$]. Die Flammengeschwindigkeit setzt sich also aus der Brenngeschwindigkeit (im ruhenden Gas), aus der Strömungsgeschwindigkeit und aus der Expansionsgeschwindigkeit des umgesetzten Ladungsteiles zusammen.

Ein wesentliches Kennzeichen der ottomotorischen Verbrennung liegt darin, daß sich jeder Zyklus von dem nächsten stark unterscheidet. Es treten sogenannte zyklische Schwankungen auf. Einen ausreichenden Überblick über die Verhältnisse geben im allgemeinen etwa 50 - 100 aufeinanderfolgende Zyklen.

Schwankungen im Druckverlauf sind bei allen Motordrehzahlen vorhanden und werden unter allen Lastbedingungen beobachtet. In **Abb. 1.12** werden die maximalen Druckschwankungen einer größeren Anzahl aufeinanderfolgender Zyklen gezeigt.

Obwohl die Änderung des Spitzendruckes nicht unbedingt eine entsprechende Änderung des Mitteldruckes bewirkt, ist die Schwankung des Spitzendruckes doch ein Maß für die Regelmäßigkeit der Verbrennung.

**Abb. 1.13** zeigt Spitzendruckschwankungen bei geringen Zylinderdruckschwankungen, d.h. in einem Betriebsbereich mit recht gleichmäßiger Verbrennung; **Abb. 1.14** zeigt dazu vergleichsweise den indizierten Mitteldruck der einzelnen Verbrennungszyklen.

Im Gegensatz dazu sehen wir in den **Abb. 1.15 und 1.16** das Entsprechende in einem Motorbetriebspunkt mit zyklisch stark variierender Verbrennung.

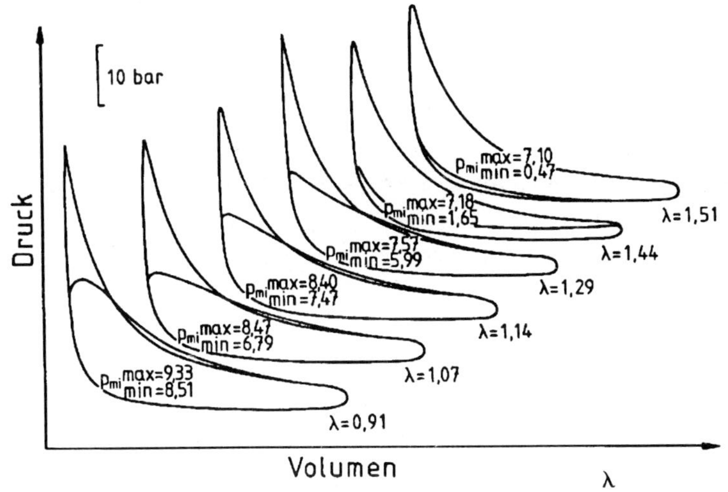


| | |
|---|---|
| λ | ..... Luftverhältnis |
| $p_{mi}$ | ..... mittlerer indizierter Druck |
| Index: max | ..... Einzelzyklus mit maximalem $p_{mi}$ |
| min | ..... Einzelzyklus mit minimalem $p_{mi}$ |

**Abb. 1.12.** Maximale Druckschwankungen im Druck-Volumen-Diagramm

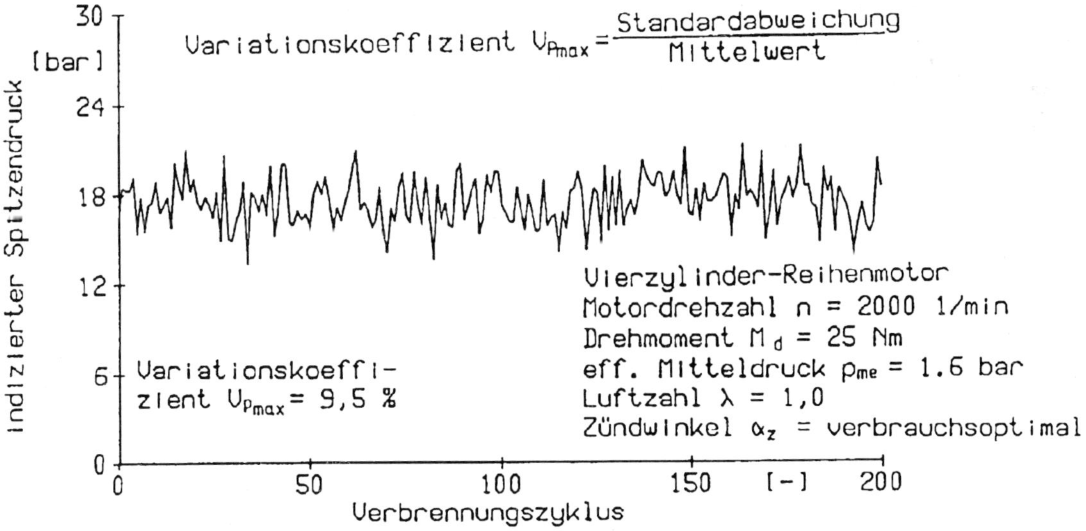


**Abb. 1.13.** Spitzendruckschwankungen in einem Motorbetriebszustand mit gleichmäßiger Verbrennung, Luftzahl λ = 1,0

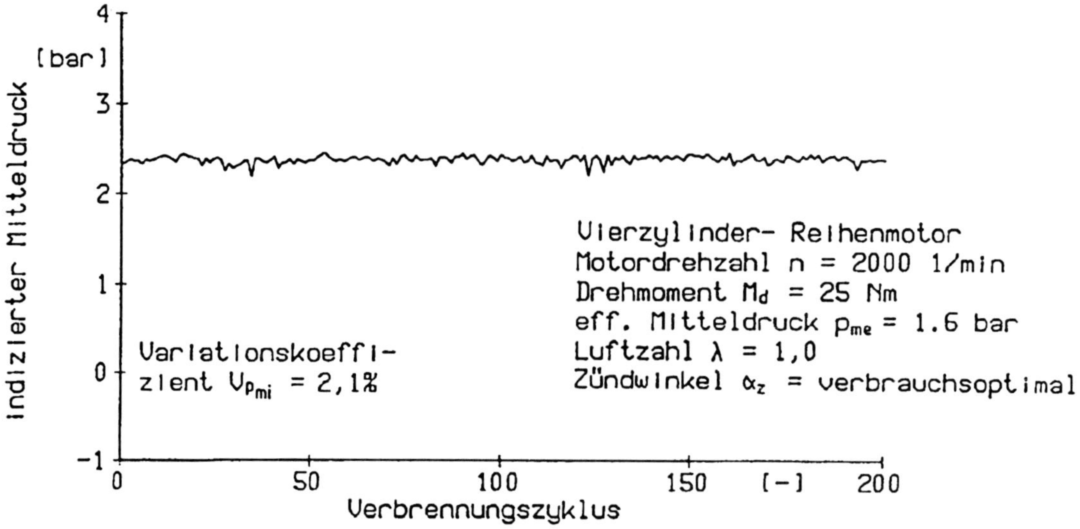


**Abb. 1.14.** Indizierter Mitteldruck der einzelnen Verbrennungszyklen bei geringen Zylinderdruckschwankungen

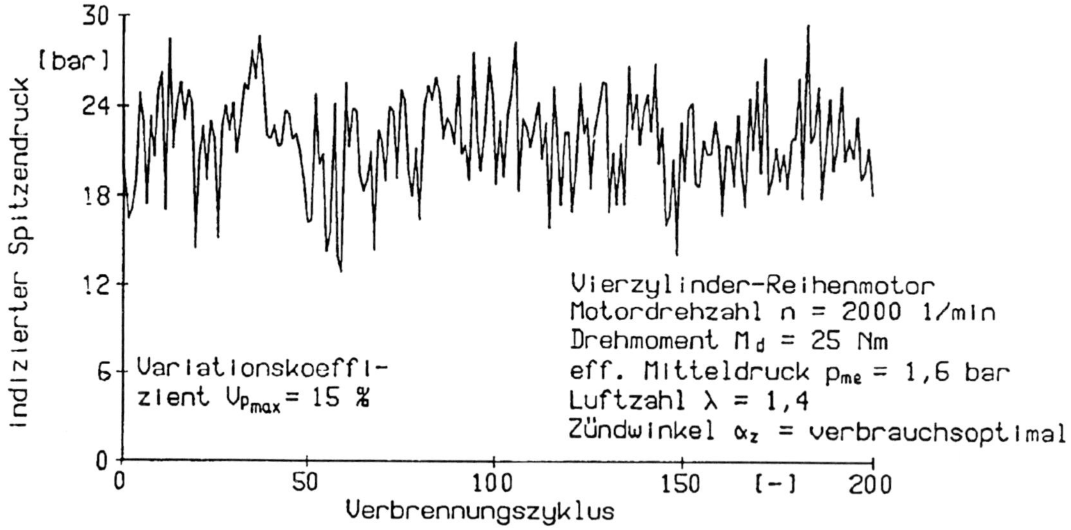


**Abb. 1.15.** Spitzendruckschwankungen in einem Motorbetriebszustand mit stark variierender Verbrennung, Luftzahl $\lambda = 1{,}4$

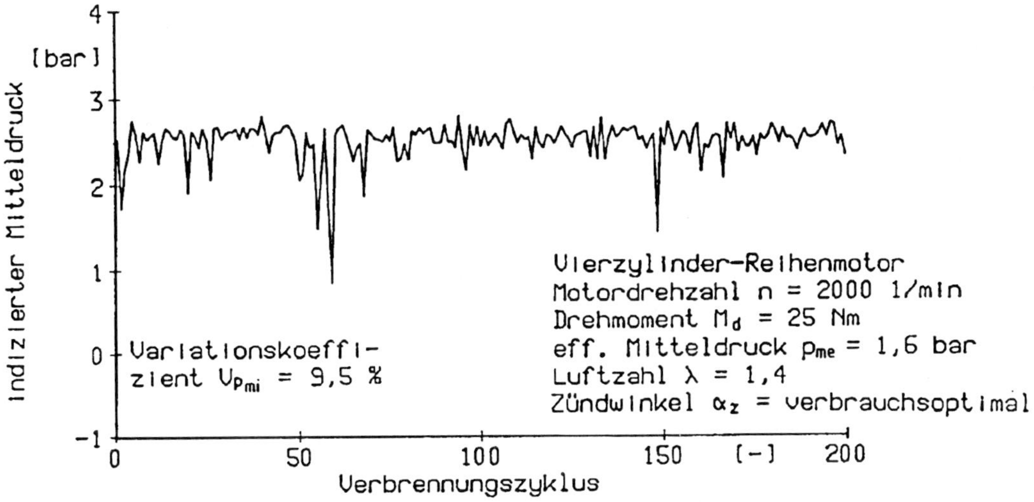


**Abb. 1.16.** Indizierter Mitteldruck der einzelnen Verbrennungszyklen nach Abb. 1.15, d.h. Verbrennungszyklen mit stark variierender Verbrennung.

Die Einflüsse von Luftzahl, Brennraum und Abgasrückführrate auf die zyklischen Schwankungen des Verbrennungsablaufes, ausgedrückt als Variationskoeffizient, d.h. Standardabweichung dividiert durch den Mittelwert [1.30], zeigen die Abb. **1.17 und 1.18**.

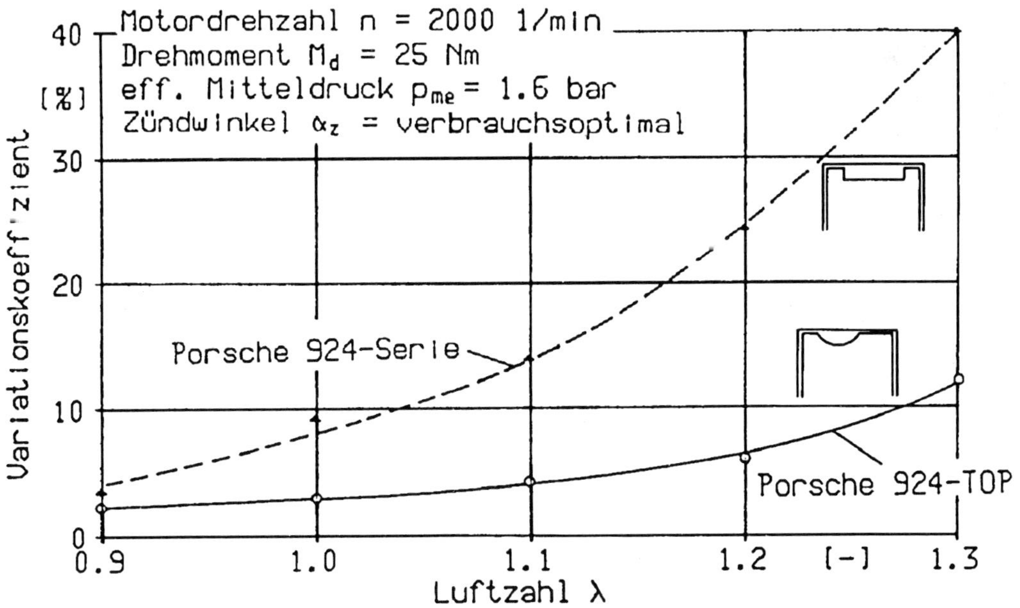


**Abb. 1.17.** Variationskoeffizient des indizierten Mitteldruckes für verschiedene Brennräume und Luftzahlen

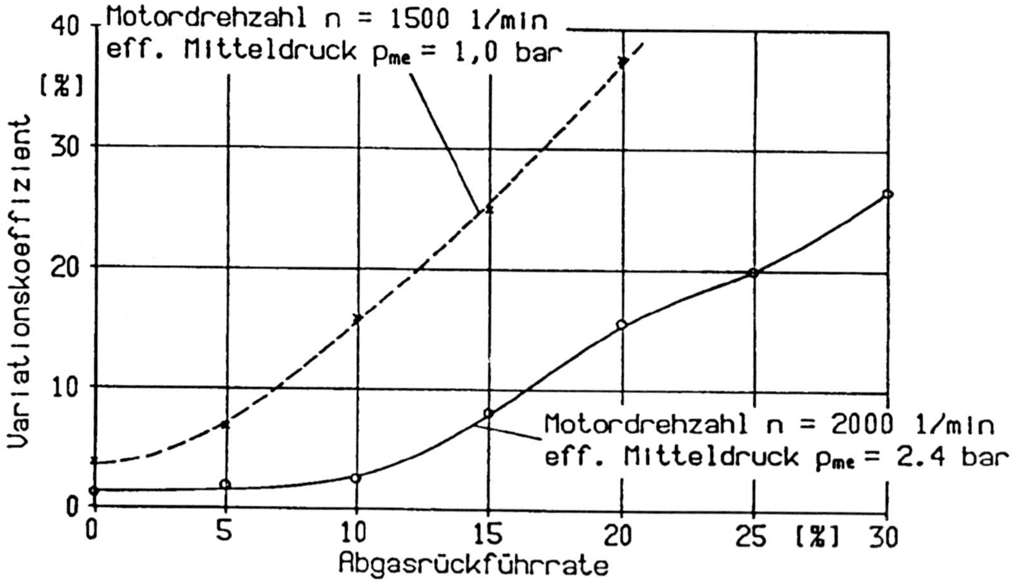


**Abb. 1.18.** Variationskoeffizient des indizierten Mitteldruckes über der Abgasrückführrate bei unterschiedlichen Betriebspunkten [1.9]

Man erkennt das starke Ansteigen der Ungleichmäßigkeit der Verbrennung sowohl mit steigender Luftzahl, wie mit zunehmender Abgasrückführrate, aber auch den Einfluß des Brennraumes.

**Abb. 1.19** zeigt schließlich den Einfluß der Gemischaufbereitung und der Gleichmäßigkeit der Gemischverteilung auf die Verbrennungsschwankungen. Gegenübergestellt sind eine ältere Benzineinspritzanlage mit den damals üblichen Toleranzen und eine "ideale" Gemischaufbereitungsanlage, dargestellt durch die Zumischung von Gas zur Ansaugluft, die sowohl sehr gute Gemischaufbereitung, wie sehr gute Gleichverteilung auf die einzelnen Zylinder ergibt. Man erkennt, daß die Schwankungen der Verbrennungszyklen bei der "idealen" Gemischaufbereitungsanlage mit steigender Luftzahl wesentlich weniger ansteigen als bei der "nicht-idealen" Gemischaufbereitungsanlage.

Als Ursachen für die Unterschiedlichkeit der Zyklen sind nich nur die Unterschiede der zugeführten Energie anzusehen, wie früher vielfach angenommen wurde, sondern vielmehr der unterschiedliche Ablauf der Energieumsetzung, insbesondere im Bereich der Entflammung. Auch unterschiedlicher Restgasanteil im Brennraum ist von Bedeutung. Das Luftverhältnis hat - wie schon gezeigt - großen Einfluß auf die zyklischen Schwankungen der Verbrennung; das stabilste Verbrennungsbild tritt bei einem Luftverhältnis von $\lambda = 0{,}9$ auf.

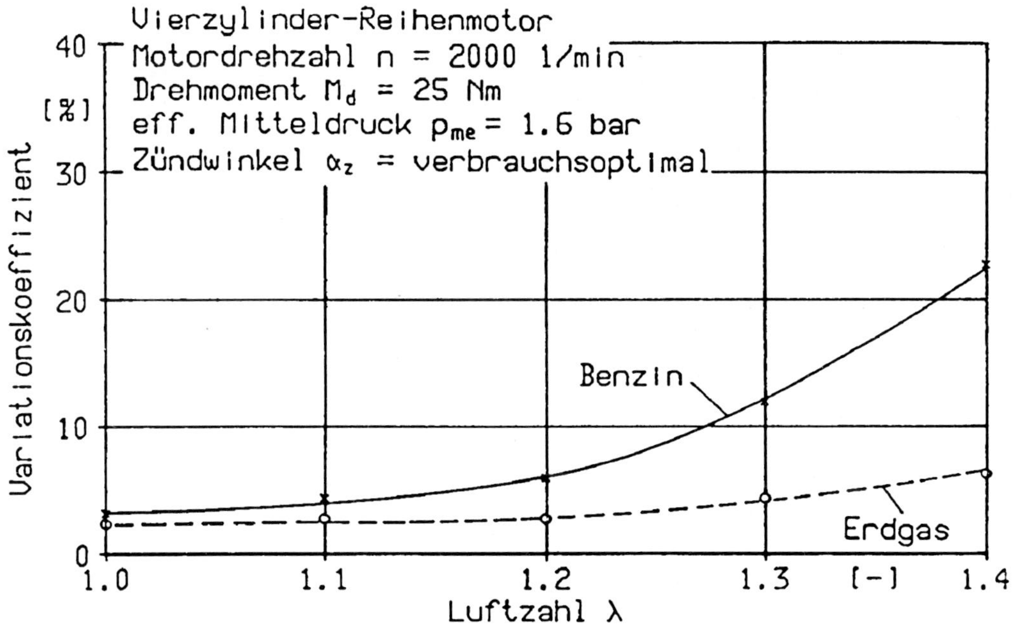


**Abb. 1.19.** Vergleich des Variationskoeffizienten über der Luftzahl zwischen Benzin-und Erdgasbetrieb

Auf den Ablauf der Verbrennung haben Ladungsbewegung und Wirbel im Brennraum großen Einfluß. Schnellere Verbrennung tritt durch Vergrößerung der Brennfläche auf, d.h. als Folge einer Zerklüftung der Brennfläche durch Wirbelung. Luftbewegungen, die von den bis 100 m/s betragenden Einströmgeschwindigkeiten durch das Ventil verbleiben, klingen bis Ende der Verdichtung noch nicht ab. Daher ist die Flammengeschwindigkeit im Motor etwa 10 mal größer, als in Bomben mit ruhendem Gemisch. Mit steigender Drehzahl nimmt die Flammengeschwindigkeit zu, weil durch Turbulenz die Flammenoberfläche zerklüftet und vergrößert wird, **Abb. 1.20**.

Ladungsbewegung ist in jedem Motor vorhanden. Sie kann durch bestimmte Maßnahmen im Ansaugtrakt des Motors (äußere Ladungsbewegung) oder im Brennraum (innere Ladungsbewegung) intensiviert werden.

Äußere Ladungsbewegung bzw. Turbulenzerzeugung kann durch Blenden, Schieber, Dralleinsätze, Schirmventile und Einlaßventildrosselung realisiert werden. Innere Ladungsbewegung wird durch die Brennraumgestaltung beeinflußt (Kolbenmulden, Quetschspalten, unterteilter Brennraum).

Betrachten wir die Auswirkungen außen erzeugter Ladungsbewegung auf den Verbrennungsablauf im einzelnen, so lassen sich, beispielsweise bei Anordnung einer Drosselstelle zur Turbulenzerzeugung knapp vor dem Einlaßventil, folgende Aussagen machen:

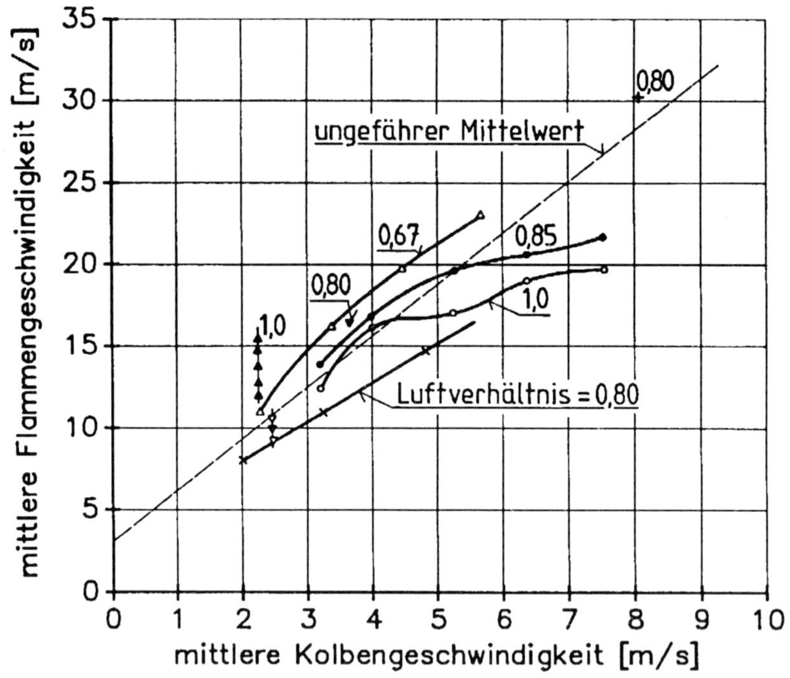


**Abb. 1.20.** Flammengeschwindigkeit in Abhängigkeit von der Kolbengeschwindigkeit [1.1]

Die Drosselstelle erhöht die Geschwindigkeit der Einlaßströmung zwischen Drosselstelle und Ventil. Weiterhin weicht die Geschwindigkeitsverteilung der Einlaßkanalströmung von jener der ungestörten Rohrströmung ab. Dies kann sowohl die Gemischaufbereitung, den Ladungswechsel, wie den Strömungszustand der Ladung im Zylinder beeinflussen.

Die Gemischaufbereitung wird durch die o.a. Maßnahme naturgemäß nur dann verbessert, wenn noch keine sehr gute Vermischung von Kraftstoff und Verbrennungsluft erfolgt ist. Der Ladungswechsel kann durch die o.a. Maßnahme infolge des eventuell vergrößerten Strömungswiderstandes beeinträchtigt werden oder auch dadurch, daß eine eventuell vorhandene "Schwingrohrabstimmung", d.h. eine derartige Gestaltung des Saugrohres, daß bei einer bestimmten Drehzahl ein Aufladeeffekt auftritt, zu anderen Drehzahlen hin verschoben wird. Als weiterer möglicher Einfluß kann eine Verminderung des Restgasanteiles in der Frischladung auftreten, wenn die Ventilsteuerzeiten große Überschneidungen aufweisen und durch die Drossel das Rückströmen des Abgases in den Einlaßtrakt vermindert wird.

Es gibt viele Arbeiten die dieses Gebiet untersuchten: Beispielsweise fand Akhlaghi [1.10] bei der Untersuchung der Wirkung von Einzeldrosselklappen nahe bei den Einlaßventilen, daß durch die Turbulenzerzeugung am Strahlrand des an der Einzeldrosselklappe austretenden Luftstrahles folgende Effekte auftraten:

- Verbesserte Gemischaufbereitung;

- Intensivierung der Austauschvorgänge an der Flammenfront durch feinballige Turbulenz;
- Vergrößerung der Flammenoberfläche durch grobballige Turbulenz.

Diese Effekte ermöglichten folgendes:

- die magere Laufgrenze auszuweiten;
- den optimalen Zündzeitpunkt später zu legen;
- die verbrauchsoptimale Luftzahl in der Teillast Richtung "mager" zu verschieben;
- dabei den spezifischen Kraftstoffverbrauch zu senken;
- die Laufruhe des Motors zu verbessern.

Hinsichtlich der Emissionen an Stickoxiden, bzw. unverbrannten Kohlenwasserstoffen können je nach Ausführung und Betriebspunkt Verbesserungen oder Verschlechterungen auftreten.

Lawton [1.11] und Lucas [1.12] untersuchten die Wirkung des "Vortex-Generators", eines gegen die Strömung gerichteten Kegels mit Öffnungen in der Mantelfläche, und stellten ebenfalls Vergrößerungen der Verbrennungsgeschwindigkeit fest.

Zwei Autoren, Göschel [1.13] und Prescher [1.14], berichten über die Wirkung eines verringerten Einlaßventilhubes auf den Verbrennungsablauf: Durch gesteigerte Einlaßturbulenz wird der Verbrennungsprozeß beschleunigt.

Sehr eingehend befaßte sich auch Quissek [1.15] mit der Auswertung verstärkter, außen erzeugter Ladungsbewegung - durch nahe beim Einlaßventil im Ansaugkanal angeordnete Blenden erzielt - auf den Verbrennungsverlauf: **Abb. 1.21** zeigt, daß es bei Einsatz einer Schlitzblende als Turbulenzerzeuger möglich ist, trotz Rücknahme des Zündzeitpunktes, bei etwas späterem Brennbeginn ein früheres Brennende, d.h. schnellere Verbrennung insgesamt zu erzielen. Dadurch, daß der Brennbeginn näher an den oberen Totpunkt heranrückt, ergibt sich eine Verkleinerung des Zündverzuges um ca. 45%. Von dieser Zündverzugsverkürzung sind zwei Drittel der Wirkung der beschleunigten äußeren Ladungsbewegung zuzuschreiben, ein Drittel ergibt sich durch die spätere Lage im Kompressionszyklus, den damit verbundenen höheren Druck und die höhere Temperatur.

Wichtig erscheint auch die Feststellung von Quissek [1.15], daß sich bei Einlaßventilhüben von größer als 4 mm die Änderung der Strömungsform vor dem Einlaßventil in den Zylinder fortsetzt und im Zylinder eine Turbulenzintensitätssteigerung hervorruft.

Während im Teillastbereich Klopfgrenze und optimaler Zündzeitpunkt durch die verstärkte außen erzeugte Ladungsbewegung gleich weit in Richtung oberer Totpunkt verschoben werden, wird im Vollastbereich die Klopfgrenze stärker verschoben als der optimale Zündzeitpunkt, wodurch letzterer in den Bereich klopfender Verbrennung gelangt.

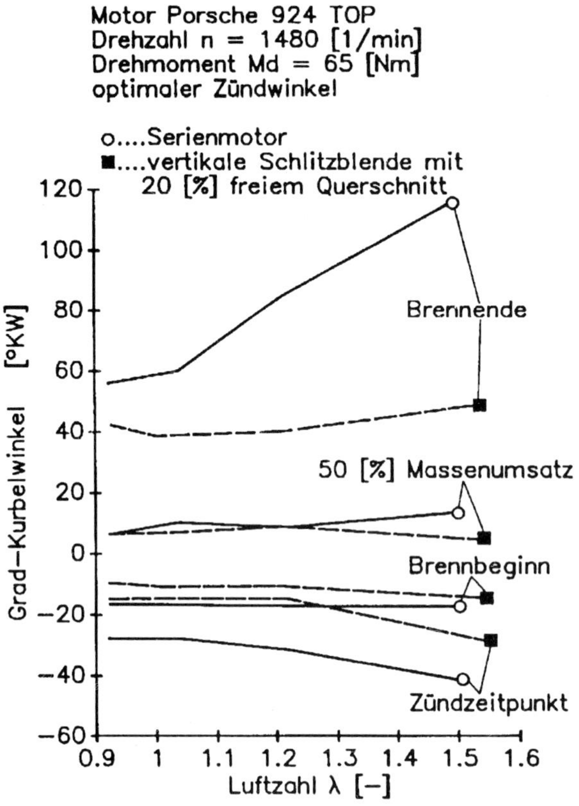


**Abb. 1.21.** Einfluß äußerer Ladungsbewegung auf den Verbrennungsablauf [1.15]

In Brennräumen, in welchen die Ladung durch eine von der Kolbenform hervorgerufene Quetschströmung beschleunigt wird, erreicht diese ihr Maximum kurz vor dem oberen Totpunkt.

Betreffend der Wirkung des Einlaßdralles auf die Verbrennung stellte Hofbauer [1.16] folgendes fest:

Die kompakten Brennraumformen Heronbrennraum und Kugelmulde in Kombination mit dem Einlaßdrall erhöhen die Verbrennungsgeschwindigkeit gegenüber dem Serienbrennraum deutlich. An der Vollast werden höhere spezifische Arbeit (auch als Mitteldruck bezeichnet), niedrigerer spezifischer Kraftstoffverbrauch und kleinere zyklische Schwankungen bei höheren Spitzendrücken und Druckanstiegen erreicht. Die kombinierte Wirkung der Drall- und Quetschströmung senkt beim Heronbrennraum die HC-Emission unter jene der Kugelmulde. Die $NO_x$-Emissionen von Heron- und Kugelmuldenbrennraum werden durch den Drall über die Werte des Serienbrennraumes erhöht. Im Teillastbereich ist das Emissionsverhalten ähnlich, nur die $NO_x$-Emission von Kugelmulden- und Heron-brennraum mit Drall liegt noch höher über den Serienwerten.

Prescher [1.14] verwendet Schirmventile zur Einlaßdrallerzeugung. Diese steigern die mittlere Strömungsgeschwindigkeit zum Zündzeitpunkt in Zylinderwandnähe auf das Vierfache, die Turbulenzintensität steigt ebenfalls. Bei konstantem Liefergrad an der Vollast steigt die maximale spezifische Arbeit mit steigendem Drall. Flammenfrontgeschwindigkeit, Brennwärmeumsatz und Spitzendruck steigen ebenfalls. Die zyklischen Schwankungen nehmen mit steigendem Drall ab, während sie bei Erhöhung der Flammenfrontgeschwindigkeit durch Reduktion des Einlaßventilhubes konstant bleiben.

Nagayama, [1.17], untersuchte wie Hofbauer, [1.16], die gemeinsame Wirkung von Drall-und Quetschströmung. Seine Ergebnisse decken sich mit denen Hofbauers, [1.16]. Er findet den Summeneffekt von Drallintensitätssteigerung und Intensivierung der Quetschströmung stets größer als die Summe der Einzeleffekte. Die Drallströmung verbessert die Gemischaufbereitung und verkleinert den Zündverzug und die zyklischen Schwankungen. Die Quetschströmung beeinflußt im wesentlichen die Hauptverbrennung, sodaß die Kombination beider sinnvoll erscheint.

Thring und Overington, [1.18, 1.19], zeigen, daß das optimale Maß an Ladungsbewegung vom Verdichtungsverhältnis des Motors abhängt. Hochverdichtete Motoren benötigen weniger Ladungsbewegung. Auch Bloss, [1.20], zeigt die Vorteile der kombinierten Anwendung von Drall- und Quetschströmung an einem hochverdichteten Ottomotor auf. Bei Steigerung der Drallzahl über ein Optimum hinaus wachsen die Wandwärmeverluste zufolge der schnellen Verbrennung an. Die Klopfneigung sinkt mit steigender Drallzahl.

**Abb. 1.22** zeigt schließlich nach Carstensen [1.21] den Einfluß des Einlaßdralles auf die maximale Wärmefreisetzungsgeschwindigkeit und Brenndauer in der mittleren Teillast bei einem Einzylinder-Versuchsmotor. Man erkennt, wie mit steigendem Drall die Brenndauer bei den verschiedenen Luftzahlen absinkt und die maximale Wärmefreisetzungsgeschwindigkeit steigt.

Den Einfluß verschiedener Brennraumformen (in Form des Spaltmaßes) auf die Quetschströmung und damit auf die Ladungsbewegung zeigt **Abb. 1.23**. Man erkennt, daß mit kleiner werdendem Spaltmaß und ansteigendem Quetschflächenanteil die maximale Strömungsgeschwindigkeit deutlich zunimmt.

Bezüglich des Einflusses der Luftzahl auf die Brenngeschwindigkeit gilt, wie auch schon aus verschiedenen vorausgegangenen Abbildungen ersichtlich, daß Gemische mit unterstöchiometrischem Luftverhältnis die größte Brenngeschwindigkeit und den kleinsten Zündverzug haben. Aus diesem Grund benötigen sie die geringste Vorzündung.

Der Einfluß des Zündzeitpunktes auf die Brenngeschwindigkeit ist komplex: Die optimale Vorzündung ergibt den besten Kompromiß zwischen den thermodynamischen Bedingungen der Verbrennung und den Anforderungen des Kurbeltriebes.

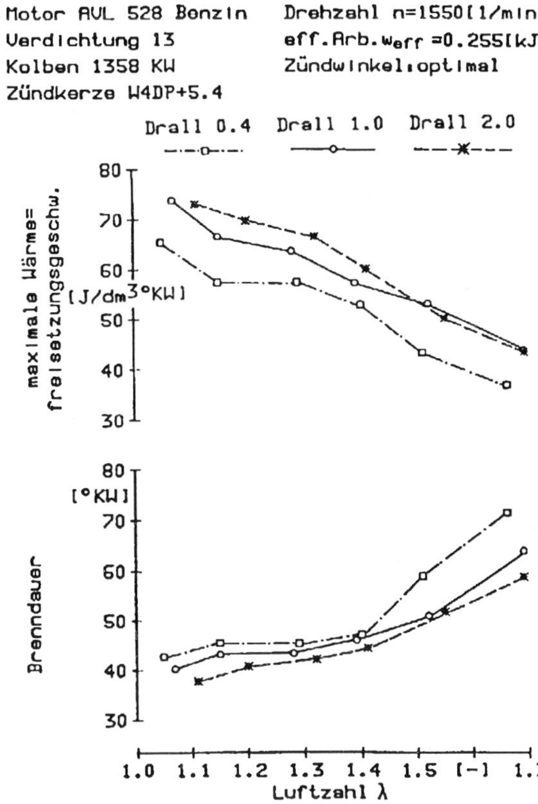


**Abb. 1.22.** Einfluß der Luftzahl auf maximale Wärmefreisetzungsgeschwindigkeit und Brenndauer in der mittleren Teillast; Parameter: Einlaßdrall [1.21]

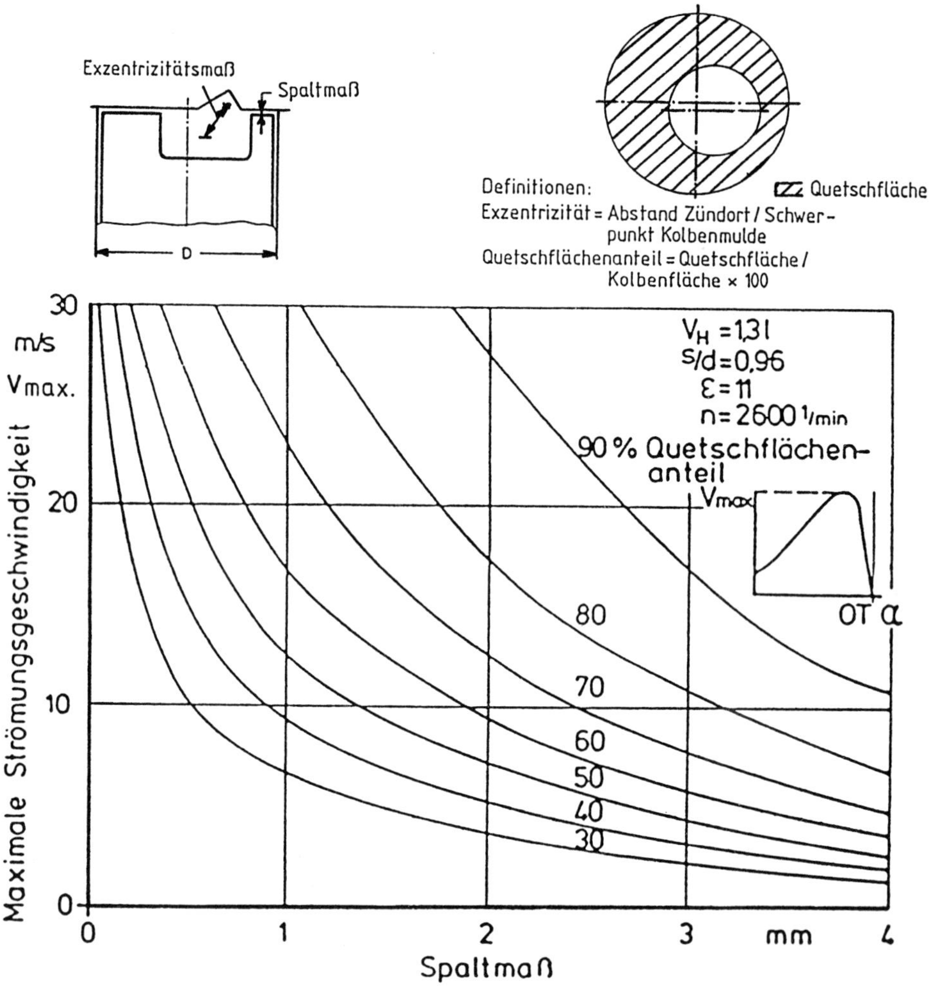


**Abb. 1.23.** Maximale Strömungsgeschwindigkeit am Muldenrand des Heron-Brennraumes in Abhängigkeit von Quetschfläche und Spaltmaß [1.22]

Der Zündverzug und die Brenngeschwindigkeit der Hauptumsetzung hängen von dem jeweiligen thermodynamischen Zustand des Gemisches ab. Dieser Zustand wird durch die Lage der Umsetzung relativ zur Kurbelstellung bestimmt, **Abb. 1.24** und **1.25**.

Andererseits ist bei einem gegebenen Kurbeltrieb eine bestimmte Lage des Maximums der Gaskraft nach o.T. für den besten Wirkungsgradverlauf erforderlich.

Bei optimaler Vorzündung liegt bei den meisten Motoren das Druckmaximum 10 bis 15 [°KW] nach o.T. Die effektive Leistung und der effektive Wirkungsgrad erreichen ihre Größtwerte.

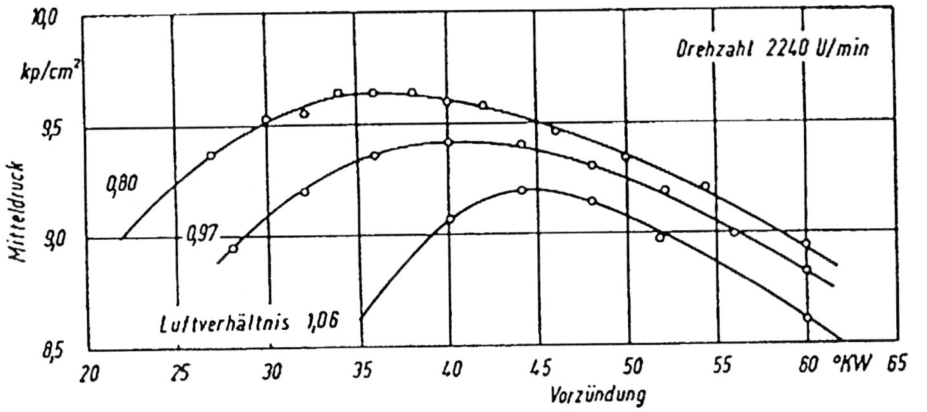


**Abb. 1.24.** Mitteldruck in Abhängigkeit von der Vorzündung bei verschiedenen Luftzahlen und Vollast [1.1]

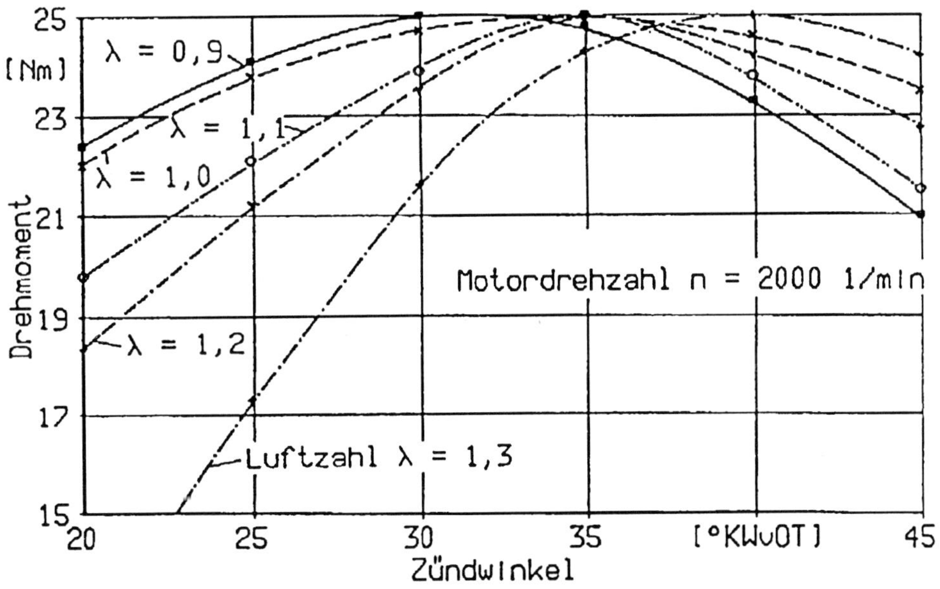


**Abb. 1.25.** Effektives Drehmoment über dem Zündzeitpunkt bei verschiedenen Luftzahlen und Teillastbetrieb eines 4-Zylinder-Motors

Zahl und Lage der Zündkerzen haben Einfluß auf den Verbrennungsablauf. In **Abb. 1.26** ist der Druckverlauf über dem Kurbelwinkel für sechs verschiedene Zündkerzenpositionen aufgetragen. Die kürzeren Flammenwege bei mehreren Zündstellen oder zentraler Zündstelle ergeben die schnellste Umsetzung.

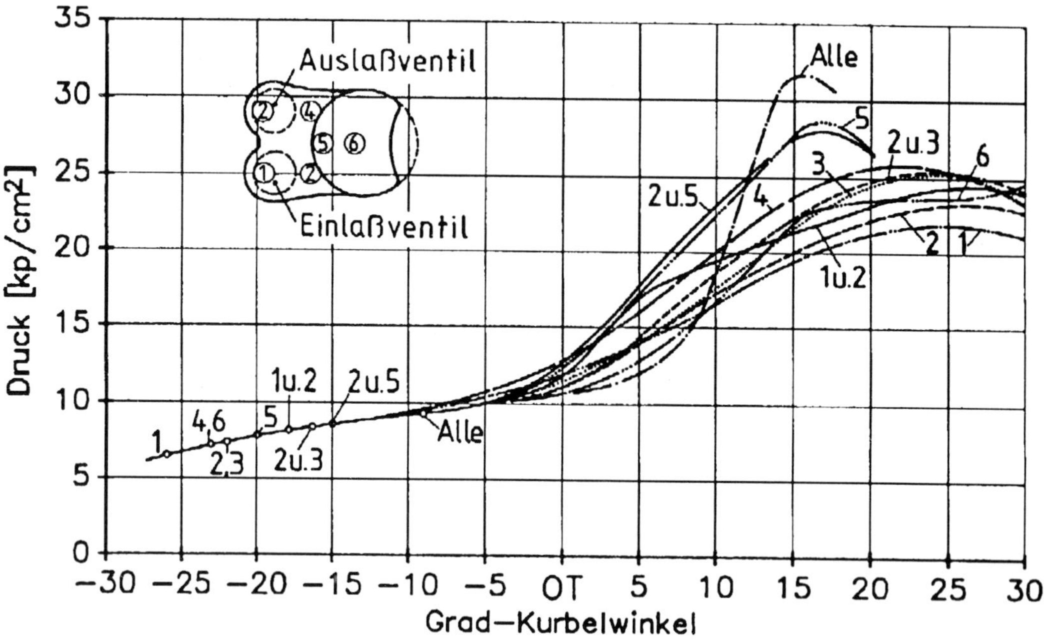


**Abb. 1.26.** Einfluß von Lage und Zahl der Zündkerzen auf den Druckverlauf [1.1]

Hohes Verdichtungsverhältnis wirkt sich durch die höheren Drücke und Temperaturen, sowie durch eine intensivere Ladungsbewegung wesentlich auf die Verbrennung aus, **Abb. 1.27**.

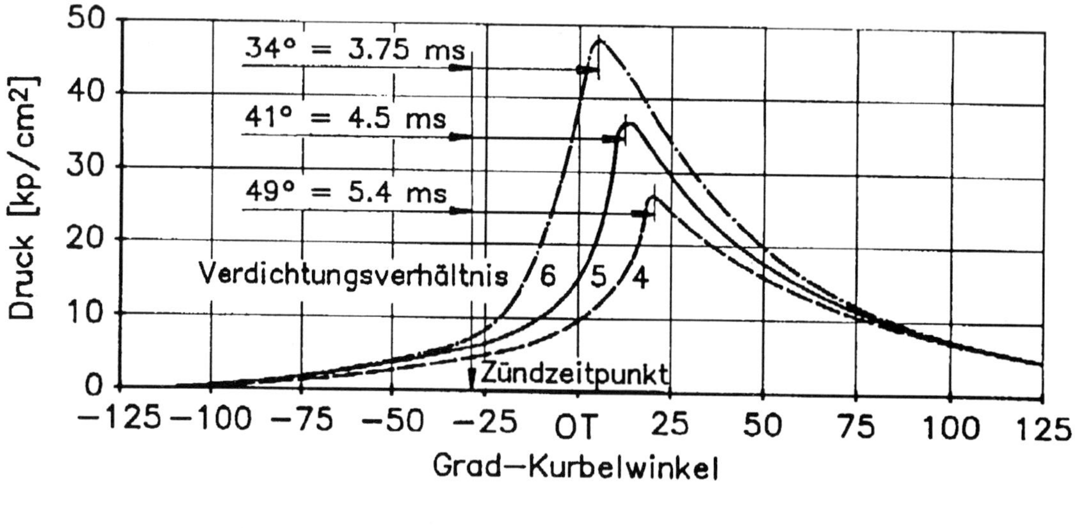


**Abb. 1.27.** Einfluß des Verdichtungsverhältnisses auf die Verbrennung bei stöchiometrischem Luftverhältnis [1.1]

## 1.4.6. Klopfen

Als "Klopfen" oder "Klingeln" bezeichnet man, im Gegensatz zur üblichen Verbrennung, einen fast schlagartigen Verbrennungsablauf. Es ergibt sich ein äußerst steiler Druckanstieg bis zu ca. 8 bar/°Kurbelwinkel oder bis zu 50 000 bar/s.

Klopfen entsteht durch von selbst ablaufende Oxydationsreaktionen im heißen unverbrannten Ladungsrest. Dieser wird anfangs durch die Bewegung des Kolbens, danach von der fortschreitenden Flamme verdichtet. Klopfen führt also zu einer fast augenblicklichen Zündung eines Teiles des Rest-Brenngemisches, **Abb. 1.28**. Durch diesen außerordentlich beschleunigten Verbrennungsablauf treten ungewöhnlich hohe örtliche Drücke, Stoßwellen, Druckschwingungen und erhöhter Wärmeübergang auf. Dies führt zu Motorschäden, infolge zu hoher mechanischer und/oder thermischer Belastung der Bauteile.

Je nach Intensität hört sich Klopfen an wie feines Klingeln bis zu harten Hammerschlägen, ohne daß zunächst ausgeschlagene Lager, Kolben, Kolbenbolzen etc. vorliegen. Klopfen, das nur während eines kurzen Beschleunigungsvorganges auftritt ist nicht als so gefährlich zu betrachten wie dauernd auftretendes Klopfen.

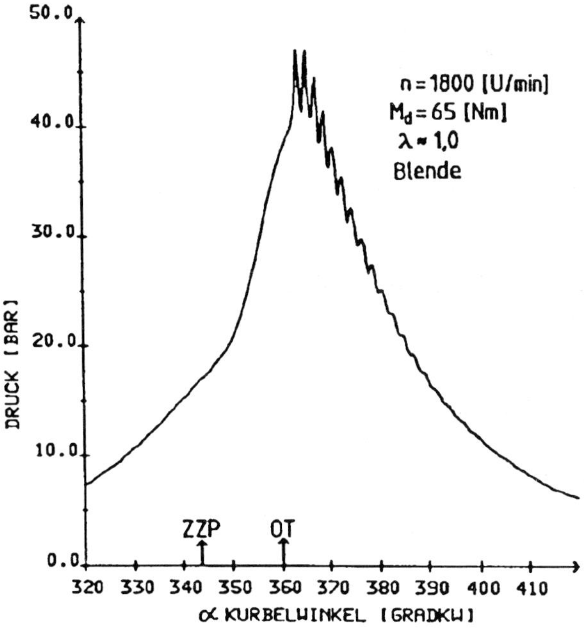


**Abb. 1.28.** Verlauf des Verbrennungsdruckes über dem Kurbelwinkel bei klopfender Verbrennung

Während übliche Verbrennungsgeschwindigkeiten bei 10 - 25 m/s liegen, treten beim Klopfen Geschwindigkeiten von 250 - 300 m/s auf. Zur Erläuterung sei gesagt, daß dies trotz der starken Erhöhung gegenüber der "normalen" Verbrennungsgeschwindigkeit, noch ein wesentlich niedrigerer Wert ist, als bei einer Detonation, wo Geschwindigkeiten von 2000 - 3000 m/s auftreten.

Bei üblicher Verbrennung schreitet die Entzündung durch Wärmeleitung fort; bei Detonation dagegen durch einen Verdichtungsstoß (adiabatische Kompression).

**Abb. 1.29** zeigt die Energieentwicklung bei unterschiedlichen Verbrennungsabläufen.

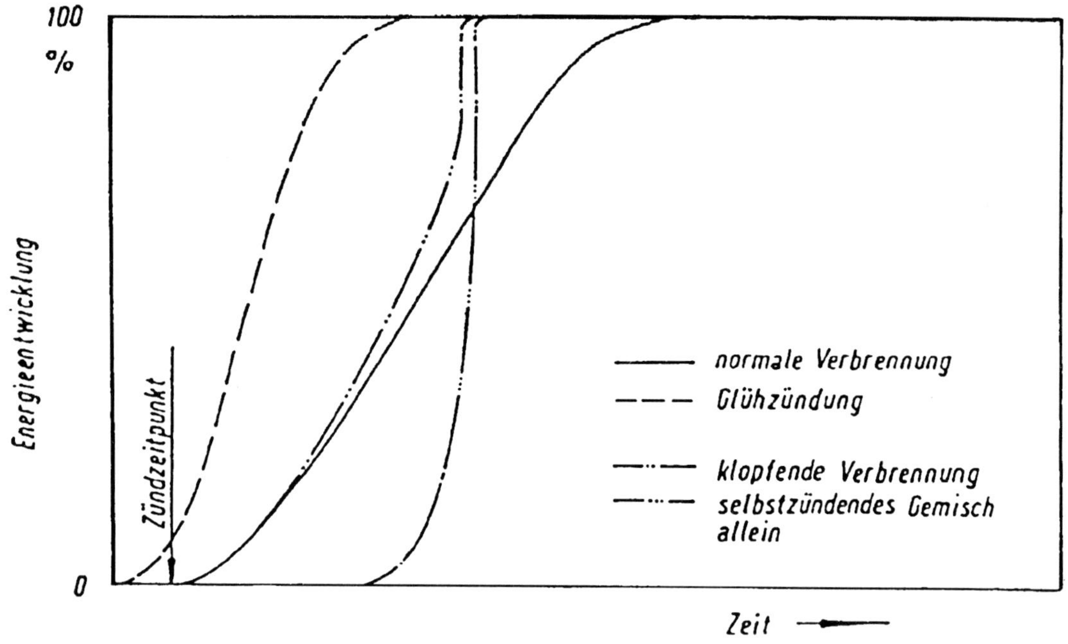


**Abb. 1.29.** Energieentwicklung bei der Verbrennung [1.1].

Auf das Klopfen haben die Betriebsbedingungen (Erwärmung, Verdichtung, Möglichkeit des unverbrannten Gemisches Wärme abzugeben, Zündzeitpunkt u.a.), der Kraftstoff und die Brennraumform (Lage der Zündkerze, Ablagerungen) wesentlichen Einfluß.

Bei Vorhandensein von Ablagerungen kann eine größere Klopfneigung aus dem Volumeneffekt, aus katalytischer Wirkung und aus thermischer Isolation herrühren. Katalytische Effekte der Ablagerungen scheinen nach den bisherigen Erfahrungen klein im Vergleich mit dem Volumen- und dem Isoliereffekt der Ablagerungen zu sein.

Grundsätzlich sind Brennräume mit starker Zusammenballung der Ladung in der Nähe der Zündkerze vorteilhafter als lang auseinandergezogene Brennräume. Motoren mit großen Zylinderabmessungen neigen wegen langer Flammenwege und wegen relativ geringerer Wärmeableitung eher zum Klopfen als Motoren mit kleineren Zylinderabmessungen.

Im einzelnen steigt die Klopfneigung mit folgenden Betriebs- bzw. Konstruktionsmerkmalen:

- mit niederer Drehzahl, da die Zeit zur Aufheizung des unverbrannten Restgemisches größer ist;
- mit höherer Belastung;
- mit höherer Verdichtung;
- mit höherer Luftdichte;

- mit verminderter Kühlung, da die Temperaturen und Drücke im Brennraum steigen;
- mit dezentraler Lage der Zündkerze im Brennraum;
- mit lang auseinandergezogenen Brennräumen, da die Flammenwege länger werden und die Zeit zur Aufheizung des unverbrannten Restgemisches größer ist.

### 1.4.7. Arbeitsverfahren

Durch die Brennraumgestaltung kann die Verbrennung im Ottomotor weitgehend beeinflußt werden. Dieser Einfluß kommt dadurch zustande, daß sich die Brennraumform auf die Ladungsbewegung und eventuell auf die örtliche Ladungszusammensetzung (Schichtlademotoren) auswirkt.

Eine Kolbenmulde und Quetschspalten ermöglichten z.B. beim sogenannten Porsche-TOP-Motor, [1.23], Abb. 1.17, die Erhöhung des Verdichtungsverhältnisses von $\varepsilon = 9{,}3$ auf $\varepsilon = 12{,}5$, bei Verwendung üblichen Superbenzins, sowie die Erweiterung des mageren Betriebsbereiches infolge beschleunigter Verbrennung durch intensive Turbulenz.

Andere bekannte Varianten von Brennraumformen sind durch die Topfmulde mit Quetschspalten, Ventiltaschen mit flachem Zylinderkopf gegeben.

Beispiele moderner Brennräume zeigt **Abb. 1.30**: der obere Teil der Abbildung stellt die Entwicklungsstufen des neuesten BMW-Zweiventil-Brennraumes dar [1.24]. Der Brennraum liegt bei der endgültigen Ausführung, ganz rechtes Bild, zum Großteil im Zylinderkopf (70 %), der Rest ergibt sich durch die Mulde im Kolben. Durch die entsprechende Formgebung von Kolben und Zylinderkopf wird eine Quetschfläche mit einem Anteil von etwa 13 % der Gesamtkolbenfläche gebildet. Die Zündkerze liegt nahe am Ventil. Im unteren Teil von Abb. 1.30 ist der Brennraum eines Vierventil-Motors ersichtlich [1.25]. Der Brennraum liegt vollständig im Zylinderkopf, durch die vier Ventile pro Zylinder kann eine zentrale Zündkerzenlage ausgeführt werden; sie ermöglicht eine schnelle und gleichmäßige Verbrennung.

Den Einfluß des Quetschflächenanteiles auf die Brenndauer zeigt **Abb. 1.31**. Durch den Übergang vom Brennraum A mit 43 % Quetschflächenanteil auf Brennraum B (73 %) kann die Brenndauer von 55 °KW auf 35 °KW verkürzt werden.

Im May - Fireball - Brennraum, **Abb. 1.32**, wird während des Verdichtungshubes gezielt eine Drallbewegung der Ladung erzeugt. Die Zündstelle befindet sich am äußeren Umfang des unter dem Auslaßventil liegenden Brennraumteiles.

Zahlreiche Konfigurationen unterteilter Brennräume sind für Ottomotoren bekannt. **Abb. 1.33** zeigt den Schnitt des PCI (Pre-Chamber-Injection) Motors von VW. In den Nebenbrennraum spritzt direkt eine Benzindüse ein. Die Zündung erfolgt ebenso in dieser Kammer.

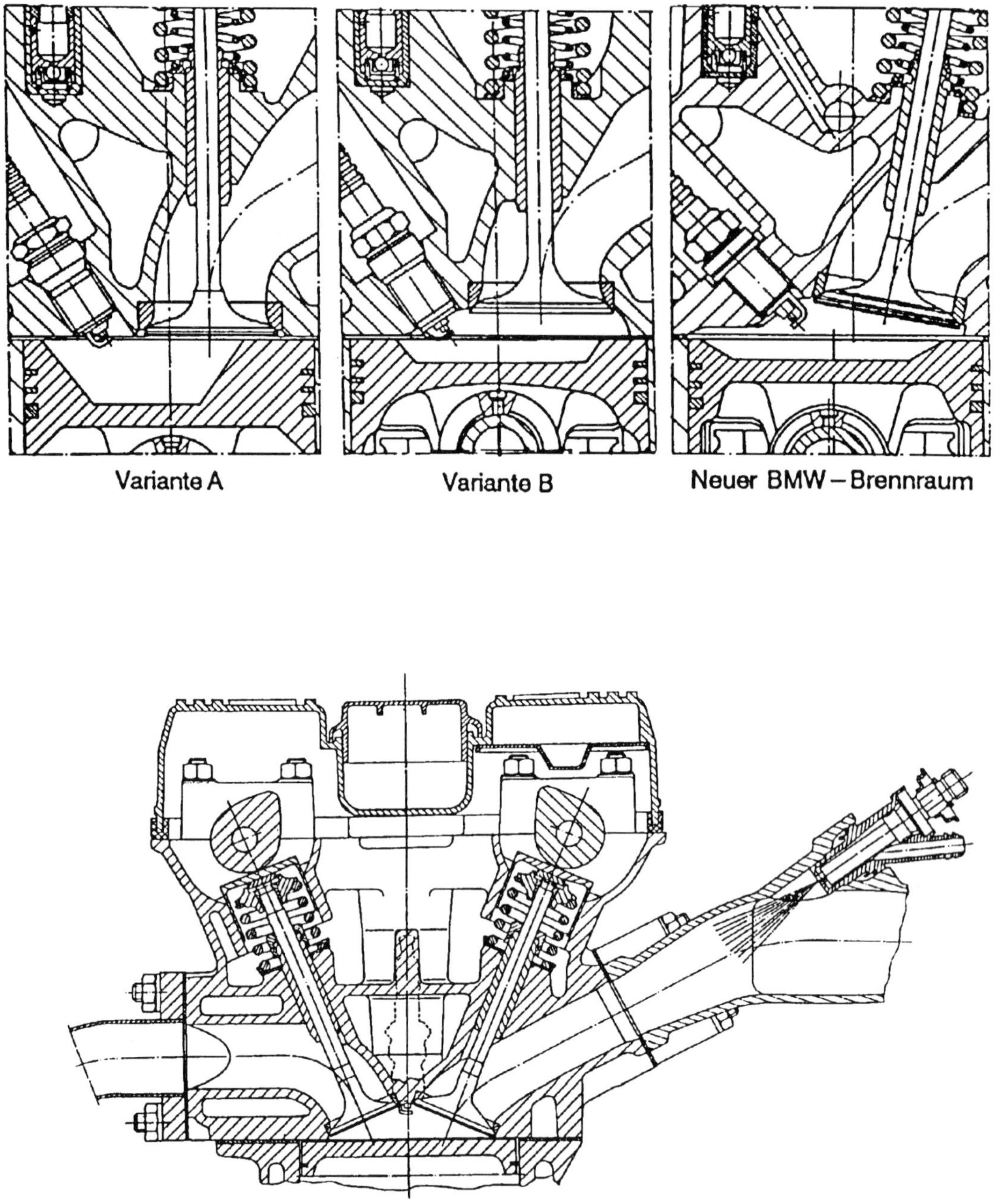


**Abb. 1.30.** Moderne Brennraumformen von Zwei- und Vierventilmotoren [1.24, 1.25]

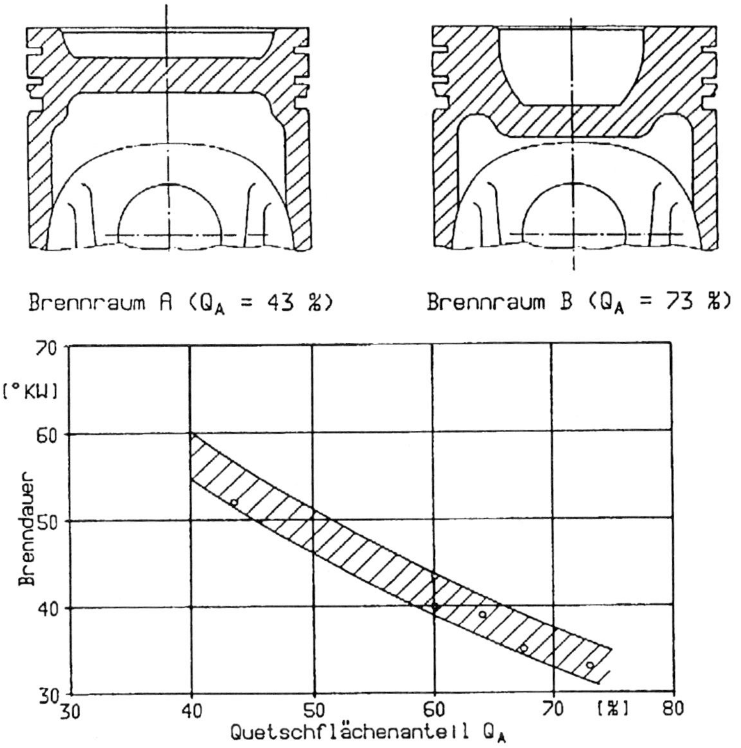


**Abb. 1.31.** Einfluß der Quetschfläche auf die Brenndauer

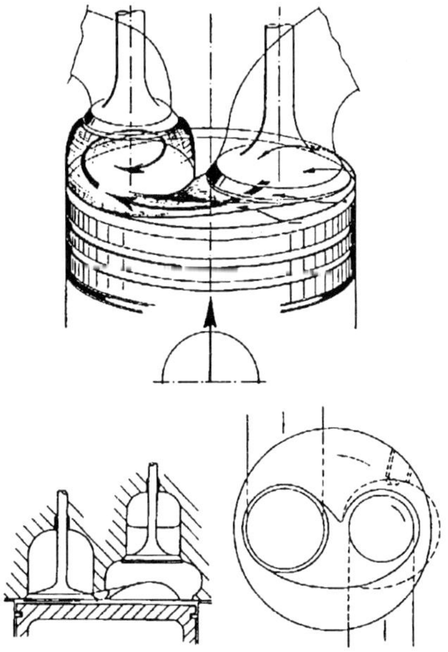

**Abb. 1.32.** Verbrennungsraum des May-Fireball-Verfahrens [1.28]

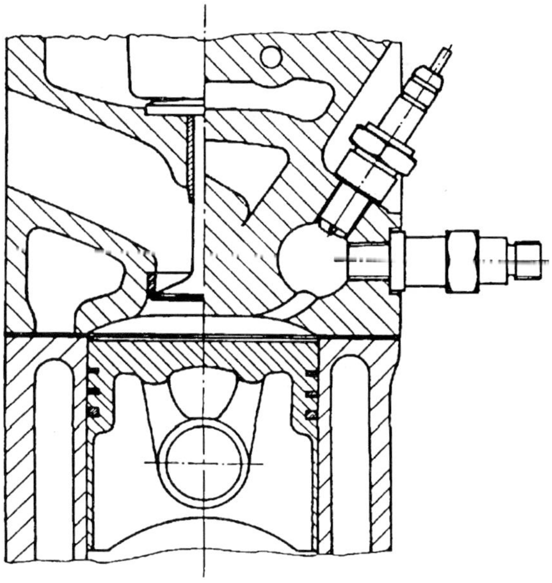

**Abb. 1.33.** Querschnitt durch den PCI-Motor von VW [1.26]

**Abb. 1.34** stellt im Querschnitt den Porsche SKS-Motor (Schichlade-Kammer-System) dar. Die Einspritzung und Zündung erfolgen in ähnlicher Weise wie in Abb. 1.33.

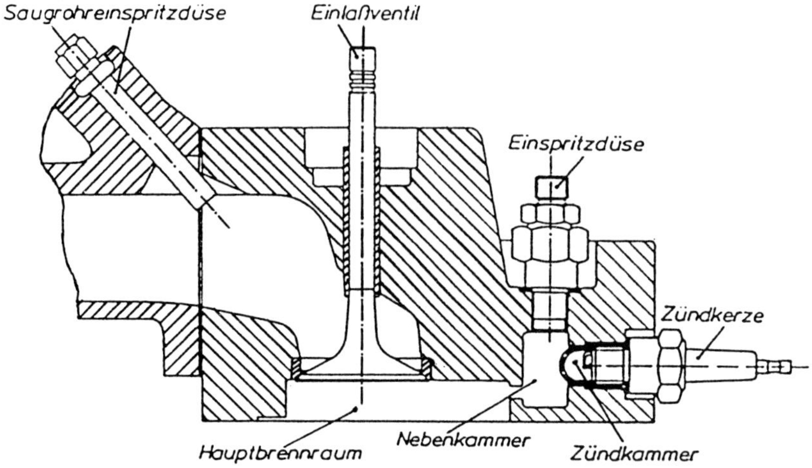


**Abb. 1.34.** Das Porsche-Schichtlade-Kammer-System (SKS-Motor) [1.27]

Mit der geometrischen Teilung des Brennraumes versucht man die Idee der Ladungsschichtung zu realisieren: Die Entflammungsphase findet in der Vorkammer statt, in der fetteres Gemisch vorliegt; die Hauptumsetzung wird durch eine Schußflamme aus der Vorkammer in den Hauptbrennraum eingeleitet, in dem sich mageres Gemisch befindet. Die geschichtete Ladung ermöglicht eine höhere Luftzahl des Gesamtgemisches und niedrigere Konzentrationen der Schadstoffkomponenten $NO_x$ und HC.

Bisher wurden nur wenige Schichtlademotoren mit unterteiltem Brennraum in Serie gefertigt. Eines der bekanntesten Beispiele ist der Honda CVCC-Motor, **Abb. 1.35**.

Eine Vorkammer ohne zusätzliche Kraftstoffversorgung beeinflußt ebenfalls die Verbrennung durch innere Turbulenzerzeugung.

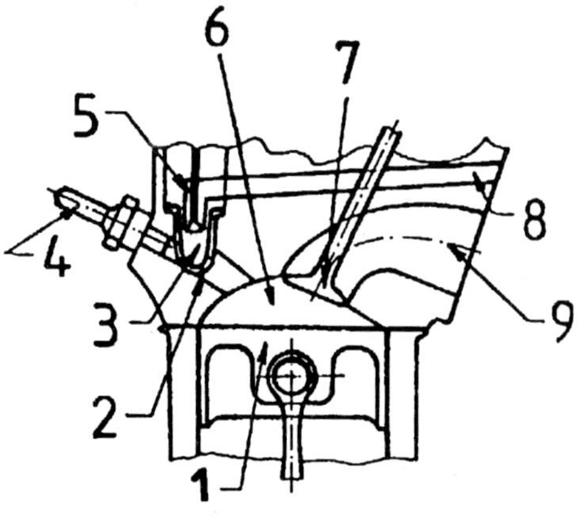


1 Kolben
2 Vorkammeröffnung
3 Vorkammer
4 Zündkerze
5 Hilfseinlaßventil
6 Hauptbrennraum
7 Haupteinlaßventil
8 Hilfseinlaßkanal
9 Haupteinlaßkanal

**Abb. 1.35.** HONDA CVCC-Motor [1.29]

### 1.4.8. Wirkungsgrad

Eine besonders wichtige Beurteilungsgröße eines Verbrennungsmotors ist der Wirkungsgrad. Man unterscheidet hier zwischen:

- dem thermischen Wirkungsgrad $\eta_{th}$ (basierend auf dem Vergleichsprozeß);
- dem indizierten Wirkungsgrad $\eta_i$ (basierend auf den im Zylinder gemessenen Werten);
- dem effektiven Wirkungsgrad $\eta_e$ (basierend auf den an der Kurbelwelle gemessenen Werten).

Bei Kenntnis des Wirkungsgrades kann auch der spezifische Kraftstoffverbrauch b des Motors ermittelt werden:

Da der Wert "Wirkungsgrad $\eta$ multipliziert mit dem unteren Heizwert $H_u$" Nutzarbeit pro eingesetzte Kraftstoffmenge repräsentiert; da ferner der spezifische Kraftstoffverbrauch b als eingesetzte Kraftstoffmenge pro Nutzarbeit definiert ist, wird der spezifische Kraftstoffverbrauch b zu:

$$b = \frac{1}{\eta \cdot H_u} \tag{1.7}$$

Berechnet man die in den Abschnitten 1.3.3., 1.3.4. und 1.3.5. angegebenen Wirkungsgrade des Gleichraumprozesses, des Gleichdruckprozesses und des Seiliger-Prozesses über dem Verdichtungsverhältnis $\varepsilon$, das eine mögliche wesentliche Maßnahme der Beeinflussung des Wirkungsgrades darstellt und trägt die Ergebnisse graphisch auf, so folgt **Abb. 1.36**.

Man erkennt in Abb. 1.36, daß mit steigendem Verdichtungsverhältnis generell die Wirkunsgrade ansteigen. Ferner steigt ausgehend vom Seiligerprozeß in Richtung Gleichraumprozeß der Wirkungsgrad; der Wirkungsgrad sinkt in Richtung Gleichdruckprozeß.

Um den Unterschied zwischen einem realen und einem idealen Gas im Hinblick auf den erzielten Wirkungsgrad zu erkennen, kann man die Wirkungsgrade auf der Basis z.B. des Gleichraumprozesses berechnen und für den Adiabatenexponenten einen mittleren Wert für den in Frage kommenden Temperaturbereich wählen, ebenso können reale Daten eines üblichen Kraftstoffes gewählt werden, siehe etwa F.A.F. Schmidt [1.3]. **Abb. 1.37** zeigt berechnete Ergebnisse der Wirkungsgrade nach [1.3] für verschiedene Luftverhältnisse $\lambda$ über dem Verdichtungsverhältnis $\varepsilon$. Die Erhöhung des Wirkungsgrades in Abb. 1.37 mit zunehmendem Luftüberschuß ist auf die Veränderung der spezifischen Wärmen zurückzuführen. Die Verschlechterung im Luftmangelbereich kommt durch Luftmangel zustande. Im stöchiometrischen Luftzahlbereich ist der Einfluß der Dissoziation am stärksten.

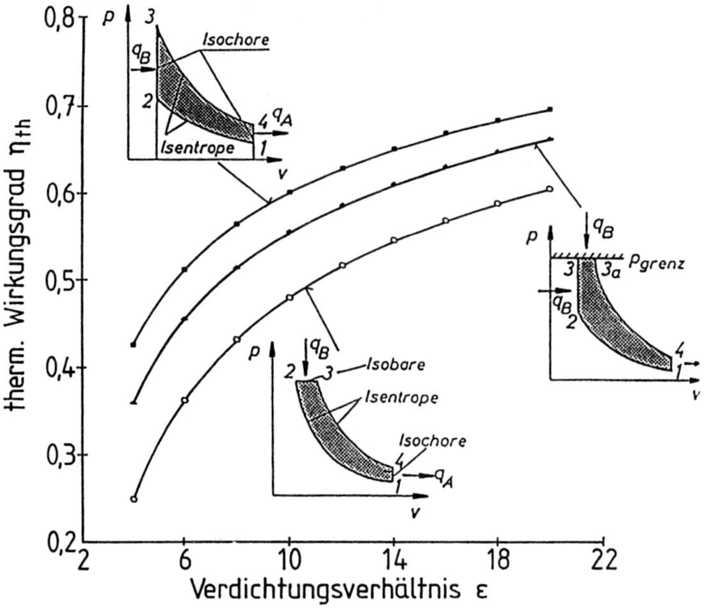


**Abb. 1.36.** Wirkungsgrade des Gleichraumprozesses, des Gleichdruckprozesses und des Seiligerprozesses über dem Verdichtungsverhältnis ε.

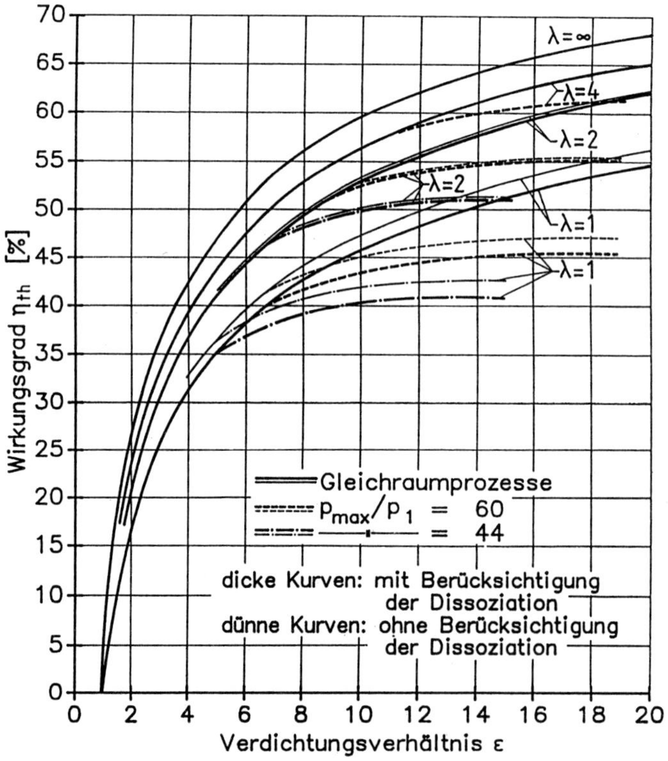


λ ...Luftverhältnis
$p_1$ ...Ansaugdruck
$p_{max}$ ...Spitzendruck

**Abb. 1.37.** Wirkungsgrade $\eta_{th}$ für den Gleichraumprozeß und den Seiligerprozeß mit und ohne Berücksichtigung der Dissoziation [1.3]

Der Einfluß des Druck- bzw. des Volumensteigerungsverhältnisses bei einem Seiligerprozeß auf den Wirkungsgrad ist aus **Abb. 1.38** zu erkennen. Dort wurde der Wirkungsgrad über dem Verdichtungsverhältnis für verschiedene Volumen- und Drucksteigerungsverhältnisse aufgetragen. Man erkennt, daß das Volumensteigerungsverhältnis erheblichen Einfluß auf den Wirkungsgrad aufweist, während der Einfluß des Drucksteigerungsverhältnisses untergeordnet ist.

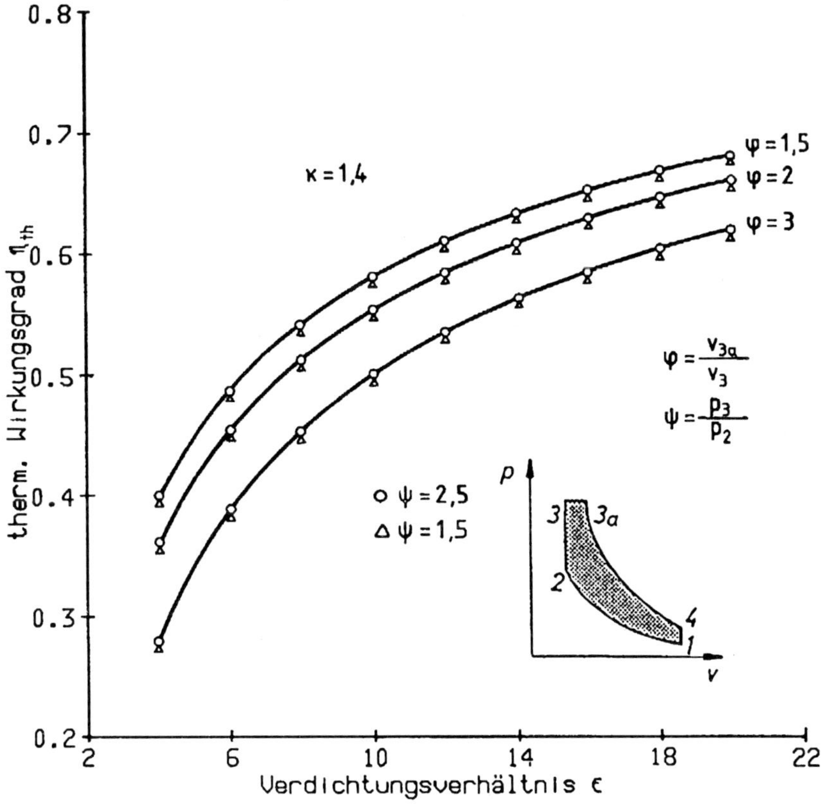


**Abb. 1.38.** Wirkungsgrad des Seiligerprozesses über dem Verdichtungsverhältnis für verschiedene Druck- und Volumensteigerungsverhältnisse ψ bzw. φ.

Auch ganz allgemein lassen sich der Einfluß der Verdichtung auf den Wirkungsgrad, sowie die Verluste durch unvollkommene Dehnung mit Hilfe idealisierter Kreisprozesse darstellen, wie folgend gezeigt wird.

Diese Untersuchungen wurden von F.A.F. Schmidt [1.3] am Beispiel des Gleichraumprozesses durchgeführt. **Abb. 1.39** zeigt die Verhältnisse schematisch, **Tabelle 1.1** gibt die zugeführte Wärmemenge, die abgeführte Wärmemenge und den Verlust durch unvollkommene Dehnung an.

Die zugeführte Wärmemenge ist in allen Fällen gleich groß angenommen. Der Vergleich der Flächen zeigt, daß die abgeführte Wärmemenge beim Prozeß mit hoher Verdichtung am geringsten ist.

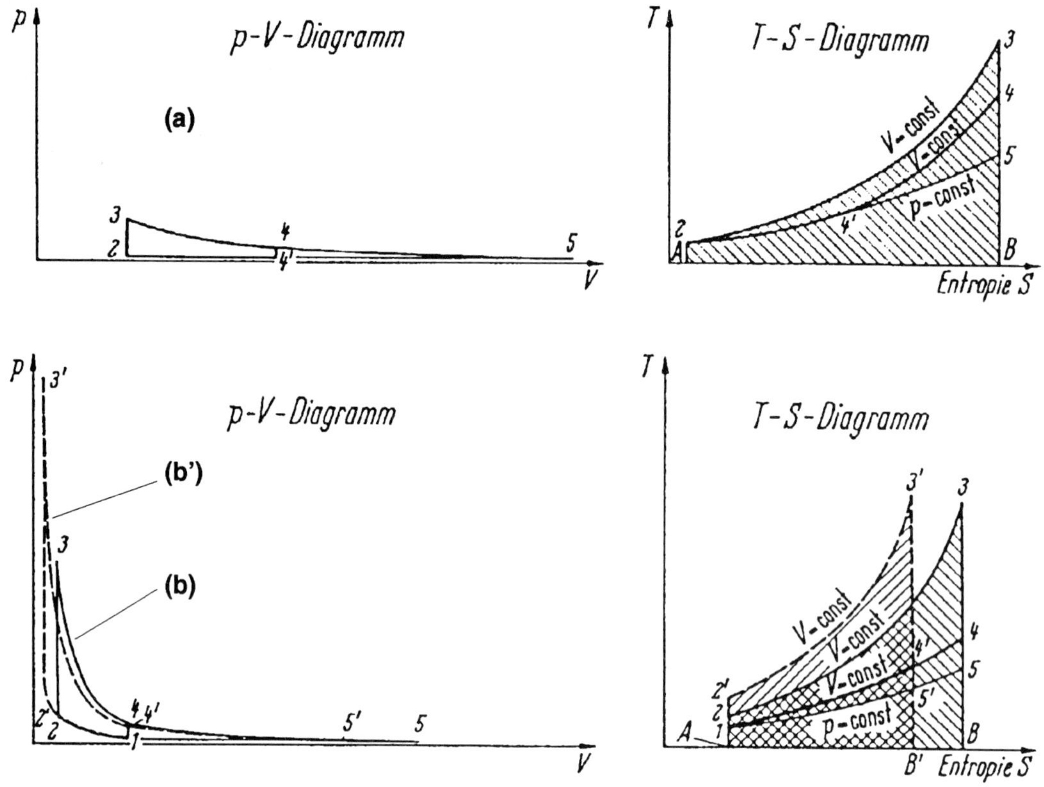


**Abb. 1.39.** Verdichtungseinfluß im p-v- und T-s-Diagramm [1.3]

| Prozeß | zugeführte Wärmemenge | abgeführte Wärmemenge | Verlust durch unvollständige Dehnung |
|---|---|---|---|
| ohne Verdichtung (a) | A-2-3-B-A | A-2-4'-4-B-A | 4-5-4'-4 |
| geringe Verdichtung (b) | A-2-3-B-A | A-1-4-B-A | 4-5-1-4 |
| hohe Verdichtung (b') | A-2'-3'-B'-A | A-1-4'-B'-A | 4'-5'-1-4' |

**Tabelle 1.1.** Zu- und abgeführte Wärmemengen nach Abb. 1.39. [1.3]

Der Verlust durch die unvollständige Dehnung kommt dadurch zustande, daß das Arbeitsgas während des Arbeitstaktes nicht bis zum Umgebungsdruck expandieren kann. Bei einem Motor mit Kurbeltrieb ist das Dehnungsverhältnis gleich dem Verdichtungsverhältnis. Mit höherer Verdichtung wird auch die Dehnung größer, der Verlust durch unvollständige Dehnung wird vermindert.

Bei real ausgeführten Ottomotoren steigt im Gegensatz zu den vorausgegangenen theoretischen Betrachtungen der Wirkungsgrad mit dem Verdichtungsverhältnis nur bis zu Werten von ca. 13 bis 15.

Die zu verwendende Kraftstoffqualität, die Brennraumform, die Ladungsbewegung, die Ladungstemperatur, der Zylinderdurchmesser, die Lage der Zündkerze, die Werkstoffe für Zylinderkopf und -block beeinflussen das optimale Verdichtungsverhältnis, da klopfende Verbrennung stets vermieden werden muß. Zu hohe Verdichtung fördert die Klopfneigung des Kraftstoffes bei Vollast und würde einen späteren Zündzeitpunkt erfordern, der seinerseits wiederum den Wirkungsgrad negativ beeinflussen würde.

# 2. Grundlagen der Gemischbildung

## 2.1. Luft

Die zur Verbrennung eines Kraftstoffes in einem Verbrennungsmotor erforderliche Sauerstoffmenge kann dem Arbeitszylinder grundsätzlich auf zwei Arten zugeführt werden:

- in gebundener Form als Bestandteil des Kraftstoffes oder einer zusätzlichen, Sauerstoff abgebenden Verbindung;
- in nicht gebundener molekularer Form ($O_2$) als Bestandteil der Ansaugluft.

Der Vorteil der zweiten Variante, daß nämlich der Sauerstoff im Fahrzeug nicht mitgeführt werden muß und so beträchtliches Gewicht gespart werden kann, führt dazu, daß in der Praxis Verbrennungsmotoren ihren Sauerstoffbedarf fast ausschließlich durch den Luftsauerstoff decken. Beimischungen von sauerstoffhaltigen Komponenten zum Kraftstoff, wie sie bei heutigen Ottokraftstoffen in der Größenordnung von bis zu 10 Volumenprozent anzutreffen sind, dienen daher nicht einer Erhöhung des Sauerstoffgehaltes des Brenngemisches, sondern sind zum Teil (z.B. Methanol) durch ihren geringeren Preis pro Liter, zum Teil (z.B. einige Ether) durch ihren günstigen Einfluß auf die Klopffestigkeit von Ottokraftstoffen begründet. Auf diesen Umstand wird im Kapitel "Kraftstoff" noch näher eingegangen.

Die Zusammensetzung der trockenen, atmosphärischen Luft bis zu einer Höhe von ca. 15 km zeigt **Tabelle 2.1**.

| Gas | | Volumenanteil [%] | Gewichtsanteil [%] | Molmasse [g] |
|---|---|---|---|---|
| trockene Luft | | 100 | 100 | 28.96 |
| Stickstoff | $N_2$ | 78.09 | 75.52 | 28.02 |
| Sauerstoff | $O_2$ | 20.95 | 23.15 | 32.00 |
| Argon | Ar | 0.93 | 1.28 | 39.95 |
| Kohlendioxid | $CO_2$ | 0.03 | 0.05 | 44.01 |
| Neon | Ne | 0.0018 | 0.0012 | 20.18 |
| Helium | He | 0.0005 | 0.00007 | 4.003 |
| Krypton | Kr | 0.0001 | 0.0003 | 83.80 |
| Xenon | Xe | 0.000009 | 0.00004 | 131.3 |
| Wasserstoff | $H_2$ | 0.00005 | 0.000004 | 2.016 |

**Tabelle 2.1.** Zusammensetzung der trockenen atmosphärischen Luft (Mittelwerte aus [2.1, 2.2, 2.3, 2.4]).

Der darin ersichtliche $O_2$-Gehalt von 20,95 Vol% nimmt erst oberhalb von etwa 15 km Höhe um ca. 0,2 Vol% je km Höhe ab [2.2]. Bis zu dieser Höhe kann die in Tabelle 2.1 dargestellte Luftzusammensetzung als konstant angesehen werden.

Die Dichte der trockenen Luft beträgt bei 0 °C und einem Luftdruck von 760 Torr (1013 mbar) 1,2928 kg.m$^{-3}$. Die Umrechnung der Luftdichte auf andere Bezugszustände erfolgt nach der Gleichung:

$$\rho_{L,t} = 1{,}2928 \cdot \frac{p_L}{760} \cdot \frac{273}{273 + T_L} \qquad (2.1)$$

$\rho_{L,t}$ [kg.m$^{-3}$] ..... Dichte der trockenen Luft
$p_L$ [Torr] ..... Luftdruck
$T_L$ [°C] ..... Lufttemperatur

Da Druck und Temperatur zeitlich und örtlich stark wechseln, wurden nationale und internationale Bezugszustände definiert.

Die "Internationale Norm-Atmosphäre" (INA) legt Luftdruck und Lufttemperatur in Meereshöhe mit 760 Torr und 15 °C fest.

Bis zu einer Höhe von 11 km gelten für Druck und Temperatur folgende Beziehungen [2.3]:

$$T_L = 15 - 0{,}0065 \cdot h \qquad (2.2)$$

$$p_L = 760 \cdot \left(1 - \frac{0{,}0065}{288}\, h\right)^{5{,}255} \qquad (2.3)$$

$T_L$ [°C] ..... Lufttemperatur
$h$ [m] ..... Höhe über dem Meeresspiegel
$p_L$ [Torr] ..... Luftdruck

**Tabelle 2.2** zeigt die Veränderung des Druckes, der Temperatur und der Dichte der Luft mit der Höhe nach dem INA-Zustand.

Die Werte der Internationalen Norm-Atmosphäre haben aber mehr Gültigkeit für die freie Atmosphäre als für erdgebundene Straßen, hier erscheint die beim INA-Zustand festgelegte und aus Glg. (2.2) ersichtliche, lineare Temperaturabnahme von 6,5 °C/1000 m Höhe zu hoch.

Für die Anwendung bei Kraftfahrzeugen ist daher eher eine "isotherme Atmosphäre" sinnvoll. **Tabelle 2.3** zeigt die entsprechenden Werte für Luftdruck und Luftdichte in Abhängigkeit von der Höhe für eine isotherme Atmosphäre von 15°C.

| h [m] | $p_L$ [Torr] | $T_L$ [°C] | $\rho_L$ [kg/m³] |
|---|---|---|---|
| -200 | 778,2 | 16,30 | 1,2492 |
| -100 | 769,1 | 15,65 | 1,2373 |
| 0 | 760,0 | 15,00 | 1,2255 |
| 100 | 751,0 | 14,35 | 1,2138 |
| 200 | 742,1 | 13,70 | 1,2021 |
| 500 | 716,0 | 11,75 | 1,1677 |
| 1000 | 674,1 | 8,50 | 1,1121 |
| 1500 | 634,2 | 5,25 | 1,0583 |
| 2000 | 596,2 | 2,04 | 1,0068 |
| 3000 | 525,8 | -4,50 | 0,9094 |
| 4000 | 462,2 | -11,00 | 0,8194 |
| 5000 | 405,1 | -17,50 | 0,7363 |
| 6000 | 353,8 | -24,00 | 0,6598 |
| 8000 | 266,9 | -37,00 | 0,5252 |
| 10000 | 198,2 | -50,00 | 0,4124 |

**Tabelle 2.2.** Druck $p_L$, Temperatur $T_L$ und Dichte $\rho_L$ der Luft bei verschiedenen Höhen h nach dem INA-Zustand [2.3]

| h | $p_L$ | $\rho_L$ | |
|---|---|---|---|
| [m] | [Torr] | [kg/m³] | [%] |
| 0 | 760 | 1,226 | 100 |
| 500 | 717 | 1,156 | 94 |
| 1000 | 675 | 1,088 | 89 |
| 1500 | 637 | 1,026 | 84 |
| 2000 | 600 | 0,966 | 79 |
| 2500 | 566 | 0,911 | 74 |
| 3000 | 533 | 0,859 | 70 |
| 3500 | 503 | 0,809 | 66 |

**Tabelle 2.3.** Druck $p_L$ und Dichte $\rho_L$ der Luft bei verschiedenen Höhen h bei einer isothermen Atmosphäre von 15°C.

Neben Druck und Temperatur wird die Luftdichte auch durch die Luftfeuchtigkeit geringfügig verändert. Aufgrund des geringeren Molekulargewichtes von Wasserdampf (18,02) gegenüber Luft (28,96) weist feuchte Luft eine geringere Dichte als trockene Luft auf. Dies ist insbesondere bei strömungstechnischen Berechnungen zu beachten.

$$\rho_{L,f} = \rho_{L,t} \cdot \left( 1 - 0{,}378 \cdot \varphi_{rel} \cdot \frac{p_{DS}}{p_L} \right) \tag{2.4}$$

$\rho_{L,f}$ [kg.m$^{-3}$] ..... Dichte der feuchten Luft
$\rho_{L,t}$ [kg.m$^{-3}$] ..... Dichte der trockenen Luft
$\rho_{rel}$ [ – ] ..... relative Luftfeuchtigkeit
$p_{DS}$ [Pa] ..... Sättigungsdampfdruck des Wassers
$p_L$ [Pa] ..... Luftdruck

Darüberhinaus vermindert sich mit zunehmendem Wasserdampfdruck auch der prozentuelle Anteil an freiem Sauerstoff in der Luft.

Um nun Vergleichsmöglichkeiten bei der Ermittlung der Motorleistung von Verbrennungsmotoren zu haben, wurden in den einzelnen Ländern Bezugszustände für die Leistungsberechnung verschiedener Motorengruppen vereinbart.

In der Bundesrepublik Deutschland (DIN 70 020 [2.46]) und in Österreich (ÖNORM V 5 003 [2.47]) wurde für die Gruppe der Kraftfahrzeugmotoren der Bezugszustand für den Luftdruck $p_{L,0}$ und für die Lufttemperatur $T_{L,0}$ mit

$$p_{L,0} = 760 \text{ Torr und } T_{L,0} = 20\,^{\circ}\text{C}$$

festgelegt.

Motorleistungen, die bei von obigem Bezugszustand abweichenden Betriebsbedingungen ermittelt wurden, werden gemäß der angeführten Normen mit der Beziehung

$$N_0 = N \cdot \frac{760}{p_L} \cdot \left( \frac{273 + T_L}{293} \right)^{0{,}5} \tag{2.5}$$

$N_0$ [kW] ..... auf Bezugszustand reduzierte Motorleistung
$N$ [kW] ..... bei Luftdruck $p_L$ [Torr] und Temperatur $T_L$ [°C] gemessene Motorleistung

umgerechnet. Wie aus Gleichung (2.5) ersehen werden kann, wird bei der Umrechnung die Luft feuchtigkeit nicht berücksichtigt.

Für ortsfeste Motoren, Schiffsmotoren und Motoren für Schienenfahrzeuge gelten hingegen veränderte Bezugszustände, welche teilweise auch die Luftfeuchtigkeit mit einschließen. So ist z.B. in der BRD der Bezugszustand für "Motoren für allgemeine Verwendung" in der DIN 6270 [2.48] wie folgt festgelegt

$$p_0 = 736 \text{ Torr}, \; T_0 = 20^{\circ}\text{C}, \; \varphi_{0,rel} = 60\%$$

$\varphi_{0,rel}$ [%] ..... relative Luftfeuchtigkeit

Als Vergleich zu dem in der Bundesrepublik Deutschland und in Österreich definierten Bezugszustand für Kraftfahrzeugmotoren seien hier nur die Werte des entsprechenden Bezugszustandes (SAE J 245) in den Vereinigten Staaten von Amerika angeführt:

$p_0$ = 746,2 Torr (29,38 inch. Hg)
$T_0$ = 29,4 °C (85 °F)
$p_D$ = 9,6 Torr (0,38 inch. Hg)

$p_D$ [Torr] .....Partialdruck des Wasserdampfes

Wie aus den Daten ersehen werden kann, ist in den USA eine Berücksichtigung der Luftfeuchtigkeit bei der Leistungsreduzierung auf Bezugszustand vorgesehen.

Gelegentlich wird überlegt, ob es sinnvoll sei, Verbrennungsluft mit einem höheren Sauerstoffgehalt als in Normalluft in Verbrennungsmotoren zu verwenden, da eine derart geänderte Zusammensetzung der Verbrennungsluft Einfluß auf die Abgasemissionen und den Kraftstoffverbrauch haben wird. Durch die Entwicklung neuer Techniken wie die der Molekularsiebe, der Membrantechnologie, wäre es möglich, die Luft mit einem höheren Sauerstoffgehalt als Normalluft zu gewinnen. Die Effekte einer Sauerstoffanreicherung der Luft wurden von [2.128] untersucht.

Es zeigte, sich daß durch Sauerstoffanreicherung der Luft eine vermehrte Stickoxidbildung eintritt während die HC-Bildung vermindert wird. Die Gründe für diese Effekte sind eine erhöhte Temperatur, ein starker Temperaturgradient und die höhere Sauerstoffkonzentration. Infolge der ottomotorischen Drosselregelung ergeben sich im Teillastgebiet trotz Sauerstoffanreicherung erhöhte Verbräuche. Im Vollastbetrieb ist durch Sauerstoffanreicherung eine Leistungssteigerung entsprechend einer Heizwerterhöhung möglich, jedoch treten hierbei Probleme durch Klopferscheinungen, Glühzündung und Zurückschlagen der Flamme in den Ansaugtrakt auf. Insgesamt erscheint daher nach dem derzeitigen Stand der Erkenntnisse eine Anreicherung der Ansaugluft mit Sauerstoff beim Ottomotor wenig sinnvoll.

## 2.2. Kraftstoff

### 2.2.1. Anforderungen an die Kraftstoffe

Ziel der Verbrennung von Kraftstoffen (Brennstoffen) in Verbrennungskraftmaschinen ist es, chemisch gespeicherte Energie in mechanische Arbeit umzuwandeln. Daraus ergibt sich zunächst die grundlegende Forderung nach Kraftstoffen hohen Energiegehaltes bei gleichzeitig ausreichender Verfügbarkeit.

Werden die Verbrennungskraftmaschinen zum Fahrzeugantrieb benutzt, so sollte der ideale Kraftstoff darüber hinaus möglichst geringe Masse, geringes Volumen sowie eine unkomplizierte und gefahrlose Speicherbarkeit aufweisen. Sie müssen weiterhin mit dem in der Umgebungsluft enthaltenen, freien molekularen Sauerstoff reaktionsfähig sein, damit sich der zusätzliche Transport eines Oxidationsmittels erübrigt.

Der Einsatz der Kraftstoffe in Ottomotoren erfordert prinzipbedingt eine Reihe weiterer, zum Teil gegensätzlich erscheinender Kraftstoffeigenschaften.

Gemäß der Definition eines Ottomotors [2.49] muß spätestens zu Beginn der Fremdzündung ein zündfähiges, möglichst homogenes Gemisch vorliegen. Steht der Kraftstoff in flüssigem, also nicht gasförmigem Zustand zur Verfügung, so sind zur Erfüllung obiger Forderungen hohe Zerstäubungs- und Verdampfungsneigung erforderlich. Kraftstoffe hoher "Vergasungsbereitschaft" erscheinen hier besonders günstig, doch bringen diese auch die Gefahr der Dampfblasenbildung im Gemischbildner mit sich.

Die nach dem Ansaugtakt stattfindende Verdichtung des Kraftstoff-Luft-Gemisches im Zylinder führt zu einer Überhitzung der Kraftstoffdämpfe. Da die Zündung beim Ottomotor erst durch den Zündfunken der Zündkerze eingeleitet werden soll, muß die Selbstzündtemperatur des Gemisches über der Verdichtungsendtemperatur liegen. Darüber hinaus sollte diese auch über jener Temperatur liegen, die der zuletzt verbrennende Gemischanteil (Ladungsrest) infolge seiner Kompression durch die fortschreitende Flammenfront erreicht, da es sonst zum "Klopfen" des Motors kommt.

Um möglichst einheitliche Konstruktionen sowie möglichst weltweiten Betrieb von Ottomotoren zu ermöglichen, sind in den einzelnen Ländern Mindestanforderungen an flüssige Ottokraftstoffe im Rahmen von Normen festgelegt worden. Diese umfassen in der Regel Maximalwerte, Minimalwerte oder Wertebereiche für die Dichte, die Klopffestigkeit, den Dampfdruck bei einer bestimmten Temperatur, das Siedeverhalten, den Destillations- und Verdampfungsrückstand sowie die Gehalte an Schwefel, Blei, anderer gesundheitsgefährdender Komponenten (z.B. Benzol) sowie sauerstoffhaltiger Bestandteile (Alkohol, Ether etc.).

Für die Bundesrepublik Deutschland gelten für verbleite Ottokraftstoffe die Mindestanforderungen gemäß DIN 51600 [2.50], für unverbleite gemäß DIN 51607 [2.51]. Österreich hat die

Mindestanforderungen an verbleite Superkraftstoffe in der ÖNORM C 1103 [2.52], an unverbleite in der ÖNORM EN 228 [2.130] festgelegt. Bezüglich der einzelnen Werte wird auf die Normblätter verwiesen. Insbesondere in Hinblick auf die immer strengeren Abgasgesetzgebungen in den einzelnen Ländern sind Bemühungen im Gange, die in den Normen angegebenen Toleranzbereiche weltweit möglichst eng und einheitlich zu spezifizieren.

### 2.2.2. Zusammensetzung und Aufbau der Kraftstoffe

#### 2.2.2.1. Grundsätzliches

Die zahlreichen Anforderungen an den Ottokraftstoff schränken die große Palette an bekannten Kraftstoffen stark ein.

Kohlenstoff hat zwar einen hohen Energiegehalt (Heizwert), verbrennt jedoch sehr träge und ist nur schwer aufbereitbar.

Wasserstoff weist demgegenüber einen sehr hohen Heizwert und auch eine überaus schnelle Verbrennung auf, ist aber sowohl als Gas als auch als Flüssigkeit nur unter großem Aufwand (schwere Stahlflaschen, hoher Druck oder tiefe Temperaturen) speicherbar. Ob die seit geraumer Zeit durchgeführten Entwicklungen von Metallhydridspeichern für die Zukunft eine bessere Situation ergeben, ist fraglich, jedenfalls wird die im Fahrzeug mitzuführende Speichermasse pro Energieeinheit auch dann einen vergleichsweise hohen Wert aufweisen.

Am besten haben sich demgegenüber Verbindungen aus Kohlenstoff und Wasserstoff, die sogenannten Kohlenwasserstoffe, bewährt. Sie stehen im Erdöl und im Erdgas als Naturprodukt zur Verfügung, können aber auch synthetisch hergestellt werden.

Die Zahl der möglichen Kohlenwasserstoffverbindungen ist nahezu unbegrenzt, da der vierwertige Kohlenstoff gerade und verzweigte Ketten sowie die verschiedenartigsten Ringsysteme bilden kann. Die noch freien Valenzen der Kohlenstoffmoleküle sind mit einwertigen Wasserstoffatomen abgesättigt.

Länge und Struktur der Kohlenwasserstoffketten bzw. -ringe haben einen wesentlichen Einfluß auf die Gemischbildungs- und Verbrennungseigenschaften der Kraftstoffe. Aus diesem Grund wird durch spezielle Verarbeitungsverfahren des nach der Rohöldestillation anfallenden Rohbenzins wie Cracken, Reformieren, Isomerisieren, Polymerisieren, Hydrieren oder Alkylieren versucht, für die Verwendung in Ottomotoren günstige Kohlenwasserstoff-Molekülstrukturen herbeizuführen. Man erhält dadurch spezielle Benzintypen, welche sich voneinander dadurch unterscheiden, daß bestimmte Kohlenwasserstoff-Strukturen ("Bauformen") überwiegen. Solche Benzintypen werden entsprechend dem Verarbeitungsverfahren z.B. Destillatbenzin, Crackbenzin, Reformatbenzin, Polymerbenzin, Isomerbenzin, Alkylatbenzin, Pyrolysebenzin oder Motorenbenzol genannt. Durch Mischen der einzelnen Benzintypen kann ein Ottokraftstoff ganz bestimmter Eigenschaften hergestellt werden.

Sollte trotz dieser Verarbeitungsmaßnahmen der Kraftstoff noch nicht die gewünschte Eigenschaft aufweisen oder eine weitere Verarbeitung des Benzins wirtschaftlich nicht mehr tragbar sein, können dem Benzin zusätzliche, nicht durch Rohölverarbeitung gewonnene Kraftstoffe wie z.B. Alkohole und/oder Ether, sowie sogenannte "Kraftstoffadditive" beigemischt werden.

Im folgenden werden nun Einteilung und Aufbau der reinen sowie der wichtigsten sauerstoffhaltigen Kohlenwasserstoffe kurz dargelegt und darüber hinaus die wesentlichsten Eigenschaften der einzelnen "Bauformen" erläutert. Anschließend erfolgt ein kurzer Überblick über die gebräuchlichsten Kraftstoffadditive.

### 2.2.2.2. Reine Kohlenwasserstoffe

Kohlenwasserstoffe werden nach ihren Bindungsformen unterteilt in:

- 1. kettenförmige (aliphatische) Kohlenwasserstoffe;
- 2. ringförmige (zyklische) Kohlenwasserstoffe.

Beide Gruppen teilen sich in gesättigte und ungesättigte Verbindungen.

#### 2.2.2.2.1. Kettenförmige (aliphatische) Kohlenwasserstoffe

Man unterscheidet:

- kettenförmige gesättigte Kohlenwasserstoffe: Paraffine (Alkane);
- kettenförmige ungesättigte Kohlenwasserstoffe:
  Olefine (Alkene);
  Diolefine (Diene);
  Azetylene (Alkine).

Paraffine (Alkane)

Kettenförmige Kohlenwasserstoffe, bei denen alle freien Valenzen der geradlinig oder verzweigt aneinandergereihten, vierwertigen C-Atome mit einwertigen H-Atomen abgesättigt sind. Da keine Doppelbindungen vorliegen, weisen Paraffine die höchstmögliche Anzahl an Wasserstoffatomen auf.

Damit ergibt sich für diese Verbindungen die Summenformel:

$C_nH_{2n+2}$ $\qquad$ $n = 1$ bis ca. 10

Handelt es sich um gerade (besser: unverzweigte) Ketten, so spricht man von n - (normal) - Paraffinen

z.B. n-Heptan $C_7H_{16}$

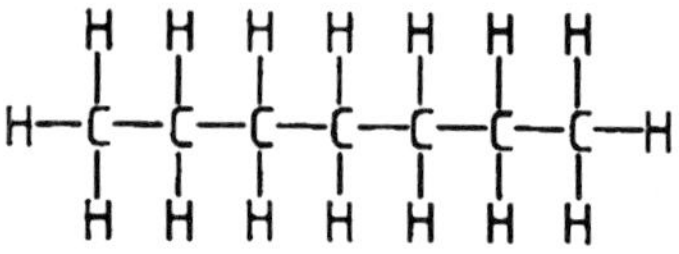

Die Bindung der Atome im Molekül ist bei kurzen Ketten (wenig C-Atome) stark, bei längeren Ketten wird sie schwächer. Dadurch weisen kurzkettige n-Paraffine schlechte Zündwilligkeit (hohe Zündtemperatur) bzw. hohe Klopffestigkeit auf (z.B. Ethan $C_2H_6$: ROZ = 112), während sich diese Eigenschaften mit zunehmender Kettenlänge umkehren. So ist das oben abgebildete n-Heptan $C_7H_{16}$ bereits so zündwillig, daß es bei der Oktanzahlbestimmung von Ottokraftstoffen als unterer Bezugskraftstoff (ROZ = MOZ = 0) herangezogen wird. Noch deutlicher kommt dieses beim Hexadecan (Cetan) $C_{16}H_{34}$ zum Ausdruck, welches auf Grund seiner hohen Zündwilligkeit als oberer Bezugskraftstoff (CZ = 100) bei der Cetanzahlbestimmung von Dieselkraftstoffen dient.

Mit zunehmender Molekülgröße steigen darüber hinaus die Dichte und der Siedepunkt. Bei atmosphärischen Temperaturen und Drücken sind die n-Paraffine Methan $CH_4$, Ethan $C_2H_6$, Propan $C_3H_8$ und Butan $C_4H_{10}$ gasförmig, die weiteren, wie Pentan $C_5H_{12}$, Hexan $C_6H_{14}$, Heptan $C_7H_{16}$, Oktan $C_8H_{18}$ usw. flüssig. Oberhalb von Cetan $C_{16}H_{34}$ sind sie in reinem Zustand fest. Normal-Paraffine sind die im Erdöl am stärksten vertretenen Kohlenwasserstoffe.

Liegen die gesättigten Kohlenstoffketten nicht geradlinig, sondern verzweigt vor, so spricht man von i - (iso) - Paraffinen. Iso-Paraffine haben dieselbe Summenformel wie Normal-Paraffine, jedoch einen kompakteren strukturellen Aufbau. Dadurch weisen Iso-Paraffine geringere Zündwilligkeit bzw. erheblich höhere Klopffestigkeit auf.

Als Beispiel kann das abgebildete 2,2,4 - Trimethylpentan herangezogen werden, welches als eines der vielen möglichen Strukturformen des iso-Oktans $C_8H_{18}$ eine ROZ von 100 aufweist, gegenüber dem extrapolierten Wert von -18 des n-Oktans $C_8H_{18}$.

i-Oktan $C_8H_{18}$ (Trimethylpentan)

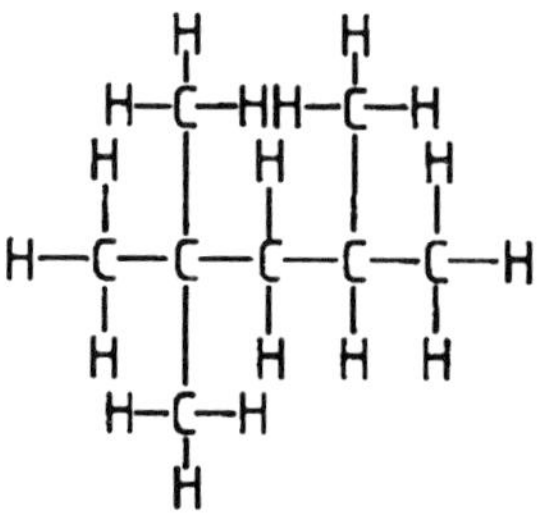

Olefine (Alkene)

Kettenförmige ungesättigte Kohlenwasserstoffe (geradlinig oder verzweigt) mit einer Doppelbindung zwischen zwei C-Atomen. Sie enthalten dadurch zwei Wasserstoffatome weniger als die entsprechenden Paraffine (Alkane), weshalb sie als "ungesättigte Kohlenwasserstoffe" bezeichnet werden.

Die Summenformel der Olefine lautet: $C_nH_{2n}$

z. B. Ethen (Ethylen) $C_2H_4$ Buten (Butylen) $C_4H_8$

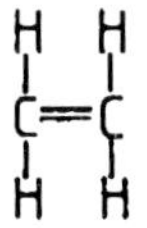

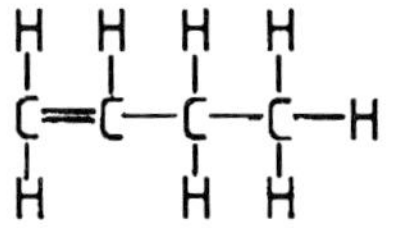

Olefine liegen überwiegend geradkettig vor, Verzweigungen sind seltener. Durch die Doppelbindung wird die Kohlenstoffkette widerstandsfähiger, wodurch Olefine eine höhere Klopffestigkeit als vergleichbare Paraffine aufweisen.

Diolefine (Diene)

Kettenförmige ungesättigte Kohlenwasserstoffe (geradlinig oder verzweigt) mit 2 Doppelbindungen zwischen den C-Atomen. Sie sind dadurch noch wasserstoffärmer als die Monoolefine.

Summenformel: $C_nH_{2n-2}$

z.B. Butadien $C_4H_6$

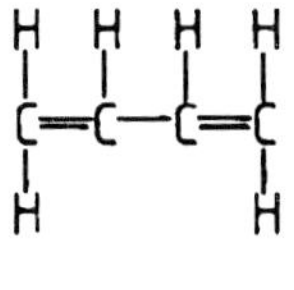

Azetylene (Alkine)

Kettenförmige ungesättigte Kohlenwasserstoffe (geradlinig oder verzweigt) mit einer Dreifachbindung zwischen den C-Atomen.

Summenformel: $C_nH_{2n-2}$

z.B. Azetylen $C_2H_2$

$$H-C\equiv C-H$$

Olefine, Diolefine und Azetylene sind im Erdöl praktisch nicht enthalten, können aber bei den Verarbeitungsverfahren gebildet werden.

2.2.2.2.2. Ringförmige (zyklische) Kohlenwasserstoffe

Man unterscheidet:

- ringförmige gesättigte Kohlenwasserstoffe:
  Naphthene (Zykloparaffine, Zykloalkane);
- ringförmige ungesättigte Kohlenwasserstoffe:
  ungesättigte Naphthene (Zykloolefine, Zykloalkene);
- Aromaten.

Naphthene (Zykloparaffine)

Gesättigte Kohlenwasserstoffverbindungen mit ringförmig angeordneten Kohlenstoffatomen. Dadurch entfallen gegenüber den Paraffinen zwei Wasserstoffatome.

Summenformel: $C_nH_{2n}$

z. B. Zyklohexan $C_6H_{12}$

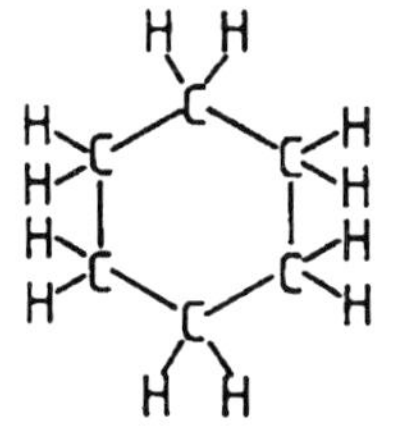

Die Zündwilligkeit dieser Verbindungen ist klein und die Klopffestigkeit höher als bei den entsprechenden n-Paraffinen.

Ungesättigte Naphthene (Zykloolefine, Zykloalkene)

Ringförmige ungesättigte Kohlenwasserstoffe mit ein oder zwei Doppelbindungen zwischen den C-Atomen.

Summenformel:

a) $C_nH_{2n-2}$ (1 Doppelbindung)

b) $C_nH_{2n-4}$ (2 Doppelbindungen)

Der natürliche Gehalt an Naphthenen im Rohöl ist stark provenienzabhängig.

z.B. ad a) Zyklohexen $C_6H_{10}$ ad b) Zyklopentadien $C_5H_6$

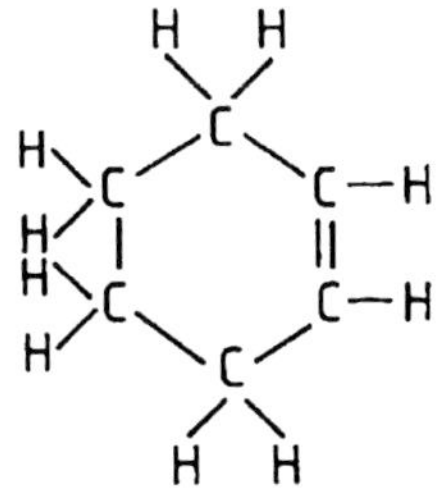

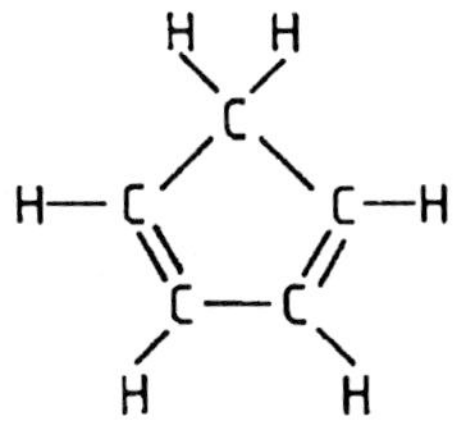

Aromaten

Sind sechs C-Atome so zu einem Ring zusammengeschlossen, daß neben drei Einfachbindungen auch drei Doppelbindungen vorliegen, so erhält man den Grundkörper der aromatischen Kohlenwasserstoffe, das Benzol $C_6H_6$.

Benzol $C_6H_6$ Abgekürzte Formel:

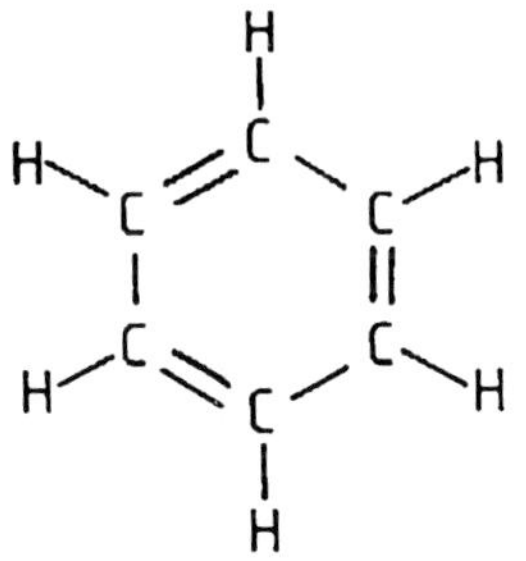

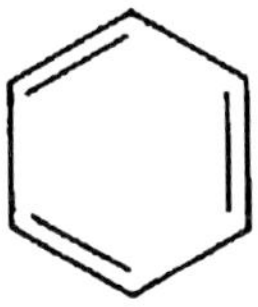

oder

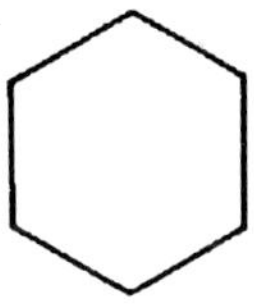

Durch Aneinanderreihung bzw. Kondensation von Benzolringen können nun fast beliebig viele aromatische Kohlenwasserstoffverbindungen gebildet werden, die jedoch je nach Anzahl und Anordnung der Benzolringe stark unterschiedliche Eigenschaften aufweisen.

Beispiele:

Naphtalin $C_{10}H_8$ Anthrazen $C_{14}H_{10}$ Phenantren $C_{14}H_{10}$ Pyren $C_{16}H_{10}$

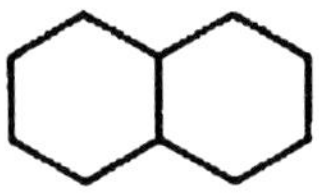

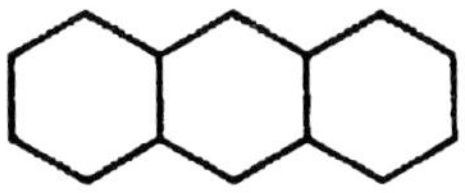

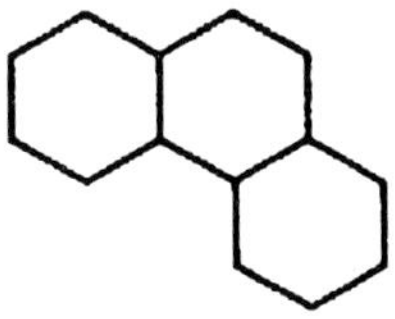

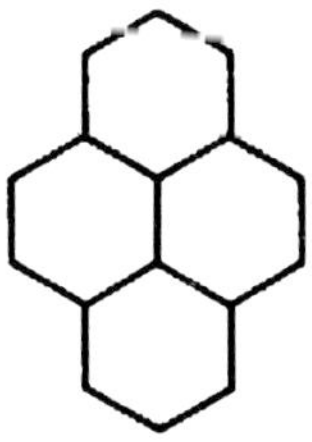

Außer der Aneinanderreihung von Benzolringen kann es auch vorkommen, daß einzelne Wasserstoffatome des Grundstoffes Benzol $C_6H_6$ durch Alkoholgruppen, besonders durch den Methylrest $CH_3$ ersetzt sind. Diese "Benzolhomologen" haben, wie das Benzol, die allgemeine Summenformel:

$$C_nH_{2n-6}$$

z. B. Toluol $C_7H_8$ Xylol $C_8H_{10}$

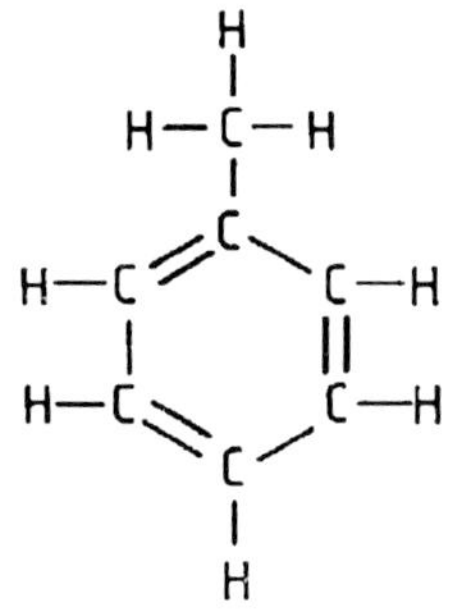


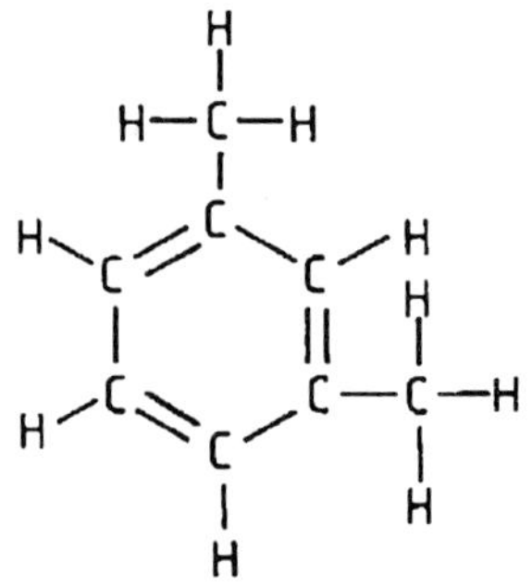


Die Aromaten sind die wasserstoffärmsten Kohlenwasserstoffe. Die kompakte symmetrische Benzolstruktur verleiht den Aromaten hervorragende thermische Stabilität bzw. Klopffestigkeit, weshalb sie als Bestandteil von Ottokraftstoffen sehr geschätzt sind. Da jedoch einigen aromatischen Verbindungen hohe Toxizität bzw. Karzinogenität nachgewiesen werden konnte, sind sie in manchen Ländern als Kraftstoffbestandteil teilweise limitiert. In Österreich ist beispielsweise der Benzolgehalt im Ottokraftstoff (Normal und Super) mit maximal 5 Vol% gesetzlich begrenzt.

Wie bei den Naphtenen ist auch bei den Aromaten der natürliche Gehalt im Erdöl stark provenienzabhängig.

### 2.2.2.3. Sauerstoffhaltige Kohlenwasserstoffe

Sauerstoffhaltige Kohlenwasserstoffe sind Alkohole, Phenole, Aldehyde, Ketone und Ether.

Als Beimischung zum Kraftstoff spielen aber praktisch nur Alkohole und Ether eine gewisse Rolle, weshalb im folgenden nur auf diese beiden Gruppen eingegangen wird.

#### 2.2.2.3.1. Alkohole (Alkanole)

Alkohole sind Kohlenwasserstoffe, die neben Kohlenstoff- und Wasserstoffatomen auch eine OH - (Hydroxyl) - Gruppe enthalten. Je nach Anzahl der OH-Gruppen wird nach ein-, zwei- und dreiwertigen Alkoholen unterschieden.

Zu den bekanntesten einwertigen Alkoholen zählen Methanol $CH_3OH$, Ethanol $C_2H_5OH$, Propanol $C_3H_7OH$ und Butanol $C_4H_9OH$, als Vertreter der zweiwertigen Alkohole wäre Glykol $C_2H_4(OH)_2$, als wichtiger Vertreter der dreiwertigen Glyzerin $C_3H_5(OH)_3$ zu nennen.

Als sogenannte "Alternativkraftstoffe" bzw. Kraftstoffzusätze finden jedoch nur die einwertigen Alkohole und hier insbesondere die niederen einwertigen Alkohole Methanol $CH_3OH$ und Ethanol $C_2H_5OH$ Verwendung, höhere einwertige Alkohole werden aus Kostengründen meist nur als Lösungsvermittler eingesetzt.

Methanol (Methylalkohol) $CH_3OH$ Ethanol (Ethylalkohol) $C_2H_5OH$

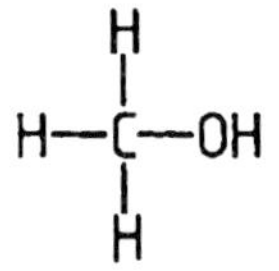

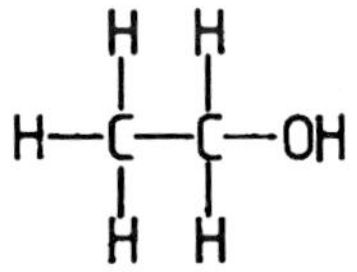

Auf Grund ihres Sauerstoffgehaltes weisen Alkohole einen deutlich geringeren Heizwert (Methanol ca. die Hälfte) als reine Kohlenwasserstoffe auf, allerdings ist auch ihr stöchiometrischer Luftbedarf geringer. Dadurch ist der Gemischheizwert ähnlich dem von Benzin. Alkohole nehmen leicht Wasser auf und sind mit diesem in jedem Verhältnis mischbar. Diese Wasserlöslichkeit führt jedoch bei Motoren zu Korrosionsproblemen und erschwert die Mischbarkeit mit Benzin. Bereits ein Wassergehalt im Alkohol von weniger als 1 Vol% läßt, ohne Zusatz eines "Lösungsvermittlers" (meist höherer Alkohol oder Ether), keine stabilen Mischungen mit Benzin mehr zu.

Weitere Nachteile der Alkohole sind deren hohe Verdampfungswärme bei noch niederen Temperaturen (Kaltstart und Warmlaufprobleme) sowie die Eigenschaft insbesondere des Methanols, einige Kunststoffe (u.a. Elastomere) anzugreifen. Aus diesem Grund ist in Österreich der Methanolgehalt im unverbleiten Ottokraftstoff mit maximal 3 Vol% gesetzlich begrenzt. Eine in Vorbereitung befindliche EG-Richtlinie strebt denselben Grenzwert an.

Die bereits erwähnte, hohe Verdampfungswärme der Alkohole und die daraus resultierende Gemischabkühlung kann hingegen in manchen Fällen, wie zum Beispiel im Rennsport, auch von Vorteil sein.

Der größte Vorteil der Alkohole liegt, bei Verwendung als Reinalkoholkraftstoff, in ihrer hohen Klopffestigkeit. So bewegen sich die Research-Oktanzahlen (ROZ) der reinen Alkohole Methanol, Ethanol, Propanol und Butanol zwischen 110 und 118, allerdings weisen sie auch eine sehr große "Sensitivity" (Differenz ROZ - MOZ) auf [2.5]. Die Höhe dieses Sensitivity-Wertes ist stark von der Molekülstruktur des Alkoholes (Anordnung der OH-Gruppe) abhängig. Bei Einsatz von Alkoholen in Ottomotoren ist daher unbedingt vorher die Motor-Oktanzahl (MOZ) mitzubestimmen.

2.2.2.3.2. Ether

Ether sind Kohlenwasserstoffe, die neben Kohlenstoff- und Wasserstoffatomen auch ein Sauerstoffatom enthalten.

Der Vorzug der Ether als Ottokraftstoff liegt - ähnlich wie bei den Alkoholen - in ihrer großen Klopffestigkeit. Die relativ kostspielige Herstellung der Ether läßt sie jedoch nur als Beimischkomponente zu Benzin in Frage kommen. Hierzu werden hauptsächlich Methyltertiärbutylether (MTBE), Ethyltertiärbutylether (ETBE), Diisopropylether sowie - vorwiegend in den Vereinigten Staaten - Metylisoamylether verwendet. MTBE besitzt beispielsweise eine ROZ von 115 - 120, die MOZ liegt bei ca. 101 [2.5]

Methyltertiärbutylether (MTBE)

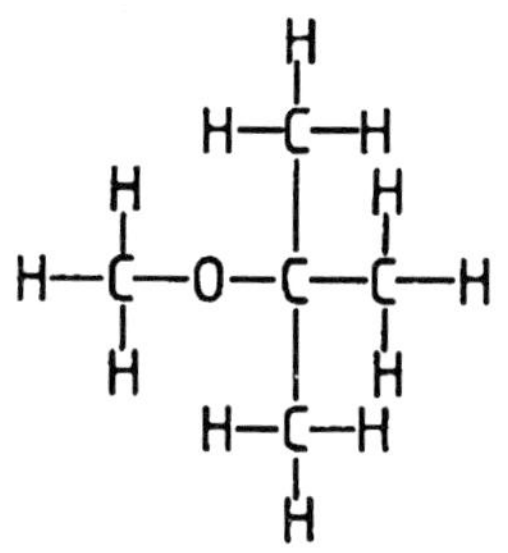

2.2.2.4. Kraftstoffadditive

Kraftstoffadditive sollen vorhandene Eigenschaften des Kraftstoffes verbessern oder auch dem Kraftstoff zusätzliche Eigenschaften verleihen. Die zugesetzten Mengen liegen unter 1%.

Je nach Funktion der Zusätze unterscheidet man bei Ottokraftstoffen:

- Klopfbremsen (Antiklopfmittel);
- Rückstandsumwandler (Deposit-Modifier);
- Antioxidantien (Oxidationsinhibitoren);
- Metalldeaktivatoren;
- Korrosionsinhibitoren;
- Vereisungshemmstoffe (Deicer);
- Vergaser-Reinigungs- und Reinhaltesubstanzen (Detergent/ Dispersant-Additive).

Klopfbremsen (Antiklopfmittel)

Klopfbremsen steigern die Klopffestigkeit, d.h. sie heben die Oktanzahl.

Es gibt metallorganische und metallfreie Klopfbremsen, letztere teilen sich wiederum in organische Stickstoff- und anorganische Sauerstoffverbindungen.

Zusätzlich gibt es die sogenannten Blei-Synergisten, welche einen synergetischen (verstärkenden) Einfluß auf die klopfhemmenden Bleiverbindungen haben.

Im gesamten Periodensystem zeigen nur etwa 15 Elemente eine ähnliche klopfhemmende Wirkung wie Bleiverbindungen.

Gegenwärtig werden auf metallorganischer Basis nur Bleiverbindungen, die Bleialkyle Bleitetraethyl (TEL) $Pb(C_2H_5)_4$ und Bleitetramethyl (MTL) $Pb(CH_3)_4$, sowie Mischungen aus beiden eingesetzt. Abb. 2.1 zeigt den Einfluß des Bleigehaltes im Benzin auf dessen Klopffestigkeit.

Um Ablagerungen der bei der Verbrennung entstehenden Bleioxide (z.B. PbO, $Pb_2O_3$ usw.) weitmöglichst zu verhindern, werden den klopfmindernden Bleialkylen zusätzlich sogenannte "Scavengers" (Verflüchtiger) beigemischt. Es handelt sich dabei meist um Halogene, wie Ethylendichlorid $C_2H_4Cl_2$ oder Ethylendibromid $C_2H_4Br_2$, welche die entstehenden Bleioxide in leichtflüchtige Bleihalogenide bzw. Bleioxidhalogenide umwandeln.

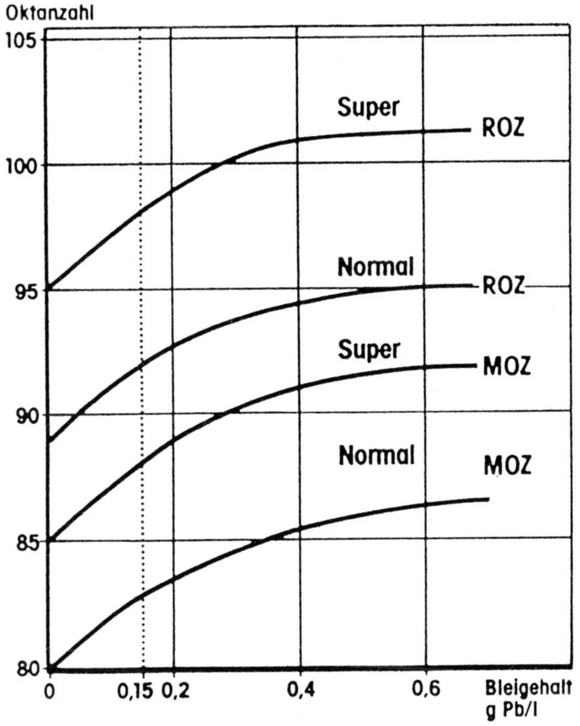


**Abb. 2.1.** Abhängigkeit der Klopffestigkeit vom Bleigehalt [2.6]

Weitere metallhaltige Verbindungen mit klopfbremsender Wirkung sind Eisen- und Manganverbindungen. So kamen früher insbesondere Eisenpentacarbonyl $Fe(CO)_5$ sowie Manganhexacarbonyl $Mn(CO)_6$ zum Einsatz, heute werden sie auf Grund ihrer verschleißfördernden Nebenwirkungen nicht mehr verwendet.

Als metallfreie Antiklopfmittel eignen sich in gewissem Umfang die bereits besprochenen sauerstoffhaltigen Kohlenwasserstoffe sowie aromatische Amine (z.B. Anilin).

Rückstandsumwandler (Deposit Modifier)

Rückstandsumwandler sind auf Phosphor und Borbasis aufgebaut und dienen der Umwandlung der hauptsächlich aus Kohlenstoff und Additivrückständen bestehenden Ablagerungen im Brennraum.

Antioxidantien (Oxidationsinhibitoren)

Antioxidantien verhindern die Bildung von harzartigen und klebrigen Ablagerungen ("gum"), welche durch olefinische Kohlenwasserstoffe im Kraftstoff unter dem Einfluß von Luftsauerstoff gebildet werden. Eingesetzt werden Phenole und aromatische Amine.

Metalldeaktivatoren

Metalldeaktivatoren inaktivieren die katalytische Wirkung von im Kraftstoff stets vorhandenen Metallionen, dadurch Verhinderung der gum-Bildung. Hierzu eignen sich Verbindungen auf der Basis von Salicylaldehyd.

Korrosionsinhibitoren

Korrosionsinhibitoren bilden auf der Brennraumwand einen Schutzfilm und verhindern so den Kontakt der Brennraumwand mit Wasser. Verwendet werden Ölsäureamide, Petroleumsulfonate oder Petroleumphosphate.

Vereisungshemmstoffe (Deicer)

Man unterscheidet gefrierpunkterniedrigende und oberflächenaktive Deicer. Erstere sind kraftstoff- und wasserlöslich und setzen den Gefrierpunkt des Wassers herab. Verwendet werden hauptsächlich ein- und zweiwertige Alkohole.

Oberflächenaktive Deicer hingegen verhindern nicht das Ausfrieren von Wasser, sondern das Festsetzen des Eises auf den Vergaserinnenteilen, indem sie diese mit einem Schutzfilm überziehen.

Vergaser - Reinigungs- und Reinhaltesubstanzen (Detergent/Dispergent - Additive)

Vergaser - Reinhaltesubstanzen verhindern Ablagerungen im Vergaser (z.B. Öldämpfe aus Kurbelgehäuseentlüftung), indem sie einen Schutzfilm auf der Metalloberfläche bilden.

Die Wirkung der Vergaser - Reinigungssubstanzen beruht hingegen auf Ablösen bzw. Aufweichen bereits bestehender Ablagerungen. In beiden Fällen haben sich die bereits erwähnten Ölsäureamide gut bewährt ("Mehrzweckadditive").

### 2.2.3. Eigenschaften und Kenngrößen der Kraftstoffe

2.2.3.1. Ottokraftstoffe (Benzin)

Siedeverhalten, Flüchtigkeit

Vergaserkraftstoff ist, wie im vorangegangenen Kapitel erläutert, ein Gemisch aus einer Vielzahl von Kohlenwasserstoffen mit sehr unterschiedlichen Siedepunkten. Somit weist handelsübliches Benzin keinen Siedepunkt, sondern gemäß **Abb. 2.2** einen Siedebereich von ca. 30 - 200°C auf.

Die in Abb. 2.2 dargestellte Siedekurve gibt die bei einer bestimmten Temperatur in einem genormten Siedegefäß verdampfte Kraftstoffmenge an. Die Bestimmung des Siedeverlaufes ist in der BRD nach DIN 51751 [2.54], in Österreich nach ÖNORM C 1160 [2.55] festgelegt.

Der Verlauf der Siedekurve ist für den motorischen Betrieb außerordentlich wichtig. So soll der 10%-Punkt (10% des Kraftstoffes sind verdampft) für leichtes Anspringen des noch kalten Motors bei relativ niedrigen Temperaturen liegen. Andererseits darf dieser Punkt nicht zu tief liegen, da es sonst nach Abstellen des heißen Motors zu einer regen Verdampfung des in der Schwimmkammer bzw. Kraftstoff-förderpumpe befindlichen Kraftstoffes kommt. Diese führt bei erneutem Startvorgang des Motors zu Heißstartschwierigkeiten infolge Überfettung des Gemisches. Darüberhinaus kann Dampfblasenbildung in Kraftstoffpumpe und Kraftstoffleitung eine Unterbrechung der Kraftstoffzufuhr bewirken.

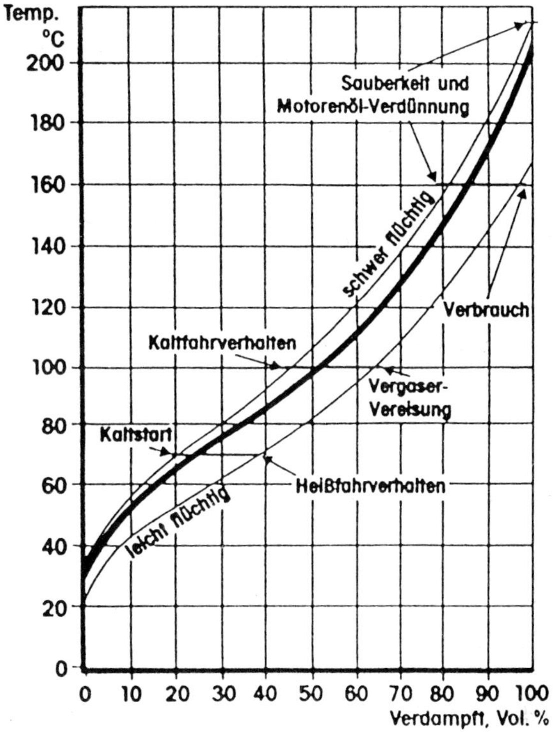


**Abb. 2.2.** Siedekurve eines handelsüblichen Kraftstoffes und deren Bedeutung für den motorischen Betrieb [2.6]

Der mittlere Teil der Siedekurve, insbesondere der 50%-Punkt, ist für gutes Übergangsverhalten des kalten Motors sowie für die Neigung zur Vergaservereisung von Bedeutung. Er sollte im Sommer bei ca. 100 °C oder knapp darüber liegen, im Winter etwas darunter. Bei betriebswarmem Motor hat der 50%-Punkt untergeordnete Bedeutung.

Eine zu hohe Lage des 90%-Punktes wiederum sollte in Hinblick auf möglichst geringe Wandfilmbildung im Saugrohr sowie Verdünnung des Motoröls vermieden werden.

Das Siedeende normgerechten Vergaserkraftstoffes (Normal und Super) darf gemäß DIN bzw. ÖNORM nicht oberhalb 215°C liegen.

### Dampfdruck

Neben dem Siedeverlauf ist auch der Dampfdruck ein Maß für die Vergasungsbereitschaft eines Kraftstoffes. Da Kraftstoffe mit hohem Dampfdruck bei niederen Temperaturen leichter zu Dampfblasenbildung neigen, ist in nahezu allen Ländern der höchstzulässige Dampfdruck bei 37,8 °C

("Reid Dampfdruck") begrenzt. In der BRD und in Österreich dürfen die nach der von O. Reid vorgeschlagenen und in der amerikanischen Norm ASTM D 323 festgelegten Messung ermittelten Dampfdruckwerte 0,7 bar im Sommer und 0,9 bar im Winter nicht überschreiten.

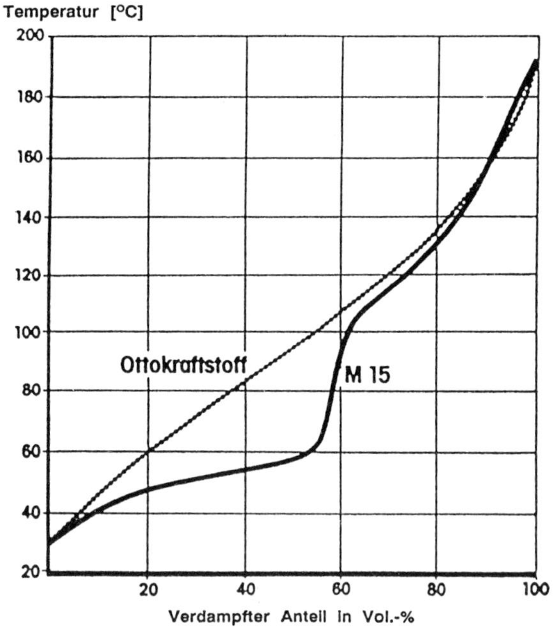


**Abb. 2.3.** Einfluß einer 15-prozentigen Methanolbeimischung auf das Siedeverhalten von Ottokraftstoffen [2.6]

Bei Zumischung von Alkoholen zum Kraftstoff ist zu beachten, daß dadurch dessen Dampfdruck speziell im unteren Siedebereich stark ansteigt, was die Neigung zur Dampfblasenbildung verstärkt. **Abb. 2.3** zeigt das veränderte Siedeverhalten eines zunächst allkoholfreien Kraftstoffes bei Zugabe von 15% Methanol.

Verdampfungswärme

Durch Verdampfung des im Vergaser zerstäubten Kraftstoffes kühlt sich das Kraftstoff-Luftgemisch ab. Die Abkühlung eines stöchiometrischen Gemisches beträgt ohne Wärmezufuhr bei Benzin ca. 20°C, bei Benzol 30°C, bei Ethanol (Ethylalkohol) 80°C und bei Methanol (Methylalkohol) 140°C. Der Wärmeentzug bewirkt einerseits höhere Zylinderfüllung sowie Innenkühlung des Motors, ist jedoch andererseits auch die Ursache für eventuelle Vergaservereisungen.

Die Verdampfungswärme handelsüblichen Benzins beträgt ca. 380 - 500 kJ/kg. Ethanol weist demgegenüber einen Wert von 904 kJ/kg, Methanol gar von 1110 kJ/kg auf [2.7].

Dichte

Auf Grund des Einflusses der Dichte auf den volumetrischen Kraftstoffverbrauch ist in den Kraftstoffnormen der verschiedenen Länder meist die Dichte in einem Bereich zwischen 0.705 - 0.780 kg/l festgelegt [2.134]. Unverbleiter Kraftstoff hat wegen des im allgemeinen höheren Aromatenanteils eine etwas größere Dichte als verbleiter Kraftstoff .

Heizwert

Der Heizwert ist ein Maß für den Energieinhalt des Kraftstoffes. In der Praxis unterscheidet man zwischen "oberem Heizwert" oder spezifischem Brennwert und "unterem Heizwert" oder spezifischem Heizwert.

Der oberer Heizwert $H_o$ ist ein Maß für die Verbrennungswärme, wenn das bei der Verbrennung entstehende Wasser kondensiert, somit also die Kondensationswärme frei wird.

Der untere Heizwert $H_u$ stellt das Entsprechende dar, wenn das Wasser dampfförmig ist.

Da das bei der motorischen Verbrennung entstehende Wasser stets dampfförmig den Brennraum verläßt, hat hier nur der untere Heizwert $H_u$ Bedeutung. Auf Grund der etwas höheren Dichte ist auch der spezifische Heizwert $H_u$ von Superbenzin geringfügig höher als jener von Normalbenzin. Die Werte liegen im allgemeinen zwischen 42 700 - 43 500 kJ/kg. Der Unterschied von maximal gewinnbarer Arbeit und dem unteren Heizwert beträgt einige Prozent [2.135].

Gemischheizwert

Der Gemischheizwert $H_G$ ist die Wärmemenge, die bei der Verbrennung von 1 Normalkubikmeter Gemisch aus Kraftstoff und Luft frei wird. Die Einheit des Gemischheizwertes ist [kJ/m$^3$].

Für Benzin und Dieselöl darf das Kraftstoffvolumen gegenüber dem Luftvolumen vernachlässigt werden.

Es gilt:

$$H_G = \frac{H_u \cdot \rho_{L,0}}{\lambda \cdot m_{L,stö}} \qquad (2.6)$$

$H_G$ [kJ.m$^{-3}$] .....Gemischheizwert
$H_u$ [kJ.kg$^{-1}$] .....spezifischer Heizwert des flüssigen Kraftstoffes
$\lambda$ [-] .....Luftzahl
$\rho_{L,0}$ [kg.m$^{-3}$] .....Luftdichte bei Normzustand (0°C, 760 Torr)
$m_{L,stö}$ [-] .....stöchiometrischer Luftbedarf (kg Luft/kg Kraftstoff) - siehe Seite 65

Für gasförmige Kraftstoffe (Permanentgase, Flüssiggas) muß das Gasvolumen mit berücksichtigt werden. Daher ergibt sich:

$$H_G = \frac{H_u}{1 + \lambda \cdot m_{L,stö} \cdot (\rho_{K,0}/\rho_{L,0})} \qquad (2.7)$$

$H_G$ [kJ.m$^{-3}$] .....Gemischheizwert
$H_u$ [kJ.m$^{-3}$] .....spezifischer Heizwert des gasförmigen Kraftstoffes bei Normzustand
$\rho_{K,0}$ [kg.m$^{-3}$] .....Dichte des gasförmigen Kraftstoffes bei Normzustand

Werden in ein und dem selben Motor verschiedene Kraftstoffe verglichen, so können aus den Verhältnissen der Gemischheizwerte die zu erwartenden Änderungen der Vollastleistungen des Motors abgeschätzt werden.

Zündtemperatur

Zündtemperatur ist die Temperatur, bei der sich der Kraftstoff in Berührung mit Luft selbst entzündet und dauernd weiterbrennt; sie ist keine physikalisch-chemische Konstante des betreffenden Kraftstoffes, sondern ist von den jeweils herrschenden Bedingungen abhängig und wird auch durch Fremdstoffe stark beeinflußt. Sie liegt bei Ottokraftstoffen zwischen 300 - 400 $^{o}$C [2.7].

Flammpunkt

Niedrigste Kraftstofftemperatur, bei der sich in einem definierten Gerät an der Kraftstoffoberfläche aus Kraftstoffdampf und Luft ein zündfähiges Gemisch bildet, das bei Annäherung einer Zündquelle eine helle Flamme ergibt, die jedoch nicht weiterbrennt, sondern wieder erlischt. Der Flammpunkt ist insbesondere wegen der Lager- und Transportvorschriften eines Brennstoffes von Bedeutung, er legt die Gefahrenklasse fest.

Ottokraftstoffe haben einen Flammpunkt von unter 21$^{o}$C und fallen daher in die Gefahrenklasse A I.

Dieselkraftstoffe haben einen Flammpunkt über 55$^{o}$C und fallen in die Gefahrenklasse A III. Es ist zu bedenken, daß durch das im Winter oft praktizierte Zumischen von Ottokraftstoff zum Dieselkraftstoff der Flammpunkt des Dieselkraftstoffes erheblich abgesenkt wird. Bereits wenige Prozent von Ottokraftstoff im Dieselkraftstoff senken den Flammpunkt in die Gegend der Raumtemperatur, womit der Dieselkraftstoff in die Gefahrenklasse A I aufrückt.

Klopffestigkeit

Die Klopffestigkeit eines Ottokraftstoffes wird durch die Oktanzahl gekennzeichnet, wobei eine hohe Oktanzahl hohe Klopffestigkeit anzeigt. Zur Bestimmung der Oktanzahl werden international zwei verschiedene Verfahren angewendet, die Research-Methode gemäß ASTM D 2699 zur Bestimmung der Research-Oktanzahl (ROZ) und die Motor-Methode gemäß ASTM D 2700 zur Bestimmung der Motor-Oktanzahl (MOZ).

Daneben gibt es noch die Straßen-Oktanzahl (SOZ) und die Front-Oktanzahl (FOZ).

Die Prüfung des Kraftstoffes erfolgt für ROZ, MOZ und FOZ in einem genormten Einzylindermotor, dem sogenannten CFR-Prüfmotor (CFR = Cooperative Fuel Research Commitee, USA). Der zu prüfende Ottokraftstoff treibt den Einzylindermotor, dessen Verdichtungsverhältnis während des Laufes durch Höher- und Tieferstellen des Zylinders solange geändert wird, bis eine bestimmte Klopfstärke erreicht wird. Die Messung der Klopfstärke erfolgt mit einem Phillips-Detonationsmeter. Anschließend wird ein Vergleichskraftstoff bestehend aus n-Heptan $C_7H_{16}$ (ROZ = MOZ = 0) und iso-Oktan $C_8H_{18}$ (ROZ = MOZ = 100) auf gleiches Klopfverhalten eingestellt; das hierzu notwendige Mischungsverhältnis (Anteil des iso-Oktans in Vol%) stellt die Oktanzahl des zu prüfenden Kraftstoffes dar. Oktanzahlen über 100 werden nach DIN 51 788 (ASTM D 1656) durch Vergleich des Kraftstoffes mit einem Gemisch aus iso-Oktan und Bleitetraethyl bestimmt, wobei der Gehalt an Bleitetraethyl einer bestimmten Oktanzahl zugeordnet ist.

Die oben angeführten, unterschiedlichen Prüfverfahren unterscheiden sich durch die Betriebsbedingungen des Prüfmotors.

So weist die Motor-Methode im Vergleich zur Research-Methode Gemischvorwärmung, höhere Drehzahl und variable Zündzeitpunkteinstellung auf, wodurch sich eine höhere thermische Beanspruchung des zu untersuchenden Kraftstoffes ergibt. Demgemäß liegen die MOZ-Werte etwas niedriger, ca. 10 Oktanzahlen, siehe Abb. 2.1, als die ROZ-Werte.

Das Straßenklopfverhalten wird bewertet nach der "Modified Union Town Method", die entsprechende Oktanzahl heißt Straßen-Oktanzahl (SOZ). Die SOZ liegt im allgemeinen nahe bei der ROZ, ist aber stark abhängig von der Motorbauart.

Die SOZ wird im Fahrzeug auf der Straße ermittelt: Das Fahrzeug wird im großen Gang aus dem rollenden Leerlauf bei Vollgasbeschleunigung zwischen ca. 25-95 km/h mit dem Zündzeitpunkt betrieben, bei welchem soeben Klopfen hörbar wird. Vergleichskraftstoffe mit bekannter Klopffestigkeit grenzen den zu untersuchenden Kraftstoff ein.

Die Front-Oktanzahl (FOZ) entspricht der ROZ der bis 100°C überdestillierbaren Anteile eines Kraftstoffes, also der leichtflüchtigen Bestandteile. Sie gibt einen Anhaltspunkt über das Klopfverhalten des Kraftstoffes beim Beschleunigen, da es bei diesem Vorgang zu einem teilweisen Ausfallen der flüssigen, schwerer siedenden Kraftstoffanteile (Kraftstoffsegregation) an den kalten Saugrohrwänden während des Transportes zu den Zylindern kommt.

Die zahlreichen Möglichkeiten zur Erhöhung der Klopffestigkeit von Ottokraftstoffen (Verarbeitungsverfahren des Rohbenzins, Beimischen von Ether oder klopfbremsenden Additiven) wurden im Kapitel 2.2.2. bereits erläutert. Dabei ist der maximale Bleigehalt im Kraftstoff in nahezu allen Ländern gesetzlich limitiert, in einigen Ländern auch der Gehalt von Benzol sowie sauerstoffhaltigen Verbindungen. Die in den Kraftstoffnormen geforderten, höheren Mindestoktanzahlen von Superkraftstoff werden im allgemeinen, wenn die gesetzlich erlaubten Gehalte an Beimischungen bereits erreicht sind, durch einen gegenüber Normalbenzin höheren Aromatenanteil (z.B. Toluol, Xylol) erzielt.

Bezüglich der in den einzelnen Ländern vorgeschriebenen Mindestoktanzahlen von Ottokraftstoffen wird auf die Normblätter verwiesen.

Wird Dieselkraftstoff dem Benzin zugemischt, wie es versehentlich beim Tanken vorkommen kann, so sinkt die Klopffestigkeit des Gemisches drastisch ab, wie aus **Abb. 2.4** zu ersehen ist.

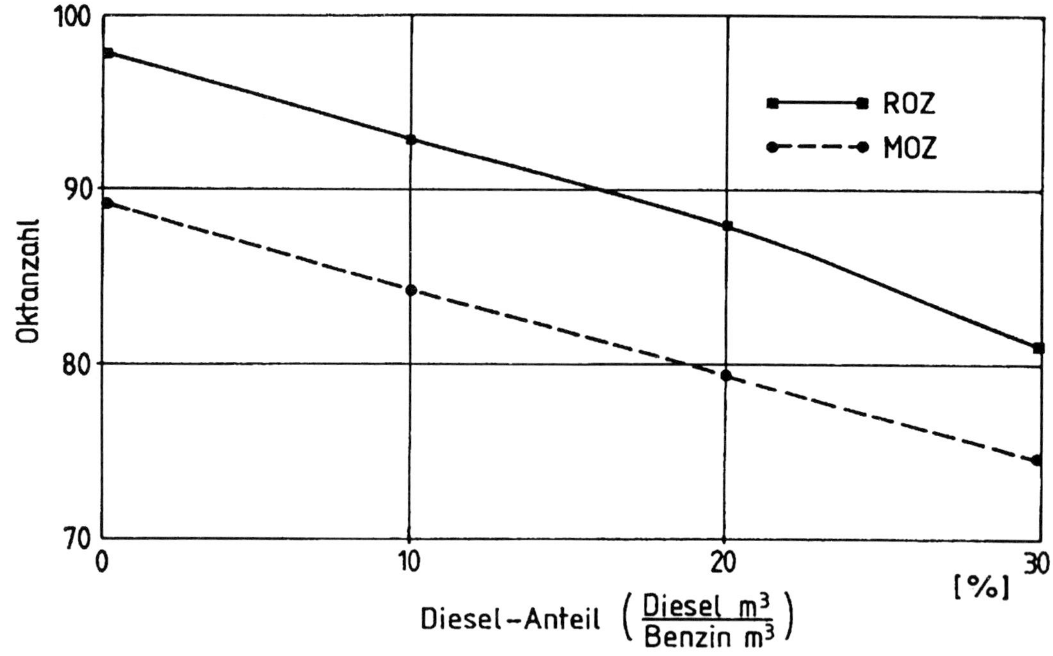


**Abb. 2.4.** Einfluß der Beimengung von Dieselkraftstoff zu Superbenzin auf die Klopffestigkeit

Reinheit, Verbrennungsrückstände

Ottokraftstoffe müssen frei von festen Verunreinigungen sein, die Leitungen, Pumpen oder Düsen verstopfen oder abnützen können. Sie dürfen darüberhinaus keine Rückstände (z.B. Harze) bilden, um Ablagerungen im Ansaugsystem zu verhindern. Die Prüfung des Abdampfrückstandes erfolgt in der BRD nach DIN EN 5, in Österreich nach ÖNORM EN 5; der maximal zulässige Wert beträgt einheitlich 5 mg/100 ml Kraftstoff.

Ebenso soll auch der Schwefelgehalt im Ottokraftstoff möglichst gering sein, damit das Abgas wenig $SO_2$ aufweist, Korrosionsschäden vermieden und die Wirkung bleihaltiger Klopfbremsen nicht beeinträchtigt werden.

Der in der BRD und in Österreich vorgeschriebene Schwefel-Höchstwert von 0,1 Massen% wird in der Praxis meist weit unterschritten, er liegt vielfach unter rund 0,01%.

### 2.2.3.2. Permanentgas

Unter Permanentgasen versteht man Gase, die nur bei sehr tiefen Temperaturen bzw. hohen Drücken verflüssigt werden können. Die wichtigsten permanenten Brenngase sind Methan $CH_4$, Ethan $C_2H_6$ und Wasserstoff $H_2$. Zusammen mit weiteren permanenten Gasen wie Stickstoff $N_2$ oder Kohlendioxid $CO_2$ bilden sie die für den Betrieb in Verbrennungsmotoren üblicherweise eingesetzten Permanentgaskraftstoffe, wie Erdgas, Stadtgas (Spaltgas) oder Biogas.

Erdgas besteht zum überwiegenden Teil aus Methan $CH_4$ (ca. 80 - 90 %), der Rest ist Stickstoff $N_2$ und Ethan $C_2H_6$ [2.9, 2.10]. Auf Grund des hohen Methangehaltes zeichnet sich Erdgas durch hohe Klopffestigkeit (ROZ > 130) sowie schadstoffarmes und rauchfreies Abgas aus. Die hohe obere Zündgrenze von Methan (maximale Luftzahl $\lambda \sim 2{,}0$) erlaubt einen sehr mageren und daher schadstoffarmen und energetisch verbrauchsgünstigen Betrieb. Der gasförmige Zustand ermöglicht darüberhinaus stets gute Gemischbildung, erschwert jedoch auch die Speicherung des Kraftstoffes im Fahrzeug (i.allg. Stahlflaschen mit 150 - 200 bar). Infolge des geringeren Gemischheizwertes von Erdgas gegenüber Benzin sinkt die maximale Leistung eines Benzinmotors bei Betrieb mit Erdgas um ca. 10 - 15 % ab.

Erdgas ist weltweit verfügbar, die noch vorhandenen Vorräte werden etwa in der Größenordnung der noch vorhandenen Erdölvorräte geschätzt [2.12].

Stadtgas (Spaltgas) besteht zu ca. 55% aus Wasserstoff $H_2$, 25% Methan $CH_4$, der Rest ist hauptsächlich Kohlendioxid $CO_2$ und Stickstoff $N_2$ [2.9, 2.11].Der hohe $H_2$-Anteil im Stadtgas bewirkt ein deutliches Absinken der Klopffestigkeit gegenüber Erdgas, allerdings wird auch die Magerzündgrenze auf Luftzahlen bis ca. $\lambda = 5$ erweitert. Daraus ergibt sich ein ebenfalls sehr schadstoffarmer und verbrauchsgünstiger Motorbetrieb.

Der Gemischheizwert von Stadtgas ist ca. 10% geringer als jener von Erdgas, daher ist bei Verwendung desselben Motors ein Absinken der maximalen Leistung gegenüber Erdgasbetrieb um etwa diesen Wert in Kauf zu nehmen.

Biogas besteht zu ca. 60% aus Methan und zu ca. 40% aus Kohlendioxid $CO_2$ [2.10].
Biogas weist ähnliche Eigenschaften wie Erdgas auf, ist jedoch nur regional begrenzt verfügbar. Niedere Verbrennungstemperaturen sowie eine weite obere Zündgrenze gewährleisten schadstoffarmes Abgas. Der Gemischheizwert von Biogas ist ebenfalls ca. 10% geringer als jener von Erdgas.

Zur Vertiefung der Kenntnisse über den motorischen Verbrennungsprozeß bei Verwendung von Biogas im Zündstrahlmotor wurden im Vergleich zum Erdgaszündstrahlbetrieb bzw. zum reinen Dieselmotor thermodynamische Untersuchung an einem Einzylinder-Forschungsmotor durchgeführt. Der hohe Inertgasanteil im Biogas, hauptsächlich Kohlendioxid, verursacht im Vergleich zu Erdgas einen längeren Zündverzug und einen niedrigeren Ausbranndgrad des Brenngas-Luft-Grundgemisches verbunden mit einem höheren spezifischen Brennstoffverbrauch [2.16].

#### 2.2.3.3. Flüssiggas

Unter Flüssiggas (engl.: Liquified Petroleum Gas, "LPG") versteht man ein Gemisch aus Propan $C_3H_8$ und Butan $C_4H_{10}$. Es fällt bei der Gewinnung von Erdöl oder Erdgas sowie bei Raffinerieprozessen an (Koppelprodukt) und ist daher nur begrenzt verfügbar.

Im Unterschied zu den Permanentgasen läßt sich Flüssiggas bei Umgebungstemperaturen bereits unter einem Druck von ca. 20 bar verflüssigen, was die Speicherung im Fahrzeug erleichtert. Ähnliches optimales Verdichtungsverhältnis sowie ähnliche optimale Zündzeitpunkte wie Benzin [2.12] machen einen bivalenten Betrieb von LPG und Benzin durch zusätzliche Anbringung eines Gas-Luft-Mischers möglich. Allerdings muß bei Umschaltung auf Gasbetrieb eine bis zu 15 prozentige Leistungseinbuße (geringerer Gemischheizwert) in Kauf genommen werden. Die weiteren Zündgrenzen von LPG ($\lambda = 0{,}4$ - $2{,}0$) sowie die gute Gemischbildung erlauben mageren und dadurch energetisch verbrauchsgünstigen, schadstoffarmen Motorbetrieb. Die Klopffestigkeit von Flüssiggas ist, insbesondere im unteren Drehzahlbereich, etwas höher als von Superbenzin. Je nach Mischungsverhältnis Propan und Butan liegt die Research-Oktanzahl bei etwa 100 bzw. etwas darüber, die Motor-Oktanzahl bei ca. 95 [2.10, 2.12, 2.13].

Die Angabe allgemeingültiger Kennwerte für Flüssiggas ist nicht möglich, da die Zusammensetzung von Flüssiggas in den einzelnen Ländern stark unterschiedlich ist und keine einheitlichen Richtlinien existieren. Als Beispiele sind in der **Tab. 2.4** die Stoffeigenschaften und in der **Tab. 2.5** die Zusammensetzung von Flüssiggasen für einzelne Länder ersichtlich.

| | Propan $C_3H_8$ | Propen $C_3H_6$ | n-Butan $C_4H_{10}$ | i-Butan $C_4H_{10}$ | Autogas-Norm, in Diskussion | Superbenzin, Winter DIN 51600 |
|---|---|---|---|---|---|---|
| Dampfdruck nach Reid (bei 37,8 °C) [bar] | 13,0 | | 3,6 | 5,6 | | 0,6-0,9 |
| Siedetemperatur bei 1013 mbar [°C] | -42 | -48 | -0,5 | -12 | | |
| Dampfdruck bei 70 °C [bar] | 26 | 30 | 8,3 | 12 | max. 31 min. 15 | |
| Dichte der Flüssigkeit bei 15 °C [kg.m$^{-3}$] | 507 | 523 | 585 | 563 | | 730-780 |
| Dichte gasförmig bei 0 °C, 1013 bar [kg.m$^{-3}$] | 2,01 | 1,91 | 2,71 | 2,70 | | |
| Heizwert $H_u$ [MJ.kg$^{-1}$] | 46,35 | 46,06 | 45,72 | 45,60 | | ~43,5 |
| rel. Heizwert 15 °C, flüssig [%] | 72 | | 81 | | | 100 |
| Gemisch-heizwert [MJ.m$^{-3}$] | 3,67 | 3,85 | 3,71 | 3,70 | | ~3,7 |
| ROZ | 111 | 102 | 94 | 100 | | >98 |
| MOZ | 97 | 85 | 89 | 98 | | >88 |

**Tab. 2.4.** Stoffeigenschaften von Flüssiggasen [2.129]

| Land | Verhältnis Propan/Butan Sommer | Winter |
|---|---|---|
| A | 20/80 | bis 80/20 |
| CH | überwiegend Propan | |
| D | überwiegend Propan | |
| DK | 50/50 | bis 70/30 |
| F | 40/60 | |
| GB | überwiegend Propan | |
| I | 20/80 | |
| NL | 30/70 | bis70/30 |
| USA | Propan | |

**Tab. 2.5.** Zusammensetzung von Autogas [2.129]

## 2.3. Stöchiometrisches Mischungsverhältnis; Luftzahl

Die Verbrennung des Kraftstoffes im Motor ist ein Oxidationsvorgang, bei dem sich die brennbaren Kraftstoffbestandteile Kohlenstoff und Wasserstoff mit Sauerstoff verbinden. Dabei wird die chemisch gebundene Energie in Wärme umgewandelt.

Entsprechend der chemischen Zusammensetzung des Kraftstoffes läßt sich nun jene Mindestluftmasse errechnen, die notwendig ist, um 1 kg des vorliegenden Kraftstoffes vollständig zu verbrennen. Dabei ist eine eventuell im Kraftstoff chemisch gebundene Sauerstoffmasse mit zu berücksichtigen; sie wird den Mindestluftbedarf verkleinern.

Geht man nun von einem Ottokraftstoff der allgemeinen Form $C_xH_yO_z$ aus und reduziert diesen rechnerisch auf $C_1$, so erhält man einen Kraftstoff der Form $CH_\psi O_\xi$.

Es gilt:

$\psi = y/x$ [-] ..... Wasserstoff/Kohlenstoff - Atomverhältnis im Kraftstoff $C_xH_yO_z$
$\xi = z/x$ [-] ..... Sauerstoff/Kohlenstoff - Atomverhältnis im Kraftstoff $C_xH_yO_z$

1 Mol (1 Mol entspricht $6{,}023.10^{23}$ elementaren Einheiten, wobei dies Moleküle, Atome oder Ionen sein können) des Kraftstoffes $CH_\psi O_\xi$ benötigt nun $(1 + \psi/4 - \xi/2)$ Mol $O_2$, um vollständig zu Kohlendioxid $CO_2$ und Wasser $H_2O$ zu oxidieren.

Es gilt:

$$1\ CH_\psi O_\xi + (1 + \psi/4 - \xi/2)\ O_2 \ \text{--->}\ 1\ CO_2 + (\psi/2)\ H_2O$$

Da gemäß Tabelle 2.1 die trockene, atmosphärische Luft nur 20,95 Vol% Sauerstoff enthält, sind zur vollständigen Verbrennung von 1 Mol $CH_\psi O_\xi$ daher

$$(100/20{,}95)\ .\ (1 + \psi/4 - \xi/2) = 4{,}773\ (1 + \psi/4 - \xi/2)\ \text{Mol Luft}$$

erforderlich. Multipliziert man obige Molzahlen mit den entsprechenden Molgewichten von Luft und Kraftstoff

Gewicht von 1 Mol Luft: 28,96
Gewicht von 1 Mol Kraftstoff: $12{,}01 + 1{,}008.\psi + 16{\cdot}\xi$

und setzt diese Produkte ins Verhältnis, so erhält man das zur vollständigen Verbrennung erforderliche Luft/Kraftstoff - Massenverhältnis

$$\left(\frac{m_L}{m_K}\right)_{stö} = \frac{28{,}96\ .\ 4{,}773\ .\ (1 + \psi/4 - \xi/2)}{12{,}01 + 1{,}008 \cdot \psi + 16 \cdot \xi} \qquad (2.8)$$

$(m_L/m_K)_{stö}$ [-] ..... stöchiometrisches Luft/Kraftstoff-Massenverhältnis oder stöchiometrisches Mischungsverhältnis

Die in Gl. (2.8) enthaltenen Atomverhältnisse $\psi$ und $\xi$ des Kraftstoffes sind zumeist nicht bekannt, lassen sich jedoch einfach aus der bekannten Elementaranalyse (Massenanalyse) errechnen.

Es gilt:

$$\psi = \frac{y}{x} = \frac{12{,}01}{1{,}008} \cdot \left(\frac{h}{c}\right)_{Masse} \tag{2.9}$$

$$\xi = \frac{z}{x} = \frac{12{,}01}{16} \cdot \left(\frac{o}{c}\right)_{Masse} \tag{2.10}$$

$(h/c)_{Masse}$ ..... Wasserstoff/Kohlenstoff - Massenverhältnis
$(o/c)_{Masse}$ ..... Sauerstoff/Kohlenstoff - Massenverhältnis

Bei einem üblichen Kraftstoff mit einem C/H-Verhältnis von 86/14, ohne Sauerstoffanteil im Kraftstoff, ergibt sich somit ein stöchiometrisches Mischungsverhältnis $(m_L/m_K)_{stö} \approx 14{,}8$.

Für die Verbrennung von Kohlenstoff gilt:

$$\begin{aligned} C &+ O_2 &= CO_2 + 395{,}0 \text{ MJ (bei } 20^\circ \text{ C)} \\ 12 \text{ kg} &+ 32 \text{ kg} &= 44 \text{ kg} \\ 1 \text{ kg} &+ 2{,}667 \text{ kg} &= 3{,}667 \text{ kg} \end{aligned}$$

Für die Verbrennung von Wasserstoff gilt:

$$\begin{aligned} 2H_2 &+ O_2 &= 2H_2O + 484{,}4 \text{ MJ (bei } 20^\circ \text{ C)} \\ 4{,}03 \text{ kg} &+ 32 \text{ kg} &= 36{,}03 \text{ kg} \\ 1 \text{ kg} &+ 7{,}94 \text{ kg} &= 8{,}94 \text{ kg} \end{aligned}$$

Als sogenannte Luftzahl $\lambda$ bezeichnet man nun das Verhältnis der dem Motor tatsächlich zugeführten Luftmenge $m_L$ je Kraftstoffmenge $m_K$ zu der zur vollständigen Verbrennung dieser Kraftstoffmenge $m_K$ theoretisch benötigten Luftmenge $m_{L,stö}$.

$$\lambda = \frac{(m_L/m_K)}{(m_L/m_K)_{stö}} = \frac{(m_L/m_K)}{(m_{L,stö}/m_K)} = \frac{m_L}{m_{L,stö}} \tag{2.11}$$

$\lambda$ [-] ..... Luftzahl (auch Luftverhältnis genannt)

Luftzahl $\lambda > 1$ bedeutet folglich Luftüberschuß ("magerer" Motorbetrieb), Luftzahl $\lambda < 1$ Luftmangel ("fetter" Motorbetrieb).

## 2.4. Gemischdosierung

Die Gemischbildung im Ottomotor setzt sich im wesentlichen aus vier Hauptvorgängen zusammen:

- Gemischdosierung (Menge, Zusammensetzung);
- Gemischaufbereitung (Zerstäubung, Verdampfung, Vermischung);
- Gemischtransport;
- Gemischverteilung.

Gemischdosierung und Gemischaufbereitung erfolgen überwiegend im Gemischbildner, während das Saugrohr neben weiterer Gemischaufbereitung (Verdampfung, Vermischung) hauptsächlich für Gemischtransport und Gemischverteilung verantwortlich ist.

Im vorliegenden Kapitel werden nun die Grundlagen der Gemischdosierung behandelt. Dabei sollen insbesondere die Anforderungen des Ottomotors an die Gemischdosierung erläutert werden, während die Realisierungsmöglichkeiten und praktischen Ausführungsformen der Dosierungseinrichtungen im Rahmen des Kapitels "Ausführung der Gemischbildner" beschrieben werden.

Die Gemischdosierung umfaßt zwei Hauptaufgaben:

- Dosierung der Gemischmenge entsprechend der geforderten Motorleistung;
- Dosierung der Gemischzusammensetzung entsprechend der für den jeweiligen Lastpunkt gewünschten Luftzahl.

### 2.4.1. Gemischmenge

Die Dosierung der Gemischmenge richtet sich nach der vom Fahrer gewünschten Motorleistung.

Wie aus dem in **Abb. 2.5** dargestellten Luftdurchsatzkennfeld eines serienmäßigen 2l-Ottomotors hervorgeht, muß durch das Drosselorgan ein Durchsatzverhältnis zwischen minimalem und maximalem Luftdurchsatz von ca. 1 : 30 abgedeckt werden. Ähnliches gilt auch für das maximale Gemischdurchsatzverhältnis bei Vergasermotoren.

Als Drosselorgane werden bei der überwiegenden Anzahl aller Ottomotoren Drosselklappen eingesetzt, lediglich bei kleinvolumigen Zweiradmotoren sowie einigen wenigen Vergaser-Sonderbauformen finden sich andere Einrichtungen wie Schieber.

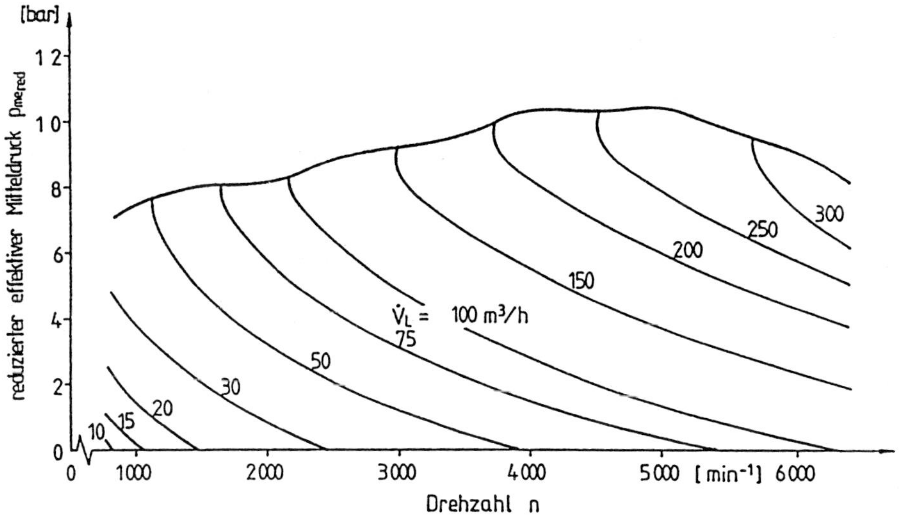


**Abb. 2.5.** Linien konstanten Luftdurchsatzes $\dot{V}_L$ im Kennfeld eines 2,0 l-Einspritzmotors

Der Vorteil der Drosselklappe liegt in ihrer Einfachheit bezüglich Lagerung, Betätigung und Abdichtung, als Hauptnachteil muß ihr großer Einfluß auf die Gemischverteilung bei Ansaugsystemen mit zentraler Gemischbildung bezeichnet werden.

Aufgabe der Drosselklappe ist es, den Druck im Saugrohr in der Teillast derart abzusenken, daß die stets gleiches Volumen je Ansaugtakt ansaugenden Zylinder eine dem gewünschten Teillastpunkt entsprechende, geringere massenmäßige Füllung erhalten. Wie das in **Abb. 2.6** darge-

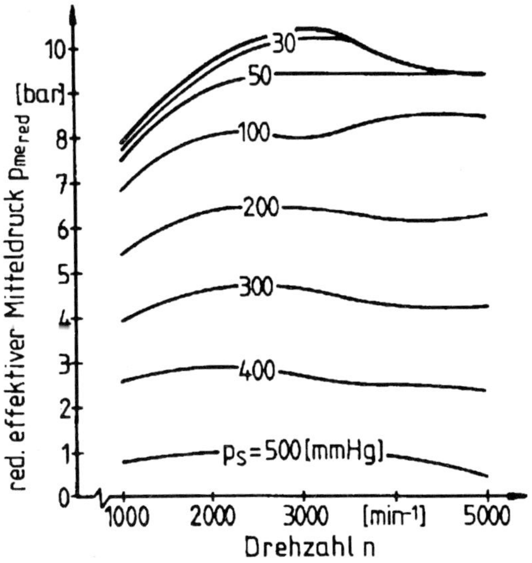


**Abb. 2.6.** Linien konstanten Saugrohrunterdruckes $p_S$ im Kennfeld eines 2,0l-Vergasermotors [2.20]

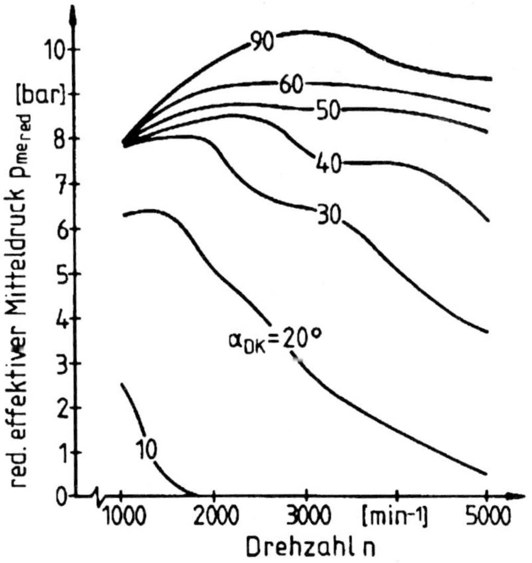


**Abb. 2.7.** Linien konstanter Drosselklappenöffnungswinkel $\alpha_{DK}$ im Kennfeld eines 2,0l-Vergasermotors [2.20]

stellte Saugrohrunterdruck-Kennfeld eines 2l-Ottomotors zeigt, werden dabei im Leerlauf sowie naturgemäß auch im Schleppbetrieb Saugrohrunterdrücke über 500 mm Hg erreicht. Die dazugehörenden Drosselklappenöffnungeswinkel sind in **Abb. 2.7** dargestellt; man erkennt, daß bereits geringe Winkeländerungen in der unteren Teillast große Mitteldruckänderungen (Füllungsänderungen) im Zylinder hervorrufen. Im vollastnahen Bereich sind hingegen große Winkeländerungen notwendig, um die Zylinderfüllung und damit den Mitteldruck wesentlich zu verändern.

Die in der unteren Teillast vorliegenden, hohen Druckdifferenzen an der weitgehend geschlossenen Drosselklappe ergeben große Strömungsgeschwindigkeiten im Drosselklappenspalt. Für einphasige, kompressible Medien, wie z.B. Luft, gilt unter Vernachlässigung der Reibung folgende Gleichung für die mittlere Strömungsgeschwindikeit an einer Blende [2.18, 2.20, 2.132, 2.133]:

$$v_m = \frac{1}{[1 - \mu^2 (\frac{A}{A_1})^2 (\frac{p_{Abs.}}{p_{Abs.,1}})^{2/\kappa}]^{0,5}} \cdot \{\frac{2 . \kappa}{k - 1} \cdot \frac{p_{Abs.,1}}{\rho_1} \cdot [1 - (\frac{p_{Abs.}}{p_{Abs.,1}})^{(\kappa-1)/\kappa}]\}^{0,5} \qquad (2.12)$$

$v_m$ ..... mittlere Strömungsgeschwindigkeit im Drosselklappenspalt
$A$ ..... freie Fläche des Drosselklappenspaltes
$A_1$ ..... freie Fläche des Kanales vor der Drosselklappe
$\mu$ ..... Kontraktionszahl, berücksichtigt Einschnürung der Luft infolge der schroffen Verengung
$p_{Abs.}$ ..... Absolutdruck im Drosselklappenspalt
$p_{Abs.,1}$ ..... Absolutdruck im Kanal vor der Drosselklappe
$\rho_1$ ..... Dichte der Luft im Kanal vor der Drosselklappe
$\kappa$ ..... Adiabatenexponent, für Luft gilt $\kappa \sim 1,4$

Man sieht, daß mit abnehmendem Verhältnis $p/p_1$ die Strömungsgeschwindigkeit ansteigt und bei $p_{Abs}/p_{Abs.,1} = 0$ (Expansion der Luft ins Vakuum) einen maximalen, endlichen Wert annimmt. Dieser Wert kann jedoch nur dann erreicht werden, wenn die Drosselstelle die Form einer idealen Lavaldüse aufweist, da nur in einer solchen Strömungsgeschwindigkeiten größer als die Schallgeschwindigkeit im sich wieder erweiternden Teil auftreten können. Bei einer einfachen Blende ohne allmählicher Erweiterung, wie sie eine Drosselklappe darstellt, ist es hingegen nicht möglich, den Absolutdruck p im Drosselklappenspalt unter einen vom Ruhedruck $p_0$ abhängigen Minimaldruck $p^*$ abzusenken, auch dann nicht, wenn der Saugrohrdruck $p_s$ hinter der Drosselklappe unter diesen Wert von $p^*$ abgesenkt wird.

Für den minimal möglichen Druck $p^*$ im Drosselklappenspalt, den sogenannten "kritischen Druck", gilt [2.131]:

$$p^* = p_0 \cdot (\frac{2}{\kappa + 1})^{\kappa/(\kappa-1)} \qquad (2.13)$$

$p^*$ ..... kritischer Druck
$p_0$ ..... Ruhedruck (Umgebungsdruck)

Die sich bei diesem Druck im Spalt einstellende Strömungsgeschwindigkeit v* ist stets gleich der Schallgeschwindigkeit c* [2.131]:

$$v^* = \left(\frac{2 \cdot \kappa}{\kappa + 1} \cdot \frac{p_0}{\rho_0}\right)^{0,5} = c_0 \cdot \left(\frac{2}{\kappa + 1}\right)^{0,5} = c^* \qquad (2.14)$$

$c^*$ ..... Schallgeschwindigkeit im Drosselklappenspalt

$c_0$ ..... Ruheschallgeschwindigkeit

Für Luft und andere zweiatomige Gase kann $\kappa = 1{,}4$ gesetzt werden, woraus sich nach Einsetzen in Glg. (2.13) ein kritischer Druck p*

$$p^* = 0{,}53 \cdot p_0 \qquad (2.15)$$

ergibt. Da im Leerlauf konventioneller Ottomotoren Saugrohrabsolutdrücke $p_s$ von ca. 0,30.$p_0$ bis 0,34.$p_0$ - also weit unter dem kritischen Druck von 0,53.$p_0$ - vorliegen (siehe auch Abb. 2.6), herrschen in Leerlauf und unterer Teillast tatsächlich stets Schallgeschwindigkeit im Drosselklappenspalt. Dies ist, wie im Kapitel 2.5. ausführlich dargelegt wird, auch die Ursache für die hervorragende Zerstäubungsqualität des Kraftstoffes in der Teillast bei praktisch allen zentralen Gemischbildnern.

Wie zu Beginn dieses Kapitels bereits erwähnt, richtet sich die Dosierung der Gemischmenge nach der vom Fahrer gewünschten Motorleistung. Während im Lastbetrieb die Dosierung vom Fahrer selbst vorgenommen wird (Gaspedal), muß die zur Aufrechterhaltung eines einwandfreien Leerlaufs notwendige Mindestgemischmenge vom Gemischbildner selbst angesteuert bzw. eingeregelt werden.

### 2.4.2. Gemischzusammensetzung

Für jeden Drehzahl- und Lastpunkt eines Motors gibt es - abhängig von dessen Betriebszustand (kalt oder betriebswarm) - ein optimales Luft/Kraftstoff-Verhältnis der Frischladung, dessen Wert davon abhängt, welche Forderung im jeweiligen Bereich am wichtigsten ist.

Bei Vollast ist die Hauptforderung im allgemeinen hohe Leistung, bei Teillast hingegen geringer Verbrauch und Erfüllung der für die Fahrzeugkategorie gültigen Abgasvorschriften.

Die Forderung nach hoher Vollastleistung bedingt eine Gemischzusammensetzung mit einer Luftzahl im Bereich knapp unterhalb des stöchiometrischen Verhältnisses ($\lambda \sim 0{,}9$ - 1,0), da ein solches Gemisch die größte Brenngeschwindikeit sowie den geringsten Zündverzug aufweist. Wie aus **Abb. 2.8** entnommen werden kann, zieht ein Betrieb des Motors in diesem Bereich allerdings auch erhöhten spezifischen Verbrauch sowie hohe CO- und HC-Emissionen nach sich.

Die oben angeführten Forderungen an den Teillastbetrieb eines Motors machen hingegen einen wesentlich magereren Motorbetrieb erforderlich. So führt, gemäß Abb. 2.8, eine Abmagerung

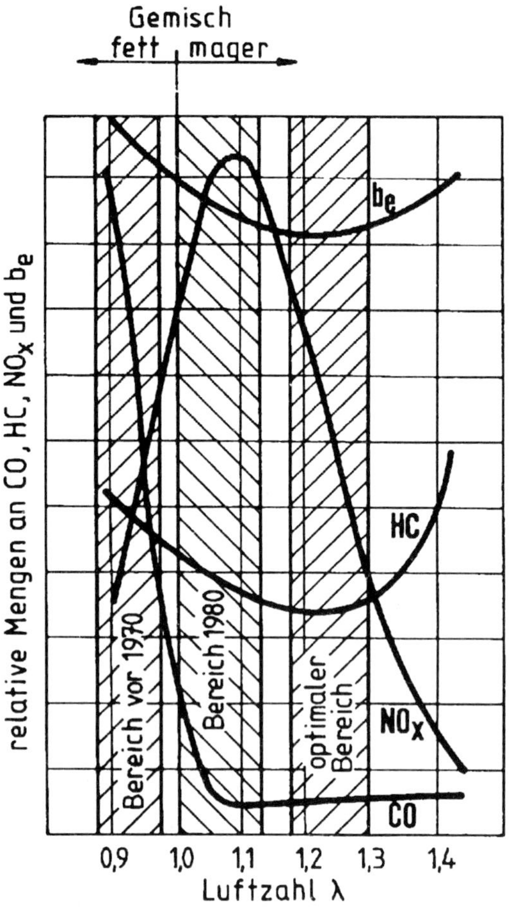


**Abb. 2.8.** Einfluß der Luftzahl auf Abgasemissionen CO, HC, $NO_x$ und Kraftstoffverbrauch $b_e$ eines Ottomotors [2.14]

des Kraftstoff/Luft-Gemisches auf Luftzahlen $\lambda > 1$ zu einem deutlichen Absinken des Krafstoffverbrauches sowie der CO- und HC-Emissionen. Die Anfang der Siebzigerjahre in Europa erlassenen Abgasvorschriften, welche zunächst nur den CO- und HC-Ausstoß von Personenkraftwagen limitierten, sowie die etwa zur gleichen Zeit erstmals eingetretene Ölverknappung, führten zu der in Abb. 2.8 dargestellten Verlagerung der Gemischabstimmung in der Teillast auf Luftzahlen von $\lambda = 1{,}0$ - 1,1.

Wegen der Ende der Siebzigerjahre zusätzlich eingeführten Beschränkung der $NO_x$-Emissionen von Personenkraftwagen strebte man, neben anderen stickoxidmindernden Maßnahmen auch eine weitere Gemischabmagerung an, da im Luftzahlbereich von 1,0 - 1,1 die $NO_x$-Emission ihr Maximum aufweist.

Diese weitere Abmagerung ist jedoch in größerem Umfang nur durch umfassende konstruktive Begleitmaßnahmen an Brennraum, Zündung etc. möglich, da in herkömmlichen Motoren ein starker Wiederanstieg der HC-Emission infolge Entflammungsaussetzern und verschleppter Verbrennung auftritt. Ein wichtiges Entwicklungsziel ist es daher, Brennräume sowie Hochleistungszündungen zu entwickeln, die einen störungsfreien Motorbetrieb mit Luftzahlen $\lambda > 1{,}2$ ermöglichen. Dadurch wäre eine Verbrauchssenkung gegenüber den heute aus Gründen der Abgasreinigung verwendeten Konzepten mit Regelung und Dreiwegkatalysator möglich, falls gleich gute Abgaswerte erreichbar sind.

Trägt man die optimalen Luftzahlen eines heutigen nicht Lambda-Eins-geregelten, betriebswarmen Ottomotors über der Drehzahl und Last auf, so erhält man eine dreidimensionale Fläche gemäß **Abb. 2.9**. Diese Fläche im Raum stellt somit die stationären Dosierungsanforderungen eines solchen betriebswarmen Motors an den Gemischbildner dar.

Die in Abb. 2.9 zu erkennende Anreicherung des Gemisches im Leerlauf ist durch das niedrige Druckniveau sowie den hohen Restgasanteil im Zylinder begründet.

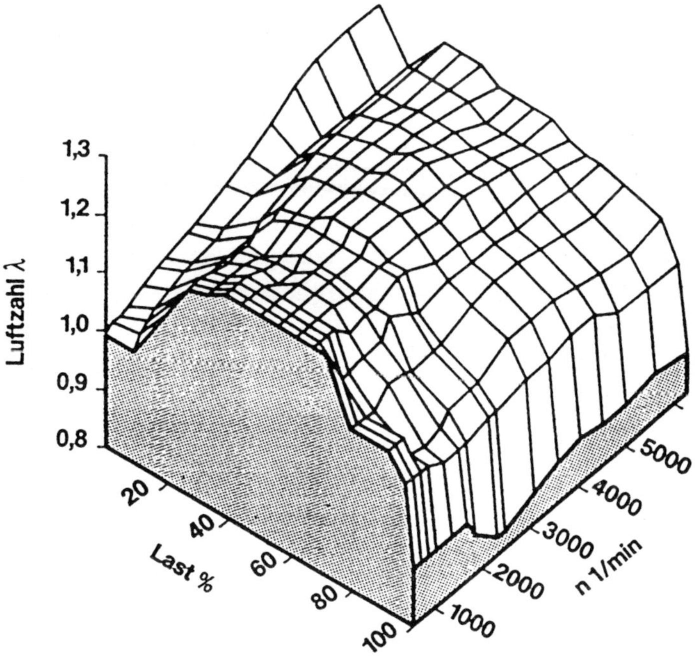


**Abb. 2.9.** Luftzahlkennfeld eines Einspritzmotors ohne Lambda-Eins-Regelung [2.45]

Liegt hingegen ein noch nicht betriebswarmer Motorzustand vor, so ist dem intensiveren Erlöschen der Flammenfront an den kalten Brennraumwänden sowie der schlechteren Gemischverteilung durch erhöten Wandfilmniederschlag und auch der geringeren Verdampfung des Kraftstoffes durch entsprechende Mehrdosierung der Kraftstoffmenge Rechnung zu tragen.

So werden beispielsweise bei der Bosch-K-Jetronic Anreicherungsfaktoren von 1,5 bei +20° C Starttemperatur, von 2 bei 0° C Starttemperatur, von 2,7 bei -20° C angegeben. Diese Anreicherung vermindert sich mit der Laufzeit des Motors; sie wirkt z.B. bei +20° C ca. 90 sek., bei 0° C 120 sek., bei -20° C 160 sek. lang mit abnehmender Wirkung. Nach Maisch [2.127] wird bei der Bosch KE-Jetronic mit der Starterbetätigung für ca. 1 sek. ein Anreicherungsfaktor von 2,5 eingestellt. Die eigentliche Warmlaufanreicherung hängt von der Kühlwassertemperatur ab; sie liegt bei -30° C beim Anreicherungsfaktor 1,7, bei +20° C beim Anreicherungsfaktor 1,3, der nach 20 sek. auf 1 zurückgeht.

Bei Motoren mit zentraler Gemischbildung liegen die Anreicherungsfaktoren deutlich höher, da sich infolge der großen Saugrohrflächen relativ viel Kraftstoff niederschlägt.

Damit tritt eine Verschiebung der Gemischzusammensetzung zu kleineren Luftzahlen hin auf, was gemäß Abb. 2.8 zu erheblich höheren CO- und HC-Emissionen führt.

**Abb. 2.10** zeigt die unmittelbar nach dem Kaltstart (Starttemperatur 20°C) gemessene Abgasemission eines 2l-Einspritzmotors. Nach Einsetzen des Warmlaufanreicherungssystems sowie

Eintreffen des filmförmigen Kraftstoffanteils am Einlaßventil wird das Gemisch stark angefettet, was die CO- und HC-Emission drastisch ansteigen läßt. Die etwa um den 8. Zyklus festzustellende HC-Emissionsspitze ist auf Zündaussetzer zufolge einer kurzzeitigen Unterschreitung der unteren (fetten) Zündgrenze zurückzuführen. Nach ca. 30-40 Zyklen pendeln sich dann die Emissionswerte auf einem noch immer vergleichsweise sehr hohen Niveau ein. Der Übergang auf die endgültige, für den betriebswarmen Motor vorgesehene magere Gemischabstimmung ist meist erst nach einigen Minuten beendet. Die in dieser Zeit vom Fahrzeug emittierten, außergewöhnlich hohen Schadstoffmengen stellen fast immer das Hauptproblem bei den gesetzlich vorgeschriebenen Abgasüberprüfungen (Typ-und Serienüberprüfungen) dar.

**Abb. 2.11** zeigen die diesbezüglichen, noch wesentlich ungünstigeren Verhältnisse bei einem älteren Vergasermotor.

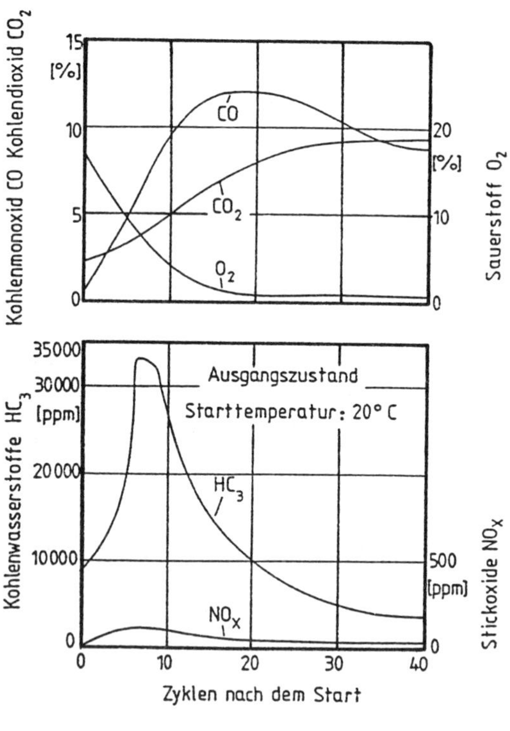


**Abb. 2.10.** Abgasemission eines 2l-Einspritzmotors unmittelbar nach dem Kaltstart (Starttemperatur 20°C) [2.13]

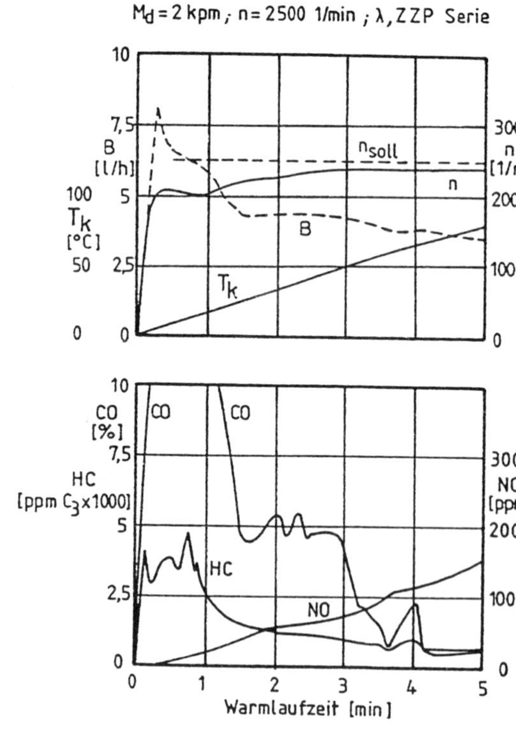


**Abb. 2.11.** Emissions- und Verbrauchsverhalten eines älteren 1,6l-Vergasermotors im Warmlauf (Starttemperatur 0° C) [2.15]

Ottomotoren mit Dreiwegkatalysator sollten soweit aus Gründen der Laufruhe möglich in allen Betriebszuständen mit stöchiometrischem Gemisch betrieben werden, da gemäß **Abb. 2.12** nur bei Luftverhältnis-Werten um $\lambda = 1.00$ Katalysator-Konversionsraten bei allen drei Schadstoffkomponenten (CO, HC und $NO_x$) von über 80% erzielt werden können.

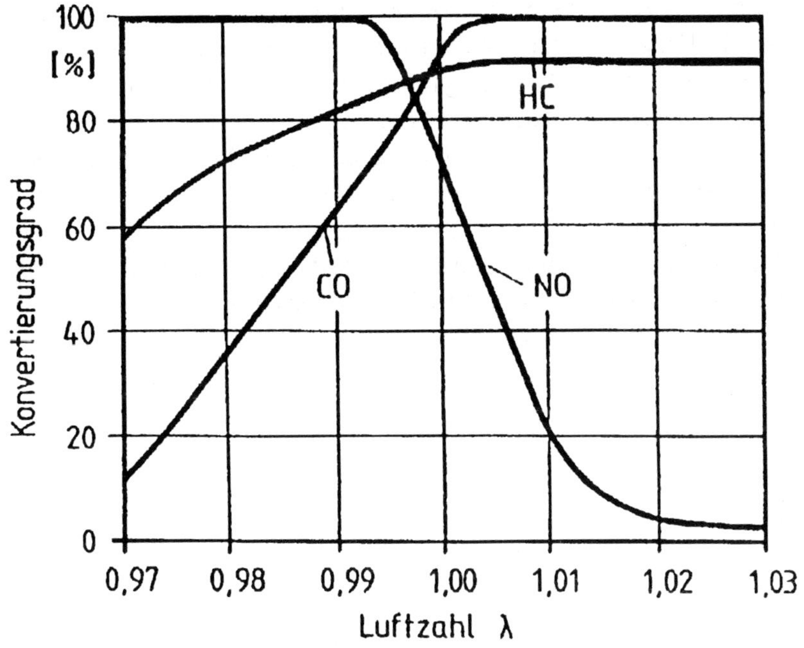


**Abb. 2.12.** Einfluß der Luftzahl λ auf den Konvertierungsgrad eines Dreiwegkatalysators

Die bisher erläuterten Anforderungen an die Gemischzusammensetzung betrafen den stationär laufenden Motor. Bei instatonärem Motorbetrieb wird das Problem der optimalen Dosierung im gesamten Kennfeldbereich wesentlich diffiziler. So kommt es durch das rasche Öffnen der Drosselklappe beim Beschleunigen zu einem plötzlichen Druckanstieg im Saugrohr, welcher die Verdampfung der Kraftstofftröpfchen sowie des am Saugrohrboden entlangfließenden Wandfilmes stark verringert bzw. die Kondensationsneigung des dampfförmigen Kraftstoffes erhöht. Darüber hinaus führt das Wegfallen der bei zentralen Gemischbildnern vorliegenden Sekundärzerstäubung des Kraftstoffes an der Drosselklappe zur Ausbildung wesentlich größerer Tropfen, welche bei Umlenkungen des Gemischstromes im Saugrohr eine höhere Niederschlagsneigung besitzen.

Beide Mechanismen bewirken somit während des Beschleunigungsvorganges den Aufbau eines Wandfilmes, welcher mit einer entsprechenden Abmagerung des übrigen Gemischstromes einhergeht. Dies gilt naturgemäß besonders bei zentralen Gemischbildnern. Damit kommt es jedoch in den ersten Sekunden des Beschleunigungsvorganges zu einer Unterversorgung der Zylinder mit Kraftstoff, da der Wandfilm eine wesentlich geringere mittlere Strömungsgeschwindigkeit als das übrige Gemisch aufweist. Diese Unterversorgung wird umso größer sein, je geringer die Saugrohrwandtemperatur und je größer und steiler der Lastsprung im Kennfeld ist. Die Folgen für den Verbrennungsablauf reichen von langsamerer Verbrennungsgeschwindigkeit und ungünstigerer Schwerpunktslage der Verbrennung bis hin zu Entflammungsaussetzern bei Überschreiten der Zündgrenze, was sich wiederum für den Fahrzeugbenützer in erhöhten Verbräuchen und Emissionen, einem schlechteren Ansprechverhalten, unrundem Motorlauf bis hin zum Motorstillstand äußert.

Zur Aufrechterhaltung nahezu gleicher Luftzahlen im Gemischstrom ist es daher notwendig, während des Beschleunigungsvorganges zusätzlich Kraftstoff in das Saugrohr einzuspritzen. Diese Zusatzeinspritzung ist nur so lange durchzuführen, bis der an den Saugrohrwänden entlangfließende, neu aufgebaute Wandfilmanteil die Einlaßventile erreicht. Ob diese nun tatsächlich alle ein Gemisch konstanter Luftzahl erhalten, ist neben der Gemischdosierung auch eine Frage der Gemischverteilung.

Ähnliche Vorgänge wie bei der Beschleunigung, nur mit umgekehrten Vorzeichen, spielen sich bei der Verzögerung ab. Der durch das Drosselklappenschließen hervorgerufene, plötzliche Unterdruckanstieg im Saugrohr verstärkt das Abdampfen der filmförmig gespeicherten Kraftstoffmenge; die abgedampfte Menge addiert sich zur Kraftstoffmenge des Leerlauf- oder Schleppbetriebes. Da der während der Verzögerung in das Saugrohr eintretende Gemischmassenstrom gering ist und durch dessen gute Aufbereitung sowie durch den hohen Saugrohrunterdruck kein neuerlicher Wandfilmaufbau mehr stattfindet, ist die während des Verzögerungsvorganges eintretende Gemischüberfettung meist erheblich. Als Folge stellen sich größerer Verbrauch und erhöhte Emissionen, auch bei Fahrzeugen mit Dreiwegkatalysator, ein. Auch dies gilt insbesondere bei der Verwendung zentraler Gemischbildner wegen der dort vorhandenen großen benetzten Saugrohrflächen. Abhilfe dagegen kann seitens der Dosierung nur dadurch erreicht werden, daß während der Verzögerung die Kraftstoffzumessung vollkommen abgeschaltet wird. Bei Fahrzeugen mit Dreiwegkatalysator welche auch im Schubbetrieb stöchiometrisches Gemisch erhalten sollten, darf zweckmäßigerweise der Kraftstoffzufluß nur soweit vermindert werden, als zu Aufrechterhaltung einer Luftzahl von $\lambda \sim 1$ erforderlich ist.

## 2.5. Gemischaufbereitung

Neben der Gemischdosierung hat auch die Gemischaufbereitung großen Einfluß auf die nachfolgende Verbrennung. Während beim direkteinspritzenden Ottomotor sowohl Gemischdosierung als auch -aufbereitung vom Gemischbildner, d.h. von Einspritzdüse oder -ventil bestimmt werden, beeinflußt bei der Gemischbildung im Saugrohr zusätzlich der Gemischtransport diese beiden Parameter. Insbesonders bei zentraler Gemischbildung ergibt sich durch die starke Abhängigkeit des Gemischtransportes und der Gemischverteilung von der Aufbereitungsgüte des Gemisches, ein sehr enger Zusammenhang zwischen quantitativen und qualitativen Parametern der Gemischbildung.

Im allgemeinen wird der Kraftstoff tropfenförmig in das Saugrohr eingebracht, wobei auf dem Transportweg zum Einlaßventil bzw. zur Saugrohrwand teilweise ein Übergang auf die beiden anderen im Saugrohr auftretenden Phasen, nämlich Kraftstoffdampf und Wandfilm auftritt, **Abb. 2.13**. Abhängig vom ursprünglichen Größenspektrum der Kraftstofftropfen, der Lage des Gemischbildners, der Saugrohrgeometrie sowie der zeitlichen Zuordnung der Kraftstoffeinbringung zum Einströmvorgang in den Zylinder, wird ein mehr oder weniger großer Anteil der Kraftstofftropfen filmförmig an der Saugrohrwand bzw. am Einlaßventilteller angelagert und verdampft dort aufgrund der hohen Oberflächentemperaturen, während ein anderer Teil der Tropfen in der Luftströmung verdampft oder aber (insbesonders bei Einzelzylinder-Saugrohreinspritzung während der Einlaßventilöffnungsdauer) tropfenförmig in den Brennraum gelangt. Durch Abreißen von Wandfilm im Einlaßventilspalt ergibt sich ein weiterer, tropfenförmiger Kraftstoffanteil im Brennraum.

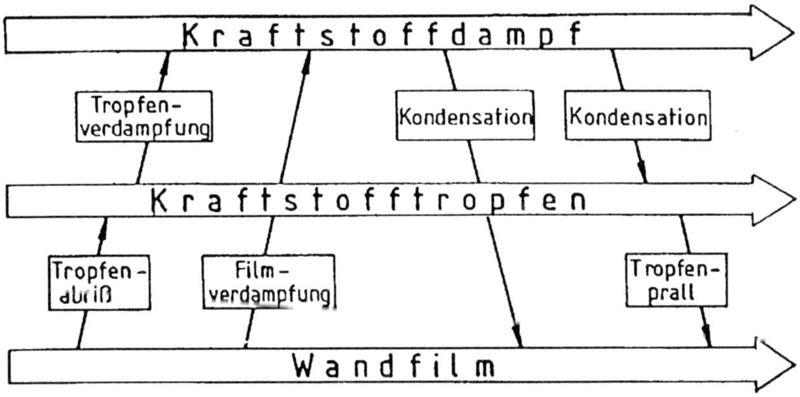


**Abb. 2.13.** Phasenübergänge im Saugrohr eines Ottomotors

Während bei zentraler Gemischbildung vor allem die Zerstäubung an der Drosselklappe sowie die Kraftstoffverdampfung an den heißen Saugrohrwänden bzw. Heizelementen die Haupteinflußgrößen darstellen, ist bei üblichen Saugrohr-Einzeleinspritzkonzepten der Gemischbildung am heißen Einlaßventil und den benetzten Anteilen der Saugrohrwand ein sehr hoher Stellenwert einzuräumen.

Der Gemischbildungsvorgang ist jedoch sehr stark von den motorischen Randbedingungen abhängig. Sowohl die vom Gemischbildner bewirkte Zerstäubungsgüte, die Anordnung des Gemischbildners in bezug auf die Saugrohrgeometrie, bei intermittierenden Einspritzsystemen die zeitliche Zuordnung der Kraftstoffeinbringung zum Einströmvorgang in den Zylinder, die Verdampfungsbedingungen (Siedeverhalten des Kraftstoffes, Druck, und Temperatur im Saugrohr etc.) sowie der Betriebszustand des Motors beeinflussen nicht nur den Endzustand des Gemisches, sondern auch die relativen Anteile der verschiedenen Gemischbildungsformen. Oftmals ergeben sich aus dem Gemischbildungsvorgang verschiedenartige Auswirkungen im stationären und instationären Motorbetrieb.

Bei zentraler Gemischbildung wirkt sich die Aufbereitungsgüte des Kraftstoffes auch im stationären Motorbetrieb sehr wesentlich auf die Kraftstoffmengenzuteilung zu den einzelnen Motorzylindern aus. Das Maß, in dem die Kraftstofftropfen der Luftströmung folgen und somit die Wandfilmbildung und in weiterer Folge auch die Gemischverteilung beeinflussen, wird im wesentlichen von der Tropfengröße bestimmt, siehe auch Kapitel 2.6.. Es stellt daher eine möglichst intensive Gemischaufbereitung, d.h. hoher Dampfanteil und möglichst feine Kraftstofftröpfchen, den idealen Aufbereitungszustand des Gemisches dar. Hingegen ist für Einzelzylinder-Saugrohreinspritzung der Aufbereitungszustand des Gemisches zwar für den Kraftstofftransport und vor allem für die Verteilung auf die einzelnen Motorzylinder nur von untergeordneter, für den Verbrennungsablauf jedoch von wesentlich größerer Bedeutung.

Beschränkt man sich auf konventionelle ottomotorische Verbrennungskonzepte, die auf homogene Ladung ausgelegt sind, so wird auch bei Einzelzylindergemischbildung zumeist [2.65, 2.66, 2.67, 2.68, 2.69, 2.126] ein bereits vor dem Eintritt in den Brennraum vollständig verdampfter Kraftstoff als idealer Gemischaufbereitungszustand angesehen. In diesem Fall führt die hohe Turbulenz am Einlaßventil zu einer homogenen Vermischung mit der Verbrennungsluft. Sowohl örtliche als auch zeitliche Inhomogenitäten des Grundgemisches werden weitgehend vermieden. Dies bedeutet auch geringe Schwankungen des Gemischzustandes in Zündkerzennähe, wodurch nur geringe Streuungen der Entflammungsdauer und somit auch der gesamten Verbrennungsabläufe auftreten.

Erfolgt die Einbringung des Kraftstoffes in den Brennraum in Form von Kraftstoffdampf, so erhöht sich die nutzbare Energie um die Verdampfungswärme des Kraftstoffes. Wird jedoch der Großteil der erforderlichen Verdampfungswärme der Ansaugluft entzogen, so ändert sich dadurch der effektive Gemischheizwert nur unwesentlich. Berücksichtigt man auch die Änderung der spezifischen Stoffkonstanten sowie des Polytropenexponenten während der Kompression, so sind eventuelle Wirkungsgradverbesserungen durch verdampften Kraftstoff vor allem auf geringere zyklische Schwankungen des Verbrennungsablaufes zurückzuführen. Die verbesserte Gemischaufbereitung bewirkt zumeist geringere Schwankungen, jedoch kaum Verkürzungen der Entflammungsphase und des Verbrennungsablaufes [2.70]. Gelangt der Kraftstoff nicht in Form von Kraftstoffdampf, sondern als Tropfen in den Brennraum, so werden die bei der Verdampfung des Kraftstoffes auftretenden hohen Luftzahlgradienten bis zum Zündzeitpunkt nicht mehr vollständig abgebaut, es verbleibt eine unvollkommene Vermischung sowohl im makroskopischen als auch mikroskopischen Bereich.

Je nach räumlicher und größenmäßiger Verteilung der Kraftstofftropfen, dem Zeitpunkt ihrer Einbringung in den Brennraum sowie der Ladungsbewegung können sich verschiedenartige Formen von heterogener Gemischverteilung im Brennraum ausbilden, **Abb. 2.14.**

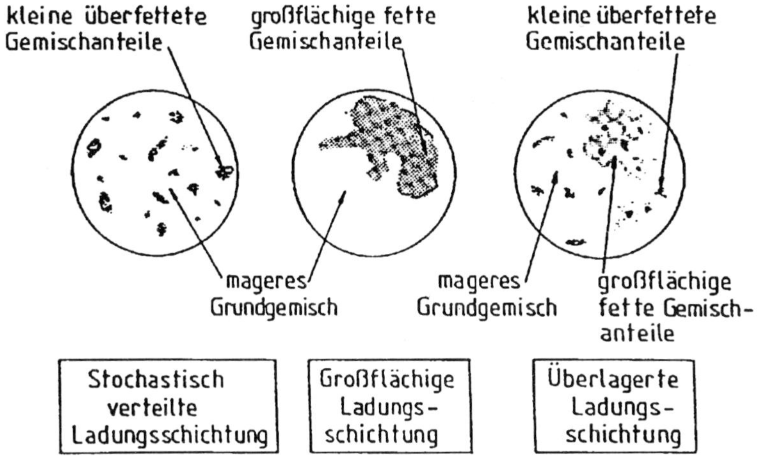


**Abb. 2.14.** Mögliche Formen von heterogener Gemischverteilung im Brennraum [2.71]

Gelangen einzelne große Kraftstofftropfen in einen Brennraum mit geringer Ladungsbewegung, so ergeben sich durch ihre Verdampfung vereinzelt kleine, lokal überfettete Gemischbereiche in einem sehr mageren Grundgemisch, Abb. 2.14 links. Eine solche stochastisch verteilte Ladungsschichtung stellt den für die Verbrennung ungünstigsten Fall dar, da sich hier kaum ausreichend fette Gemischanteile in Zündkerzennähe realisieren lassen und auch ein gleichmäßiges Durchbrennen der Ladung problematisch ist.

Eine großflächige Schichtung, Abb. 2.14 Mitte, ist dann zu erwarten, wenn der Kraftstoff in einer bevorzugten örtlichen und/oder zeitlichen Position in den Brennraum eingebracht wird und durch die Ladungsbewegung diese begonnene Ladungsschichtung erhalten oder verstärkt wird.

Durch Anteile der Ladungsbewegung (bestimmte Formen der Quetschströmung) im mikroskopischen Bereich scheint dabei eine lokal gute Durchmischung möglich, wenn auch über den gesamten Brennraum gesehen, deutliche Konzentrationsunterschiede bestehen. Erfolgt dabei die Zündung in einem solchen fetten Gemischanteil, so brennen nach Erfahrungen bei Schichtlademotoren auch die mageren Ladungsreste zufriedenstellend durch. Solche Ladungsschichtungen können ganz bewußt dazu verwendet werden, den Motorbetriebsbereich deutlich in den mageren Luftzahlbereich auszudehnen und stellen das Hauptkriterium von Schichtlademotoren mit nicht unterteilten Brennräumen dar. Im praktischen Motorbetrieb sind jedoch auch sehr viele Mischformen dieser einzelnen Arten von Gemischinhomogenitäten anzutreffen. Da der Kraftstoff zumeist sowohl dampf- als auch tropfenförmig in den Brennraum gelangt, kann durch eine gerichtete Ladungsbewegung auch eine Separation dieser einzelnen Phasen erfolgen, sodaß sich durch den bereits am Eintritt in den Brennraum dampfförmigen Kraftstoffanteil eine großflächige, zusammenhängende Schichtung ergibt, während die verdampfenden Kraftstofftropfen kleine, lokal überfettete Gemischpartien bewirken, Abb. 2.14 rechts.

Zusätzliche Probleme sind bei hohen filmförmigen Kraftstoffanteilen im Saugrohr zu erwarten. Durch das Abreißen des Wandfilmes im Einlaßventilspalt ergeben sich große Kraftstofftropfen mit den schon beschriebenen Nachteilen. Selbst im stationären Motorbetrieb sind bei aufeinanderfolgenden Zyklen die in den Brennraum gelangenden Wandfilmmengen nicht konstant, sondern weisen zyklische Schwankungen auf, woraus deutliche zyklische Gesamtluftzahlschwankungen resultieren.

Neben den schon für den stationären Motorbetrieb bestehenden Anforderungen an die Gemischaufbereitung stellt die richtige Kraftstoffmengenzuteilung im instationären Motorbetrieb ein zusätzliches Problem dar.

### 2.5.1. Kraftstoffzerstäubung

Der Beginn des Gemischbildungsvorganges ergibt sich, abgesehen von Sonderformen (Wandauftragung, Oberflächenverdampfung), durch das Zerteilen des Kraftstoffes in einzelne Tropfen. Die dazu minimal erforderliche Energie wird bei niederviskosen Kraftstoffen in erster Linie durch die neu geschaffene Tropfenoberfläche und die Oberflächenspannung des Kraftstoffes bestimmt [2.97]:

$$E_{min} = \sigma_K \, . \, \Delta O_T \qquad (2.16)$$

$E_{min}$ [J] ..... minimal erforderliche Zerstäubungsenergie
$\Delta O_T$ [$m^2$] ..... Oberflächenvergrößerung durch den Zerfallsvorgang
$\sigma_K$ [$N.m^{-1}$] ..... Oberflächenspannung des Kraftstoffes

Da jedoch unter realen Bedingungen bei einer Energiezufuhr die kinetische und innere Energie des Kraftstoffes in wesentlich größerem Ausmaß erhöht werden als die zur Oberflächenvergrößerung verwendete Energie, liegt die zum Zerteilen des Kraftstoffes tatsächlich erforderliche Energie sehr wesentlich über der minimal erforderlichen Zerfallsenergie.

Der Zerfallsvorgang kann in verschiedenen Arten von Zerstäubungsvorrichtungen erfolgen. Eine mögliche Unterteilung dieser Zerstäubungsvorrichtungen ergibt sich nach [2.72] in Geschwindigkeitszerstäuber und Fliehkraftzerstäuber.

Fliehkraftzerstäuber, bei denen der Zerfall des Kraftstoffes durch Massenkräfte, speziell Fliehkräfte, erfolgt, sind abgesehen von Sonderformen (Zerstäuberrad) für ottomotorische Gemischbildner ohne Belang.

Die derzeit bei Ottomotoren in Serie eingesetzten Gemischbildungssysteme können nahezu ausschließlich den Geschwindigkeitszerstäubern zugeordnet werden. Bei diesen erfolgt die Zerstäubung der zusammenhängenden Flüssigkeitsmasse durch die Einwirkung von Oberflächen-Trägheits- und Zähigkeitskräften, die beispielsweise durch Schaffung einer Relativbewegung zwischen dem zu zerstäubenden Kraftstoff und dem umgebenden Medium entstehen.

Je nach Art der Einbringung der Zerstäubungsenergie lassen sich zwei Zerstäubungsarten bei den Geschwindigkeitszerstäubern unterscheiden:

- Bei der Druckzerstäubung ist die zu zerstäubende Flüssigkeit bewegt, das umgebende gasförmige Medium ruhend. Zwar erfolgt der Zerfall auch unter dem Einfluß von Gaskräften, das Gas hat jedoch eine für den Tropfenzerfall vernachlässigbare Geschwindigkeit und Energie;
- Bei der Druckluftzerstäubung hingegen ist die Gasgeschwindigkeit die den Tropfenzerfall bestimmende Einflußgröße, die zu zerstäubende Flüssigkeit ist nahezu ruhend, die Zerfallsenergie kommt hauptsächlich aus der kinetischen Energie des Gases. Diese Art des Tropfenzerfalls ist etwa beim Vergaser oder näherungsweise auch bei der Luftumfassung eines Einspritzventiles zu beobachten.

Bei realen Gemischbildungssystemen, insbesonders bei Einspritzanlagen, ergibt sich jedoch der Zerstäubungsvorgang als Überlagerung dieser beiden Zerfallsmechanismen. So wird durch die Druckzerstäubung zumeist ein primärer Strahlzerfall eingeleitet. Durch Beaufschlagung der dabei entstehenden Tropfen mit den im Saugrohr auftretenden Luftgeschwindigkeiten tritt ein weiterer, sekundärer Tropfenzerfall durch eine Druckluftzerstäubung auf. Im allgemeinen laufen jedoch diese primären und sekundären Zerfallsvorgänge nicht nacheinander, sondern teilweise gleichzeitig ab. So wird insbesonders bei Saugrohreinspritzung während der Ansaugphase der aus der Druckzerstäubung resultierende Zerfallsvorgang sehr stark von den Luftgeschwindigkeiten im Saugrohr beeinflußt.

Sowohl bei dezentraler als auch, in geringerem Ausmaß, bei zentraler Gemischbildung unterliegt der Gemischbildungsvorgang zeitlich stark ändernden Randbedingungen. Je nach zeitlicher Zuordnung der Gemischeinbringung zu den Ventilsteuerzeiten und somit zu den Strömungs- und Temperaturverhältnissen im Saugrohr ergibt sich der Gemischbildungsvorgang aus verschiedenartiger Überlagerung einzelner Zerfallsvorgänge und -mechanismen sowie der daraus resultierenden Wandbenetzung und Tropfenverdampfung.

Diese relativ komplexen Vorgänge der Tropfenbildung lassen sich mit Hilfe dimensionsloser Kennzahlen in übersichtlicher Weise charakterisieren.

Die Reynoldszahl Re

$$Re = \frac{v \, . \, d}{\nu_{Fl}} \tag{2.17}$$

$v$ $[m.s^{-1}]$ ..... Geschwindigkeit
$d$ $[m]$ ..... charakteristischer Düsendurchmesser
$\nu_{Fl}$ $[m^2.s^{-1}]$ ..... kinematische Zähigkeit der Flüssigkeit

ist für das Strömungsprofil sowie mit Einschränkungen für die Turbulenz in der Düse bis zum Austritt der Flüssigkeit maßgeblich.

Die Ohnesorge-Zahl $O_h$

$$O_h = \frac{\eta_{Fl}}{(\sigma \cdot \rho_{Fl} \cdot d)^{0,5}} \tag{2.18}$$

$\eta_{Fl}$ [$Pa.s^{-1}$] .....dynamische Zähigkeit der Flüssigkeit
$\sigma$ [$N.m^{-1}$] .....Oberflächenspannung
$\rho_{Fl}$ [$kg.m^{-3}$] .....Dichte der Flüssigkeit
d [m] .....charakteristischer Düsendurchmesser

beschreibt die für den Strahlzerfall wesentlichen physikalischen Eigenschaften des Kraftstoffes und berücksichtigt insbesonders den Einfluß der Kraftstoffzähigkeit.

Wird die Weberzahl We

$$We = \frac{\rho \cdot v_{rel}^2 \cdot d_T}{\sigma} \tag{2.19}$$

$\rho$ [$kg.m^{-3}$] .....Dichte
$v_{rel}$ [$m.s^{-1}$] .....Relativgeschwindigkeit Kraftstoff-Luft
$d_T$ [m] .....Tropfendurchmesser

mit der Dichte des Kraftstoffes gebildet, so charakterisiert sie das Verhältnis der Trägheitskräfte der Flüssigkeit zu den Oberflächenspannungskräften. Unter Verwendung der Dichte der Luft bestimmt die Weberzahl die Relation der durch die Trägheitskräfte der Luft bedingten Druckkräfte zu den Oberflächenspannungskräften. Erfolgt der Zerfall von Kraftstofftropfen primär unter dem Einfluß von Luftkräften, so wird vielfach das Überschreiten eines kritischen Wertes der Weberzahl als vereinfachtes Zerfallskriterium herangezogen.

#### 2.5.1.1. Druckzerstäubung

Der Zerfall eines aus einer Düse austretenden Kraftstoffstrahles kann durch sehr verschiedenartige Zerfallsmechanismen hervorgerufen werden. Eine kritische Betrachtung möglicher Zerfallsursachen wie:

- aerodynamische Wechselwirkung zwischen Strahloberfläche und Umgebungsmedium;
- Strahlturbulenz, insbesonders radiale Geschwindigkeitskomponenten bei turbulenter Düsenströmung;
- Änderung der Geschwindigkeitsprofile, Grenzschichtbeschleunigungen und -instabilitäten am Düsenaustritt;
- Kavitationserscheinungen innerhalb der Düse;

- Kraftstoffdruckschwankungen, sowie
- Instabilitäten aufgrund der Oberflächenspannung,

zeigt, daß nur in Ausnahmefällen der Strahlzerfall auf eine einzige Ursache zurückzuführen ist. Im allgemeinen ergibt sich der Strahlzerfall in Abhängigkeit von den Bedingungen am Düsenaustritt (Austrittsgeometrie, Strahlgeschwindigkeit und -turbulenz, physikalische Eigenschaften von Kraftstoff und Umgebungsmedium etc.) als teilweise komplexe Überlagerung solcher einzelner Zerfallsmechanismen.

Läßt man die für verbrennungsmotorische Anwendungen bedeutungslosen Bereiche des Auslaufens und Abtropfens [2.73, 2.74, 2.75] außer Betracht, so lassen sich im wesentlichen drei Strahlzerfallsformen [2.74, 2.76, 2.77, 2.78] unterscheiden:

- Zertropfen (ohne und mit Lufteinfluß);
- Zerwellen (ohne und mit Staubabtrennung);
- Zerstäuben.

Im Bereich sehr niedriger Austrittsgeschwindigkeiten zerfällt der Strahl aufgrund achsensymmetrischer Schwingungen, die ausgehend von Initialstörungen durch die Wirkung der Oberflächenspannung zur Instabilität und zum "Zertropfen" des Strahles in Einzeltropfen, deren Durchmesser größer als der ursprüngliche Strahldurchmesser ist, führt (Rayleigh-Instabilität). Die Wirkung der Oberflächenspannungskräfte wird dabei durch Luftkräfte verstärkt und ist Hauptursache für den Strahlzerfall.

Mit steigender Austrittsgeschwindigkeit nimmt die Bedeutung der Luftkräfte zu. Die unter dem Einfluß der Relativgeschwindigkeit Kraftstoff-Luft auftretenden wellenförmigen asymmetrischen Auslenkungen der Strahlachse wachsen rascher als die achsensymmetrischen Störungen und führen bei kritischen Amplituden zu einem Aufreißen des Strahles an den Wellenbergen - es tritt ein "Zerwellen" (nach Weber-Hänlein [2.77, 2.78] ) des Strahles auf. Die Oberflächenspannung wirkt hier gegen das Anwachsen dieser wellenförmigen Störungen.

Bei bestimmten Düsengeometrien ist bei Steigerung der Austrittsgeschwindigkeit die Strahloberfläche schon vor dem durch das eigentliche Zerwellen bedingten Zerfall nicht mehr geschlossen, es tritt eine vergleichsweise hochfrequente Oberflächenstörung im Düsenaustritt auf, die über eine Kelvin-Helmholtz-Instabilität [2.79, 2.80, 2.81], **Abb. 2.15**, zum Abtrennen einzel-

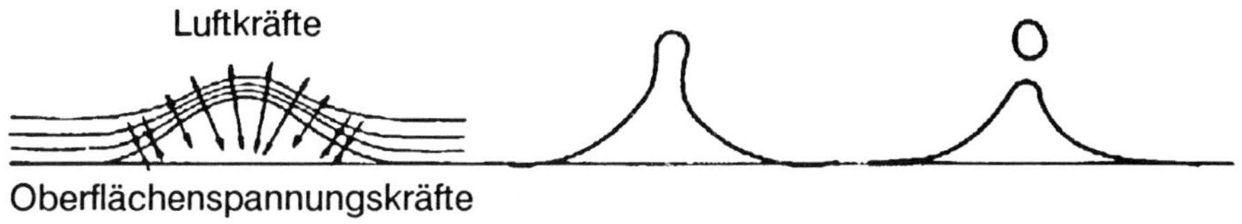


**Abb. 2.15.** Kelvin-Helmholtz-Mechanismus der Tropfenbildung [2.97]

ner, kleiner Satellitentropfen führt. Dieses in [2.82] erstmals erwähnte "Zerwellen mit Staubabtrennung" führt in den Bereich des Zerstäubens über.

Bei sehr hohen Austrittsgeschwindigkeiten zerfällt der Strahl scheinbar ohne jegliche Gesetzmäßigkeit praktisch unmittelbar beim Austritt aus der Düse in Einzeltropfen, deren Durchmesser klein gegenüber dem ursprünglichen Strahlquerschnitt sind, man spricht hier vom Zerstäuben des Strahles. Dieses Zerstäuben ist ein Strahlzerfall im turbulenten Strömungszustand mit einem breiten Tropfengrößenspektrum. Gerade für diesen Bereich des Zerstäubens existieren in der Literatur teilweise divergierende Aussagen über die Ursachen des Strahlzerfalles. Unter verbrennungsmotorischen Randbedingungen ist als vorherrschender Zerstäubungsmechanismus die aerodynamische Wechselwirkung zwischen Strahloberfläche und Umgebungsmedium anzusehen, die ausgehend von Anfangsstörungen am Ventilaustritt zum Anwachsen instabiler Wellen auf der Strahloberfläche und zum daraus resultierenden Strahlzerfall führt. Sowohl diese Anfangsstörungen als auch die sie bestimmenden Mechanismen sind in starkem Ausmaß von den Austrittsbedingungen abhängig und beeinflussen wesentlich den Zerstäubungsvorgang.

Diese nicht nur für das Zerstäuben sondern auch für das Zerwellen und Zertropfen eines Strahles wesentlichen Initialstörungen sind im allgemeinen nicht exakt bestimmbar und werden durch die Reynoldszahl nur äußerst unzureichend charakterisiert. Daher läßt eine Abgrenzung der einzelnen Zerfallsformen in einem Reynolds-Ohnesorgezahl-Diagramm [2.73, 2.74, 2.75] nur näherungsweise Aussagen über die zu erwartende Art des Strahlzerfalles zu, es ergeben sich keine scharfen Abgrenzungen, sondern Übergangsbereiche in denen verschiedene Strahlzerfallsformen auftreten können, **Abb. 2.16**.

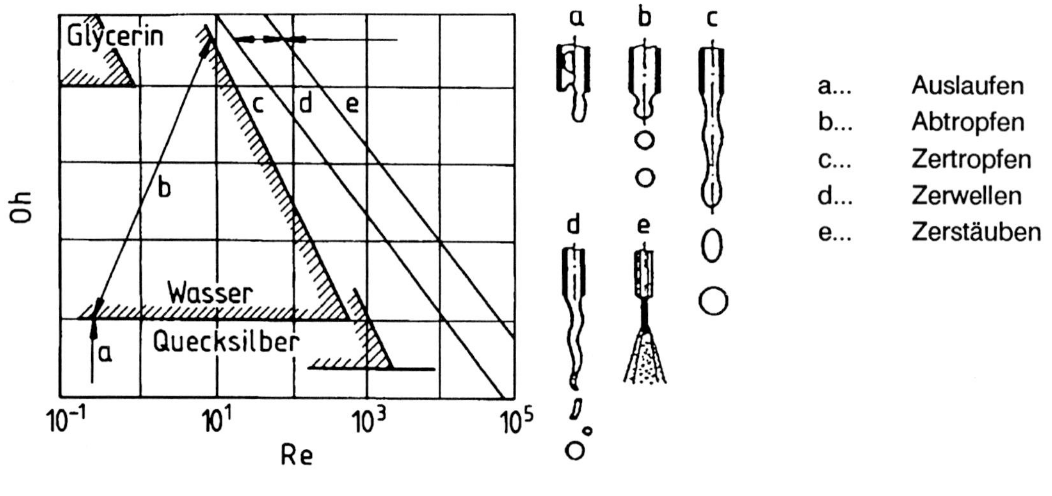


**Abb. 2.16.** Näherungsweise Abgrenzung einzelner Strahlzerfallsbereiche in einem Reynolds-Ohnesorgezahl-Diagramm [2.73, 2.74]

Die nur unzureichende Bestimmbarkeit dieser Anfangsstörungen führt auch dazu, daß trotz weitgehender analytischer Erfassung des Zerfallsvorganges von aus Kreisquerschnitten austretenden Kraftstoffstrahlen [2.72, 2.76, 2.77, 2.83, 2.84] empirisch ermittelte Faktoren zur Darstellung des Strahlzerfalles erforderlich sind.

Eine vorwiegende Druckzerstäubung eines aus einem kreisförmigen Querschnitt austretenden Kraftstoffes tritt z.B. bei Einspritzventilen mit Lochzumessung auf. Solche Einspritzventile wurden im Bereich ottomotorischer Gemischbildner bislang nur in geringerem Maße eingesetzt und weisen hier vor allem Zumeßfunktion und nur in geringem Ausmaß eine Zerstäubungsfunktion auf.

Bei den heute in überwiegendem Ausmaß eingesetzten Einspritzventilen mit Ringspaltzumessung und Spritzzapfen erfolgt der Strahlzerfall, unter für Saugrohreinspritzung üblichen Betriebsbedingungen, in Form eines Lamellenzerfalles [2.86, 2.87, 2.88, 2.89, 2.90, 2.91, 2.93, 2.94, 2.95, 2.96, 2.97].

Bei konventionellen Einspritzventilen mit Ringspaltzumessung entsteht unmittelbar nach dem Austritt aus dem Ringspalt durch die Umlenkung am Spritzzapfen eine kegelmantelförmige Flüssigkeitslamelle, deren Stärke in Bewegungsrichtung abnimmt. Abhängig von den Austrittsbedingungen (Austrittsgeschwindigkeiten und -geometrien) ist dieser Flüssigkeitslamelle ein bestimmtes Frequenz- und Amplitudenspektrum von Anfangsstörungen aufgeprägt. Unter dem Einfluß des umgebenden gasförmigen Mediums bewirken diese Initialstörungen exponentiell anwachsende Wellen auf der Lamelle. Bei kritischen Amplituden führt diese Instabilität der Lamelle zum Zerfall in einzelne Bänder, aus denen sich unter dem Einfluß von Oberflächenspannungs- und Gaskräften sehr rasch Einzeltropfen bilden.

Dieses Zerfallen der Kraftstofflamelle kann ähnlich wie beim Schnurstrahl durch zwei Schwingungsformen bewirkt werden, **Abb. 2.17**.

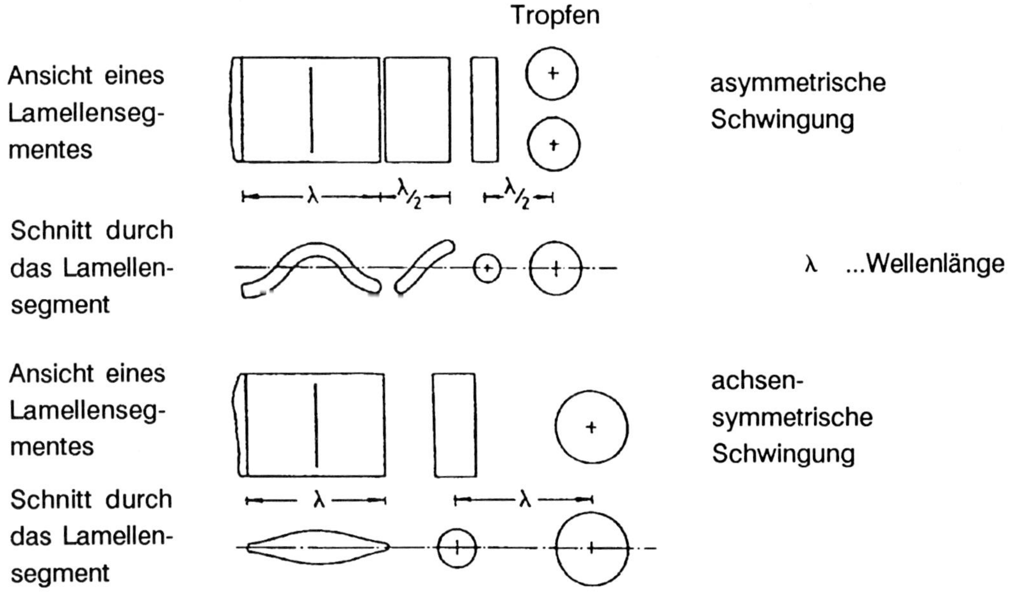


**Abb. 2.17.** Zerfallsformen der Kraftstofflamelle (idealisiert) [2.97]

Bei asymmetrischer Schwingung zerfällt die Lamelle durch ein Aufreißen an den "Wellenbergen" mit der halben Schwingungsamplitude. Eine achsensymmetrische Schwingung hingegen führt zu einem Zerfall in den "Wellentälern", die Zerfallswellenlänge entspricht hier der vollen Wellenlänge und bewirkt entsprechend größere Tropfendurchmesser.

Neben den Bedingungen in der Lamelle selbst ist für die Ausbildung der einen oder anderen Schwingungsform in starkem Ausmaß die Verteilung, Form und Frequenz der Initialstörungen maßgeblich.

Am stationären Einspritzstrahl ergibt sich ein Teil dieser Anfangsstörungen durch die turbulenten Strömungsverhältnisse im Ringspalt (durch die Kürze der Düsenbohrung ist auch bei $Re < 2300$ nicht mit einem Abklingen der Einlaufstörung zu rechnen), ein weiterer Teil durch die Strahlauslenkung am Spritzzapfen. Sowohl Frequenz und Amplitude als auch die lokale Verteilung der Anfangsstörungen können durch die Betriebsbedingungen (z.B. Einspritzdruck) beeinflußt werden. Bei stationären Betriebsbedingungen läßt sich in Weiterführung von Zerfallsmodellen für Flachstrahldüsen [2.85, 2.87, 2.88] für die hier gegebenen Randbedingungen eine Dominanz des Anwachsens der asymmetrischen Wellen herleiten.

Beim instationären Einspritzstrahl hingegen bewirkt der Öffnungsvorgang der Ventilnadel durch die sich stark ändernden Druck- und Strömungsverhältnisse eine ausgeprägte achsensymmetrische Schwingungsanregung, die sich auf den Zerfall im Bereich der Strahlspitze sehr wesentlich, im Hauptstrahlbereich jedoch nur geringfügig auswirkt. Obwohl sich bei der hier vorliegenden Form des Lamellenzerfalles eine Unterscheidung einzelner Strahlzerfallsformen zumeist schwieriger gestaltet als beim Schnurstrahl, läßt sich auch hier ein Übergang aus dem Bereich des Zerwellens in das Gebiet des Zerwellens mit Staubabtrennung und des Zerstäubens beobachten.

Bei Steigerung der Druckdifferenz am Ventilaustritt nimmt die Schwingungsfrequenz der Lamelle deutlich zu. Die Wellen verlaufen nicht nur senkrecht zur Einspritzrichtung, sondern in einem größeren Winkelbereich. Durch die daraus resultierenden Überlagerungen werden an den verstärkten Wellenbergen sehr rasch Satellitentropfen gebildet. Dieses Herausbrechen einzelner Tropfen führt teilweise zu einer Perforation der Lamelle, die den weiteren Zerfall einleitet.

Neben diesen vergleichsweise niederfrequenten Schwingungserscheinungen kann bei entsprechend ausgeprägten, hochfrequenten Anfangsstörungen bereits ein Abtrennen kleiner Satellitentropfen in der Nähe des Spritzzapfens erfolgen, wobei die Lamelle im allgemeinen geschlossen bleibt. Für diese, insbesonders bei hohen Einspritzdrücken auftretende "Staubabtrennung" sind vor allem die Anfangsstörungen, und nur in geringerem Maß die Luftkräfte verantwortlich.

Das Kernproblem einer exakten analytischen Erfassung des Zerfallsvorganges stellt die Tatsache dar, daß die für den Strahlzerfall wesentlichen Anfangsstörungen im allgemeinen nicht bestimmbar sind. Daher läßt sich ein solcher Zerfallsvorgang nur näherungsweise und unter Vorgabe von Vereinfachungen analytisch beschreiben.

Beschränkt man sich auf den stationären Einspritzstrahl, so führen vor allem asymmetrische Schwingungen, die sich unter dem Einfluß der Gaskräfte verstärken, zum Zerfall des Strahles. Bei für Saugrohreinspritzung üblichen Betriebsbedingungen ist der Anteil kleiner Satellitentropfen, die durch hochfrequente Anteile der Anfangsstörungen bereits in geringen Entfernungen vom Spritzzapfen entstehen, vergleichsweise klein. Der Großteil der Tropfen wird durch das Aufbrechen der unter dem Einfluß der Gaskräfte am schnellsten anwachsenden Oberflächenwellen verursacht. Aus einem stets vorhandenen Spektrum von Wellenlängen der Initialstörungen wachsen jene am schnellsten an, die der Eigenschwingungsform der Lamelle entsprechen. Für dieses unter dem Einfluß von Oberflächenspannungs-, Trägheits- und Zähigkeitskräften in Wechselwirkung mit einer Atmosphäre von vernachlässigbarer Zähigkeit auftretende Anwachsen der Wellenlängen existieren für den Schnurstrahl komplette lineare Lösungen [2.77]. Bei kegelmantelförmigen Lamellen hingegen herrschen nicht nur andere Randbedingungen, sondern ist auch die Zunahmerate der Amplituden unter Berücksichtigung der Zähigkeit zusätzlich eine Funktion der sich ändernden Lamellenstärke. Dadurch können die für einen Schnurstrahl geltenden exakten Lösungen nicht auf einen kegelmantelförmigen Strahl übertragen werden, sodaß hier nur Näherungslösungen mit empirisch ermittelten Beiwerten möglich sind. Ähnlich wie beim Schnurstrahl [2.77] erweist sich auch hier die Vorgabe eines kritischen Verhältnisses der Amplitude der Lamellenschwingung zur Amplitude der Anfangsschwingung als sinnvoller Lösungsansatz [2.80, 2.85, 2.87, 2.97].

Als Haupteinflußfaktoren auf den Zerfallsvorgang sind anzusehen:

- Austrittsgeschwindigkeit am Ventilaustritt;
- Austrittsgeometrie (Austrittsquerschnitt, Strahlturbulenz);
- Kraftstoffeigenschaften (Oberflächenspannung, Zähigkeit, Dichte);
- Luftdichte im Saugrohr.

Durch abnehmende Luftdichte verringern sich nicht nur die am Zerfallsvorgang maßgeblich beteiligten Luftkräfte, sondern es kann durch den verringerten Absolutdruck auch ein Sieden des Kraftstoffes bereits im Austrittsquerschnitt auftreten. Dadurch kann unter Umständen ein Schäumen des Kraftstoffes und damit ein völliger Abbruch der ursprünglichen Zerstäubungsmechanismen erfolgen.

#### 2.5.1.2. Druckluftzerstäubung

Zerfällt eine Flüssigkeit in einem Gas relativ hoher Geschwindigkeit, so wird dieser Zerfall in einzelne Tropfen im wesentlichen durch die Gasgeschwindigkeit bestimmt, die kinetische Anfangsenergie der Flüssigkeit hingegen hat nur geringen Einfluß auf die Tropfenbildung. Während sich bei Saugrohreinspritzung vielfach eine Überlagerung solcher sekundärer Zerfallsmechanismen mit primärem, z.B aus einer Druckzerstäubung resultierendem, Tropfenzerfall ergibt, ist ein fast ausschließlich als Druckluftzerstäubung anzusehender Strahlzerfall bei der Zerstäubung im Vergaser anzutreffen.

Betrachtet man einen kugelförmigen Tropfen, der in eine Gasströmung hoher Geschwindigkeit eingebracht wird, so erfolgt ein Eindrücken des Tropfen im Staupunkt dann, wenn der dort herrschende Staudruck größer als der durch die Oberflächenspannung bedingte Innendruck des Tropfens ist.

Mit dem Innendruck des Tropfens $p_i$

$$p_i = \frac{4\sigma}{d_T} \tag{2.20}$$

und dem Staudruck $p_{st}$

$$p_{st} = \frac{\rho_G \cdot v_{rel}^2}{2} \tag{2.21}$$

$\rho_G$ [kg.m$^{-3}$] .....Dichte des Gases
$v_{rel}$ [m.s$^{-1}$] .....Relativgeschwindigkeit Tropfen-Gas

läßt sich unschwer eine Beziehung für den Beginn der Tropfenverformung herleiten [2.77]:

$$\frac{d_T \cdot \rho_G \cdot v_{rel}^2}{\sigma} = We > 8 \tag{2.22}$$

We [–] .....Weberzahl

Im Falle vorhandener Anfangsstörungen weicht jedoch der Tropfen schon vorher von der Kugelform ab, aufgrund der dadurch geänderten Luftwiderstandsbeiwerte kann eine Schwingung auch schon bei Weberzahlen kleiner 8 erfolgen. Eine beginnende Tropfenverformung ist jedoch keinesfalls als bestimmendes Zerfallskriterium anzusehen, sondern stellt lediglich eine Schwingungsanregung des Tropfens dar. Insbesonders durch Zähigkeitskräfte ist eine Dämpfung dieser Tropfenschwingung auch bei Weberzahlen größer 8 möglich.

Eine rechnerische Bestimmung einer kritischen Weberzahl, bei der ein Tropfenzerfall auftritt, kann aus einer Stabilitätsbetrachtung des Tropfens erfolgen. Der in der Praxis auftretende Bereich kritischer Weberzahlen $5 < We < 20$ wird je nach Einbeziehung des Zähigkeitseinflusses auch in theoretischen [2.98, 2.99, 2.100, 2.101] und theoretisch-empirischen Arbeiten [2.72, 2.73, 2.102] gefunden. Eine Berücksichtigung des Zähigkeitseinflusses sollte jedoch auch bei vergleichsweise niedrig viskosen Ottokraftstoffen erfolgen, wobei eine Definition dieser kritischen Weberzahl als Funktion der Ohnesorgezahl [2.102] sinnvoll erscheint.

Sehr wesentlichen Einfluß auf den Tropfenzerfall hat nicht nur die Größe der Relativgeschwindigkeit, sondern auch ihre zeitliche Änderung. Sowohl die Art des Turbulenzspektrums im Falle turbulenter Anströmverhältnisse als auch die Anfangsbeaufschlagung des Tropfens mit der Relativgeschwindigkeit wirken sich auf den Tropfenzerfall aus. So führen rasche Geschwindigkeitsänderungen zu deutlich geringeren kritischen Weberzahlen als bei kontinuierlicher Gasströmung [2.101, 2.102, 2.103].

Obwohl auch das Zerblasen eines Tropfens in einer Gasströmung hoher Geschwindigkeit über die Zwischenstufe einer durch die Tropfenverformung gebildeten Lamelle erfolgt, bereitet eine theoretische Erfassung der sekundären Zerfallsmechanismen der hohlkegelförmigen Kraftstofflamelle von Einzeleinspritzventilen erhebliche Schwierigkeiten. Hier ergibt sich eine Überlagerung der nicht vernachlässigbaren Lamellengeschwindigkeit mit den im allgemeinen nur näherungsweise bekannten lokalen Geschwindigkeitskomponenten der Gasströmung. Die aus der Überlagerung primärer und sekundärer Zerfallsmechanismen resultierenden Tropfengrößen sind nicht nur von der Relativgeschwindigkeit, sondern auch von einer Reihe zusätzlicher Randbedingungen abhängig und im allgemeinen analytisch nicht bestimmbar. Dementsprechend gibt es auch im Bereich der Druckluftzerstäubung vor allem empirisch-theoretische Arbeiten, die ausgehend von Dimensionsanalysen Zahlenwertgleichungen zur Darstellung einzelner Einflußgrößen auf den Zerfallsvorgang verwenden [2.104, 2.105, 2.106, 2.107, 2.109, 2.110, 2.111, 2.112, 2.113, 2.114, 2.115, 2.116, 2.117].

Bezieht man die aus vorwiegender Druckzerstäubung oder Druckluftzerstäubung resultierenden Tropfengrößen auf die mittlere Relativgeschwindigkeit zwischen Kraftstoff und Umgebungsmedium, so weist die Druckzerstäubung im Bereich niedriger Relativgeschwindigkeit deutlich kleinere Tropfendurchmesser auf, **Abb. 2.18.**

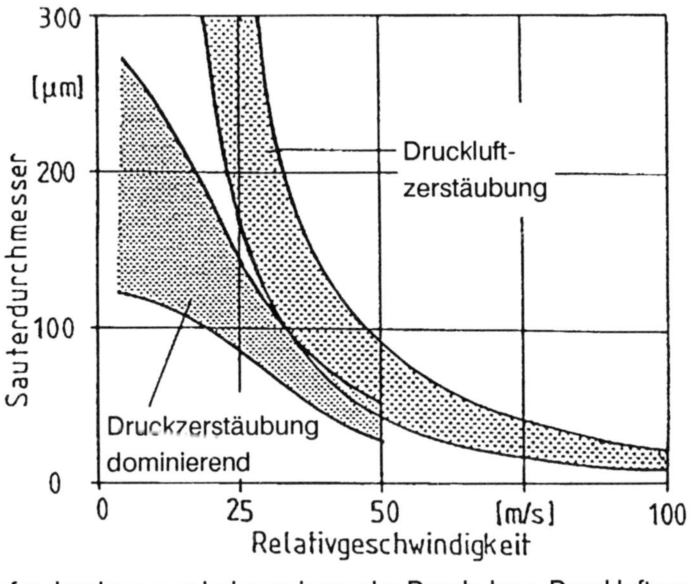


**Abb. 2.18.** Tropfendurchmesser bei vorwiegender Druck- bzw. Druckluftzerstäubung in Abhängigkeit von der Relativgeschwindigkeit Kraftstoff-Luft (der Sauterdurchmesser ist auf S. 134 erläutert) [2.97]

Bei vorwiegender Druckzerstäubung, hier am Beispiel einer Saugrohr-Einzylindereinspritzung, stellen die aus der mittleren Relativgeschwindigkeit Kraftstoff-Luft resultierenden Luftkräfte nicht die einzige Zerfallsursache dar, sondern verstärken die Wirkung von Anfangsstörungen, die auch bei niedrigeren mittleren Relativgeschwindigkeiten einen ausgeprägten Strahlzerfall bewirken.

### 2.5.2. Kraftstoffverdampfung

Die Zerteilung des Kraftstoffes in einzelne Tropfen stellt jedoch nur die erste Stufe der ottomotorischen Gemischbildung dar. Wesentlich für den nachfolgenden Verbrennungsvorgang ist der Übergang des Kraftstoffes von der flüssigen in die gasförmige Phase wobei sich drei Arten dieses Phasenüberganges unterscheiden lassen:

- Verdunstung: Bei entsprechend großer freier Kraftstoffoberfläche tritt auch unterhalb der Siedetemperatur des Kraftstoffes ein Übergang in die gasförmige Phase auf, der jedoch sehr langsam vor sich geht. Je nach Randbedingungen (Absaugung der Kraftstoffdämpfe, Durchmischung des Kraftstoffes, Druck und Temperatur) können als Größenordnung 0,1- 0,8 % verdunstetes Kraftstoffvolumen je Stunde [2.118, 2.119] angesetzt werden;

- Verdampfen: Liegt die Kraftstofftemperatur über der Siedetemperatur, so findet ein wesentlich rascher Übergang von der flüssigen in die gasförmige Phase statt, wobei die Geschwindigkeit dieses Verdampfungsvorganges von einer Vielzahl von Randparametern beeinflußt wird;

- Ausscheidung von im Kraftstoff gelösten Gasen.

Durch die geringen Zeitspannen, die im Verbrennungsmotor für die Gemischbildung zur Verfügung stehen, ist hier vor allem die Kraftstoffverdampfung von Bedeutung. Im allgemeinen findet diese Kraftstoffverdampfung unter Zufuhr von Wärme statt. Der größte Teil dieser bei der Verdampfung zugeführten Energie dient dabei der Erhöhung der inneren Energie. Diese Energie ist erforderlich, um den Zusammenhalt der Moleküle aufzusprengen und die weitaus losere Molekülbindung des gesättigten Dampfes herzustellen. Läßt man für eine erste Betrachtung die Verdampfungsgeschwindigkeit unberücksichtigt, so sind vor allem die Gleichgewichtsbedingungen der Verdampfung von Interesse. In einem Gemisch aus Kraftstoff und Luft wird bei genügend langer Zeit durch den Molekülaustausch zwischen Dampf und Flüssigkeit ein Gleichgewichtszustand erreicht. Eine rechnerische Bestimmung dieses Gleichgewichtszustandes ist dann vergleichsweise einfach möglich, wenn zwischen Druck und Temperatur einerseits und Partialdruck sowie verdampfter Menge andererseits berechenbare Beziehungen herrschen, wie dies bei chemisch einheitlichen, reinen Stoffen der Fall ist. Hier kann unter Anwendung der idealen Gasgleichung und des Dalton'schen Gesetzes, nach dem der Gesamtdruck des Gasgemisches gleich der Summe der Partialdrücke ist, die jedes Gas bei gleicher Temperatur und gleichem Rauminhalt für sich haben würde, für beide Stoffe der Zustand des Gemisches berechnet werden. Zu jedem Druck gehört eine bestimmte Temperatur bei der eine Flüssigkeit verdampft und umgekehrt, wobei dieser Druck allgemein mit Dampf- oder Sättigungsdruck, die zugehörige Temperatur mit Siede- oder Sättigungstemperatur bezeichnet wird. Der Zusammenhang zwischen Dampfdruck und Sättigungstemperatur wird durch die Gleichung der Dampfdruckkurve gegeben. **Abb. 2.19** zeigt die Dampfdruckkurven einiger Kohlenwasserstoffe.

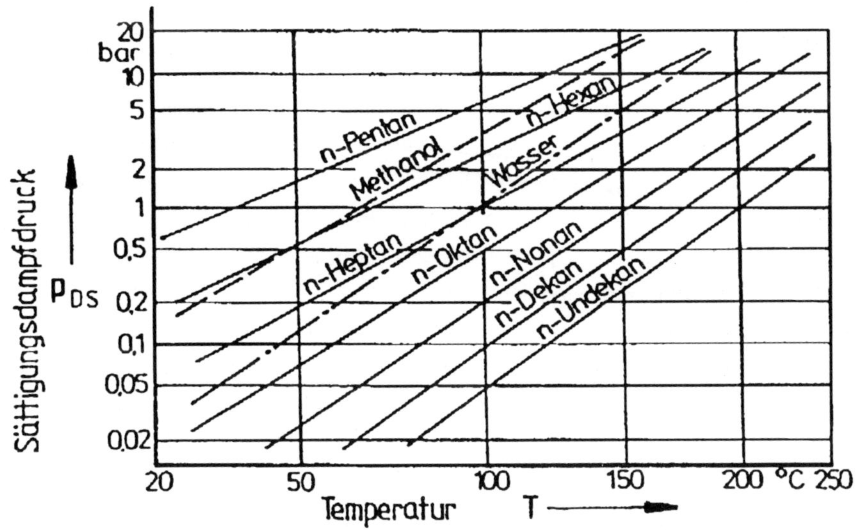


**Abb. 2.19.** Sättigungsdrücke verschiedener Kohlenwasserstoffe und von Wasser als Funktion der Temperatur [2.120, 2.126]

Enthält das Gemisch eine bei vorgegebener Temperatur maximal mögliche Kraftstoffdampfmenge, ist also gesättigt, so entspricht der Partialdruck des Kraftstoffes seinem Sättigungsdruck. Aus der Dampfdruckkurve kann die dazugehörige Gemischsättigungstemperatur entnommen werden. Da bei einem Gemisch aus Luft und Kraftstoffdampf bei vorgegebenem Gesamtdruck die Partialdrücke vom Mischungsverhältnis Luft/Kraftstoff abhängen, muß hier zur Ermittlung der Gemischsättigungstemperatur zusätzlich auch das Mischungsverhältnis berücksichtigt werden. Wird die zur Verdampfung erforderliche Wärmemenge dem Gemisch entzogen, muß zusätzlich die Gemischtemperatur zu Beginn der Kraftstoffverdampfung über der Sättigungstemperatur liegen. Unter Kenntnis der Verdampfungswärme im betrachteten Temperaturbereich und des Mischungsverhältnisses läßt sich die bei der Kraftstoffverdampfung auftretende Abkühlung des Gemisches bestimmen.

Die Bestimmung des Zustandes einer Mischung aus idealem Gas (Luft) und kondensierbarem Dampf mit einheitlichem Siedepunkt (Kohlenwasserstoffkomponente) kann jedoch auch anhand eines i-x Diagrammes erfolgen [2.121]. Ein solches Diagramm ist insbesonders dann sinnvoll, wenn ungesättigte feuchte Luft mit einer Kraftstoffkomponente gemischt wird und somit die Berücksichtigung der Enthalpien des flüssigen und dampfförmigen Wasseranteils der Luft eine komplizierte Berechnung der Gemischtemperatur erfordert. Der Einfluß des Wasserdampfes ist nach [2.121] jedoch gering, erst unterhalb der Taulinie des Wassers wird die Abkühlung des Gemisches bei der Verdampfung des Kraftstoffes durch die Kondensation von Wasser verringert. Wird durch die Verdampfung des Kraftstoffes die Gemischtemperatur unter den Gefrierpunkt des Wassers abgesenkt, so können Funktionsbeeinträchtigungen durch Eisbildung (Vergaservereisung) auftreten [2.121, 2.126].

Bislang wurden nur einzelne, chemisch einheitliche Kraftstoffkomponenten betrachtet. Übliche Ottokraftstoffe sind jedoch ein Gemisch aus etwa 270 einzelnen Kraftstoffkomponenten [2.122] mit teilweise sehr unterschiedlichen Siedeverhalten. Solche Gemische weisen auch bei vorgegebenem Druck daher nicht einen Siedepunkt, sondern einen Siedebereich auf; die zu einem Druck gehörige Sättigungstemperatur ist zusätzlich eine Funktion des Anteiles verdampften Kraftstoffes. Für jeden Druck ergibt sich daher eine eigene Siedelinie des Kraftstoffes, **Abb. 2.20.**

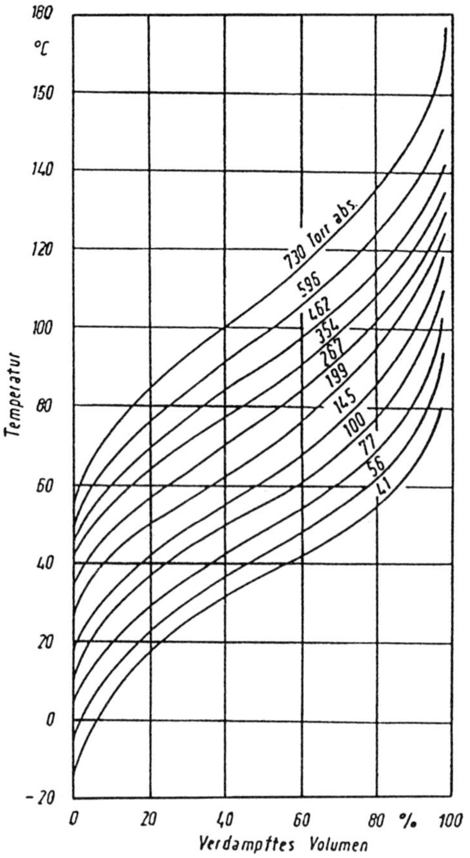


**Abb. 2.20.** Siedeverlauf eines Ottokraftstoffes bei verschiedenen Drücken [2.118]

Zusätzlichen Einfluß auf die Gemischsättigungstemperatur nimmt jedoch auch das Mischungsverhältnis Kraftstoff-Luft. In **Abb. 2.21** sind die Gemischsättigungstemperaturen für dampfförmige Gemische mit verschiedenen Luftzahlen $\lambda_D$ (Luftzahl des ausschließlich dampfförmigen Gemisches) als Funktion des verdampften Kraftstoff-Gewichtsanteiles $\kappa_G$ für verschiedene Ansauggemische der Luftzahl $\lambda_A$ (Luftzahl des ursprünglichen Gemisches aus dampfförmiger und flüssiger Phase) für zwei Motorbetriebspunkte (Vollast-Saugrohrdruck 1 bar und Teillast-Saugrohrdruck 0,4 bar) dargestellt.

In Abb. 2.21 wurden zu den Linien mit konstantem $\lambda_D$ auch solche mit konstantem $\lambda_A$ (gestrichelt) eingezeichnet. Auf der Ordinate über $\kappa_G = 100\%$ können die Gemischsättigungstemperaturen $T_{GS}$ für vollständige Kraftstoffverdampfung, also für $\lambda_A = \lambda_D$, abgelesen werden [2.126].

Aus einer derartigen Darstellungsweise läßt sich einfach ermitteln, wie hoch die Luftzahl des angebotenen Gemisches $\lambda_A$ sein kann, daß bei einer bestimmten Gemischsättigungstemperatur ein zündfähiges, dampfförmiges Gemisch mit einer vorgegebenen Luftzahl $\lambda_D$ erzielt wird. Wird die zur Verdampfung nötige Wärmemenge nicht von außen zugeführt (Luft- oder Kraftstoffvorwärmung, Saugrohrbeheizung), so tritt durch die Kraftstoffverdampfung eine deutliche Absenkung der Gemischtemperatur auf. Zur Erzielung eines Sattdampfgemisches der gewünschten Konzentration muß in diesem Fall die Gemischanfangstemperatur entsprechend der entzogenen Verdampfungswärme höher liegen.

Die bisherigen Betrachtungen gingen davon aus, daß die zur Gemischbildung verfügbare Zeitdauer ausreicht, um die Gleichgewichtsbedingungen der Verdampfung zu erreichen. Aus zahlreichen Untersuchungen der Gemischbildungsvorgänge im Saugrohr geht jedoch hervor, daß

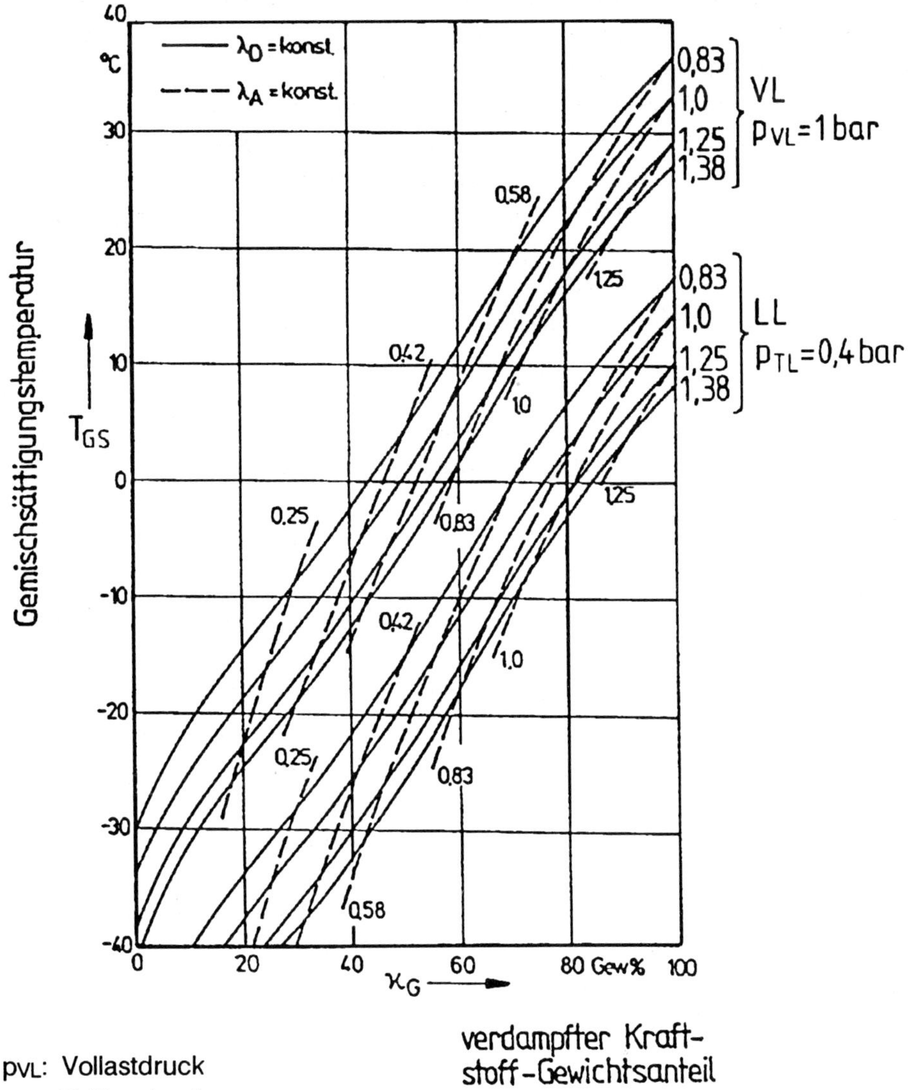


pVL: Vollastdruck
pTL: Teillastdruck

**Abb. 2.21.** Zusammenhang zwischen Gemischsättigungstemperatur $T_{GS}$ und verdampftem Kraftstoff-Gewichtsanteil $\kappa_G$ mit den Luftzahlen des angebotenen Gemisches $\lambda_A$ und des verdampften Gemisches $\lambda_D$ als Parameter bei Vollast (Saugrohrdruck 1 bar) und Leerlauf (Saugrohrdruck 0,4 bar) [2.126]

diese Gleichgewichtsbedingungen im realen Motorbetrieb kaum erreicht werden. Der Aufbereitungszustand des Gemisches wird also weniger durch die Gleichgewichtsbedingungen, als vielmehr durch die Verdampfungsgeschwindigkeit bestimmt. Da die Verdampfungsgeschwindigkeit bei vorgegebener Kraftstoffoberfläche sehr wesentlich von der Differenz zwischen momentanem Partialdruck und Sättigungspartialdruck in der Umgebung des Benzinwandfilmes oder -tropfens beeinflußt wird, kann durch eine Erhöhung der Temperatur der Ansaugluft und/oder des Kraftstoffes die Verdampfung beschleunigt werden. Dabei gewinnt auch der Wärmeübergang an die Ansaugluft bzw. den Kraftstoff eine wesentliche Bedeutung.

Eine zusätzliche Abweichung des Verdampfungsvorganges von den idealisierten Bedingungen ergibt sich auch dadurch, daß während des Verdampfungsvorganges eine Entmischung des Kraftstoffes durch das schnellere Verdampfen der leicht siedenden Komponenten eintritt. Für übliche, niedrig viskose Kraftstoffe kann angenommen werden, daß insbesonders im tropfenförmigen Kraftstoffanteil durch eine Zirkulation die leichter flüchtigen Anteile immer wieder in die Randzone transportiert werden, wodurch sowohl der Wärmeübergang an den Kraftstoff als auch die Verdampfungsraten an der Oberfläche und die Diffusion in das umgebende Medium beeinflußt werden.

Bei Gemischbildung im Saugrohr läßt sich der Verdampfungsvorgang im wesentlichen in drei Bereiche gliedern:

- Tropfenverdampfung bzw. -verdunstung im Gemischbildner bzw. auf dem Transportweg Gemischbildner-Einlaßventil bzw. Saugrohrwand;
- Oberflächenverdampfung am Einlaßventilteller und dem benetzten Anteil der Saugrohrwand;
- Tropfenverdampfung im Brennraum während des Ansaug- und Verdichtungshubes.

Im Gemischbildner bzw. auf dem Transportweg-Gemischbildner-Einlaßventil bzw. -Saugrohrwand liegt die Gemischtemperatur je nach den Betriebsbedingungen des Motors (insbesonders Saugrohrabsolutdruck und Ansauglufttemperatur) teils deutlich unter, teils nur unwesentlich über den Gemischsättigungstemperaturen der höhersiedenden Kraftstoffkomponenten, sodaß sich zumeist geringe Verdampfungsgeschwindigkeiten ergeben. Dadurch tritt auch dann keine vollständige Verdampfung des Kraftstoffes auf, wenn die Gemischtemperatur unter stationären Bedingungen dafür ausreichen würde. Eine Änderung der Zerstäubungsgüte beeinflußt hier einerseits durch die in erster Näherung geltende Proportionalität zwischen Tropfenoberfläche und Abdampfrate den im Saugrohr ohne Berührung mit der Saugrohrwand bzw. dem Eilaßventilteller verdampfenden Kraftstoffanteil, andererseits wirkt sich die Tropfengröße auch sehr wesentlich auf den zeitlichen und räumlichen Verlauf der Tropfenflugbahn aus und bewirkt über die Verweildauer der Tropfen einen weiteren Einfluß auf die Verdampfung.

Ein großer Teil der Kraftstofftropfen verdampft jedoch nicht während der Flugdauer im Saugrohr, sondern prallt auf der Saugrohrwand bzw. dem Einlaßventilteller auf. Bei diesem Auftreffen der Tropfen kommt es im allgemeinen durch das Zusammenfließen einzelner Tropfen zur Bildung eines zusammenhängenden Wandfilmes, lediglich in Einzelfällen ist ein Zerteilen großer Tropfen beim Tropfenaufprall zu erwarten. Da diese Saugrohrbereiche, in denen verstärkt Tropfenaufprall zu erwarten ist, bereits ohnehin hohe Wandtemperaturen aufweisen (Einlaßventil) oder aber zur Verbesserung der Kraftstoffverdampfung beheizt werden (Saugrohrbeheizung, "Hotspot"), gewinnt der Wärmeübergang von der heißen Wand an den Kraftstoff eine wesentliche Bedeutung. Die Übertemperatur der Wand gegenüber den Kraftstoff stellt hier das charakteristische Temperaturgefälle für diesen Wärmeübergang dar. Die schnellste Verdampfung des Kraftstoffes tritt dann auf, wenn die Oberflächentemperatur etwa $40^{\circ}$ - $50^{\circ}$C über der Siedetemperatur der jeweiligen Kraftstoffkomponenten bzw. im Bereich der Siedetemperatur üblicher Ottokraftstoffe liegt. Bei höheren Wandtemperaturen wie z.B. am Einlaßventilteller ergibt sich durch Isolationseffekte des Kraftstoffdampfes wieder eine Abnahme der Verdampfungsgeschwindigkeit bis zu einem Punkt maximaler Tropfenlebensdauer (Leidenfrostpunkt).

Eine beschleunigte Oberflächenverdampfung ergibt sich während der Ventilüberschneidungsphase durch Rückströmen heißen Restgases, sowie während des Ansaughubes in der turbulenten Grenzschicht des an die Saugrohrwand bzw. das Einlaßventil angelagerten Kraftstoffes, wobei durch die hohen Gasgeschwindigkeiten am Einlaßventilspalt eine weitere Zerstäubung noch flüssiger Kraftstoffanteile erfolgt.

Sowohl durch das Abreißen von Wandfilm im Einlaßventilspalt als auch durch Tropfen, für die die Verweildauer im Saugrohr zur vollständigen Verdampfung nicht ausreicht, gelangt insbesonders bei kaltem Motor oder Einspritzung in das offene Einlaßventil ein wesentlicher Kraftstoffanteil tropfenförmig in den Brennraum. Während der Ansaugphase stellt der Verdampfungsprozeß im Brennraum im wesentlichen eine Fortführung der im Saugrohr eingeleiteten Verdampfung dar und wird durch Ladungsturbulenz und Erwärmung der Ansaugluft an den heißen Brennraumwänden beschleunigt.

Im Verdichtungshub hingegen ergeben sich durch die Steigerung von Gemischtemperatur und -druck stark veränderte Verdampfungsbedingungen. Da hier einerseits für eine rasche Verdampfung unter dem zunehmenden Verdichtungsdruck höhere Tropfentemperaturen erforderlich sind, andererseits aber auch wesentlich höhere Gastemperaturen herrschen, stellt der Wärmeübergang hier eine wesentliche Einflußgröße auf die Tropfenverdampfung dar. Die durch das schnellere Abdampfen der leicht siedenden Kraftstoffkomponenten schon im Saugrohr eingeleitete Fraktionierung der Kraftstofftropfen setzt sich auch im Brennraum fort, wobei sich die Unterschiede der Verdampfungsraten mit zunehmendem Druck und zunehmender Temperatur verringern [2.123, 2.124]. Da sich die Temperaturerhöhung während der Verdichtung stärker auswirkt als die Drucksteigerung und sich auch die Verdampfungswärme der Kohlenwasserstoffe mit steigendem Druck und steigender Temperatur deutlich verringert, ergeben sich mit fortschreitender Verdichtung verbesserte Verdampfungsbedingungen. Mit zunehmender Verdampfung weisen jedoch die Tropfen steigende Anteile schwer siedender Komponenten auf. Die raschere Verdampfung kleiner Tropfen führt nicht nur zu einer Einengung des Tropfengrößenspektrums, sondern auch zu einer Zunahme charakteristischer Tropfendurchmesser mit fortschreitender Verdampfung.

Betrachtet man die Ergebnisse von Modellrechnungen [2.125], so lassen sich für Einkomponentenkraftstoffe unter vereinfachten Ansätzen für den Wärmeübergang und die Diffusion in Abhängigkeit von den Betriebsbedingungen kritische Tropfendurchmesser bestimmen, von denen anzunehmen ist, daß sie bis zum Zündzeitpunkt nicht verdampft sind. Insbesonders für den Fall der Einspritzung in das offene Einlaßventil kann aus theoretischen Betrachtungen die Existenz von Kraftstofftropfen zum Zündzeitpunkt nicht in allen Betriebszuständen des Motors ausgeschlossen werden.

## 2.6. Gemischtransport und -verteilung

Wegen der Unterschiedlichkeit der in Ansaugsystemen mit zentraler und dezentraler Gemischbildung ablaufenden Mechanismen hinsichtlich Gemischtransport und Gemischverteilung werden die Vorgänge nach Gemischbildungsarten getrennt behandelt.

### 2.6.1. Gemischtransport und -verteilung bei zentraler Gemischbildung

2.6.1.1. Allgemeine Beschreibung

Das vom zentralen Gemischbildner mehr oder weniger gut aufbereitete, mehrphasige Gemisch bestehend aus Luft, Kraftstoffdampf und Kraftstofftröpfchen wird über ein Verbindungsrohr zwischen Gemischbildner und Zylinderkopf, das Saugrohr, den Arbeitszylindern zugeführt. Dabei kommt es in Abhängigkeit von der Kraftstoffzusammensetzung, von der Zerstäubungsqualität, vom Saugrohrdruck, von der Ansaugluft-, Kraftstoff- und Saugrohrwandtemperatur, von der Saugrohrgeometrie und von den Reynoldszahlen der einzelnen Phasen zu einem teilweisen Niederschlag der im Gemisch befindlichen Tröpfchen; dieses hat die Bildung eines Wandfilmes zur Folge. Dieser Wandfilm strömt mit einer wesentlich geringeren mittleren Strömungsgeschwindigkeit als der übrige Gemischstrom den einzelnen Zylindern zu. Unter Verwendung der in der Mehrphasen-Strömungslehre üblichen Bezeichnungen lassen sich die in Ansaugsystemen mit zentraler Gemischbildung vorliegenden Strömungsformen, je nach Lastpunkt und Betriebszustand, somit am ehesten der Nebel- oder der Filmströmung zuordnen, **Abb. 2.22.**

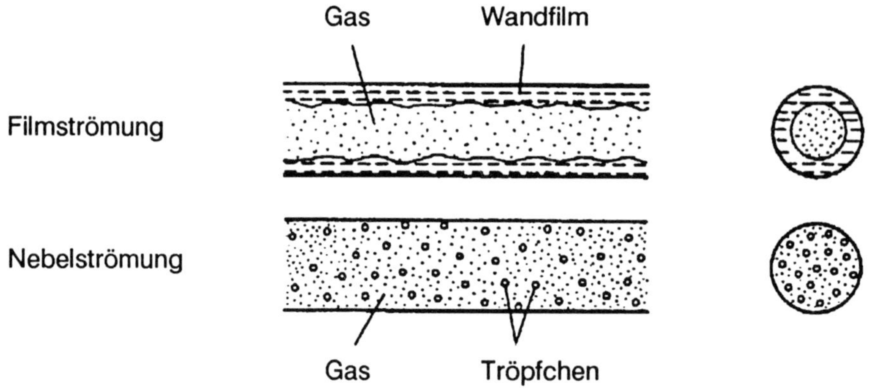


**Abb. 2.22.** Schematische Darstellung von Film- und Nebelströmung [2.18]

Während sich nun beim stationären Motorbetrieb allmählich ein Gleichgewichtszustand zwischen als Wandfilm niederschlagendem und aus dem Wandfilm flüssig oder dampfförmig austretendem Kraftstoffanteil einstellt, führt jegliche Lastpunktänderung, infolge der Änderung mindestens eines der oben aufgezählten Einflußparameter, zu einer Störung dieses Gleichgewichts und somit zu einem zwangsläufigen Auf- oder Abbau der im Saugrohr filmförmig gespeicherten Kraftstoffmenge. Beim instationären Fahrbetrieb liegt daher sowohl hinsichtlich Menge, als auch Zusammensetzung ein ständig verändertes Gemisch vor.

Versorgt nun ein Gemischbildner nicht nur einen, sondern mehrere Zylinder mit Gemisch ("Zentrale Gemischbildung"), so kommt dem zwischen Zylinderkopf und Gemischbildner liegenden Saugrohr neben der Gemischweiterleitung auch die Aufgabe der Gemischverteilung zu. Es ist leicht einzusehen, daß die Verteilung eines zentral aufbereiteten Gemisches auf zum Beispiel vier in Reihe angeordnete Zylinder nur durch Anbringung von Krümmungen und Verzweigungen realisierbar ist und daß angesichts der zahlreichen, die mehrphasige Strömung beschreibenden Parameter eine gleichmäßige Aufteilung aller im Gemisch vorliegenden Kraftstoffanteile äußerst schwierig ist.

Dieses Problem der gleichmäßigen Gemischverteilung beschäftigt die Motorenkonstrukteure und -entwickler schon seit über 60 Jahren. War der Anlaß der Forschungsarbeiten am Anfang hauptsächlich durch die Forderung nach maximaler Motorleistung und Betriebssicherheit (Klopfen) begründet, verlagerte sich im Laufe der Jahre der Interessensschwerpunkt auf die Erzielung eines minimalen Kraftstoffverbrauches (Erweiterung der Magerlaufgrenze) und schließlich auf ein möglichst schadstoffarmes Abgas. Einen sehr guten Überblick über die Vielzahl der bis 1965 erschienenen, deutsch- und englischsprachigen Veröffentlichungen gibt eine in [2.17] vorgenommene Literaturzusammenstellung.

In den folgenden Kapiteln soll nun etwas näher auf die Grundlagen von Transport und Verteilung der einzelnen Gemischphasen eingegangen werden. Über die daraus zu ziehenden Konsequenzen für Auslegung und Konstruktion von Gemischbildner und Saugrohr wird dann in den Kapiteln 4 und 5 "Ausführung der Gemischbildner" und "Ausführung der Saugrohre" berichtet.

### 2.6.1.2. Luft und Kraftstoffdampf (Gas)

Die Forderung nach raschem Gemischtransport sowie gleichmäßiger Verteilung des Gemisches auf die Einzelzylinder wird durch die gasförmigen Gemischanteile weitgehend erfüllt. Entsprechende Untersuchungen an gasbetriebenen Ottomotoren zeigen, daß die Unterschiede in Liefergrad und Luftverhältnis stets äußerst gering sind.

Ungleiche Liefergrade können dann entstehen, wenn ungleiche geometrische Ansaugbedingungen für die einzelnen Zylinder vorliegen. Diese können durch Ausbildung möglichst gleichartiger, d.h. gleich dimensionierter und gleich geformter Einzelrohre sowie identischer Einlaufbedingungen weitgehend vermieden werden. Mit Rücksicht auf die nicht gasförmigen Gemischkomponenten können obige Forderungen bei Saugrohren mit zentraler Gemischbildung jedoch meist nur teilweise erfüllt werden. Die maximalen Liefergradunterschiede mit solchen Saugrohren übersteigen dennoch nur selten 2%.

Ungleiche Einzelzylinder-Luftzahlen, d.h. eine ungleiche Verteilung des gasförmigen Kraftstoffanteils, ist meist auf eine ungenügende Vermischung des Brenngases mit der Ansaugluft an der Zuführungsstelle zurückzuführen. Eine nachträgliche Entmischung von Luft und Brenngas bzw. Kraftstoffdampf im Saugrohr ist auf Grund der geringen Dichteunterschiede beider Komponenten nicht zu erwarten. Darüber hinaus fördern die sich in Rohrkrümmern ausbildenden, der Hauptströmung überlagernden Sekundärströmungen sowie die auf der strömungsabgewandten Seite der Drosselklappe entstehenden Wirbel die Durchmischung der Ladung.

### 2.6.1.3. Kraftstofftropfen

Liegen außer gasförmigen auch tropfenförmige Komponenten im Gemischstrom vor, so sind auf Grund der stark unterschiedlichen Massenträgheiten von Gas und Flüssigkeit Entmischungen während der ständigen Beschleunigungs- und Verzögerungsvorgänge im Saugrohr nicht zu vermeiden.

Setzt man die Trägheitskraft eines Tropfens $F_T$ gleich der bei der Beschleunigung auf den Tropfen wirkenden Luftkraft $F_L$,

$$F_T = m_T \, . \, b_T = \rho_T \cdot \frac{d_T^3 \, . \, \pi}{6} \, . \, b_T \tag{2.23}$$

$$F_L = \frac{d_T^2 \, . \, \pi}{4} \cdot \zeta_T \cdot \rho_L \cdot \frac{v_{rel}^2}{6} \tag{2.24}$$

$m_T$ [kg] ..... Tropfenmasse
$b_T$ [m.s$^{-2}$] ..... Tropfenbeschleunigung
$d_T$ [m] ..... Tropfendurchmesser
$\rho_T$ [kg.m$^{-3}$] ..... Dichte vom Tropfen
$\rho_L$ [kg.m$^{-3}$] ..... Dichte von Luft
$v_{rel}$ [m.s$^{-1}$] ..... Relativgeschwindigkeit zwischen Tropfen und Luft
$\zeta_T$ [-] ..... Widerstandsbeiwert des Tropfens

wobei für $\zeta$ näherungsweise die empirische Gleichung für den Widerstandsbeiwert einer Kugel herangezogen werden kann,

$$\zeta_T = \frac{24}{Re} + \frac{4}{(Re)^{0,5}} + 0,4 \tag{2.25}$$

$$Re = \frac{v_{rel} \cdot d_T \cdot \rho_L}{\eta_L}$$

Re [-] ..... Reynoldszahl

so ergibt sich für die Tropfenbeschleunigung $b_T$:

$$b_T = \frac{3}{4 \, . \, d_T} \cdot \zeta_T \cdot \frac{\rho_L}{\rho_T} \cdot v_{rel}^2 \tag{2.26}$$

Unter zusätzlicher Berücksichtigung der Glg. (2.25) für den Widerstandsbeiwert $\zeta$ kann aus Glg. (2.26) ersehen werden, daß die Beschleunigung (Verzögerung) eines Tropfens in einem Luftstrom umso größer sein wird, je größer die Relativgeschwindigkeit $v_{rel}$ zwischen Tropfen und Luft und je kleiner der Tropfendurchmesser $d_T$ ist. Bei Änderungen der Luftgeschwindigkeit im Saugrohr wird der Kraftstoff daher in zeitlicher Hinsicht umso genauer dem Luftstrom folgen, je feiner er zerstäubt ist. **Abb. 2.23** zeigt die mittels eines Computerprogrammes für verschiedene Tropfendurchmesser errechnete Tropfengeschwindigkeit in einem Saugrohr, in welchem ein sinusförmiger Geschwindigkeitsverlauf der Luftströmung mit einer Ventilüberschneidung der einzelnen Einlaßventile von 80 °KW angenommen wurde. Erfolgte die Berechnung der Tropfengeschwindigkeit in Abb. 2.23 nur für eine Drehzahl (n = 3000 min$^{-1}$), so sind aus **Abb. 2.24** die Einflüsse sowohl des Tropfendurchmessers, als auch der Motordrehzahl auf die Tropfenflugzeit ersichtlich.

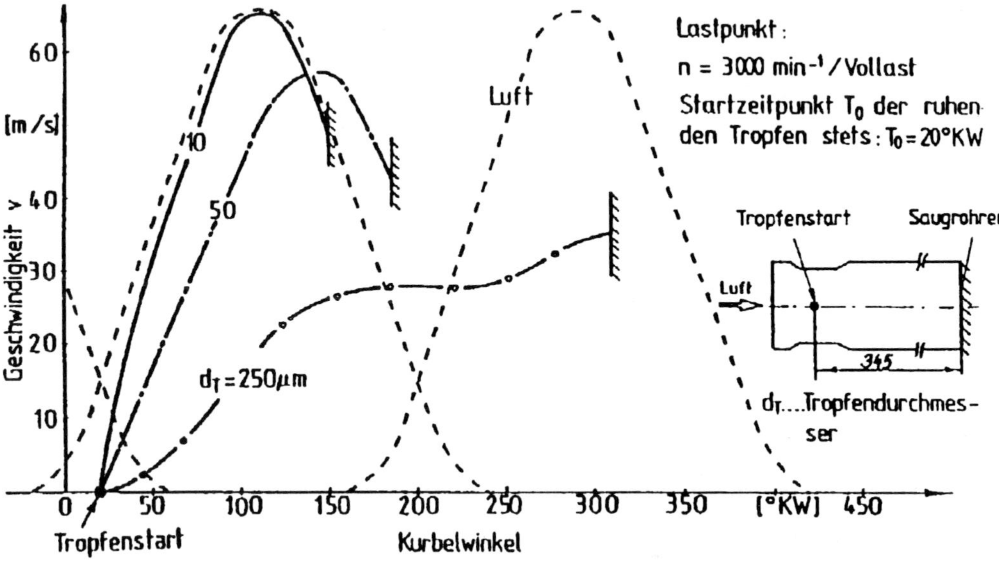


**Abb. 2.23.** Einfluß des Tropfendurchmessers $d_T$ auf die Tropfengeschwindigkeit $v_T$ über dem Kurbelwinkel; strichliert ist die Luftgeschwindigkeit [2.21]

Erweitert man nun die Gleichungen (2.23) und (2.24) auf eine zwei- oder dreidimensionale Strömung (Zerlegung der Kräfte in x-, y- und z-Richtung) und bezieht zusätzlich die Auftriebskraft $F_A$ der Kraftstofftropfen in z-Richtung mit ein,

$$F_A = -m_T \cdot g \cdot \left(1 - \frac{\rho_L}{\rho_T}\right) \tag{2.27}$$

g [m.s$^{-2}$] ..... Erdbeschleunigung

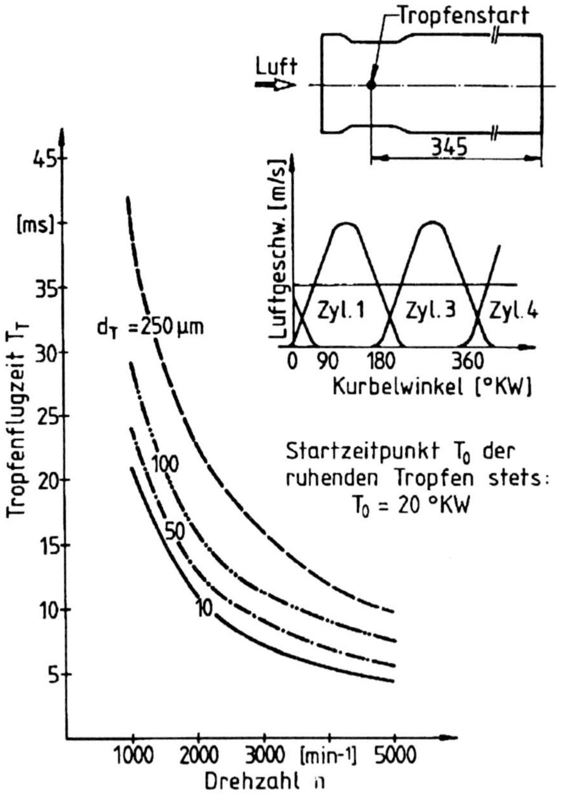


**Abb. 2.24.** Tropfenflugzeit $T_T$ im Saugrohr über der Drehzahl bei verschiedenen Tropfendurchmessers $d_T$ [2.21]

so lassen sich - bei entsprechendem Ansatz für die Luftströmung im Saugrohr (z.B. Potentialströmung) - neben den Momentangeschwindigkeiten der Tropfen auch die Tropfenflugbahnen im Saugrohr errechnen. Obwohl die tatsächlich im Saugrohr ablaufenden Vorgänge nur idealisiert rechnerisch simuliert werden können, weisen alle in der Literatur vorzufindenden Berechnungen [2.21, 2.22, 2.23, 2.24, 2.25, 2.26, 2.27] einen deutlichen Anstieg der Wandniederschlagsbildung bei Strömungsumlenkungen mit zunehmendem Umlenkwinkel, Tropfengeschwindigkeit und Tropfendurchmesser auf. Der untere Grenzdurchmesser, bei welchem die Tropfen jede Strömungsumlenkung ohne Wandniederschlag im Saugrohr mitmachen, wird übereinstimmend mit 10 - 15 µm angegeben. **Abb. 2.25** und **2.26** zeigen den errechneten Einfluß des Tropfendurchmessers auf die Tropfenbahn in einem Fall- und einem Flachstromsaugrohr (die Begriffe Fallstrom-, bzw. Flachstromsaugrohr sind in Abb. 5.3, S. 311 erläutert). Der günstige Einfluß einer guten Kraftstoffaufbereitung auf die Wandniederschlagsbildung ist deutlich erkennbar.

Während es sich bei den Abb. 2.25 und 2.26 um Rechenergebnisse handelt, zeigt **Abb. 2.27** das Ergebnis einer auf der Fließbank durchgeführten Untersuchung über den Einfluß der Luftgeschwindigkeit im engsten Lufttrichterquerschnitt und damit der Zerstäubungsqualität auf den Wandniederschlag im unbeheizten Saugrohr unmittelbar nach dem Vergaser. Der Versuch, der an zwei verschiedenen Ansaugsystemen in der Vollast durchgeführt wurde, ergab eine deutliche Abhängigkeit der Niederschlagsbildung von der Zerstäubungsqualität (Niederschlagsanteil bis 50%) und bestätigte so die Berechnungen.

In Hinblick auf möglichst gleichmäßige Gemischverteilung sowie geringe Wandfilmbildung im Saugrohr ist daher stets eine gute Gemischaufbereitung, d.h. ein Gemischstrom hohen Dampfanteiles und kleiner Kraftstofftröpfchen, anzustreben. Dabei ist bei zentraler Gemischbildung das Hauptaugenmerk auf die Vollast und den vollastnahen Bereich zu richten, da in der Teillast, aufgrund der dort stattfindenden Sekundärzerstäubung an der weitgehend geschlossenen Drosselklappe, ohnehin meist eine zufriedenstellende Gemischbildung stattfindet.

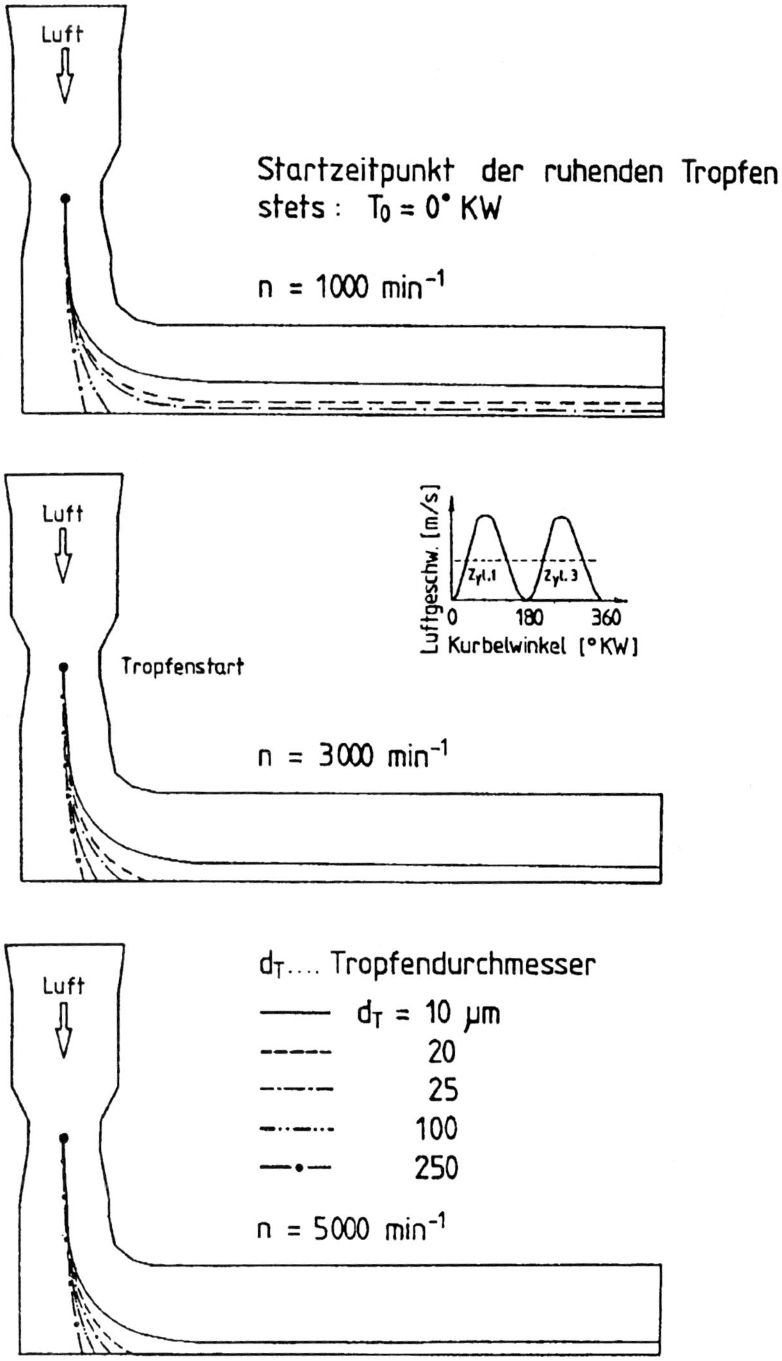


**Abb. 2.25.** Berechneter Einfluß von Tropfendurchmesser und Drehzahl auf die Tropfenflugbahn in einem Fallstromsaugrohr bei Vollast [2.21]

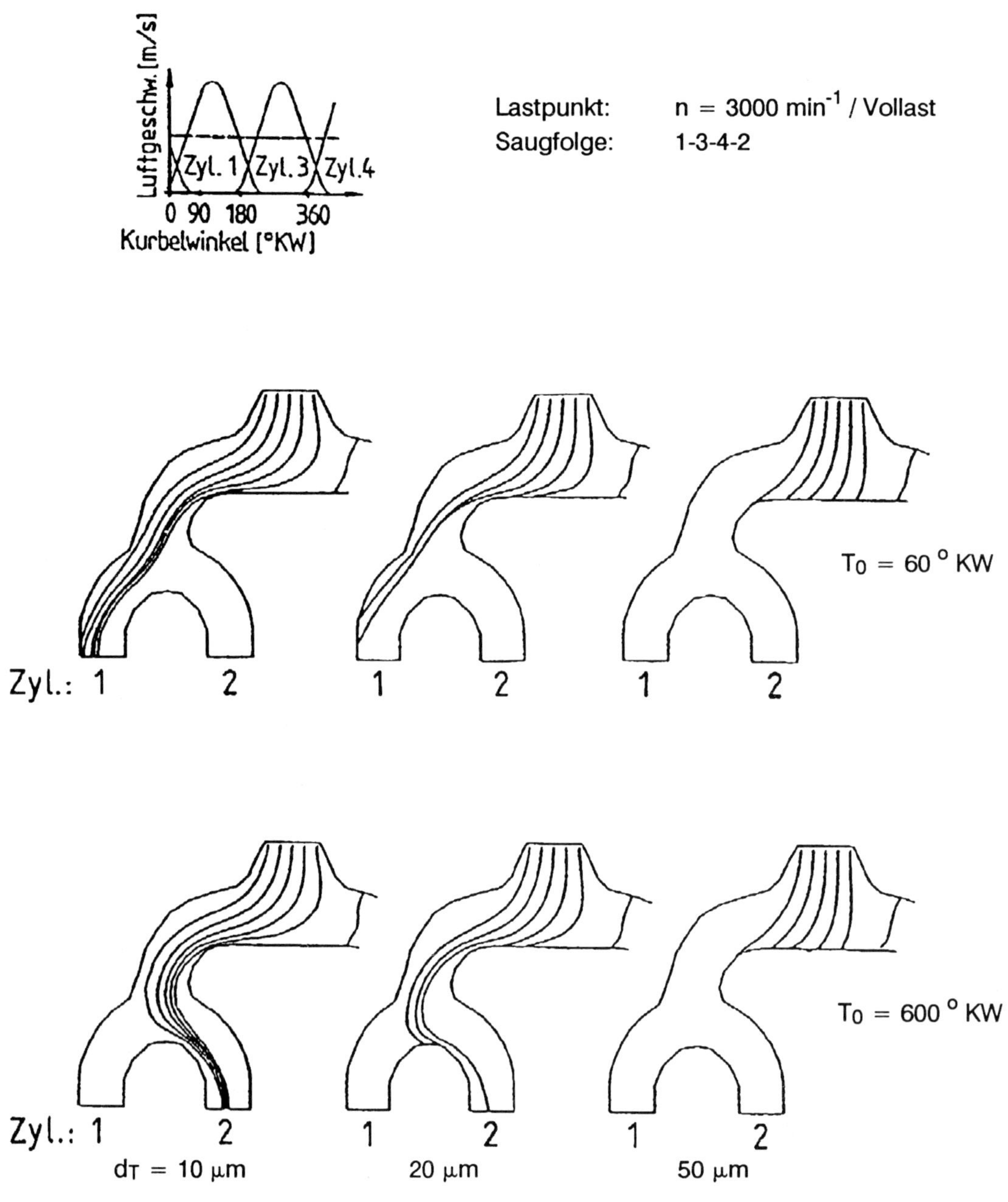


$d_T$ ..... Tropfendurchmesser

$T_0$ ..... Startzeitpunkt der ruhenden Tropfen am Saugrohreintritt

**Abb. 2.26.** Berechneter Einfluß des Tropfendurchmessers auf die Tropfenflugbahn in einem siamesischen Flachstromsaugrohr bei Vollast [2.21]

Hinsichtlich der Saugrohrgestaltung ergibt sich die Forderung nach möglichst wenigen und möglichst geringen Strömungsumlenkungen (geringe Umlenkwinkel, große Radien) sowie intensiver Beheizung der Stellen großer Wandfilmbildung.

Der Einfluß der Schwerkraft auf die Tropfenflugbahn ist, aufgrund der sehr geringen Verweilzeiten der Tröpfchen im Saugrohr, siehe Abb. 2.24, vernachlässigbar klein.

2.6.1.4. Wandfilm

Wie im vorangegangenen Kapitel dargestellt, führt eine ungenügende Kraftstoffaufbereitung in Verbindung mit einer Umlenkung des Gemischstromes zum Auftreffen eines Teiles der Tröpfchen an der Saugrohrwand und damit zur Ausbildung eines Filmes. Gemäß Abb. 2.27 kann der dabei entstehende, filmförmige Kraftstoffanteil in der Vollast bis zur Hälfte der insgesamt eingebrachten Kraftstoffmenge betragen.

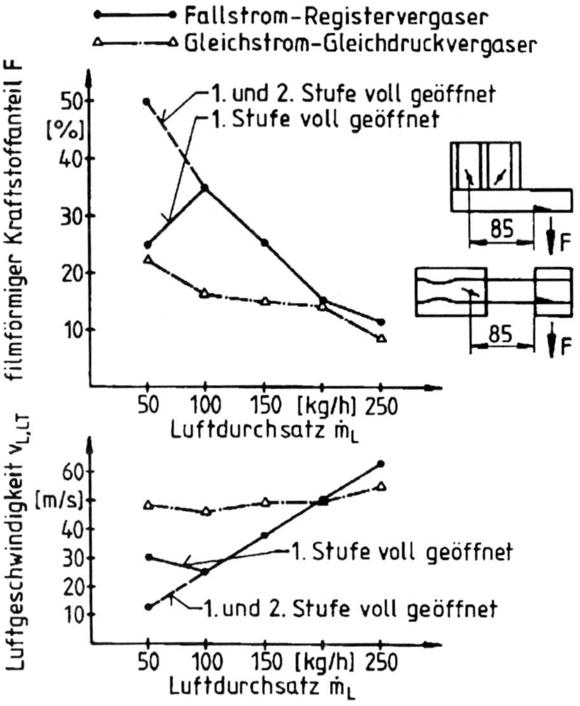


**Abb. 2.27.** Einfluß des Luftdurchsatzes, entsprechend der Luftgeschwindigkeit im engsten Lufttrichterquerschnitt auf den Wandniederschlag bei verschiedenen Vergaserbauarten in der Vollast [2.20]

Messungen in geraden, unbeheizten Einzylinder-Flachstromsaugrohren [2.20, 2.29] zeigen jedoch, daß das Vorhandensein einer Gemischumlenkung im Saugrohr die Filmbildung zwar begünstigt, jedoch keine unbedingt notwendige Voraussetzung dafür ist. Wie aus den in den **Abb. 2.28 und 2.29** dargestellten Meßergebnissen zu entnehmen ist, können auch in vollkommen geraden Saugrohren bis zu 50% des im Gemisch befindlichen Kraftstoffes als Wandfilm ausfallen. Untersuchungen der Kraftstoffkonzentrationsverteilung über dem Strömungsquerschnitt in Abhängigkeit der Rohrlänge [2.30, 2.31, 2.32, 2.33] haben gezeigt, daß eine mit der Rohrlänge zunehmende Abmagerung des Gemischstrahlkernes bzw. Anreicherung der Gemischrandzone eintritt. Infolge der im Gemischstrahl vorliegenden, turbulenten Querbewegungen kommt es nun zu einem andauernden Niederschlag der größeren, randnahen Tropfen an die sie umgebende Rohrwand. Die Intensität der Niederschlagsbildung hängt dabei sehr wesentlich von den Eintrittsbedingungen des Gemisches beim Einströmen in das Saugrohr ab. Angestellte Drosselklappen, **Abb. 2.30,** Kanten oder andere Strömungshindernisse haben nachhaltige Auswirkungen auf die Filmbildung, den Gemischtransport und die spätere Gemischverteilung. Wie aus Abb. 2.28 ersehen werden kann, können unmittelbar nach dem Gemischbildner nicht nur in der Vollast, sondern auch in der Teillast (Richtwirkung der Drosselklappe) bis zu 20% des Kraftstoffes bereits filmförmig anfallen.

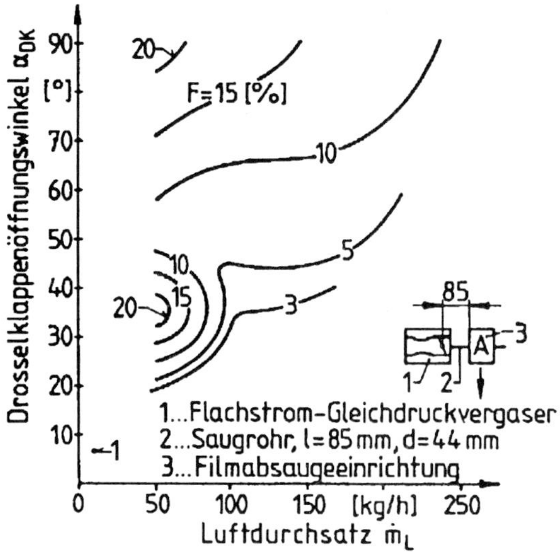


Abb. 2.28. Einfluß von Drosselklappenöffnungswinkel und Luftdurchsatz auf die Filmbildung F (in % der eingebrachten Kraftstoffmenge) unmittelbar nach dem Vergaser [2.20]

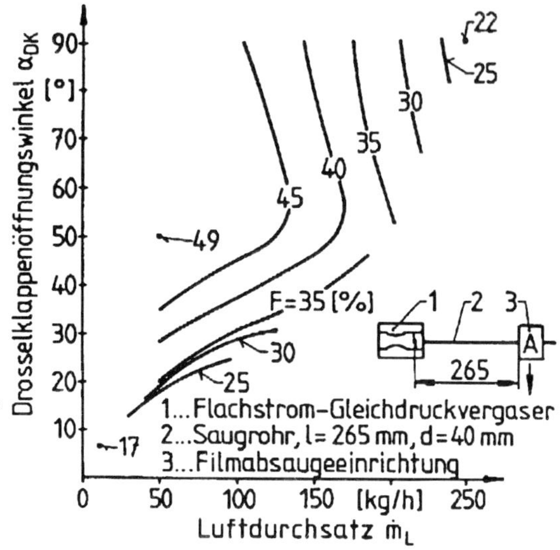


Abb. 2.29. Einfluß von Drosselklappenöffnungswinkel und Luftdurchsatz auf die Filmbildung F (in % der eingebrachten Kraftstoffmenge) in einem geraden, unbeheizten Saugrohr [2.20]

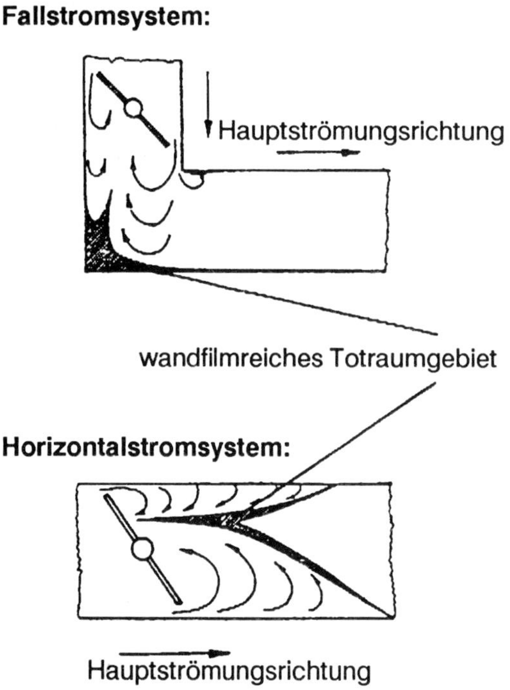


Abb. 2.30. Wandfilmströmung und Wandfilmspeicherunng mittelbar hinter der Drosselklappe [2.20]

Während des Kaltstartes und Warmlaufes eines Motors, also bei noch ungenügender Gemischvorwärmung, ist Wandfilmbildung auch dann möglich, wenn eine sehr gute Kraftstoffaufbereitung (z.B. vollständige Verdampfung) im Gemischbildner erfolgt. Wird nämlich die Gemischsättigungstemperatur der Frischladung im Saugrohr unterschritten, so kommt es zu einer zwangsläufigen Kondensation eines Teiles des Kraftstoffes an den noch kalten Saugrohrwänden, bis sich schließlich wieder ein Gleichgewichtszustand zwischen Gemischtemperatur, Gemischdruck (Saugrohrdruck) und neuer Luftzahl $\lambda$ des verbliebenen gasförmigen Gemischanteiles einstellt. Wie aus **Abb. 2.31** zu ersehen ist, ist unter Berücksichtigung der bei Kaltstart und Warmlauf üblichen Luftzahlen eine Unterschreitung der Gemischsättigungstemperatur, und damit die Ausbildung eines Wandfilmes, im gesamten Kennfeldbereich sehr wahrscheinlich.

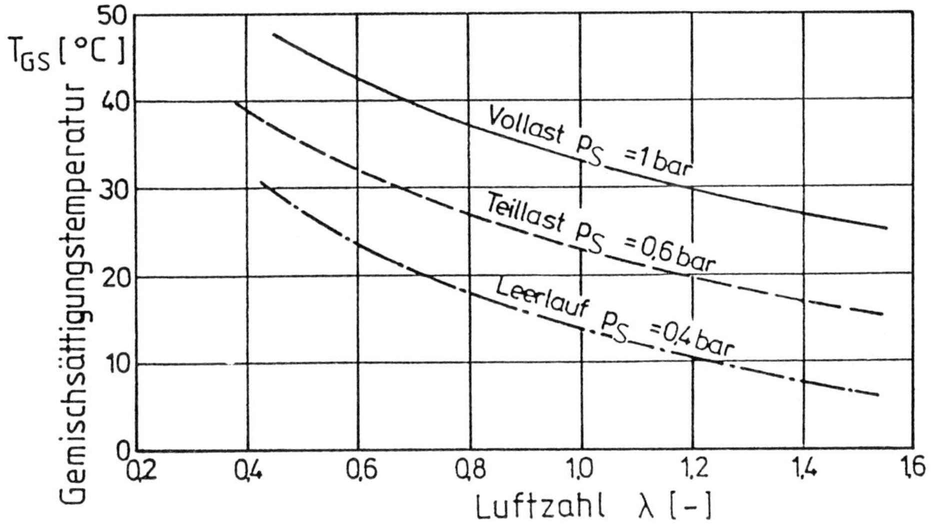


**Abb. 2.31.** Gemischsättigungstemperatur $T_{GS}$ über der Luftzahl λ, Parameter Saugrohrdruck $p_S$, für handelsübliches Superbenzin [2.34]

Der aus verschiedenen Ursachen an der Saugrohrwand niedergeschlagene Wandfilm wird nun durch den über die Filmoberfläche fließenden Gasstrom, infolge der an der Phasengrenzfläche wirkenden Schubspannung ("Grenzflächenschubspannung"), in Richtung Zylinderkopf bewegt. Dabei wird die an der Filmoberfläche wirkende Schubspannung durch innere Reibung auf die übrigen Flüssigkeitsschichten des Wandfilmes übertragen.

Für laminar strömende "Newtonsche Flüssigkeiten" wie z.B. Benzin, gilt, daß die Schubspannung $\tau$ in der Flüssigkeit dem Geschwindigkeitsgradienten (dv/dy) sowie der dynamischen Viskosität proportional ist, **Abb. 2.32.**

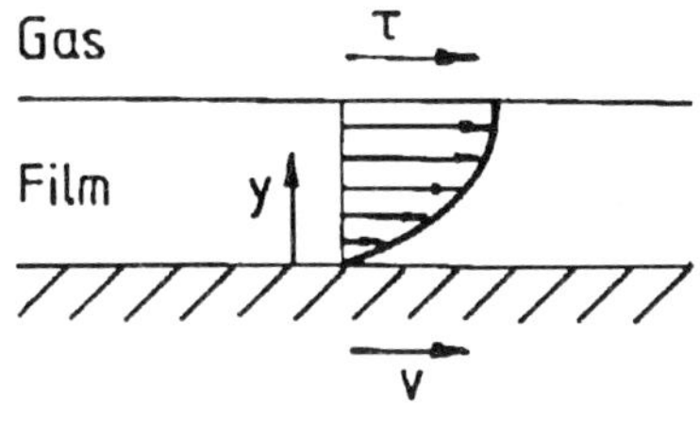


**Abb. 2.32.** Schubspannung und Geschwindigkeit im Wandfilm

$$\tau_{Fl.} = \eta_{Fl.} \cdot \frac{dv}{dy} \tag{2.28}$$

$\tau_{Fl.}$ [$N.m^{-2}$] .....Schubspannung (Scherspannung) in der Flüssigkeit
$\eta_{Fl}$[$kg.m^{-1}.s^{-1}$] .....dynamische Zähigkeit der Flüssigkeit
v [$m.s^{-1}$] .....Filmgeschwindigkeit an der Stelle y
$\delta$ [μm] .....Wandfilmdicke

Bei stationärer Gasströmung ist die Schubspannung $\tau$ an jeder Stelle y im Film gleich groß, da die Summe der auf den Film angreifenden Kräfte 0 sein muß. Damit wird die rechts in Glg. (2.29) stehende Ableitung der Geschwindigkeit (dv/dy) ebenfalls konstant und man erhält eine lineare Geschwindigkeitsverteilung im Wandfilm mit $v = 0$ an der Stelle $y = 0$ (Saugrohrwand) und $v = v_{max}$ an der Stelle $y = \delta$ (Filmoberfläche).

Die mittlere Filmgeschwindigkeit v ist folglich halb so groß wie die maximale Geschwindigkeit $v_{max}$ an der Phasengrenzfläche.

Setzt man nun die Luftreibungskraft im Rohr gleich der Wandreibungskraft des Filmes, so läßt sich die mittlere Wandfilmtransportgeschwindigkeit einfach berechnen. **Abb. 2.33** links zeigt die in [2.20] berechnete Abhängigkeit der Wandfilmtransportgeschwindigkeit vom Gemischdurchsatz in einem stationär durchströmten Rohr konstanten Querschnittes. In der Berechnung wurde gleiche Gemischluftzahl $\lambda$, gleiche prozentuelle Wandniederschlagsbildung sowie eine im Vergleich zum Rohrdurchmesser $d_S$ sehr geringe Filmdicke $\delta$ ($\delta << d_S$) angenommen. Infolge der Kontinuitätsbedingung führt die überproportionale Erhöhung der Wandfilmgeschwindigkeit zu einer Abnahme der Filmdicke, was die in Abb. 2.33 rechts dargestellte Verminderung der im Rohr gespeicherten Filmmenge zur Folge hat.

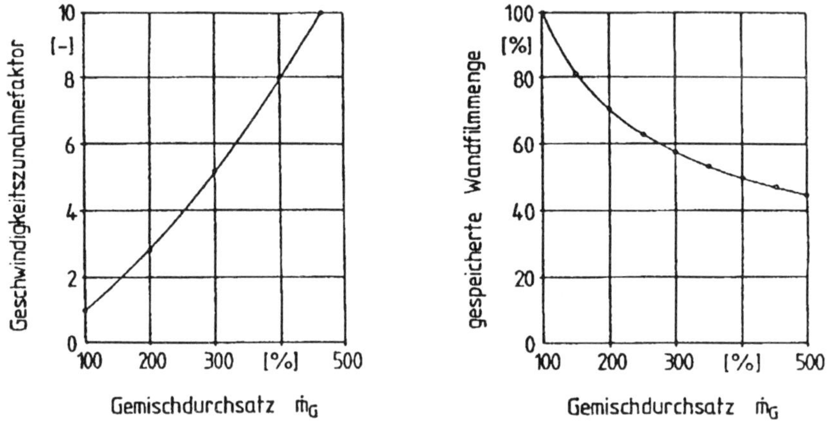


**Abb. 2.33.** Einfluß des Gemischdurchsatzes ( $\lambda_G$ = konst.) auf die mittlere Wandfilmtransportgeschwindigkeit und die gespeicherte Wandfilmmenge bei stationärer Rohrströmung [2.20]

Im Gegensatz zu obiger Annahme liegt in Saugrohren von Ottomotoren keine stationäre, sondern eine stark pulsierende Strömung vor. Damit kommt es zu einer ständigen Beschleunigung bzw. Verzögerung der Filmoberfläche und es liegt folglich keine lineare Geschwindigkeitsverteilung im Wandfilm mehr vor. Die in Abb. 2.33 gezeigten Zusammenhänge bleiben jedoch grundsätzlich erhalten, d.h., eine höhere mittlere Gasgeschwindigkeit im Saugrohr wird auch eine höhere mittlere Wandfilmtransportgeschwindigkeit sowie eine geringere Wandfilmspeichermenge hervorrufen.

Neben Wandfilmniederschlag und Wandfilmtransport findet im Saugrohr auch eine je nach Lastpunkt und Motorbetriebszustand mehr oder weniger intensive Wandfilmverdampfung statt.

Durch die über die Filmoberfläche hinwegfließende, turbulente Gemischströmung geringen Kraftstoffpartialdruckes kann ein höherer Kraftstoffanteil des Filmes verdampfen als die in Abb. 2.2 dargestellte Siedekurve für die entsprechende Temperatur anzeigt. Da zunächst die leichter flüchtigen Filmanteile verdampfen, kommt es mit zunehmender Verweildauer des Filmes im Saugrohr zu einer Fraktionierung desselben zu immer höher siedenden Anteilen [2.24, 2.30, 2.31, 2.35, 2.36, 2.37, 2.38]. Aufgrund der unterschiedlichen Klopffestigkeit dieser Anteile gegenüber dem Ausgangskraftstoff ist daher nicht nur auf eine quantitative (summarische) Gleichverteilung des Kraftstoffes, sondern auch eine Gleichverteilung der Kraftstoffkomponenten (qualitative Kraftstoffgleichverteilung) zu achten. Insgesamt ist aufgrund der regen Filmverdampfung im betriebswarmen Saugrohr eine Abnahme der Filmdicke in Richtung Zylinderkopf zu verzeichnen [2.39].

Die an der Filmoberfläche angreifende Grenzflächenschubspannung führt neben dem Transport des Wandfilmes auch zur Bildung von Oberflächenwellen, wobei bei sehr hohen Gasgeschwindigkeiten auch Teile der Filmoberfläche als Tröpfchen herausgerissen werden.

Der Einfluß der Schwerkraft auf den Wandfilmtransport ist, aufgrund der wesentlich längeren Verweilzeit der im Wandfilm strömenden Teilchen im Saugrohr, deutlich größer als auf den Tropfentransport [2.20, 2.22, 2.38, 2.39, 2.41, 2.73, 2.109, 2.110]. Insbesondere in der wandfilmreichen, unteren Vollast (mäßige Gasgeschwindigkeit, große Filmdicke) können bereits geringe Saugrohrschrägstellungen erhebliche Verteilungsveränderungen des Wandfilmes bewirken [2.20, 2.35, 2.67], **Abb. 2.34.**

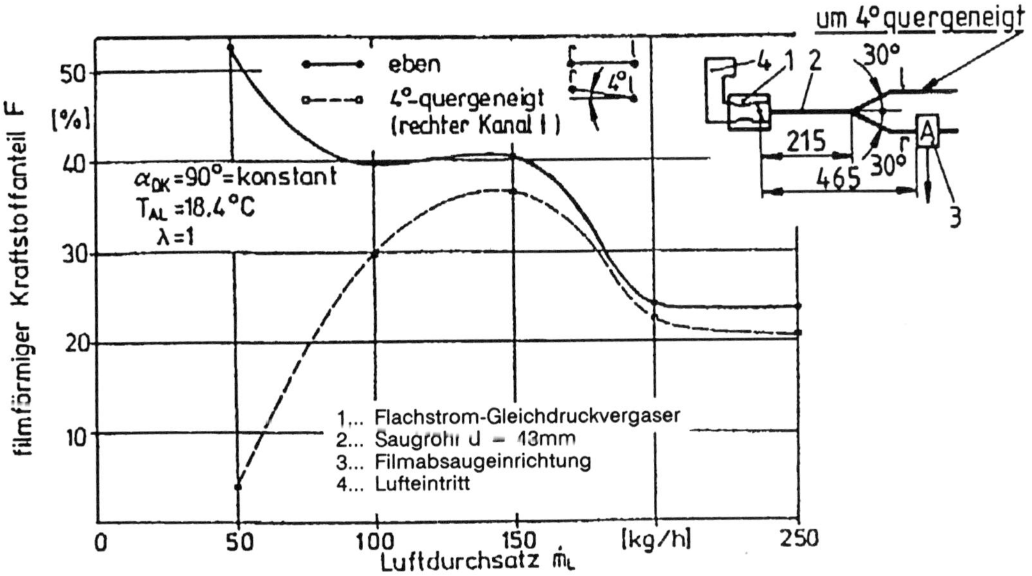


**Abb. 2.34.** Einfluß einer geringen Saugrohrquerneigung auf die im rechten Kanal abgesaugte Wandfilmmenge [2.20]

Bei diesem Versuch wurde der Wandfilm nach einer Saugrohrverzweigung abgesaugt. Zunächst war die Verzweigung eben und es ergab sich bei 50 kg.h$^{-1}$ Luftdurchsatz ein filmförmiger Kraftstoffanteil von 52% des eingesetzten Kraftstoffes. Durch eine Querneigung (Anhebung) des

Kanales mit der Filmabsaugeeinrichtung sank der filmförmige Anteil auf ca. 4%, d.h. der Film floß in die andere Verzweigung, machte also die Steigung um 4° nicht mit.

Abschließend soll noch das Strömungsverhalten des Wandfilmes in Rohrkrümmern oder Rohrknien näher erläutert werden:

Betrachten wir zunächst eine reine Gasströmung in einem Rohr. Diese weist aufgrund der Wandreibung eine größere Strömungsgeschwindigkeit in Rohrmitte als in der randnahen Zone auf. Erfolgt nun eine Umlenkung der Strömung in einem Rohrkrümmer, so drängen die in Rohrmitte befindlichen Teilchen unter der Einwirkung der größeren Zentrifugalkräfte nach außen, was aber nur möglich ist, wenn an den Seitenwänden eine umgekehrte Bewegung nach innen einsetzt. So entsteht ein Doppelwirbel, welcher sich der axialen Hauptströmung überlagert ("Sekundärströmung").

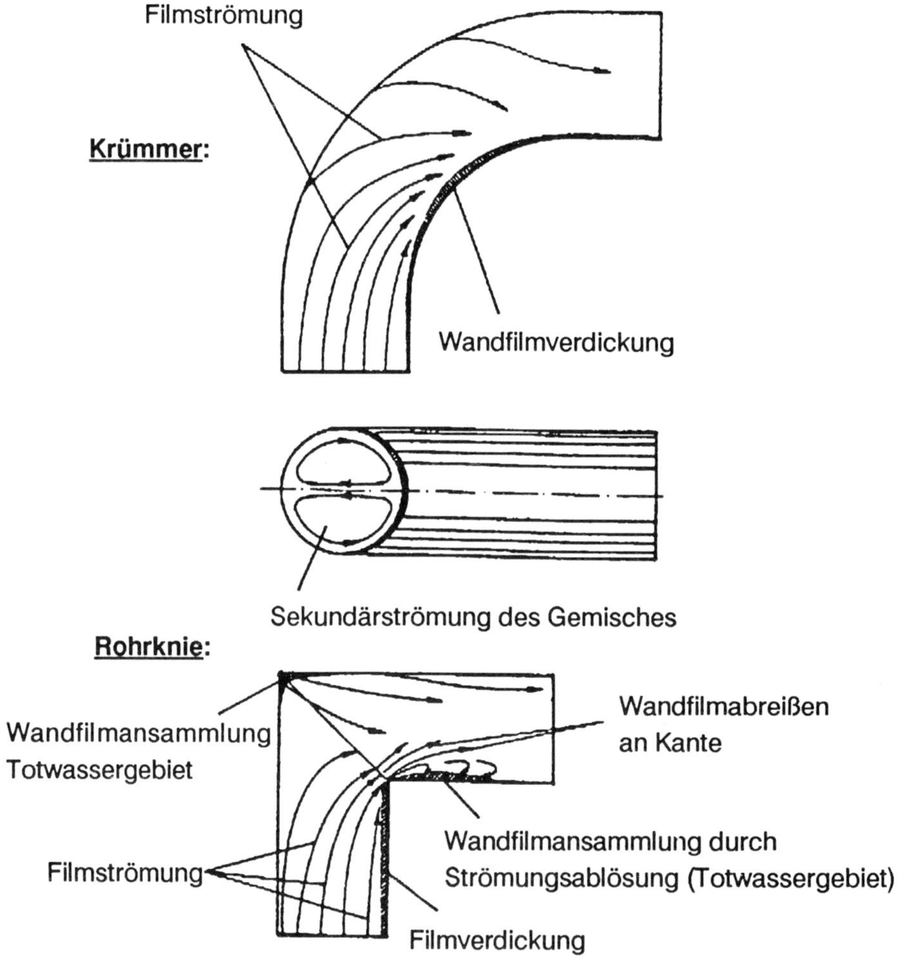


**Abb. 2.35.** Gemischströmung in einem Krümmer (oben) bzw. Kniestück (unten) zufolge Sekundärströmungen [2.20]

Liegt nun anstelle der einphasigen eine mehrphasige Strömung bestehend aus Gas, Tropfen und Wandfilm vor, **Abb. 2.35**, so wird der an der Rohrwand niedergeschlagene und an dieser entlangfließende Flüssigkeitsfilm unter der Einwirkung der Doppelwirbel zur Krümmerinnenseite transportiert, was dort eine Vergrößerung der Filmdicke zur Folge hat. Umfangreiche praktische Untersuchungen [2.20, 2.32, 2.39, 2.40, 2.41, 2.42, 2.43, 2.44] der Wandfilmbahnen in Saugrohrkrümmern von Ottomotoren bestätigen die oben geschilderten Vorgänge.

Werden aus den sich ausbildenden Wellen des Wandfilmes wieder Tropfen herausgerissen, so gelangen diese auf die Krümmeraußenseite und strömen dann entlang der oberen und unteren Wand an die Innenseite zurück.

Bezüglich der Druckverteilung im Rohrquerschnitt ist ein Ansteigen des Druckes in Richtung Krümmeraußenseite zu verzeichnen, da die bei der gekrümmten Bewegung auftretenden Zentrifugalkräfte von den außen liegenden Teilchen aufgenommen werden müssen. Nach der Bernoullischen Gleichung für stationäre, inkompressible Horizontalströmung

$$p_1 + \frac{\rho \cdot v_1^2}{2} = p_2 + \frac{\rho \cdot v_2^2}{2} = \text{konst.} \qquad (2.29)$$

stellen sich dadurch Geschwindigkeitsunterschiede ein, welche zu einer Verzögerung der an der Krümmeraußenseite bzw. Beschleunigung der an der Krümmerinnenseite eintretenden Strömung führt. Unmittelbar hinter der Krümmerinnenseite tritt wieder starke Verzögerung der Strömung verbunden mit einem starken Druckanstieg ein, was meist eine Strömungsablösung an dieser Stelle zur Folge hat. Strömungsablösungen im Saugrohr sollten jedoch möglichst vermieden werden, da sie neben erhöhtem Druckverlust auch Wandfilmansammlungen (kein Filmtransport) im Ablösungsgebiet bewirken, Abb. 2.30 und 2.35.

Es ist daher grundsätzlich eine Saugrohrgeometrie ohne schroffe Querschnittserweiterungen sowie scharfe Ecken oder Kanten anzustreben.

### 2.6.2. Gemischtransport und -verteilung bei dezentraler Gemischbildung

Die in Ansaugsystemen mit dezentraler Gemischbildung ablaufenden Vorgänge des Gemischtransportes und der Gemischverteilung unterscheiden sich grundlegend von jenen in zentralen Gemischbildungssystemen.

Die im Vergleich zur zentralen Gemischbildung sehr späte Zugabe des Kraftstoffes zur Ansaugluft, meist wird unmittelbar vor oder direkt auf das Einlaßventil gespritzt, bedingt, daß der überwiegende Teil des Ansaugkanales mit reiner Luft durchströmt wird. Damit fallen in diesem Abschnitt die zahlreichen Probleme der Mehrphasenströmung wie Phasenentmischung, Phasengleichverteilung, Wandfilmbildung, Wandfilmspeicherung, usw. fort und es ergeben sich demgemäß wesentlich freiere Gestaltungsmöglichkeiten des Ansaugsystemes in Hinblick auf die Ausnutzung gasdynamischer Aufladeeffekte.

Ziel der Aufladung ist die Erreichung höherer Vollast-Liefergrade und damit auch höherer Mitteldrücke, insbesondere im unteren Drehzahlbereich. Durch Wahl einer längeren Übersetzung der Antriebsachse können damit gleiche Fahrleistungen mit geringerer Motordrehzahl erzielt werden. Es kommt dadurch zu einer Verlegung der Fahrwiderstandslinie in günstigere Verbrauchsbereiche des Kennfelds, **Abb. 2.36,** was in der Vollast hauptsächlich auf verminderte Reibung, in der Teillast zusätzlich auf geringere Ladungswechselverluste sowie bessere Brennbedingungen (höherer Verbrennungsenddruck, geringerer Restgasanteil) zurückzuführen ist. Darüber hinaus lassen sich Verbrauchseinsparungen auch dadurch erzielen, daß zahlreiche Teile des Motors wie Ventiltrieb, Kolben, Lager usw. nur für niedere Drehzahlen ausgelegt werden müssen.

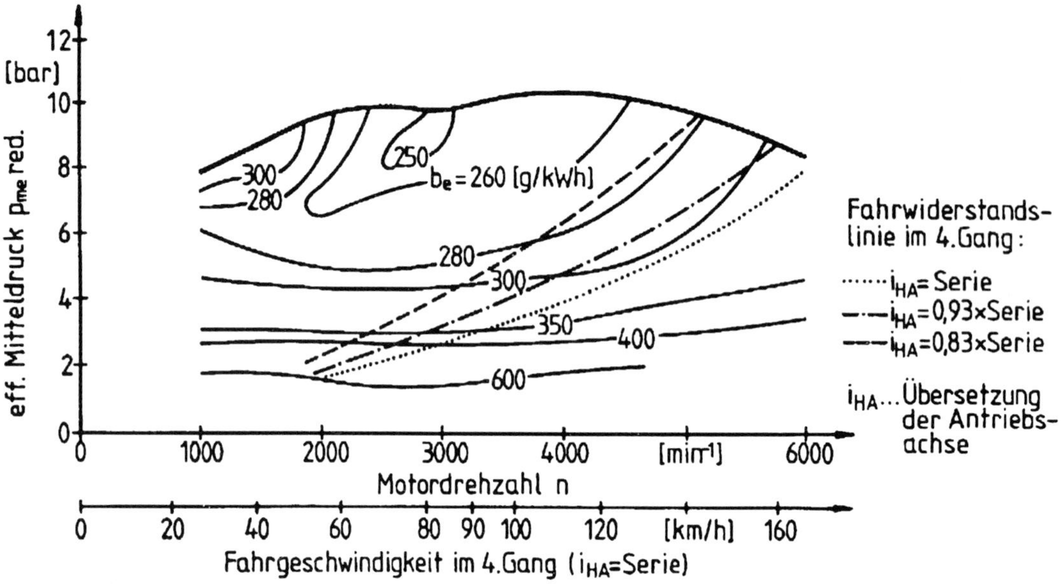


**Abb. 2.36.** Verminderung des spezifischen Kraftstoffverbrauches eines Vierzylinder-Ottomotors durch Verschieben der Fahrwiderstandskennlinie (Änderung der Hinterachsübersetzung $i_{HA}$) in verbrennungsgünstigere Kennfeldbereiche [2.56]

Grundsätzlich unterscheidet man zwei Arten der "Selbstaufladung" (kein Einsatz eines Verdichters, keine Ausnutzung der Abgasenergie) eines Verbrennungsmotors, die Schwingrohraufladung und die Resonanzaufladung.

Physikalische Ursache der Schwingrohraufladung ist die Ausnutzung des Aufladeeffekts von Druckwellen, die in den Saugrohren vom Sammelbehälter zu den einzelnen Zylindern laufen [2.57].

Bei Resonanz in der Auslegungsdrehzahl wird ein schwingungsfähiges Behälter-Rohr-System geometrisch so ausgelegt, daß die periodischen Saugzyklen der Zylinder mit der Eigenfrequenz des Behälter-Rohrsystemes übereinstimmen [2.58]. Dieser Resonanzfall hat zur Folge, daß alle angeschlossenen Zylinder eine Aufladung gegenüber dem reinen Saugmotor bei Resonanzdrehzahl erfahren.

Die Steigerung des Liefergrades und damit des effektiven Mitteldruckes ist bei beiden Arten der Selbstaufladung jedoch auf einen bestimmten Drehzahlbereich begrenzt. Durch eine Kombination beider Systeme läßt sich die Anhebung des Mitteldruckes auf einen größeren Drehzahlbereich ausdehnen [2.59]; ebenso durch eine Kombination Resonanzaufladung mit Turboaufladung, wodurch die Drehmomentschwäche der Turboaufladung im unteren Drehzahlbereich wesentlich vermindert werden kann [2.60, 2.61, 2.62]. Auf die rechnerische Auslegung und konstruktive Gestaltung der Sauganlage für Schwingrohr- und Resonanzaufladung sowie die mit solchen Anlagen erzielbaren Ergebnisse wird im Kapitel 5.2. "Ausführung der Saugrohre für dezentrale Gemischbildner" noch genauer eingegangen.

Die Gemischtransportvorgänge im mit Kraftstoff benetzten, kurzen Rohrabschnitt unmittelbar vor dem Einlaßventil laufen ähnlich wie in den Saugrohren mit zentraler Gemischbildung ab. Unmittelbar nach Abspritzen des Kraftstoffes in das Saugrohr setzt, abhängig von den gerade vorliegenden Drücken und Temperaturen, rege Verdampfung der Tröpfchen sowie des an den Wänden niedergeschlagenen Wandfilmes ein. Aufgrund der geringen, benetzbaren Oberfläche sowie der in Einlaßventilnähe vorliegenden, hohen Temperaturen sind die filmförmig gespeicherten Kraftstoffanteile wesentlich geringer als in Saugrohren von zentralen Gemischbildungsanlagen. Feine Zerstäubung des Kraftstoffes am Einspritzventil trägt auch hier zu rascherem Gemischtransport sowie geringerer Filmbildung bei.

Eine Verbesserung der Gemischaufbereitung kann auch erreicht werden, indem man die sehr kurze Zeit für die Aufbereitung verlängert. Dies kann durch eine Vergrößerung der Strecke zwischen Einspritzventil und Einlaßventil erfolgen, was jedoch mit Rücksicht auf das instationäre Betriebsverhalten des Motors eine entsprechend stärkere Beschleunigungsanreicherung notwendig macht. Günstiger ist eine für jeden Zylinder einzeln ausgelöst, möglichst frühe Einspritzung des Kraftstoffes auf das noch geschlossene Ventil. Eine Einspritzung in das bereits offene Einlaßventil sollte, mit Rücksicht auf die bei der Verdampfung der Tröpfchen entstehenden, hohen Luftzahlgradienten, im allgemeinen vermieden werden.

Läuft der Transport des mehrphasigen Gemisches ähnlich wie bei Ansaugsystemen mit zentraler Gemischbildung ab, so wird die Gemischverteilung durch vollkommen andere Mechanismen bestimmt. Da bei Einzeleinspritzung zwar keine Aufteilung des Kraftstoff-Luftgemisches zwischen Einspritzventil und Einlaßventil mehr stattfindet, jedoch eine für jeden Einzelzylinder eigene Kraftstoffdosierung, hängt die Güte der Gemischverteilung ausschließlich von der Gleichheit der Luft- und Kraftstoffzuteilung zu den einzelnen Zylindern ab.

Wie umfangreiche Untersuchungen am Einspritzmotor gezeigt haben [2.63, 2.64], stellen dabei Dosierungsfehler der Einspritzventile (Durchflußtoleranzen) die Hauptursache ungleicher Kraftstoffverteilung auf die Einzelzylinder dar. Sie sind bei geringem Durchfluß (unterer Lastbereich) am größten und nehmen mit zunehmendem Durchfluß (höhere Last) ab, womit sich auch die für Einspritzmotoren charakteristische, schlechte Gemischverteilung im unteren Lastbereich (maximale Kraftstoffzahlabweichungen $\Delta\kappa_{max}$ zwischen fettestem und magerstem Zylinder bis zu 10%) erklärt, **Abb. 2.37**.

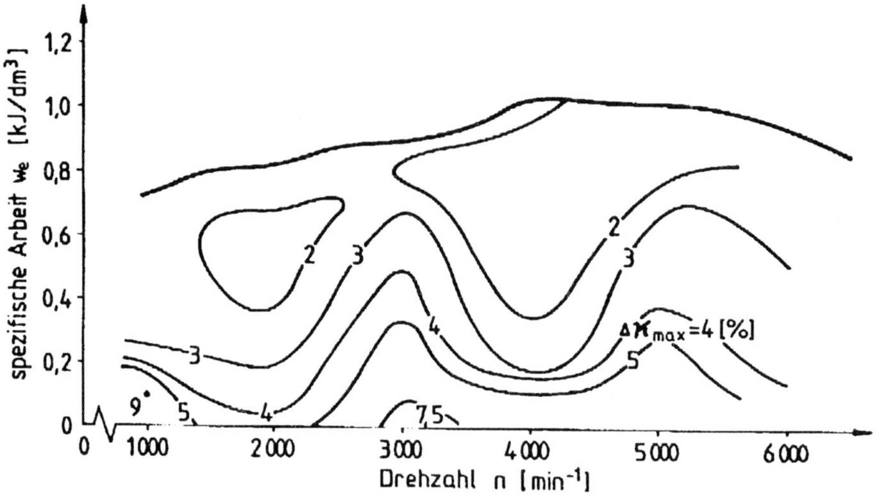


$\varkappa$ [-] .... Kraftstoffzahl, $\varkappa = \frac{1}{\lambda}$

$\Delta\varkappa$ [%].... Abweichung der Einzelzylinder-Kraftstoffzahl von der berechneten mittleren Kraftstoffzahl aller vier Zylinder

**Abb. 2.37.** Maximale Kraftstoffzahlunterschied $\Delta\kappa_{max}$ zwischen fettestem und magerstem Zylinder im Kennfeld eines Einspritzmotors [2.63]

Verstärkt (oder teilweise kompensiert) werden diese Dosierungsfehler durch Druckschwankungen im Kraftstoffsystem, welche infolge unterschiedlicher Leitungsführung geringfügige Abweichungen von Ventil zu Ventil aufweisen können.

Unterschiede der Einzelliefergrade wirken sich erst bei hohen Luftdurchsätzen negativ auf die Gemischverteilung aus und bewirken maximale Abweichungen von 3 - 4% [2.63].

Bei intermittierender Einzeleinspritzung kann sich noch eine weitere Ursache für eine ungleiche Gemischverteilung ergeben und zwar dann wenn unterschiedliche Zuordnung der Einspritzzeitpunkte zu den Ventilsteuerzeiten der einzelnen Zylinder besteht. Wie **Abb. 2.38** zeigt, erfolgt dadurch die Einspritzung des Kraftstoffes in die Einzelrohre bei unterschiedlichen Saugrohrunterdrücken. Die abweichenden Differenzdrücke am Ventil rufen Dosierungsabweichungen bis zu 2 % hervor [2.63]. Durch Übergang auf eine für jeden Zylinder individuell abgestimmte Einzeleinspritzung ("Sequentielle Einspritzung") kann diese Ursache behoben werden. Eine genaue Erläuterung dieser Einspritzung erfolgt im Kapitel 4.2.

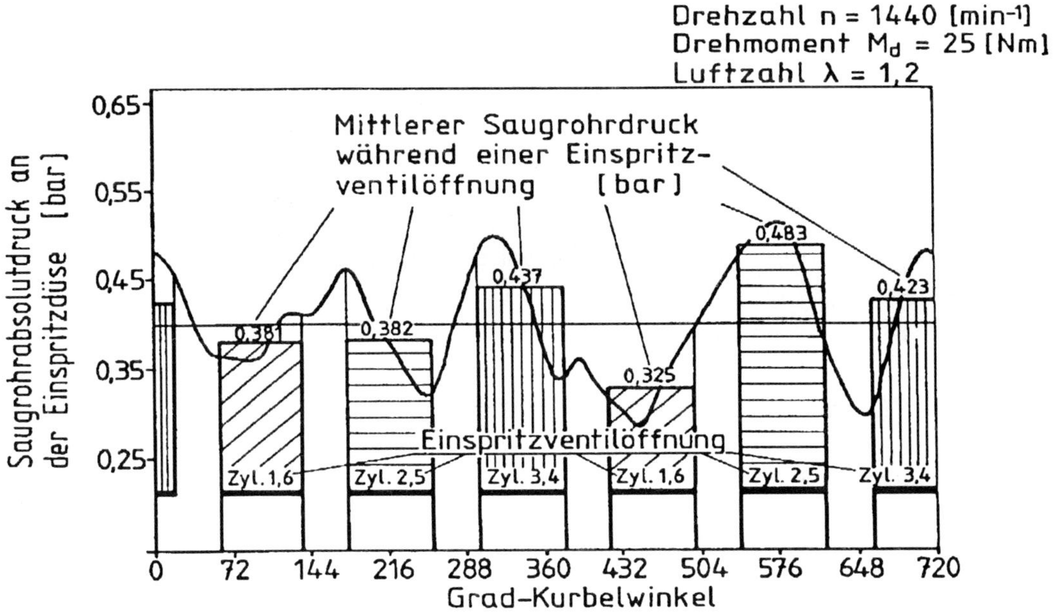


**Abb. 2.38.** Verlauf des Saugrohrabsolutdruckes über dem Kurbelwinkel und Darstellung der mittleren Saugrohrabsolutdrücke während der Einspritzventilöffnungen [2.64]

# 3. Labormeßtechnik

Die folgenden Ausführungen befassen sich mit Luft- und Kraftstoffmassenmessungen im Labor, mit der meßtechnischen Erfassung wichtiger Motorparameter wie Kraftstoffverbrauch, Liefergrad und Luftverhältnis. Ferner werden Möglichkeiten der Messung des Wandfilmes im Saugrohr, der Messung von Tropfengrößen bei der Gemischbildung, sowie von Strahlbildern von Einspritzventilen dargelegt.

## 3.1. Kraftstoff- und Luftmassenbestimmung

### 3.1.1. Luftmassenmessung

Zur Luftmassenmessung können folgende prinzipiell unterschiedliche Geräte gewählt werden:

- Volumetrisch: Kammergaszähler [3.1], Flügelradanemometer [3.40] mit zusätzlicher Druck- und Temperaturmessung;
- Flußsensoren: Hitzdrahtsensor [3.41], Heißfilmsensor, Kármán'sche Wirbelstraße [3.41] und Ultraschall-Messung [3.42]. **Abb. 3.1** zeigt das Prinzipschaltbild eines Heißfilmsensors der Firma Degussa. Diese Sensoren zeichnen sich gegenüber Hitzdrahtsensoren durch niedrigere Kosten aus, weisen jedoch ein etwas schlechteres Ansprechverhalten bei Durchflußänderungen auf;

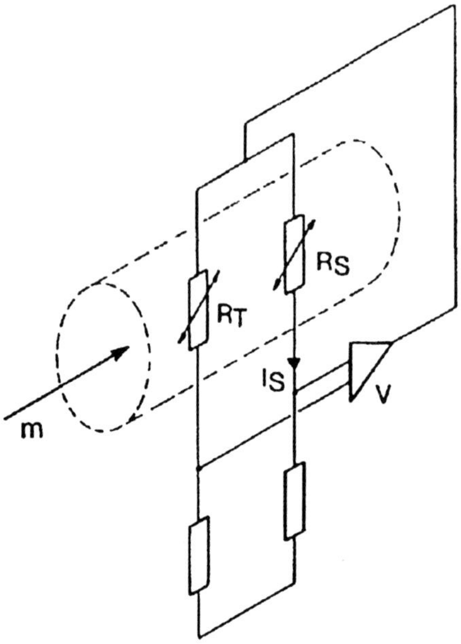


| | |
|---|---|
| $R_S$ | Dünnschichtwiderstand - beheizt |
| $R_T$ | Dünnschichtwiderstand - Fluidtemperatur |
| m | Massenstrom |
| $I_S$ | Heizstrom |
| V | Verstärker |

**Abb. 3.1.** Prinzipschaltbild eines Heißfilmsensors der Firma Degussa [3.43]

- Blendenmessung: Diese wird bei Verbrennungskraftmaschinen aufgrund der auftretenden Strömungsverluste und der Pulsation kaum eingesetzt [3.44];
- Prandtlrohre: Diese werden ebenfalls wegen der Pulsation kaum verwendet [3.44].

Das Hauptproblem bei Luftmassenbestimmungen stellt, aufgrund von pulsierender Strömung, der schwer festzustellende Absolutwert dar. Die meisten Meßverfahren weisen jedoch eine sehr gute Reproduzierbarkeit auf.

### 3.1.2. Kraftstoffmessung

Für die Kraftstoffdurchflußmessung kommen überwiegend folgende Verfahren zur Anwendung:

- Gravimetrische Verfahren: Kraftstoffwaagen [3.45];
- Volumetrische Verfahren: Durchflußgefäß (Seppelergefässe) [3.46] zur Messung des Durchflusses eines bestimmten Kraftstoffvolumens in einer zu bestimmenden Zeit, z.T. automatisch mit Lichtschranken. Durchflußmesser wie beispielsweise das Gerät PLU der Firma Pierburg, **Abb. 3.2**. Weiters kann die Erfassung der Einspritzventil-Öffnungszeit zur Kraftstoffdurchflußmessung dienen.

1 Zahnradzähler
2 Differenzdruckfühler
3 Servoantrieb
4 Reglereinheit

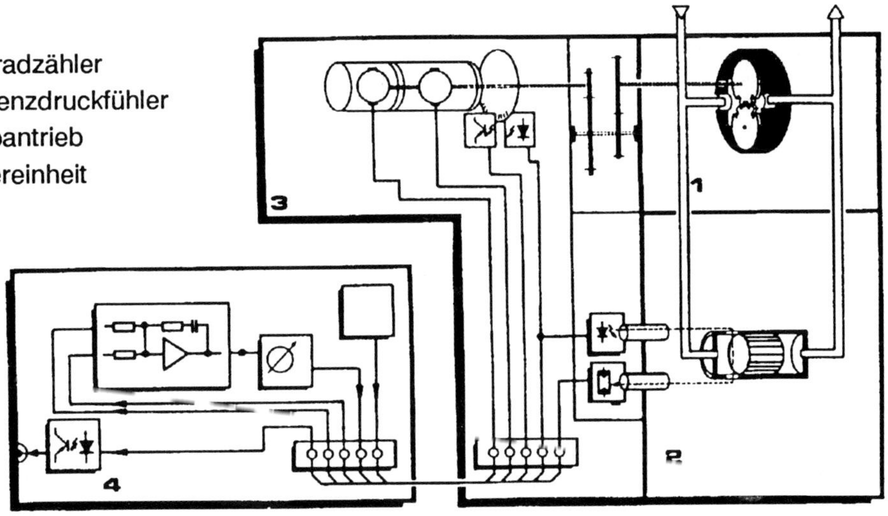


**Abb. 3.2.** Durchflußmesser PLU der Firma Pierburg [3.48]

Die genannten Verfahren zur Kraftstoffmessung, abgesehen vom letztgenannten, sind überwiegend nur zur stationären Druchflußmessung geeignet.

## 3.2. Luftzahlbestimmung

### 3.2.1. Allgemeines

Folgende prinzipielle Möglichkeiten zur Bestimmung der Luftzahl λ, welche die Kenngröße schlechthin für die ordnungsgemäße Arbeitsweise des Gemischbildners des Motors (Vergaser, Einspritzung oder Gasmischer) darstellt, stehen zur Verfügung; **Abb. 3.3**:

- Massenbilanz von Kraftstoff zu Luft vor dem Motor;
- Molbilanz der Abgaskomponenten nach dem Motor.

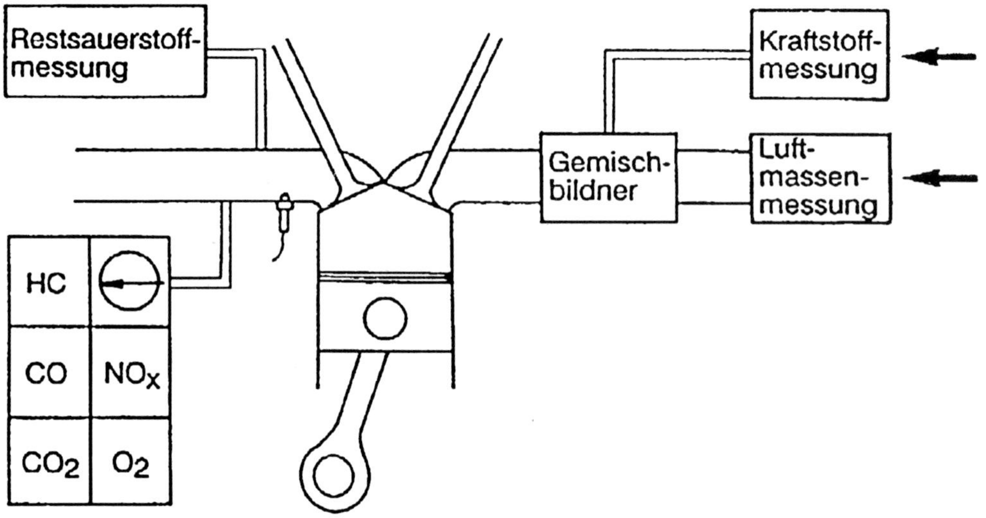


**Abb. 3.3.** Möglichkeiten der Luftzahlbestimmung an einem Ottomotor

Für stationäre Betrachtungen liefert die Massenbilanz, des in den Motor eintretenden Kraftstoff-Luftgemisches, bei bekannter Kraftstoffzusammensetzung sehr gute Ergebnisse, denn der Massenanteil der für die Luftzahlberechnung nicht relevanten Kraftstoffadditive liegt unter 0.5 %.

Möchte man jedoch eine instationäre Analyse, insbesondere von Einzelzylindern bei Mehrzylinder-Motoren vornehmen, dann stellt sich das Problem der Luftmassenmessung in Einlaßventilnähe aufgrund von Einschwingvorgängen der einströmenden Luft und Saugrohrpulsationen. Für die Gemischzusammensetzung im Zylinder müßten außerdem noch die, in das Saugrohr zurückströmenden Kraftstoff- und Luftmassen bekannt sein; dazu kommt, daß man durch Ladungsschichtung im Brennraum, nicht immer von einer homogenen Gemischverteilung ausgehen kann.

Deshalb wendet man vorzugsweise die Luftzahlmessung nach dem Motor an.

Dies bedeutet, daß aus den gemessenen Abgaskonzentrationen unter Aufstellung der vollständigen Atombilanz über die bekannten Molgewichte der Stoffe auf das Kraftstoff / Luft Massenverhältnis berechnet werden kann. Da es praktisch nicht möglich ist, alle Abgasbestandteile mit vernünftigem Aufwand zu messen, sind in den letzen vierzig Jahren eine Fülle von Luftzahlberechnungsverfahren entstanden, die sich hauptsächlich darin unterscheiden, wieviele Komponenten gemessen werden und auf welche Weise die Berechnung der nicht erfaßten Abgasbestandteile erfolgt. Eine wichtige Größe ist hierbei die Wassergas-Gleichgewichtskonstante K, die eine temperaturabhängige Berechnung der schwer zu messenden Abgaskomponente $H_2$ im kraftstoffreichen Betriebsbereich gestattet.

Im weiteren seien einige Luftzahlberechnungsverfahren ohne Anspruch auf Vollständigkeit angeführt; D'Alleva und Lovell [3.2], Weatherford [3.3], Spindt [3.4], Eltinge [3.5], Lange [3.6] und Brettschneider [3.7]. Dabei liefert das Verfahren von Brettschneider durch die Messung von fünf Abgaskomponenten ($CO_2$, CO, $O_2$, HC und $NO_x$) und die Einbeziehung von sauerstoffhaltigen Kraftstoffen, sowie der Feuchte der Ansaugluft, von den genannten Methoden die genauesten Ergebnisse.

Generell kann gesagt werden, daß je weniger Abgaskomponenten bei einem Atombilanz-Rechenverfahren erfaßt werden, desto ungenauer die Luftzahlbestimmung wird.

Diese Aussage gilt nicht für Ein-Komponenten-Luftzahlberechnungsverfahren auf Basis einer vollständigen Nachoxidation der unverbrannten Abgaskomponenten CO, HC und $H_2$ und der anschließenden Bestimmung des Restsauerstoffgehaltes. Unter diese Kategorie von Meßverfahren fallen:

- in den Auspuffstrang integrierte Sauerstoffsonden und
- Ein-Komponenten Luftzahlmeßgeräte, wie das am Institut für Verbrennungskraftmaschinen und Kraftfahrzeugbau der TU Wien entwickelte "Lambdameter", bei denen der $O_2$-Sensor unter konstanten Umgebungsbedingungen arbeitet [3.8].

Definitionsgemäß liegt bei vollständiger Verbrennung nur für Luftüberschuß freier Sauerstoff im Abgas vor. Wenn auch im kraftstoffreichen Luftzahlgebiet ($\lambda < 1$) gemessen werden soll, muß dem Abgas Sauerstoff bzw. Luft zugemischt werden.

Diese Zumischung erfolgt bei Sauerstoffsonden durch die Ausnützung des Sauerstoffionen-Pumpeffektes bei Anlegen einer Spannung an einen Zirkoniumdioxidsensor [3.9]. Damit werden von der Umgebungsluft $O_2$-Ionen in die Randzone oder in ein Volumen zwischen eine Diffusionsschicht und die $ZrO_2$-Keramik gepumpt. An dieser Randzone findet die Nachverbrennung statt. Wird gleichzeitig die elektromotorische Kraft der Sonde gemessen, dann kann eine möglichst konstante Sauerstoff-Konzentration in der Randzone eingestellt werden.

Bei Ein-Komponenten-Luftzahlmeßgerät wird Luft über Kapillaren oder überkritisch beaufschlagte Düsen dem Abgas zugemischt. Einzelheiten siehe [3.10].

### 3.2.2. Genauigkeitsbetrachtung zu den verschiedenen Luftzahl-Bestimmungs-Verfahren

3.2.2.1. Atombilanzverfahren

Für die Mehrkomponenten-Meßmethode wurde von Brettschneider in [3.7] bereits eine ausführliche Fehleranalyse vorgenommen. Zusätzliche Fehlerquellen zeigt **Abb. 3.4**.

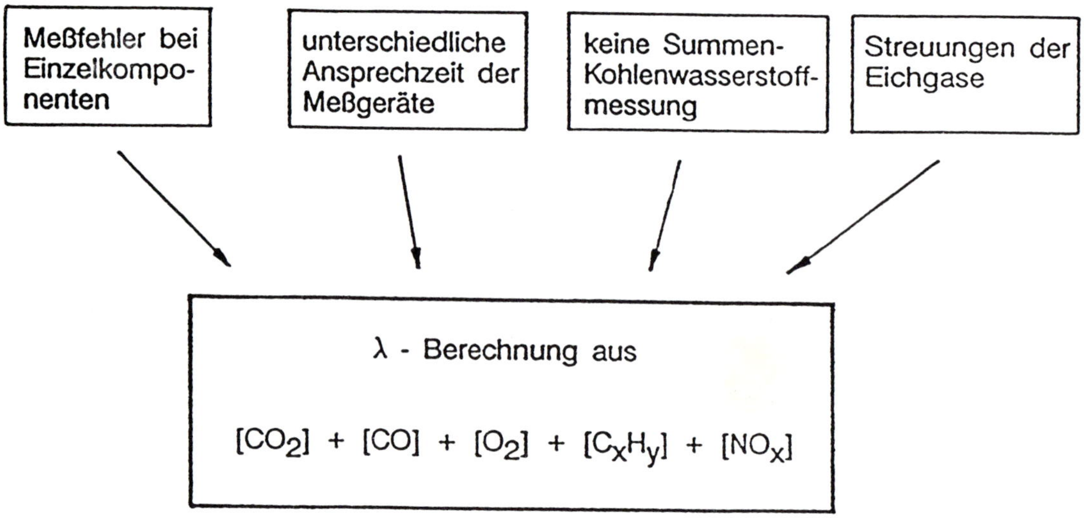


**Abb. 3.4.** Fehlereinflüsse bei der Mehrkomponenten-Luftzahlbestimmung

In Stichworten sind dies:

- Meßfehler und unterschiedliche Ansprechzeiten der Abgasmeßgeräte;
- Mangelhafte Gesamtkohlenwasserstoffmessung;
- Streuungen der Kalibriergase und unterschiedliche Temperaturen von Kalibriergas und Analysegas.

Unter Beachtung der angeführten Faktoren läßt sich mit dieser Methode eine hohe Meßgenauigkeit erreichen, wobei der mittlere Lambdafehler bei $\lambda = 1$ von 0.5 % bis ca. 1.2 % bei $\lambda = 1.3$ ansteigt [3.7].

Voraussetzung für diese Genauigkeit ist die Verwendung von genauen Labormeßgeräten, beheizten Probenleitungen und exakte Gesamt-Kohlenwasserstoffmessung. Für die Sauerstoffmessung sind paramagnetische Geräte, die praktisch keine Querempfindlichkeit zu unverbrannnten Abgasbestandteilen aufweisen, zu verwenden.

#### 3.2.2.2. Ein-Komponenten-Luftzahl-Berechnungsverfahren

Aus dieser Betrachtung werden im Gegensatz zu kontinuierlich messenden Sauerstoffsonden $\lambda = 1$-Sonden (Dreiweg-Katalysator-Konzept), die vom Funktionsprinzip her eigentlich als "Schalter" bezeichnet werden müssen, ausklammert, da sie nur den Spannungsanstieg gegen unendlich nach der Nernst'schen Gleichung für Sauerstoffkonzentrationen von 0 [Vol-%] ausnützen.

Hier müssen drei Aufgabenstellungen bewältigt werden:

- Die Zumischung von Sauerstoff zum Abgas, um im "fetten" Gemischbereich messen zu können;
- die Oxidation der unverbrannten Abgaskomponenten CO, HC und $H_2$;
- die Messung des Restsauerstoffgehaltes.

Beeinträchtigt werden diese Aufgaben durch folgende Einflüsse:

a) bei Sauerstoffsonden, dargestellt in **Abb. 3.5**:

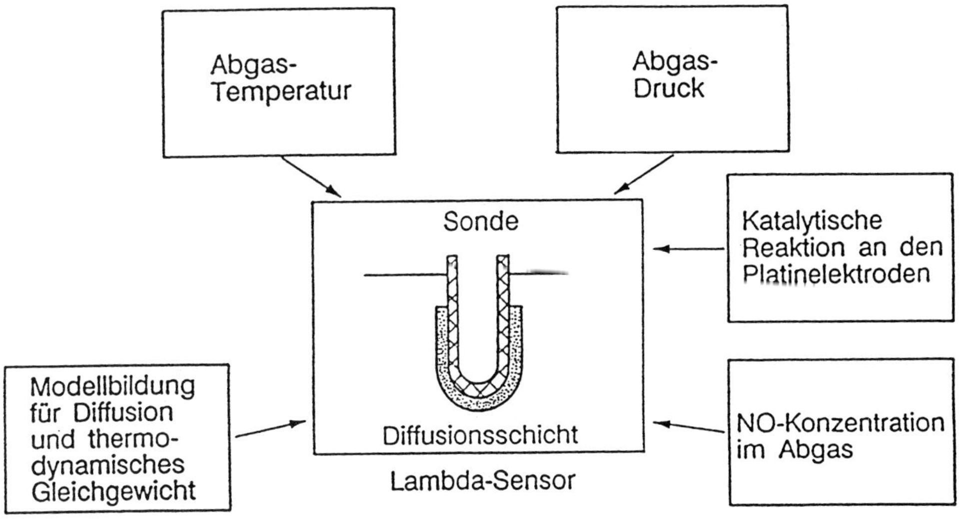


**Abb. 3.5.** Fehlereinflüsse auf die Luftzahlbestimmung mittels Sauerstoffsonden

- Temperaturschwankungen des Abgases, sowie insbesondere durch den nicht bekannten Temperaturgradienten im Festkörperelektrolyten;
- Druckschwankungen im Abgas, die bei Spannungssonden die Elektromotorische Kraft EMK und bei Stromsonden den Sauerstoffionen-Pumpstrom beeinflussen;
- die schwer zu erfassende Diffusion von Gasgemischen und das sich einstellende thermodynamische Gleichgewichte zwischen unverbrannten Abgasbestandteilen CO, HC, $H_2$ und den Oxidationsprodukten $CO_2$ und $H_2O$. Diese Faktoren müssen durch eine stark vereinfachte Modellbildung berücksichtigt werden;
- die ablaufende katalytische Reaktion an den Platinelektroden des Sensors, die eine Temperaturerhöhung der Sensoroberfläche durch die Nachverbrennung bewirkt;
- die nicht bekannte NO-Konzentration im Abgas.

b) bei Ein-Komponenten Luftzahlmeßgeräten, **Abb. 3.6**:

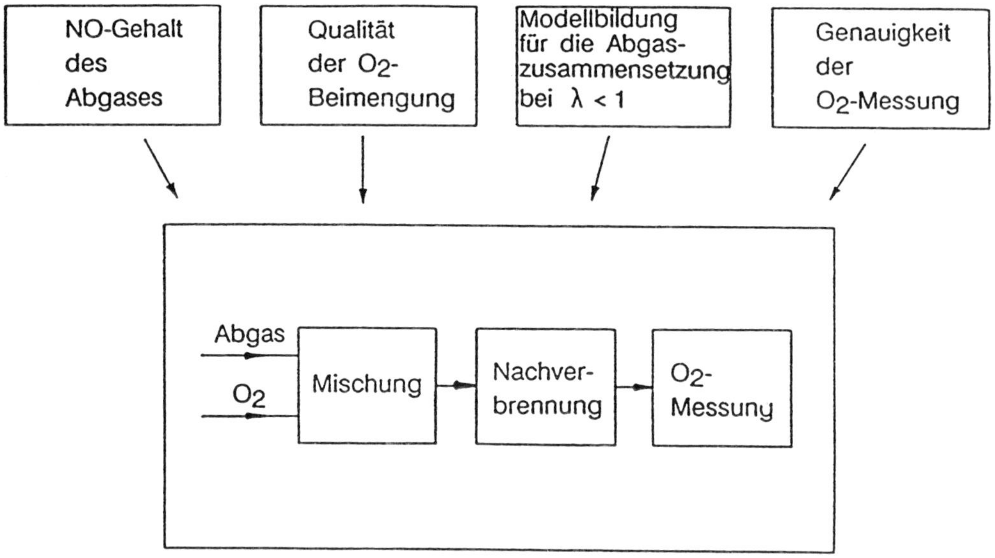


**Abb. 3.6.** Fehlereinflüsse auf die Luftzahlbestimmung mittels Ein-Komponenten-Luftzahlmeßgeräten

- Die exakte Mischung von Abgas mit Sauerstoff, bzw. die genaue Messung des Mischverhältnisses;
- die vollständige Nachverbrennung von CO, HC und $H_2$ in einem Katalysator oder einem thermischen Konverter;
- die möglichst genaue Messung des Restsauerstoffgehaltes;
- die Modellbildung für die Zusammensetzung des Abgases im kraftstoffreichen Gemischbereich, da es durch die Nachverbrennung des Abgas-Sauerstoffgemisches zu einer Volumsänderung des Probengases kommt;

- die ebenfalls nicht bekannte NO-Konzentration im Abgas.

Beide Meßmethoden werden noch von dem Wasserstoff / Kohlenstoff-Verhältnis des Kraftstoffes beeinflußt. Der Einfluß wird jedoch allgemein bei der Restsauerstoffmessung für Lambda nahe Eins praktisch zu Null. Die selbe Aussage kann für das Sauerstoff / Kohlenstoff-Verhältnis getroffen werden. Für Messungen im "fetten", bzw. im "mageren" Gemischbereich ist jedoch die Berücksichtigung dieser Werte erforderlich.

Damit läßt sich der mittlere Meßfehler für die Luftzahl Lambda nach dem Fehlerfortpflanzungsgesetz berechnen.

In der Literatur wird die Genauigkeit dieser Sauerstoff-Sonden nach [3.12 und 3.13] mit 1 bis 2 % bei Lambda = Eins und mit 4 % im Bereich von $\lambda = 0.8$ bis 1.5 unter der Voraussetzung einer relativ konstanten Abgastemperatur angegeben. Die Streubreite der Toleranzangaben bei stöchiometrischem Gemisch resultiert aus der Tatsache, daß manche kombinierte Strom/Spannungssonden auch als reine Lambda = Eins-Sonden betrieben werden können, woraus die genauere Erfassung des "mager/fett" Überganges resultiert.

Betrachtet man Ein-Komponenten-Luftzahlmeßgeräte, dann kann für das Mischungsverhältnis mit einer Genauigkeit von ca. 0.5 % und für die $O_2$-Messung unter den Bedingungen konstante Temperatur und konstanter Druck mit 0.05 [Vol-%] gerechnet werden. Nicht berücksichtigte Stickoxide bei einem Vollastpunkt, müssen mit einer Meßunsicherheit von 0.4 [Vol-%] NO veranschlagt werden. Für $\lambda = 1$ eingesetz in (3.1) ergibt dies einen mittleren Fehler von 1.5 %. Wird die NO-Konzentration als Meßwert miteinbezogen, dann verbessert sich die Genauigkeit auf 0.6 % .

### 3.2.3. Gegenüberstellung der Luftzahlbestimmungs-Verfahren aus der Abgasanalyse

In **Tabelle 3.1** wird ein Überblick zu den Luftzahlbestimmungsverfahren aus dem Motorabgas, nach den Kriterien Kosten, Ansprechschnelligkeit und Meßgenauigkeit gegeben.

| | Kosten | Ansprechzeit [s] | Meßfehler [%] |
|---|---|---|---|
| Fünf-Komponenten-Messung | hoch | 1 | 0,5 |
| Restsauerstoffmessung Sauerstoffsonde | nieder | 0,05 | 2 |
| Ein-Komponenten-Luftzahlmeßgerät + NO-Messung | mittel | 0,1 | 0,6 |

**Tabelle 3.1.** Vergleich der Luftzahlmeßverfahren aus der Abgasanalyse

Durch die zusätzliche Erfassung der Abgaskomponente NO kann die Restsauerstoffmessung die Meßsicherheit der Vielkomponentenmessung erreichen.

### 3.2.4. Instationäre Luftzahlbestimmung

**Abb. 3.7** zeigt den, mit dem instationären "Lambdameter", das nach der Restsauerstoff-Meßmethode arbeitet [3.14] - Ansprechzeit 65 Millisekunden - gemessenenen instationären Lambdaverlauf während eines Drosselklappensprunges mit 500 Grad pro Sekunde im Vergleich zur Einspritzdauer. Es ist sehr gut das kurzzeitige "ausmagern" des Motors, sowie die Übereinstimmung der Regelschwankungen um Lambda = 1 zu erkennen. Vergleichend ist in diesem Diagramm weiters der Lambdaverlauf, gemessen mit einem konventionellen Meßgerät, aufgetragen. Instationäre Vorgänge können mit konventionellen Geräten nicht erkannt werden.

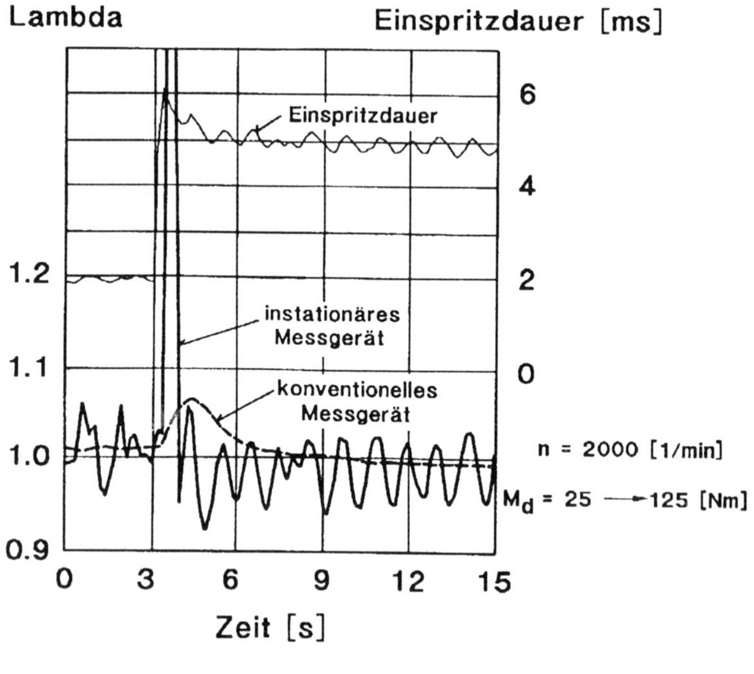


**Abb. 3.7.** Lambda-Verläufe und Einspritzdauer bei einem Lastsprung mit 500 [°/s] Drosselklappengeschwindigkeit für verschiedene Meßgeräte [3.37]

### 3.2.5. Luftzahlbestimmung an Zweitakt-Motoren

Unter Verwendung eines am Institut für Verbrennungskraftmaschinen und Kraftfahrwesen der TU Wien entwickelten Lambda-Meßgerätes, das auf Basis einer Restsauerstoffmessung samt speziellem Zyklon-Ölabscheider in einer heißen Probenleitung arbeitet, ist die Lambda-Bestimmung an gemischgeschmierten Zweitakt-Motor im Dauerbetrieb möglich [3.15].

## 3.3. Wandfilmbestimmung

Die Kenntnis der im Saugrohr gespeicherten Wandfilmmengen bei verschiedenen Last- und Betriebszuständen ist nicht nur zur Beurteilung des Kaltstart-, Warmlauf- und Ansprech-Verhaltens eines Motors wichtig, sondern bildet auch die Grundlage für eine Ursachenanalyse für ungleiche Gemischverteilungsphänomene. So werden in der Literatur eine Vielzahl von Wandfilmmeßverfahren angeboten [3.31, 3.32, 3.33, 3.34, 3.35, 3.36, 3.37, 3.38], welche jedoch alle den Nachteil haben, daß sie einen nicht unwesentlichen Eingriff in die Geometrie des zu vermessenden Ansaugsystems notwendig machen.

Daher wurde am Institut für Verbrennungskraftmaschinen und Kraftfahrzeugbau der TU Wien ein Wandfilmmeßverfahren entwickelt, mit welchem ohne Eingriff in das bestehende Ansaugsystem und ohne zusätzlichen apparativen Aufwand die im Saugrohr gespeicherten Filmmengen ermittelt werden können. Das Grundprinzip des Verfahrens besteht darin, durch plötzliches Schließen der Drosselklappe den im vorangegangenen Betriebspunkt aufgebauten Wandfilm zu verdampfen, und aus der parallel dazu laufenden Abgasanalyse quantitativ zu bestimmen. Die nach diesem Verfahren abgedampfte Kraftstoffmenge entspricht nur dann der insgesamt im Saugrohr gespeicherten Wandfilmmenge, wenn bei geschlossener Drosselklappe kein wandfilmförmig gespeicherter Kraftstoff mehr vorhanden ist, was aufgrund der bei Leerlauf auftretenden Wandtemperaturen und Unterdrücke angenommen werden kann [3.30].

Da es sich bei der oben erwähnten, simultan zum Verdampfungsprozeß des Filmes stattfindenden Abgasanalyse um einen dynamischen Meßvorgang handelt, muß das Übertragungsverhalten aller beteiligten Meßgeräte vorher ermittelt werden. Beim vorliegenden Programm geschiet dies durch Aufbringen eines Konzentrationssprunges, aus dessen gerätespezifischen Sprungantworten sich ein Computer automatisch die Tot- und Regelzeiten der einzelnen Meßgeräte berechnet. Die mathematische Behandlung dieses Problems sowie eine genaue Beschreibung des Verfahrens kann aus [3.30] entnommen werden.

Durch den serienmäßigen Einsatz von Lambda-Sensoren bei Ottomotoreen kann heute über ein entsprechendes Saugrohrmodell eine weitgehende Wandfilmkompensation bei zentralen Gemischbildnern "on line" im Fahrzeug durchgeführt werden. Ein mögliches Verfahren ist in [3.47] beschrieben.

## 3.4. Meßtechnische Erfassung der Tropfengröße

Bei der Entwicklung von Gemischaufbereitungssystemen kommt der exakten Bestimmung von Tropfengrößen eine entscheidende Bedeutung zu. Erst die genaue Quantifizierung des Tropfenspektrums erlaubt einerseits eine zielführende empirische Optimierung eines Gemischbildungssystemes, andererseits auch eine Erarbeitung und Überprüfung theoretischer Grundlagen der Gemischaufbereitung.

Der Aufbereitungszustand eines Kraftstoff-Luftgemisches wird durch die drei Größen

- dampfförmiger Kraftstoffanteil,
- Tropfengrößenspektrum,
- Tropfenkonzentration,

beschrieben, wobei bei der Beurteilung von ottomotorischen Gemischbildnern vor allem der flüssigen Phase, die durch das Tropfengrößenspektrum und die Tropfenkonzentration bestimmt wird, größte Bedeutung zuzumessen ist.

### 3.4.1. Meßmethoden zur Tropfengrößenbestimmung

Vor allem aufgrund der Unbeständigkeit von Flüssigkeitstropfen gestaltet sich die Erfassung von Tropfenspektren zumeist aufwendiger als die Bestimmung von Größenverteilungen von Feststoffpartikeln. Während die Größenbestimmung solcher Feststoffpartikel mit einer Vielzahl von Meßverfahren und nahezu beliebiger Genauigkeit erfolgen kann, eignen sich nur wenige Partikelmeßverfahren auch zur Größenbestimmung von Flüssigkeitstropfen. Nach ihren Funktionsprinzipien lassen sich im wesentlichen vier Gruppen von Tropfengrößenmeßverfahren unterscheiden:

- Auffangverfahren, bei denen Tropfen für eine nachfolgende Vermessung konserviert werden;
- Fraktionierende Abscheideverfahren, wobei Tropfen durch ihre größenabhängigen physikalischen Eigenschaften separiert werden;
- Elektrische Verfahren, bei denen man elektrische Eigenschaften der Tropfen zur Größenbestimmung verwendet;
- optische Verfahren, wobei entweder Abbildungen von Tropfen erzeugt werden, oder aber optisch/physikalische Eigenschaften zur Tropfengrößenbestimmung dienen.

Daneben gibt es noch eine Reihe weiterer Meßprinzipien, die aber für die praktische Anwendung nur von untergeordneter Bedeutung sind.

### 3.4.1.1. Abbildende optische Verfahren

Die ältesten optischen Verfahren stellen direkte photographische Verfahren dar [3.11, 3.16, 3.17, 3.18, 3.19, 3.20, 3.21, 3.22]. Als Aufnahmeeinheiten werden neben für Makro- und Hochgeschwindigkeitsphotographie geeigneten konventionellen Kameras vermehrt auf der Videotechnik basierende Aufnahmesysteme verwendet, die zumeist mit automatischen Auswerteeinheiten gekoppelt werden. Die Wahl der Lichtquelle wird vornehmlich durch die Tropfengeschwindigkeit bestimmt, je nach Anwendungsfall werden Dauerlicht, Elektronenblitz, Stroboskop, Funkenblitz oder Pulslaser eingesetzt. Die Aufnahmen erfolgen dabei überwiegend im Durchlichtverfahren, d.h. die Tropfen werden als Schatten gegen einen hellen Hintergrund abgebildet.

Das Hauptproblem bei der Makrophotographie stellt der in Abhängigkeit von der Tropfengröße sehr geringe Tiefenschärfebereich dar, der einerseits die richtige Auswertung einzelner Aufnahmen erschwert, andererseits zur Abgrenzung identer Meßvolumina für alle Tropfengrößen eine rechnerische Korrektur der Meßergebnisse [3.11] erfordert.

Eine etwas verbesserte Unterscheidbarkeit von in- und außerhalb der Brennweite liegenden Tropfen ergibt sich, wenn im Durchlichtverfahren als Lichtquelle ein kohärenter Laser eingesetzt wird. Durch die Beugung und Interferenzerscheinung des Laserstrahles lassen sich Tropfen in verschiedenen Entfernungen von der Brennebene unterscheiden, **Abb. 3.8**.

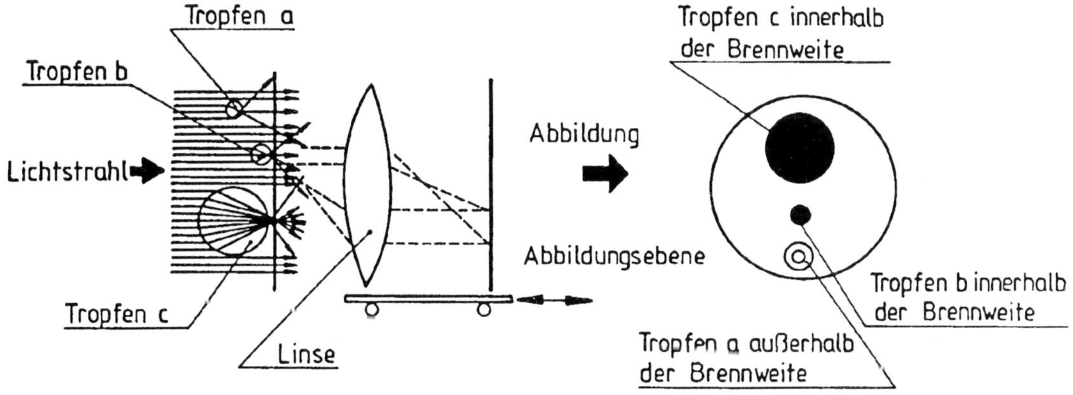


**Abb. 3.8.** Abbildung der Tropfen beim Durchlichtverfahren mit einem kohärenten Laser nach [3.21]

Da jedoch auch hier der Tiefenschärfebereich eine Funktion der Tropfengröße ist,ergeben sich ähnliche Auswerteprobleme wie bei der Makrophotographie.

Eine exakte Erfassung der gesamten räumlichen Tropfenverteilung ist mit holographischen Verfahren möglich [3.18, 3.19, 3.23, 3.24, 3.25]. Zur Aufnahme bewegter Tropfen werden Impulslaser, die extrem kurze Lichtblitze kohärenten Lichtes liefern, **Abb. 3.9**, eingesetzt.

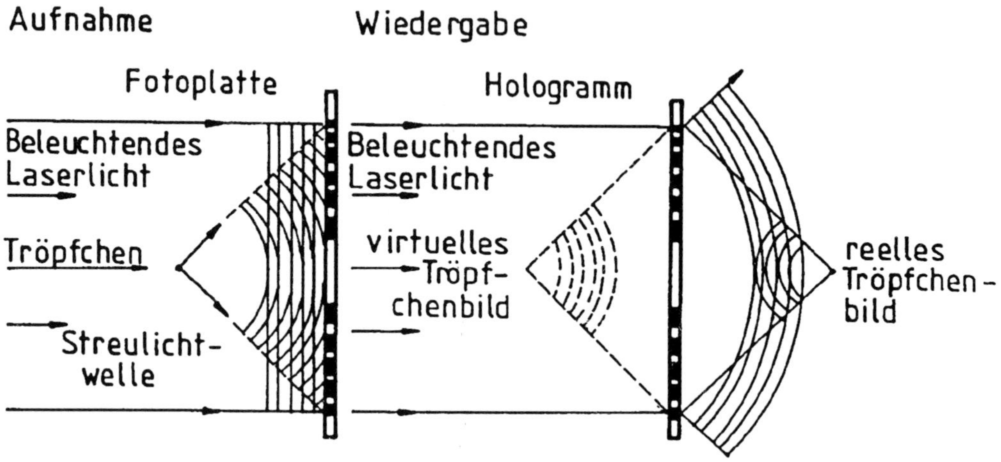


**Abb. 3.9.** Prinzip der holographischen Tropfengrößenbestimmung [3.24]

Die ungestörten Lichtwellen überlagern sich hinter den Tropfen mit den davon ausgehenden Streulichtwellen und bilden dabei Interferenzfiguren, die als sogenanntes Hologramm abgebildet werden.

Beleuchtet man dieses Hologramm mit parallelem Laserlicht, so entsteht durch das an den Interferenzringen gebeugte Licht wieder ein reelles, räumliches Bild der Tropfen. Dieses Bild kann nun z.B. mit einer TV-Kamera in verschiedenen Meßebenen abgetastet werden. Durch diese sukzessive Auswertung der Hologramme kann ein großer räumlicher Bereich der Tropfenverteilung erfaßt werden, erfordert jedoch einen entsprechend hohen zeitlichen und gerätetechnischen Aufwand.

### 3.4.1.2. Extinktionsverfahren

Eine weitere Möglichkeit zur Tropfengrößenbestimmung besteht darin, nicht die Abbildungsform eines Tropfens zu vermessen, sondern die durch einen Tropfen verursachte Schwächung eines Lichtstrahles zu bestimmen. Gelangt ein Tropfen in das Wellenfeld eines Lichtstrahles, so verändert es dieses, indem es sowohl Energie absorbiert als auch in alle Richtungen streut, wobei beide Anteile eine Funktion der Tropfengröße sind.

### 3.4.1.3. Streulichtverfahren

Weitere optische, bereits kommerziell eingesetzte Verfahren zur Partikel- und Tropfengrößenbestimmung stellen die verschiedenen Streulichtmeßverfahren dar.

Das durch einen Tropfen verursachte Streulicht setzt sich aus drei Anteilen, nämlich dem durch

- Beugung am Tropfen,
- Brechung im Tropfen und
- Reflexion an der Oberfläche

entstandenen Streulichtanteilen zusammen.

Die winkelabhängige Streulichtenergieverteilung kann zur Größenbestimmung von Kraftstofftropfen herangezogen werden. Die darauf basierenden Streulichtmeßverfahren werden in zwei Gruppen eingeteilt:

- Zählverfahren, die das Streulicht von einzelnen Tropfen getrennt auswerten,
- integrale Streulichtmessungen am Tropfenkollektiv, bei denen das an einer Vielzahl von Partikeln gestreute Licht simultan gemessen und ausgewertet wird.

Die integralen Streulichtmeßmethoden stellen sowohl aufgrund der erfaßbaren Meßvolumina, der breiten Tropfengrößen und Tropfenkonzentrationsbereiche als auch durch die Schnelligkeit und Exaktheit der Auswertung die derzeit effizientesten Meßmethoden für Tropfenspektren ottomotorischer Gemischbildungssysteme dar, auf ihre Vor- und Nachteile wird in Kapitel 3.4.2 näher eingegangen.

### 3.4.2. Theoretische Grundlagen des Streulichtverfahrens

Gelangt ein Tropfen in das Wellenfeld eines Lichtstrahles, so verändert es dieses, indem es sowohl Energie absorbiert als auch in alle Richtungen streut, wobei beide Anteile Funktionen der Tropfengröße sind. Im Vorwärtsstreubereich, d.h. bei Streuwinkeln, die nur gering von der Beleuchtungsrichtung abweichen, überwiegt bei Tropfendurchmessern größer 1 $\mu$m (für He-Ne Laserlicht) der gebeugte Anteil sehr stark. Diese Erscheinung wird in kleinen Abständen vom Tropfen als FRESNEL-Beugung, in größeren Abständen als FRAUNHOFER-Beugung bezeichnet. Beugung ist die Ablenkung des Lichtes, die sich aufgrund seiner Wellennatur aus der durch ein Hindernis gestörten Interferenz der Elementarwellen ergibt.

Der gebeugte Anteil des Lichtes wird durch ein geeignetes Linsensystem auf konzentrischen Kreisen um den Brennpunkt abgebildet, **Abb. 3.10**, wobei diese Abbildung nur eine Funktion des Beugewinkels und der Linsenbrennweite, nicht aber der räumlichen Lage der Tropfen ist, **Abb. 3.11.**

Daher bewirkt eine Relativgeschwindigkeit zwischen Tröpfchen und Meßeinrichtung keine Änderung dieses Streulichtmusters in der Brennebene.

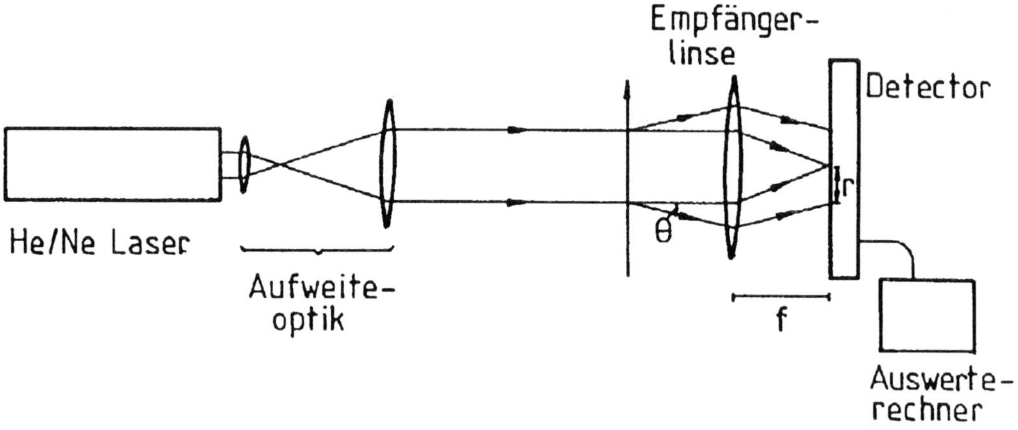


**Abb. 3.10.** Schematische Darstellung einer integralen Streulichtmeßeinrichtung [3.26]

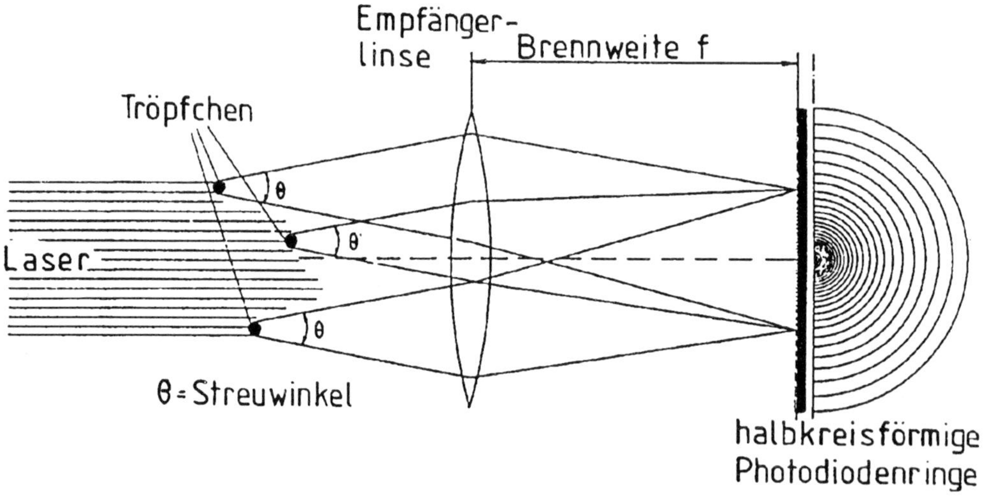


**Abb. 3.11.** Ortsunabhängigkeit der Abbildung von Streulichtprofilen durch ein Linsensystem [3.26]

Für Monodispersionen kann die Bestimmung der Tropfengröße bereits aus der Lage der Nullstellen der Lichtintensitätsverteilung, die eine eindeutige Funktion der Tropfengröße sind, erfolgen.

Wesentlich besser als die radiale Lichtintensitätsverteilung eignet sich zur Bestimmung der Größenverteilung von Polydispersionen die in der Brennebene auftretende Lichtenergieverteilung, **Abb. 3.12**.

Im Gegensatz zur radialen Lichtintensitätsverteilung, Abb. 3.12 links, ist bei der Lichtenergieverteilung, Abb. 3.12 rechts, auch die Lage des ersten Beugemaximums eine Funktion der Tropfengröße.

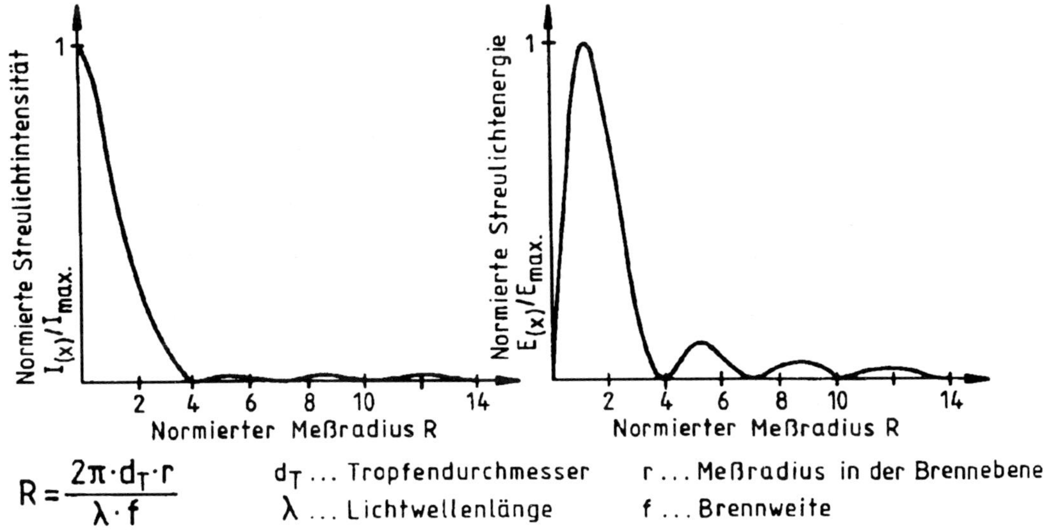


**Abb. 3.12.** Dimensionslose Beugelichtintensitäts- und Beugelichtenergieverteilung bei kugelförmigen Tröpfchen [3.26]

Durch Integration der Lichtintensitätsverteilung über die entsprechenden Flächensegmente in der Brennebene läßt sich diese Lichtenergieverteilung bestimmen.

Da sich jedoch bei ottomotorischen Gemischbildnern auch Tropfengrößenverteilungen ergeben, die mehrere Maxima aufweisen, wird zur Bestimmung solcher Verteilungen ein modellunabhängiges Verfahren verwendet. Hier wird das Tropfenspektrum in 31 den einzelnen Meßringen entsprechende Größenklassen eingeteilt und deren Gewichtsanteile so lange variiert, bis eine minimale Abweichung zwischen gemessener und gerechneter Lichtenergie auftritt.

Aus der Tropfengrößenverteilung, den Extinktionskoeffizienten der einzelnen Tröpfchen und der tatsächlichen Abschwächung des Laserstrahles läßt sich die Gesamtkonzentration der Kraftstofftropfen und somit nicht nur die relative Verteilung, sondern mit gewissen Einschränkungen auch die Tropfenanzahl bestimmen.

### 3.4.3. Aufbau und Meßeinrichtung des Streulichtverfahrens

**Abb. 3.13** zeigt schematisch den Aufbau der Meßeinrichtung. Ein auf 8 mm Durchmesser aufgeweiteter Parallelstrahl monochromatischen, kohärenten Lichtes eines 2mW Helium-Neon Lasers ($\lambda$ = 0,6328 mm) durchleuchtet den Sprühnebel.

Das gesamte Streulicht wird hinter dem Meßvolumen durch eine austauschbare Empfängeroptik mit Brennweiten von 63 mm, 100 mm und 300 mm gesammelt und auf 31 halbkreisförmigen Photodiodenringen erfaßt. Die Durchmesser der einzelnen Photodiodenringe sind dabei in Hinsicht auf gute Unterscheidbarkeit der einzelnen Tropfengrößen festgelegt.

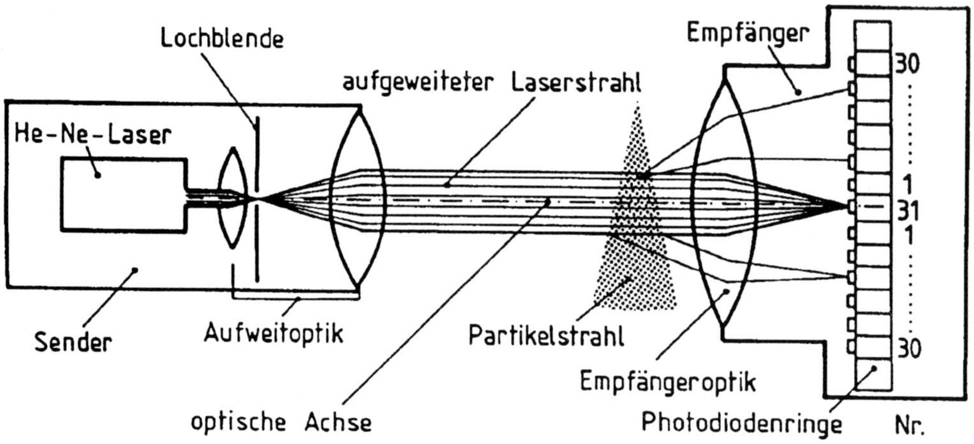


**Abb. 3.13.** Schematische Darstellung des Meßsystems [3.26]

Zur Simulation motorähnlicher Bedingungen (Luftgeschwindigkeit, Saugrohrunterdruck) ist die gesamte Meßeinrichtung in eine Vergaserfließbank [3.38] integriert. Die dafür notwendige räumliche Abgrenzung des Meßvolumens mußte jedoch in zahlreichen Vorversuchen [3.39, 3.40] optimiert werden, um Verfälschungen des Meßergebnisses zu vermeiden.

**Abb. 3.14** zeigt eine schematische Darstellung dieser Meßeinrichtung in einer Adaption zur Vermessung von Multipoint-Einspritzventilen in einer achsensymmetrischen Luftströmung.

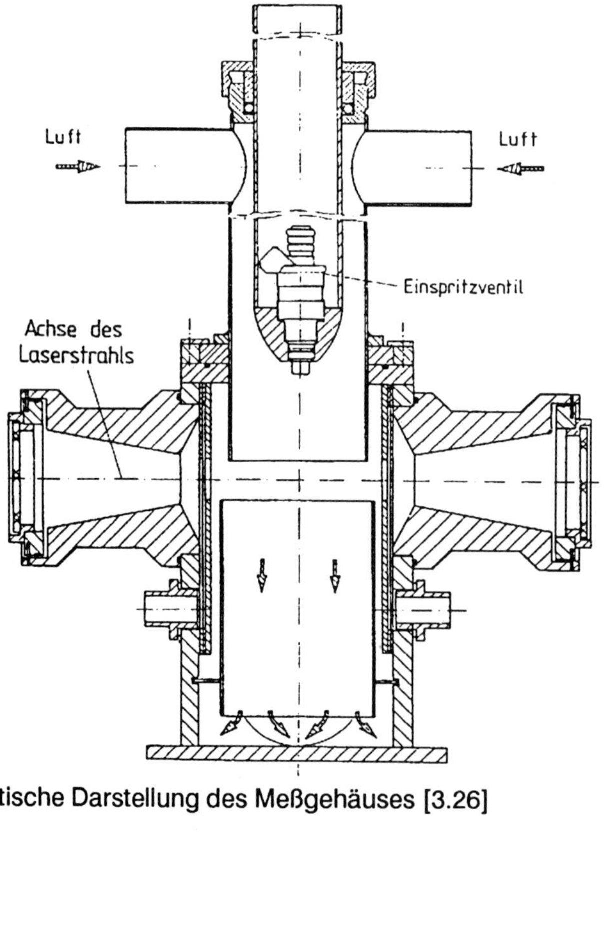


**Abb. 3.14.** Schematische Darstellung des Meßgehäuses [3.26]

Um zu verhindern, daß durch die Scheiben verursachte Reflexionen in die Sender- oder Empfängerlinse fallen, ist eine entsprechende Justiermöglichkeit dieser Scheiben vorhanden. Durch einen Luftvorhang wird ein Beschlagen der Scheiben durch Kraftstofftröpfchen vermieden.

### 3.4.4. Abschätzung von Fehlereinflüssen und Beurteilung der Meßgenauigkeit des Streulichtverfahrens

Der sinnvolle Einsatz eines solchen Meßsystems erfordert eine genaue Kenntnis möglicher Fehlerquellen und eine entsprechende Festlegung und Eingrenzung möglicher Meßbedingungen.

#### 3.4.4.1. Doppelbrechung

Trifft in einem dichten Sprühnebel ein bereits gebeugter Strahl auf ein weiteres Tröpfchen, so kommt es dort zu einer Schwächung und erneuten Beugung des Strahles. Bei Laserstrahlabschwächungen unter 50% ist diese erneute Beugung jedoch kaum von Bedeutung.Da sich bei Einzeleinspritzventilen in repräsentativen Strahlbereichen zumeist deutlich geringere Abschwächungen des Laserstrahles ergeben, kann der Einfluß von Doppelbrechungen sowohl bezüglich der Tropfengrößen als auch die Tropfenkonzentrationsmessung im allgemeinen vernachlässigt werden. Bei höheren Tropfenkonzentationen ist jedoch auch eine rechnerische Korrektur der durch Doppelbrechung verfälschten Streulichtenergieverteilung möglich [3.26, 3.27].

#### 3.4.4.2. Inhomogenitäten im Meßstrahl

Sowohl ungleichmäßige Intensitätsverteilungen im Laserstrahl (bei der Vermessung der Kraftstoffeinspritzstrahlen vernachlässigbar) als auch Inhomogenitäten im Medium, das die Tröpfchen umgibt, können zu Verfälschungen des Meßergebnisses führen.

Sowohl die notwendige räumliche Abtrennung des Meßvolumens durch Glasplatten als auch verschiedene Dichtegradienten im Kraftstoffdampf-Luft-Gemisch bewirken Verfälschungen des Meßsignales.

Insbesonders wenn an den Glasscheiben entstehende Reflexionen des Laserstrahles in die Senderlinse zurückfallen, können Verfälschungen des Meßergebnisses auftreten, **Abb. 3.15**.

Mittels entsprechender Justierung der Scheiben ist es möglich, diese Beeinflussungen des Meßsignales nahezu vollständig zu vermeiden.

Ein wesentlich schwieriger zu eleminierender Fehlereinfluß ergibt sich durch Brechung des Laserstrahles an den Phasengrenzen Kraftstoffdampf/Luft bzw. durch hohe Dichtegradienten im Kraftstoffdampf. Dadurch können Streulichtprofile entstehen, die denen großer Tropfen ähneln. Insbesonders bei niedrigen Luftgeschwindigkeiten und Luftdrücken größer dem Atmosphären-

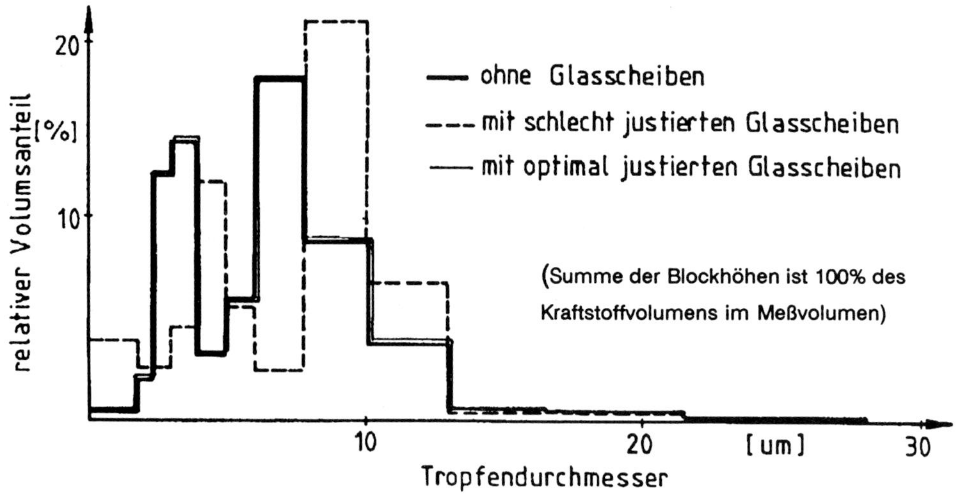


**Abb. 3.15.** Einfluß von Reflexionen des Laserstrahles auf das Meßergebnis [3.26]

druck können daraus wesentliche Verfälschungen der Lichtenergieverteilung und somit des Meßergebnisses resultieren.

Unter den hier gewählten Meßbedingungen (Luftgeschwindigkeit > 2 m/s, Saugrohrabsolutdruck < Atmosphärendruck, entsprechende Absaugung des Kraftstoffdampfes) kann jedoch auch dieser Einfluß vernachlässigt werden. **Abb. 3.16** zeigt die bei Einspritzung vollständig vorverdampften Kraftstoffes durch die Brechung des Laserstrahles mögliche Fehlmessungen in Relation zu einem charakteristischen Meßergebnis.

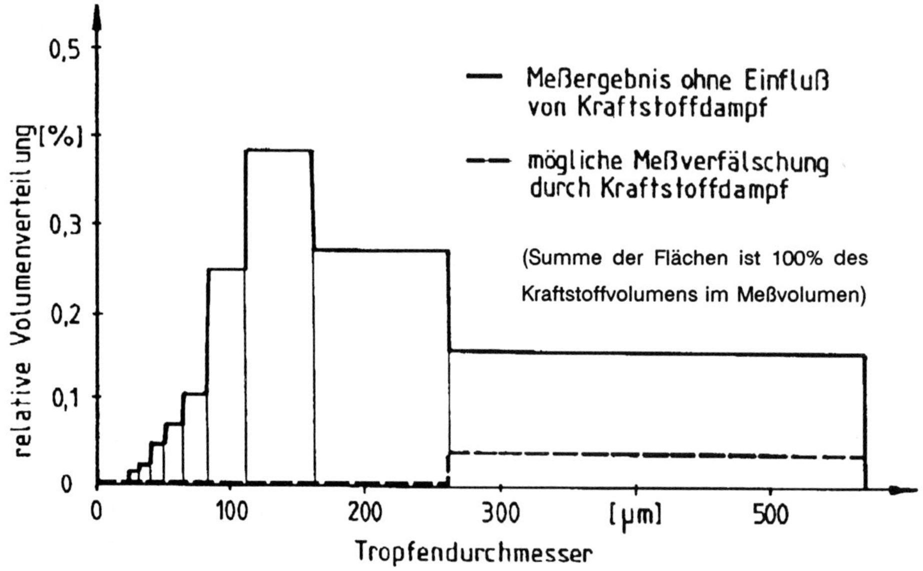


**Abb. 3.16.** Verfälschung des Meßergebnisses durch Kraftstoffdampf unter repräsentativen Meßbedingungen [3.26]

3.4.4.3. Auswerteverfahren

Zur iterativen Ermittlung der Tropfenspektren aus der Streulichtenergieverteilung müssen vorweg möglich erscheinende Tropfengrößenverteilungen angenommen werden. Dies kann entweder durch exakte mathematische Verteilungsfunktionen oder durch Unterteilung des Tropfenspektrums in einzelne Größenklassen erfolgen. Bei Tropfengrößenverteilungen mit nur einem Maximum ergibt sich daraus keine Einschränkung des Meßergebnisses, da durch Variation der Lage- und Formparameter dieser Verteilungsmodelle (Rosin-Rammler, Normal- und Logarithmische Normalverteilung) ein breites Band möglicher Verteilungen abgedeckt wird.

Bei der zur Erfassung von Tropfenspektren mit mehreren Maxima nötigen Unterteilung des Tropfenspektrums kann diese nicht willkürlich getroffen werden, sondern erfolgt entsprechend der Unterscheidbarkeit der Streulichtenergieverteilungen einzelner Tropfengrößen. Dadurch ergibt sich zwar eine gute Auflösung sehr kleiner Tropfen, jedoch eine vergleichsweise grobe Unterteilung von Tropfen größer 160 µm Durchmesser.

Bei der Darstellung der Tropfenspektren üblicher Einzeleinspritzventile bedingt diese Unterteilung des kontinuierlichen Spektrums zumeist keinen nennenswerten Informationsverlust, **Abb. 3.17.**

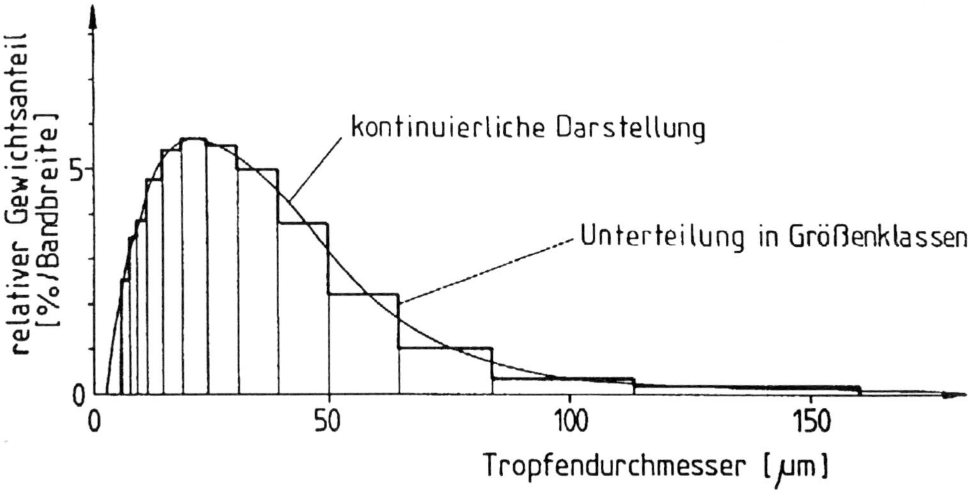


**Abb. 3.17.** Unterteilung eines kontinuierlichen Tropfenspektrums in einzelne Größenklassen [3.26]

Errechnet man jedoch aus dieser unterteilten Verteilungsfunktion charakteristische Durchmesser, so können sich durch Rundungsfehler im Bereich kleiner Tropfen und die grobe Auflösung bei großen Tropfendurchmessern deutliche Verfälschungen dieser charakteristischen Durchmesser ergeben. Während bei Tropfengrößenverteilungen, deren Maxima im Bereich von 100-150 µm liegen, der daraus entstehende Fehler mit $< 10$ % angesetzt werden kann, ist insbesonders bei sehr groben Tropfenspektren eine Bestimmung charakteristischer Durchmesser aus der unterteilten Verteilungsfunktion nicht zulässig. Durch eine entsprechende Glättung der unterteilten Verteilungsfunktionen kann dieser Fehler verringert werden, erfordert jedoch eine sehr sorgfältige Wahl von Glättungsalgorithmen insbesonders bei Tropfengrößenverteilungen mit mehreren Maxima.

### 3.4.4.4. Weitere Einflüsse auf das Meßergebnis

Verfälschungen können auch durch die Wahl der Meßposition entstehen. Befindet sich das gesamte Meßvolumen innerhalb der Linsenbrennweite, so ist der Einfluß des Abstandes Empfängerlinse-Meßvolumen vernachlässigbar. Treten auch außerhalb der Linsenbrennweite Tröpfchen auf, so werden einzelne Streulichtanteile entweder gar nicht oder verfälscht auf den Photodiodenringen abgebildet.

Unterschiedliche Tropfengeschwindigkeiten verfälschen zwar nicht das eigentliche Meßergebnis, haben jedoch deutlichen Einfluß auf das Tropfenspektrum. Die Bestimmung der Tropfengrößenverteilung erfolgt integral an einem Tropfenkollektiv in einem gegenüber dem Tropfendurchmesser großen Meßvolumen. Dadurch besteht ein direkter Zusammenhang zwischen Tropfengeschwindigkeit und Anzahl der Tropfen im Meßvolumen. Treten nun innerhalb eines Einspritzstrahles verschiedene Tropfengeschwindigkeiten auf, so ergibt sich eine entsprechende Überbewertung der langsameren Tropfen. Dieser Effekt ist insbesondere bei Abtropferscheinungen zu beobachten.

### 3.4.4.5. Beurteilung der Meßgenauigkeit

Die absolute Meßgenauigkeit des Systems kann am einfachsten mit Feststoffpartikeln überprüft werden. Die Größenverteilung solcher Partikel kann mit anderen Verfahren mit nahezu beliebigen Genauigkeit erfolgen.

Unter Voraussetzung von optimalem Empfängerabgleich und -justierung sowie einer durch mit einer mathematischen Verteilungsfunktionen exakt beschreibbaren Größenverteilung der Partikel kann in Übereinstimmung mit [3.28, 3.29] eine absolute Meßgenauigkeit von 5% der bestimmenden Parameter der Verteilungsfunktion angesetzt werden. Die relative Meßgenauigkeit verschiedener Einzelmessungen zueinander liegt wesentlich höher, hier sind etwa $\pm 2\%$ zu veranschlagen.

Bei Tropfengrößenverteilungen, die eine Auswertung nach dem modellunabhängigen Verfahren erfordern, beziehen sich diese Prozentsätze lediglich auf die Volumsanteile in den Größenklassen 150 $\mu$m. Bei den größeren Tropfendurchmessern können sich sowohl durch die in diesem Bereich grobe Meßauflösung als auch durch Fehlereinflüsse durchaus größere Meßtoleranzen ergeben, die sich jedoch auf charakteristische Durchmesser nur vergleichsweise gering auswirken.

Vor allem hinsichtlich Relativmessungen weist daher dieses Streulichtmeßsystem eine sehr gute Meßgenauigkeit auf. Unter sachgerechter Anwendung des Meß- und Auswertesystems kann mit

Ausnahme sehr grober Sprühnebel (Schnurstrahlventil) eine relative Meßgenauigkeit von ±3% veranschlagt werden.

### 3.4.5. Darstellungsmöglichkeiten stationärer Tropfenspektren

Bei stationärer Betrachtung eines Sprühnebels wird dieser einerseits durch die Größenverteilung der Tröpfchen und andererseits durch ihre räumliche Konzentration charakterisiert,wobei man unter Tropfenkonzentration den gesamten prozentualen Volumsanteil des flüssigen Kraftstoffes im Meßvolumen versteht. Die Darstellung dieser Tropfengrößenverteilung kann sowohl als Häufigkeitsverteilung als auch als Volumenverteilung erfolgen, **Abb. 3.18**.

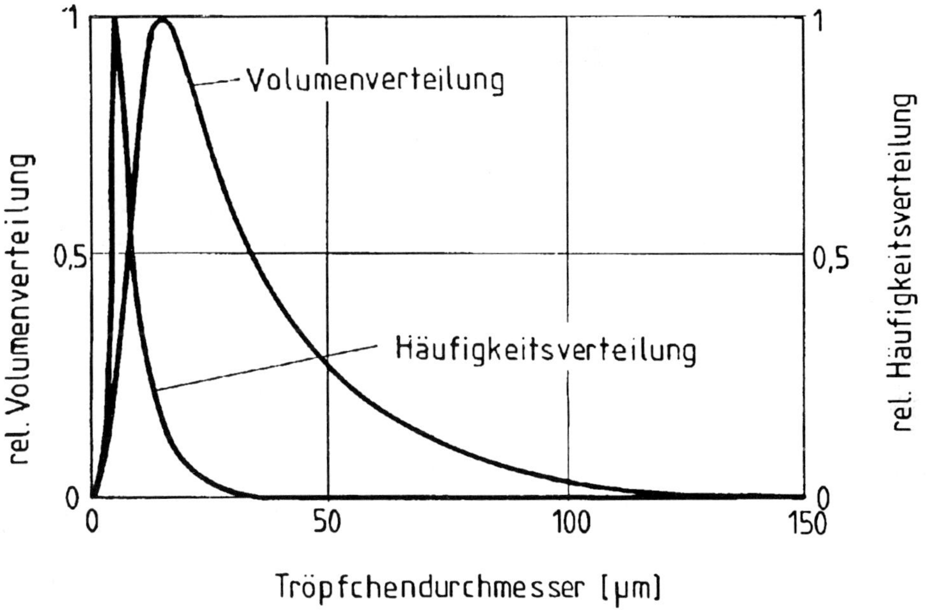


**Abb. 3.18.** Relative Darstellungsweise (Histogramm) eines Tropfenspektrums [3.26]

Die Häufigkeitsverteilung, d.h. die Darstellung der Anzahl der Tropfen eines bestimmten Durchmessers, gibt in etwa den visuellen Eindruck eines Sprühnebels wieder.

Die Volumenverteilung, d.h. die Angabe des gesamten Volumens von Tropfen eines bestimmten Durchmessers ergibt hingegen eine weitaus bessere Aussage über den für Verbrennungsvorgänge repräsentativen Aufbereitungszustand des Gemisches. Hier werden auch große Einzeltropfen, die auf eine Häufigkeitsverteilung nur marginalen Einfluß haben, ihren Volumsanteil entsprechend erfaßt.

Außer durch die Verteilungsfunktion der Tropfengrößen kann ein solches Spektrum auch näherungsweise durch einen charakteristischen Durchmesser, der eine "mittlere Tropfengröße" eines Ersatzgemisches aus lauter gleich großen Tropfen beschreibt, dargestellt werden.

Dieses Ersatzgemisch sollte bezüglich der Größen

- Tropfenanzahl,
- Summe der Durchmesser,
- gesamte Oberfläche der Tropfen und
- gesamtes Volumen der Tropfen

möglichst genau mit dem tatsächlichen Tropfen-Luftgemisch übereinstimmen. Im allgemeinen ist es jedoch nicht möglich, ein reales Gemisch durch ein Ersatzgemisch aus lauter gleich großen Tropfen so zu ersetzen, daß alle vier genannten Größen übereinstimmen. Aus einer Reihe möglicher mittlerer Durchmesser, **Tabelle 3.2**, stellt vor allem der "Sauterdurchmesser $D_{32}$", der als spezieller mittlerer Durchmesser das charakteristische Volumen- zu Oberflächenverhältnis des Sprühnebels beschreibt, einen für den Aufbereitungszustand des Gemisches charakteristischen mittleren Durchmesser dar.

**n ... Anzahl der Tröpfchen des Durchmessers $d_T$**

| Mittlerer Tropfendurchmesser | Mathematische Definition | Beschreibung |
|---|---|---|
| Geometrisch $D_{10}$ | $\frac{\Sigma n d_T}{\Sigma n}$ | mittlerer Durchmesser |
| Oberflächenbezogen $D_{20}$ | $\sqrt{\frac{\Sigma n d_T^2}{\Sigma n}}$ | Durchmesser mit einer mittleren Oberfläche aller Tröpfchen |
| Volumenbezogen $D_{30}$ | $\sqrt[3]{\frac{\Sigma n d_T^3}{\Sigma n}}$ | Durchmesser mit dem mittleren Volumen (Gewicht) aller Tröpfchen |
| Volumen/Oberflächenbezogen (Sauterdurchmesser) $D_{32}$ | $\frac{\Sigma n d_T^3}{\Sigma n d_T^2}$ | Durchmesser mit dem mittleren Volumen/Oberflächenverhältnis aller Tröpfchen |

**Tabelle 3.2.** Mathematische Definitionen mittlerer Tropfendurchmesser [3.26]

Da jedoch insbesonders bei Tropfengrößenverteilungen mit mehreren Maxima nominell gleich große Sauterdurchmesser aus sehr unterschiedlichen Verteilungen resultieren können, **Abb. 3.19**, ist es für repräsentative Vergleiche von Tropfenspektren unumgänglich, sowohl den Sauterdurchmesser als auch Form und Lage der Verteilungsfunktion zu beurteilen.

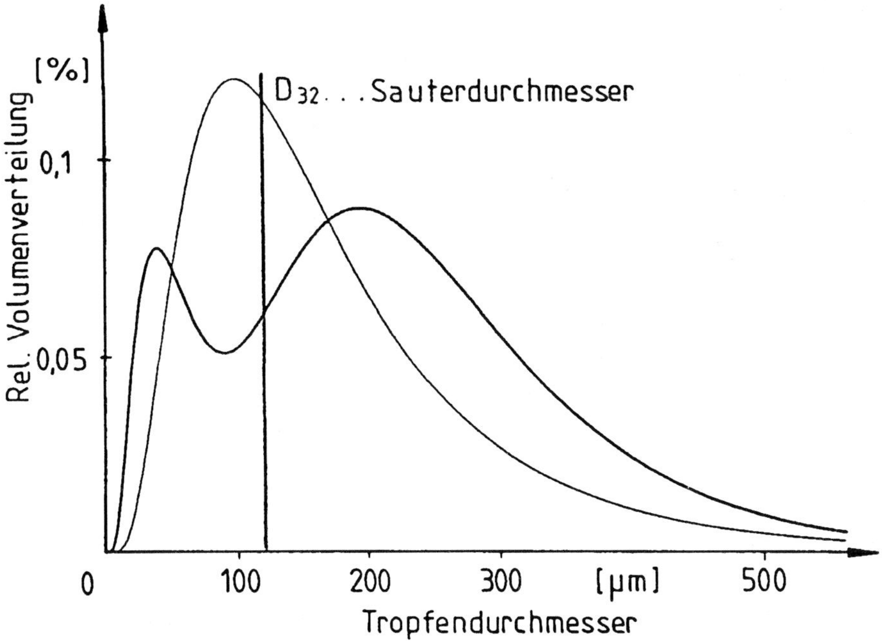


**Abb. 3.19.** Verschiedene Tropfenspektren mit gleichem Sauterdurchmesser $D_{32}$ [3.26]

### 3.4.6. Darstellung instationärer Tropfenspektren

Erfolgt die zeitliche Änderung eines Tropfenspektrums nicht zyklisch, sondern unterliegt nur geringen stochastischen Schwankungen, wie dies z.B. bei Vergasern in vielen Betriebsbereichen der Fall ist, so kann das Tropfenspektrum repräsentativ durch einen Mittelwert einer entsprechend hohen Anzahl von Einzelmessungen beschrieben werden.

Bei intermittierenden Gemischbildungssystemen tritt hingegen ein zeitlich und räumlich zumeist stark instationäres Tropfenspektrum auf. Hier ist es notwendig, den gesamten zeitlichen und/oder räumlichen Verlauf des Tropfenspektrums zu erfassen. Für eine vollständige Darstellung eines solchen instationären Spektrums wären sechs Koordinaten erforderlich:

- 1 Zeitkoordinate;
- 3 Raumkoordinaten;
- 2 Koordinaten für das Tropfenspektrum (Tröpfengröße und -konzentration).

In einer übersichtlichen graphischen Form läßt sich der zeitlicher Verlauf des Tropfenspektrums bei festgehaltener Ortskoordinate beispielsweise in folgender Darstellungsweise realisieren, **Abb. 3.20**.

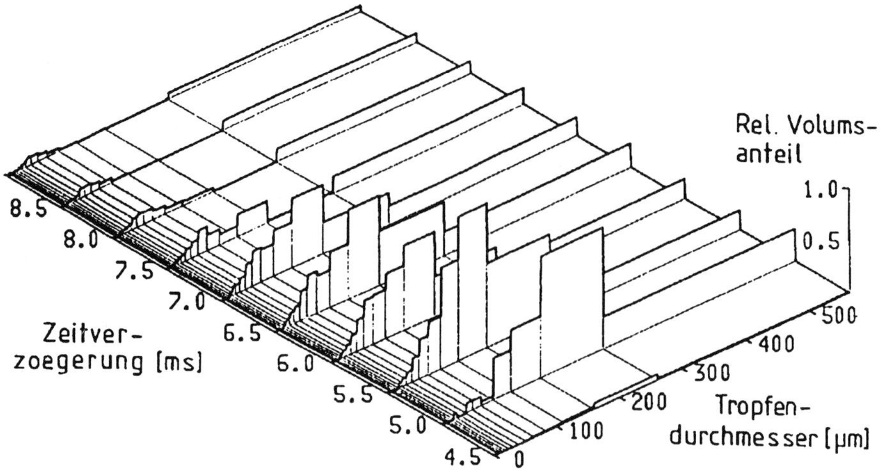


**Abb. 3.20.** Zeitlicher Verlauf eines Tropfenspektrums bei festgehaltener Ortskoordinate [3.26]

Hier wird in einem räumlich repräsentativen Meßpunkt der gesamte Strahlverlauf in enger zeitlicher Stufung sowohl hinsichtlich des Tropfenspektrums als auch der Tropfenkonzentration erfaßt. Unter Einbeziehung der Tropfenkonzentration läßt sich dieser zeitliche Verlauf des Spektrums dreidimensional darstellen.

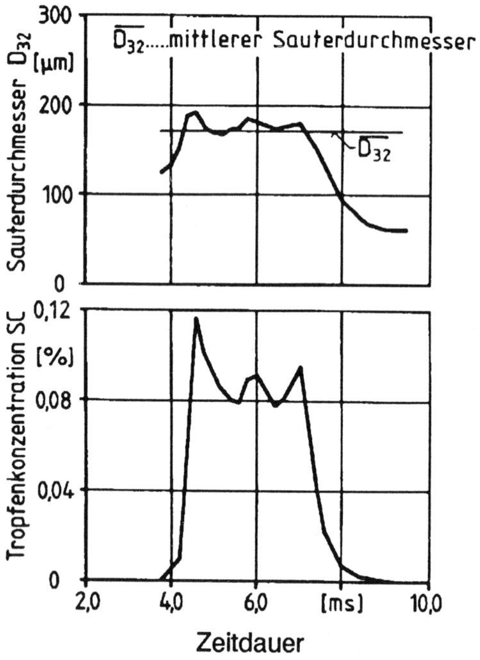


**Abb. 3.21.** Verlauf von Sauterdurchmesser $D_{32}$ und Tropfenkonzentration in Abhängigkeit von der Zeitdauer nach Einspritzbeginn des Einspritzventils [3.26]

Eine Möglichkeit eines übersichtlichen Vergleiches verschiedener instationärer Tropfenspektren ist die Beschreibung solcher Spektren durch die Verläufe von Sauterdurchmesser $D_{32}$ und Tropfenkonzentration SC, **Abb. 3.21**.

Man erkennt im oberen Teil der Abbildung den Verlauf des mittleren Sauterdurchmessers, im unteren Teil der Abbildung die Tropfenkonzentration über der Zeitdauer nach Einspritzbeginn des Einspritzventils.

## 3.5. Vermessung der Strahlbilder von Einspritzventilen

Bei der Entwicklung neuer Einspritzventile ist es wichtig zu überprüfen, an welcher Stelle des Kraftstoffstrahlquerschnittes welche Kraftstoffmengen anfallen. Mit einem am Institut für Verbrennungskraftmaschinen und Kraftfahrzeugbau der TU Wien entwickelten Strahlbildvermessungsprüfstand [3.39] können Einspritzventile, ggf. automatisiert, hinsichtlich der Strahlbilder untersucht werden.

Im Prüfstand spritzt das Einspritzventil - in einer höhenverschiebbaren Halterung angeordnet - den Kraftstoffstrahl auf eine Auffangplatte mit Auffang-Bohrungen.

Zur Erfassung der Kraftstoffvolumen in den Bohrungen wird ein berührungsloses, optisches System verwendet, das auf der Beeinflussung einer Strahlung beim Durchgang durch ein Medium beruht, **Abb. 3.22**.

Als Sensor wird eine Halogen-Niedervoltlampe mit angepaßter Optik eingesetzt. Strahlungsempfänger sind Silizium-Fotodioden; sie zeichnen sich durch Schnelligkeit und Linearität über weite Bereiche der Bestrahlungsstärke aus.

Durch die eingesetzte Meßkette wird die geometrische Größe, d.h. die Kraftstoffüllstandshöhe h in der Bohrung, in eine elektrische Größe $U_a$ umgeformt, die vom Computer erfaßt und weiterverarbeitet wird.

Der Ablauf und die Auswertung einer Messung wird vom Benützer über ein eigens dafür erstelltes Programm interaktiv mit dem Computer vorgenommen. Die Einspritzparameter, wie z.B. Frequenz und Impulsdauer, können beliebig variiert werden und so deren Einfluß auf die Kraftstoffmengenverteilung erfasst werden. Die vom Computer ermittelten Meßdaten sowie Ventil- und Einspritzparamter können im Speicher abgelegt werden.

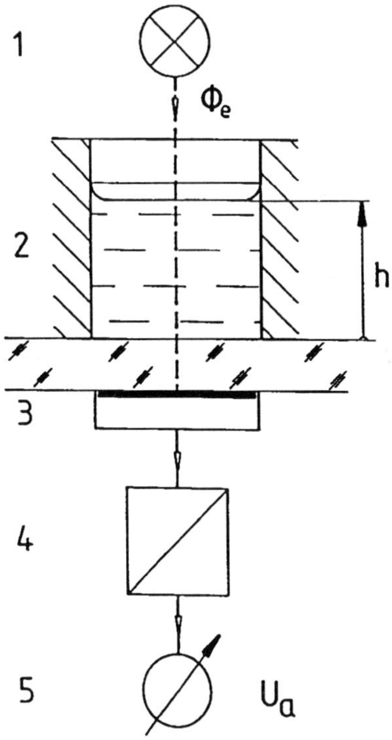


1 Sender
2 Kraftstoffsäule
3 Empfänger
4 Verstärker
5 Anzeigegerät
$\Phi_e$ optische Strahlung
h Füllstandshöhe
$U_a$ elektrische Spannung

**Abb. 3.22.** Meßprinzip des Strahlbildvermessungsprüfstandes

Neben der Kraftstoffmengenaufteilung nach Sektoren oder Kreisringen stehen eine Reihe weiterer Auswertungsmöglichkeiten zur Verfügung, **Abb. 3.23** zeigt einige Beispiele.

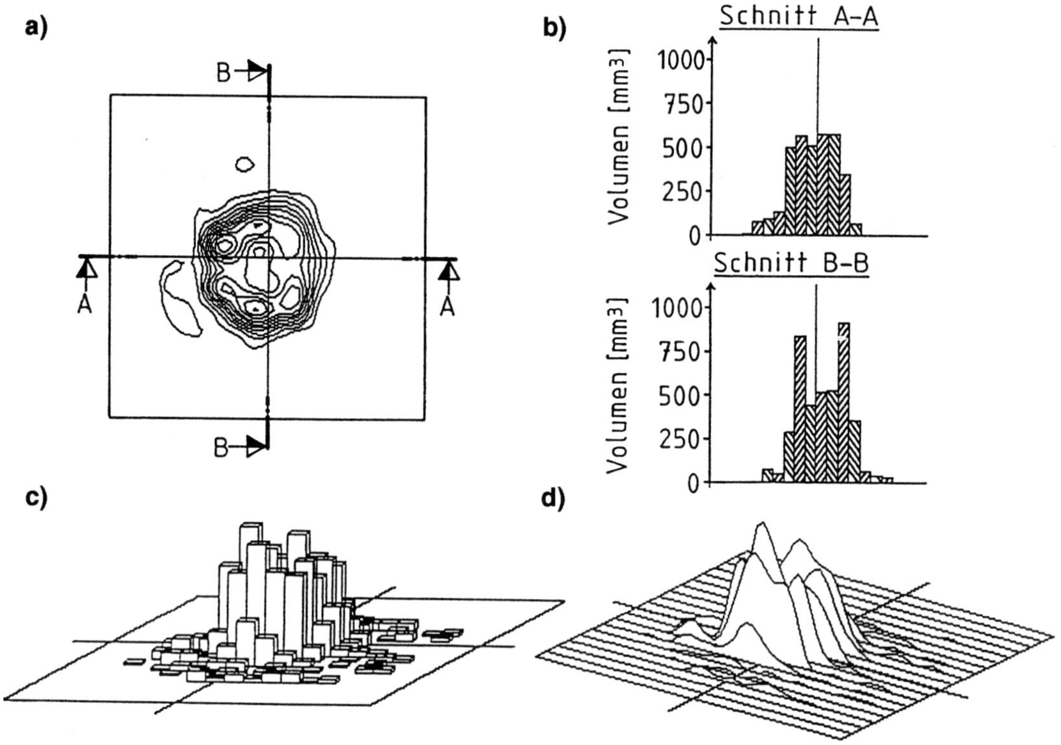


a) Linien konstanter Kraftstoffmenge pro Fläche
b) Schnitt A-A und B-B aus a)
c) Füllstände der einzelnen Auffangvolumina
d) Kraftstoffmengenverteilung über der Fläche

**Abb. 3.23.** Strahlbild eines elektromagnetischen Kegelstrahl-Einspritzventils in verschiedenen Darstellungen

# 4. Ausführungen der Gemischbildner

Als Gemischbildner werden Geräte verstanden, die entsprechend den in den vorangegangenen Kapiteln aufgezeigten motorischen Anforderungen, der dem Motor zuströmenden Luft den erforderlichen Kraftstoff zugeben.

Dabei kann es sich - einesteils nach der Funktion unterschieden - um Vergaser oder Einspritzanlagen handeln, andernteils - nach der Anordnung unterschieden - um zentral oder dezentral angeordnete Vergaser bzw. Einspritzanlagen.

Sowohl hinsichtlich der Funktion, wie durch die Anordnung gibt es gelegentlich Systeme, die zwischen den erwähnten Kategorien stehen.

## 4.1. Zentrale Gemischbildner

Unter zentralen Gemischbildnern versteht man solche, die zentral am Motor angeordnet sind. Zentrale Gemischbildner geben der den einzelnen Motorzylindern zuströmenden Luft an zentraler Stelle den Kraftstoff zu, d.h. es gibt einen einzigen Gemischbildner für alle Zylinder. Dabei ist es prinzipiell gleichgültig ob es sich um einen Vergaser oder ein Einspritzsystem handelt.

Bei Vergasern ist die zentrale Anordnung üblich und sinnvoll, während bei Einspritzanlagen eher die dezentrale Anordnung Vorzüge aufweist, siehe auch Kap. 4.2. Zentrale Einspritzanlagen finden ausschließlich zur Kostensenkung gegenüber dezentralen Anlagen Verwendung.

Die Gründe warum Vergaser zweckmäßigerweise zentral angeordnet werden liegen darin, daß jeder Vergaser ein relativ kompliziertes Gebilde mit verschiedenen Systemen darstellt. Verschiedene Vergaser sind daher schwer zu synchronisieren, d.h. auf gleiche Luft- und Kraftstoffdurchsätze einzustellen. Schließlich ist es schwieriger, die Luftdurchsatzänderung gemäß dem Wunsch des Fahrers gleichmäßig für alle Zylinder durch parallele Drosselklappen einzustellen als mit einer. Weiterhin beanspruchen mehrere Vergaser viel Bauraum, erfordern komplizierte Betätigungsgestänge, ergeben Mehrgewicht, sind im Service schwer zu handhaben und ergeben Mehrkosten.

Die Anordnung einer Mehrvergaseranlage muß daher i.allg. als heute nicht mehr sinnvoll angesehen werden. Dies war früher, als keine geeigneten Einspritzanlagen zur Verfügung standen, für Hochleistungsmotoren anders: Zur Verminderung der Drosselverluste in den Umlenkungen der Saugrohre verwendete man hier mehrere Vergaser pro Motor bis hin zu einem Vergaser pro Zylinder. Man erzielte so höchste Leistung, während die übrigen negativen Effekte untergeordnet erschienen.

### 4.1.1. Vergaser

Prinzipiell ist ein Vergaser ein Gerät, in welchem der dem Motor zuströmende Luftstrom:

- erstens in einer Verengung Unterdruck erzeugt, durch den Kraftstoff aus einer Schwimmerkammer herausgesaugt und dem Luftstrom zugegeben wird,
- zweitens mittels einer Drosselklappe entsprechend der Leistungserfordernis des Motors gedrosselt wird.

Prinzipiell besteht daher ein Vergaser aus 3 Grundkomponenten:

- 1. Verengung (Venturirohr),
- 2. Schwimmerkammer zur Aufrechterhaltung eines konstanten Kraftstoffniveaus mit einer Verbindungsleitung zum Venturirohr,
- 3. Drosseleinrichtung, meist Drosselklappe.

In der praktischen Ausführung erfüllt jedoch ein solch einfacher Vergaser nicht alle Erfordernisse, sodaß eine Reihe von Zusatzsystemen notwendig sind.

Grundsätzlicher Aufbau des Vergasers

Ein real ausgeführter Vergaser besteht daher aus:

- dem Venturirohr;
- einer Einrichtung zur Konstanthaltung des Kraftstoffniveaus: Meist bestehend aus Schwimmer und Schwimmernadelventil;
- einem Hauptdüsensystem, bestehend aus Kraftstoffhauptdüse, Mischrohr und Luftkorrekturdüse;
- einem Leerlaufsystem, das durch Leerlaufluftdüse und Leerlaufkraftstoffdüse die Zusammensetzung des Leerlaufgemisches und durch die Leerlaufgemischregulierschraube die Menge des Leerlaufgemisches festlegt;
- einem Bypass-System, für den Übergang zwischen Leerlauf- und Hauptsystem;
- einer Beschleunigerpumpe;
- einer Anreicherungseinrichtung;
- einer Starteinrichtung.

Wie schon dargelegt wurde, gibt es für jeden Drehzahl- und Lastpunkt ein optimales Luftverhältnis, dessen Wert von der Forderung abhängt, die in diesem Bereich am wichtigsten ist: Bei Vollast ist dies meist höchste Leistung, d.h. fettes Brenngemisch, ohne Rücksicht auf Verbrauch und Schadstoffemissionen, bei Teillast stellen geringer Verbrauch und niedrige Schadstoffemissionen die wichtigsten Anforderungen dar. Beim geregelten 3-Weg-Katalysator-Konzept ist die Einhaltung des stöchiometrischen Luftverhältnisses die Hauptforderung. Um also diese Anforderungen des Motors bzw. des Abgasreinigungssystemes erfüllen zu können, bedarf es verschiedener Zusatzsysteme, die im folgenden erläutert werden.

#### 4.1.1.1. Grundgleichungen

Die allgemeine Vergasergleichung leitet sich aus den Durchflußgleichungen für Luft und Kraftstoff ab. Beginnen wir zunächst mit den Vergasergrundkomponenten, die in **Abb. 4.1** dargestellt sind. Nach der Bernoulli'schen Gleichung ergeben sich für den Durchflußmenge von Luft $m_L$ und Kraftstoff $m_K$ durch den Vergaser folgende Beziehungen:

$$\begin{aligned} m_L &= \alpha_L \cdot A_L \cdot \rho_L \cdot v_L = \alpha_L \cdot A_L \cdot \rho_L \cdot (2 \cdot \Delta p_L/\rho_L)^{0,5} \\ &= \alpha_L \cdot A_L \cdot (2 \cdot \rho_L \cdot \Delta p_L)^{0,5} \end{aligned} \tag{4.1}$$

entsprechend für den Kraftstoffdurchsatz $m_K$:

$$m_K = \alpha_K \cdot A_K \cdot (2 \cdot \rho_K \cdot \Delta p_K)^{0,5} \tag{4.2}$$

Hierbei bedeuten:

$m_L$, $m_K$ [$kg.s^{-1}$] ..... Durchflußmengen für Luft- bzw. Kraftstoff
$\alpha_L$, $\alpha_K$ [-] ..... Durchflußzahlen für Luft bzw. Kraftstoff
$A_L$, $A_K$ [$m^2$] ..... Durchfluß-Querschnittsflächen für Luft bzw. Kraftstoff
$v_L$, $v_K$ [$m.s^{-1}$] ..... Durchflußgeschwindigkeiten für Luft bzw. Kraftstoff
$\rho_L$, $\rho_K$ [$kg.m^{-3}$] ..... Dichten von Luft bzw. Kraftstoff
$\Delta p_L$, $\Delta p_K$ [$N.m^{-2}$] ..... Druckdifferenz beim Durchströmen von Luft bzw. Kraftstoff am Venturi bzw. an der Kraftstoffdüse

Da man davon ausgehen kann, daß die Druckdifferenzen beim Durchströmen durch den Vergaser, d.h. durch die Kalibrierquerschnitte (Venturi bzw. Kraftstoffhauptdüse) für Luft und Kraftstoff näherungsweise gleich sind, gilt:

$$\Delta p_L = \Delta p_K = \Delta p \tag{4.3}$$

für das Mischungsverhältnis M folgt:

$$M = \frac{m_L}{m_K} = \frac{\alpha_L \cdot A_L}{\alpha_K \cdot A_K} \cdot \left(\frac{\rho_L}{\rho_K}\right)^{0,5} \tag{4.4}$$

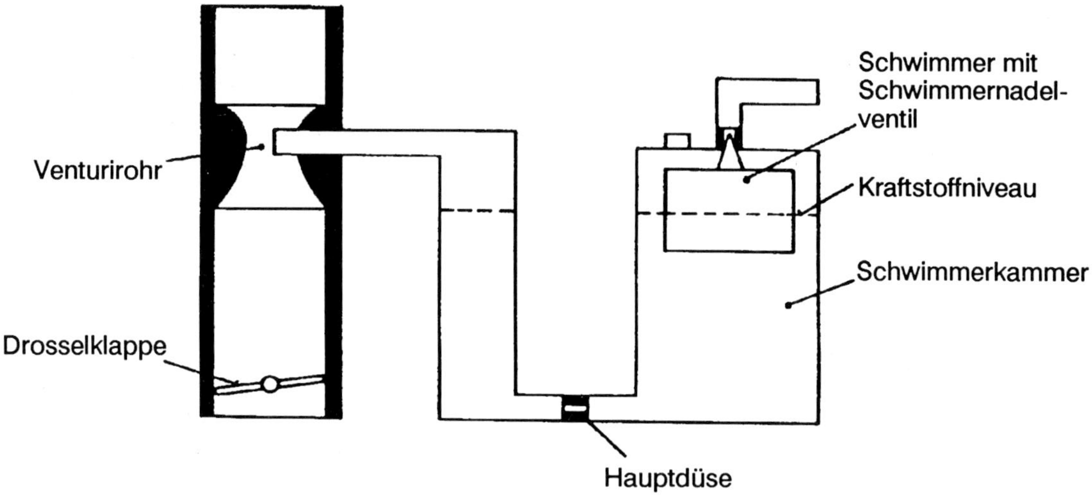


**Abb. 4.1.** Vergasergrundkomponenten

Da die Querschnittsflächen $A_L$ und $A_K$ unveränderlich sind, würde ein solcher einfacher Vergaser über den gesamten Durchsatzbereich ein konstantes Mischungsverhältnis liefern, wenn die Durchflußzahlen $\alpha_L$, $\alpha_K$ und die Dichten für Luft und Kraftstoff konstant blieben.

Tatsächlich bleiben aber nur die Dichte des Kraftstoffes und die Durchflußzahl der Luft (Venturi) konstant, während sich die Dichte der Luft und die Durchflußzahl des Kraftstoffes (Kraftstoffhauptdüse) mit dem Durchsatz ändern, **Abb. 4.2**. Mit zunehmendem Durchsatz wird die Durchflußzahl der Kraftstoffhauptdüse größer und die Dichte der angesaugten Luft sinkt infolge des größeren erforderlichen Unterdruckes zur Förderung.

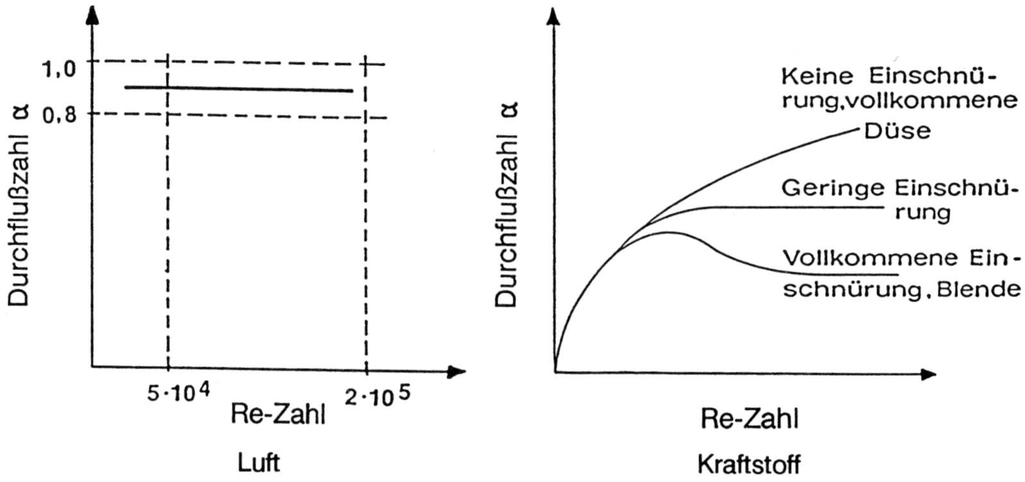


**Abb. 4.2.** Änderung der Durchflußzahlen [4.8]

Ohne auf Einzelheiten der Ermittlung der Durchflußzahlen, die in [4.1, 4.2] eingehend geschildert werden, einzugehen, soll kurz erwähnt werden, daß die Durchflußzahl hauptsächlich von zwei Größen abhängt, die sich gegenseitig beeinflussen: Zähigkeit und Trägheit der Flüssigkeit. Allgemein gilt, daß bei kleinen Reynolds-Zahlen die Zähigkeitskräfte groß gegenüber den Trägheitskräften sind und umgekehrt. Tritt beim Durchströmen einer Düse hauptsächlich die Zähigkeit in Erscheinung, so steigt mit zunehmender Reynolds-Zahl die Durchflußzahl an; treten hauptsächlich Trägheitswirkungen auf, so ergibt sich bei nicht vollkommen abgerundeten Blenden oder Düsen mit zunehmender Reynolds-Zahl, aufgrund der Strahlkontraktion infolge der Trägheitskraft an der Abrundung, ein Absinken der Durchflußzahl. Diese beiden Einflüsse treten in der Praxis überlagert auf. **Abb. 4.3** zeigt als Beispiel einen gemessenen Durchflußzahlverlauf einer üblichen Vergaser-Kraftstoffdüse [4.8].

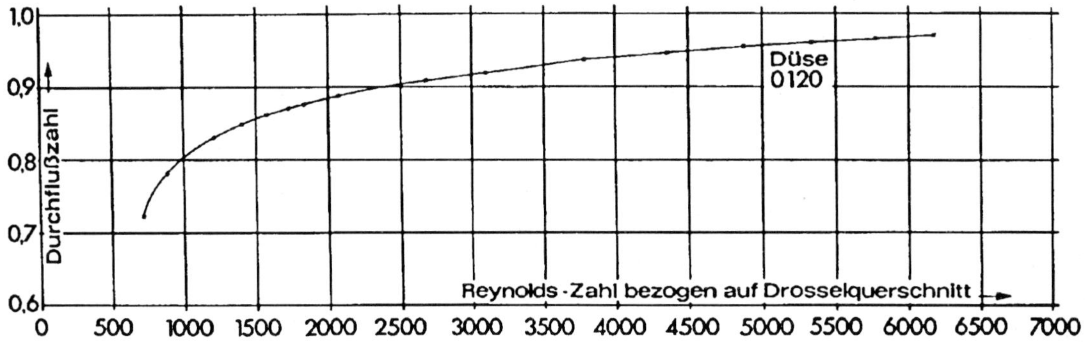


**Abb. 4.3.** Durchflußzahl einer üblichen Vergaser-Kraftstoffdüse [4.8]

Bei Verhältnissen mit pulsierender Strömung kann bei Blenden etc. quasistationär gerechnet werden [4.3], solange die Pulsationskennzahl

$$\Phi = \frac{v_m \cdot t}{d} \qquad (4.5)$$

mindestens einige Vielfache von Eins beträgt.

$v_m$ $[m.s^{-1}]$ ..... Mittelwert der Durchflußgeschwindigkeit
$t$ [s] ..... Pulsationsperiode
$d$ [m] ..... Durchmesser der Vergaserdüse.

Bei jedem Zeitpunkt der Pulsation bleibt dann die entsprechende, bei stationärem Durchfluß ermittelte Durchflußzahl gültig. Neuere Untersuchungen an einem modernen Vergaser zeigen eine Drehzahlabhängigkeit des Kraftstoffdurchsatzes: Niedrige Drehzahl ergibt bei pulsierender Strömung einen höheren Durchsatz als stationäre Luftströmung und umgekehrt [4.18].

Bei Vergasern ist die Pulsationskennzahl meist groß, nur in Ausnahmefällen, im Schiebebetrieb, also bei kleiner Brennstoffdurchfluß-Geschwindigkeit und kleinen Pulsationsperioden kann sie in die Nähe einiger Vielfacher von Eins geraten.

**Abb. 4.4.** zeigt eine übliche Kraftstoffdüse im Schnitt.

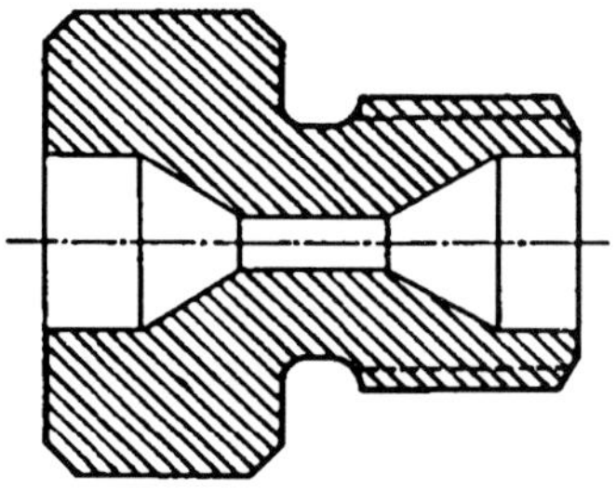

**Abb. 4.4.** Übliche Vergaser-Kraftstoffdüse

Da im Lufttrichter stets eine relativ hohe Luftgeschwindigkeit herrscht und da der Lufttrichterdurchmesser relativ groß ist, findet man dort stets turbulente Strömung mit Reynolds-Zahlen (bezogen auf den engsten Querschnitt ohne Einbauten) zwischen ca. 10 000 und 180 000, wobei die Strömungsgeschwindigkeiten zwischen ca. 10 und 100 m/s liegen können [4.8].

### 4.1.1.2. Die einzelnen Grundsysteme des Vergasers

#### 4.1.1.2.1. Lufttrichter, Drosselklappe

Die Strömungsverhältnisse in Lufttrichtern, bei ungestörter stationärer Strömung sind eingehend untersucht worden. [4.4] gibt einen Überblick über diese Arbeiten. Für die Anwendung an Vergasern ist vor allem von Interesse, welche Lufttrichterformen den geringsten Druckverlust und die höchsten Unterdrücke an der engsten Stelle ergeben. Der Druckverlust setzt sich aus Reibungsverlusten und Ablösungsverlusten zusammen.

Der Gesamtdruckverlust wird am kleinsten, wenn, abhängig von der Reynolds-Zahl, bestimmte Diffusorwinkel eingehalten werden. Diese liegen zwischen ca. $12^{\circ}$ und $7^{\circ}$, wobei für die kleinen Winkel sehr hohe Reynolds-Zahlen gelten. Die beste Energieausnutzung soll nach [4.4] dann erzielt werden, wenn Diffusoren bis kurz vor den Ablösungswinkel erweitert werden. Über Diffusorwirkungsgrade und Einlaufverhältnisse geben Untersuchungen von [4.5, 4.6] Auskunft.

Bei der praktischen Anwendung im Vergaser können durch Einbauten, wie Kraftstoffaustrittsarm, Anreicherungsröhrchen sowie durch die Kraftstoffbeigabe von Fall zu Fall stark unterschiedliche Ergebnisse auftreten, außerdem ist die Diffusorlänge aus konstruktiven Gründen meist beschränkt, da Vergaser eine möglichst geringe Höhe aufweisen sollen.

Es ist von Bedeutung, die Druckverteilung in einem Lufttrichter bei verschiedenen Luftgeschwindigkeiten zu kennen. Einmal deshalb, weil die Änderung des Druckes mit der Luftgeschwindigkeit in verschiedenen Bereichen des Lufttrichters unterschiedlich verlaufen kann und man so Einfluß auf die Kraftstofförderung mit zunehmendem Durchsatz nehmen kann, zum anderen, weil in bestimmten Bereichen des Lufttrichters bereits geringe lokale Änderungen der Kraftstoffaustrittsstelle (z.B. durch Fertigungstoleranzen) zu größeren Funktionsabweichungen führen können als in anderen Bereichen. Die Lage der Kraftstoffaustrittsstelle im Lufttrichter kann also beträchtlichen Einfluß auf die Vergaser-Funktion haben.

**Abb. 4.5** zeigt einen Lufttrichter, an dem die Druckverteilung bei verschiedenen Durchsätzen gemessen wurde.

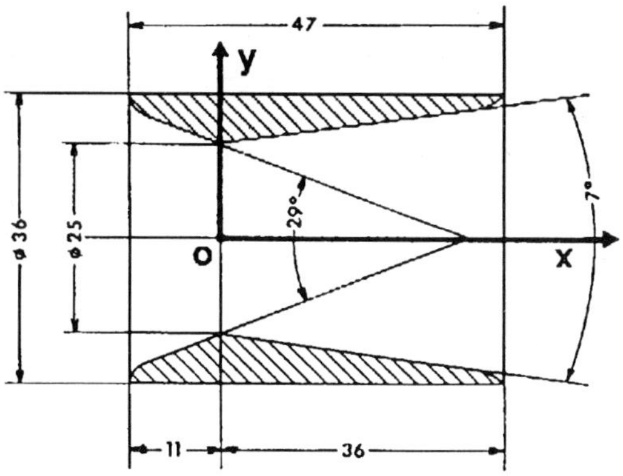


**Abb. 4.5.** Versuchslufttrichter [4.8]

In **Abb.4.6** findet sich die entsprechende Druckverteilung in Funktion der radialen und axialen Stellung, während in **Abb. 4.7** die Isobaren im Lufttrichter aufgetragen sind.

Den Durchfluß an einer Drosselklappe in Abhängigkeit vom Drosselklappenwinkel zeigt **Abb. 4.8.** Wegen dieser geschilderten Einflußgrößen, wie auch, wegen der Ausführungen des vorherigen Kapitels erklärt sich, daß der Vergaser verschiedener Zusatzsysteme bedarf, um bei allen Betriebszuständen ein zufriedenstellendes Mischungsverhältnis liefern zu können.

**Abb. 4.9** zeigt Unterdrücke im Ansaugrohr und im Lufttrichter eines Vergasers.

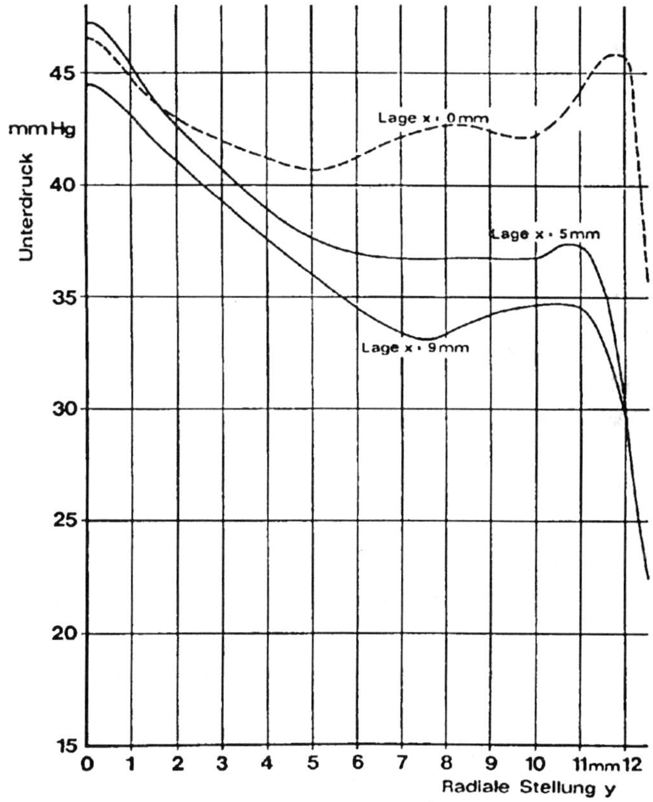


Lage x und radiale Stellung y nach Abb. 4.5

**Abb. 4.6.** Druckverlauf in einem Lufttrichter in Abhängigkeit von der radialen Lage bei einem Luftdurchsatz von 37,5 l/s nach [4.7]

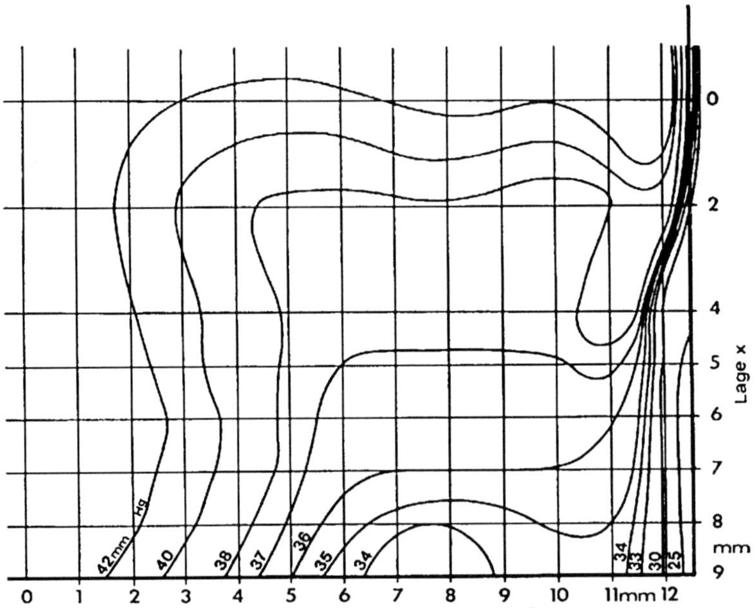


**Abb. 4.7.** Isobarenunterdruck in einem Lufttrichter bei einem Luftdurchsatz von 37,5 l/s nach [4.7]

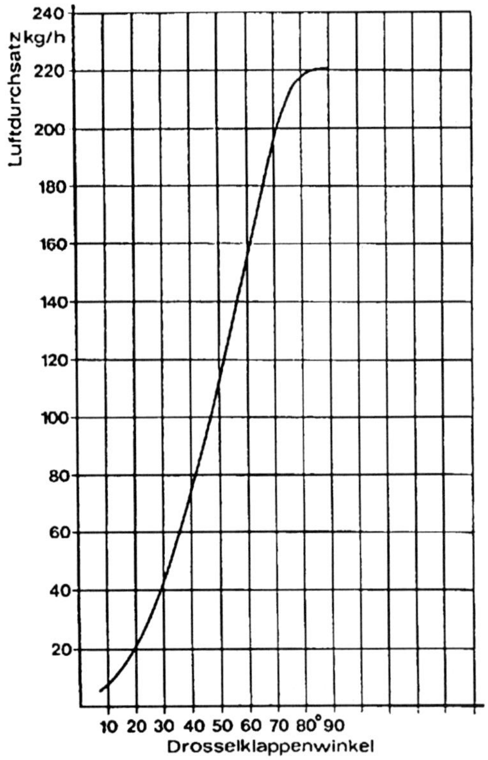


**Abb. 4.8.** Durchfluß an einer Drosselklappe in Abhängigkeit von der Drosselklappenstellung, Druckdifferenz 100 mm Hg, Drosselklappendurchmesser 30 mm [4.8]

Linien gleicher Drosselklappenstellung, sowie gleichen Saugrohrunterdruckes eines Vierzylinder-Otto-Viertaktmotors von 2 l Hubraum mit Einvergaser-Anlage zeigt **Abb. 4.10** [4.8].

Häufig werden zur Erhöhung des Venturi-Unterdruckes Doppelventurirohre, d.h. zwei hintereinandergeschaltete Venturi-Rohre verwendet. Eingehende Untersuchungen über die Strömungs- und Druckverhältnisse in einem solchen System und über dessen optimale Gestaltung führte Dutta [4.10] durch. Diese Berechnungen werden im folgenden wiedergegeben.

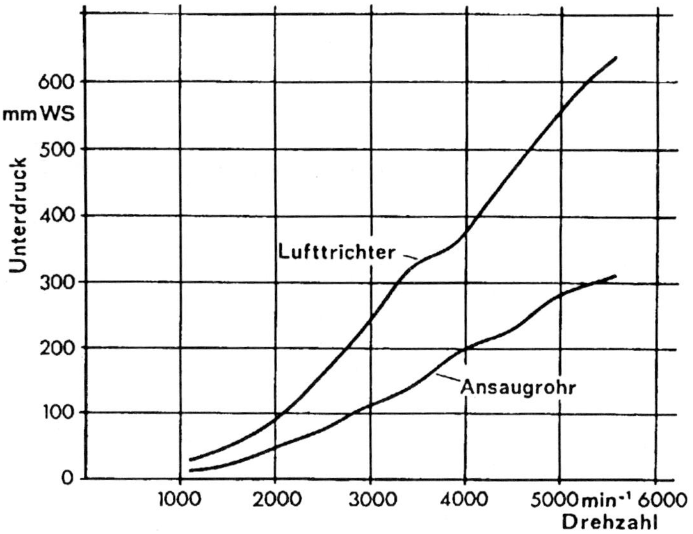


**Abb. 4.9.** Vergleich des Unterdruckes im Ansaugrohr und Lufttrichter [4.8]

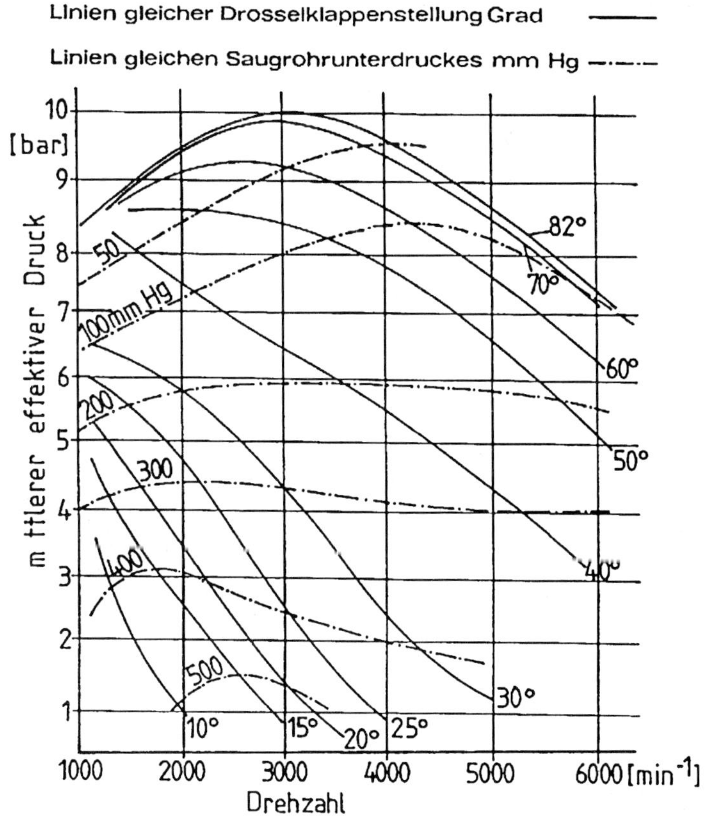


**Abb. 4.10.** Kennfeld mit Linien gleicher Drosselklappenstellung sowie gleichen Saugrohrunterdruckes eines Vierzylinder-Otto-Viertaktmotors von 2 l Hubraum mit Ein-Vergaser-Anlage Solex 40 PDSI [4.8]

Wirkung eines Vorzerstäubers - Berechnung der Luftströmung in einem Doppel-Venturi-Rohr:

Bei der Rechnung wird stationäre, inkompressible - wie [4.9] zeigt, macht man hierbei einen Fehler von ca. 1 % - turbulente Strömung angenommen. Die Bedingung "turbulente Strömung" ist bei den im Vergaser vorkommenden Re-Zahlen immer erfüllt [4.8]. Weitere Annahmen sind; siehe auch **Abb. 4.11**:

- a) Die Geschwindigkeit $w_1$, und der statische Druck $p_1$ im Querschnitt 1 sind konstant über den Querschnitt, d.h. ausgebildetes Strömungsprofil;
- b) an der Hinterkante des Vorzerstäubers sei der statische Druck im Querschnitt 4 konstant.

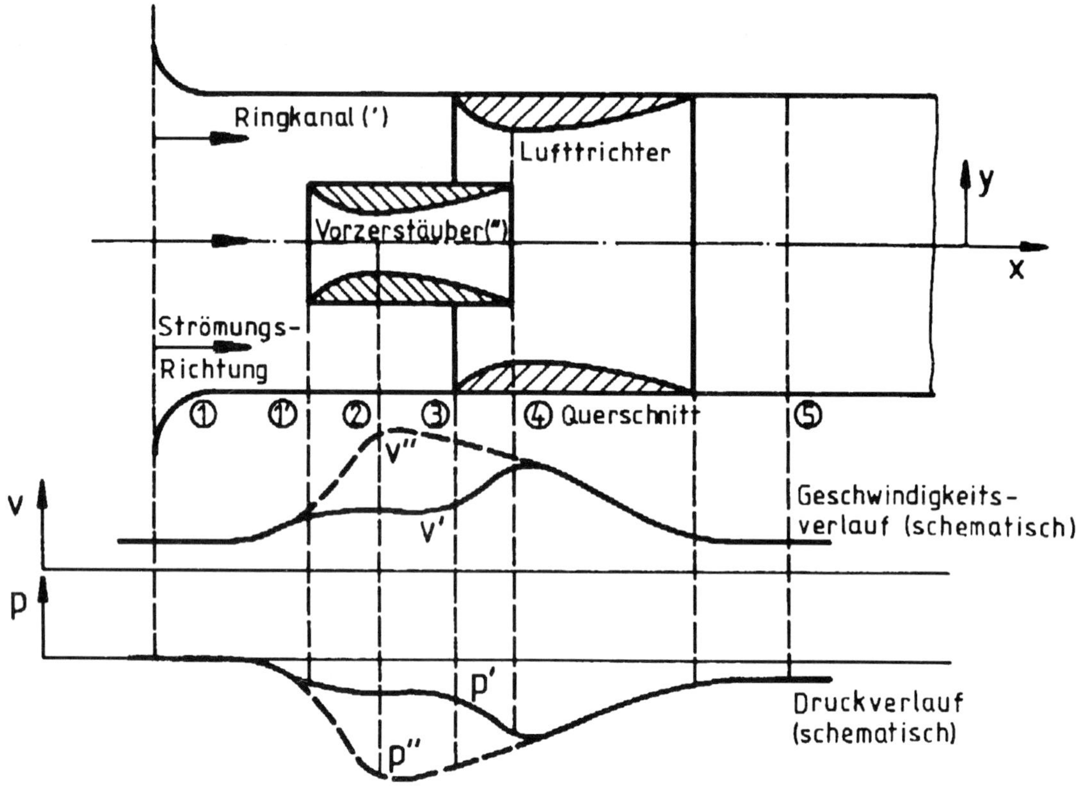


**Abb. 4.11.** Schema für die Berechnung der Luftströmung in einem Doppel-Venturi-Rohr [4.10]

Die Indizes 1, 2, 3, 4, 5 beziehen sich auf die entsprechenden Querschnitte in Abb. 4.11, die Indizes ' und " auf den Ringkanal mit Lufttrichter und Vorzerstäuber.

Der Luftstrom teilt sich in zwei Teile. Der äußere Teil benutzt den ringförmigen Kanal (Zeichen ') und wird bis zum engsten Querschnitt des Lufttrichters beschleunigt. Der innere Teil strömt durch den Vorzerstäuber (Zeichen "), wird dort beschleunigt und soll dann bis zum Austritt aus dem Vorzerstäuber wieder verzögert werden. Es wird angenommen, daß die Strömung durch den Vorzerstäuber am Austritt die gleiche Geschwindigkeit wie der Außenstrom besitzt. Diese Annahme wird getroffen, so daß bei der Berechnung der Widerstandskurve ein echter mathematischer Schnittpunkt gegeben ist. Diese Annahme wird für die spätere Rechnung benötigt.

Gleichungen:

Bei Erstellung der Gleichungen muß zuerst betrachtet werden, in welcher Weise die Rechnungen durchgeführt und wie die Strömungsverluste ausgedrückt werden können. Man kann die Verluste als additive Größe darstellen, es kann aber auch mit multiplikativen Größen (Wirkungsgrad) gerechnet werden. Beide Betrachtungen führen zu demselben Ergebnis. Dabei interessiert uns in erster Linie der statische Druck an verschiedenen Stellen der Strömungskanäle, vor allem aber im engsten Querschnitt des Vorzerstäubers Stelle 2".

Drücke und Geschwindigkeiten mit Druckverlusten [4.10]:

Für den Lufttrichter gilt

$$p_{LT} + p_5 + \frac{\rho_L}{2} \cdot v_5^2 = p_4 + \frac{\rho_L}{2} \cdot v_4^2 \tag{4.6}$$

$p_{LT}$ [N.m$^{-2}$] .....Druckverlust im Lufttrichter

mit $v_5 \cdot A_5 = v_4 \cdot A_4$

ergibt:

$$p_4 = p_5 + \frac{\rho_L}{2} \cdot v_5^2 \cdot \left[ 1 - \left( \frac{A_5}{A_4} \right)^2 \right] + p_{LT} \tag{4.7}$$

Für den Vorzerstäuber gilt:

$$p_{2''} + \frac{\rho_L}{2} \cdot v_{2''}^2 = p_4 + \frac{\rho_L}{2} \cdot v_4^2 + p_{VZ} \tag{4.8}$$

$p_{VZ}$ [N.m$^{-2}$] .....Druckverlust im Vorzerstäuber

mit $v_4 \cdot A_{4''} = v_{2''} \cdot A_{2''}$

wird:

$$p_{2}'' = p_4 - \frac{\rho_L}{2} \cdot v_5^2 \cdot \left(\frac{A_5}{A_4}\right)^2 \cdot \left[\left(\frac{A_4''}{A_2''}\right)^2 - 1\right] + p_{VZ} \tag{4.9}$$

Gleichung (4.7) in (4.9) eingesetzt:

$$p_{2}'' = p_5 - \frac{\rho_L}{2} \cdot v_5^2 \cdot \left[\left(\frac{A_5}{A_4} \cdot \frac{A_4''}{A_2''}\right)^2 - 1\right] + p_{LT} + p_{VZ} \tag{4.10}$$

Weiterhin für Ansaugen aus dem Freien:

$$p_1 = p_5 + \frac{\rho_L}{2} \cdot v_5^2 + p_{LT} \tag{4.11}$$

Gleichung (4.11) in Gleichung (4.10):

$$p_{2}'' = p_1 - \frac{\rho_L}{2} \cdot v_5^2 \cdot \left(\frac{A_5}{A_4} \cdot \frac{A_4''}{A_2''}\right)^2 + p_{VZ} \tag{4.12}$$

Sonderfall

Falls nur ein Vorzerstäuber vorhanden ist:

$$p_{2}'' = p_1 - \frac{\rho_L}{2} \cdot v_5^2 \cdot \left(\frac{A_4''}{A_2''}\right)^2 + p_{VZ} \tag{4.13}$$

Falls nur ein Lufttrichter vorhanden ist:

$$p_4 = p_1 - \frac{\rho_L}{2} \cdot v_5^2 \cdot \left(\frac{A_5}{A_4}\right)^2 \tag{4.14}$$

Drücke und Geschwindigkeiten mit Wirkungsgraden

In Zusammenhang mit Strömungsablösung in den Diffusorteilen von Lufttrichter und Vorzerstäuber treten Druckverluste, d.h. Energieumwandlung in Wärme auf.

Mit den Diffusorwirkungsgraden des Lufttrichters $\eta_{LT}$ und des Vorzerstäubers $\eta_{VZ}$ wird angesetzt:

$$\begin{aligned} p_4 - p_{2}'' &= \eta_{VZ} \cdot \frac{\rho_L}{2} \cdot \left(v_{2}''^2 - v_4^2\right) \\ p_5 - p_4 &= \eta_{LT} \cdot \frac{\rho_L}{2} \cdot \left(v_4^2 - v_5^2\right) \end{aligned} \tag{4.15}$$

mit $v_{2}'' \cdot A_{2}'' = v_{4}'' \cdot A_{4}''$ und $v_{4} \cdot A_{4} = v_{5} \cdot A_{5}$ (4.16)

ergibt:

$$p_4 - p_2'' = \eta_{VZ} \cdot \frac{\rho_L}{2} \cdot v_5^2 \cdot \left[ \left( \frac{A_5}{A_4} \cdot \frac{A_4''}{A_2''} \right)^2 - \frac{A_5^2}{A_4^2} \right]$$

$$p_5 - p_4 = \eta_{LT} \cdot \frac{\rho_L}{2} \cdot v_5^2 \cdot \left( \frac{A_5^2}{A_4^2} - 1 \right) \qquad (4.17)$$

Den Zusammenhang zwischen beiden Ausdrucksweisen bilden:

$$p_{VZ} = (1 - \eta_{VZ}) \cdot \frac{\rho_L}{2} \cdot v_5^2 \cdot \left( \frac{A_5}{A_4} \right)^2 \cdot \left[ \left( \frac{A_4''}{A_2''} \right)^2 - 1 \right]$$

$$p_{LT} = (1 - \eta_{LT}) \cdot \frac{\rho_L}{2} \cdot v_5^2 \cdot \left( \frac{A_5^2}{A_4^2} - 1 \right) \qquad (4.18)$$

Stellt man nun eine energetische Betrachtung an und läßt die Energieumwandlung E (die Verluste an Vorzerstäuber bzw. Lufttrichter) zu einem Minimum werden, so kommt man nach einigen mathematischen Umformungen schließlich zum wichtigen Ergebnis:

$$\frac{A_4'}{A_2''} = 3{,}12 \approx 3{,}0 \qquad (4.19)$$

Das Verhältnis von freier Ringfläche des Lufttrichters zur freien Vorzerstäuberfläche soll also, wie die **Abb. 4.12** zeigt, etwa 3:1 sein.

Mit diesem wichtigen Ergebnis ist es nun möglich, alle anderen Größen zu bestimmen.

Man erkennt schließlich, daß es bei gleichen Diffusorenwirkungsgraden für Lufttrichter und Vorzerstäuber günstiger ist,

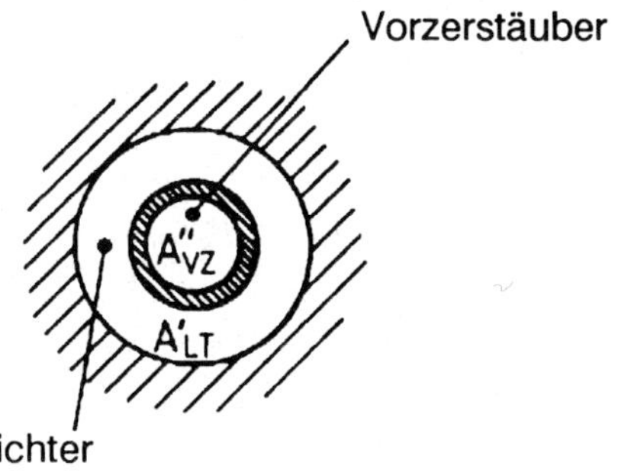


**Abb. 4.12.** Ansicht von Lufttrichter- und Vorzerstäuberquerschnitt

$$p_1 - p_2'' \text{ bzw. } v_2''^2 - v_4^2 \text{ bzw. } \frac{A_4''^2}{A_2''^2}$$

statt

$$p_1 - p_4 \text{ bzw. } v_4^2 - v_5^2 \text{ bzw. } \frac{A_5^2}{A_4^2}$$

zu vergrößern. Die erstgenannten Ausdrücke wandeln Energie (Verlust) in einem um den Faktor $A_4''/A_4$ geringeren Maße um als die letztgenannten.
Das heißt, es ist günstiger, die Geschwindigkeitserhöhung (Unterdruckerzeugung) im Vorzerstäuber zu erzeugen, als im Lufttrichter.

Die Energieumwandlung bei alleiniger Verwendung eines Vorzerstäubers ist um den Faktor $A_4''/A_4$ geringer ist als bei alleiniger Anwendung eines Lufttrichters.

Folgerungen

Zusammenfassend kann gesagt werden [4.10]:

- Bei Verwendung eines Vorzerstäubers in Form eines Venturirohres stellt sich im Vorzerstäuber eine höhere Luftgeschwindigkeit bzw. ein höherer Unterdruck ein als im Lufttrichter. Die Gemischaufbereitung wird verbessert.
- Bei Verwendung eines Vorzerstäubers in Form eines Zylinders stellt sich im Vorzerstäuber die gleiche Luftgeschwindigkeit bzw. der gleiche Unterdruck ein wie im Lufttrichter. Diese Luftgeschwindigkeit steht aber längere Zeit zur Verfügung; es ist daher bessere Vermischung zu erwarten.
- Ohne Vorzerstäuber läßt sich bei entsprechend starker Verengung des Lufttrichters die gleiche Luftgeschwindigkeit bzw. der gleiche Unterdruck erzeugen wie bei Verwendung eines Vorzerstäubers, jedoch ist dann die Luftdrosselung höher.
- Sofern nicht die Drosselklappe alle Bemühungen, Wandbenetzung zu vermeiden, zunichte macht und der Vorzerstäuber selbst nicht durch Wandbenetzung große Tropfen sammelt, wird sich ein Vorzerstäuber hinsichtlich Wandbenetzung günstig auswirken, da das in ihm gebildete Luft-Kraftstoff-Gemisch stärker aufbereitet ist und mit besserer Vermischung in den Lufttrichter eintritt als beim Verlassen eines Austrittsarmes.
- Die beschriebenen Druck- bzw. Geschwindigkeitsverhältnisse treten, wie in Abb. 4.11 dargestellt, nur dann ein, wenn der Vorzerstäuber im engsten Querschnitt des Lufttrichters mündet. Anderenfalls ist der jeweilige Lufttrichterquerschnitt, in den der Vorzerstäuber mündet, für die Druckverhältnisse im Vorzerstäuber maßgebend. Eine vorherige stärkere Verengung des Lufttrichters bringt keine Erhöhung des Unterdrucks im Vorzerstäuber, jedoch Drosselverluste.
- Außerdem scheint der Austritt des Vorzerstäubergemisches in eine verzögerte Strömung hinsichtlich der Wandbenetzung ungünstig zu sein, da verzögerte Strömung mehr zur Rückströmung neigt als etwa beschleunigte Strömung. Wenn der Vorzerstäuber nicht im engsten Querschnitt des Lufttrichters mündet, sollte er eher vorher als nachher münden.

Dutta [4.10] führte auch umfangreiche Messungen zur Überprüfung und Ergänzung seiner Berechnungen durch:

**Abb. 4.13** zeigt den Unterdruck am Vorzerstäuber und am Lufttrichter über dem Luftdurchsatz.

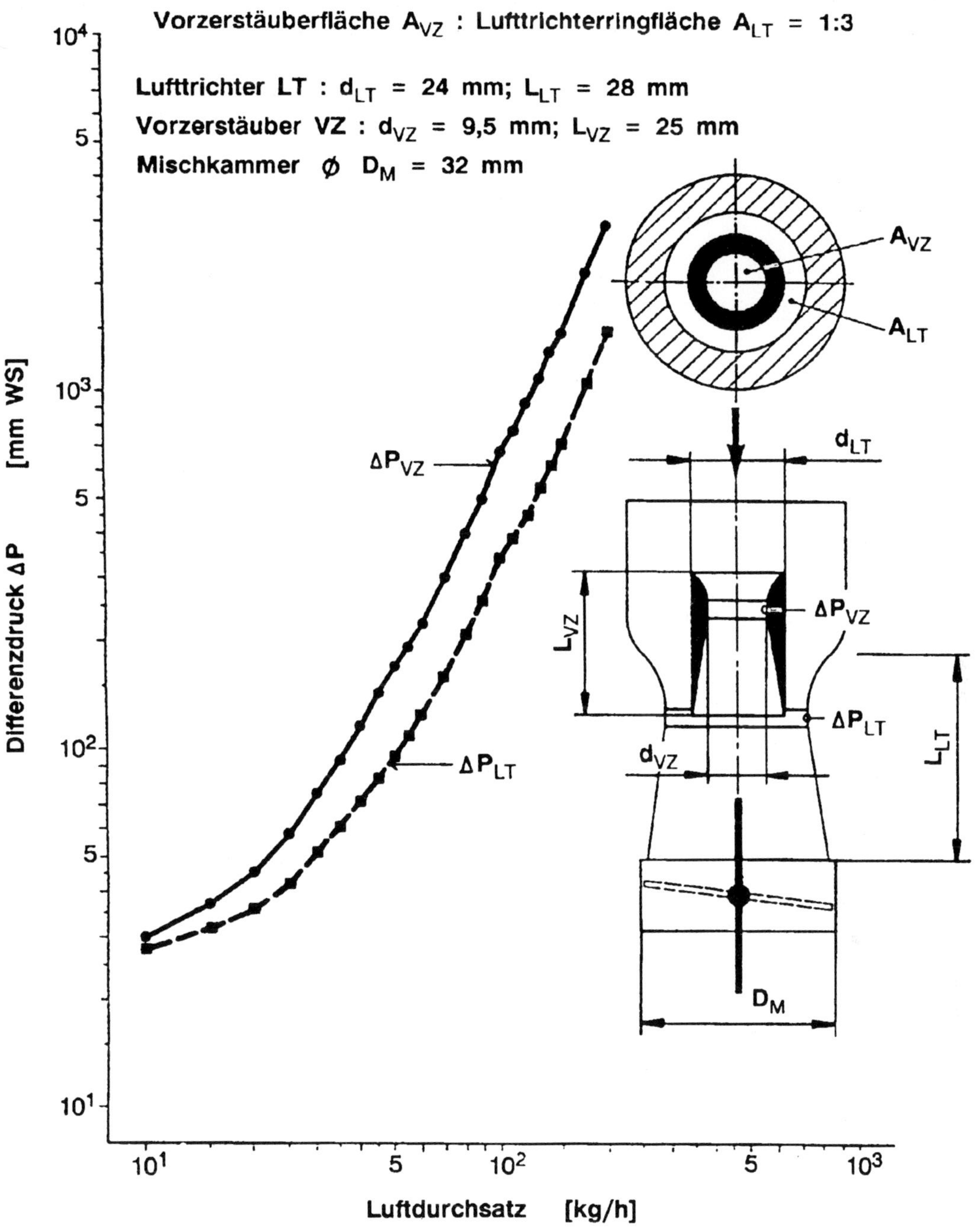


**Abb. 4. 13.** Unterdruckmessung am Vorzerstäuber und Lufttrichter bei vollgeöffneter bzw. geschlossener Drosselklappe [4.10]; Messung ohne Kraftstoff

In **Abb. 4.14** sind Unterdruckmessungen am Vorzerstäuber und Lufttrichter mit und ohne Kraftstoff dargestellt. Bei den Messungen mit Kraftstoff ergeben sich gegenüber den Messungen ohne Kraftstoff geringere Unterdrücke im Vorzerstäuber; dies führt Dutta auf den Energieaufwand für die Förderung des Kraftstoffes zurück. Dies gilt aber nur für den Vorzerstäuber. Die Unterdrükke im Lufttrichter liegen mit Kraftstoff höher als ohne Kraftstoff gemessen. Dutta vermutet, daß bei Kraftstoffzugabe im Vorzerstäuber sich ein Teil der Innenströmung (Vorzerstäuberströmung) nach außen in den Ringkanal (Lufttrichterströmung) verlagert, also eine Verdrängungswirkung entsteht.

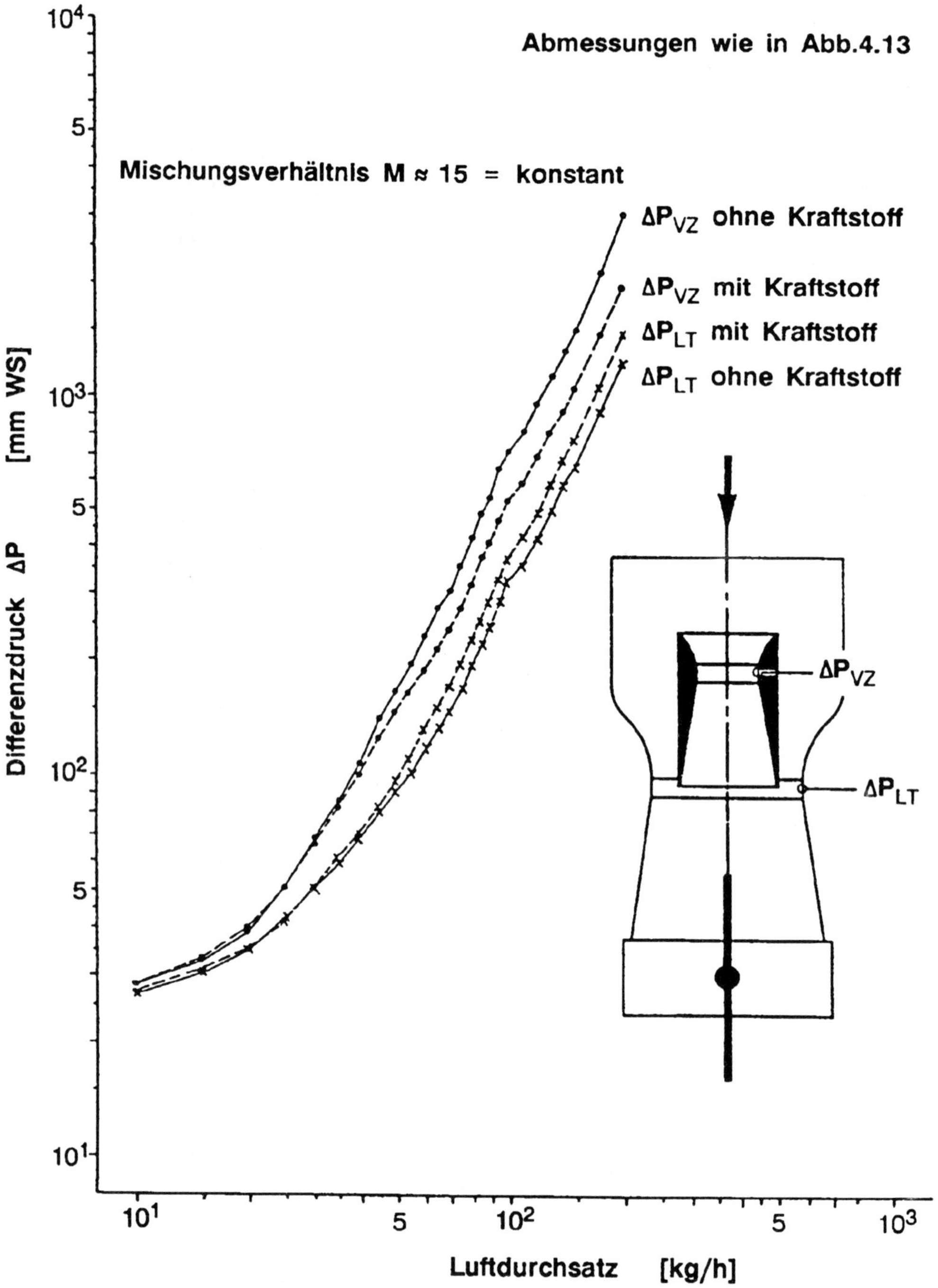


**Abb. 4. 14.** Unterdruckmessung am Vorzerstäuber und Lufttrichter mit und ohne Kraftstoff [4.10]

**Abb. 4.15** zeigt Unterdruckkurven im Vorzerstäuber bei verschiedenen Mischungsverhältnissen in Abhängigkeit vom Luftdurchsatz. Im unteren Luftdurchsatzbereich sind keine signifikanten Änderungen festzustellen, dagegen steigen bei höheren Luftdurchsätzen die Unterdrücke mit zunehmenden Mischungsverhältnissen an.

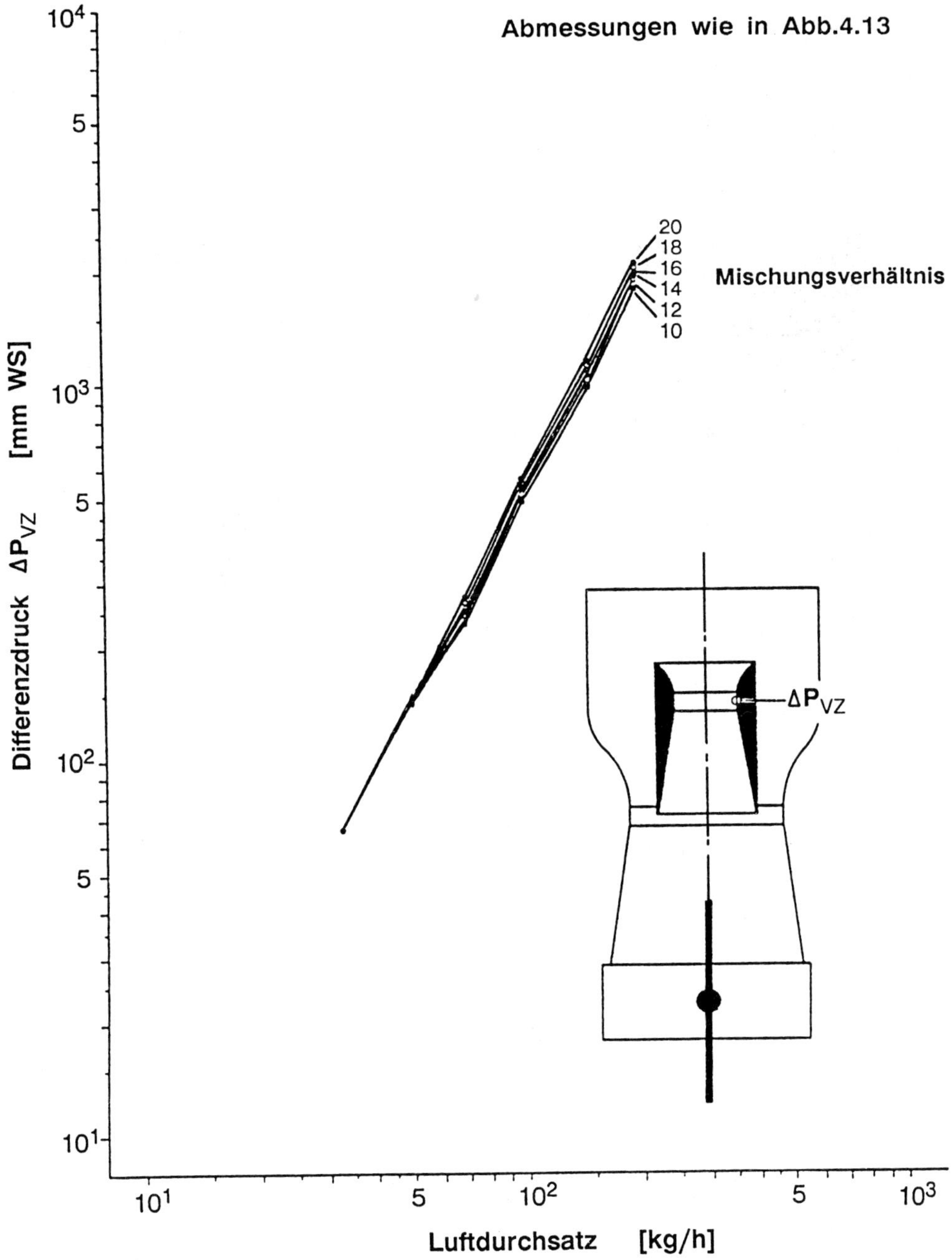


**Abb. 4. 15.** Unterdruck im Vorzerstäuber bei unterschiedlichen Mischungsverhältnissen kg Luft /kg Kraftstoff [4.10]

4.1.1.2.2. Einrichtungen zur Konstanthaltung des Kraftstoffniveaus

Durch diese Einrichtung - bei Fahrzeug-Vergasern meist bestehend aus Schwimmer und Schwimmernadelventil - wird das Kraftstoffniveau im Vergaser konstant gehalten. Hat der Kraftstoffspiegel die vorgeschriebene Höhe erreicht, so wird durch den Auftrieb des Schwimmers die Schwimmernadel auf ihren Sitz gedrückt und der Zufluß des Kraftstoffes gedrosselt oder abgesperrt, **Abb. 4.16**.

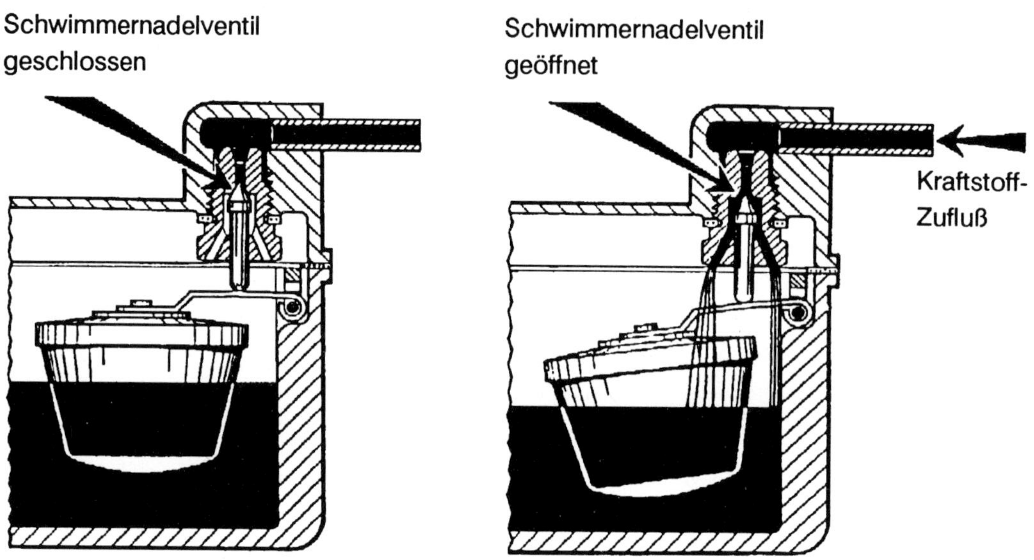


**Abb. 4.16.** Schwimmereinrichtung [4.8]

Damit der Kraftstoff im Ruhezustand nicht aus den innerhalb des Lufttrichters liegenden Kraftstoff-Austrittsöffnungen ausfließen kann, wird der Schwimmer so justiert, daß sich das Niveau im Vergaser um einen Sicherheitsabstand von etwa 5 - 8 mm unterhalb dieser Ausflußöffnungen befindet, **Abb. 4.21**. Bei geöffneter Drosselklappe wirkt der Unterdruck des Motors auf den in der sogenannten Reservebohrung stehenden Kraftstoff, hebt diesen über den Sicherheitsabstand an und bringt ihn zum Auslaufen. Auch die Kraftstoffleitung zum Leerlauf- und Bypasssystem wird -belüftet durch die Leerlaufluftdüse- über das Schwimmerniveau geführt. Für die einwandfreie Funktion eines Vergasers in allen Betriebszuständen ist ein genau bestimmtes Schwimmerkammer-Niveau Voraussetzung. Nach dem heutigen Stand der Technik sind 3 prinzipielle Niveauregulierungsarten bekannt:

- Regulierung durch Schwimmersystem (üblich bei Automobilvergasern);
- Regulierung durch Überlaufsystem;
- Regulierung durch Membransteuerung.

Für die Auslegung eines Niveauregulierungssystems ist es wichtig, die zu erfüllenden Bedingungen im einzelnen zu erfassen:

- konstantes Niveau in der Reservebohrung und an der Hauptdüse;
- Verhinderung von Niveauschwankungen, z.B. durch Kraftstoffzufuhr, Kraftstoffentnahme, Hystereseerscheinungen, Schwingungen usw.;
- Kurvenstabilität;
- Beschleunigungs- und Verzögerungsstabilität, wobei beim Beschleunigen eine Niveauerhöhung und bei Verzögerung eine Niveauabsenkung in der Reservebohrung zulässig sein kann;
- Lageunempfindlichkeit bei Neigungen und Steigungen in Längsrichtung und seitlicher Schräglage des Fahrzeuges. Kritisch kann dabei z.B. das Rückwärtsfahren an Tiefgaragenausfahrten sein.

Vergaser sollen so an den Motor angebaut werden, daß sich die Schwimmerkammer in Fahrtrichtung vorne befindet. Man erreicht dadurch, daß bei Beschleunigung und in Steigungen eine Tendenz der Gemischanfettung auftritt, **Abb. 4.17**, die zur Leistungssteigerung erwünscht ist.

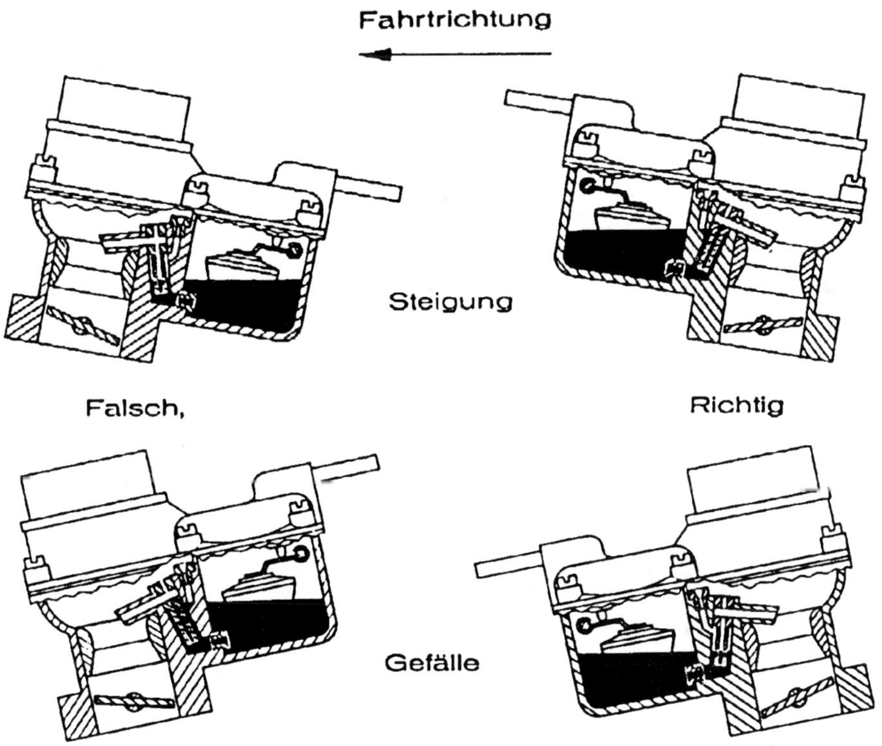


**Abb. 4.17.** Anordung des Schwimmergehäuses [4.8]

Damit die Schwimmereinrichtung kurvenunempfindlich wird, ordnet man Schwimmerkammer und Schwimmer symmetrisch zum Kraftstoffaustritt bezüglich der Fahrtrichtung an. Außerdem soll der Abstand zwischen Gemischaustritt und Schwimmermitte aus dem gleichen Grunde möglichst klein sein. Die wechselnde Lage des Kraftstoffspiegels, **Abb. 4.18**, in Kurven beeinträchtigt so die Kraftstofflieferung kaum. Weitere wichtige Gesichtspunkte bei der Konzeption von Schwimmersystemen sind die Anlenkung des Schwimmers in Höhe des Schwimmerschwerpunktes, um Fliehkraftwirkung auf den Schwimmer in Kurven auszuschalten, sowie ein solches Übersetzungsverhältnis von Schwimmerhub zu Hub des Schwimmernadelventils, daß bei kleinem Schwimmerhub der Hub des Schwimmernadelventils möglichst groß ist. Mit derartigen Maßnahmen kann man das Kraftstoffniveau bei allen Fahrzuständen weitgehend konstant halten, [4.12].

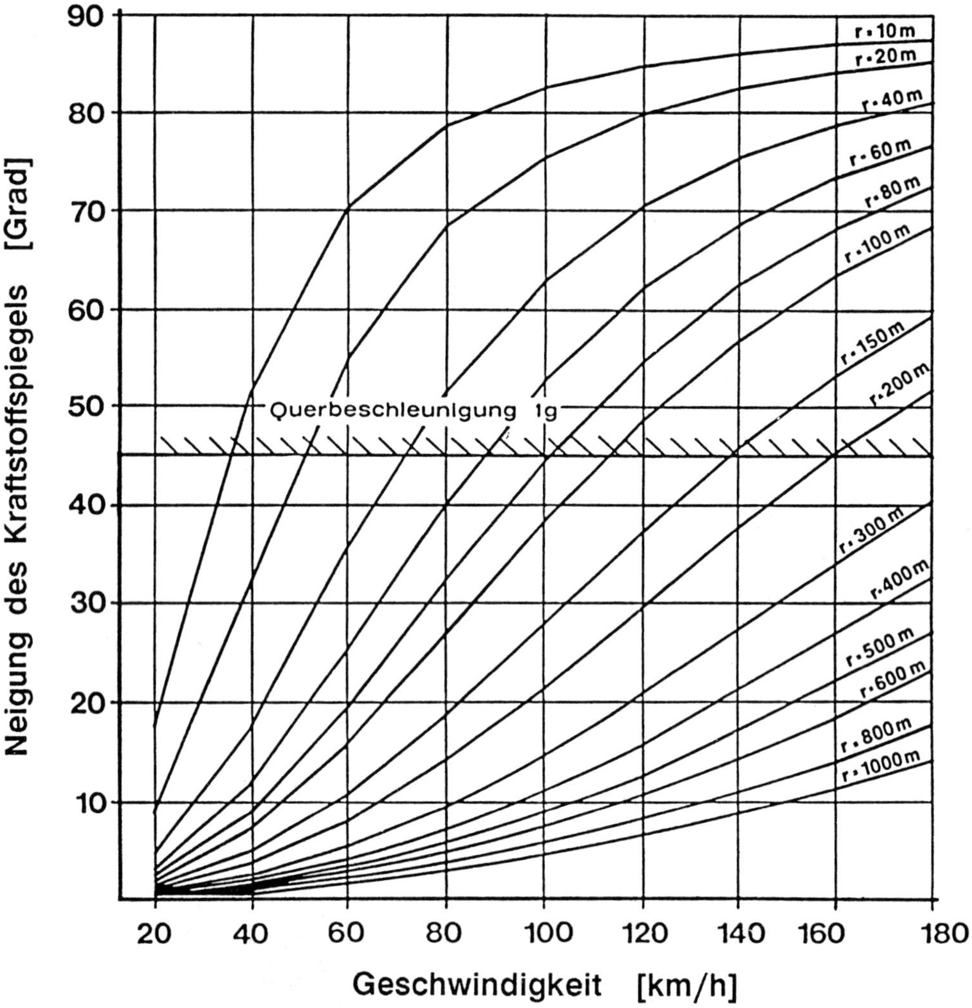


**Abb. 4.18.** Neigung des Kraftstoffspiegels bei verschiedenen durchfahrenen Kurvenradien in Abhängigkeit von der Geschwindigkeit [4.8]

Besonders kurven-, steigungs- und beschleunigungsunempfindlich sind Vergaser mit einem Überlaufrohr zur Konstanthaltung des Kraftstoffniveaus, die mit getrennter Schwimmerkammer, **Abb. 4.19**, oder mit einer besonderen Kraftstoffrückförderpumpe für den überlaufenden Kraftstoff zum Tank zurück ausgestattet werden können. Bei diesen erstgenannten Vergasern fördert eine erste Kraftstoffpumpe, in Abb. 4.19 rechts, Kraftstoff zu einer Schwimmerkammer, die sich unterhalb der Vergaser befindet. Von dort aus wird der Kraftstoff durch eine zweite Pumpe zu den Vergasern geleitet, die jeweils ein Überlaufrohr besitzen, durch die der überschüssige Kraftstoff zur Schwimmerkammer zurückfließt. Durch derartige Systeme erhält man ein sehr konstantes Kraftstoffniveau im Vergaser.

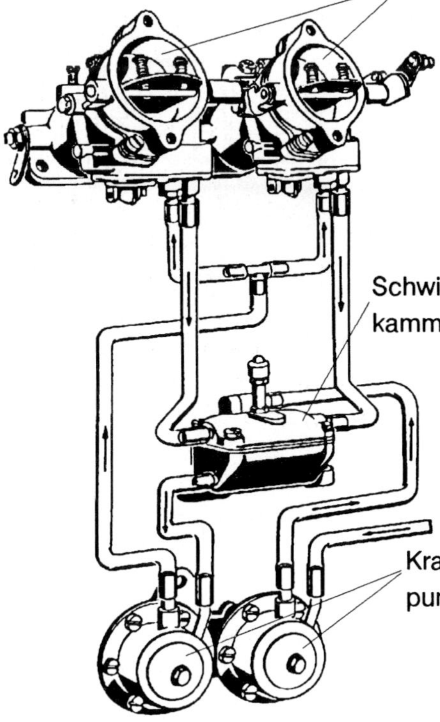


**Abb. 4.19.** Vergaser mit getrennter Schwimmerkammer [4.8]

Membransysteme zur Niveaukonstanthaltung werden für Automobilvergaser kaum verwendet. Ihr Anwendungsgebiet findet man bei Kleinvergasern, z.B. für Baumsägen, weil die Niveauregulierung zwar lageunabhängig, aber relativ ungenau ist.

Ein Problem, das weniger beim praktischen Fahrbetrieb als beim Vermessen der Vergaser auftreten kann, ist das Pendeln der Schwimmer. Da der Vergaserschwimmer mit Masse behaftet ist, und da das Schwimmergelenk und die Ventilnadel Reibung aufweisen, wird der Schwimmer im allgemeinen keine Lage einnehmen, die der mittleren Kraftstoffentnahme entspricht.

Er kann zwischen einer Lage, die zuviel und einer Lage, die zuwenig Kraftstoff nachfließen läßt, hin- und herpendeln. Dieses prinzipiell bedingte Pendeln ist aber so geringfügig, daß es kaum stören kann.

Starkes Pendeln tritt dadurch auf, daß Kraftstoff vom Schwimmernadelventil aus auf den Schwimmer oder das Schwimmergelenk gelangt und von dort abtropft. Dieses Pendeln kann durch konstruktive Maßnahmen verhindert werden, indem man das Schwimmernadelventil z.B. unterhalb des Niveaus oder seitlich vom Schwimmer anordnet. Falls die Anordnung des Schwimmernadelventils nur von oben möglich ist, kann man mit Ableitblechen vom Schwimmergelenk bis unter das Kraftstoffniveau eine ruhige Schwimmerlage erreichen.

**Abb. 4.20** zeigt Schwingungen des Systems Schwimmer - Schwimmernadelventil.

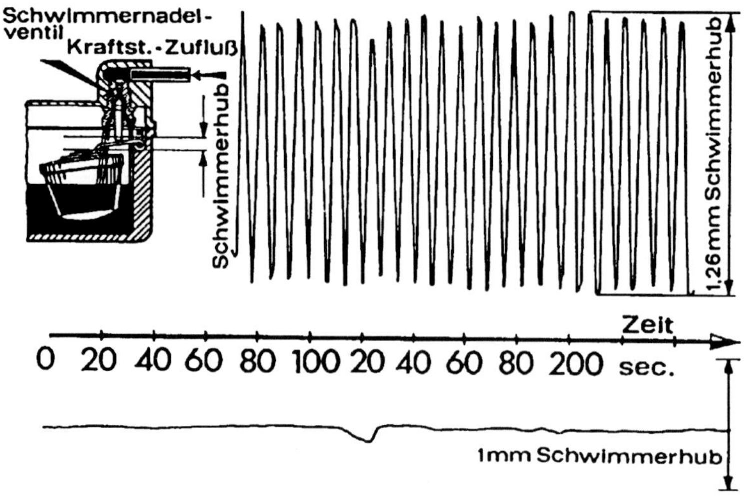


**Abb. 4.20.** Starke (oben) und geringe (unten) Schwingungen des Systems Schwimmer-Schwimmernadelventil bei konstantem Kraftstoffverbrauch am Vergaser [4.8]

4.1.1.2.3. Hauptdüsensystem

Die Brenngemischzusammensetzung wird seitens des Vergasers durch folgende Teile bestimmt:

Die Hauptdüse, welche die Kraftstoffgrundmenge zuteilt; den Lufttrichter, welcher die Luftgrundmenge dosiert und die Luftkorrekturdüse, welche als Ausgleichsdüse zusammen mit dem Mischrohr dem Kraftstoff bei steigendem Durchsatz mehr Luft zusetzt und dadurch einer Anfettung des Gemisches mit steigendem Luftdurchsatz entgegenwirkt, Abb. 4.21.

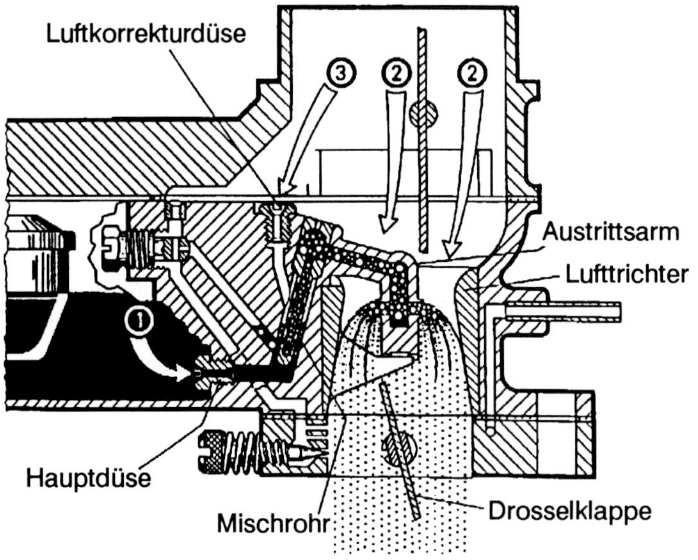


**Abb. 4.21.** Hauptdüsensystem bei einem Fallstrom-Vergaser [4.8]

Die Luftkorrekturdüse sitzt bei diesem Vergaser seitlich des Lufttrichters. Unter dem Einfluß des im Lufttrichter herrschenden Unterdruckes wird Kraftstoff und Luft durch die Bohrungen des Mischrohres und den Austrittsarm abgesaugt. **Abb. 4.22** zeigt schematisch die Anordnung einer Korrekturluftdüse mit Mischrohr.

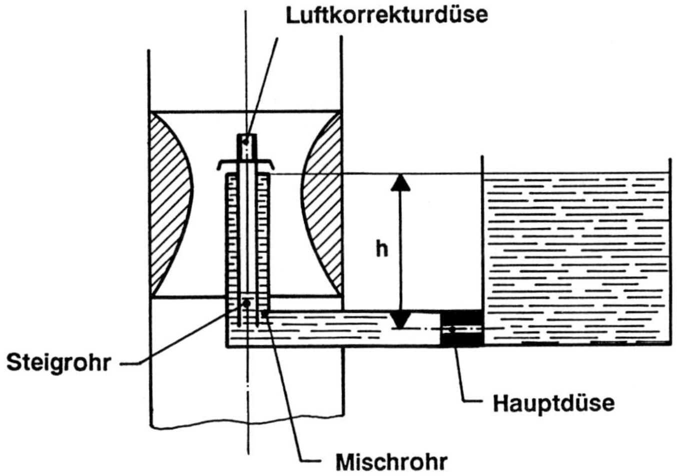


**Abb. 4.22.** Schematische Anordnung von Korrekturluftdüse und Mischrohr [4.8]

Dabei ist das Mischrohr vereinfachend mit nur einer Austrittsbohrung dargestellt. Bei ansteigendem Lufttrichter-Unterdruck sinkt im Mischrohr der Kraftstoffspiegel. Sobald er mit ansteigendem Lufttrichter-Unterdruck um h abgesunken ist, dringt Korrekturluft in das Steigrohr ein und bildet dort eine Kraftstoffluft-Emulsion. Dabei entsteht eine Luftströmung durch die Luftkorrekturdüse, die die Kraftstoff-Förderung bewirkende Druckdifferenz an der Hauptdüse abbaut und auf Grund derer bei weiterer Steigerung des Lufttrichterunterdruckes die zusätzliche Kraftstofflieferung relativ schwächer wird.

Die Wirkung verschiedener Luftkorrekturdüsen auf die Druckdifferenz an der Hauptdüse zeigt **Abb. 4.23**.

Formelmäßig hat Linzer [4.13] die Wirkung der Luftkorrekturdüse untersucht. Unter der Voraussetzung reibungsfreier Strömung und unter Vernachlässigung der Kompressibilität der Luft gibt [4.13] das Mischungsverhältnis eines Vergasers mit Luftkorrekturdüse und einer Mischrohraustrittsöffnung nach folgender Gleichung an:

$$\frac{m_L}{m_K} = \frac{A_L \cdot \alpha_L \cdot K_1}{A_K \cdot \alpha_K} \cdot \left[ \frac{\gamma_L}{\gamma_K} \cdot \frac{\Delta p_{LT}}{(p_A - p_2) + h \cdot \gamma_K} \right]^{0,5} \qquad (4.20)$$

$$K_1 = \left(1 - \frac{2 \cdot A_K}{A_2} + \frac{2 \cdot A_K^2}{A_2^2}\right)^{0,5} \qquad (4.21)$$

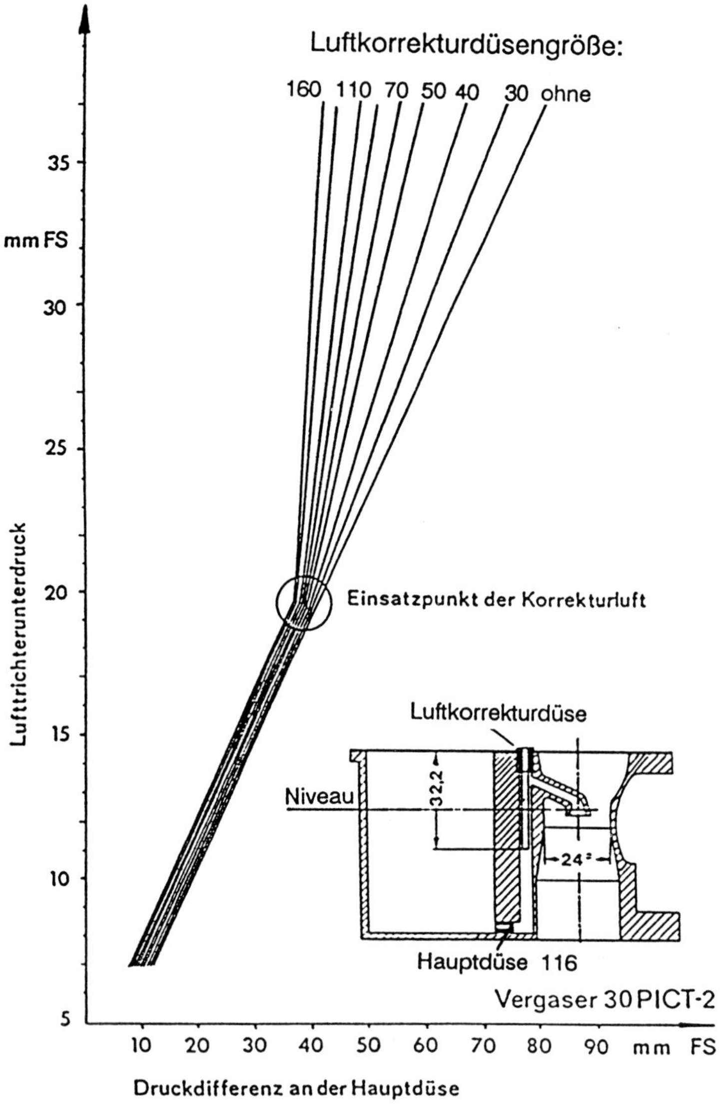


**Abb. 4.23.** Wirkung der Luftkorrekturdüse und des Mischrohres auf die Druckdifferenz an der Hauptdüse (FS: Flüssigkeitssäule) [4.8]

Hierbei bedeuten:

$\alpha_{KD}$, $\alpha_{LT}$ [-] ..... Durchflußzahlen der Kraftstoffdüse bzw. des Lufttrichters
$A_{KD}$, $A_{LT}$ [$m^2$] ..... Durchtrittsflächen der Kraftstoffdüse bzw. des Lufttrichters
$\gamma_L$, $\gamma_K$ [$kg.m^{-3}$] ..... spezifische Gewichte von Luft und Kraftstoff
$h$ [m] ..... Abstand der Korrekturluft-Eintrittsbohrung vom Kraftstoffspiegel in der Schwimmerkammer, d.h. die Eintauchtiefe des Mischrohres
$\Delta p_{LT}$ [$N.m^{-2}$] ..... Unterdruck im Lufttrichter
$p_A$ [$N.m^{-2}$] ..... Außendruck
$p_{KD}$ [$N.m^{-2}$] ..... Druck an der Kraftstoffdüse,
$A_2$ [$m^2$] ..... Querschnittsfläche der Kraftstoffzuströmleitung

Der Zusammenhang zwischen ($p_A$ - $p_2$) und $\Delta p_{LT}$ folgt, falls Korrekturluft austritt und $A_1 = A_2 = A_3$ ist, aus:

$$\Delta p_{LT} = (p_A - p_2) \cdot \{ 1 + \frac{2 \cdot K_3^2 \cdot \alpha_{LK} \cdot A_{LK}}{K_1 \cdot K_2 \cdot \alpha_{KD} \cdot A_{KD}} \cdot ( \frac{h \cdot \gamma_K}{p_A - p_2} + 1 )^{0,5} \cdot$$

$$[(\frac{\gamma_K}{\gamma_L})^{0,5} + (\frac{\gamma_L}{\gamma_K})^{0,5} + 2 \cdot \frac{K_3^2 \cdot \alpha_{LK}^2 \cdot A_{LK}^2}{K_2^2 \cdot \alpha_{KD} \cdot A_{KD}^2} + \frac{h \cdot \gamma_m}{p_A - p_2} \} \tag{4.22}$$

Mit

$$K_2 = ( 1 - \frac{2 \cdot \alpha_{LK} \cdot A_{LK}}{A_3} + \frac{2 \cdot \alpha_{LK}^2 \cdot A_{LK}^2}{A_3^2} )^{0,5} \tag{4.23}$$

$A_{LK}$, $\alpha_{LK}$ [$m^2$, -] ..... Fläche bzw. Durchflußzahl der Luftkorrekturdüse
$A_3$ [$m^2$] ..... Fläche des Korrekturluftkanals
$A_1$ [$m^2$] ..... Fläche des Kraftstoffkanals

entsprechend der Abb. 4.22.

$$K_3 = \frac{\alpha_K \cdot A_{KD}}{A_3} \tag{4.24}$$

$\gamma_m$ ist das nach der Mischung sich einstellende mittlere spez. Gewicht von Kraftstoff und Luft.

$$\gamma_m = \frac{\gamma_K + \frac{K_1 \cdot \alpha_{LK} \cdot A_{LK} \cdot \gamma_L}{K_2 \cdot \alpha_K \cdot A_{KD}} \cdot \{ \frac{1}{\gamma_L \cdot [h / (p_A - p_2)] + \gamma_L / \gamma_K} \}^{0,5}}{1 + \frac{K_1 \cdot \alpha_{LK} \cdot A_{LK}}{K_2 \cdot \alpha_K \cdot A_{KD}} \cdot \{ \frac{1}{\gamma_L \cdot [h / (p_A - p_2)] + \gamma_L / \gamma_K} \}^{0,5}} \tag{4.25}$$

Solange keine Korrekturluft in das Mischrohr eintritt, gilt:

$$\Delta p_{LT} = ( p_A - p_2 ) + h \cdot \gamma_K \tag{4.26}$$

**Abb. 4.24** zeigt das sich einstellende Mischungsverhältnis bei einem Vergaser-Hauptsystem ohne und mit verschiedenen Luftkorrekturdüsen. Die abmagernde Wirkung der Luftkorrekturdüse ist klar ersichtlich.

Die **Abb. 4.25** und **4.26** stellen schließlich bei einem kompletten Vergaser die Wirkungen verschiedener Hauptdüsen und verschiedener Luftkorrekturdüsen dar.

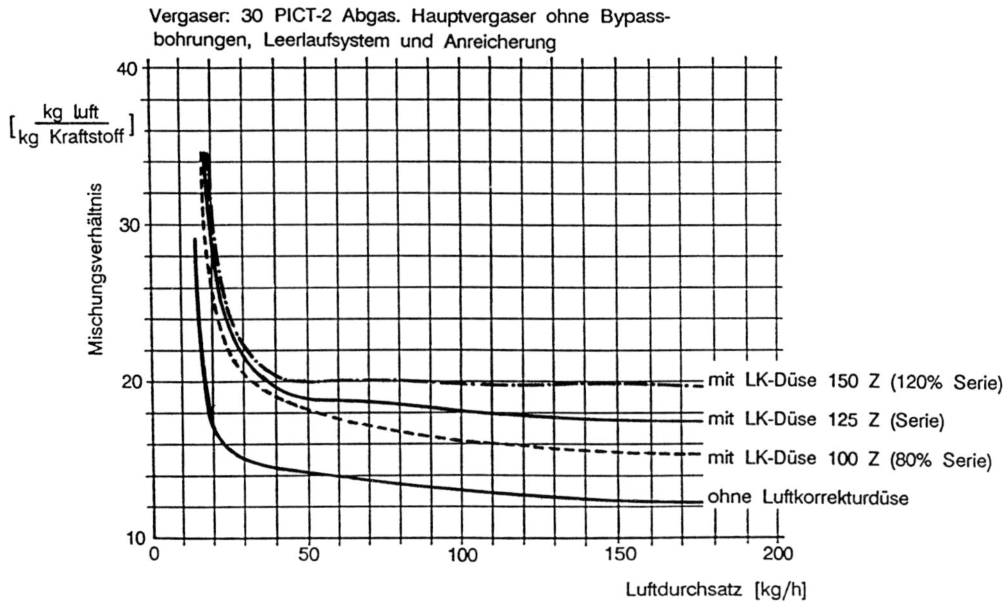


**Abb. 4.24.** Mischungsverhältnis bei einem Vergaser-Hauptsystem ohne und mit verschiedenen Luftkorrekturdüsen [4.8]

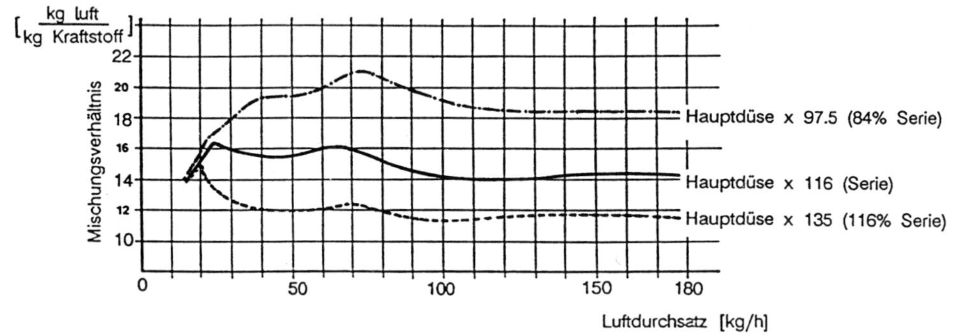


**Abb. 4.25.** Einfluß verschiedener Hauptdüsen auf das Mischungsverhältnis bei einem Vergaser Solex 30 PICT-2 [4.8]

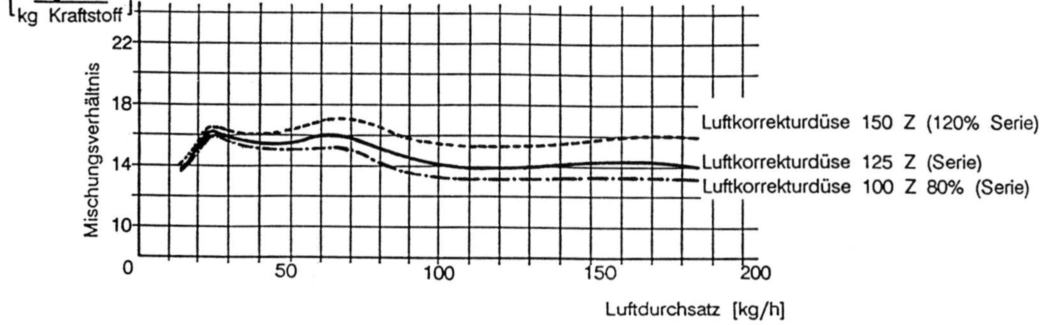


**Abb. 4.26.** Einfluß verschiedener Luftkorrekturdüsen auf das Mischungsverhältnis bei einem Vergaser Solex 30 PICT-2 [4.8]

4.1.1.2.4. Leerlaufsystem

Wird die Drosselklappe weitgehend geschlossen, so sinkt der Unterdruck im Lufttrichter so stark ab, daß der Kraftstoffausfluß durch das Hauptsystem aufhört. Da der Motor jedoch im Leerlauf weiterlaufen soll, muß dafür ein zweites Düsensystem vorgesehen werden, **Abb. 4.27**.

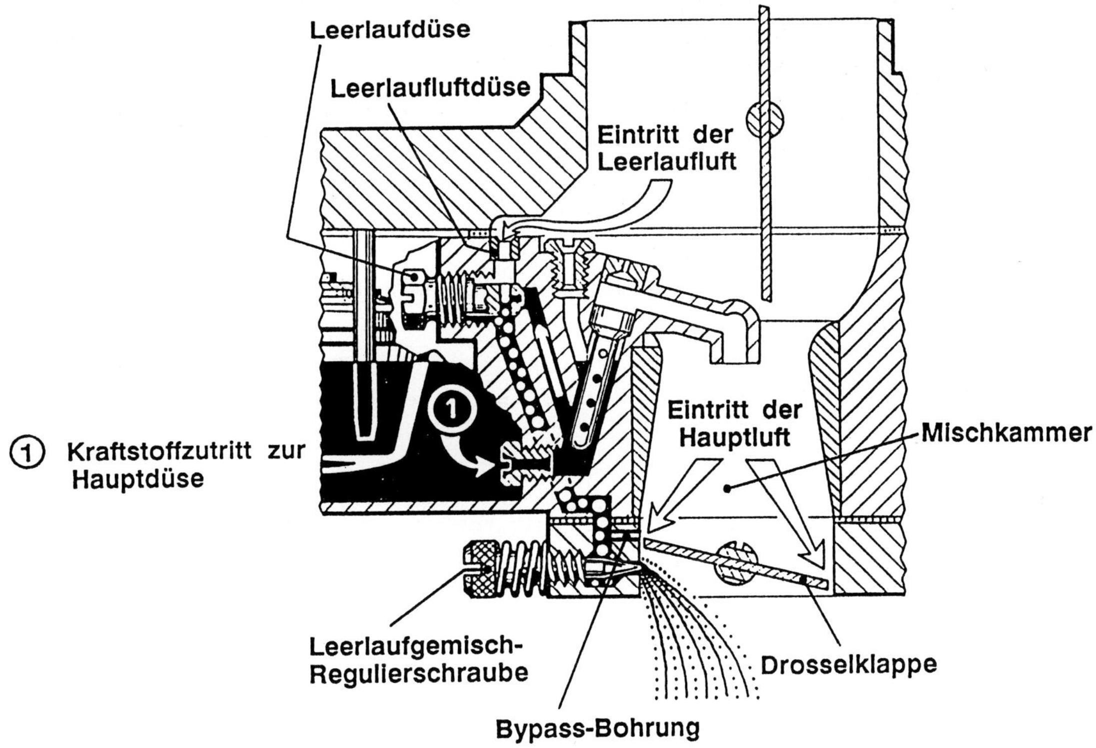


**Abb. 4.27.** Leerlaufsystem [4.8]

Dieses System hat seinen Austritt unterhalb der Drosselklappe und wird im allgemeinen mit "Leerlaufsystem" bezeichnet. Auch hier muß Luft und Kraftstoff im richtigen Verhältnis dem Motor zugeführt werden. Dies geschieht einerseits durch die Leerlaufkraftstoffdüse in Verbindung mit der Leerlaufluftdüse, mengenmäßig durch die Gemischregulierschraube dosiert, und andererseits durch eine Anstellung der Drosselklappe, wobei zur Regulierung der Leerlaufdrehzahl eine dosierbare Luftmenge durch den Drosselklappenspalt strömen kann.

Bei Motoren von ca. 1,5 ltr. Hubraum ist das Leerlaufsystem bis etwa 60 km/h in Funktion, bei größeren Motoren noch weiter hinauf. Eine richtige Leerlaufeinstellung ist also von erheblichem Einfluß auf den Verbrauch.

4.1.1.2.5. Bypass-System

Als "Bypass" oder "Übergangsbohrung" bezeichnet man Bohrungen von der Mischkammer zu einem kraftstofführenden Kanal in der Nähe der Drosselklappe, die beim Öffnen der Drosselklappe von dieser überstrichen werden.

Durch das Bypass-System, das schematisch mit einer Bypassbohrung (oberhalb der Drosselklappe) in Abb. 4.27 zu erkennen ist, wird anfangs das Leerlaufsystem belüftet. Bei zunehmender Drosselklappenöffnung hört zunächst diese Belüftung auf, die Gemischlieferung steigt. Wird die Drosselklappe noch weiter geöffnet, so tritt auch durch die Bypassbohrungen Gemisch aus, es erhöht sich nochmals die Gemischlieferung, bis schließlich bei weitgehend geöffneter Drosselklappe das Hauptsystem die alleinige Kraftstofflieferung übernimmt. Die Strömungsrichtung in den Leerlaufgemischkanälen kehrt sich dann meist um.

**Abb. 4.28** zeigt die Wirkung von Bypassbohrungen auf das Mischungsverhältnis bei einem Leerlaufvergaser-System.

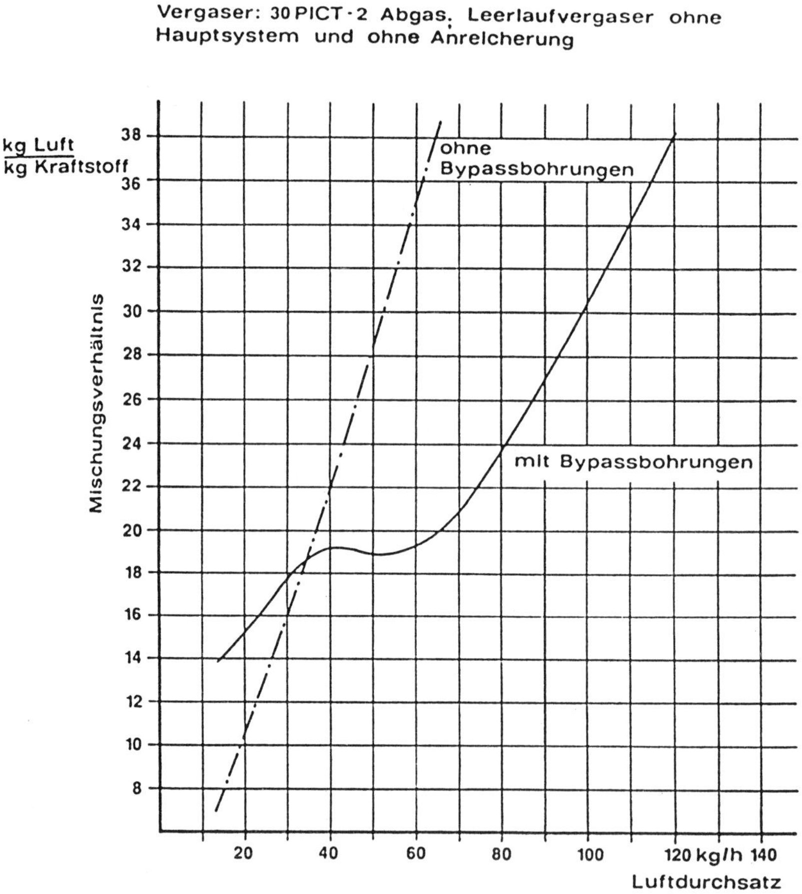


**Abb. 4.28.** Mischungsverhältnis bei einem Leerlaufvergaser-System, mit und ohne Bypass-Bohrungen [4.8]

In den folgenden **Abb. 4.29** und **4.30** werden die Druckverläufe bei Leerlauf, Teillast und Vollast bei zwei verschiedenen Leerlaufsystemen gezeigt [4.14]. In Abb. 4.29 befindet sich der Leerlauf-luft-Zutritt im oberen Teil des Leerlaufsystemes, in Abb. 4.30 etwas unterhalb der engsten Stelle des Lufttrichters. Die Untersuchungen wurden auf einer Vergaser-Fließbank durchgeführt. Dabei wurden ein bestimmter Saugrohrunterdruck bzw. ein entsprechender Luftdurchsatz eingestellt und an 4 Stellen des Leerlaufsystems die Drücke gemessen. Die Meßstellen sind in den Skizzen der Abb. 4.29, 4.30 mit 1 - 5 bezeichnet und befinden sich im einzelnen an folgenen Stellen:

- Meßstelle 1: Im Drosselklappenteil neben der Leerlaufgemischaustrittsöffnung;
- Meßstelle 2: Im Leerlaufkanal oberhalb der Bypass-Bohrungen;
- Meßstelle 3: Im Leerlaufkanal in der Nähe der Leerlaufkraftstoffdüse, die hier als sog. Tauchdüse ausgebildet ist;
- Meßstelle 4: In der Reservebohrung, in der Nähe der Leerlaufkraftstoffdüse;
- Meßstelle 5: Auf der Lufteinlaßseite der Leerlaufluftdüse.

Wir werden Abb. 4.29 nun näher erläutern:

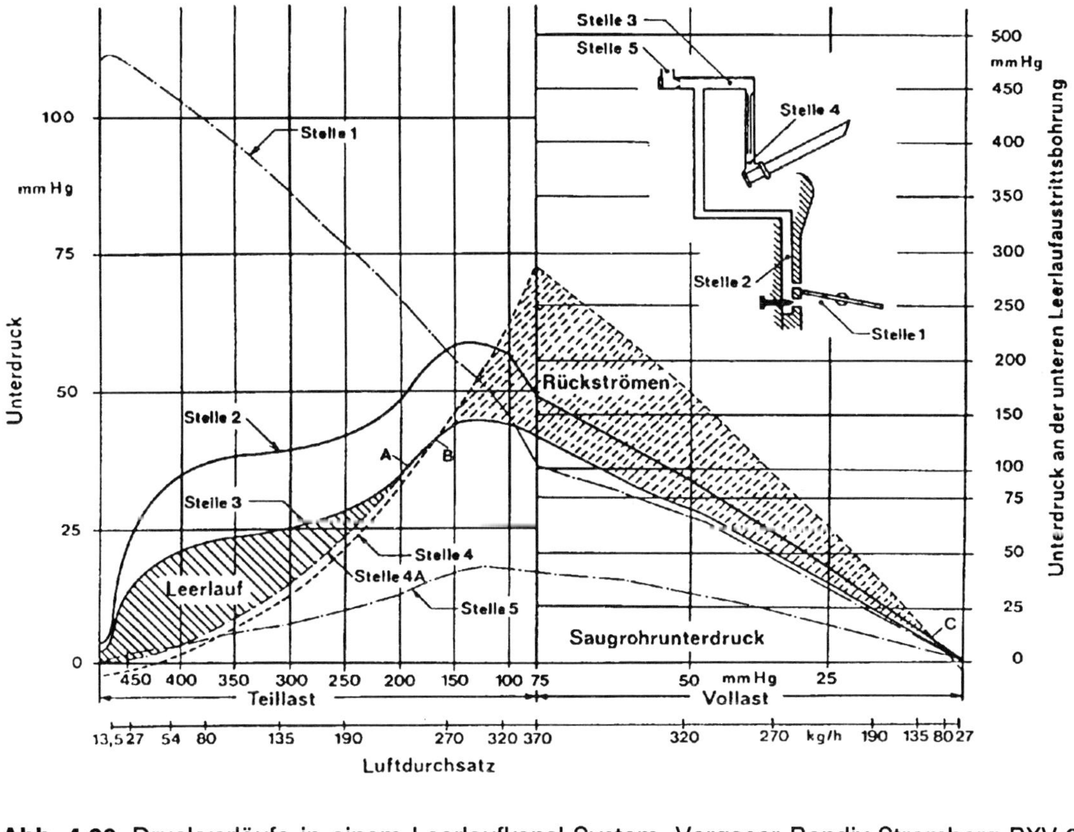


**Abb. 4.29.** Druckverläufe in einem Leerlaufkanal-System. Vergaser Bendix-Stromberg BXV-2 [4.14]

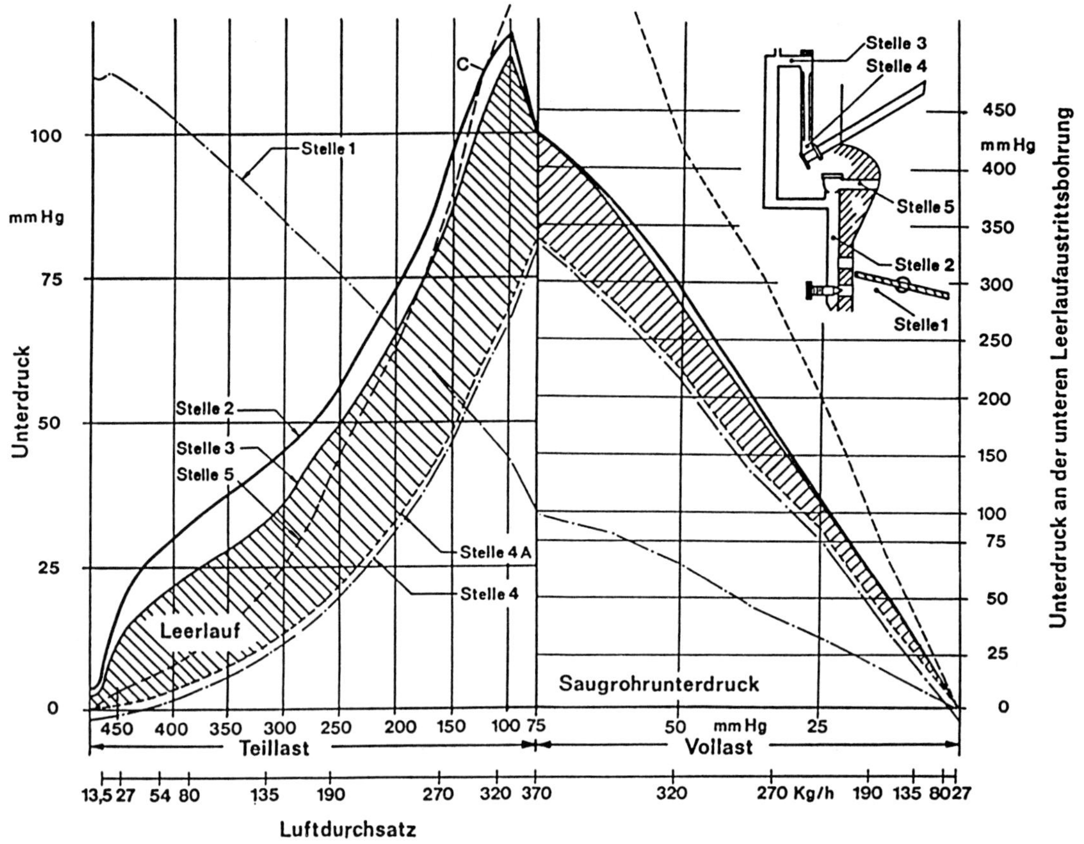


**Abb. 4.30.** Druckverläufe in einem Leerlaufkanal-System. Vergaser Bendix-Stromberg BXV-2 [4.14]

Bei Leerlaufstellung der Drosselklappe beträgt der Unterdruck neben der unteren Austrittsöffnung, Stelle 1, ca. 475 mm Hg, wie Kurve 1 zeigt, derer Maßstab auf der rechten Ordinate aufgetragen ist, während die Maßstäbe der Kurven 2 - 5 auf der linken Ordinate aufgetragen sind.

Der hohe Unterdruck an Punkt 1 ergibt im Leerlaufkanal Unterdruck, wodurch Luft durch die Leerlaufluftdüse angesaugt wird (Punkt 5). Dadurch und durch den Durchsatz von Kraftstoff bleibt der Unterdruck an Punkt 2 relativ niedrig.

Der positive Druck an Punkt 4 kommt dadurch zustande, daß das normale Kraftstoffniveau ca. 20 mm oberhalb des Punktes 4 liegt. Der Luftdurchsatz durch den Lufttrichter erzeugt Unterdruck am Kraftstoffaustrittsrohr. Bei Leerlaufstellung der Drosselklappe ist jedoch der Lufttrichterunterdruck so gering, daß das Niveau in der Reservebohrung abfällt.

Da Punkt 4 ca. 20 mm unterhalb Punkt 3 liegt, muß die Kurve 4 um ca. 20 mm Flüssigkeitssäule korrigiert werden, um ein mit den anderen Meßpunkten vergleichbares Druckgefälle zu erreichen, durch das sich ein Kraftstoffdurchsatz durch das Leerlaufsystem ergibt. Die Kurve 4 um 20 mm Flüssigkeitssäule korrigiert, wird als Kurve 4 A wiedergegeben.

Wenn die Drosselklappe aus der Leerlauf-Stellung geöffnet wird, wandert die Bypass-Bohrung aus einem Bereich geringen Unterdruckes in ein Gebiet hohen Unterdruckes. Sie ändert ihren Charakter einer Belüftungsbohrung des Leerlaufkanals in den einer Leerlaufgemischaustrittsbohrung. Man erkennt dies aus dem steilen Anstieg der Kurve 2.

Beim Öffnen der Drosselklappe sinkt das Kraftstoffniveau in der Reservebohrung zunächst ab. Sobald Unterdruck im Lufttrichter entsteht, steigt das Niveau wieder an und Kraftstoff wird sowohl durch die Leerlaufkanäle als auch durch den Kraftstoffaustrittsarm gefördert.

Mit zunehmender Öffnung der Drosselklappe steigt der Unterdruck an Punkt 4 an (Kurve 4 A), bis er schließlich dem Unterdruck an Punkt 3 entspricht (Stelle A in Abb. 4.29). An dieser Stelle erfolgt keine Kraftstoffzufuhr durch das Leerlaufsystem mehr; der Kanal zwischen 3 und 4 ist dabei mit Kraftstoff gefüllt. Wenn der Luftdurchsatz weiter ansteigt, sinkt das Kraftstoffniveau zwischen 3 und 4 allmählich ab, bis an Stelle B der Abb. 4.29 der Kanal von Kraftstoff frei ist. Die Kurve 4 A geht in die Kurve 4 über. Von Stelle B an bis zur voll geöffneten Drosselklappe ist der Unterdruck an Stelle 4 größer als an Stelle 3. Damit wird Luft durch die Leerlauf-Luftdüse in den Kraftstoffaustrittsarm gesaugt. Auch die übrigen Leerlaufkanäle werden kraftstoffrei.

Diese Umkehrung der Strömungsrichtung und Entleerung der Kraftstoffkanäle vom Kraftstoff hat zweierlei Auswirkungen: Der durch den Kraftstoffaustrittsarm austretende Kraftstoff wird durch die durch das Leerlaufsystem zugeführte Luft stärker emulgiert. Dadurch tritt eine Bremswirkung von abmagernder Wirkung ein.

Wenn von Vollast aus plötzlich die Drosselklappe in Leerlaufstellung gebracht wird, kehrt sich die Strömungsrichtung wieder um, und es tritt eine kurzzeitige Verzögerung in der Leerlaufkraftstoff-Lieferung auf, bis sich die Kanäle mit Kraftstoff gefüllt haben. Dies kann zu einem Rucken im Fahrverhalten führen.

Um diese Folgen zu vermeiden, kann man eine andere Anordnung der Leerlaufluftdüse wählen, die in Abb. 4.30 dargestellt ist. Dort ist die Leerlaufluftdüse ca. 3 mm unterhalb der engsten Stelle des Lufttrichters angebracht. Infolgedessen ergibt sich, wie aus den Druckverläufen der Abb. 4.30 ersichtlich, in den Leerlaufkanälen bis zu dem Punkt, an dem die Leerlaufluftdüse mündet, also in dem oberen Teil der Kanäle, keine Strömungsumkehr. Dadurch ist beim Schließen der Drosselklappe nur ein relativ kleiner Kanalabschnitt im Bereich der Stelle 2 zu füllen, durch den von Stelle C in Abb. 4.30 an die Lufttrichterbohrung durch die Bypass Bohrung belüftet wird, in dem also Strömungsumkehr auftritt.

Von diesem Luftdurchsatz an endet also die Leerlauf-Luftzuführung durch die Leerlaufluftdüse. Diese fördert nunmehr Kraftstoff und Luft in den Lufttrichter.

Welche Anordnung in der Praxis verwendet wird, hängt vom jeweiligen Anwendungsfall ab; jedenfalls gibt es zahlreiche Variationsmöglichkeiten, die dem jeweiligen Bedarf angepaßt werden können.

**Abb. 4.31** zeigt den Einfluß der Drosselklappenstellung auf das Mischungsverhältnis beim Überstreichen der Bypass-Bohrungen. Die Anordung der Bypass-Bohrungen bestimmt im allgemeinen die Güte des Überganges vom Leerlauf auf den Normalbetrieb des Motors.

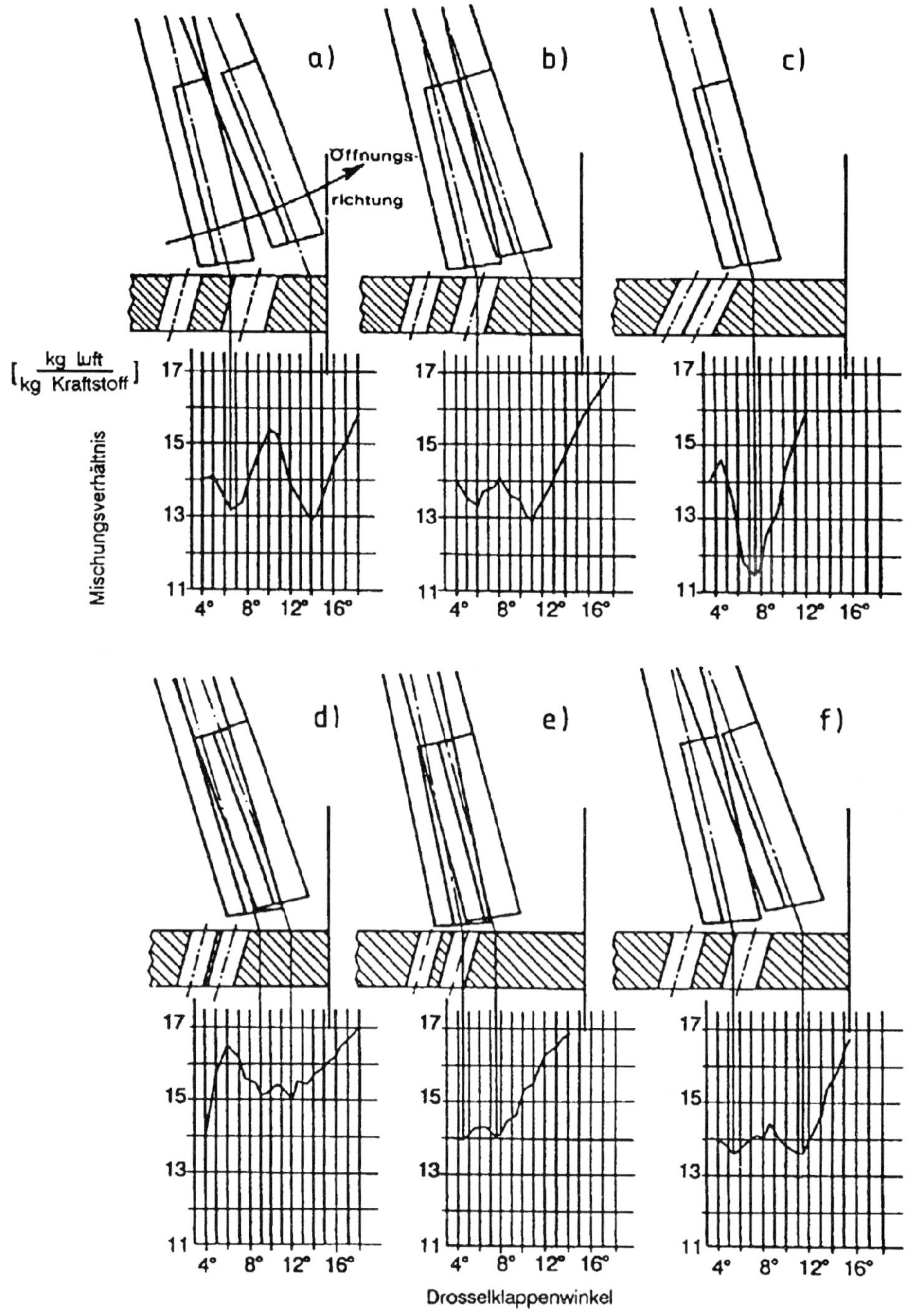


**Abb. 4.31.** Einfluß der Drosselklappenstellung auf das Mischungsverhältnis beim Überstreichen der Bypass-Bohrungen [4.8]

Die stärkste Anfettung des Brenngemisches tritt dann auf, wenn eine Bypass-Bohrung durch die Drosselklappe vollständig überstrichen wird, wenn also der Saugrohrunterdruck voll auf die Bohrung wirken kann. Zwischen zwei Bypass-Bohrungen tritt eine Abmagerung auf, die proportional dem Abstand zwischen den Bohrungen ist.

Je weiter die Bypass-Bohrung von der Drosselklappenunterkante - in geschlossener Stellung gemessen - entfernt ist, bei einem um so größeren Drosselklappenwinkel, d.h. bei einem um so größeren Luftdurchsatz tritt die Anfettung ein.

Die Anfettung wird durch Vergrößern der Bypass-Bohrungen größer; der Punkt der maxialen Anfettung bleibt dagegen gleich (gleicher Luftdurchsatz bzw. gleicher Drosselklappenwinkel). Vergrößert man zwei Bypassbohrungen, so treten zwei Anfettungspunkte auf; die Abmagerung im Bereich zwischen den beiden Bypass-Bohrungen bleibt in ihrem Absolutbetrag erhalten; eine solche Änderung entspricht etwa der Wirkung der Vergrößerung der Leerlaufkraftstoffdüse.

In Abb. 4.31a erkennt man stark schwankende Mischungsverhältnisse beim Überstreichen der Bypass-Bohrungen durch die Drosselklappe. Da die Bohrungen zu weit auseinander liegen, tritt im Bereich zwischen ihnen eine erhebliche Abmagerung auf.

Abb. 4.31b zeigt, daß durch Verkleinern und Aneinanderrücken der Bohrungen die Verhältnisse verbessert werden.

Liegen 2 Bypass-Bohrungen zu nahe beeinander, so wirken sie wie eine große Bohrung, Abb. 4.31c, die eine starke Anfettung bewirkt, wenn die Drosselklappe sie überstreicht. Eine Verbesserung durch Auseinanderrücken der Bohrungen folgt aus Abb. 4.31d und 4.31e.

Bei der Ausführung nach Abb. 4.31e störte noch, daß eine Abmagerung bereits bei 7,5° Drosselklappenwinkel begann. Durch noch weiteres Auseinanderrücken und Vergrößern der Bohrungen nach Abb. 4.31f konnte ein Mischungsverhältnis von 14 bis ca. 12° Drosselklappenwinkel gehalten werden. Man erkennt aber, daß die äußerste Grenze des Auseinanderrückens der Bohrungen erreicht ist, da sich bereits bei 8,5° Drosselklappenwinkel eine leichte Abmagerung bemerkbar macht.

Anstelle mehrer Bypass-Bohrungen kann man auch einen Schlitz anordnen. Hiermit ist eine stufenlose Anpassung des Mischungsverhältnisses entsprechend den Bedürfnissen des Motors beim Übergang auf das Vergaserhauptsystem möglich. Im Kapitel 4.1.1.5. ist ein Beispiel für einen derartigen T-förmigen Schlitz ersichtlich.

#### 4.1.1.2.6. Start- und Warmlaufsystem

Es wurde schon darauf hingewiesen, daß beim Startvorgang ein relativ geringer Unterdruck im Ansaugrohr entsteht. Dieser reicht weder aus, um das Hauptdüsensystem ansprechen zu lassen, noch den Motor über das Leerlaufsystem mit dem erforderlichen Gemisch zu versorgen, zumal sich ein großer Teil des Gemisches beim Start als Wandniederschlag an den Saugrohrwandungen absetzt. Man muß also weitere Hilfseinrichtungen benutzen. Im allgemeinen gibt es zwei verschiedene Wege:

Die erste Möglichkeit ist in **Abb. 4.32** dargestellt. Man verlegt den Lufttrichter in das Gebiet des größten Unterdruckes, in dem man zwischen Lufttrichter und Luftfilter eine zweite Drosselklappe, die Starterklappe oder Vordrossel einfügt, die während des Startvorganges geschlossen ist. Dazu ist es erforderlich, daß die Hauptdrosselklappe etwas geöffnet wird, weil sich sonst der Unterdruck nicht im Lufttrichter und am Gemischaustritt aufbauen kann.

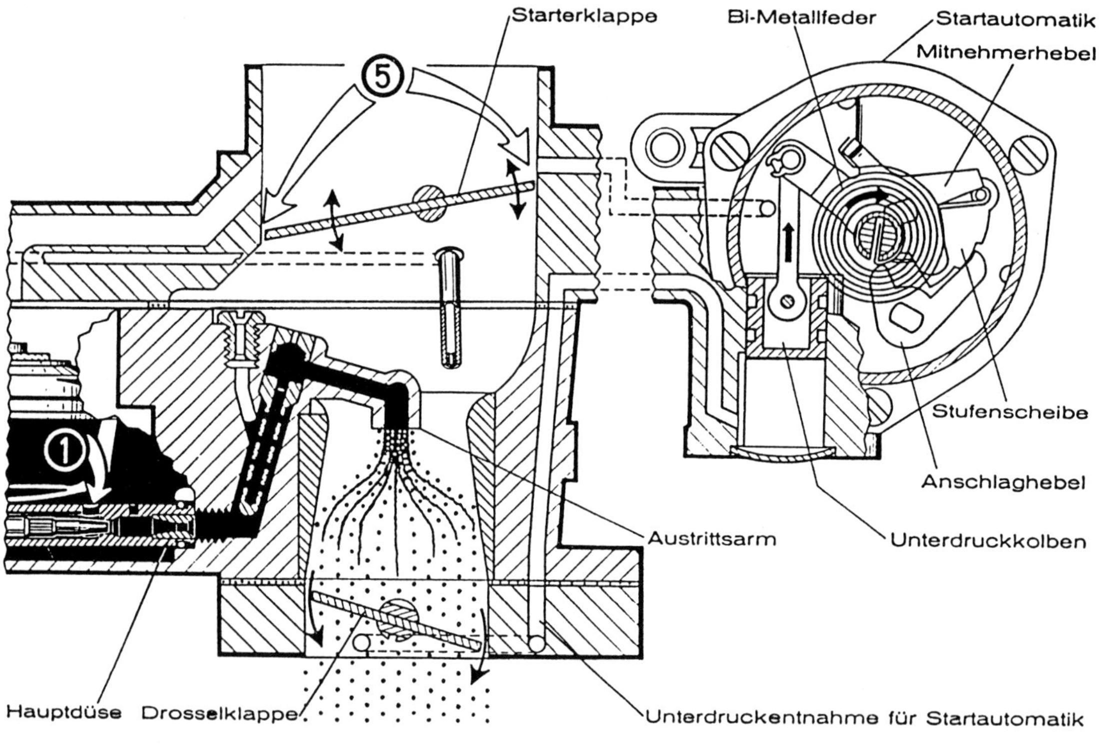


**Abb. 4.32.** Starterklappe mit Startautomatik beim Kaltstart, 1) Zufluß des Kraftstoffes, 5) Eintritt der Startluft [4.8]

Starterklappen werden entweder über einen Kabelzug von Hand betätigt oder es werden automatische Einrichtungen verwendet. Bei einer solchen Startautomatik, **Abb. 4.33**, steht die Starterklappenwelle unter der Spannung einer spiralförmigen Bimetallfeder, die auf Temperaturunterschiede anspricht. Bei kaltem Motor ist die Starterklappe teilweise geschlossen, da bei Abkühlung der Bimetallfeder die Starterklappe durch die Bewegung der Feder in Schließstellung verdreht wird.

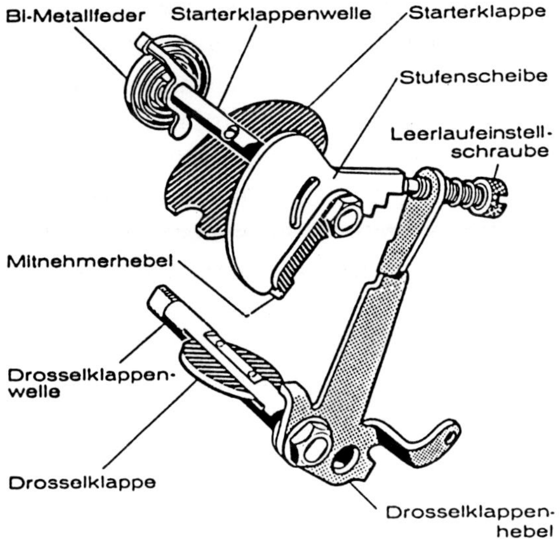


a) Zusammenwirken von Starterklappe, Gestänge, Drosselklappe und Bimetallfeder

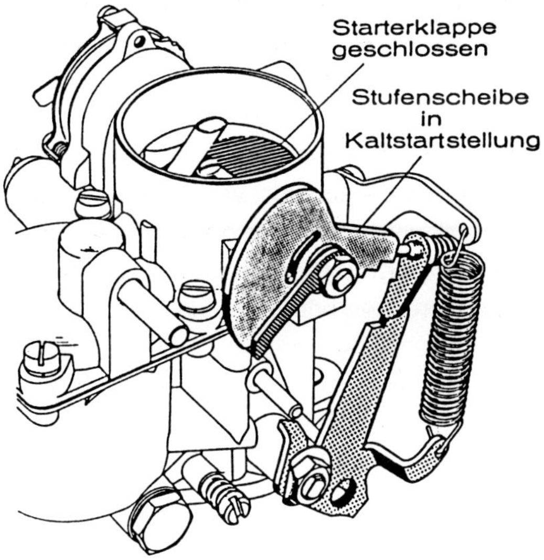


b) Startautomatik in Kaltstartstellung

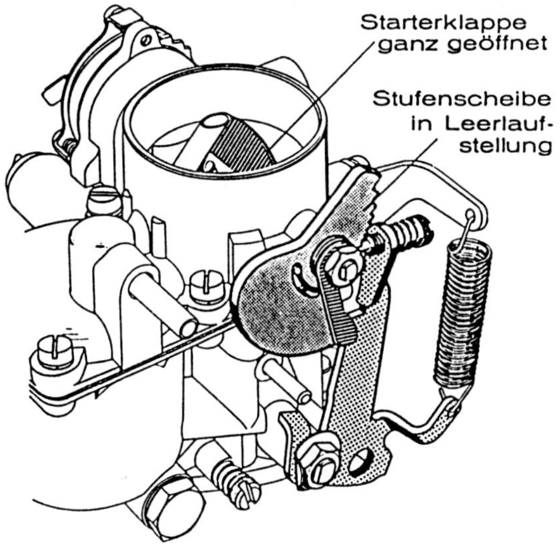


c) Startautomatik abgeschaltet

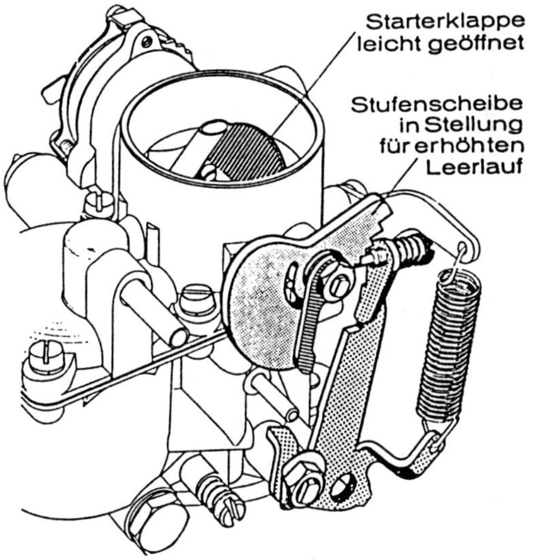


d) Startautomatik in Stellung erhöhten Leerlaufes

**Abb. 4.33.** Startautomatik [4.8]

Mit Erwärmung der Bimetallfeder läßt ihre Schließkraft nach und die Starterklappe öffnet sich, bis sie beim Erreichen der normalen Betriebstemperatur des Motors den Lufteinlaß ganz freigibt. Die Erwärmung der Bimetallfeder wird entweder elektrisch oder durch das Kühlwasser oder durch das Abgas des Motors bewirkt. Das Öffnen der Starterklappe wird dadurch gefördert, daß die Starterklappenwelle im Lufteinlaßstutzen außermittig gelagert ist, so daß die Starterklappe ungleich große Flügel hat.

Wenn die Starterklappe geschlossen ist, wird gleichzeitig die Drosselklappe etwas offengehalten. Das geschieht dadurch, daß beim Schließen der Starterklappe der mit der Starterklappenwelle starr verbundene Mitnehmerhebel die frei bewegliche Stufenscheibe anhebt und ihr Rastensegment zur Wirkung bringt, auf dem die Leerlaufeinstellschraube am Drosselklappenhebel aufliegt. Bei ganz geschlossener Starterklappe ist die Leerlaufeinstellschraube auf der höchsten Raste der Stufenscheibe, wodurch die Drosselklappe etwas geöffnet wird. Auf diese Weise kann mehr Luft einströmen und der beim Anlassen des Motors entstehende Unterdruck kann sich bis unter die Starterklappe auswirken und das Hauptdüsensystem für den Startvorgang intensiver zum Ansprechen bringen.

Die für die Gemischbildung erforderliche Luft wird über die Starterklappe angesaugt, die in ein Flattern zwischen Öffnen - hervorgerufen durch den Unterdruck - und Schließen - veranlaßt durch die Spannung der Bimetallfeder - versetzt wird.

Gelegentlich wird zu diesem Zweck auch ein Flatterventil auf der Starterklappe angebracht, das für den nötigen Luftdurchsatz sorgt.

Der Unterdruck-Kolben, Abb. 4.32, dient dazu, um nach dem Anspringen des Motors über eine Zugstange die Starterklappe zu öffnen, um einer Überfettung des Gemisches entgegen zu wirken. Zu diesem Zweck ist der Raum unterhalb des Kolbens durch einen Unterdruckkanal mit dem Raum unter der Drosselklappe verbunden.

Das Zusammenwirken von Starterklappe, Gestänge, Drosselklappe und Bimetallfeder zeigt Abb. 4.33 a - d.

Anstelle der Bimetall-Federn können auch Dehnstoff-Elemente zur Betätigung der Starteinrichtung verwendet werden. Diese weisen wesentlich größere Verstellkräfte auf, sodaß u.U. auch die Drosselklappenanstellung direkt erfolgen kann.

Moderne, hochwertige Vergaser verwenden noch feinfühligere, weiter entwickelte Starthilfssysteme in Form von automatisch wirkenden Nebenschlußstartern. Mit solchen Nebenschlußstartern, ein Beispiel wird später erläutert, hat man ein weiteres System zur Verfügung, um beim Start und Warmlauf das Brenngemisch den motorischen Forderungen anzupassen.

### 4.1.1.2.7. Beschleunigungspumpen

Es wurde festgestellt, daß im Leerlauf- und Schiebebetrieb im Ansaugrohr hoher Unterdruck herrscht. Dieser führt zu einer fast völligen Verdampfung des Kraftstoffes im Ansaugrohr, besonders dann, wenn der Motor betriebswarm ist. Dadurch ist das Ansaugrohr im Leerlauf an den inneren Wänden trocken. Beim Öffnen der Drosselklappe fällt ein Teil des Kraftstoffes als Wandniederschlag aus, und da außerdem der Luftstrom beim Öffnen der Drosselklappe schneller beschleunigt als der Kraftstoffstrom in den Leitungen, träte eine Abmagerung in dem Augenblick ein, in dem zur Erzielung maximaler Leistung eine Anfettung erwünscht ist. Um dies zu verhindern, wird über eine Beschleunigungspumpe beim Gasgeben zusätzlich Kraftstoff eingespritzt, meist 1 bis 1,5 $cm^3$/Gaspedalhub. Ohne diese Maßnahme tritt ein gewisses Verhalten des Fahrzeuges beim Gasgeben ein, das vom Fahrer als störend empfunden wird, sobald es länger als ca. 3/100 Sekunden dauert.

Die Beschleunigungspumpe, **Abb. 4.34**, wird bei modernen Vergasern mechanisch betätigt. Sie ist mit der Drosselklappenwelle durch ein Gestänge verbunden. Ältere Vergasertypen haben auch pneumatisch betätigte Beschleunigungspumpen. Der Arbeitsraum der Beschleunigungspumpe ist mit Kraftstoff gefüllt, der aus der Schwimmerkammer über das Saugventil angesaugt wird. Im Ruhestand wird die Pumpenmembrane durch die Membranfeder gegen den Pumpenhebel gedrückt. Wenn die Drosselklappe geöffnet wird, überträgt sich diese Bewegung durch den Übertragungshebel, der die Membrane nach innen drückt. Dadurch wird Kraftstoff durch das Einspritzrohr über ein Kugelventil in die Mischkammer gespritzt. Das im Pumpeneinlaß liegende Kugelventil sorgt dafür, daß Kraftstoff beim Druckhub der Pumpe nicht in die Schwimmerkammer zurückfließen kann. Das Kugelventil im Pumpenauslaß verhindert, daß beim Saughub der Pumpe Luft in das Pumpensystem einströmen kann. Die Einspritzmenge und die Einspritzdauer können durch geeignete Maßnahmen verstellt und den Bedürfnissen des Motors angepaßt werden.

Bei einer anderen Beschleunigungspumpenbauart wird anstelle der Membran ein Kolben verwendet.

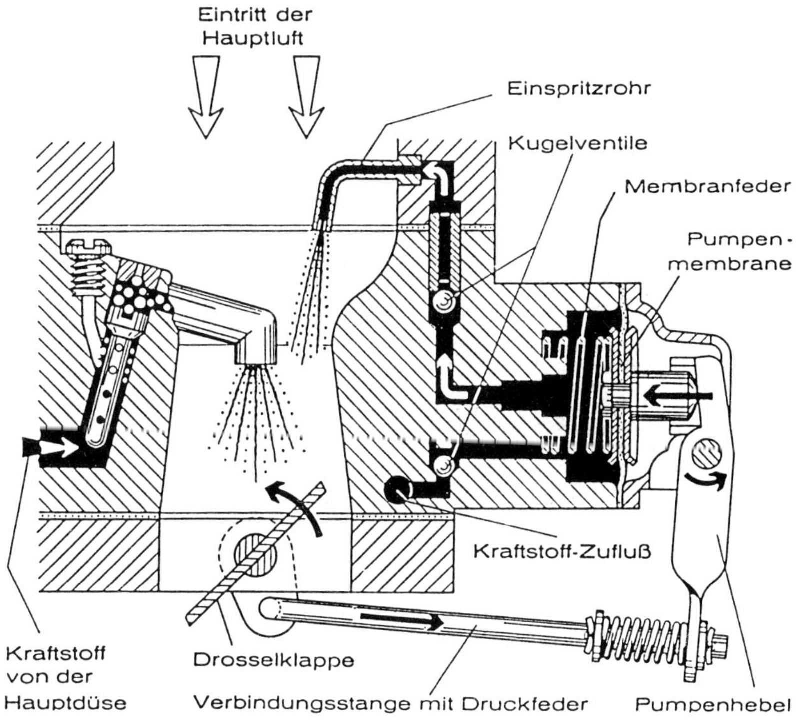


**Abb. 4.34.** Beschleunigungspumpe [4.8]

4.1.1.2.8. Gemischabmagerungs- und Gemischanreicherungs-Einrichtungen

Es wurde erwähnt, daß Luft-Kraftstoff-Gemische zwar nur in engen Grenzen entzündbar sind, daß aber doch gewisse Möglichkeiten bestehen, ein brennbares Gemisch "reicher" oder "ärmer" zu machen. Die Auswirkungen der Gemischzusammensetzung auf Leistung, Verbrauch und Abgase wurden in den Kapiteln 1 und 2 gezeigt. Es kommt aber noch hinzu, daß bei fettem Gemisch in den Zylindern mehr Verdampfungswärme für die Verdampfung des Kraftstoffes benötigt wird, als bei magerem Gemisch. Da auch die Ausbreitungsgeschwindigkeit der Flamme im Zylinder bei ca. 10 % Luftmangel ihr Maximum aufweist und bei mageren Gemischen stark abnimmt, ist die Gemischzusammensetzung ein wichtiger Faktor für das Betriebsverhalten des Motors.

Im Teillastgebiet fährt man aus Gründen der Wirtschaftlichkeit mit mageren Gemischen, während bei Vollast aus den erwähnten Gründen fette Gemische bevorzugt werden. Anreicherungssysteme geben eine zusätzliche Möglichkeit, den Vergaser auf die verlangte Motor-Charakteristik abzustimmen. Da die Hauptdüse meist für das Teillast-Gebiet ausgelegt ist, kann so das Gemisch für Vollast angereichert werden. Dies kann durch Anreicherungsrohre, **Abb. 4.35** oder Anreicherungsventile **Abb. 4.36** geschehen.

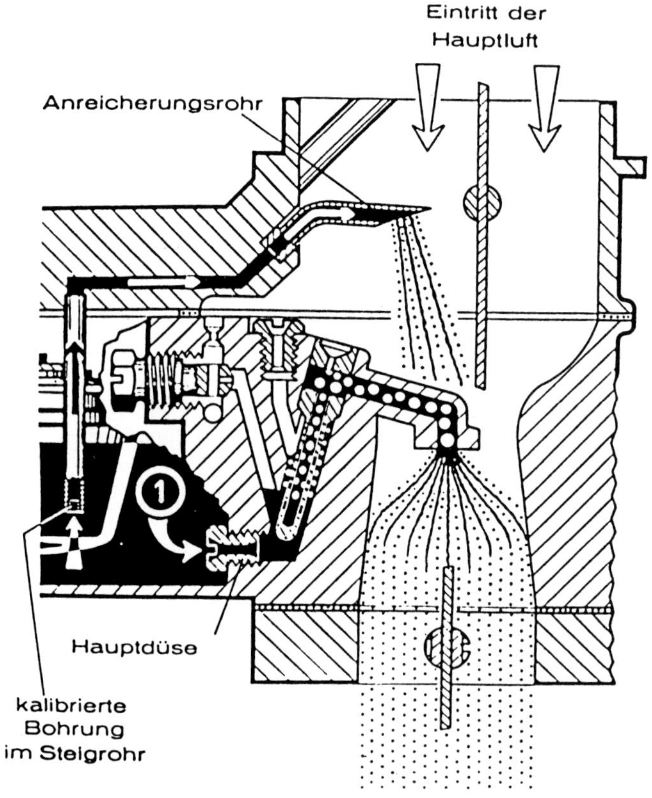


**Abb. 4.35.** Wirkungsweise eines Anreicherungssystems mit Anreicherungsrohr [4.8]

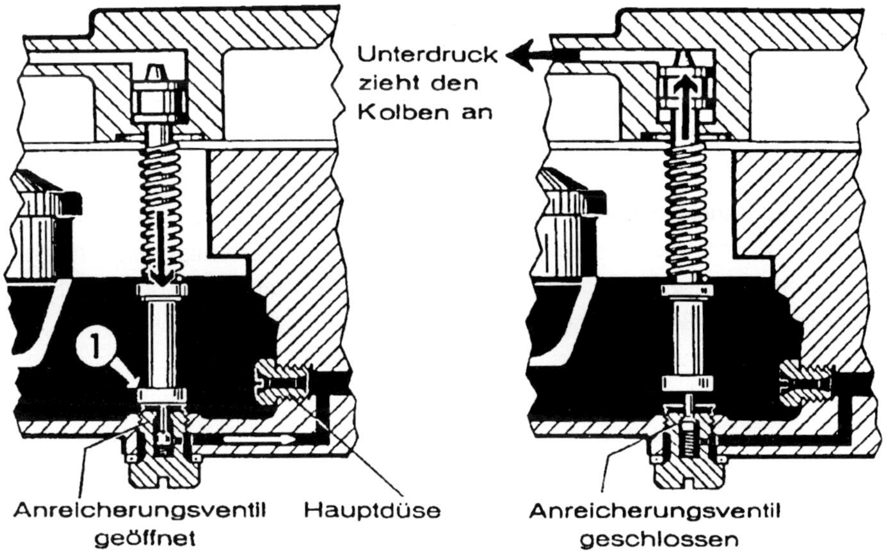


**Abb. 4.36.** Wirkungsweise eines Anreicherungssystems mit Ventilsteuerung durch Unterdruckkolben [4.8]

4.1.1.2.9. Zusatzgemischsysteme

Diese Systeme wurden speziell im Hinblick auf Schadstoffverminderung konzipiert. Die Drosselklappe soll im Leerlauf stets die gleiche Position zu den Bypaßbohrungen und zu den Zündunterdruck-Entnahmehbohrungen haben, auch wenn - infolge unterschiedlicher Reibleistungen - unterschiedliche Gemischmengen zur Aufrechterhaltung des Leerlaufes erforderlich sind. Um dies zu erreichen, verwendet man ein sogenanntes Zusatzgemischsystem, d.h. einen kleinen Nebenvergaser parallel zum Leerlaufsystem des Hauptvergasers, **Abb. 4.37**, der die erforderlichen unterschiedlichen Gemischmengen liefert.

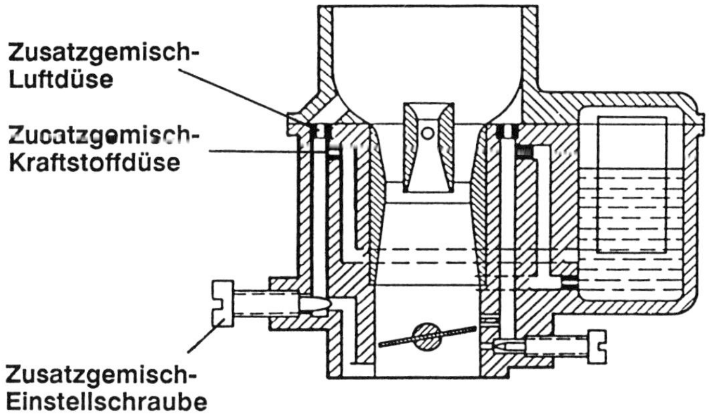


**Abb. 4.37.** Zusatzgemischsystem, links [4.8]

Dieses Zusatzgemischsystem ist so ausgelegt, daß es in dem in Frage kommenden Durchsatzbereich nahezu konstantes Luftverhältnis liefert.

#### 4.1.1.2.10. Schiebebetrieb

Infolge des plötzlich ansteigenden Unterdruckes im Saugrohr bei Gaswegnehmen verdampft ohne besondere Maßnahmen der an den Saugrohrwandungen entlangfließende Kraftstoffilm und fettet das Gemisch stark an, sodaß erhöhte Emissionen auftreten. Auch erhöhter Verbrauch tritt auf, da beim Wieder-Gasgeben dieser Wandfilm erneut aufgebaut wird.

Man verwendet daher gelegentlich Einrichtungen, mit denen das Schließen der Drosselklappe verzögert wird (Drosselklappenschließdämpfer) oder der Kraftstoff im Schiebebetrieb abgeschaltet wird (Schubabschaltung).

#### 4.1.1.2.11. Atmosphärische Korrektoren

Der physikalische Zustand der Atmosphäre ändert sich, soweit für motorische Verhältnisse bedeutsam, in drei Größen: Temperatur, Druck und Feuchtigkeit, während die Zusammensetzung der Luft bis ca. 10 000 m Höhe infolge der dauernden Durchmischung durch Bodenunebenheiten, Wind und Niederschläge etwa gleich bleibt.

Infolge von Wettereinflüssen schwankt der Luftdruck maximal um ca. 30 mm Hg oder knapp 8 %, die lokale Dichte der Luft kann sich um mehr als 10 % ändern. Einflüsse unterschiedlicher Höhen über dem Meeresspiegel wirken noch verstärkend. Der Einfluß dieser Änderung auf die Brenngemischdosierung und als Folge davon auf Leistung, Verbrauch und Abgase kann beträchtlich sein, **Tab. 4.1**.

Daher wurden für die Leistungsbestimmung an Verbrennungsmotoren nationale und internationale Bezugszustände vereinbart, siehe Kapitel 2.1.

Bezüglich der Brenngemisch-Komponente "Luft" lassen sich die Änderungen von Druck, Temperatur und Luftfeuchtigkeit gemeinsam durch die damit verbundene Änderung der Dichte betrachten.

Die Dichte des Kraftstoffes ändert sich bei 40 Grad Temperaturänderung etwa um 3 %, die Zähigkeit um ca. 30 bis 40 %. Bei gleichen Strömungsverhältnissen ändern sich die Reynolds-Zahlen im gleichen Verhältnis. Dadurch können die Durchflußbeiwerte erhebliche Veränderungen erfahren.

Bei Schwankungen der Außentemperaturen zwischen ca. 20° und 40 °C treten während der Fahrt unter der Motorhaube Temperaturen zwischen 50° und 100 °C und in der Schwimmerkammer des Vergasers von 40° bis 75 °C auf. Nach Abstellen von Fahrzeugen besonders unter Sonneneinstrahlung können unter der Motorhaube Werte bis 120 °C auftreten.

Hohe Temperaturen können außerdem sekundäre Auswirkungen haben, z.B. Dampfblasenbildung in kraftstoffführenden Leitungen oder verstärkte Bildung von Brennstoffdämpfen in Vergasern. Dies kann eine Anreicherung des Gemisches zur Folge haben.

| Ort | Höhe [m] | Luftdruck [mm Hg] |
|---|---|---|
| Düsseldorf | 40 | ca. 760 |
| München | 520 | ca. 715 |
| St.-Gotthard-Paß (Schweiz) | 2110 | ca. 590 |
| Großglockner-Alpenstraße | 2500-2700 | ca. 570-550 |
| Denver (USA) | 1600 | ca. 630 |
| Mexico City (Mexico) | 2300 | ca. 580 |
| Tunnel unter dem Loveland-Paß (USA) | 3400 | ca. 505 |
| Strecke Koi-Tesek (Pamir Rußland) | 4700 | ca. 450 |
| Strecke Sary-Tasch (Pamir Rußland) | 3800 | ca. 490 |

**Tab. 4.1.** Höhenlage unnd mittlerer Luftdruck einiger Orte

Im allgemeinen treten die Auswirkungen der Änderungen des atmosphärischen Zustandes auf die Brenngemisch-Dosierung in erster Näherung durch die Veränderung der Dichte der Luft in Erscheinung. Sie können bei Vergasern durch die allgemeine Vergasergleichung berechnet werden, Kapitel 4.1.1.1.

Unter Vernachlässigung der Expansion der Luft und der Veränderung der Durchflußzahlen ist die Änderung des Mischungsverhältnisses proportional der Wurzel der Änderung der Dichte der Luft. Diese Beziehung stellt natürlich nur eine erste Näherung dar, die viele Faktoren, die beim wirklichen Vergaser auftreten, unberücksichtigt läßt. Immerhin erkennt man damit recht gut die Größenordnung der Änderung.

Manche physikalischen und chemischen Eigenschaften der Kraftstoffe ändern sich mit der Temperatur. Dies gilt besonders hinsichtlich Dichte, Oberflächenspannung und Viskosität.

Mit der Kraftstoffdichte verändert sich nach der allgemeinen Vergasergleichung das Mischungsverhältnis. Außerdem, infolge des veränderten Auftriebes des Schwimmers, verändert sich das Niveau in der Schwimmerkammer.

Die Oberflächenspannung des Kraftstoffes hat Einflüsse auf die Dosierung und Aufbereitung des Brenngemisches.

Viskositätsschwankungen des Kraftstoffes können die Dosierung beeinflussen, da sich bei konstanter Druckdifferrenz an den Düsen die Reynoldszahlen ändern und damit auch die Werte der Durchflußzahlen, Abb. 4.2 und **Abb. 4.38**.

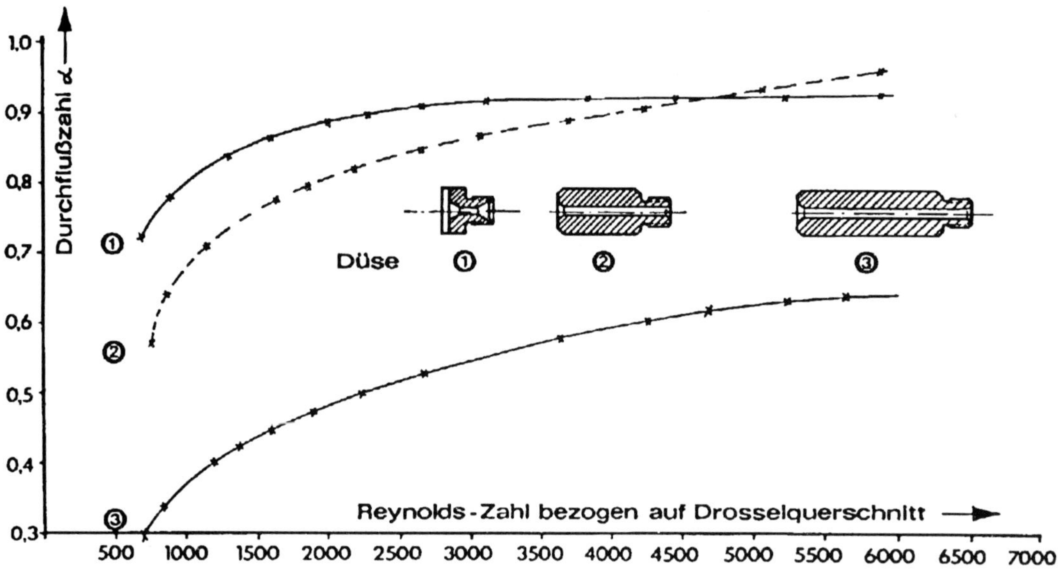


**Abb. 4.38.** Durchflußzahlen von Vergaserdüsen (Düse 1: übliche Vergaserdüse) [4.8]

**Abb. 4.39** zeigt auf einem Vergaserprüfstand einer sogenannten "Vergaserfließbank" mit Höhenkammer, gemessene Werte der Anreicherung in Abhängigkeit von der Höhe.

Ebenfalls sind berechnete Werte für Vergaser mit festen und beweglichen Lufttrichter-Querschnitten eingetragen. Man erkennt gute Übereinstimmung zwischen den theoretisch ermittelten und den gemessenen Werten.

Die erwähnten Anreicherungseinrichtungen können die natürliche Anreicherung eines einfachen Vergasers verdoppeln, da sie in der Höhe früher ansprechen. Erfolgt die Anreicherung durch ein von der Schwimmerkammer in die Saugleitung führendes Röhrchen, so spricht diese Einrichtung dadurch früher an, daß der Unterdruck bei konstanter Luftdurchsatzmasse stärker wird, wenn die Dichte der Luft sinkt.

Bei Vergasern mit Anreicherungsventil, das bei abnehmendem Unterdruck in der Saugleitung die Anreicherung zuschaltet, erfolgt die frühere Zuschaltung in der Höhe dadurch, daß bei konstanter Luftmasse mit der Abnahme der Dichte der Luft die Drosselklappe weiter geöffnet werden muß und somit der Unterdruck im Saugrohr geringer wird.

**Abb. 4.40** zeigt die Wirkung einer Anreicherungseinrichtung auf die Gemischanfettung eines Vergasers in der Höhe. Es handelt sich um Teillastmessungen mit konstantem Luftdurchsatz. Die Drosselklappe wurde dabei mit zunehmender Höhe progressiv weiter geöffnet.

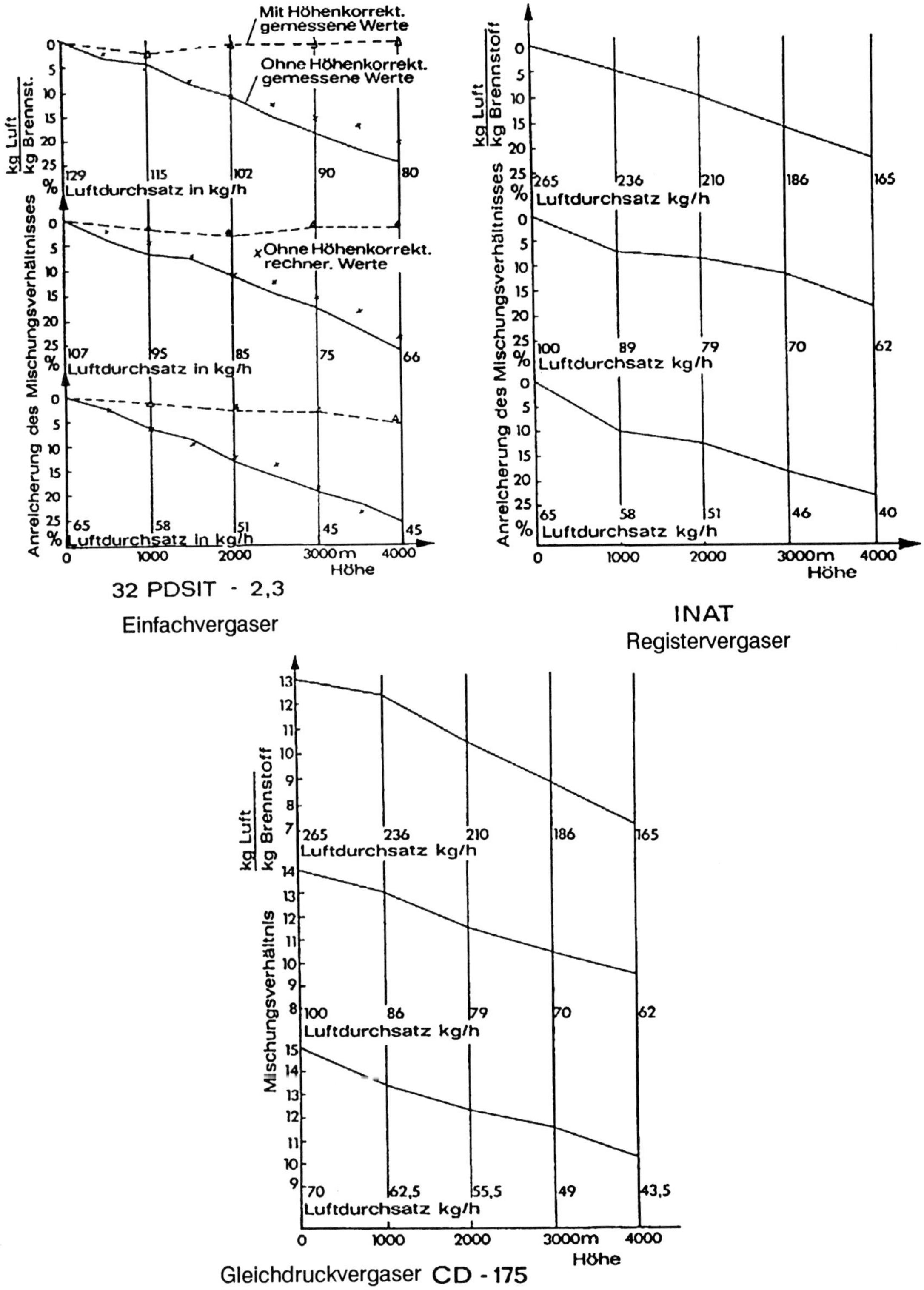


**Abb. 4.39.** Anreicherung von Vergasern mit zunehmender Höhe [4.8]

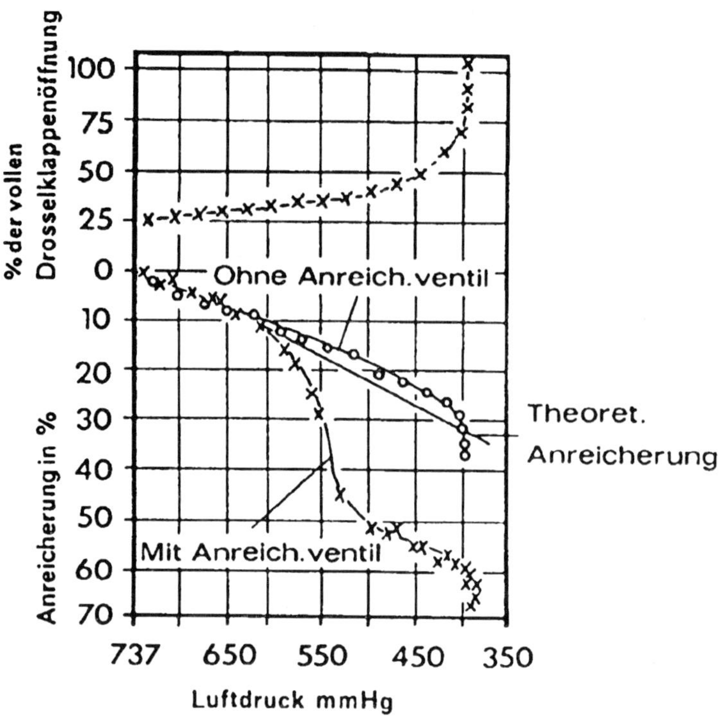


**Abb. 4.40.** Wirkung der Anreicherungseinrichtung mit zunehmender Höhe nach [4.16]

Das Maß der Auswirkungen der Anreicherung auf Leistung, Verbrauch und Abgase infolge Abweichung vom Ausgangsgemisch hängt vom Luftverhältnis dieses Ausgangsgemisches ab. Es ist im allgemeinen von Betriebspunkt zu Betriebspunkt im Kennfeld verschieden.

Bei einem Vergaser ohne Anreicherungseinrichtung mit einem Ausgangsluftverhältnis von $\lambda = 1,1$ bewirkt z.B. eine 16 %ige Anreicherung auf der Großglockner Alpenstraße eine fast 10 %ige Mitteldruckerhöhung, die der Mitteldruckverminderung infolge geringerer Luftlademasse entgegenwirkt. Der spezifische Brennstoffverbrauch erhöht sich in diesem Fall um 10 %, der Kohlenmonoxidgehalt der Abgase wächst von ca. 0,5 auf ca. 3 Vol % an, und die Kohlenwasserstoff-Emission vergrößert sich um ca. 45 %.

Liegt das Ausgangsluftverhältnis bei $\lambda = 0,9$, so ändert sich der mittlere Nutzdruck infolge Gemischanreicherung kaum, aber der spezifische Verbrauch steigt um ca. 20 %. Die Kohlenwasserstoff-Emissionen erhöhen sich um 40 %, und der Kohlenmonoxidgehalt verdoppelt sich. Bei noch fetteren Ausgangsgemischen kann eine erhebliche Mitteldruckverminderung auftreten.

Es ist also möglich, daß bei Vergasern, die nicht in Abhängigkeit von den atmosphärischen Verhältnissen korrigiert werden, Werte auftreten können, die hinsichtlich Verbrauch, Leistung und Abgasqualität nicht befriedigen.

Bei Flugmotoren werden deshalb schon seit Jahrzehnten serienmäßig und bei Fahrzeugmotoren als Sonderausstattung Höhenkorrektoren verwendet. Im Prinzip verwenden alle automatischen Ausführungen evakuierte Barometerdosen, die sich in Abhängigkeit vom äußeren Druck ausdehnen und entweder den Durchfluß einer Verstelldüse steuern oder über Hebelsysteme die Kraft der Druckdose direkt zur Brennstoffdosierung ausnutzen.

Die bei Fahrzeugmotoren üblichen Verstelldüsen dosieren entweder den Brennstoff, die Korrekturluft, die Belüftung der Schwimmerkammer oder eine Luftmenge, die den Lufttrichter zur Herabsetzung des Unterdruckes umgeht. Es ist auch möglich, den Zündzeitpunkt zur Höhenkorrektur zu variieren.

**Abb. 4.41** zeigt prinzipiell die Wirkungsweise einiger Korrrektureinrichtungen. Sehr weitgehend evakuierte Barometerdosen reagieren praktisch nur auf Druck, weniger weit evakuierte Dosen auch auf Temperatureinflüsse.

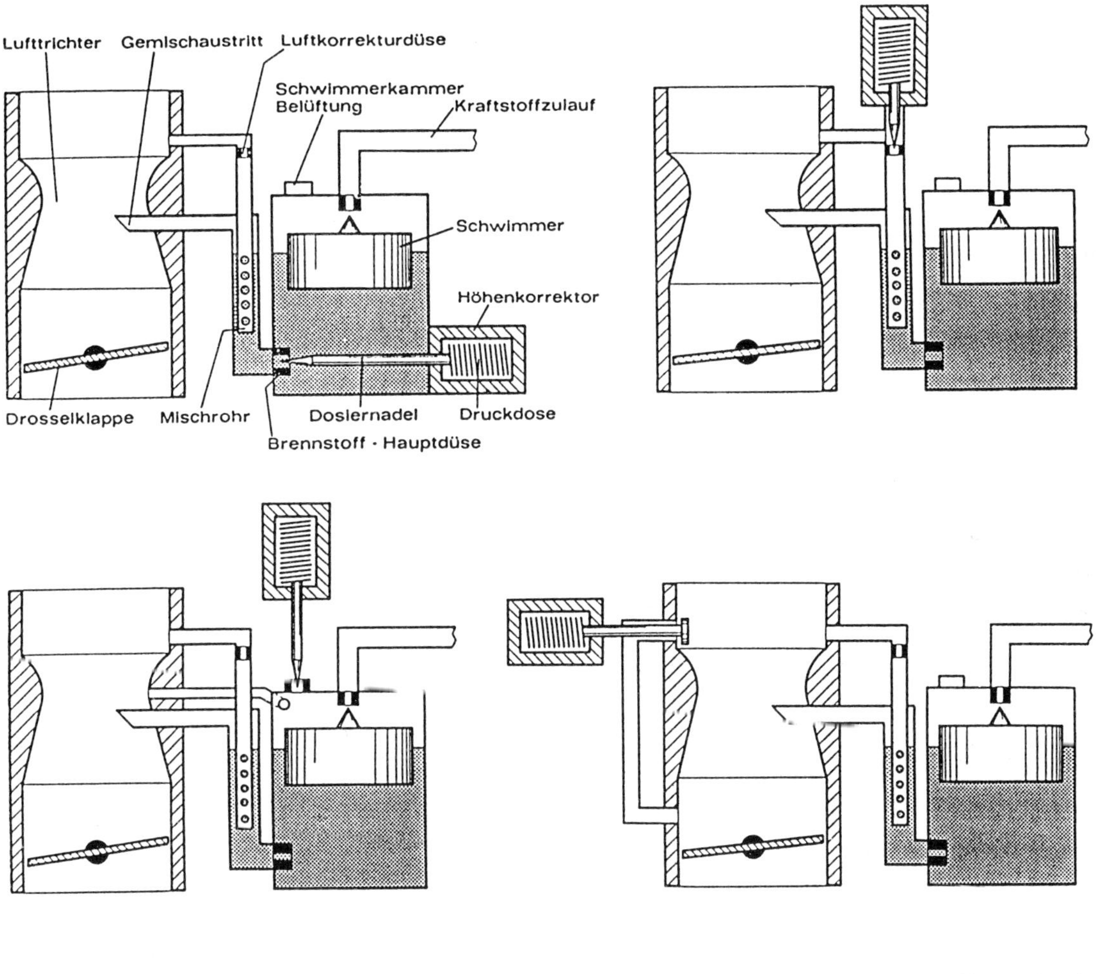


**Abb. 4.41.** Möglichkeiten der Höhenkorrektur durch Beeinflußung von: Hauptdüse (links oben); Luftkorrekturdüse (rechts oben); Schwimmerkammerdruck (links unten);Umgehungsventuri (rechts unten) [4.8 und 4.17]

Da die maximal mögliche Motorleistung grundsätzlich von der Menge des zugeführten Sauerstoffes, d.h. von der zugeführten Luftmasse abhängt, kann ein Höhenkorrektor natürlich nicht den naturbedingten Leistungsabfall, der etwa linear mit abnehmender Luftdichte auftritt, verhindern; er kann nur dafür sorgen, daß das für den jeweiligen Motorzustand optimale Mischungsverhältnis zur Verfügung steht.

**Abb. 4.42** zeigt den auf die Hauptdüse wirkenden Höhenkorrektor des VW 1600 Automatic, wie er früher verwendet wurde.

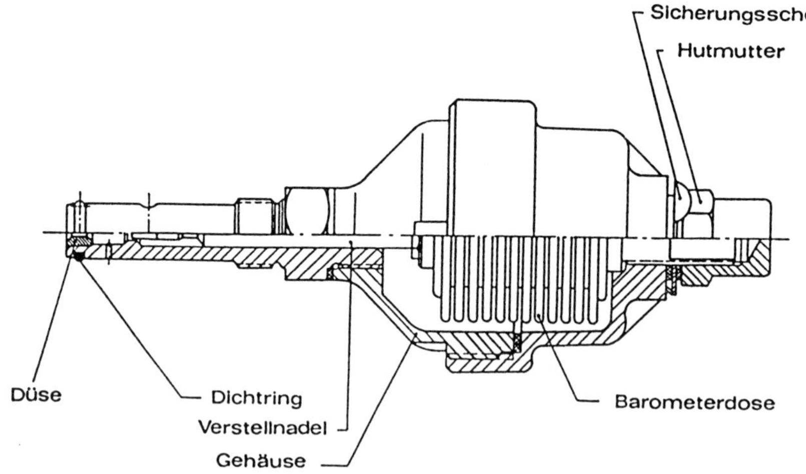


**Abb. 4.42.** Höhenkorrektor der DVG [4.8]

4.1.1.2.12. Vereisung

Gelegentlich treten störende Erscheinungen auf, indem bei hoher relativer Luftfeuchtigkeit und Temperaturen meist etwas oberhalb des Gefrierpunktes Vereisung auftritt. Der Grund ist die Abkühlung des Vergasers und der Verbrennungsluft durch die Verdampfung von Kraftstoff durch die gesteigerte Luftgeschwindigkeit der Verbrennungsluft. Dadurch fällt bei hoher relativer Luftfeuchtigkeit Wasser aus und gefriert an den kältesten Stellen des Vergasers, meist beim Kraftstoffaustrittsarm, bei der Drosselklappe oder beim Leerlaufgemischkanal. Gelegentlich tritt Eisbildung nach dem Anlassen des Motors auf und zwar solange die Abkühlung durch die Kraftstoffverdampfung größer ist, als die Wärmezufuhr durch den Motor, **Abb. 4.43**.

In **Abb. 4.44** sind gemessene Temperaturverläufe in einem Vergaser mit auftretender Vereisung dargestellt. Bei einer Temperatur der angesaugten Luft von +6 °C und einer relativen Luftfeuchtigkeit von 80 % ergibt sich an der Drosselklappe eine Temperatur von nur -12 °C. Eine Vereisung in diesem Bereich ist die logische Folge.

Die Neigung des Kraftstoffes zum Vereisen wird durch eine Vereisungskennzahl angegeben. In **Abb. 4.45** ist das Flächenverhältnis des störungsfreien Betriebes (nicht schraffiert) zum gesam-

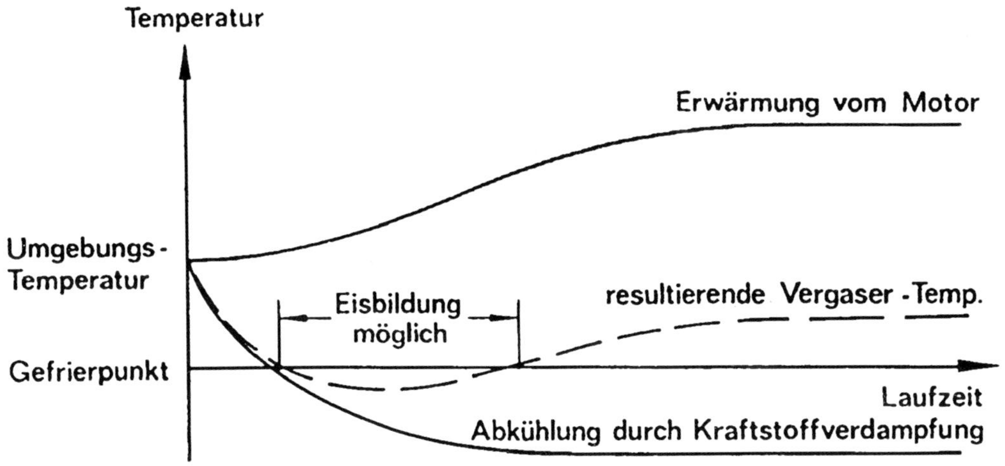


**Abb. 4.43.** Vergasertemperatur in Abhängigkeit von der Laufzeit [4.8]

ten Betriebsbereich dargestellt. Dabei wurde an einem Motor mit verschiedenen Kraftstoffen der Bereich der Eisbildung an der Drosselklappe und im Leerlaufkanal und das damit verbundene Stehenbleiben des Motors im Leerlauf festgestellt.

Maßnahmen gegen Vergaservereisung können durch Wärmezufuhr getroffen werden. Bei Zufuhr von Wärme ist jedoch zu beachten, daß jede Wärmezufuhr die Gefahr der Dampfblasenbildung bei hohen Temperaturen erhöht.

Praktisch durchgeführt wird die Beheizung der Drosselklappenteile von Vergasern. Heute wird das Problem der Vergaservereisung meist durch Zusätze zum Kraftstoff gelöst, sog. Anti-Eis-Additive.

Ansaugluftvorwärmung, die bei Vergasermotoren vielfach verwendet wird, bewirkt neben besserer Gemischverteilung durch stärkere Kraftstoffverdampfung auch geringere Vereisungsneigung.

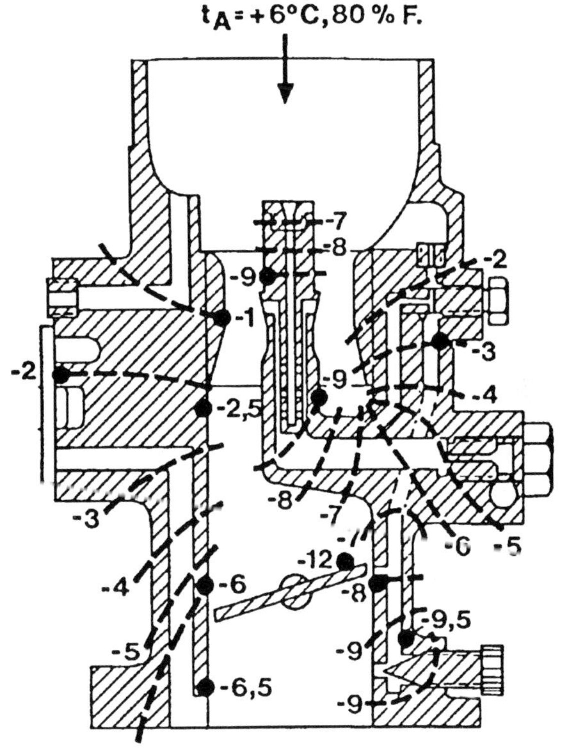


**Abb. 4.44.** Mögliche Vergasertemperaturen beim Auftreten von Vereisung [4.8]

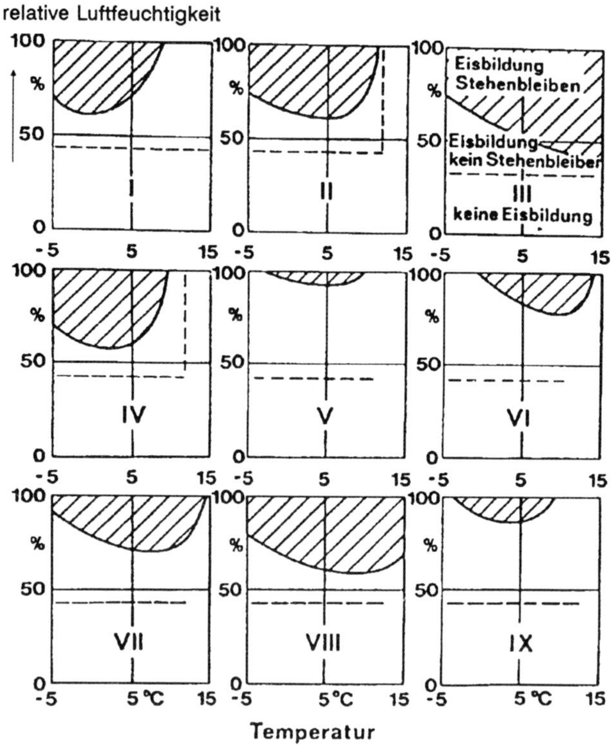


| | |
|---|---|
| I | Handelsüblicher Kraftstoff |
| II, III | Kraftstoffe mit hohen Anteilen leichtsiedender Stoffe |
| IV | Kraftstoff mit Beimengung von 36% Benzol |
| V | Kraftstoff mit Beimengung von 2% Isopropanol |
| VI | Kraftstoff mit Beimengung von 2% Methanol |
| VII | Kraftstoff mit Beimengung von 2% Äthanol |
| VIII | Kraftstoff mit Beimengung von Aceton |
| IX | Kraftstoff mit speziellem Additiv gegen Vereisung: 0,5% Kerofluid PGM. |

**Abb. 4.45.** Vereisungskennlinien von Kraftstoffen mit verschiedenen Zusätzen [4.8]

4.1.1.2.13. Dampfblasen

Beim Start mit heißem Motor, besonders im Sommer bei hohen Außentemperaturen, kann bei Vergasern das Problem der Dampfblasenbildung auftreten. Durch die Aufheizung des Vergasers dampfen einmal die leichtsiedenden Bestandteile aus. Diese treten ins Saugrohr ein, erschweren durch Überfettung den Heißstart und beeinträchtigen ebenfalls den Leerlauf des heißen Motors. Es können sich zum anderen dadurch Schwierigkeiten ergeben, daß sich Kraftstoffdampfblasen in den Kraftstoffkanälen absetzen und so den Durchfluß behindern.

Dampfblasen können auch in den Leitungen zwischen Kraftstofftank und Kraftstoff-Förderpumpe bei höheren Temperaturen gelegentlich vorkommen. Man wirkt einer Überhitzung des Kraftstoffes in diesen Leitungen häufig dadurch entgegen, daß man am Vergaser ein sog. Kraftstoffrücklaufventil vorsieht. Dieses läßt bei Leerlauf und Teillast eine gewisse Kraftstoffmenge vor dem Vergaser durch eine Rücklaufleitung in den Tank zurückströmen. Man verhindert so eine zu starke Aufheizung des Kraftstoffes in den Leitungen und damit Dampfblasenbildung.

4.1.1.3. Vergaserbauarten

Der Bauart nach, die sich nach der Anordnung des Ansaugrohres am Motor richtet und die nach der Richtung des Saugstromes im Vergaser bezeichnet wird, unterscheidet man, **Abb. 4.46**:

- a) Fallstrom-Vergaser;
- b) Schrägstrom-Vergaser;

- c) Flachstrom-Vergaser;
- d) Steigstrom-Vergaser.

Steigstrom-Vergaser werden allerdings heute nicht mehr verwendet.

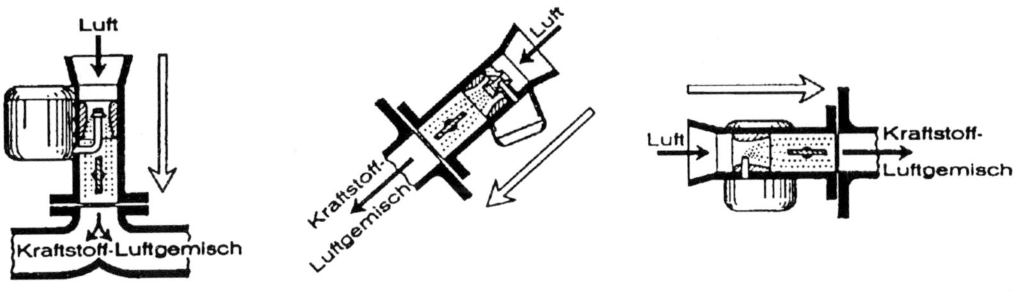


**Abb. 4.46.** Bauarten des Vergasers; a) Fallstrom-Vergaser, b) Schrägstrom-Vergaser, c) Flachstrom-Vergaser

Nach der Anzahl und der Funktion der Mischkammern unterscheidet man ferner, **Abb. 4.47:**

a) Einfach-Vergaser für ein Ansaugrohr,
b) Doppel-Vergaser für getrennte Ansaugrohre,
c) Register-Vergaser mit nacheinander öffnenden Stufen für ein Ansaugrohr.

Bei der letztgenannten Bauart wird von einem gewissen Luftdurchsatz an eine zweite Stufe -also ein zweiter Vergaser - zusätzlich zugeschaltet. Dies kann mechanisch in Abhängigkeit von der Stellung der Drosselklappe der ersten Stufe geschehen - sog. mechanische Steuerung oder in Abhängigkeit vom Unterdruck der ersten Stufe - sog. pneumatische Steuerung.

Vergleicht man Vergaserbauarten hinsichtlich der Drosselverluste, so läßt sich folgendes sagen:

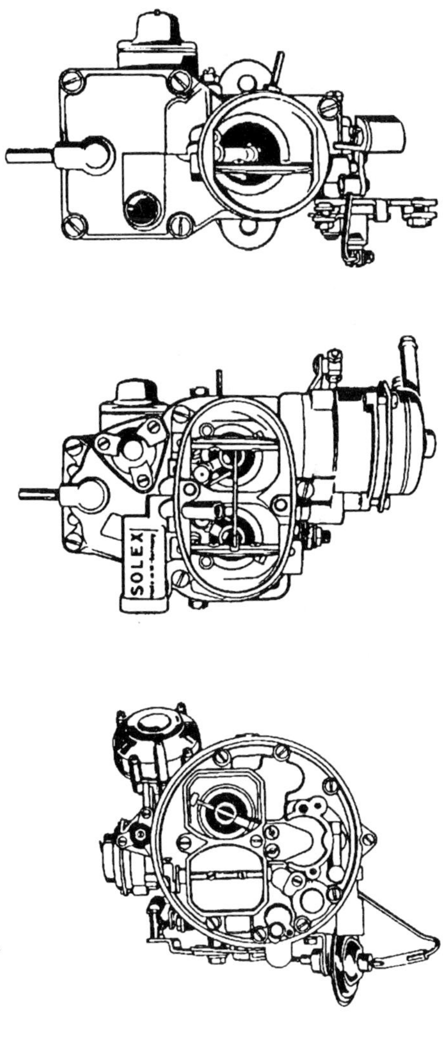


**Abb. 4.47.** Bauarten des Vergasers:
a) Einfach-Vergaser für ein Ansaugrohr,
b) Doppel-Vergaser für getrennte Ansaugrohre,
c) Register-Vergaser

Einstufen-Vergaser haben bei hohen Durchsätzen hohe Drosselverluste, weil ihr Durchmesser insbesondere der Drosselklappenteil nicht beliebig vergrößert werden kann, **Abb. 4.48** Kurve A. Andernfalls spricht das Vergaserhauptsystem erst bei hohen Luftdurchsätzen an und der Luftdurchsatzbereich, der mit dem Leerlauf- und dem Bypass-System überbrückt werden muß, wird zu groß. Dabei ist vor allem störend, daß geringen Öffnungswinkeln der Drosselklappe hohe Änderungen der Luftdurchsätze entsprechen. Es ist aus fertigungstechnischen Gründen - Lagerung und Form der Drosselklappe, Anordnung der Bypassbohrungen - dann schwer möglich, die erforderlichen Dosierungstoleranzen einzuhalten.

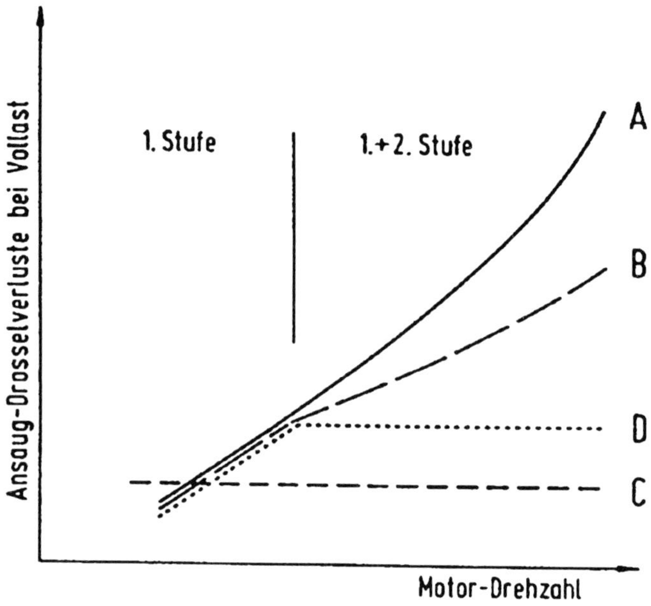


A Einstufen-Vergaser
B Zweistufen-(Register-) Vergaser mit pneumat. Steuerung der Sekundärstufe
C Gleichdruck-Vergaser
D Zweistufen-(Register-) Vergaser. Sekundärstufe als Gleichdruckstufe ausgebildet

**Abb. 4.48.** Drosselverluste verschiedener Vergaserbauarten

Um exakte Dosierung und trotzdem geringe Drosselverluste zu erreichen, benötigt man für Motoren mit großen Drehzahlbereichen Registervergaser mit einer relativ engen Primärstufe zur Erzielung exakter Dosierung und einer weiten Sekundärstufe zur Verringerung der Drosselverluste, Abb. 4.48 Kurve B.

Gleichdruckvergaser haben den Vorteil eines prinzipiell einfachen Aufbaues. Sie zeigen meist gutes Übergangsverhalten und geringe Drosselverluste im hohen Vollgas-Drehzahlbereich, Abb. 4.48 Kurve C. Es ist aber schwierig, mit diesen Vergasern bei sehr geringen Luftdurchsätzen, also bei sehr geringen Bewegungen des Luftmeßorganes (Kolben oder Luftklappe) exakte

Kraftstoffdosierung zu erreichen, da sich das Luftmeßorgan, das für die Kraftstoffdosierung maßgeblich ist, durch Einfluß der Reibung nicht immer in die gleiche Position stellt.

Aus dem Vorstehenden läßt sich ableiten, daß als beste Lösung für Motoren mit großer Drehzahlspanne der Registervergaser in Kombination mit der Ausführung der Sekundärstufe als Gleichdruckvergaser erscheint, Abb. 4.48 Kurve D. Die Öffnung der Drosselklappe der Sekundärstufe kann dabei mechanisch in Abhängigkeit vom Unterdruck an einer geeigneten Stelle im Vergaser erfolgen.

#### 4.1.1.4 Gleichdruckvergaser

Gleichdruckvergaser, **Abb. 4.49**, besitzen veränderliche Lufttrichter, die je nach Luftdurchsatz mehr oder weniger Durchströmquerschnitt freigeben, so daß sich näherungsweise ein konstanter Unterdruck in der Mischkammer einstellt.

Durch eine Bohrung in diesem Kolben steht der Raum, in dem der Kraftstoff austritt, die Mischkammer, mit dem Raum über der Membrane in Verbindung. Beim Öffnen der Drosselklappe steigt infolge des erhöhten Luftdurchsatzes der Unterdruck in der Mischkammer an. Er hebt über die Membrane den Kolben gegen eine Kolbenfeder soweit an, bis zwischen der durch den Unterdruck hervorgerufenen Kraft und der Federkraft Gleichgewicht eintritt.

Der Kraftstoff strömt durch Schwimmernadelventil, Schwimmerkammer, Düsenhalter und Nadeldüse zur Mischkammer. Die Dosierung erfolgt durch die Nadeldüse, deren Nadel im Kolben befestigt ist.

Bei diesem Vergaser kann man auf eine Beschleunigungspumpe und bei einigen Ausführungen auch auf ein gesondertes Leerlaufsystem verzichten. Beim plötzlichen Öffnen der Drosselklappe ergibt sich infolge der Trägheit des Kolbens kurzzeitig ein erhöhter Unterdruck in der Mischkammer und damit eine kurzzeitige Anfettung die der Wirkung einer Beschleunigungspumpe entspricht. Bei Leerlaufstellung der Drosselklappe herrscht relativ hoher Unterdruck, der den Leerlaufkraftstoff aus der Kraftstoffdüse herauszusaugen vermag. Allerdings ist ein gewisser Nachteil der letzteren Ausführungen, daß die Leerlaufeinstellung durch Veränderung der Kraftstoffaustrittsfläche, d.h. durch Verschieben des Nadelsitzes erfolgen muß. Dadurch wirkt sich die Leerlaufeinstellung auch auf die Kraftstofflieferung bei höheren Durchsätzen aus. Es wurden daher bei derartigen Vergasern gelegentlich gesonderte Leerlaufsysteme vorgesehen, **Abb. 4.50**.

Bei Gleichdruck-Vergasern und gelegentlich auch sonst werden Nadeldüsen verwendet, die besondere Probleme aufweisen. Die Durchflußmenge hängt von der Exzentritzität der Nadel in der Düse ab.

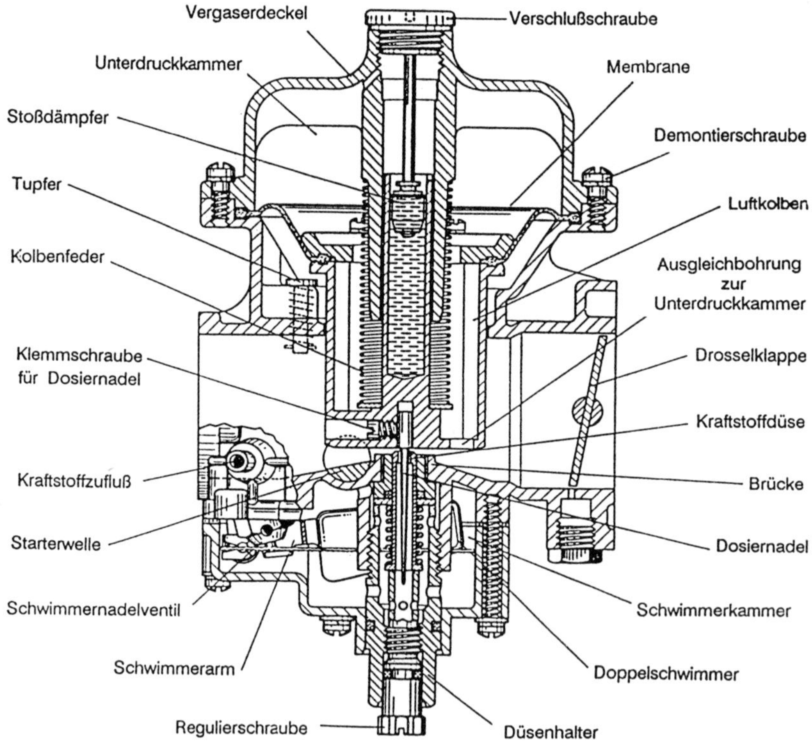


**Abb. 4.49.** Gleichdruckvergaser, Zenith-Stromberg-CD, schematischer Schnitt [4.8]

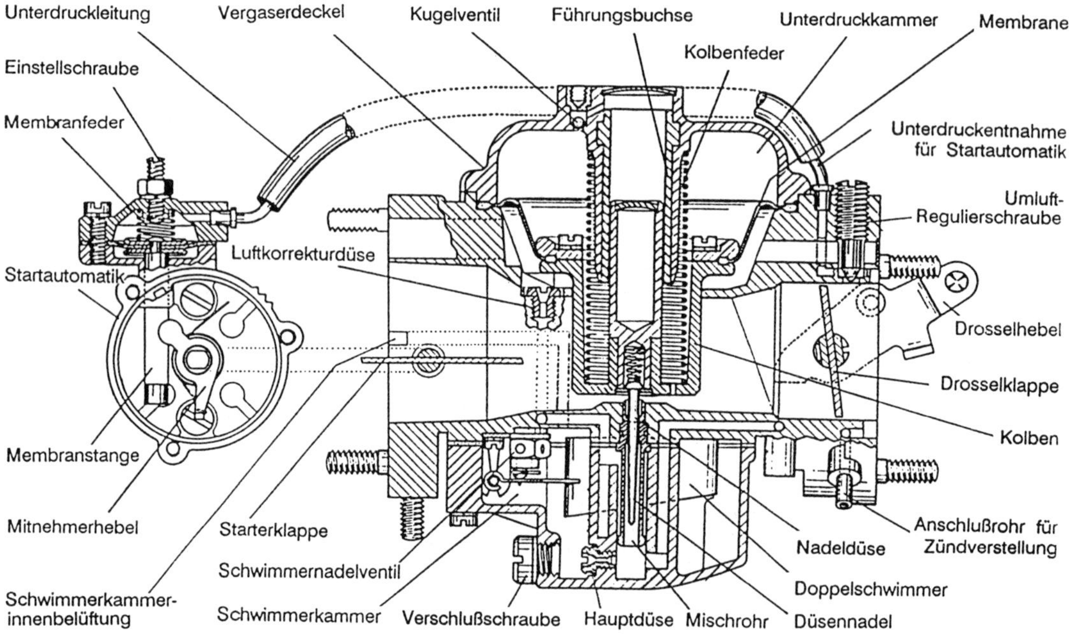


**Abb. 4.50.** Gleichdruckvergaser mit getrenntem Leerlaufsystem und Starteinrichtung, Solex 34 SWT [4.8]

Aus **Abb. 4.51** erkennt man, daß der Durchfluß bei - in Luftströmungsrichtung - vorderseitiger Exzentrizitätsänderung größere Schwankungen erfährt, als bei Exzentrizitätsänderung im hinteren Düsenbereich.

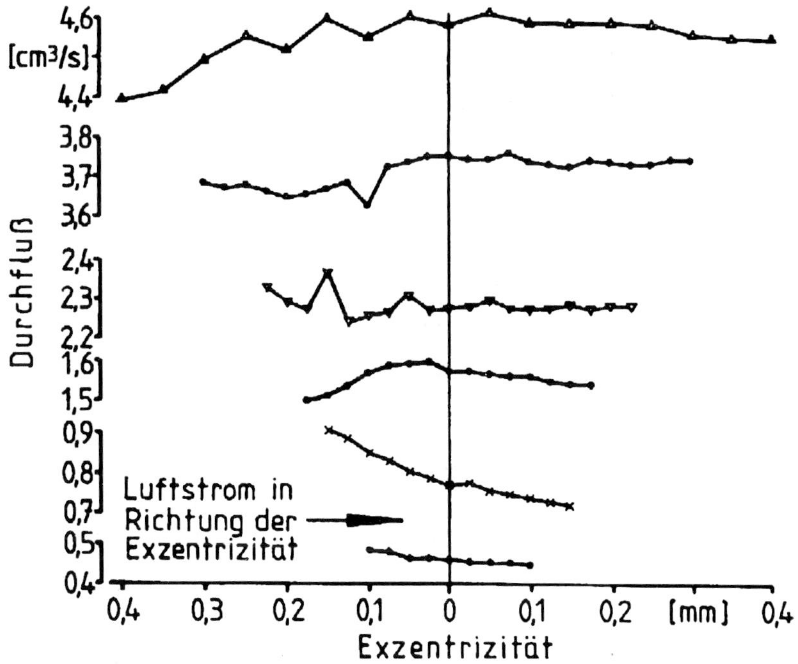


**Abb. 4.51.** Durchfluß über der Exzentrizität der Nadel in der Düse [4.8]

Daher läßt man die Düsennadeln zweckmäßigerweise an der Düsenwand hinten anliegen, um durch zufällige Exzentrizitätsänderungen keine unterschiedlichen Durchflüsse zu verursachen.

#### 4.1.1.5 Vergaser mit elektronischer Steuerung oder Regelung

Eine neuere Entwicklung ist der elektronisch beeinflußte Vergaser. Grundgedanke ist es, die vielen Systeme, die bei hochwertigen Vergasern erforderlich sind, zu eliminieren und basierend auf einem einfach aufgebauten Grund-Vergaser, die unterschiedlichen Anforderungen an die Brenngemischdosierung durch elektronisch gesteuerte oder geregelte Eingriffe zu erfüllen. In **Abb. 4.52** wird nur eine Funktion, die Schubabschaltung, elektronisch angesteuert. **Abb. 4.53** zeigt das sog. Ecotronic-Grundsystem der Fa.Pierburg, in dem alle wesentlichen Zusatzfunktionen elektronisch gesteuert werden.

Basierend auf einem relativ einfachen Vergaser mit Leerlauf-, Bypass- und Hauptsystemen, werden die Leerlaufdrehzahlregelung, die Start- und Warmlauf-Steuerung, die Beschleunigungsanreicherung, sowie Abschaltung im Schub elektronisch gesteuert. Ein elektronisches Steuer-

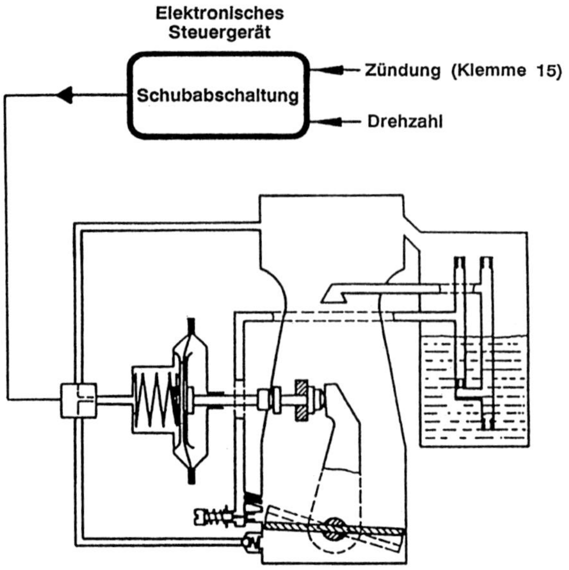


**Abb. 4.52.** Elektronisch angesteuerte Schubabschaltung an einem Vergaser [4.20]

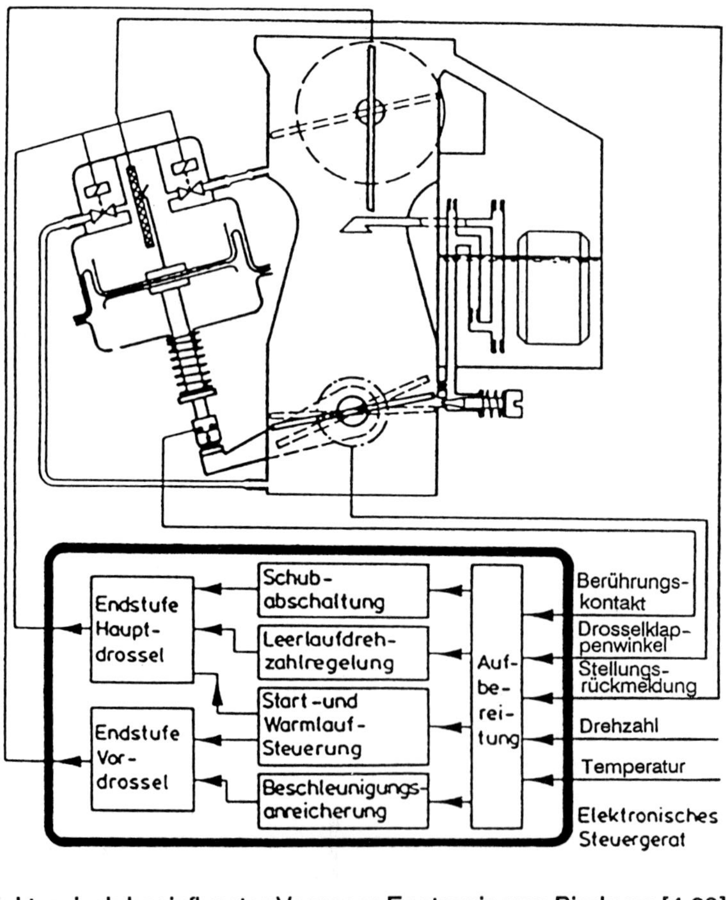


**Abb. 4.53.** Elektronisch beeinflusster Vergaser Ecotronic von Pierburg [4.20]

gerät erhält Informationen über Temperatur, Drosselklappenstellung, Drehzahl und gibt aufgrund dieser Informationen die Stellungen der Vordrosselklappe und des Drosselklappenanstellers an. Dadurch werden Brenngemischanreicherungen, oder bestimmte Gemischdurchsätze erreicht.

Eine erweiterte elektronisch beeinflußte Vergaseranlage, die das Lambda-Eins-Konzept ermöglicht, also über eine im Auspuffstrang angeordnete Lambda-Sonde den Sauerstoffpartialdruck im Abgas mißt und den Gemischbildner so regelt, daß das Mischungsverhältnis Luft-Kraftstoff stets stöchiometrisch geliefert wird (Lambda = Eins), zeigt **Abb. 4.54**.

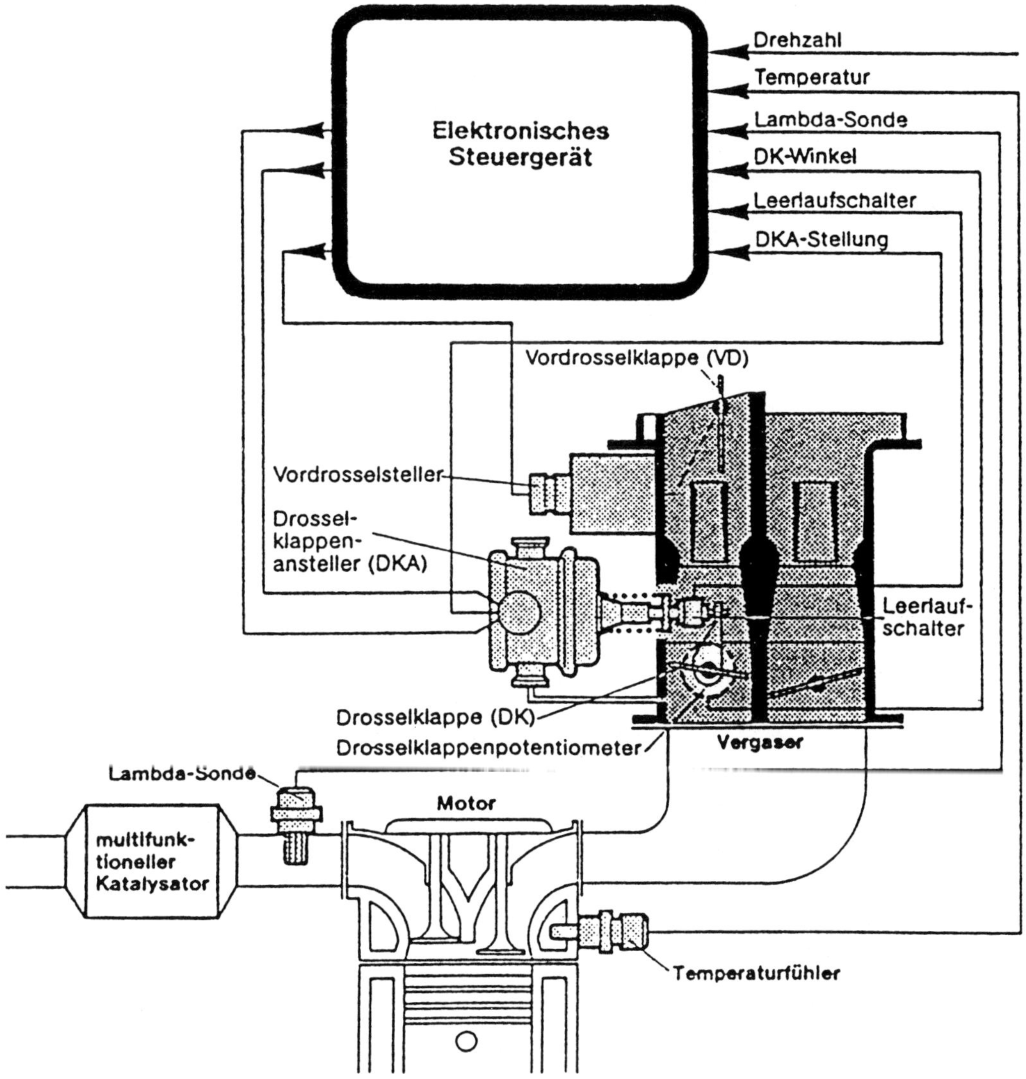


**Abb. 4.54.** Elektronischer Vergaser mit Lambda-Regelung von Pierburg [4.40]

4.1.1.6. Ausführungsbeispiele von Vergasern

4.1.1.6.1. Pierburg Registervergaser 2 E [4.15]

**Abb. 4.55** stellt den Vergaser mit vollautomatischem Starter dar. Besondere konstruktive Merkmale sind:

- Verwendung von Tauchdüsensystemen im Hinblick auf gutes Heißstartverhalten;
- Verwendung von Aluminimum für das Schwimmerkammergehäuse, Vergaseroberteil, Starterkörper und -deckel sowie von Kunststoffen aus Korrosionsschutzgründen und zur Gewichtsersparnis;
- Anwendung einer pneumatisch gesteuerten 2. Stufe des Registervergasers, um auch bei Vollast und niederer Drehzahl durch erhöhte Luftgeschwindigkeit gute Gemischaufbereitung zu erzielen.

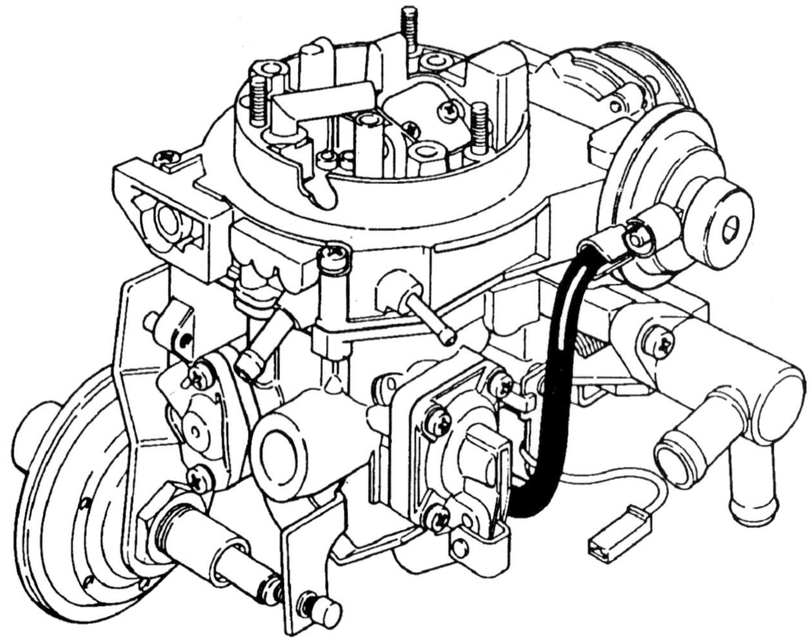

**Abb. 4.55.** Ansicht des 2E2-Vergasers von Pierburg [4.15]

Starteinrichtungen

Der 2E-Vergaser ist für die Starterausführungen:

- Handstarter 2E1;

- Vollautomatischer Starter 2E2;
- Konventionelle Startautomatik 2E3;

eingerichtet.

Da Handstarter und konventionelle Startautomatik bereits beschrieben wurden, erfolgt hier nur eine Erläuterung des vollautomatischen Starters 2E2. Bei der vollautomatischen Starteinrichtung des 2E2-Vergasers werden alle zum Startvorgang notwendigen Veränderungen von Kraftstoff-Luft-Mischungsverhältnis und Füllung an die Betriebstemperatur des Motors selbsttätig angepaßt:

Anpassung des Mischungsverhältnisses

Eine Vordrossel wirkt über eine Bimetallfeder förderdruckerhöhend auf das Hauptsystem der 1. Vergaserstufe und verändert so das Mischungsverhältnis für den kalten Motor.

Während des Motorhochlaufes bewirkt eine Pulldown-Einrichtung eine Abmagerung des Gemisches.

Die Öffnung der Vordrossel kann dem Motorbedarf durch mehrstufige elektrische und/oder Kühlmittelbeheizung der Bimetallfeder angepaßt werden. Die Bimetallfeder dient jedoch nicht wie bei konventionellen Starteinrichtungen zur Veränderung der Motorfüllung über Starterstufenscheibe und entsprechendes Verbindungsgestänge.

Anpassung des Kaltstart-Luftdurchsatzes

Zur Optimierung des Kaltstartkomforts und des Kaltstartverbrauches arbeiten die Komponenten zur Anpassung des Kaltstartmischungsverhältnisses und -luftbedarfs von einander unabhängig und vollautomatisch. Der erhöhte Durchsatz im Kaltstart wird über die Vergaserdrosselklappenanstellung gedeckt. Den dazu notwendigen Betätigungsmechanismus zeigt **Abb. 4.56**.

Die Drosselklappe der 1. Vergaserstufe wird durch einen pneumatischen Ansteller auf eine für einen sicheren Start bei tiefen Temperaturen notwendige Position gegen die Federkraft der hier nicht gezeigten Drosselklappenrückstellfeder geöffnet.

Nach dem Selbstlauf des Motors zieht durch den nun aufgebauten Saugrohrunterdruck die Membran den Steller entsprechend einer geeigneten Ansteuerung auf die Position für den Warmleerlaufbetrieb zurück.

Abhängig von der Betriebstemperatur des Motors wird beim Anziehen des Drosselklappenstellers ein erhöhter Luftdurchsatz durch die Anstellung der Drosselklappe über eine Warmlaufkur-

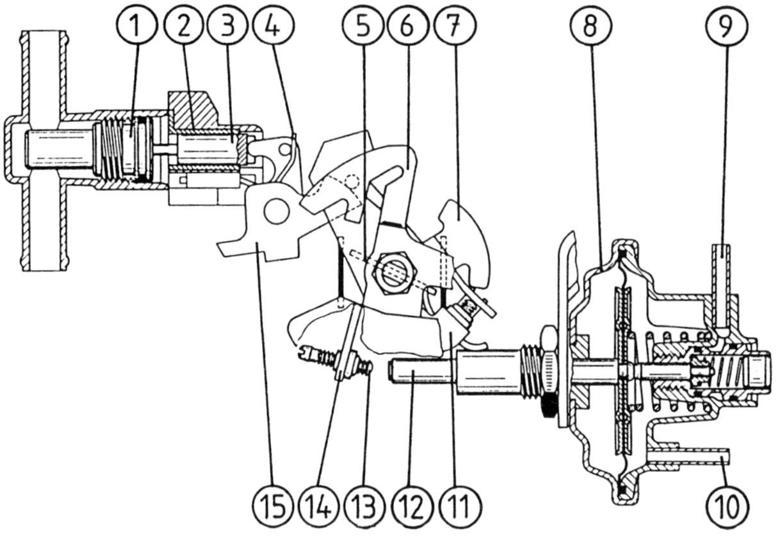


1 Dehnstoffelement mit Kühlmittelanschluß
2 Schieberführung
3 Schieber
4 Biegefeder
5 Drosselklappe 1. Stufe
6 Drosselklappe mit wide open kick und Segment
7 Betätigungshebel 2. Stufe
8 3-Punkt-Dose
9 Anschlußrohr zum Elektro-Umschaltventil
10 Anschlußrohr zum Rückschlagventil
11 Anschlaghebel
12 Stößel
13 Anschlagschraube
14 Leerlaufhebel
15 Warmlaufhebel

**Abb. 4.56.** Drosselklappensteuerung für Kaltstart und Warmlauf beim 2E2-Vergaser mit Vollautomatik [4.15]

ve erreicht. Diese Warmlaufkurve wird von einem kühlmittelbeheizten Dehnstoffelement positioniert und entsprechend der Motorerwärmung bis auf den Warmleerlaufluftbedarf ausgeregelt.

Die Trennung der Einrichtungen für die Veränderung des Mischungsverhältnisses und des Luftdurchsatzes im Kaltstart erlauben eine genaue Anpassung beider Parameter an den Motorbedarf, der sich aus den unterschiedlichen Aufheizkurven von z.B. Kühlmittel und Motoröl ergibt.

Leerlaufsystem

Da es bei sehr kleinen Leerlaufkraftstoffdurchsätzen bei Splittung in mehrere Leerlaufsysteme zu Instabilitäten kommen kann, wurde auf das Pierburg-Zusatzgemischsystem, mit dem CO-Konstanz bei Veränderung des Leerlaufluftbedarfs erreicht wird, verzichtet.

Um trotzdem im Service den gleichen Einstellvorteil bieten zu können, wurde ein Leerlauf- und Übergangssystemaustritt in Form eines Schlitzes gewählt, dessen unterer Teil in Drosselklappenleerlaufstellung in die Mischkammer unterhalb der Drosselklappe mündet und so den Leerlaufkraftstoffbedarf deckt.

Bei geeigneter Abstimmung dieses Schlitzes ist gewährleistet, daß sich ein eingestelltes Leerlauf-Mischungsverhältnis auch bei Variation des Leerlauf-Luftbedarfes nicht ändert, **Abb. 4.57**.

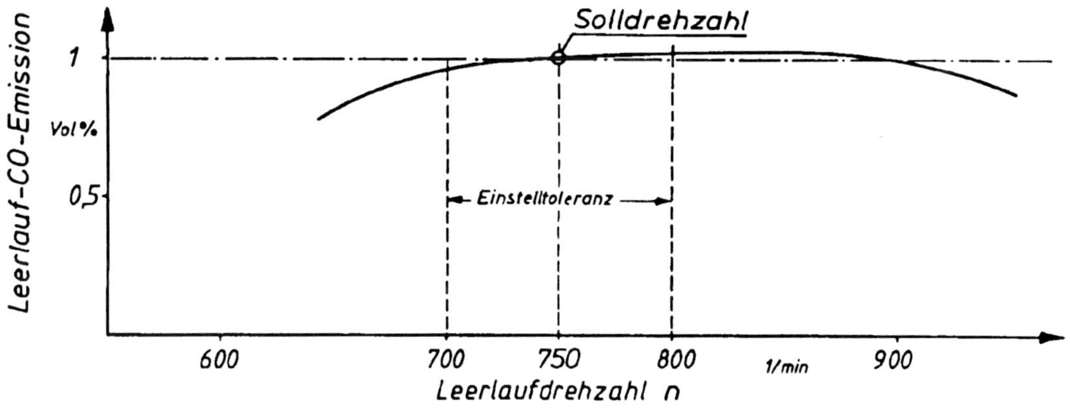


**Abb. 4.57.** Leerlaufgemischzusammensetzung bei Drehzahlkorrekturen [4.15]

Eine qualitativ gleichwertige Lösung mit Hilfe von Übergangsaustrittsbohrungen läßt sich nach Ansicht von Pierburg bei Großserienproduktion nicht erreichen.

Bei Einsatz der Schubabschaltung in Verbindung mit kleinen Leerlaufdurchsätzen erhält der Schlitz die Form eines umgekehrten T. Zur Leerlauf- und Schubabschaltung wird bei dem hier verwendeten System die Drosselklappe des Vergasers auf einen Wert kleiner der Leerlaufposition geschlossen. Hierbei kommt der gesamte Schlitz in den Bereich oberhalb der Drosselklappe und fördert somit keinen Kraftstoff mehr. Schnelles Wiedererreichen des Leerlaufmischungsverhältnisses beim Wiedereinschalten des Systems nach der Schubphase wird durch den T-Schlitz und die Kanaloptimierung des Leerlaufsystems erzielt, **Abb. 4.58**. Durch Anordnung von Bypass-Bohrungen ließ sich -wie aus der Abbildung zu sehen- kein den Anforderungen entsprechendes Verhalten erzielen.

Schubabschaltung

Aus Gründen der Kraftstoffersparnis und unter Umständen auch aus Gründen der Emissionsverminderung wird häufig im Schiebebetrieb die Kraftstoffzufuhr abgeschaltet. Dies erfolgt beim Vergaser 2E über die Drosselklappe, **Abb. 4.59**.

Die Hauptdrosselklappe der 1. Stufe wird durch den Drosselklappenansteller zwischen Leerlauf und Schubposition bewegt. Der über die Verbindungsleitung auf die Stellermembran aufgebrachte Unterdruck wird durch das Positionierventil abgebaut. Die Lage des Regelventils wird gemäß der gewünschten Leerlaufdrehzahl eingestellt. Die Belüftung zur Erzielung der Leerlaufposition kann mit dem Umschaltventil abgeschaltet werden. Wenn das Drehzahlsteuergerät das Signal gibt, z.B. $n > 1400$ 1/min, wird das Umschaltventil mit Spannung beaufschlagt und schließt. Mangels Belüftung bewegt sich die Membran des Drosselklappenstellers in die Schubposition.

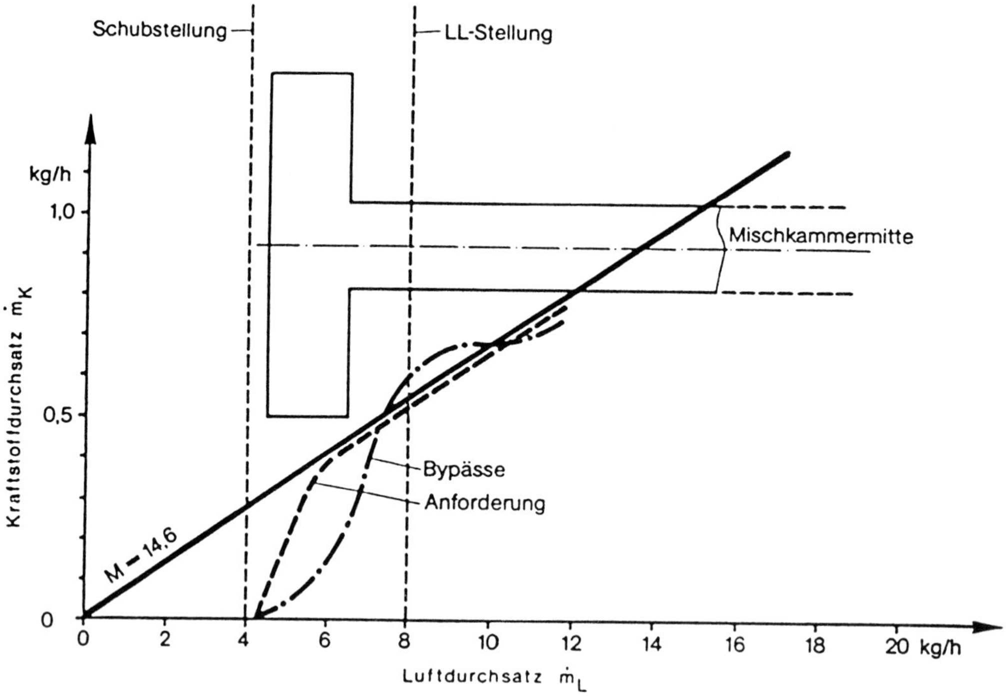


**Abb. 4.58.** T-Schlitz zur Ansteuerung des Leerlaufsystems bei der Schubabschaltung [4.45]

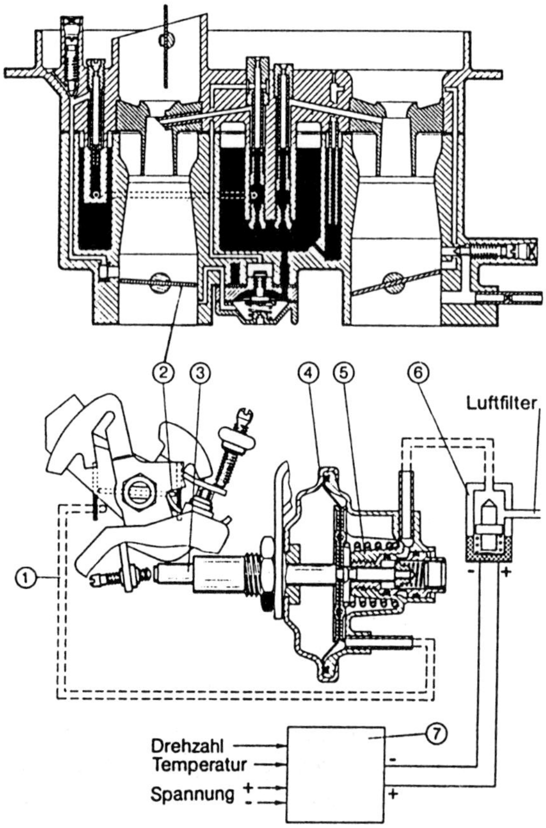


1 Unterdruckverbindungsleitung
2 Drosselklappe 1. Stufe
3 Betätigungsstange
4 Drosselklappenansteller
5 Leerlaufpositionierventil
6 Umschaltventil
7 Drehzahlsteuergerät

**Abb. 4.59.** Systembild der drosselklappengesteuerten Schubabschaltung [4.15]

Eine nicht mehr über die Gasbetätigung offen gehaltene Drosselklappe fährt dann durch die Drosselklappenschließfedern in die Schubstellung.

Fällt der geschleppte Motor unter die sogenannte Wiedereinschaltdrehzahl, erhält das Umschaltventil das Signal, den Unterdruckraum wieder zu belüften. In wenigen Millisekunden schiebt die Feder des Drosselklappenanstellers die Hauptdrossel in die Leerlaufposition.

Beschleunigungspumpe

**Abb. 4.60** zeigt die membranbetätigte Beschleunigerpumpe.

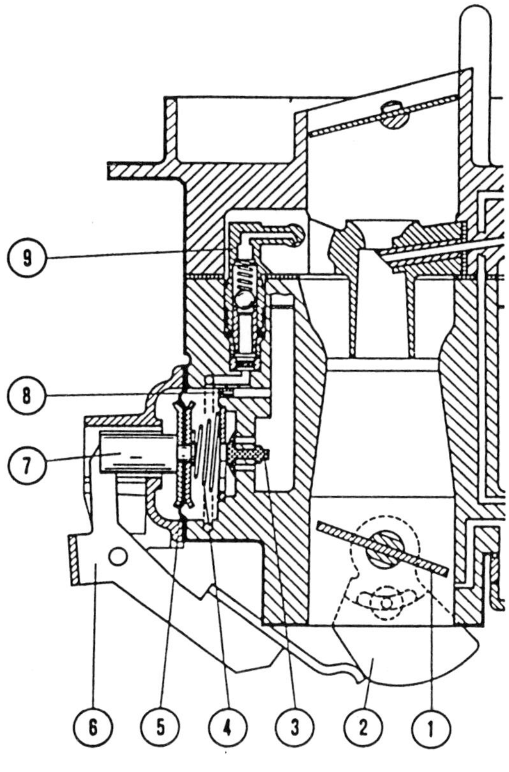


1 Drosselklappe 1. Stufe
2 Kurvenscheibe
3 Pumpensaugventil
4 Pumpenfeder
5 Membran/-teller
6 Übertragungshebel
7 Membranstößel
8 Rücklaufdüse
9 Pumpenaustrittsrohr

**Abb. 4.60.** Membranbetätigte Beschleunigerpumpe [4.15]

Im Membranstößel befindet sich eine Feder, die bei Drosselklappenbetätigung vorgespannt wird und die Pumpenmembran nachführt.

Als Pumpensaugventil ist ein Elastomerventil eingesetzt. Dieses Elastomerventil ist über eine Haltefeder leicht vorgespannt. In Saugrichtung arbeitet es nahezu widerstandsfrei. Die Außenlippe dichtet in Druckrichtung auf gegossener Oberfläche ab.

Die Austrittsseite des Beschleunigungspumpensystems wird von dem Druckventil gebildet. Ein federbelastetes Kugelventil verhindert, daß Luft beim Saughub in das Pumpensystem gelangt und es zu einer verminderten Einspritzmenge kommt.

Heißstart, Heißabfahrt

Um einen einwandfreien Wiederstart eines heiß abgestellten Fahrzeuges zu garantieren, ist die Schwimmerkammer des 2E-Vergasers möglichst klein ausgeführt. Hierdurch wird die ausdampfende Kraftstoffmenge gering gehalten.

Die Auslegung der Schwimmerkinematik und das Verhältnis von Schwimmer-Volumen zu Schwimmer-Gewicht sind für den Heißleerlauf besonders wichtig. In einer bis zu 90 °C heißen Schwimmerkammer ist das plötzliche Aufschäumen des frisch eintretenden Kraftstoffes nicht zu vermeiden.

Für den 2E-Vergaser wurde ein Heißstartmischrohr entwickelt, welches einen Druckaufbau durch Dampfblasen im Düsenstock verhindert. Das Mischrohr ist nach unten hin geöffnet und mit einem äußeren Bund versehen. Diese Ausführung vermeidet, daß bei Gasblasenbildung der in der Reserve befindliche Kraftstoff durch den Gemischaustrittsarm geschoben wird und von dort in das Saugrohr gelangt.

Da die in der Kraftstoffpumpe und am Vergasereintritt entstehenden Gase in der Schwimmerkammer unerwünscht sind, ist eine Rücklaufleitung vom Schwimmernadelventil des Vergasers zum Kraftstofftank beim 2E-Vergaser grundsätzlich vorgesehen. Falls die Kraftstoffpumpe in ihrer Flüssigkeitsförderung beim Heißbetrieb aussetzt, ist diese Rücklaufleitung ebenfalls eine Hilfe zur schnellen Wiedererlangung der Funktion.

4.1.1.6.2. Pierburg Doppelregistervergaser 4A1 [4.19]

Wie schon dargelegt wurde, gilt als optimale Vergaserbauart für Motoren mit großer Drehzahlspanne der Registervergaser in Kombination mit der Ausführung der Sekundärstufe als Gleichdruckvergaser.

Aufgrund der weiteren Überlegungen, daß gleichmäßige Gemischverteilung bei mehr als 4 Zylindern pro Vergaser sehr schwer zu erreichen ist, andernteils 2-Vergaser-Anlagen Probleme der Synchronisation ergeben, außerdem wenig wartungsfreundlich sind, ist falls man überhaupt in Zukunft noch Vergaser verwenden will beim 6- und 8-Zylinder-Motor ein Doppelregister-Vergaser mit Gleichdruck-Sekundärstufen zu empfehlen. Als Beispiel eines solchen Vergasers ist der Vergaser "4A1" der Fa. Pierburg zu nennen, **Abb. 4.61**. Er weist folgende Vorteile auf:

- Exaktestmögliche Dosierung bei Teillast;

- Geringstmögliche Drosselung im oberen Vollastbereich;
- Kompakte Bauweise;
- Wartungsfreundlichkeit;
- Ein Vergasertyp, verwendbar für verschiedene Motorgrößen wegen des Gleichdruck-Prinzips der Sekundärstufen.

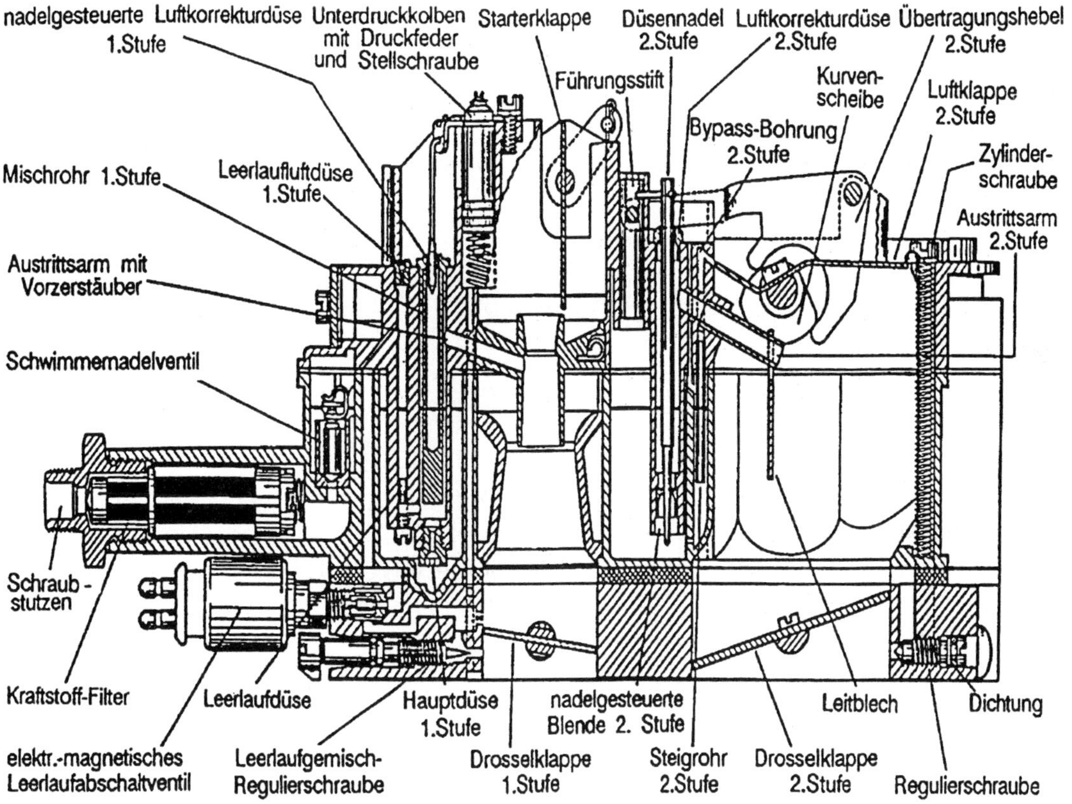


**Abb. 4.61.** Doppelregister-Vergaser von Pierburg 4A1 [4.19]

Der Aufbau dieses Vergasers ist kompliziert; er weist folgende Systeme auf:

In den 1. Stufen:

- Leerlaufsysteme, **Abb. 4.62**;
- Bypass-Systeme, Abb. 4.62;
- Hauptsystem, **Abb. 4.63** (2 Lufteintritt, 3 Korrekturluft);
- Korrekturluftsyteme mit unterdruckgesteuerten Nadeldüsen, Abb. 4.62;

- Beschleunigungsysteme, **Abb. 4.64**;
- Leerlaufabschaltventile;
- Starterklappen für Anreicherung beim Start und beim Beschleunigen im Warmlauf;
- Nebenschlußstarter für erhöhte Leerlauf-Gemischmenge im Warmlaufbereich;
- Leerlaufdrehzahlregler.

In den 2. Stufen:

- Hauptsysteme, bestehend aus Gleichdruck-Luftklappen mit Dämpfern und Nadeldüsen **Abb. 4.65**;
- Übergangssysteme (beim Einsetzen der 2. Stufen).

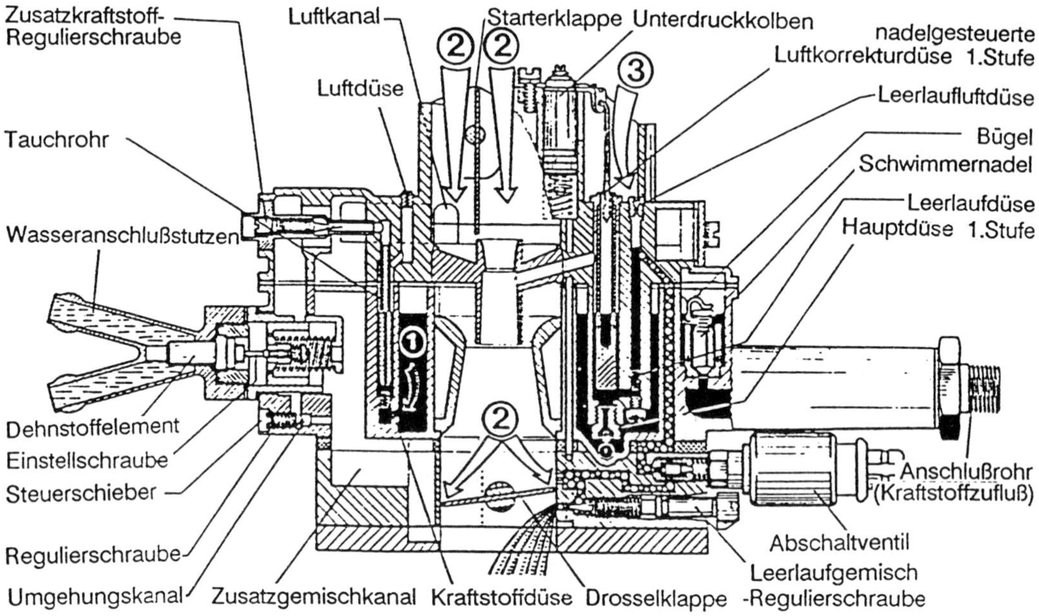


**1** Zufluß des Kraftstoffs
**2** Zufluß der Leerlaufluft
**3** Zufluß der Leerlaufkorrekturluft

**Abb. 4.62.** Wirkungsweise des Leerlaufsystems des Pierburg Doppelregister-Vergaser 4A1

Insgesamt weist dieser Vergaser je nach Ausführung ca. 20 verschiedene Systeme auf. Es läßt sich verstehen, daß die Entwicklung und Abstimmung eines solchen Gerätes sehr aufwendig ist. Trotzdem bewährte sich dieser wohl komplizierteste und aufwendigste mechanische Vergaser viele Jahre in den Sechszylindermotoren von Daimler-Benz und BMW. Heute werden anstelle solch komplizierter Vergaser Einspritzsysteme verwendet.

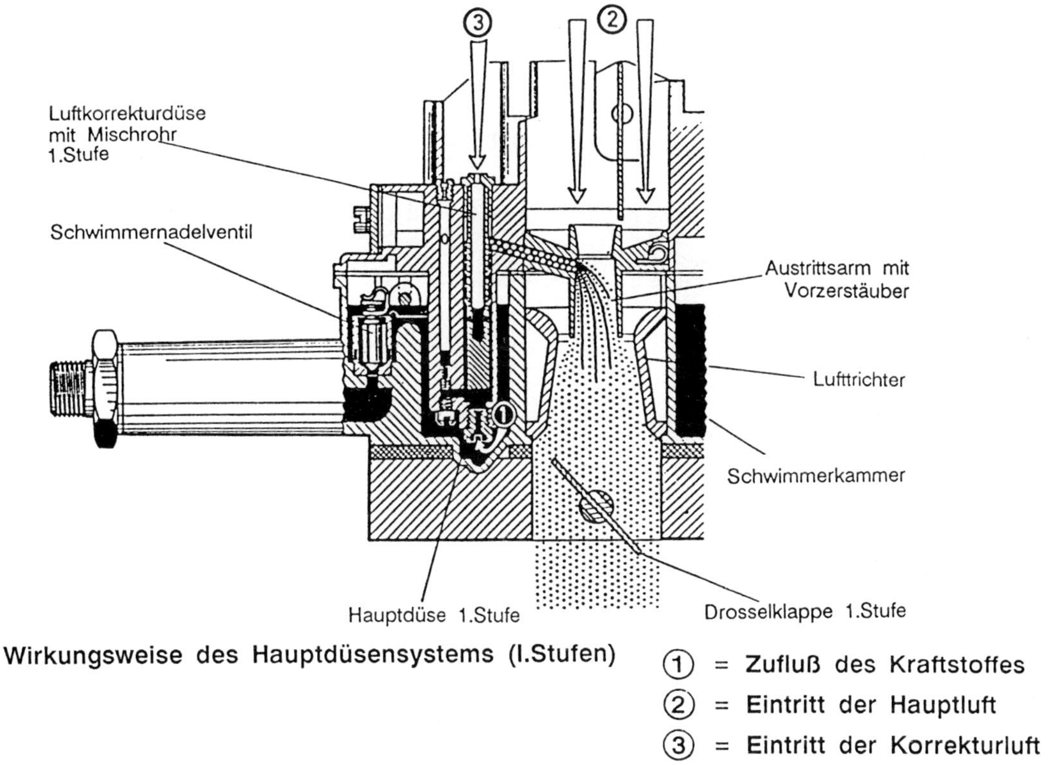


**Abb. 4.63.** Wirkungsweise des Hauptdüsensystems (1. Stufen) des Pierburg Doppelregister-Vergaser 4A1

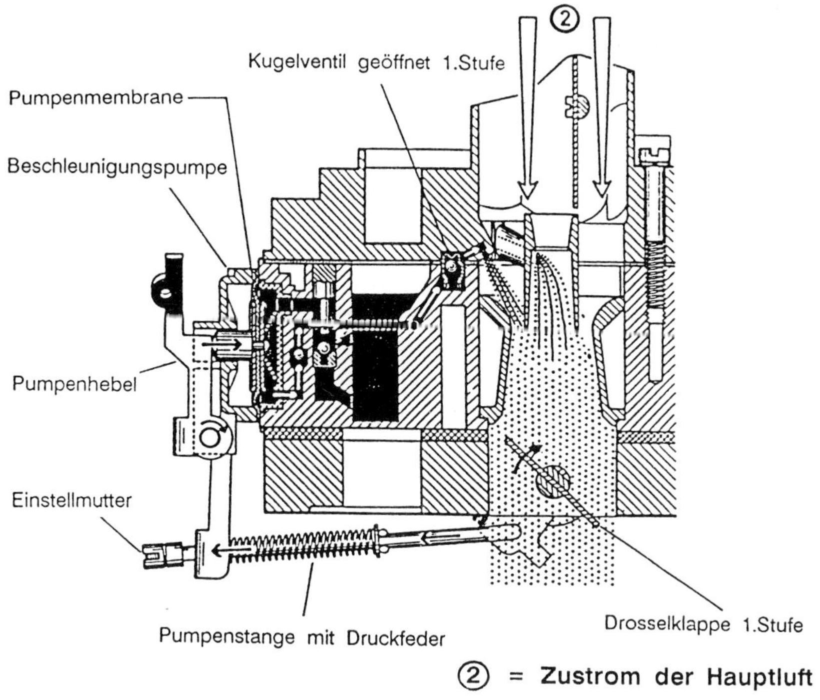


**Abb. 4.64.** Wirkungsweise des Beschleunigungspumpensystems des Pierburg Doppelregister-Vergaser 4A1

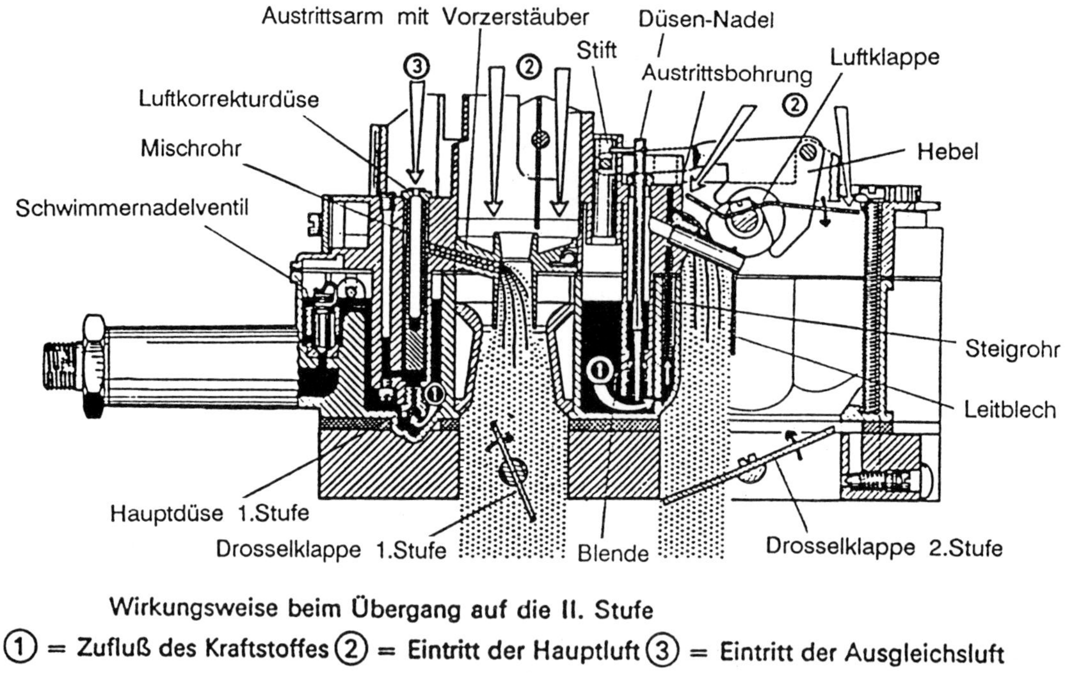


**Abb. 4.65.** Wirkungsweise beim Übergang auf die 2. Stufe des Pierburg Doppelregister-Vergaser 4A1

4.1.1.6.3. Vergaser für Kleinmotoren, Bing-Vergaser [4.57]

Sehr einfach aufgebaute Vergaser verwendet man bei kleinvolumigen Moped- und Motorradmotoren. Diese bestehen oft nur aus Schwimmerkammer, Schieber und Nadeldüse, wobei Nadel und Schieber gleichzeitig Gemischmenge und Gemischzusammensetzung bestimmen. Im Hinblick auf günstige Verbrauchs- und Abgaswerte wird mit allzu einfachen Vergasern meist kein befriedigendes Verhalten erreicht. Deshalb finden vielfach auch schon aufwendigere Vergaser für derartige Motoren Anwendung.

**Abb. 4.66** zeigt den Kraftstoffzulauf am einfachen Bing-Vergaser. Der Kraftstoff tritt durch den Filterdeckel in den Vergaser ein, durchströmt das Kraftstoffilter und fließt über das Zulaufventil in die Schwimmerkammer. Hat sich dort die vorgeschriebene Kraftstoffhöhe eingestellt, so ist der Schwimmer so weit angehoben, daß er die Spitze der Schwimmernadel gegen den Ventilsitz drückt und den Zulauf von Kraftstoff unterbricht. Die Entnahme von Kraftstoff aus dem Vergaser durch den Motor bewirkt, daß sich der Kraftstoffspiegel in der Schwimmerkammer senkt und der Schwimmer das Zulaufventil wieder öffnet.

Bei Ausfall des Zulaufventils läuft überschüssiger Kraftstoff durch das Röhrchen "R" in der Schwimmerkappe ab.

Der Raum über dem Kraftstoffspiegel der Schwimmerkammer steht durch eine Bohrung "E" mit dem Umgebungsluft in Verbindung.

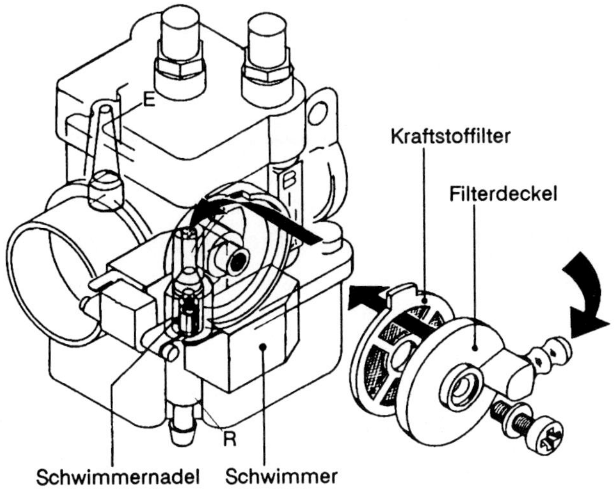


**Abb. 4.66.** Kraftstoffzulauf am einfachen Bing-Vergaser [4.57]

Die vom Motor angesaugte Gemischmenge und damit seine Leistung werden durch den Querschnitt im Vergaserdurchlaß geregelt, der vom Gasschieber, **Abb. 4.67**, freigegeben wird. Dieser Schieber wird über einen Seilzug gegen die Kraft der Rückholfeder angehoben. Durch die Luftströmung wird im Vergaserdurchlaß ein Unterdruck gebildet, der Kraftstoff aus dem Schwimmergehäuse durch das Düsensystem hindurch ansaugt. Er durchströmt die Hauptdüse und die Nadeldüse, in der er mit Luft vorgemischt wird, welche durch den Korrekturluftkanal und Querbohrungen in der Nadeldüse eintritt, Abb. 4.67.

Im Teillastbereich wird der Zufluß des Kraftstoffes zum Vergaserdurchlaß mit einer Düsennadel gedrosselt, die mit dem Schieber verbunden ist und in die Nadeldüse eintaucht.

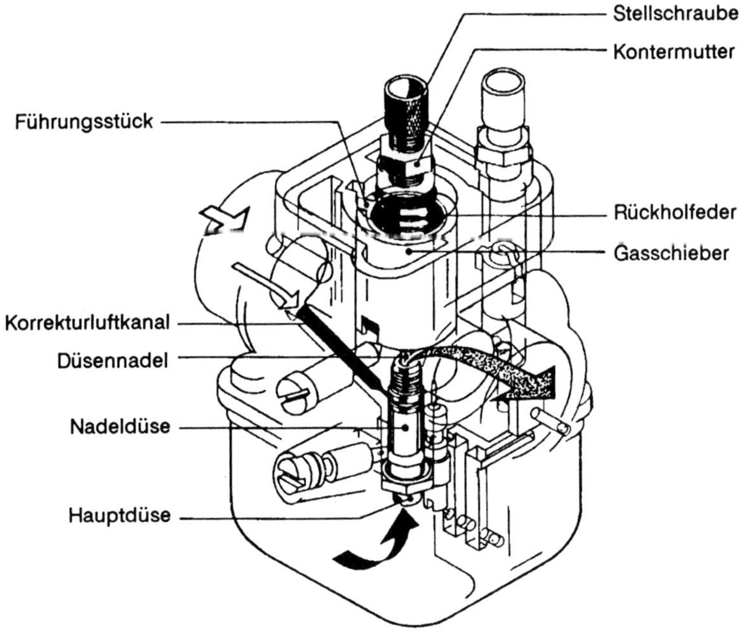


**Abb. 4.67.** Normalbetriebssystem am einfachen Bing-Vergaser [4.57]

In der Leerlaufstellung ist der Unterdruck am Nadeldüsenaustritt so gering, daß über das Hauptreguliersystem kein Kraftstoff mehr gefördert werden kann. Die Kraftstoffzufuhr zur angesaugten Luft erfolgt dann über ein Hilfssystem, das Leerlaufsystem **Abb. 4.68**. Es besteht aus der Leerlaufdüse, der Luftregulierschraube und der Leerlaufaustrittsbohrung.

Der Kraftstoff durchfließt die Leerlaufdüse. Hinter der Düsenbohrung wird durch Querbohrungen Luft beigemischt. Ihre Menge wird durch die Stellung der Luftregulierschraube bestimmt. Das in der Leerlaufdüse gebildete Vorgemisch gelang durch die Leerlaufaustrittsbohrung in den Vergaserdurchlaß, wo es mit der angesaugten reinen Luft weiter vermischt wird, Abb. 4.68.

Der Startvergaser ist ein einfacher Schiebervergaser, der parallel zum Hauptvergaser arbeitet, **Abb. 4.69**. Wird der Schieber, Abb. 4.69, gegen die Kraft der Feder über einen Seilzug angehoben, so öffnet er den Kraftstoffaustritt. Durch einen senkrechten Spalt in der Schieberführung tritt Luft aus der Beruhigungskammer ein, welche durch eine Bohrung zur Filterseite versorgt wird. Das im Startvergaser gebildetete Vorgemisch strömt durch die Bohrung "A" in den Vergaserdurchlaß, Abb. 4.69. Die Kraftstoffmenge für den Startvergaser wird durch die Startdüse bemessen. Bei geschlossenem Startvergaser stellt sich in der belüfteten Vorkammer der gleiche Kraftstoffspiegel ein wie in der Schwimmerkammer. Beim Starten mit geöffnetem Startvergaser wird als Kaltstartanreicherung zunächst der Kraftstoff aus der Vorkammer abgesaugt. Anschließend folgt nur so viel Kraftstoff nach, wie die Startdüse durchläßt [4.57].

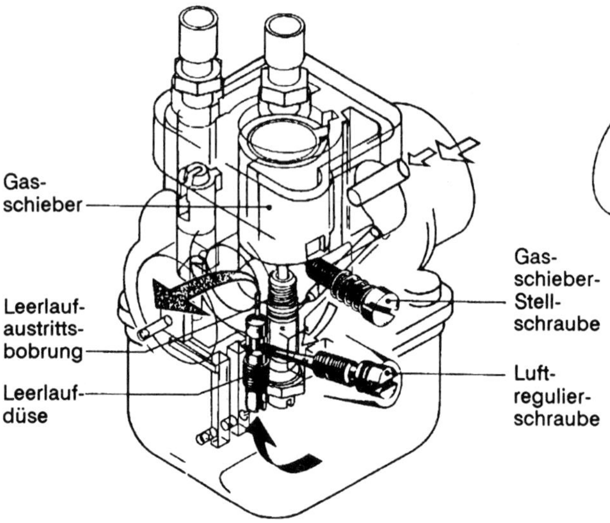


**Abb. 4.68.** Leerlaufsystem am einfachen Bing-Vergaser [4.57]

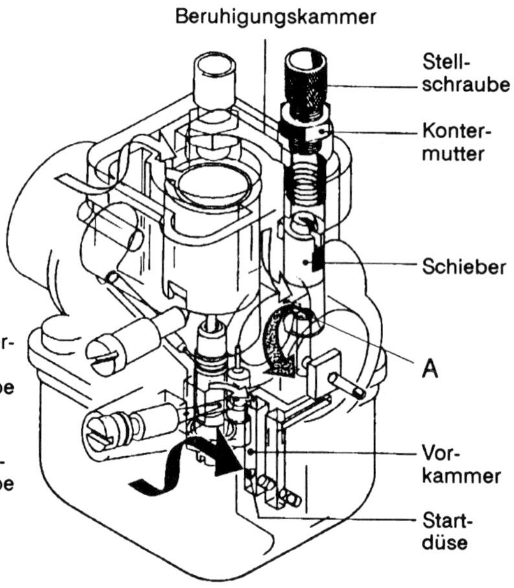


**Abb. 4.69.** Startsystem am einfachen Bing-Vergaser [4.57]

Für Baumsägen und dergleichen sind Vergaser im Einsatz, die auch einen Betrieb ermöglichen, wenn das Gerät in großen Schräglagen oder "auf dem Kopf stehend" betrieben wird. Die **Abb. 4.70** und **4.71** zeigen einen solchen Membranvergaser.

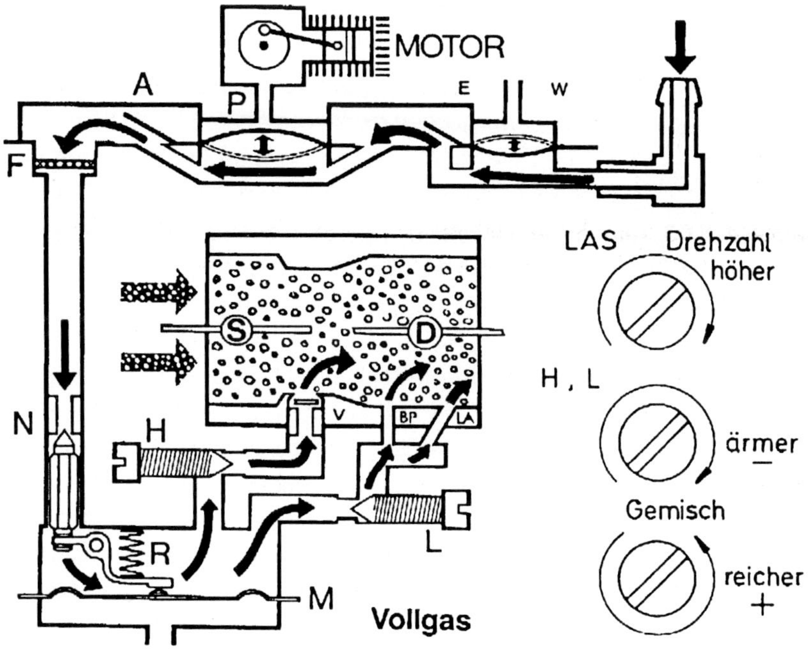


W Ausgleichsgefäß
E Einlaßventil
P Kraftstoffpumpe
A Auslaßventil
F Feinfilter
N Zulaufventil
R Reglerhebel
M Membrane
H Hauptdüse
V Rückschlagventil
L Leerlaufdüse
LA Leerlauf-Austrittsbohrung
BP Bypass-Bohrungen
LAS Anschlagschraube
D Drosselklappe
S Startklappe

**Abb. 4.70.** Vollastsystem des Tillotson-Membranvergasers [4.58]

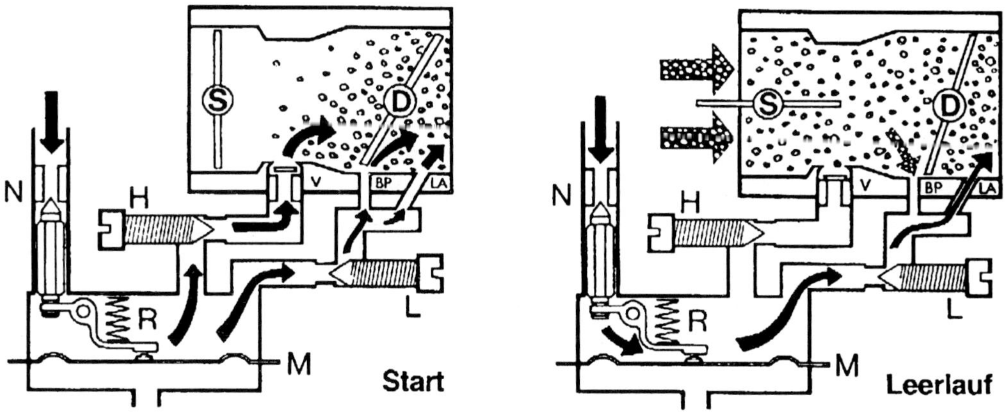


**Abb. 4.71.** Leerlaufsystem des Tillotson-Membranvergasers [4.58]

4.1.1.6.4. Elektronischer Vergaser von Pierburg [4.20]

Wie in Kapitel 4.1.1.5. schon beschrieben wurde, gibt es seit einiger Zeit Vergaser mit elektronischem Eingriff. Der Grund liegt in der möglichen exakteren Ansteuerung bzw. Regelung, welche speziell im Hinblick auf das 3-Weg-Katalysator-Konzept von großer Bedeutung ist.

Abb. 4.52 von Kapitel 4.1.1.5. zeigt die elektronisch angesteuerte Schubabschaltung. Im Schubbetrieb wird dem Motor keine Leistung abverlangt, der während dieser Betriebsphase zugeführte Kraftstoff ist nicht erforderlich und kann eingespart werden.

Die Abschaltung des Kraftstoffs erfolgt durch Schließen der Hauptdrosselklappe im Schubbetrieb bis unterhalb der Leerlaufstellung. Dadurch kommt der Leerlaufgemischaustritt oberhalb der geschlossenen Drosselklappe in den Bereich des atmosphärischen Druckes zu liegen, so daß die Kraftstofförderung aus dem Leerlaufsystem vollständig aufhört. Die Ansaugluftmenge wird stark reduziert. Bei Unterschreiten einer festen Drehzahlschwelle, z.B. 1400 1/min, öffnet die Drosselklappe in die Leerlaufstellung. Der Leerlaufgemischaustritt befindet sich dann im Bereich des Saugrohrunterdruckes. Die Krafstofförderung aus dem Leerlaufsystem setzt wieder ein.

Die Drosselklappe wird durch ein pneumatisches Stellglied mit definiertem Leerlauf und Schubstellungsanschlägen betätigt.

Ein elektromagnetisches Umschaltventil übernimmt die Ansteuerung des pneumatischen Stellgliedes. Bei Drehzahlen oberhalb der Drehzahlschwelle wird das pneumatische Stellglied mit Saugrohrunterdruck beaufschlagt, der Steller zieht an, die Drosselklappe geht bei Gasrücknahme in Schubstellung. Nach Unterschreiten der Drehzahlschwelle wird das Umschaltventil angesteuert und der pneumatische Steller mit Atmosphärendruck beaufschlagt. Der Steller öffnet mit Hilfe einer Druckfeder die Drosselklappe in Leerlaufstellung.

Beim Abstellen des Motors erfolgt zur Vermeidung von Nachlaufen eine Beaufschlagung der Membrandose mit Saugrohrunterdruck, so daß die Drosselklappe schließt und die Kraftstofförderung aus dem Leerlaufsystem aufhört. Um ein sicheres Verharren der Drosselklappe in dieser Stellung für eine ausreichende Zeitdauer zu gewährleisten, befindet sich in der Steuerdruckleitung zwischen elektromagnetischem Umschaltventil und Vergaser ein Rückschlagventil, durch welches der Unterdruck in der Membrandose auch bei auslaufendem Motor wirksam bleibt.

Soll auch die Leerlaufdrehzahl geregelt werden so verwendet man ein Leerlaufdrehzahl-Regelsystem:

Die Leerlaufdrehzahl unterliegt bei fester Einstellung der Gemischmenge (Füllung) und des Zündzeitpunktes aufgrund verschiedener Einflüsse wie Motortemperatur, Ansauglufttemperatur, Atmosphärendruck, Einlauf des Motors und bei Belastung durch Aggregate erheblichen

Schwankungen. Die Verwendung eines Regelsystems gestattet eine Absenkung der Leerlaufdrehzahl, da keine Drehzahlreserve zum Auffangen der oben genannten Einflüsse notwendig ist.

Der Regeleingriff zur Änderung der Füllung erfolgt durch eine Anstellung der Drosselklappe, Abb. 4.72. Hierbei wird durch einen elektropneumatischen Drosselklappenansteller der Anschlag für die Drosselklappe im Leerlauf variiert. In den Drosselklappenansteller sind zwei Elektromagnetventile zum Durchschalten der Steuerdrücke (Atmosphärendruck und Saugrohrdruck) sowie ein Flachpotentiometer zur Rückmeldung der Hubstellung des Drosselklappenanstellers integriert.

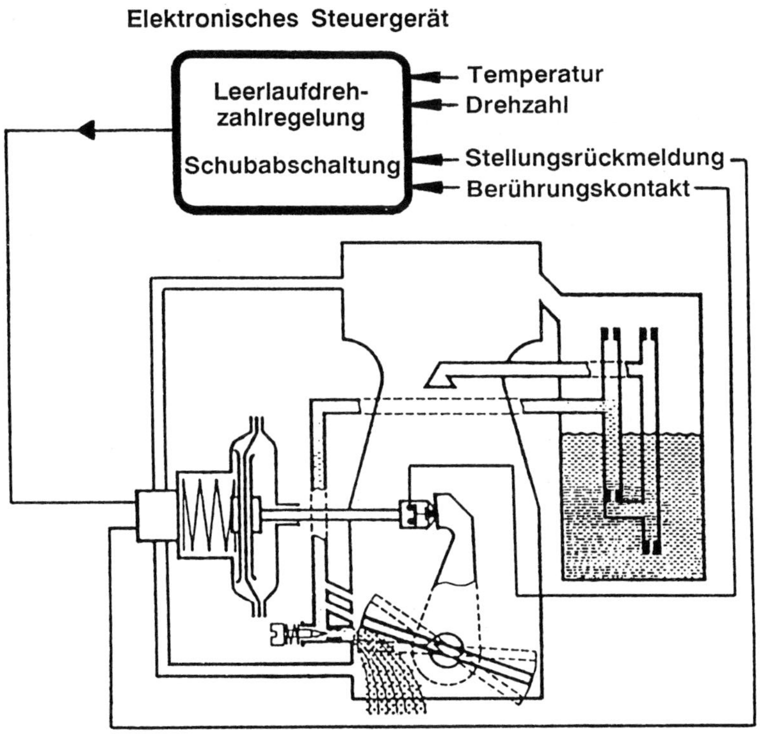


**Abb. 4.72.** Schema der elektronisch beeinflußten Leerlaufdrehzahlregelung am Vergaser, kombiniert mit Schubabschlatung [4.20]

Im Leerlauf wird die gemessene Motordrehzahl laufend mit dem gewünschten Sollwert vergli chen; aus der Abweichung errechnet ein PI-Regelalgorithmus die notwendige Drosselklappen-Stellungsänderung.

Bei ausreichend großem Arbeitsbereich des Regeleingriffes (ca. 25$^{o}$ Drosselklappen-Öffnungswinkel) ist das Stellglied für die Leerlaufdrehzahlregelung in der Lage, die Füllungsregelung bis zu Tieftemperaturstarts (große Drosselklappenöffnung) und Schubabschaltung (Drosselklappe geschlossen) zu übernehmen.

Eine Erweiterung der elektronischen Beeinflussung der Vergaserfunktion kann hinsichtlich Start, Warmlauf und Beschleunigung erfolgen.

Bei diesem Konzept wird der Vergaser in seinen Grundsystemen auf das gewünschte Mischungsverhältnis im Stationärbetrieb bei betriebswarmem Motor abgestimmt. Dabei wird gewährleistet, daß beim Ausfall des elektronischen Steuerungssystems das Fahrzeug betrieben werden kann.

Die beim Kaltstart, Warmlauf und bei Beschleunigungsvorgängen erforderliche Anreicherung des vom Vergaser zu liefernden Gemisches wird durch das Schließen einer Vordrossel im Vergasereinlaß erreicht. Je nach Vordrosselstellung wird an dieser ein Druckabfall erzeugt und damit auch der Förderdruck an den Kraftstoffdüsensystemen erhöht. Die dem Ansaugluftstrom zugeteilte Kraftstoffmenge kann bis zu sehr reichen Gemischen verändert werden, so daß gute Starts auch bei Tieftemperaturen sicherzustellen sind.

Bei Vergasern mit festem Lufttrichter, ergeben Änderungen der Vordrosselstellung in erster Annäherung auch etwa gleiche Änderungen der Mischungsverhältnisse von Luft und Kraftstoff.

Die bei konventionellen Vergasern notwendigen Einrichtungen zur Ansteuerung der Vordrossel sowie das Beschleunigungssystem können entfallen. Sie werden durch den Stellmotor an der Vordrossel ersetzt.

Bei Stationärbetrieb werden in Abhängigkeit der Betriebsparameter Drehzahl, Drosselklappenstellung, Laufzeit des Motors nach dem Kaltstart und der Motortemperatur die Vordrosselstellung und der Drosselklappenanschlag eingestellt. Die Abhängigkeit der Vordrosselstellung von den Betriebsparametern Drehzahl, Drosselklappenwinkel und Motortemperatur kann an z.B. 64 Stützstellen in einem Mikrocomputer frei programmiert werden. Zwischen den Stützstellen findet eine lineare Interpolation statt.

Bei Beschleunigungsvorgängen (Instationärbetrieb) wird zusätzlich in Abhängigkeit der Öffnungsgeschwindigkeit der Drosselklappe die Vordrosselstellung verändert. Dabei werden der Schließwinkel, die Schließdauer und die Zeitfunktion beim Wiederöffnen der Vordrossel den Werten im Stationärbetrieb überlagert. Die Vordrosselstellung wird in Abhängigkeit von den genannten Betriebsparametern durch zusätzlich frei programmierbare Stützstellen mit linearer Interpolation zwischen den Stützstellen mittels eines Mikrocomputers berechnet.

Die hohe Stellgeschwindigkeit und Genauigkeit des Vordrosselstellmotors erlauben eine sehr schnelle und differenzierte Anpassung der Anreicherung in Abhängigkeit der genannten Betriebsparameter. Durch das Steuerungssystem ist eine genauere Anpassung des Mischungsverhältnisses, insbesondere bei nicht betriebswarmem Motor und bei Beschleunigungsvorgängen, möglich.

## 4.1.2. Zentraleinspritzung

Bei der Zentraleinspritzung wird anstelle des Vergasers eine Zentraleinspritzeinheit verwendet, d.h. ein Gehäuse mit Drosselklappe, Einspritzventil und Meßwertaufnehmern. Es wird i.allg. nur ein Einspritzventil verwendet. Die Verteilung des Kraftstoffes auf die einzelnen Zylinder erfolgt durch das Saugrohr wie beim Vergasermotor. Statt "Zentraleinspritzung" verwendet man auch Firmenbezeichnungen, z.B. bei Bosch "Mono-Jetronic", englisch "Single Point Injection" oder Central Fuel Injection. Die Zentraleinspritzung wurde zunächst besonders in den USA bei Lambda-geregelten-Systemen angewendet und ersetzte dort zunehmend den zunächst eingeführten Lambda-geregelten Vergaser.

Ford führte 1979 ein Central Fuel Injection (CFI) genanntes System für V8-Motoren ein. Der Vergaser wird dabei durch die CFI-Einheit ersetzt, die hier zwei Einspritzventile für je 4 Zylinder sowie den Druckregler enthielt. Die Förderpumpe sitzt im Kraftstoffbehälter. Sie erzeugt relativ hohen Druck von ca. 2,5 bar, weshalb das System auch Hochdrucksystem genannt wird. Hauptsteuergröße ist der Saugrohrdruck.

Auch Chrysler verwendet für 4-Zylinder-Motoren ein Hochdruck-System mit Saugrohrdrucksteuerung, **Abb. 4.73** links. Die zentrale Einspritzeinheit enthält ebenfalls ein Einspritzventil mit erweitertem Spritzwinkel oberhalb der Drosselklappe.

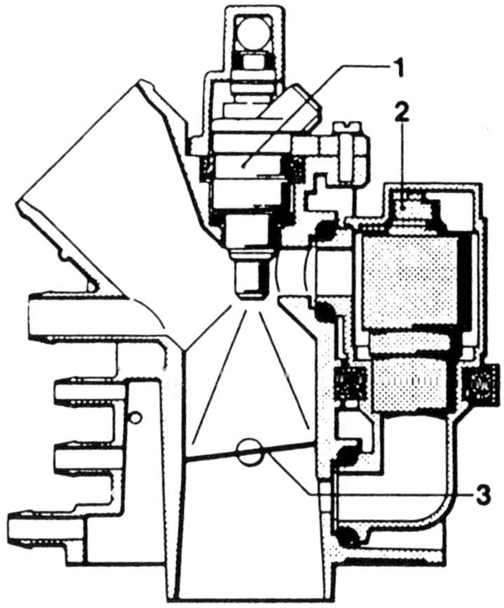


**Zentrale Einspritzeinheit für Chrysler**
1 Einspritzventil, 2 Leerlaufdrehzahlsteller,
3 Drosselklappe

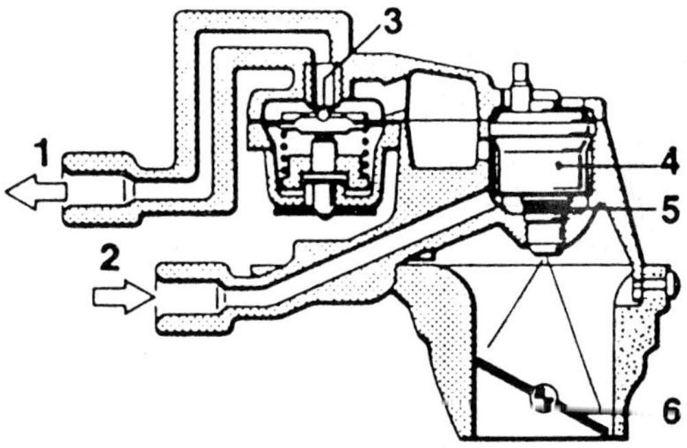


**General Motors TBI-System**
1 Kraftstoffaustritt, 2 Kraftstoffeintritt,
3 Kraftstoff-Druckregler, 4 Einspritzventil,
5 Filter, 6 Drosselklappe

**Abb. 4.73.** Zentraleinspritzsysteme aus den USA [4.21]

General Motors verwendet seit längerem ein Niederdrucksystem, Throttle Body Injection (TBI-System), Abb. 4.73 rechts. Der niedere Druck von 0,7 bar wird verwendet, um anstelle einer relativ präzisen volumenfördernden Pumpe, wie sie für höhere Drücke nötig ist, eine Strömungspumpe mit kostengünstigen Kunststoffteilen verwenden zu können. Da dieser niedere Druck während des Abstellens eine Dampfbildung im System nicht verhindern kann und somit der Heißstart gefährdet wäre, wird durch eine Spülschaltung ein rasches Wiederfüllen des Einspritzventils gewährleistet. Um bei dem niedrigen Druck eine ausreichende Aufbereitung zu erzielen, ist eine Drallaufbereitung vorgesehen.

### 4.1.2.1. Bosch-Mono-Jetronic

Kernstück der Zentraleinspritzung, **Abb. 4.74,** ist das elektromagnetische Einspritzventil, das den Kraftstoff meist in einem Kegelstrahl in Richtung Drosselklappe spritzt.

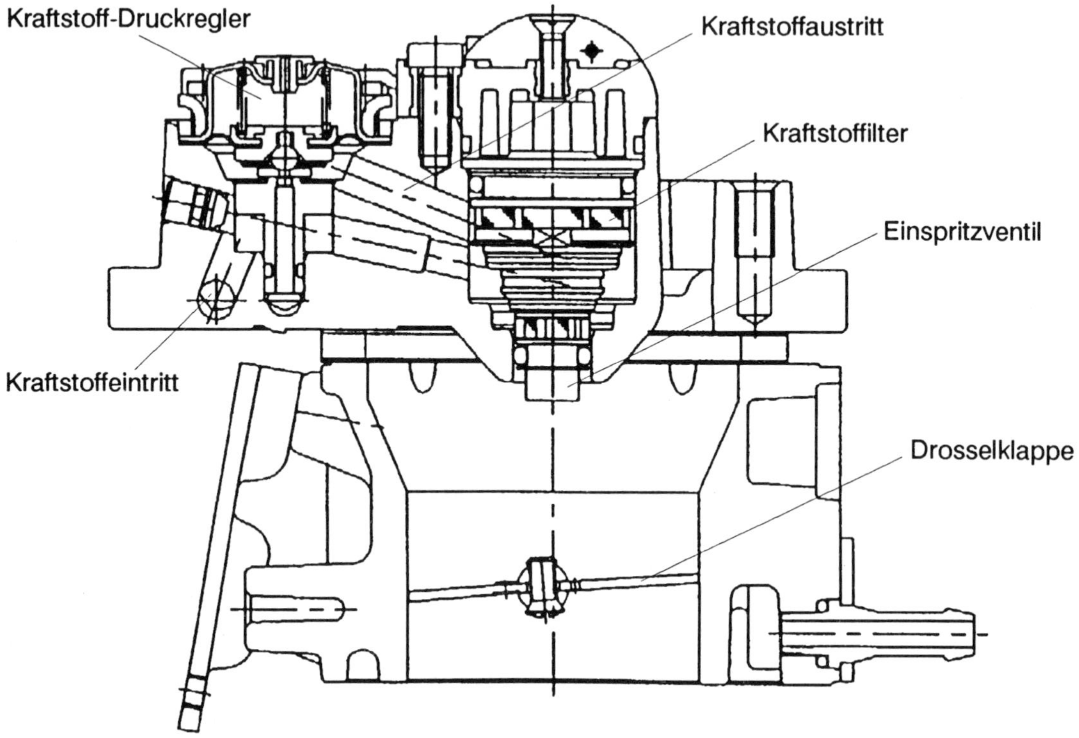


**Abb. 4.74.** Zentrale Einspritzeinheit der Bosch-Mono-Jetronic [4.11]

Bei Vollast bewirkt die Relativgeschwindigkeit Luft-Kraftstoffstrahl die Zerstäubung, bei Teillast wird feine Zerstäubung durch die hohe Luftgeschwindigkeit am Drosselklappenspalt erreicht.

Die Auslösung des Einspritzventiles erfolgt im Takt der Zündimpulse. Zur Vermeidung von Dampfblasen wird das Einspritzventil ständig mit Kraftstoff durchströmt.

Die Kraftstoff-Förderung erfolgt durch eine Elektrokraftstoffpumpe, die meist im Kraftstofftank eingebaut ist und den Kraftstoff über ein Kraftstoff-Filter zur zentralen Einspritzeinheit fördert. Dort befindet sich ein Systemdruckregler, der den Differenzdruck an der Zumeßstelle des Einspritzventiles unabhängig von der eingespritzten Kraftstoffmenge auf ca. 1 bar konstant hält.

Erfassung des Motorbetriebes:

Die Zündanlage liefert das Drehzahlsignal an das Steuergerät, die Luftmenge kann aus der Drosselklappenstellung ermittelt werden, die von einem Drosselklappenpotentiometer erfaßt wird. Dieses erkennt auch die Betriebszustände "Leerlauf" und "Vollast", die für die Schubabschaltung und für die Vollastanreicherung wichtig sind.

Motor- und Lufttemperaturen werden von entsprechenden Temperaturfühlern ermittelt und dem Steuergerät mitgeteilt.

Die beim Kaltstart erforderliche erhöhte Einspritzmenge erreicht man durch eine Verlängerung der Einspritzzeit des Einspritzventiles. Das Entsprechende gilt für den Warmlauf.

Durch die Verwendung einer Leerlauf-Regelung läßt sich die Leerlaufdrehzahl absenken und stabilisieren. Je nach Leistungsbedarf, entweder durch Zuschalten von Hilfsaggregaten, durch Temperatureinflüsse, Verschleiß etc., öffnet ein Stellmotor die Drosselklappe und gibt dem Motor mehr oder weniger Luft zur Erzielung der gewünschten Leerlaufdrehzahl.

Auch bei der Beschleunigung muß - ebenso wie bei einem Vergaser - angereichert werden. Das Steuergerät erkennt aus dem Drosselklappenpotentiometer-Signal ob ein Beschleunigungsvorgang vorliegt. Die Anreicherungsrate ist abhängig von der Motortemperatur und der Drosselklappenbewegung. Ebenso kann eine Abmagerung bei Verzögerung vorgesehen werden.

Ergänzungsfunktionen können das Abschalten der Kraftstoffzufuhr ab gewissen Drehzahlen (Drehzahlbegrenzung) oder auch eine Lambda-Regelung sein. In letzterem Falle beeinflußt der Regelkreis die Einspritzmenge in dem Sinne, daß in allen Betriebszuständen Lambda = 1 eingehalten wird. **Abb. 4.75** zeigt ein Funktionsschema der Bosch-Mono-Jetronic mit Lambda-Regelung. **Abb. 4.76** zeigt das Gesamtschema einer Mono-Jetronic mit Lambda-Regelung.

**Abb. 4.77** zeigt das elektromagnetische Einspritzventil der Mono-Jetronic. Auf die verschiedenen Bauarten von Einspritzventilen wird später noch eingegangen.

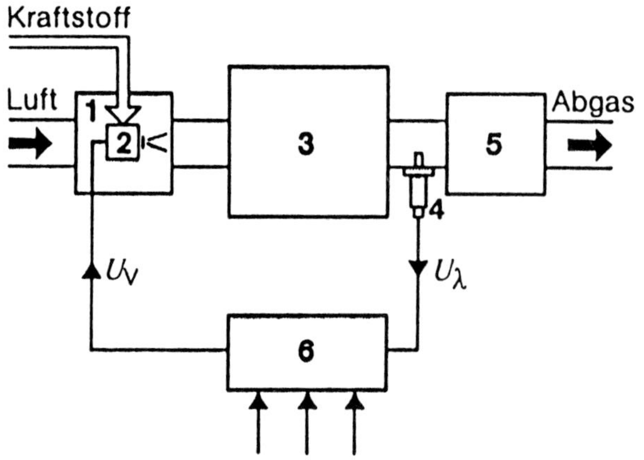


1 Zentrale Einspritzeinheit
2 Einspritzventil
3 Motor
4 Lambda-Sonde
5 Katalysator
6 Steuergerät mit Regler
$U_\lambda$ Sondenspannung
$U_V$ Ventilsteuerspannung

**Abb. 4.75.** Funktionsschema der Mono-Jetronic mit Lambda-Regelung [4.22]

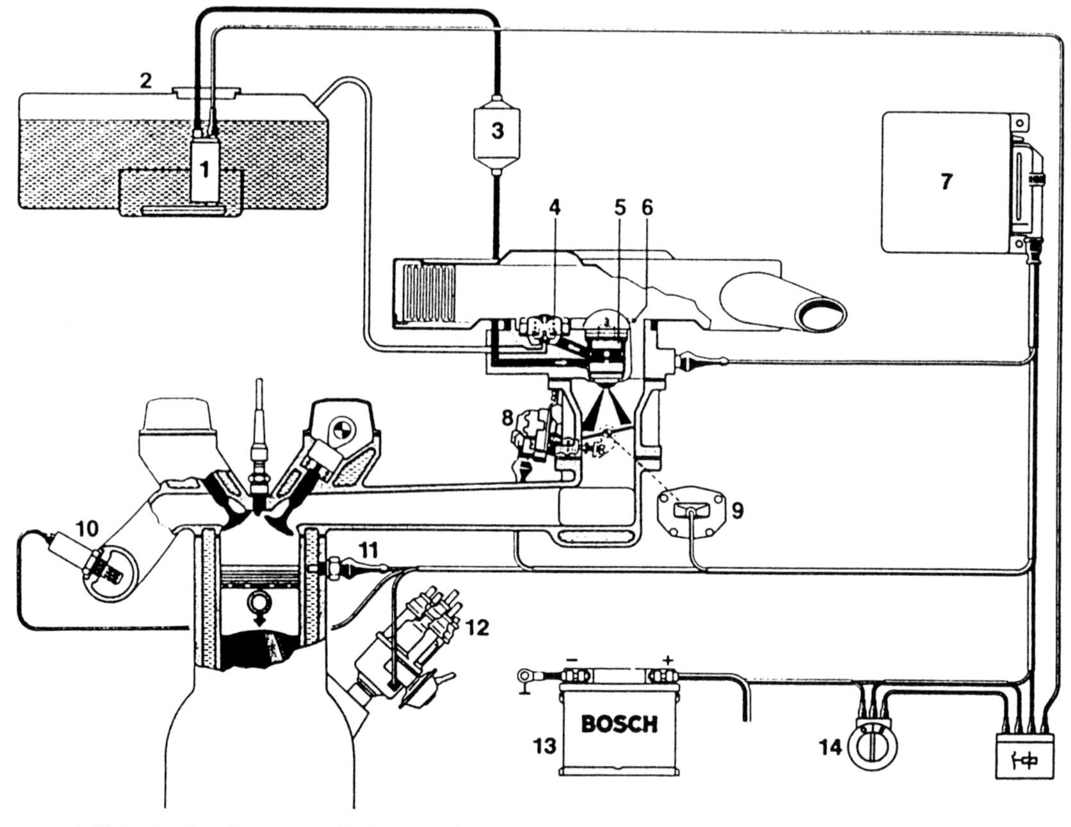


1 Elektrokraftstoffpumpe, 2 Kraftstoffbehälter, 3 Kraftstoffilter, 4 Druckregler, 5 Einspritzventil, 6 Lufttemperaturfühler, 7 Steuergerät, 8 Drosselklappenstellmotor, 9 Drosselklappenpotentiometer, 10 Lambda-Sonde, 11 Motortemperaturfühler, 12 Zündverteiler, 13 Batterie, 14 Zünd-Start-Schalter

**Abb. 4.76.** Schema einer Bosch-Mono-Jetronic-Anlage mit Lambda-Regelung [4.22]

4.1.2.2. Nissan-Single-Point-Injection [4.23]

Einen Überblick über dieses System gibt **Abb. 4.78**. Die wichtigsten Komponenten des Systems sind das Einspritz-Gehäuse (Injection Body), die Regeleinheit (Control unit) und verschiedene Sensoren.

Die Sensoren stellen die Motorbetriebszustände fest und geben entsprechende Signale an die Regeleinheit. Der Mikroprozessor der Regeleinheit ermittelt daraus die einzuspritzende Kraftstoffmenge. Durch eine Rückmeldung der Lambda-Sonde im Auspuff wird das Mischungsverhältnis, ggf. korrigiert. Die Regeleinheit ist mit einer Selbstdiagnose-Funktion ausgestattet.

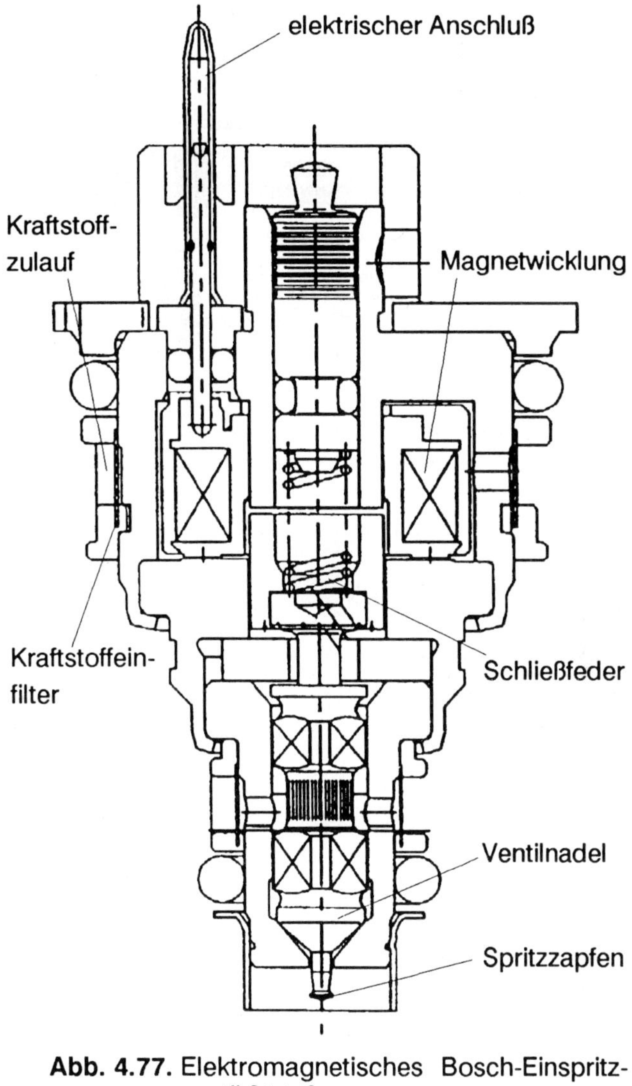


**Abb. 4.77.** Elektromagnetisches Bosch-Einspritzventil [4.11]

Das Einspritz-Gehäuse, **Abb. 4.79**, enthält einen Hitzdraht-Durchfluß-Messer im Bypass, die Einspritzdüse, den Druck-Regler, einen Drosselklappen-Sensor, ein Zusatzluft-System und den Drosselteil mit der Drosselklappe.

Der Hitzdraht, bestehend aus Platindraht, kann direkt den Massendurchfluß bestimmen ohne durch Atmosphärendruckschwankungen und Temperaturschwankungen beeinflußt zu sein.

Allerdings wird die Hitzdraht-Messung durch die Pulsationen der Luft beeinflußt. Aus diesem Grund erfolgte die Anordnung im Bypass, wo die Druckschwingungen geringer sind.

Bei völliger Drosselklappenöffnung und den sich ergebenden besonders starken Pulsationen wird von den Hitzdraht-Signalen ein gewichteter Mittelwert gebildet um Fehlanzeigen zu vermeiden.

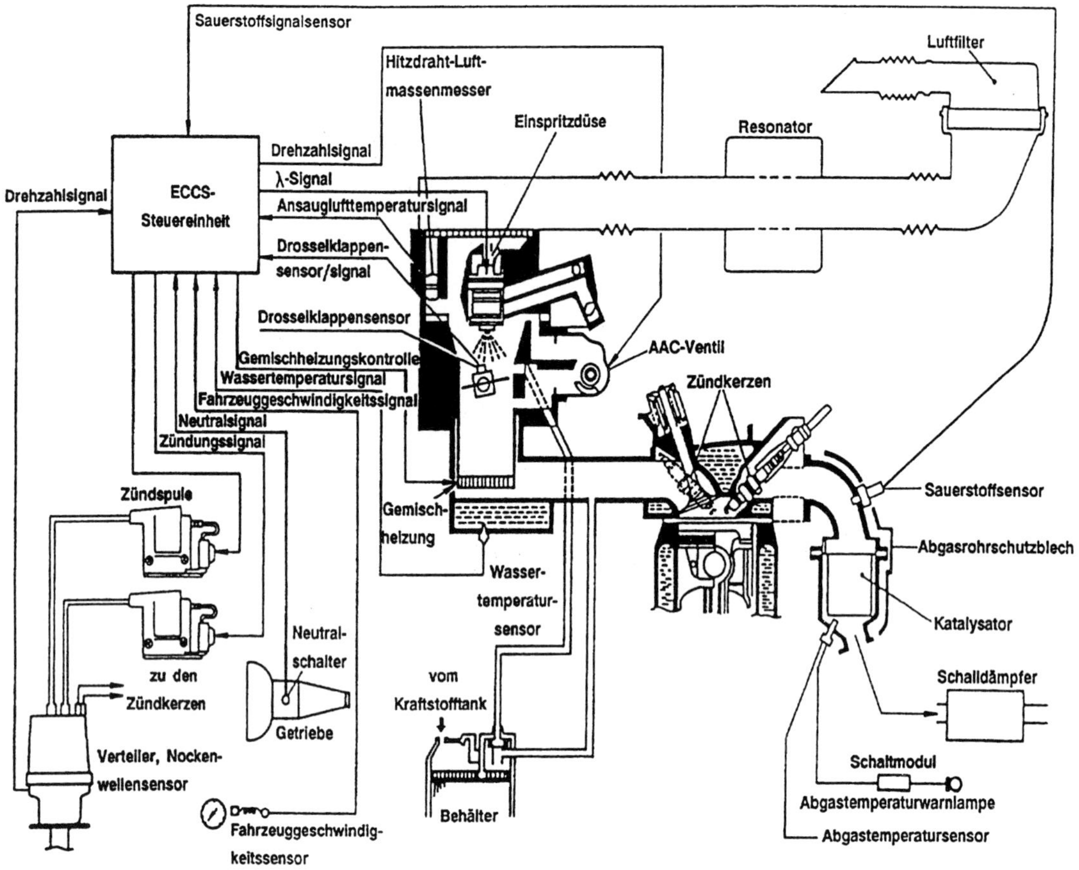


**Abb. 4.78.** Schema des Single-Point-Injection EI Systems von Nissan [4.23]

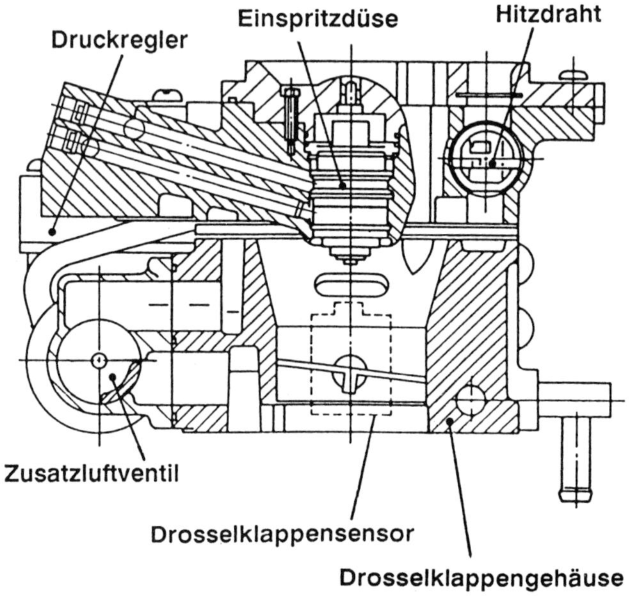


**Abb. 4.79.** Schnitt durch das Einspritz-Gehäuse nach Abb. 4.78 [4.23]

Um den Hitzdraht frei von Staubablagerungen zu halten, wird der Hitzdraht nach Ausschalten der Zündung freigebrannt.

Mit Staubablagerungen würde die wärmeabgebende Oberfläche des Drahtes abnehmen und der Stromfluß vermindert, um den Draht auf konstanter Temperatur zu halten. Dies ergäbe ein falsches Signal hinsichtlich des Luftdurchsatzes. **Abb. 4.80** zeigt den Effekt des Freibrennens des Hitzdrahtes auf den Meßfehler.

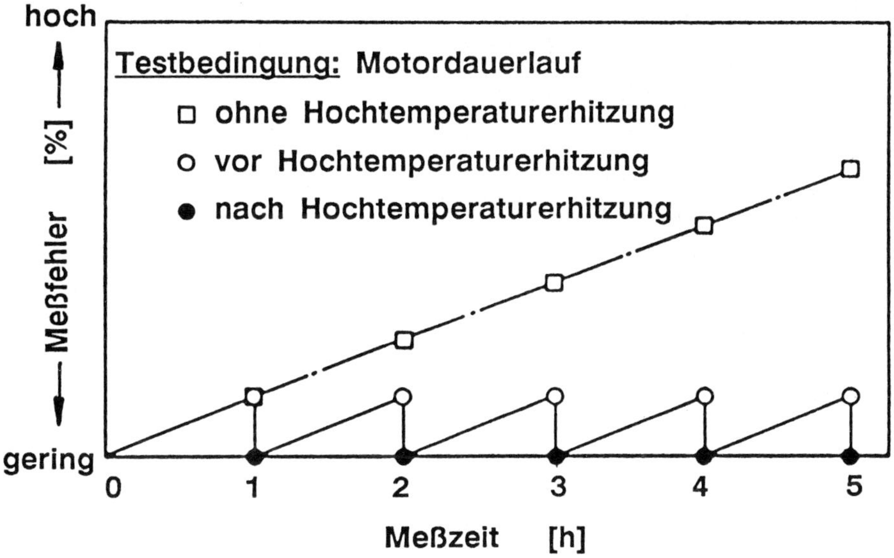


**Abb. 4.80.** Effekt der Hochtemperaturerhitzung des Hitzdrahtes [4.23]

Das hier verwendete elektromagnetische Einspritzventil ist in **Abb. 4.81** dargestellt. Die Dosieröffnung wird durch eine Kugel verschlossen. Der Kraftstoffdruck beträgt 1 bar, der statische Kraftstoffdurchsatz 600 $cm^3$/min.

Zur Kühlung wird das Einspritzventil von Kraftstoff ständig durchströmt. Die Öffnung des Einspritzventiles ist schraubenförmig ausgebildet um den austretenden Sprühnebel eine Drehbewegung aufzuprägen.

Das Signal für den Einspritzimpuls wird dem Einspritzventil in Synchronisation mit dem Zündzeitpunkt-Signal zweimal pro Motorumdrehung (Vierzylindermotor) zugeleitet.

Die Einspritzmenge hängt von folgenden Werten ab:

- Basiskraftstoffmenge, bestimmt durch Motordrehzahl und angesaugtem Luftvolumen;

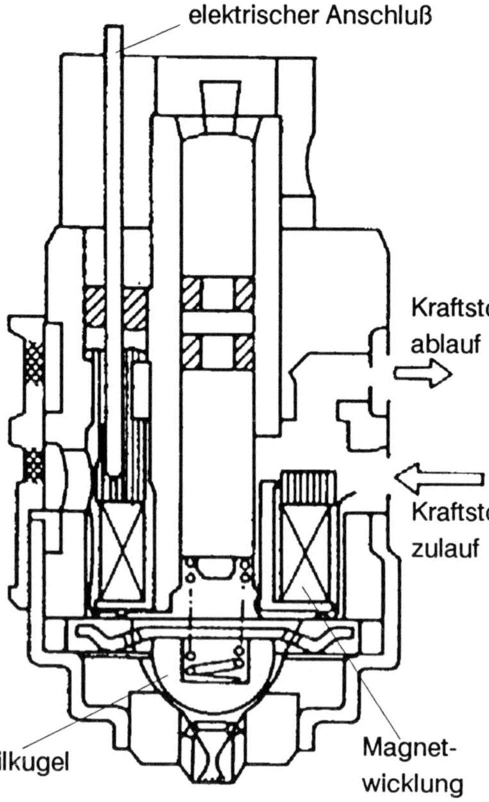


**Abb. 4.81.** Aufbau des Einspritz-Ventiles von Nissan [4.23]

- Luft/Kraftstoffverhältnis-Kompensation für Lambda Eins - Regelung, außer während Warmlauf, Verzögerung, Vollast;
- Kompensationsfaktor für Beschleunigung und Verzögerung;
- weitere Kompensationsfaktoren für Temperaturen etc.

Das selbstlernende System bewirkt eine schnellere Anpassung der Luftzahl an den Sollwert bei instationärem Motorbetrieb. Dadurch, daß dann wenn der Motor eine gewisse Zeit in einem gewissen Kennfeldbereich betrieben wird, der jeweilige Luftzahl-Kompensationsfaktor gespeichert wird, steht dieser beim Wiederdurchfahren dieses Gebietes sofort zur Verfügung.

4.1.2.3. Opel-Multec-Zentraleinspritzung [4.38]

**Abb. 4.82** zeigt ein Funktionsschema der Opel-Multec-Zentraleinspritzung.

Die Kraftstoff-Förderpumpe ist im Tank eingebaut und als Zweiturbinenpumpe mit einer Förderleistung von 80 - 100 l/h bei 0,75 bar Förderdruck und 13,5 Volt Versorgungsspannung ausgelegt. Da dies mehr ist als vom Motor benötigt wird, gelangt der überschüssige Kraftstoff durch eine Rücklaufleitung in den Tank zurück. So wird eine Überhitzung des Kraftstoffes und Dampfblasenbildung vermieden.

Der Aufbau der Kraftstoff-Förderpumpe ist aus **Abb. 4.83** zu erkennen.

Die Kraftstoffpumpe besteht aus einem Elektromotor und 2 Turbinenrädern, die sich in einem gemeinsamen Gehäuse befinden und vom Kraftstoff umspült sind. Durch diese Umspülung wird der Elektromotor gekühlt. Ein Anker mit achtpoligem Kollektor treibt die auf der Ankerachse sit-

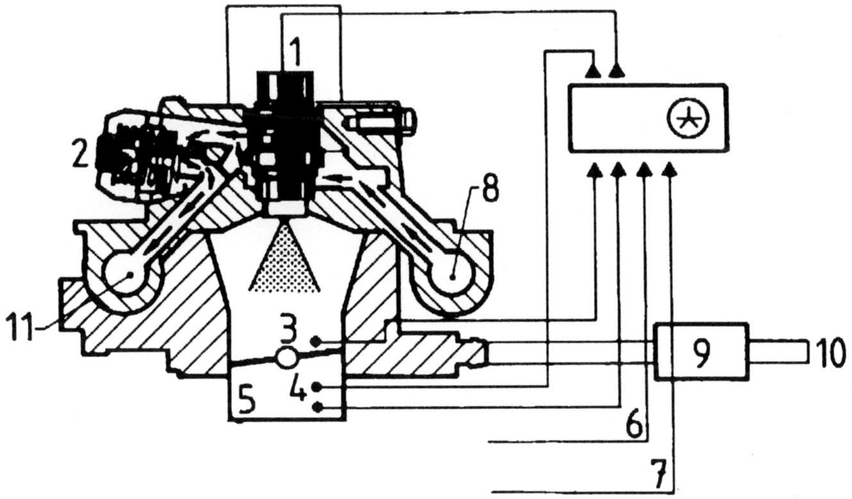


1 Einspritzventil
2 Systemdruckregler
3 Drosselklappen-Potentiometer
4 Leerlauffüllungsschrittmotor
5 Druckfühler-Saugrohr
6 Temperaturfühler-Kühlmittel
7 Lambda-Sonde
8 Kraftstoff-Zufuhr
9 Verdampungskontrolsystem
10 Tankentlüftung
11 Kraftstoff-Rückführung zum Tank

**Abb. 4.82.** Funktionsschema Opel-MULTEC-Zentraleinspritzung [4.38]

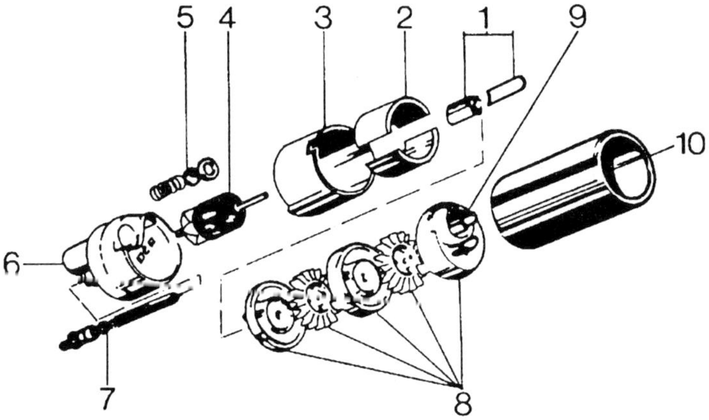


1 Befestigung Permanent-Magnete
2 Permanent-Magnete
3 Träger Permanent-Magnete
4 Anker
5 Rückschlagventil
6 Förderausgang, Druckseite
7 Kohlenbürsten
8 Turbinenräder mit Aufnahmen
9 Fördereingang, Saugseite
10 Pumpengehäuse

**Abb. 4.83.**Aufbau der Kraftstoff-Förderpumpe der Opel-Multec-Zentraleinspritzung [4.38] zenden Turbinenräder an. Das Ansaugen des Kraftstoffes erfolgt am Turbinengehäuse 9; weiter strömt der Kraftstoff durch das Innere des Gehäuses über das Rückschlagventil 5.

In **Abb. 4.84** erkennt man den Kraftstoffdruckregler. Der Kraftstoff gelangt durch den Kraftstoffeinlaßstutzen 1 zum Einspritzventil 2 und zum Kraftstoffdruckregler 3, der den Kraftstoffdruck vor dem Einspritzventil 2 auf ca. 0,75 bar regelt.

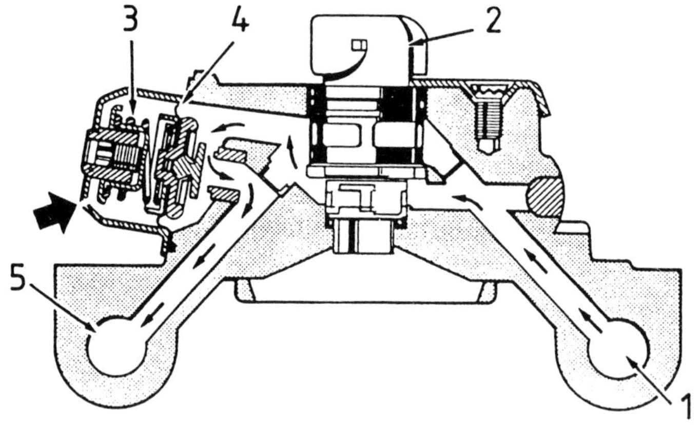


1 Kraftstoffeinlaß
2 Einspritzventil
3 Kraftstoffdruckregler
4 Membrane
5 Rücklaufleitung

**Abb. 4.84.** Kraftstoffdruckregler der Opel-Multec-Zentraleinspritzung [4.38]

Der Kraftstoffdruckregler besteht aus Federkammer und Kraftstoffkammer. Beide Kammern sind durch eine Membrane 4 getrennt. Auf der linken Seite wird die Membrane vom Atmosphärendruck und von der Druckfeder belastet, auf der rechten Seite vom Kraftstoffdruck. Bei einem Kraftstoffdruck größer 0,75 bar vermag dieser die Membrane nach links zu verschieben und dadurch das Entlastungsventil zur Rücklaufleitung 5 zu öffnen.

Das Einspritzventil, das in **Abb. 4.85** zu erkennen ist, wird elektromagnetisch betätigt. Der Ventilkolben wird nach oben gezogen, wodurch die vorgespannte Kugel vom Ventilsitz abhebt; Kraftstoff fließt über ein Feinsieb zum Strahlzerstäuber.

Die Steuerung bzw. Regelung der Kraftstoffmenge erfolgt über folgende Sensoren:

- Drosselklappenpotentiometer (Drosselklappenstellung);
- Saugrohr-Druckfühler (Lastzustand des Motors);
- Temperaturfühler (Kühlmittel);
- Wegstrecken-Frequenzgeber (zur Information für die Leerlaufdrehzahlregelung ob das Fahrzeug fährt oder steht bzw. zum Errechnen der Fahrzeuggeschwindigkeit);
- Lambda-Sonde, unbeheizt (Luftzahl 1 betr. Dreiweg-Katalysator);
- Zündverteiler (Drehzahl-Referenz-Signale).

1 Magnetpol
2 Hubzylinder mit Anschlag
3 Magnetspule
4 Magnetspulengehäuse
5 Dampfblasenfilter
6 Ankerring
7 Anker
8 Kraftstoffeinlaßfilter
9 Ventilgehäuse
10 Zerstäuber
11 Zerstäuberscheibe
12 Ventilsitz
13 Ventilfedersitz
14 Ventilankerfeder
15 Führungsring
16 Einstellschraube, fest eingestellt
17 Ventilkolben

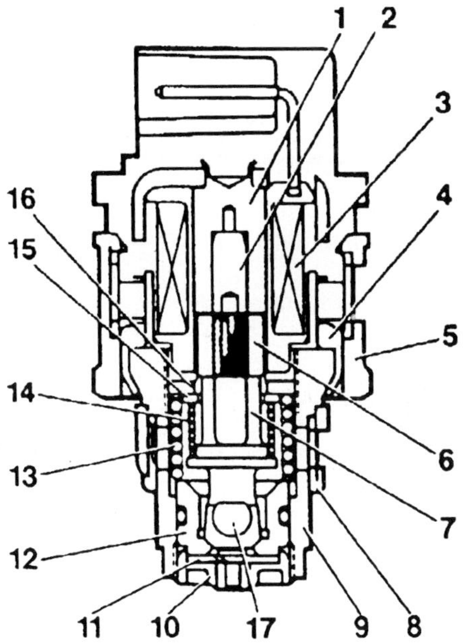


**Abb. 4.85.**Einspritzventil [4.38]

**Abb. 4.86** zeigt ein Blockschema des Steuergerätes, das alle Eingangssignale auswertet und sie mit den gespeicherten Daten vergleicht und die Stellglieder ansteuert.

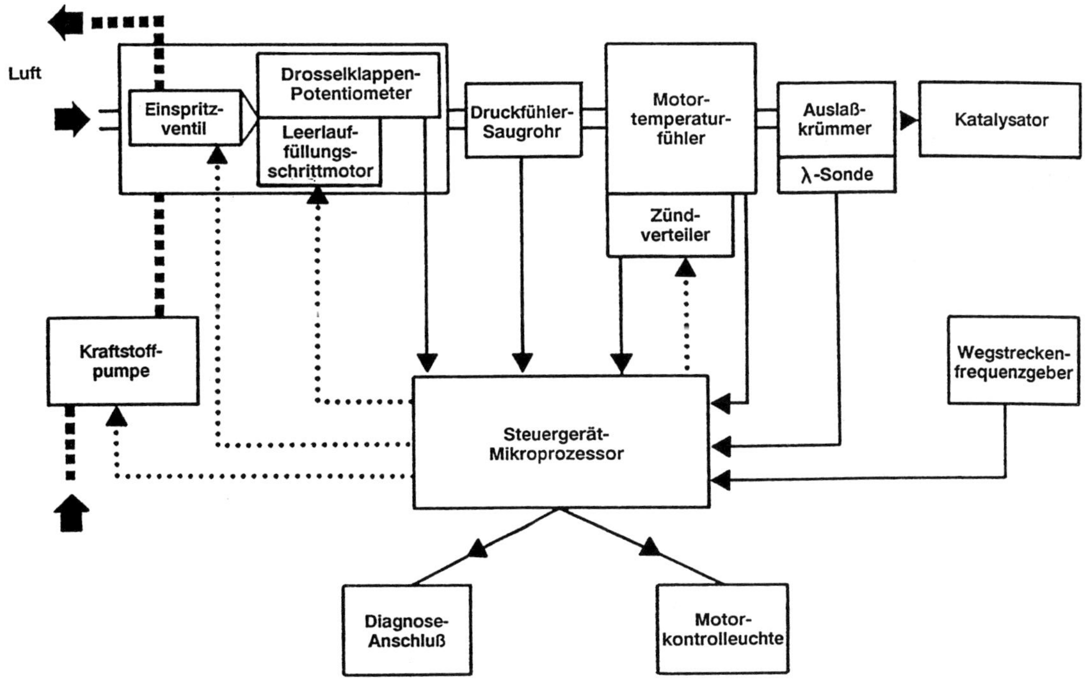


**Abb. 4.86.**Blockschema des Steuergerätes [4.38]

Der Informationsfluß der Multec-Zentraleinspritzung ist in **Abb. 4.87** bei geschlossenem Regelkreis, d.h. Regelung des Brenngemisches auf $\lambda = 1$ zu erkennen.

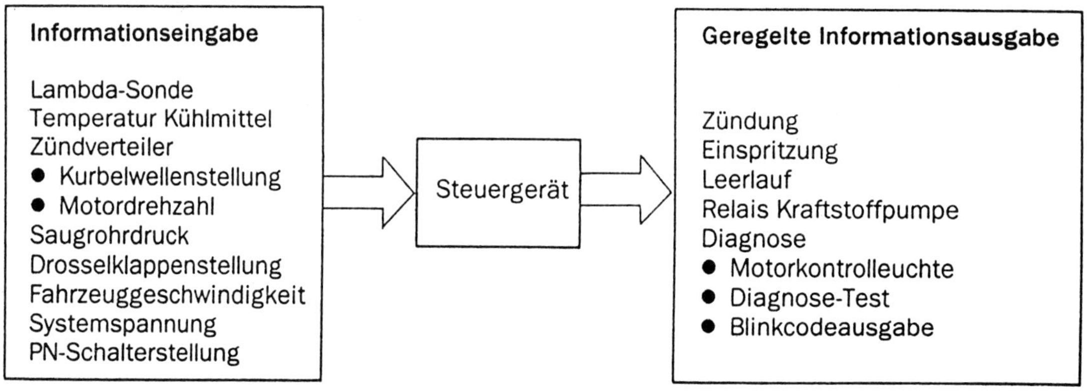


**Abb. 4.87.** Informationsfluß der Multec-Zentraleinspritzung [4.38]

Bei offenem Regelkreis entfällt die Lambda-Sonde als Informationsgeber, d.h. der vorgegebene Wert von $\lambda = 1$ bleibt ohne Abfrage. Dies ist in der Kaltphase bis 20 °C Kühlmittel-Temperatur der Fall.

### 4.1.2.4. Zwei-Düsen-Zentraleinspritzung (Dual Point Injektion) von Honda [4.24]

Bei dieser Zentraleinspritzung, **Abb. 4.88**, befinden sich in der Zentraleinspritzeinheit zwei übereinander angeordnete Einspritzventile, sowie zwei Drosselklappen.

Das untere Einspritzventil ist zur Erreichung besserer Zerstäubung luftumfaßt und ist bei Leerlauf und Teillast in Funktion.

Am oberen Einspritzventil wird durch eine Ausnehmung in der oberen Drosselklappe die Ansaugluft konzentriert vorbeigeführt und dadurch eine bessere Zerstäubung bei geringen Luftdurchsätzen und hoher Last erreicht.

Diese obere Drosselklappe wirkt ähnlich wie eine Gleichdruckklappe; sie wird elektronisch gesteuert und öffnet bei hohen Luftdurchsätzen.

Dieses Honda-Zentraleinspritzsystem funktioniert sonst ähnlich wie das zuvor geschilderte System, mit den Besonderheiten der beiden Ventile und der zusätzlichen "Gleichdruck-Drossel-

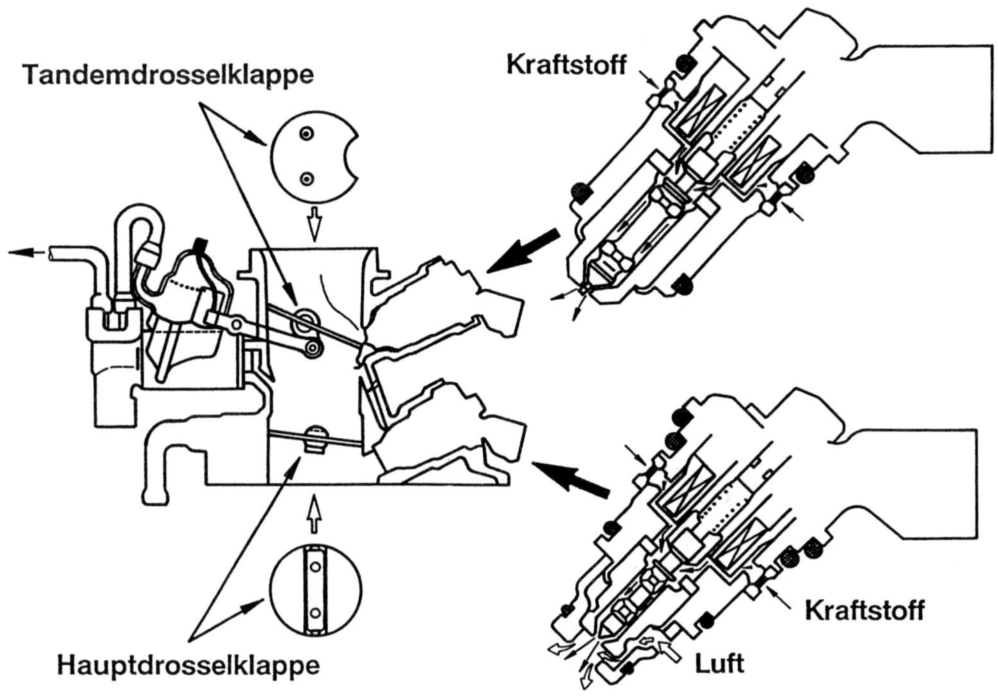


**Abb. 4.88.** Schema der Zwei-Düsen-Einspritzung von Honda [4.24]

klappe". Den Vorteilen besserer Zerstäubung bei Leerlauf, Teillast und unterer Vollast - dort besonders wichtig- steht der höhere Bauaufwand entgegen.

### 4.1.3. Gasmischer

Werden Motoren mit Flüssiggas, d.h. einem Propan-Butan-Gemisch, betrieben, so werden zur Brenngemischaufbereitung Flüssiggasaufbereitungs-Anlagen, d.h. Gasmischer mit vorgeschaltetem Verdampfer verwendet.

Flüssiggas läßt sich bereits bei Raumtemperatur und relativ niedrigen Drücken (4 - 12 bar) verflüssigen und so im flüssigen Aggregatzustand im Fahrzeug mitführen und auch tanken. Die Eigenschaften von Flüssiggas sind im Kapitel 2.2.3.3. näher beschrieben.

Nachteilig beim Flüssiggasbetrieb ist der relativ voluminöse Druckbehälter, der meist nachträglich im Kofferraum angeordnet wird und ggf. die Explosionsgefahr bei kleinsten Leckagen beim Einstellen in geschlossenen Garagen.

Meist werden Fahrzeuge so umgerüstet, daß sie im Zweistoff-Betrieb, d.h. mit Benzin oder Flüssiggas betrieben werden können, da die Gas-Tankstellen-Netze je nach Land sehr unterschiedlich dicht sind. In den Niederlanden und in Dänemark sind z.B. an ca. 20% der Tankstellen Gasbetankungen möglich, in anderen Ländern ist die Gastankstellen-Dichte viel geringer oder es sind Gastankstellen gar nicht vorhanden.

Ende 1981 gab es folgende Bestände an flüssiggasbetriebenen Fahrzeugen:

- Italien: 550.000;
- Niederlande: 380.000;
- Belgien 60.000;
- Dänemark 35.000;
- BRD 23.000.

Ein Anreiz zum Umbau auf Flüssiggas kann der unter Umständen niedrigere Preis sein. Die Leistung bei Gasbetrieb ist aufgrund des vom Gas verdrängten Luftvolumens geringer als bei Benzinbetrieb, **Abb. 4.89**.

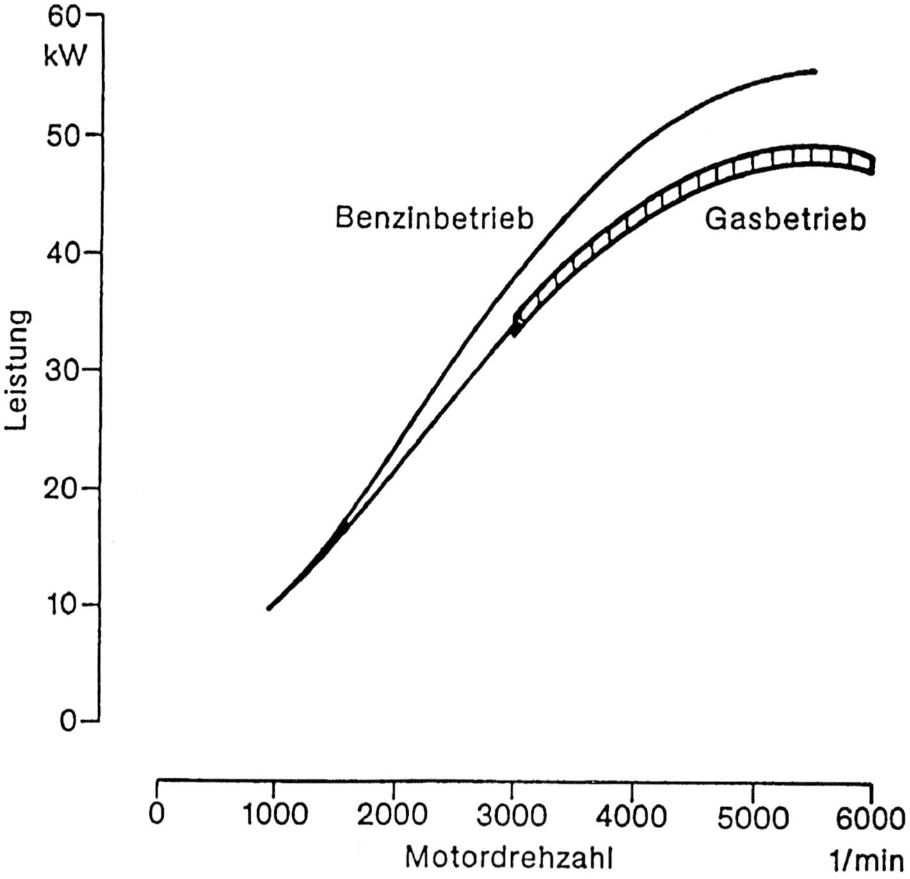


**Abb. 4.89.** Vollastleistungsvergleich Benzinbetrieb - Gasbetrieb [4.25]

Eine Flüssiggasanlage, kombiniert für Gas- und Benzinbetrieb, besteht aus folgenden Hauptteilen, **Abb. 4.90**:

- Flüssiggas (Autogas)-Behälter;
- Benzintank;
- Absperrventile für Gas und Benzin;
- Gas-Verdampfer-Druckregler;
- Vergaser, kombiniert mit Gasmischer.

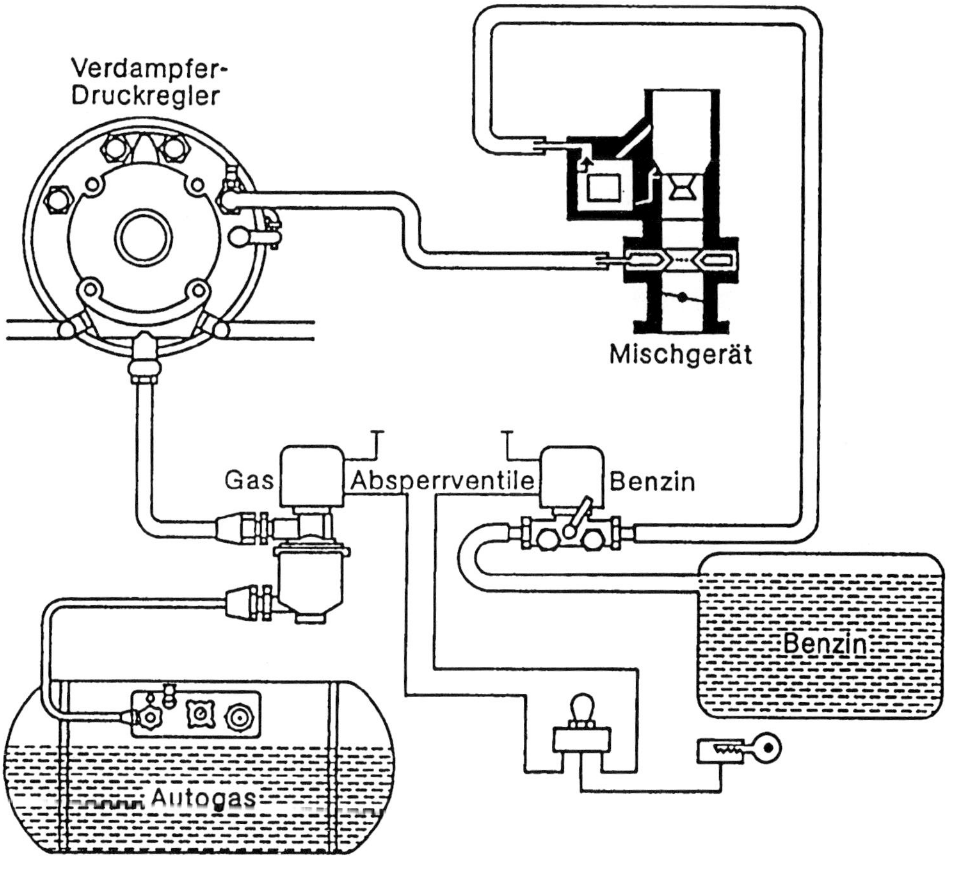


**Abb. 4.90.** Bauteile einer Dual-Anlage in schematischer Darstellung [4.25]

Aus dem Druckbehälter gelangt das Flüssiggas (Autogas) mit eigenem Druck über das Filter-Absperrventil in den Verdampfer-Druckregler. Dort wird das flüssige Gas verdampft und im Druck reduziert. Die dafür erforderliche Wärme wird über den kleinen Kühlmittelkreislauf des Motors zugeführt. Über einen Gasschlauch gelangt das Gas zum Mischgerät, in dem sich das angesaugte Gas mit der Luft zu einem homogenen Gas-Luft-Gemisch vermischt.

Das Mischgerät kann je nach Typ vor oder hinter dem Vergaser für Benzinbetrieb eingebaut sein. Das elektromagnetische Absperrventil für Gas schließt beim Ausschalten der Zündung. Bei Benzinbetrieb wird das Benzinventil, das zwischen Benzinförderpumpe und Vergaser sitzt, ebenfalls ausgeschaltet.

Die Wahl zwischen Gas- oder Benzinbetrieb wird am Umschalter, der in der Instrumententafel montiert ist, vorgenommen.

Ein Verdampfer-Druckregler ist schematisch in **Abb. 4.91** dargestellt.

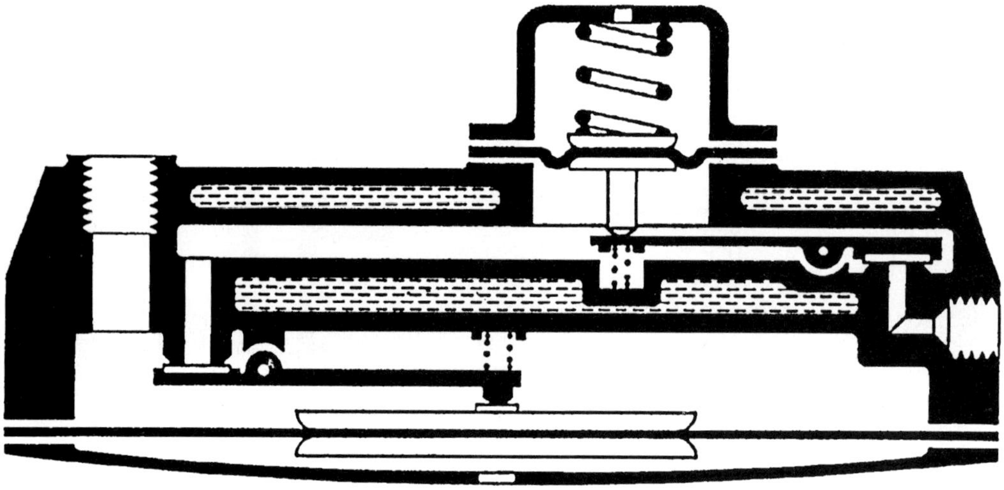

**Abb. 4.91.** Verdampfer-Druckregler schematisch [4.25]

Das Luftverhältnis bei Flüssiggas ist naturgemäß abhängig von der Gaszusammensetzung. **Abb. 4.92** zeigt die Verhältnisse.

Die Gaszugabe im Vergaser kann auf unterschiedliche Weise erfolgen:

- mittels Zusatzventuri vor dem Vergaser, **Abb. 4.93**;
- im Vergaserlufttrichter, **Abb. 4.94**;
- am hinterschnittenen Lufttrichter, **Abb. 4.95**;
- nach dem Lufttrichter, **Abb. 4.96**;
- nach der Drosselklappe, **Abb. 4.97**.

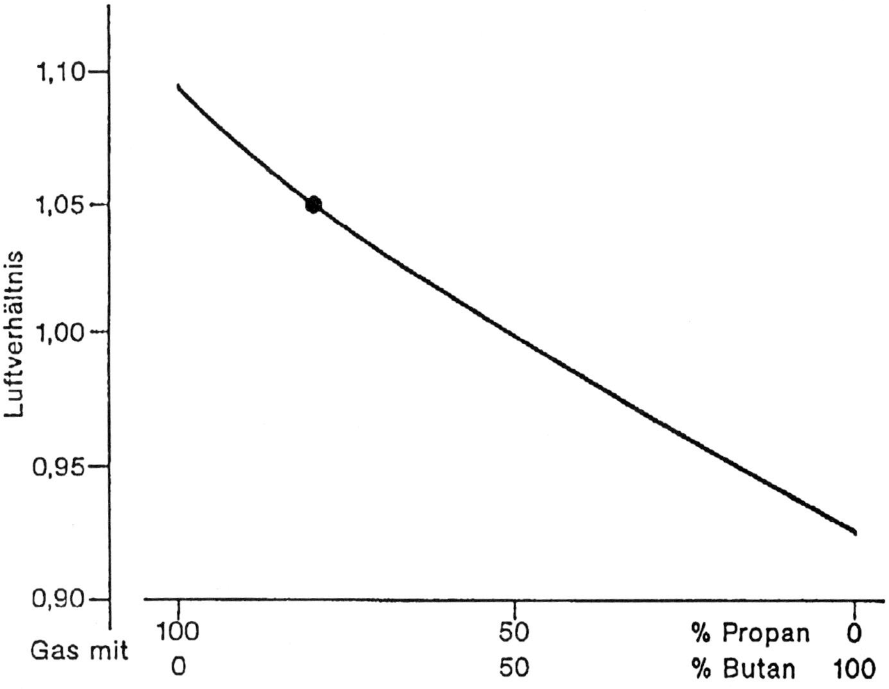


**Abb. 4.92.** Luftverhältnis abhängig von der Gaszusammensetzung [4.25]

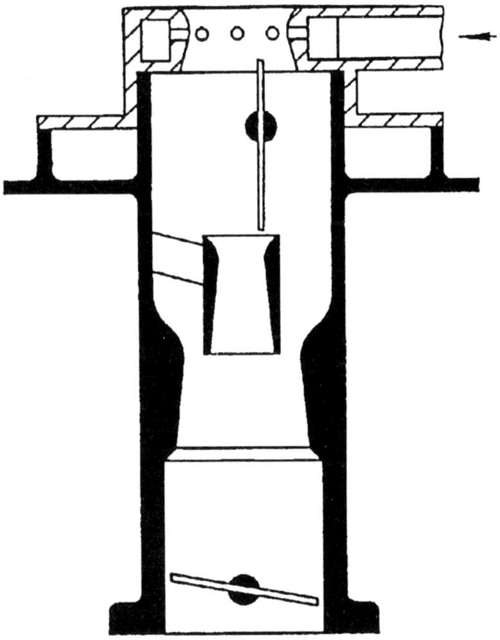

**Abb. 4.93.** Gaszugabe in Zusatzventuri vor Vergaser [4.25]

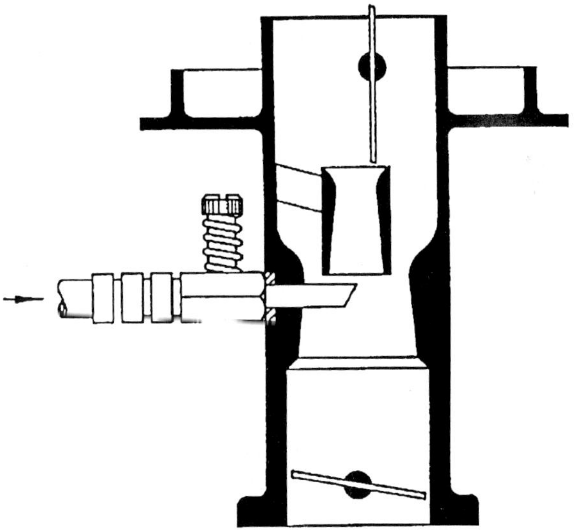

**Abb. 4.94.** Gaszugabe durch Ausnutzung des Vergaserlufttrichters [4.25]

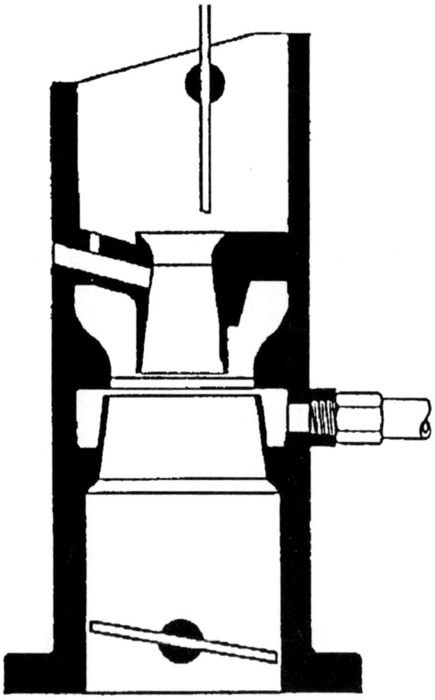

**Abb. 4.95.** Gaszugabe am hinterschnittenen Lufttrichter [4.25]

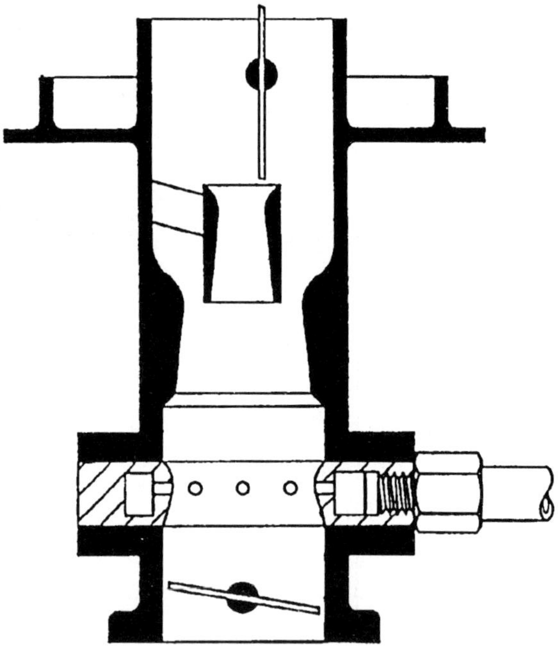

**Abb. 4.96.** Gaszugabe in Zusatzventuri hinter Vergaser-Lufttrichter [4.25]

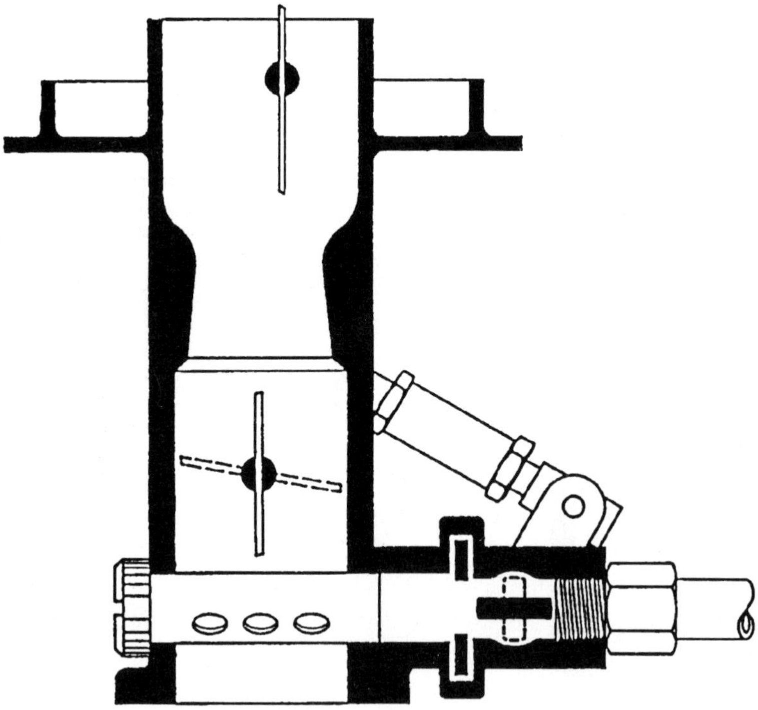

**Abb. 4.97.** Gaszugabe nach der Drosselklappe (System Century) [4.25]

Wichtig ist bei allen Arten der Gaseinbringung, daß die Druckverhältnisse im Vergaser bei Benzinbetrieb nicht gestört werden, d.h. daß die Vergasercharakteristik nicht beeinflußt wird.

**Abb. 4.98** zeigt die Gaszugabe bei einem Einspritzmotor.

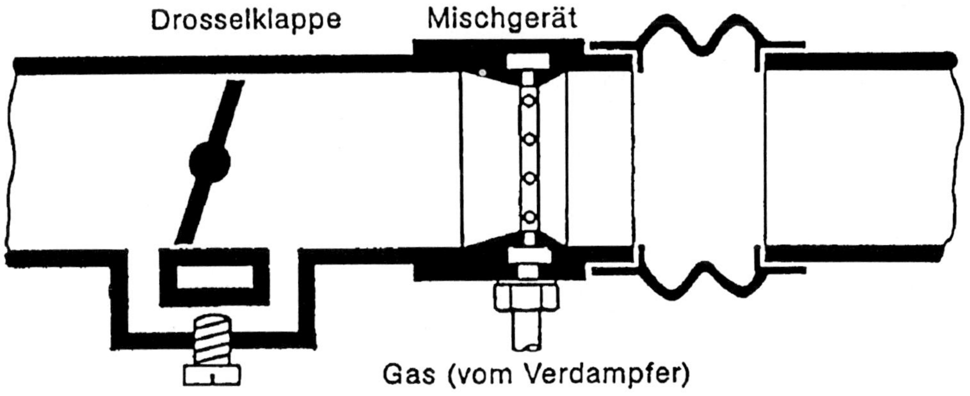


**Abb. 4.98.** Gaszugabe bei einem Einspritzmotor [4.25]

### 4.1.4. Einfluß der Gemischbildnergeometrie auf die Gemischverteilung

4.1.4.1. Grundsätzliches

Neben der Gemischdosierung gehört auch die Gemischaufbereitung zu den Hauptaufgaben des Gemischbildners. Wie in den Grundlagen der Gemischbildung bereits ausführlich dargelegt, ist damit ein permanenter indirekter Einfluß der Gemischbildnerausführung auf Gemischverteilung und Wandfilmbildung im nachfolgenden Ansaugrohr gegeben. Generell gilt, je intensiver die Zerstäubung oder Verdampfung des Kraftstoffes und je vollständiger die Vermischung desselben mit der Ansaugluft vor sich geht, umso geringer ist die Gefahr des Tröpfchenniederschlages an den Saugrohrwänden und desto leichter ist eine gleichmäßige Gemischverteilung auf die Einzelzylinder realisierbar.

Neben diesem indirekten Einfluß der Gemischbildnergeometrie auf die Gemischverteilung existiert jedoch auch ein in der Praxis oft unterschätzter, direkter Einfluß: Insbesondere bei Fallstromansaugsystemen können die durch die Gemischbildnergeometrie hervorgerufenen Fehlverteilungen erheblich sein [4.59, 4.60, 4.61, 4.65, 4.66, 4.67, 4.26, 4.27, 4.28, 4.29 , 4.30, 4.31, 4.32, 4.33, 4.34, 4.35, 4.36]; sie sind zumeist über die Saugrohrgeometrie nicht mehr korrigierbar. Hierzu zählen alle in symmetrisch ausgeführten Saugrohren auftretenden Fehlverteilungen zugunsten einer Saugrohrhälfte, welche nicht selten die symmetrischen Fehlverteilungen zugunsten der innen- oder außenliegenden Zylinderpaare übersteigen.

Bei symmetrischer Ausführung des Gemischbildnerflansches läßt sich der Nachweis gemischbildnerbedingter Fehlverteilungen am einfachsten durch eine Verdrehung des auf dem Saugrohr befestigten Gemischbildners um 180° erbringen, **Abb. 4.99**. Wenngleich auch aufgrund der veränderten Einströmbedingungen keine spiegelbildliche Vertauschung der Gemischverteilung erwartet werden kann, so ist der Einfluß des Gemischbildners auf die Verteilung doch zumeist deutlich zu erkennen [4.26, 4.28, 4.31, 4.59, 4.60, 4.61]. Die Ungleichheiten in der Gemischverteilung werden ausgedrückt durch die Abweichung $\Delta\kappa$ (der Einzelzylinderkraftstoffzahl $\kappa$ -Kehrwert der Luftzahl- von der mittleren Kraftstoffzahl aller Zylinder); siehe auch Kap. 5.1.

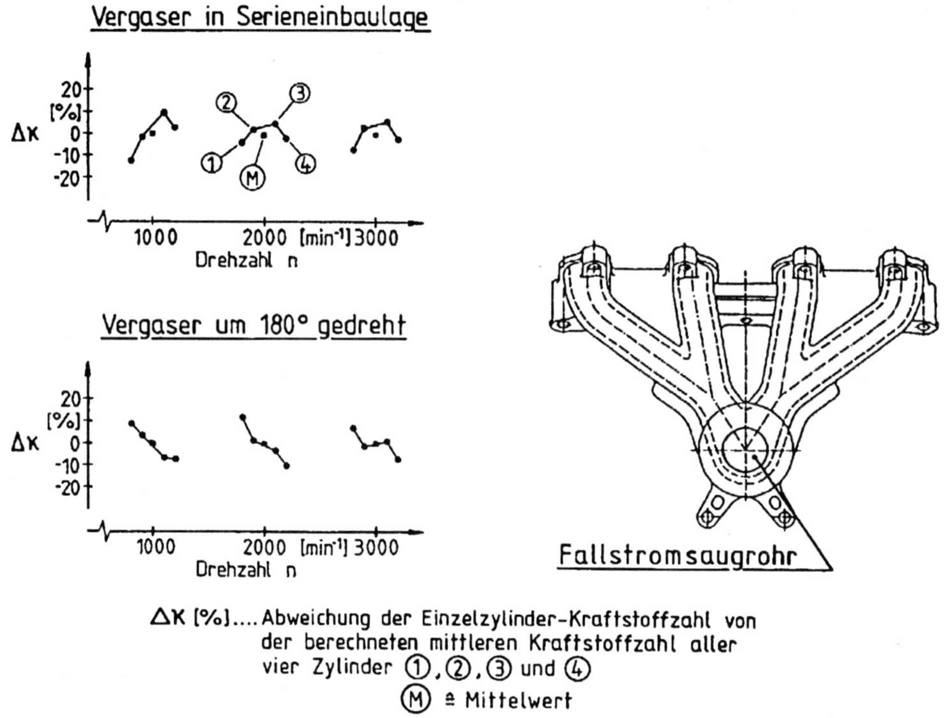


**Abb. 4.99.** Einfluß der Einbaulage des einflutigen Fallstromvergasers auf die Vollast-Gemischverteilung [4.59]

Im folgenden soll nun kurz auf jene Gemischbildner-Bauteile näher eingegangen werden, welche den größten Einfluß auf die Gemischverteilung ausüben.

### 4.1.4.2. Drosselklappe

Aufgrund der intensiven Sekundärzerstäubung des Kraftstoffes an der noch weitgehend geschlossenen Drosselklappe ist ein Einfluß der Drosselklappeneinbaulage auf die Gemischverteilung in der unteren Teillast selten vorhanden.

Bei weiterer Öffnung der Drosselklappe nimmt die zerstäubende Wirkung allmählich ab und es wird - ab Drosselklappenöffnungswinkel von ca. 30° - eine Richtwirkung der Drosselklappe erkennbar. Die ursprüngliche Sekundärzerstäubung geht zunehmend in eine Umlenkung der Kraftstofftröpfchen über, erhöhter Wandniederschlag unmittelbar hinter der Drosselklappe ist die Folge [4.37]. Ist nun die Drosselklappenachse nicht normal, sondern parallel zur Saugrohrsymmetrieachse angeordnet, so kommt es zusätzlich zum erhöhten Wandniederschlag noch zu einer vom Drosselklappenöffnungswinkel abhängigen, starken Ungleichverteilung des Gemisches auf beide Saugrohrhälften. Durch die sich auf der Drosselklappenrückseite ausbildenden Wirbel bzw. Wirbelzöpfe kann auch durch Anbringung längerer Beruhigungsstrecken meist keine vollständige Homogenisierung der asymmetrisch ausgebildeten Strömung mehr herbeigeführt werden. Es ist daher unbedingt die Drosselklappenachse normal zur Saugrohrsymmetrieachse (parallel zur Motorlängsachse) vorzusehen. Dies gilt auch für eine eventuell darüber angeordnete Vordrosselklappe.

Neben der Einbaulage der Drosselklappe ist auch auf ein möglichst geringes, axiales Spiel der Drosselklappe zu achten. Untersuchungen [4.35] haben ergeben, daß bereits ein axiales Drosselklappenspiel von 0,2 mm Luftzahlschwankungen $\Delta\lambda$ in den Einzelzylindern bis zu $\pm 15$ % hervorrufen kann.

Trotz der oben angeführten, ungünstigen Einflüsse der Drosselklappe auf die Gemischverteilung in der höheren Teillast ist ein Ersatz der zentralen Drosselklappe durch am Saugrohrende angeordnete Einzeldrosselklappen nicht anzuraten. Wie **Abb. 4.100** zeigt, führt bei einer solchen Anordnung das Wegfallen der Sekundärzerstäubung am Saugrohreingang zu einer unakzeptablen Verschlechterung der gesamten Teillast-Gemischverteilung, verbunden mit einem starken Anstieg der im Saugrohr gespeicherten Wandfilmmengen (hoher Saugrohrabsolutdruck!). Das in Abb. 4.100 gezeigte Ergebnis wurde auch bei anderen Saugrohrformen bestätigt.

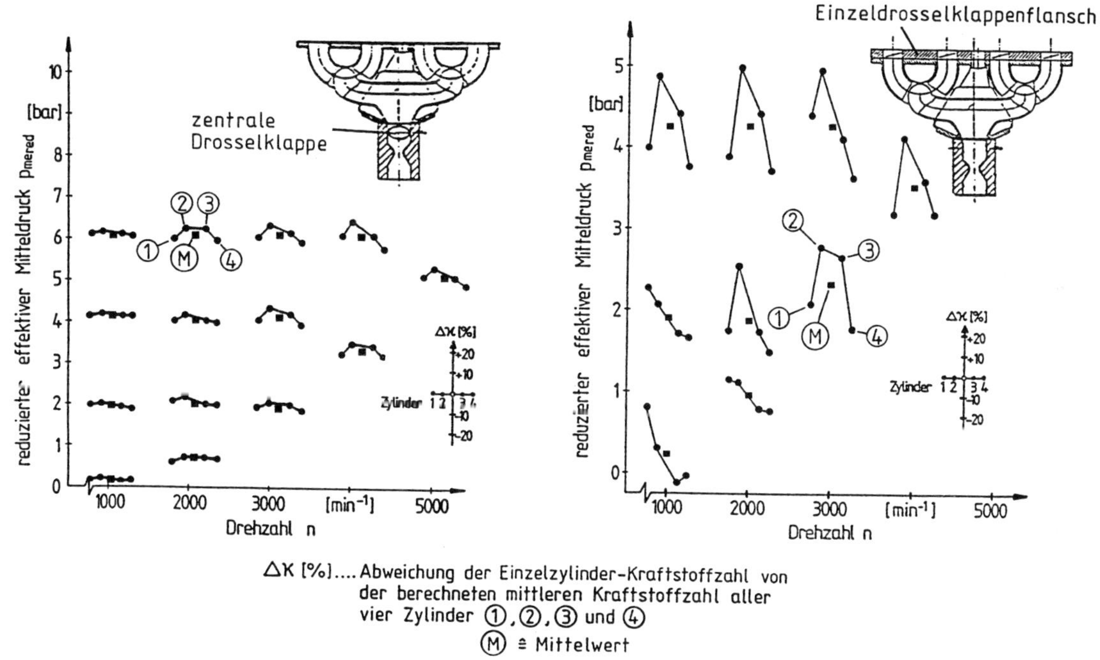


**Abb. 4.100.** Vergleich der im selben, beheizten Flachstromsaugrohr auftretenden Teillast-Gemischverteilung bei verschiedenen Drosselklappenanordnungen [4.59]

### 4.1.4.3. Mischkammer

Form und Ausführung der Mischkammer eines zentralen Gemischbildners sind von größter Bedeutung in Hinblick auf die Gemischverteilungsgüte. Bereits geringste Asymmetrien in diesem Bereich können zu erheblichen Fehlverteilungen des Kraftstoffes zugunsten der linken oder rechten Saugrohrhälfte führen.

Insbesondere eine einseitige, asymmetrische Einbringung des Kraftstoffes in den Lufttrichter, **Abb. 4.101**, kann - durch saugrohrseitige Maßnahmen nicht mehr korrigierbare - Abweichungen der Einzelzylinder-Kraftstoffzahlen Δκ von bis zu 40 % zwischen linker und rechter Saugrohrhälfte herbeiführen.

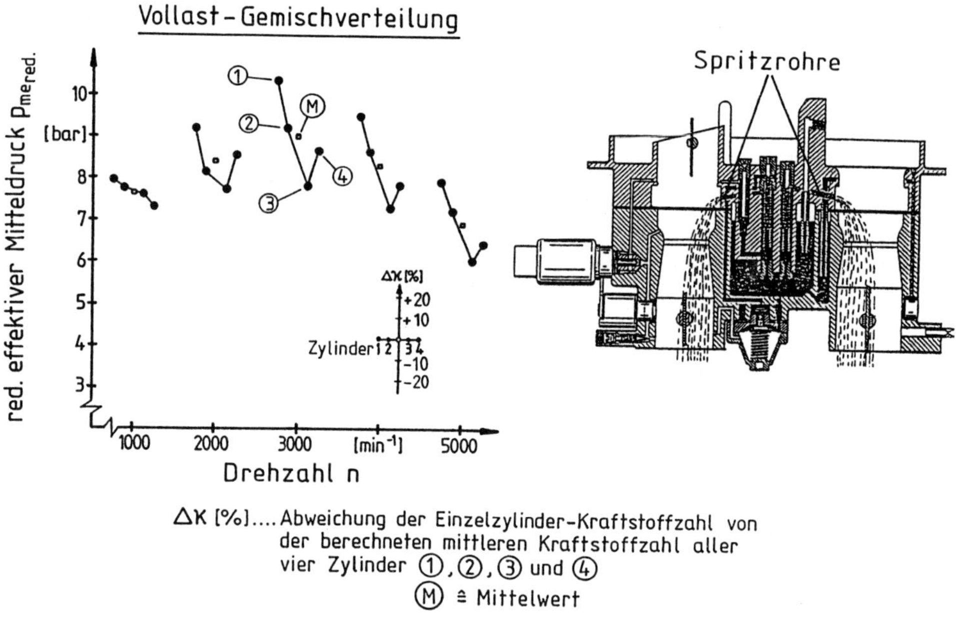


**Abb. 4.101.** Einfluß einer einseitigen, asymmetrischen Spritzrohranordnung auf die Gemischverteilung [4.29]

Ähnliches gilt für eine zwar in Symmetrieebene liegende, jedoch exzentrische Kraftstoffeinbringung durch ein in Hauptströmungsrichtung gebogenes Spritzrohr, **Abb. 4.102**.

Günstiger erscheint demgegenüber die Einbringung des Kraftstoffes in den Lufttrichter mittels Vorzerstäuber, da in Vorzerstäubern variable Kraftstoffaustrittsrichtungen nur geringen Einfluß auf die Gemischverteilung ergaben, **Abb. 4.103**.

Allerdings führen auch bei dieser Mischkammerkonstruktion geringste Einbaulage-Exzentrizitäten des Vorzerstäubers im Lufttrichter zu erheblichen Fehlverteilungen des Kraftstoffes im nachfolgenden Saugrohr, **Abb. 4.104**.

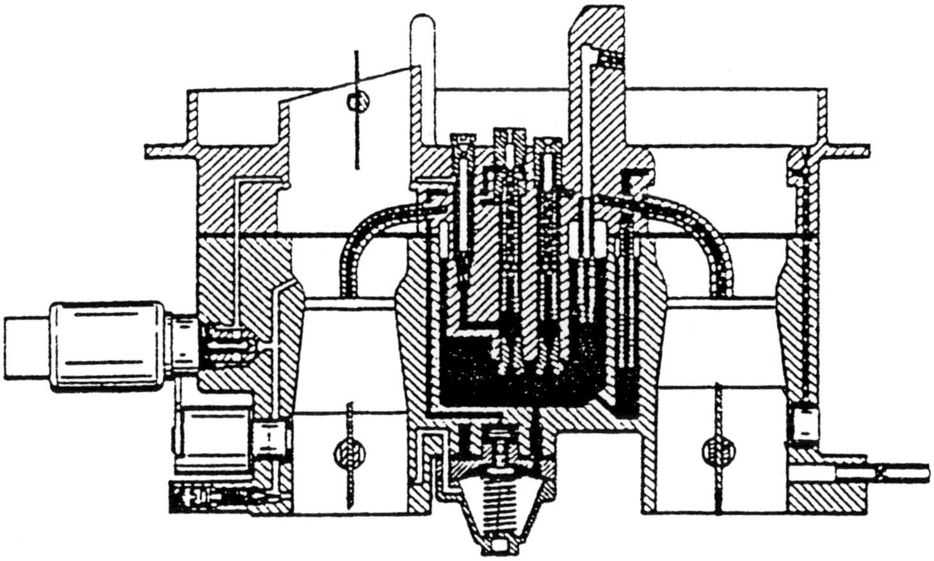

**Abb. 4.102.** Registervergaser mit in Hauptströmungsrichtung einspritzenden Spritzrohren [4.29]

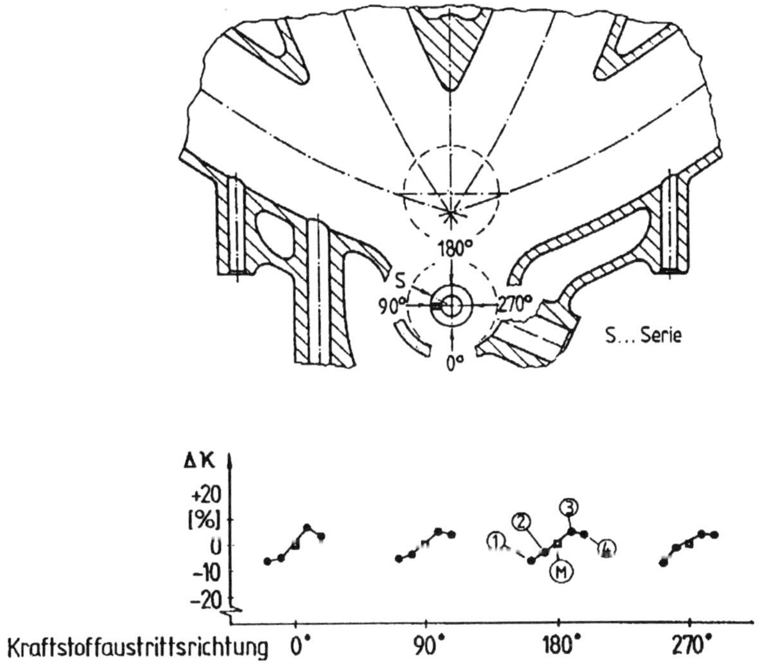


ΔK [%]....Abweichung der Einzelzylinder-Kraftstoffzahl von der berechneten mittleren Kraftstoffzahl aller vier Zylinder ①, ②, ③ und ④

Ⓜ ≙ Mittelwert

**Abb. 4.103.** Einfluß der Kraftstoffaustrittsrichtung im Vorzerstäuber auf die Gemischverteilung, Teillastpunkt $n = 3000\ \text{min}^{-1}$, $p_{me} = 6$ bar (nur 1. Stufe geöffnet) [4.59]

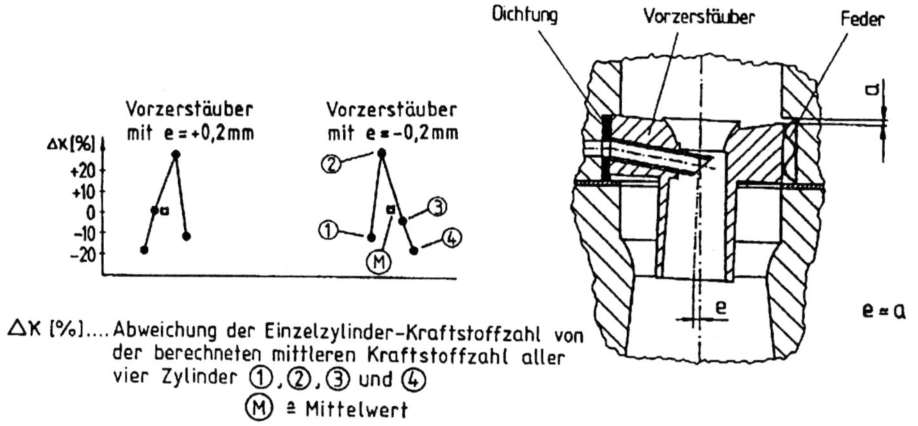


**Abb. 4.104.** Einfluß der Vorzerstäubereinbaulage auf die Gemischverteilung bei Vollast, n = 3000 $min^{-1}$ [4.29]

Aus den oben gezeigten Abhängigkeiten der Mischkammergeometrie auf die Gemischverteilung geht hervor, daß bei Konstruktion und Herstellung der Mischkammer zentraler Gemischbildner größte Sorgfalt und Präzision angewendet werden sollte. Da bereits Exzentrizitäten von 0,1 - 0,2 mm erhebliche Fehlverteilungen hervorrufen können, ist grundsätzlich ein Vergießen der Vorzerstäuber- und Einspritzhalterung mit dem Gehäuse anzuraten. Darüber hinaus sollte darauf geachtet werden, daß die Halterungen (Haltearme) der Vorzerstäuber oder Zentraleinspritzventile stets in der Saugrohrsymmetrieebene angeordnet sind. Andernfalls könnten sich, insbesondere in Kombination mit einer darüberliegenden, schräg angestellten Vordrosselklappe, asymmetrische Luftströmungen ausbilden, **Abb. 4.105**.

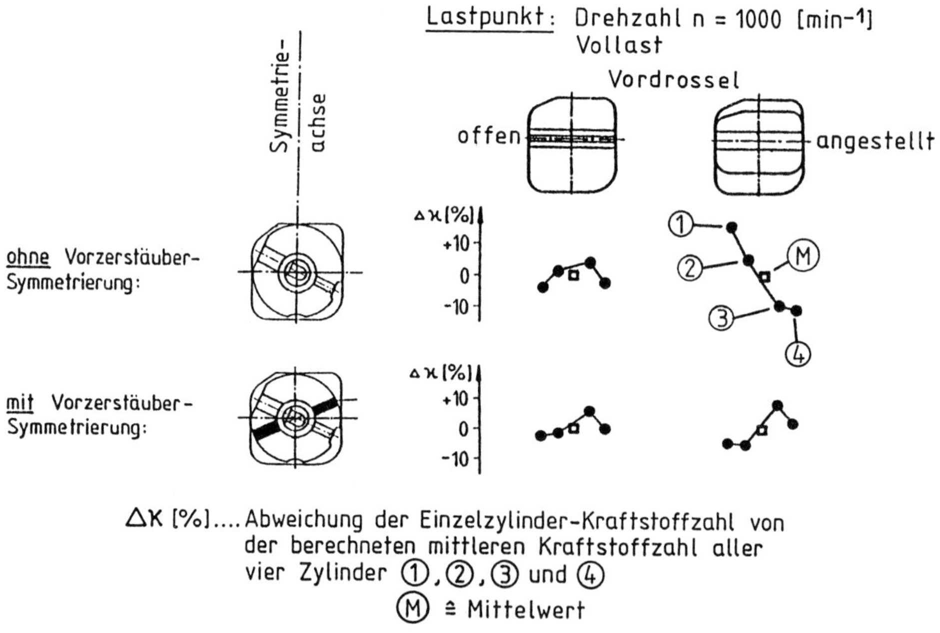


**Abb. 4.105.** Einfluß einer Symmetrierung der Vorzerstäuberhalterung auf die Gemischverteilung mit offener und angestellter Vordrossel [4.29]

Ähnlich, wenngleich auch in abgeschwächter Form wirkt sich bei Zentraleinspritzanlagen die Steggeometrie der Einspritzventilhalterung auf die Gemischverteilung aus. In der strömungsungünstigen Ausführung - rechteckiger Steg -, **Abb. 4.106**, kommt es bei hohen Luftdurchsätzen unterhalb des Steges zur Ausbildung eines Unterdruckgebietes. Das Kraftstoff-Luftgemisch wird in diese Richtung abgelenkt. Dies kann zu einer Fehlverteilung des Kraftstoffes zwischen den inneren und äußeren Zylinderpaaren führen.

Bei Zentraleinspritzanlagen reagiert die Gemischverteilung sehr empfindlich auf Störungen der Rotationssymmetrie im Bereich unterhalb des Einspritzventils. Durch geringes Schiefstellen ($\pm 0{,}5^{\circ}$) eines, an die Halterung des Einspritzventils angebauten Luftführungseinsatzes können erhebliche Änderungen der Kraftstoffverteilung bewirkt werden, **Abb. 4.107**. Hier liegt eine ausgeprägte Analogie zu Kraftstoffverteilungen bei exzentrischem Einbau des Vorzerstäubers vor.

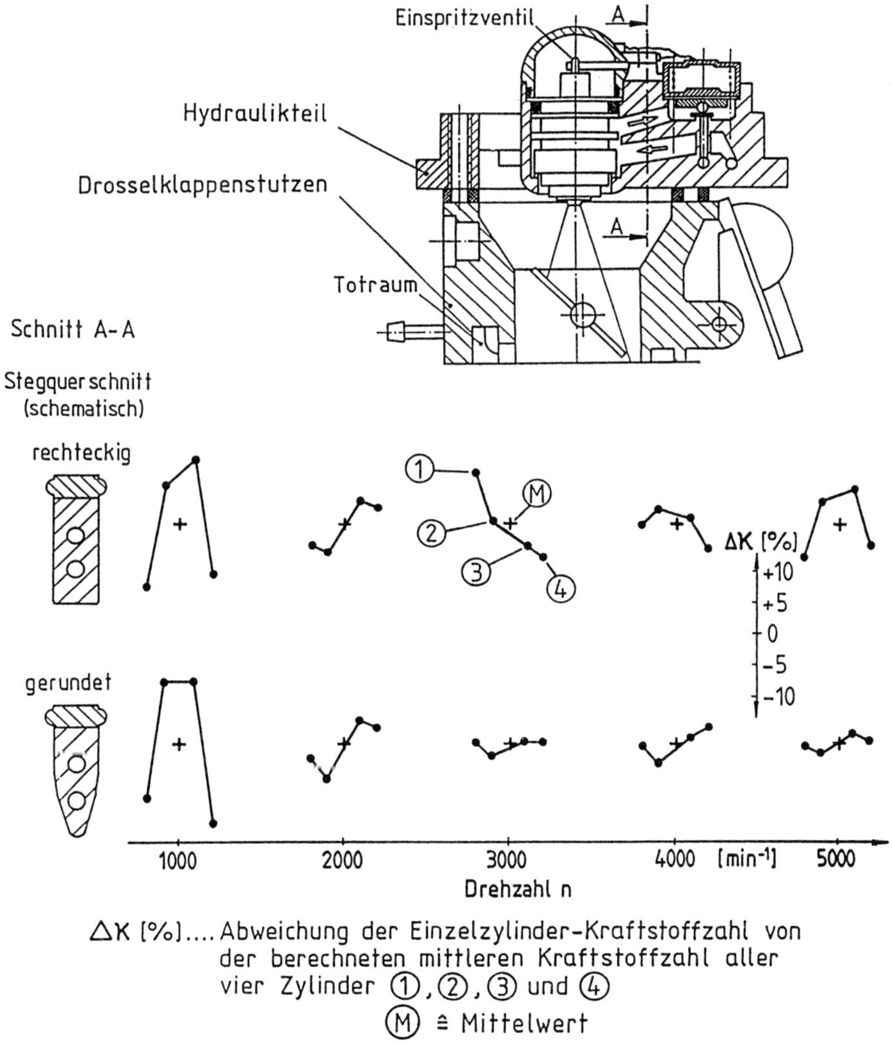


**Abb. 4.106.** Schematische Darstellung des rechteckigen und gerundeten Steges in der Zentraleinspritzung und dessen Einfluß auf die Gemischverteilung bei Vollast. ($\lambda \sim 0{,}85$) [4.63]

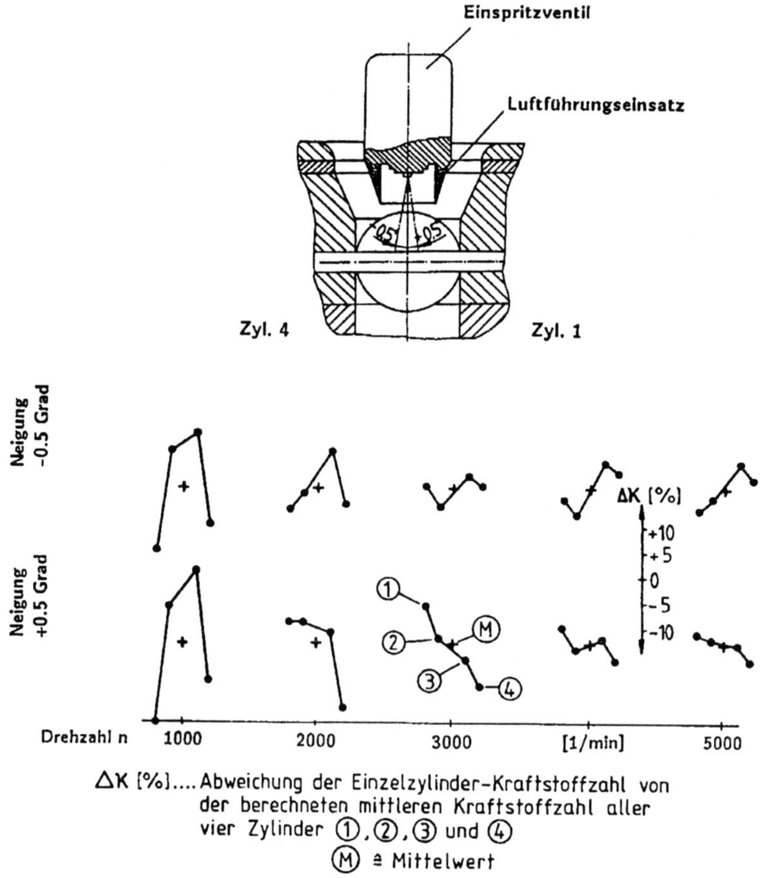


**Abb. 4.107.** Schematische Darstellung der Schiefstellung des Luftführungseinsatzes und deren Einfluß auf die Vollastgemischverteilung. (Hydraulikteil mit rechteckigem Steg nach Abb. 4.106) [4.64]

4.1.4.4. Ansaugluftführung

Der Verlauf der Ansaugluftführung unmittelbar vor dem Gemischbildner legt die Einlaufbedingungen der Luftströmung in den Gemischbildner-Hauptkanal fest und ist so von großer Bedeutung für die nachfolgende Mehrphasenströmung.

Bei seitlich weggebauten Luftfiltern, wie sie bei fast allen Flachstromansaugsystemen sowie einigen Fallstromansaugsystemen vorliegen, ist auf eine möglichst in der Saugrohrsymmetrieebene liegende Luftschnorchelführung zu achten. Scharfe Umlenkungen unmittelbar vor dem Gemischbildner sollten mit Rücksicht auf die sich ausbildenden Sekundärströmungen vermieden werden. Durch einen Einsatz von Luftleitblechen läßt sich die Luftströmung häufig günstig beeinflussen.

Ist das Luftfilter direkt auf den Gemischbildner aufgesetzt, so ist insbesondere bei einflutigen Gemischbildnern (großer Hauptkanaldurchmesser) eine starke Abhängigkeit der Gemischverteilung von den Strömungsverhältnissen der Ansaugluft im Luftfiltergehäuse möglich. Wie **Abb. 4.108** zeigt kann jedoch auch hier Abhilfe durch Leitbleche geschaffen werden.

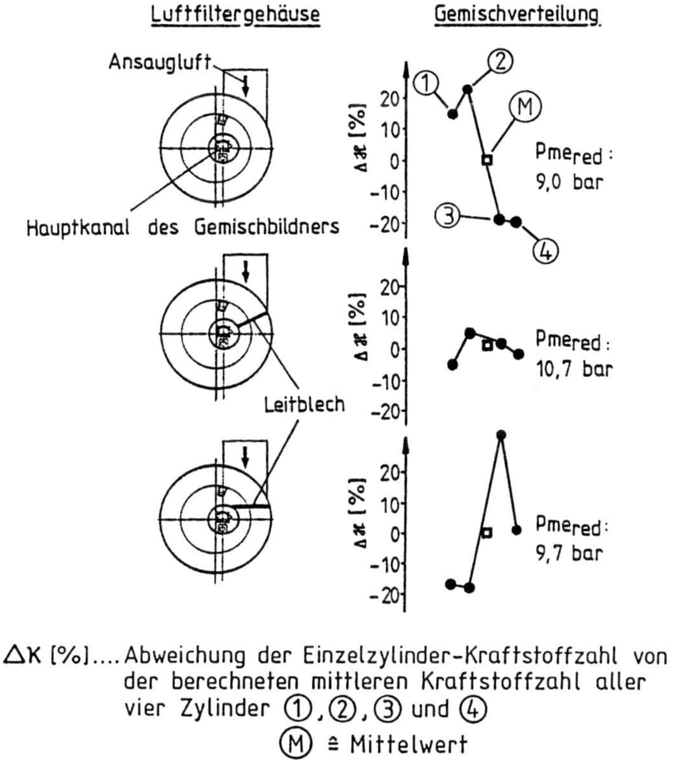


**Abb. 4.108.** Einfluß der Ansaugluftführung im Luftfiltergehäuse auf die Gemischverteilung (Gemischbildner: Zentraleinspritzung) bei 4000 min-1/Vollast [4.30]

4.1.4.5. Einfluß des Einspritzzeitpunktes auf die Gemischverteilung

Beeinflußt bei Einzelzylinder-Einspritzanlagen der Einspritzzeitpunkt primär die Aufbereitungsqualität des in den Zylinder eintretenden Gemisches und den in Saugrohr wandfilmförmig gespeicherten Kraftstoffanteil, so tritt bei zentralen Einspritzanlagen der Einfluß des Einspritzzeitpunktes auf die Kraftstoffverteilung auf die einzelnen Zylinder des Motors in den Vordergrund [4.68, 4.69, 4.70 und 4.71].

Wie schon bei gemischverteilungsbezogenen Untersuchungen an Vergasern festgestellt, zeigen Strömungsveränderungen im Bereich der Mischkammer, insbesondere bei Vollastbetrieb des Motors, deutliche Auswirkungen auf die Kraftstoffverteilung im Saugrohr. Da nun die Strömungsverhältnisse im Gemischbildner und im Saugrohr während einer Saugperiode starken Veränderungen unterliegen, ist es verständlich, daß der Einspritzzeitpunkt bei intermittierender zentraler Kraftstoffzumessung eine bedeutende Rolle hinsichtlich der Gemischverteilung spielt. Durch Variation des Einspritzzeitpunktes während einer Saugperiode verändern sich:

- der Luftmassendurchsatz während der Einspritzperiode und damit
- die strömungsgeschwindigkeitabhängige Zerstäubungsqualität der Einspritzanlage;

- die Strömungsform in der Mischkammer und damit
- die Geometrie des Kraftstoffstrahles am Gemischbildneraustritt;
- die Wandfilmbildung im Saugrohr;
- die Kraftstoffverdampfung im Saugrohr;
- die Gemischtransportgeschwindigkeit im gesamten Ansaugtrakt, sowie
- die Gemischzusammensetzung am Eintritt in die Zylinder.

Die angeführten Veränderungen bei Variation des Einspritzzeitpunktes treten umso deutlicher in Erscheinung, je weiter die in Strömungsrichtung gesehen meist nach der Kraftstoffzumessung angeordnete Drosselklappe geöffnet ist. Mit abnehmendem Drosselquerschnitt tritt einerseits in zunehmendem Maß die bereits erwähnte nachzerstäubende und homogenisierende Wirkung der Drosselklappe in Erscheinung, anderseits bewirkt die zeitweise geschlossene Drosselklappe eine Störung der Luftpulsationen im gesamten Ansaugtrakt, womit sich eine Vergleichmäßigung der zeitlichen Luftmassendurchsatzschwankungen einstellt.

Der Einspritzzeitpunkt bei Zentraleinspritzanlagen stellt somit insbesondere in der oberen Teillast und bei Vollastbetrieb des Motors einen der wesentlichen die Gemischverteilung und die Wandfilmbildung im Saugrohr beeinflußenden Faktoren dar.

Hinsichtlich des Einflusses des Einspritzzeitpunktes auf die Gemischverteilung und den daraus resultierenden Anforderungen an die zentrale intermittierende Einspritzanlage sollten die im weiteren angeführten Punkte Beachtung finden.

Die starke Abhängigkeit der Gemischverteilung vom Luftmassendurchsatz bei Vollastbetrieb zeigt **Abb. 4.109**. Durch Anbringung eines Schwingrohres wurde bei ein- und demselben Lastpunkt der zeitliche Luftmassendurchsatzverlauf im Gemischbildner phasenverschoben. Die mit verschiedenen Einspritzzeitpunkten ermittelten Gemischverteilungen spiegeln in ihrer Charakteristik die Phasenverschiebung des Luftmassendurchsatzes wieder. Zusammenfassend kann gesagt werden:

- Eine Einspritzfrequez gleich der ein- oder mehrfachen Zündfrequenz und ein für alle Zylinder gleicher Einspritzzeitpunkt, insbesondere bei Vollastbetrieb, ergeben gleichmäßige Kraftstoffverteilung;
- im Sinne einer guten Zerstäubung und eines raschen Transportes des Kraftstoffes sollte dieser bei hohen Luftmassendurchsätzen eingespritzt werden. Der Einspritzbeginn sollte daher zumindest bei Vollastbetrieb drehzahlabhängig verändert werden können;
- der für den jeweiligen Lastpunkt optimale Einspritzzeitpunkt muß in Kombination mit dem jeweiligen Saugrohr im Motorversuch ermittelt werden.

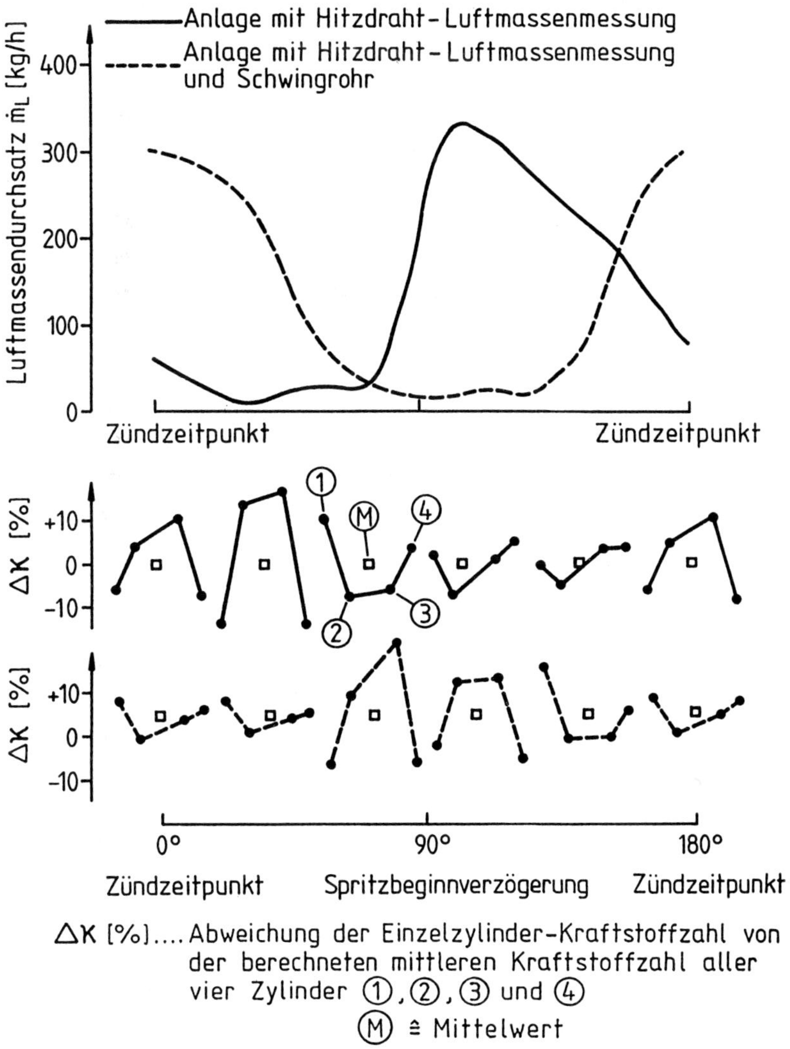


**Abb. 4.109.** Auswirkung einer Veränderung des Luftmassendurchsatzes am Gemischbildnereintritt auf die Vollastgemischverteilung eines 4-Zylinder-Reihenmotors bei einer Drehzahl von 2000 $min^{-1}$ [4.68]

## 4.2. Dezentrale Gemischbildner

Unter dezentralen Gemischbildnern versteht man Geräte, die das Brenngemisch pro Motorzylinder getrennt bilden, d.h. den Kraftstoff getrennt pro Motorzylinder einspritzen. Im Sonderfall, aber nicht allgemein, können unter diese Bezeichnung auch Gemischbildner fallen, die Kraftstoff für Gruppen von Zylindern einspritzen. Dieser Sonderfall wird aber nicht weiter behandelt.

Dezentrale Gemischbildner haben also im allgemeinen den Vorteil, daß Kraftstoffverteilungsprobleme im Saugrohr - wie sie häufig bei zentralen Gemischbildnern auftreten - nicht vorkommen.

Außerdem kann bei dezentralen Einspritzanlagen die Gestaltung der Saugrohre frei von Rücksichten auf die Kraftstoffverteilung erfolgen, d.h. so wie es für optimale Füllung der Zylinder günstig ist; Aufladeeffekte durch Saugrohrschwingungen können genutzt werden.

Wenn auch aus formalen Gründen unter "dezentralen Gemischbildnern" Einzelzylindereinspritzung und Einzelvergaser aufgeführt werden, so muß doch gesagt werden, daß heute Einzelvergaser keine Bedeutung mehr haben. Sie finden allenfalls bei Motorrädern noch eine gewisse Verbreitung. Dieser Abschnitt befaßt sich daher im wesentlichen mit der Einzelzylindereinspritzung.

### 4.2.1. Einzelzylindereinspritzung

Wie bereits oben erwähnt, hat die Einzelzylindereinspritzung gegenüber der zentralen Gemischbildung den großen Vorteil, daß der Kraftstoff nicht im Saugrohr verteilt werden muß, sondern direkt beim vorgesehenen Motorzylinder eingebracht wird. Das Saugrohr kann im Hinblick auf optimale Zylinderfüllung gestaltet werden. Einzelzylindereinspritzung ist die klassische Form der Einspritzung.

Im 2.Weltkrieg wurden Flugmotoren bevorzugt mit Einspritzung ausgerüstet, da diese gegenüber Vergasern Vorteile hinsichtlich Lagestabilität und Vereisung bot. Nach dem 2.Weltkrieg führte sich die Benzineinspritzung im Automobilbau ein.

#### 4.2.1.1. Verlauf der Entwicklung

Automobilmotoren wurden zunächst mit Hochdruck-Direkteinspritzung ausgestattet, welche mit einem Druck von 50 bis 100 bar den Kraftstoff während des Saughubes in den Zylinder einspritzte.

Während beim Zweitaktmotor der Kraftstoff direkt in den Zylinder eingespritzt werden muß, um die Spülverluste zu vermeiden, entfällt dieser Zwang beim Viertaktmotor. Es wurde daher bald neben der Direkteinspritzung die mechanische indirekte Saugrohreinspritzung eingeführt.

Die Vorteile der Saugrohreinspritzung waren:

- billigerer und einfacherer Aufbau der Pumpen und Düsen, weil niedrigerer Druck angewendet werden kann und die Düsen nicht den Brennraumtemperaturen ausgesetzt werden;
- kein Abwaschen des Ölfilmes im Zylinder durch eingespritzten Kraftstoff;
- einfacherer Einbau der Einspritzdüsen am Motor.

Heute werden im Kraftfahrzeugbau verschiedene Varianten der Saugrohreinspritzung serienmäßig verwendet; Entwicklungsarbeiten erfolgen auch mit direkter Einspritzung.

Wie erwähnt wurde nach dem 2.Weltkrieg nach den ersten Versuchen mit Zylinderdirekteinspritzung die mechanische Saugrohreinspritzung in Serienfertigung bei hochwertigen Automobilen gebracht. Es handelte sich um eine mechanisch intermittierende Einspritzung, **Abb. 4.110**, bei der jedem Motorzylinder ein Einspritzpumpenelement zugeordnet war. Bei der eigentlichen Einspritzpumpe handelte es sich um eine von der Dieseleinspritzpumpe, **Abb. 4.111**, abgeleitete Reihen-Kolben-Pumpe.

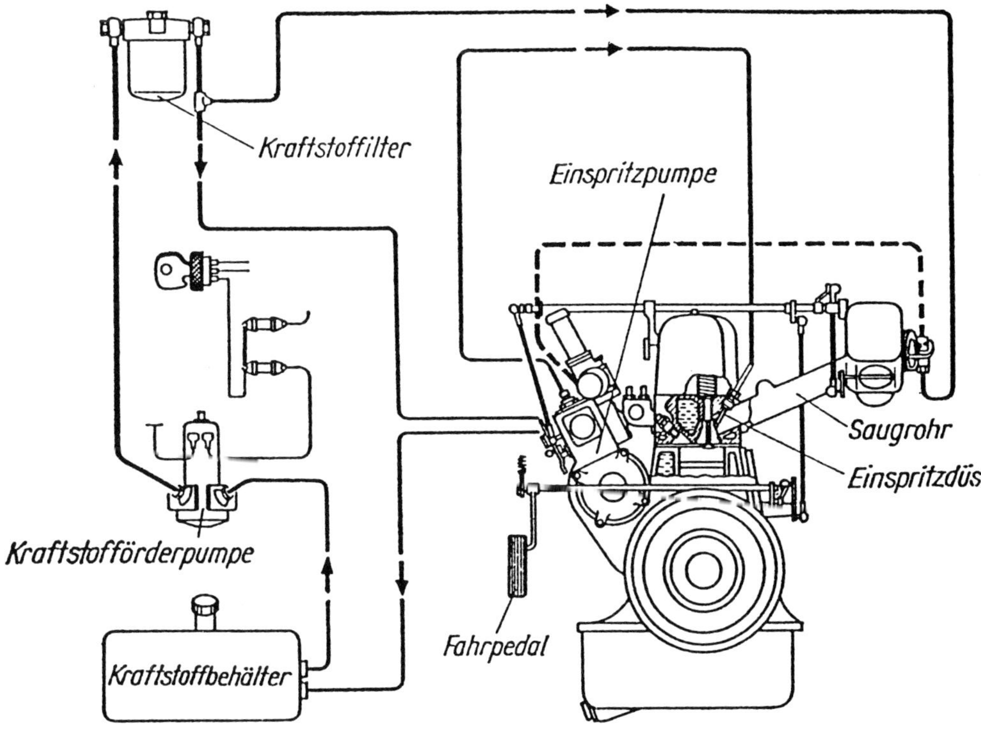


**Abb. 4.110.** Mechanisch intermittierende Bosch-Saugrohr-Einspritzung für Daimler-Benz

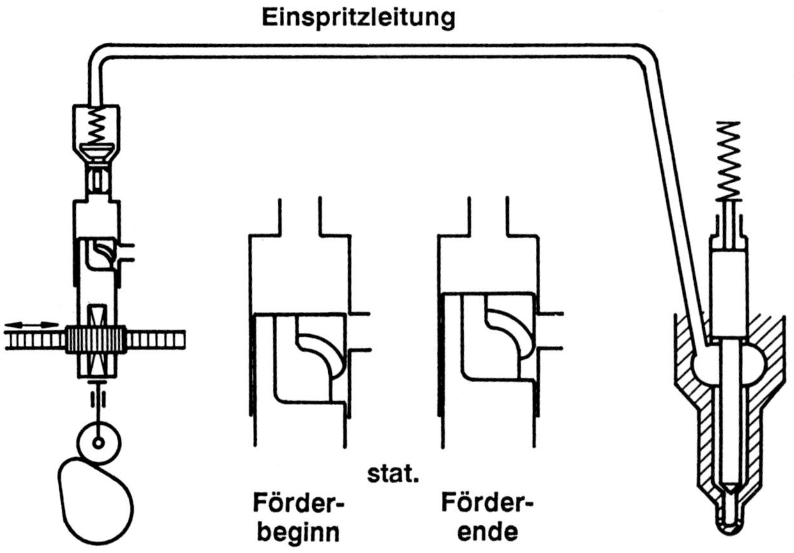


**Abb. 4.111.** Bosch-Diesel-Reiheneinspritzpumpe [4.43]

Gelegentlich wurde, um Kosten zu sparen auch die Versorgung mehrerer Zylinder durch ein Pumpenelement bewirkt, mechanische Gruppeneinspritzung, **Abb. 4.112**.

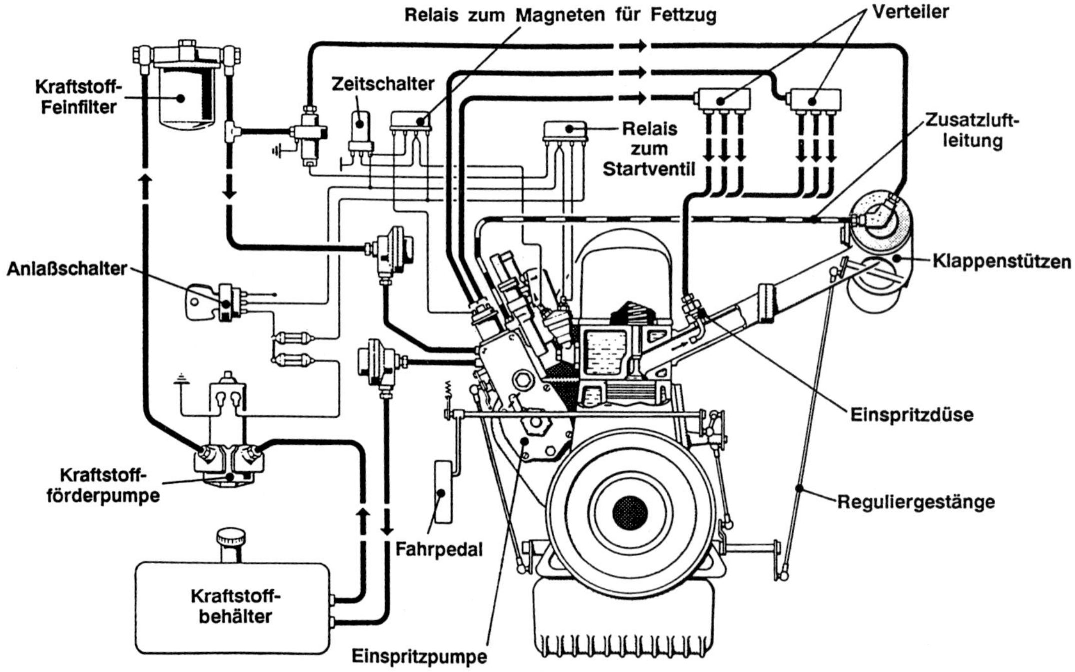


**Abb. 4.112.** Mechanische Bosch-Saugrohr-Gruppeneinspritzung für Daimler-Benz

Die Gemischdosierung erfolgte über einen Raumnocken, der in Abhängigkeit von Drosselklappenstellung und Drehzahl verdreht bzw. verschoben wurde, **Abb. 4.113**, und dessen Erhebung von einem Fühler abgetastet wurde. Die Einspritzmenge pro Arbeitstakt war proportional der Erhebung des Raumnockens.

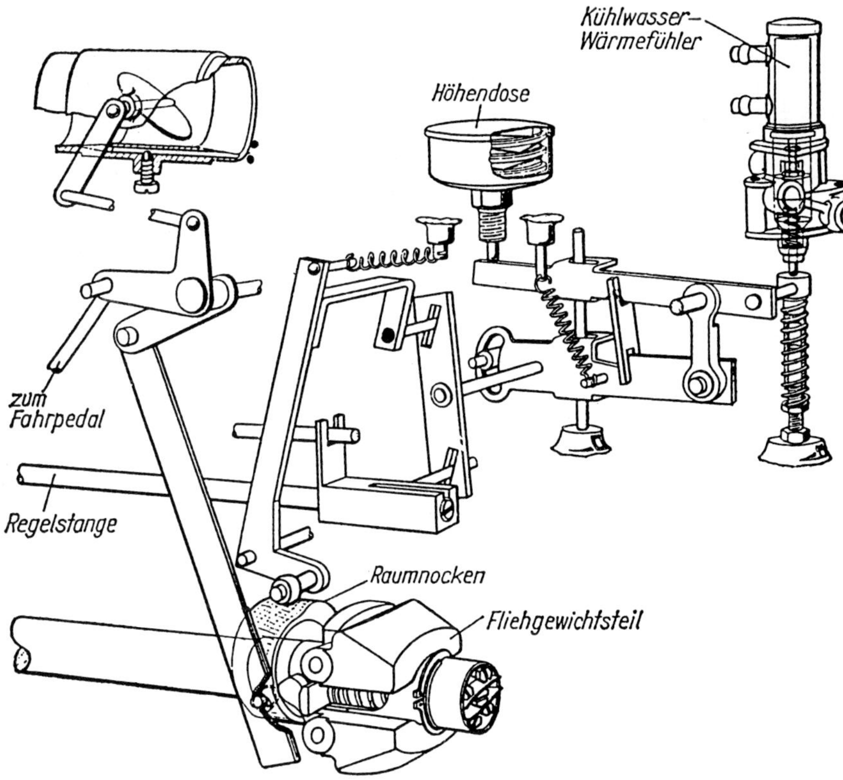


**Abb. 4.113.** Mechanische Bosch-Einspritzregelung für Daimler-Benz

Eine Korrektur erfolgte entsprechend dem Atmosphärendruck und der Motortemperatur.

Da diese mechanischen Einspritzanlagen sehr teuer waren, gelangte man zur ersten elektronischen intermittierenden Einspritzung, der sog. D-Jetronic (D für druckgesteuert), von Bosch.

Diese auf Lizenzen von Bendix, USA, beruhende Einspritzung, wurde bei VW für den US-Export infolge der dort eingeführten scharfen Abgasgesetze in Serie gebracht, da die Abgaslimits damit leichter als mit Vergaser einhaltbar erschienen.

Die Funktionsweise der D-Jetronic ist in **Abb. 4.114** dargestellt.

Vom Kraftstofftank wird der Kraftstoff über das Kraftstoff-Filter von einer Rollenzellen-Kraftstoff-Förderpumpe in die Druckleitung gefördert. Dort hält ein Druckregler (Überströmregler) den Kraftstoff auf einem Überdruck von 2 bar. Überschüssiger Kraftstoff strömt zum Tank zurück.

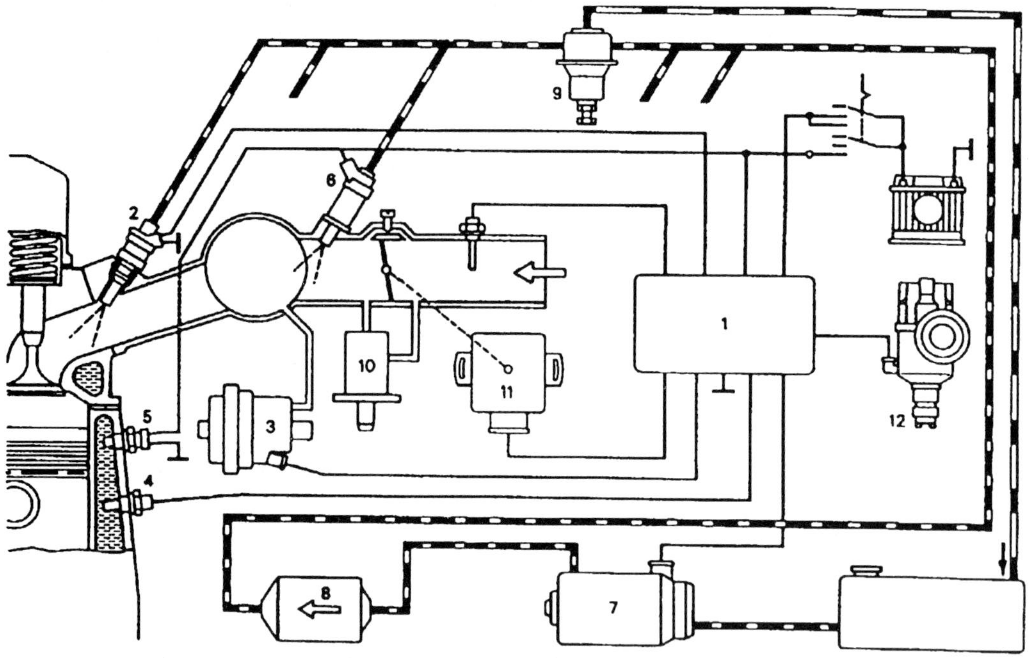


1 Elektronisches Steuergerät, 2 Einspritzventil, 3 Druckfühler, 4 Temperaturfühler, 5 Thermoschalter, 6 Elektrostartventil, 7 Elektrokraftstoffpumpe, 8 Kraftstoffilter, 9 Kraftstoffdruckregler, 10 Zusatzluftschieber, 11 Drosselklappenschalter, 12 Einspritzauslöser

**Abb. 4.114.** Elektronisch intermittierende Bosch-Einspritzung, D-Jetronic [4.45]

Von der Druckleitung zweigen Versorgungsleitungen, an deren Enden elektromagnetische Einspritzventile angeordnet sind, ab.

Der Kraftstoff wird durch diese Einspritzventile in die Nähe der Einlaßventile des Motors gespritzt. Bei elektrischer Erregung der Magnetwicklung wird die Düsennadel ca. 0,15 mm von ihrem Sitz abgehoben.

Jedem Motorzylinder ist ein Einspritzventil zugeordnet, das je Nockenwellenumdrehung einmal betätigt wird. Zur Verringerung des Aufwandes sind bei 4-Zylinder-Motoren je 2 Ventile elektrisch parallel geschaltet (bei 6-Zylinder-Motoren je 3 Ventile). Alle Einspritzventile stehen unter konstantem Kraftstoffdruck von etwa 2 bar. Die Dosierung der den Zylindern je Arbeitstakt zugeführten Kraftstoffmenge geschieht durch Steuerung der Öffnungsdauer der Magnetventile. Vom elektronischen Steuergerät werden hier für Steuerimpulse geliefert, deren Dauer vom absoluten Saugrohrdruck, von der Motordrehzahl, sowie von weiteren Korrekturgrößen abhängt.

Die Einflußgrößen auf die Einspritzimpulsdauer, entsprechend der Einspritzmenge, werden am Motor durch mechanisch-elektrische Größen eingegeben. Folgende Meßwertaufnehmer finden Verwendung:

- Der Saugrohrdruckfühler enthält evakuierte Barometerdosen, die den Anker einer Spule verschieben und deren Induktivität verändern. Die Induktivität dient als zeitbestimmendes Glied einer monostabilen Kippschaltung im elektronischen Steuergerät;
- Der Drosselklappenschalter gibt bei Leerlaufstellung, sowie bei Bewegung der Drosselklappe Schaltimpulse an das elektronische Steuergerät um eine Übergangsanreicherung zu bewirken. Bei geschlossener Drosselkappe und Drehzahlen über 1200 U/min erfolgt Schubabschaltung;
- Als Temperaturfühler werden in einer Schutzhülle untergebrachte temperaturabhängige Widerstände an geeigneter Stelle am Motor eingeschraubt; sie bewirken bei nicht betriebswarmem Motor eine Verlängerung der Impulszeit;
- Der Impulsauslöser befindet sich im Zündverteiler in Form von zwei im Zündverteiler zusätzlich angebrachten, um 180° versetzten, wartungsfreien Kontaktunterbrechern;
- Als Zusatzluftschieber findet ein durch Bimetallfeder oder Dehnstoffelement bewegter Schieber Verwendung, der dem Motor während der Warmlaufphase die für einen einwandfreien Rundlauf erforderliche Mehrluftmenge zuführt;
- Das Kaltstartventil ermöglicht während des Startvorganges bei tiefen Temperaturen das Einspritzen einer zusätzlichen Kraftstoffmenge in den Saugverteiler;
- Das elektronische Steuergerät wandelt die verschiedenen am Motor abgefühlten Einflußgrößen in elektrische Impulse um, deren Dauer in erster Linie vom Saugrohrdruck und der Motortemperatur abhängt. Es besteht im wesentlichen aus dem eigentlichen Zeitglied (monostabile Kippstufe), sowie je einem Leistungsverstärker für jede Ventilgruppe. Das Zeitglied wird dabei der Reihe nach auf die einzelnen Leistungsverstärker umgeschaltet.

**Abb. 4.115** zeigt beispielhaft die Einspritzdauer über der Drehzahl bei verschiedenen Saugrohrdrücken.

Mit der Einführung der Bosch-D-Jetronic im Jahr 1967 begann eine stark zunehmende Verbreitung der Benzineinspritzung, aber

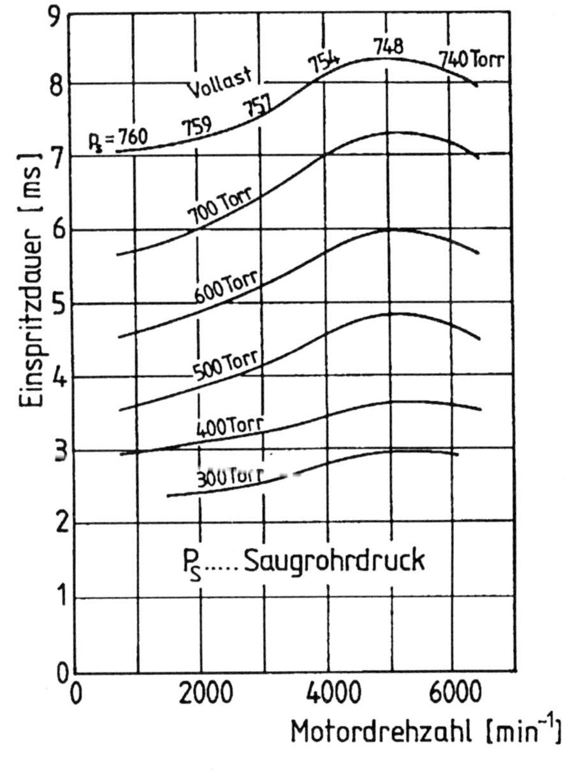


**Abb. 4.115.** Motorkennlinien der Bosch-D-Jetronic

auch eine intensive Entwicklung auf diesem Gebiet [4.39].

Galt die D-Jetronic 1967 als komplexes elektronisches Steuersystem, so wird sie 1988 betreffend der Anpassungsfähigkeit an motorische Betriebsparameter um ein vielfaches übertroffen. Dies zeigt deutlich die folgende Übersicht bezüglich der Anzahl der Daten, die bei der Abstimmung festzulegen bzw. zu optimieren sind [4.39]:

| | |
|---|---|
| Bosch-D-Jetronic | 1967: ca. 18 Abgleichpunkte für Kennlinien und Festwerte |
| Bosch-LH-Jetronic | 1980: ca. 85 entsprechende Punkte |
| Bosch-L 3.2-Jetronic | 1984: ca. 200 Daten |
| Bosch Motronic ML 4.1 | 1986: ca. 2500 Daten |
| Bosch Motronic M 2.5 | 1988: ca. 3400 Daten |

Zukünftige kombinierte Gemischbildungs- und Zündsysteme, vernetzt mit weiteren Funktionen, werden vermutlich 10000 Daten zu berücksichtigen haben.

Auch hinsichtlich der Produktionszahlen von Benzineinspritzanlagen zeigt sich eine rasante Entwicklung: Waren bis 1967 nur wenige exklusive Fahrzeuge mit Benzineinspritzung ausgerüstet, so werden heute ca. 50 % der PKW-Produktion der westlichen Welt mit Benzineinspritzung versehen.

Wegen dieser stark zunehmenden Bedeutung der Benzineinspritzung werden vor einer eingehenden Beschreibung heutiger Systeme nachstehend kurz grundsätzliche Möglichkeiten der Ausführung von Einspritzanlagen aufgezeigt.

Besonders wichtig ist die Messung der Füllung der Motorzylinder mit Luft, da diese stets die Ausgangsbasis für die Kraftstoffzuteilung ist. Daher wird im Abschnitt 4.4 "Luftmassenmessung" auf diesen Punkt eingegangen. Die Kraftstoffzuteilung zur Ansaugluft kann entweder mechanisch-hydraulisch gesteuert werden oder die Umsetzung der Signale der Luftmessung erfolgt mit elektronischen Hilfsmitteln.

Stehen Sensoren für das Verhalten des Motors zur Verfügung, wie etwa Lambda-Sonden, Klopf-Sensoren, Laufruhe-Sensoren etc., so kann der Grundsteuerung ein Regelkreis überlagert werden.

Hinsichtlich der Kraftstoffeinspritzung kann unterschieden werden nach Einspritzort, Einspritzdruck, Einspritzzeitpunkt.

Hinsichtlich des Einspritzortes ist zu sagen, daß Direkteinspritzung in den Zylinder heute nicht üblich ist. Dazu werden hohe Einspritzdrücke benötigt, die die Einspritzsysteme stark verteuern. Allerdings wird auf diesem Sektor intensiv geforscht, da man hofft, durch Direkteinspritzung zu einer Ladungsschichtung zu gelangen, mit der es möglich ist, weitgehend ungedrosselt auch bei Teillast zu fahren, höhere Verdichtungsverhältnisse klopffrei zu verwenden und magerere Brenngemische zu realisieren. Es erscheint nicht ausgeschlossen, so die Vorteile von Otto- und Dieselverfahren in gewissem Umfang zu kombinieren.

Der Einspritzzeitpunkt kann wie folgt gewählt werden, **Abb. 4.116**:

- die Einspritzung erfolgt für alle Zylinder oder für Gruppen von Zylindern gleichzeitig, sogenannte Simultan- oder Gruppeneinspritzung;
- in einem bestimmten Verhältnis zum Öffnungszeitpunkt des Einlaßventiles, sogenannte sequentielle Einspritzung; es wird z.B. dann eingespritzt, wenn das Einlaßventil gerade öffnet;

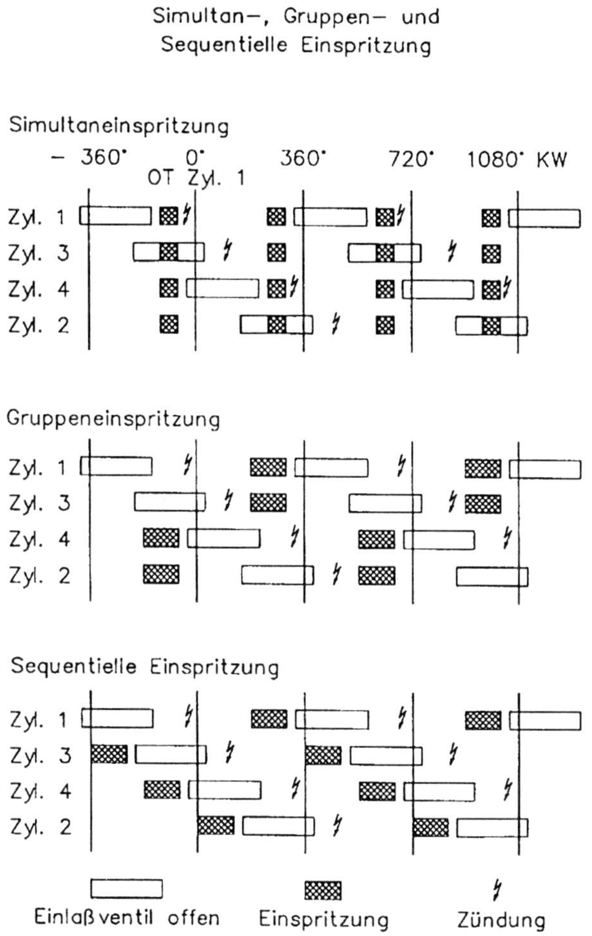


**Abb. 4.116.** Simultan-, Gruppen- und Sequentielle Einspritzung [4.39]

- der Kraftstoff kann auch kontinuierlich, d.h. während des gesamten Arbeitsspieles eingespritzt werden, sogenannte kontinuierliche Einspritzung;
- die komplexere Art der Einspritzung ist die sequentielle Einspritzung in Form der Mehrfacheinspritzung, d.h. die Sequentielle-Mehrfach-Einspritzung.

[4.53 und 4.73] untersuchten eingehend die Möglichkeiten zur Verbesserung des Motorbetriebsverhaltens durch die letztgenannte Form der Einspritzung. **Abb. 4.117** zeigt die untersuchten Einspritzstrategien am Beispiel eines Vierzylindermotors. Wie bereits erläutert, hat man bei simultaner Einspritzung, ausgelöst durch den Zündzeitpunkt eines Zylinders, im allgemeinen zwei Einspritzungen pro Arbeitsspiel, allerdings mit für den Einzelzylinder unterschiedlichen Gemischbildungsbedingungen. Die sequentielle Einspritzung mit einer Einspritzung je Arbeitsspiel führt zu gleichen Gemischbildungsbedingungen für alle Zylinder und ermöglicht so eine bessere Anpassung des Einspritzzeitpunktes an die motorischen Erfordernisse.

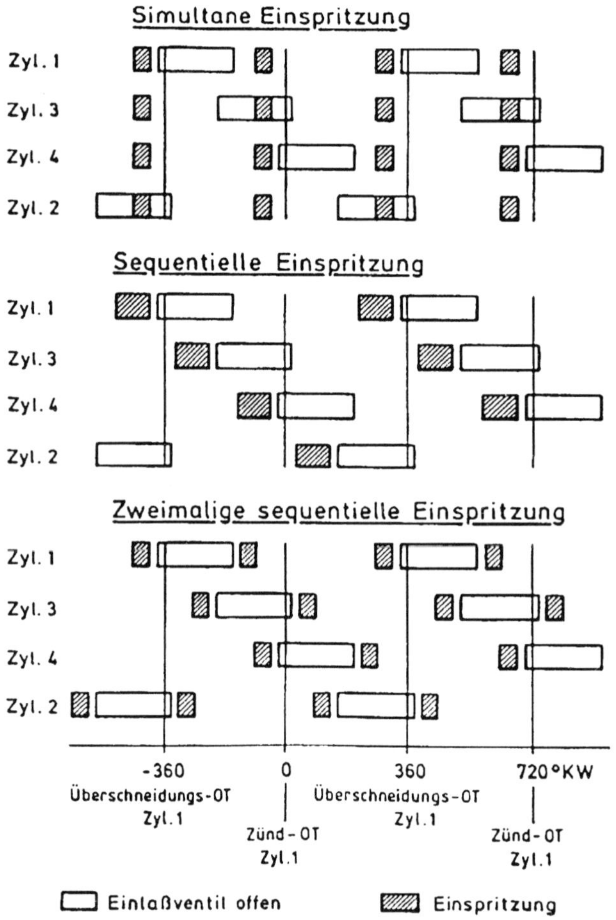


**Abb. 4.117.** Zuordnung des Einspritzpunktes bei der simultanen, sequentiellen und zweimalig sequentiellen Einspritzung [4.53]

**Abb. 4.118** und **Abb. 4.119** zeigen zunächst den Einfluß der simultanen und sequentiellen Einspritzung auf das Teillastbetriebsverhalten eines Magermotors bei einer Einspritzventilposition nahe beim Einlaßventil. Man erkennt zum Teil deutliche Unterschiede im Motorbetriebsverhalten bei Einspritzzeitpunkten während des Einlaßvorganges. Vergleichsweise späte Einspritzung während des Einlaßvorganges erhöhte hier die durch den Variationskoeffizienten der indizierten spezifischen Arbeit "$V_{Pi}$" dargestellte Verbrennungsstabilität und verringerte den Kraftstoffverbrauch, ergab aber erhöhte Stickoxid-Emissionen.

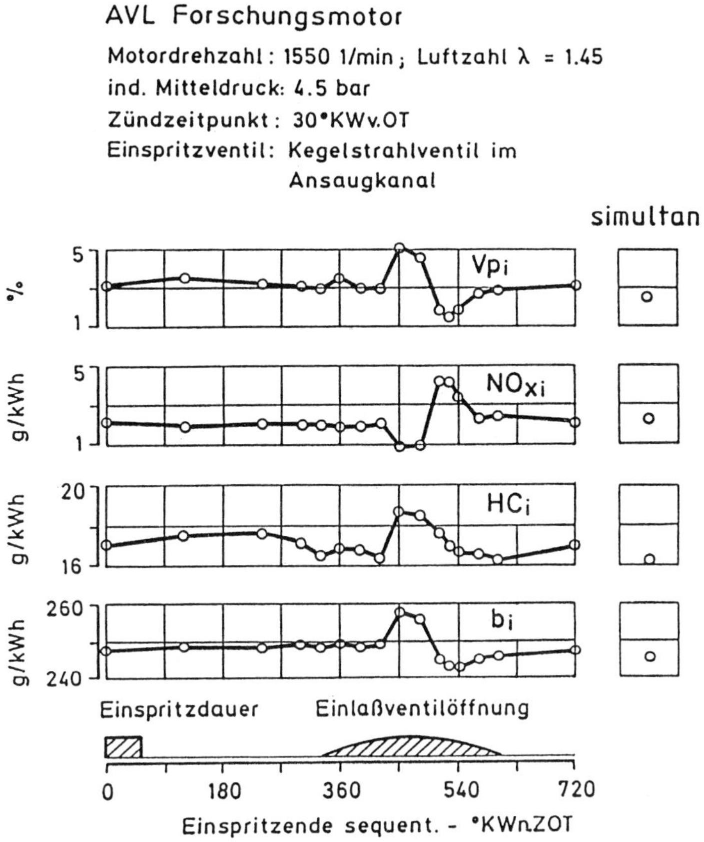


**Abb. 4.118.** Einfluß der sequentiellen und simultanen Einspritzung mit Kegelstrahlventil im Ansaugkanal auf den Variationskoeffizienten der indizierten spezifischen Arbeit $V_{Pi}$, die indizierten spezifischen $NO_{xi}$- und $HC_i$-Emissionen und auf den indizierten spezifischen Kraftstoffverbrauch $b_i$[4.53]

Abb. 4.119 zeigt, daß es bei später saugsynchroner Einspritzung zu einer Verkürzung des Zündverzuges und zu einer Verkürzung der Brenndauer kommt. Bei früher saugsynchroner Einspritzung ergibt sich ein ungünstiges Motorbetriebsverhalten, d.h. verschlechterte Verbrennungsstabilität und verlängerte Brenndauer. Es muß aber darauf hingewiesen werden, daß diese hier an diesem Motor erzielten Ergebnisse nicht generell an jedem Motor so ausfallen müssen, da Ladungsbewegung, Einspritzventilposition etc. die Effekte beeinflussen können.

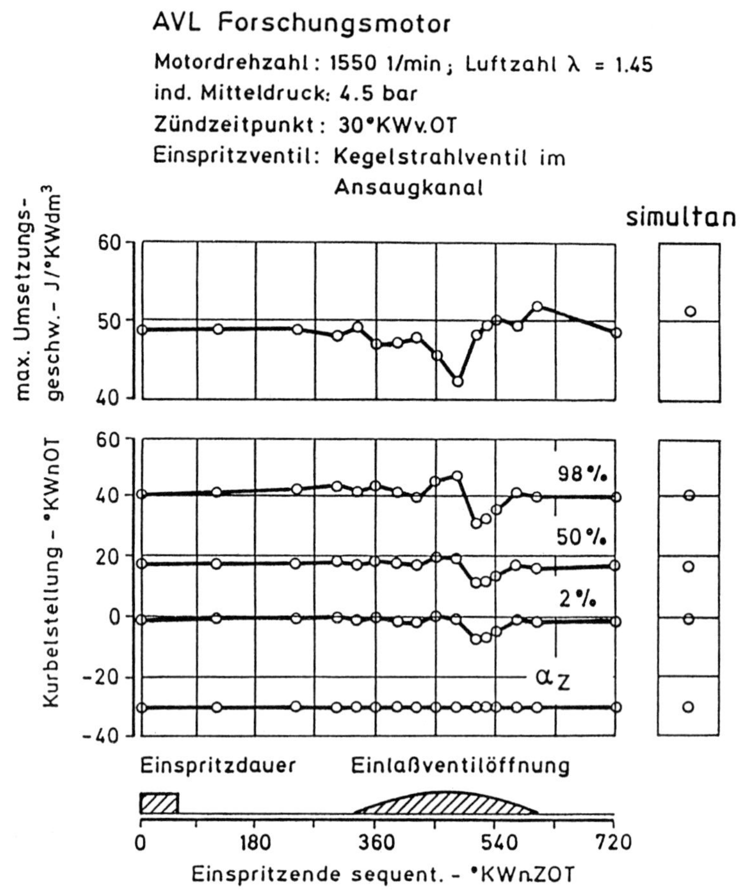


**Abb. 4.119.** Einfluß der sequentiellen und simultanen Einspritzung mit Kegelstrahlventil im Ansaugkanal im Hinblick auf maximale Umsetzungsgeschwindigkeit und prozentuellen Anteil der verbrannten Ladung [4.53]

Zusammenfassend können sich also bei sequentieller, saugsynchroner Einspritzung in Abhängigkeit vom Motorbetriebspunkt Verbesserungen im Zündverzug, in der Verbrennungsstabilität, in der Magerlaufgrenze, beim Kraftstoffverbrauch und bei den HC-Emissionen ergeben, während dann jedoch eine Zunahme der $NO_x$-Emissionen, bedingt durch eine auftretende Ladungsschichtung zu erwarten ist. Eine zweimalige sequentielle Einspritzung kann aufgrund der Einspritzmengenaufteilung in eine vorgelagerte und damit optimal aufbereitete erste Teilmenge und in eine zweite Teilmenge, die im Hinblick auf minimale HC-Emissionen eine verbesserte Ladungsschichtung ergibt, das Motorbetriebsverhalten in geringem Umfang weiter verbessern.

**Abb. 4.120** zeigt den Verlauf des Einspritzzeitpunktes bei zweimaliger sequentieller Einspritzung in Abhängigkeit vom Kraftstoffmengenverhältnis 1. zu 2. Einspritzung. In **Abb.4.121** erkennt man, daß bei Mengenanteilen der ersten Einspritzung von 50 - 75 % eine Verbesserung der Verbrennungsstabilität, der $NO_x$-Emission und des Kraftstoffverbrauches erzielt werden kann.

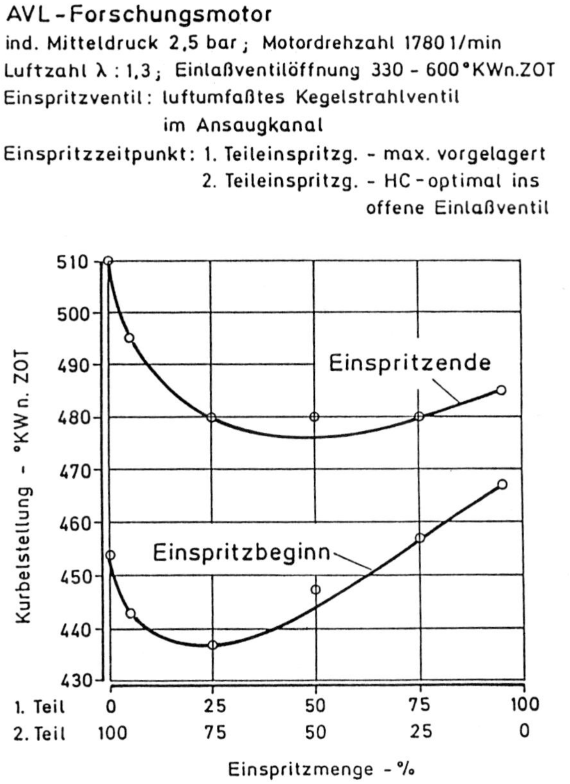


**Abb. 4.120.** Optimaler Einspritzzeitpunkt hinsichtlich der HC-Emissionen der 2. Teileinspritzung bei zweimaliger sequentieller Einspritzung und Mengenverhältnisvariation 1. zu 2. Einspritzung [4.53]

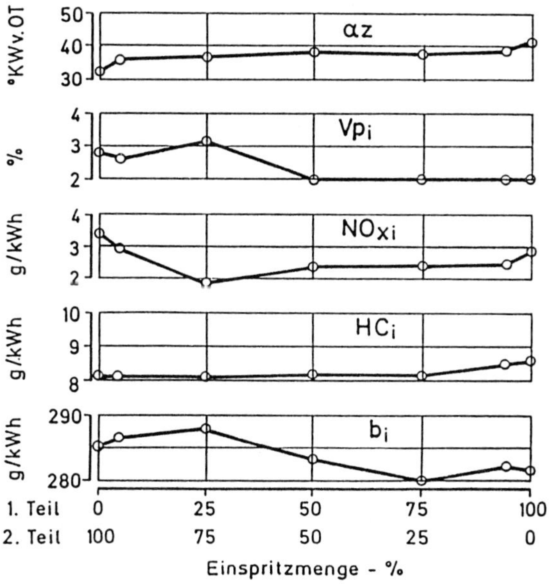


**Abb. 4.121.** Einfluß des Mengenverhältnisses 1./2. Einspritzung auf Motorparameter - Motordaten wie Abb. 4.120 [4.53]

### 4.2.1.2. Elektronisch intermittierende Einspritzung

#### 4.2.1.2.1. L-Jetronic von Bosch

Grundsätzliche Wirkungsweise:

Es handelt sich um ein elektronisch gesteuertes Einspritzsystem mit intermittierender Einspritzung in das Saugrohr. Elektromagnetisch betätigte Einspritzventile spritzen den Kraftstoff auf oder in die Nähe der Einlaßventile des Motors.

Jedem Zylinder ist ein Magnetventil zugeordnet, das je Kurbelwellenumdrehung einmal betätigt wird. Zur Verringerung des Schaltungsaufwandes sind alle Ventile elektrisch parallel geschaltet. Der Differenzdruck zwischen Kraftstoffdruck und Saugrohrdruck wird auf 2,5 oder 3 bar konstant gehalten, so daß die eingespritzte Kraftstoffmenge nur von der Öffnungsdauer der Ventile abhängt. Vom elektronischen Steuergerät werden hierfür Steuerimpulse geliefert, deren Dauer von der angesaugten Luftmenge, von der Motordrehzahl und von weiteren Einflußgrößen abhängt. Diese werden von Sensoren erfaßt und im Steuergerät verarbeitet. **Abb. 4.122** zeigt ein Schema einer L-Jetronic-Anlage.

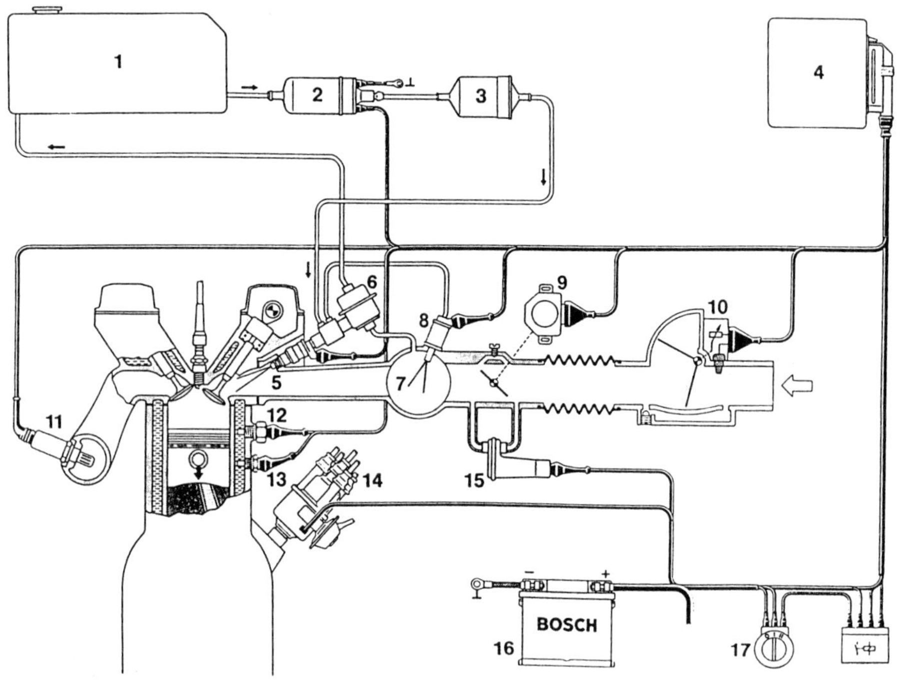


1 Kraftstoffbehälter, 2 Elektrokraftstoffpumpe, 3 Kraftstoffilter, 4 Steuergerät, 5 Einspritzventil, 6 Verteilerrohr, 7 Sammelsaugrohr, 8 Kaltstartventil, 9 Drosselklappenschalter, 10 Luftmengenmesser, 11 Lambda-Sonde, 12 Thermozeitschalter, 13 Motortemperaturfühler, 14 Zündverteiler, 15 Zusatzluftschieber, 16 Baterie, 17 Zünd-Start-Schalter

**Abb. 4.122.** Schema einer Bosch-L-Jetronic-Anlage mit Lambda-Regelung [4.22]

Kraftstoffversorgung:

Wie in Abb. 4.122 zu sehen, wird der Kraftstoff aus dem Kraftstoffbehälter 1 durch die Elektrokraftstoffpumpe 2 über das Kraftstoff-Filter 3 zu einem Verteilerrohr mit angeschlossenem Druckregler 6 gefördert. Vom Verteilerrohr zweigen Leitungen zu den Einspritzventilen 5 ab. Da mehr Kraftstoff gefördert wird als der Motor verbrauchen kann, strömt der überschüssige Kraftstoff durch den Druckregler zum Kraftstoffbehälter zurück. Wegen der ständigen Durchspülung des Systems steht ständig kühler Kraftstoff zur Verfügung, Dampfblasenbildung wird vermieden und gutes Heißstartverhalten erreicht. Die Elektrokraftstoffpumpe ist eine von einem permanent erregten Elektromotor angetriebene Rollenzellenpumpe. Die im Pumpengehäuse exzentrisch angeordnete Läuferscheibe enthält an ihrem Umfang Metallrollen, die in nutförmigen Aussparungen gelagert sind und durch die Zentrifugalkraft gegen das Pumpengehäuse gepreßt werden. Die Rollen wirken als umlaufende Dichtung. In den sich zwischen den Rollen bildenden Hohlräumen wird der Kraftstoff gefördert. Eine Pumpwirkung kommt dadurch zustande, daß die Rollen nach Abschluß der Zulaufbohrung die eingeschlossene Kraftstoffmenge vor sich herschieben, bis der Kraftstoff die Pumpe durch die Abflußbohrung verläßt, **Abb. 4.123**.

1 Saugseite
2 Läuferscheibe
3 Rolle
4 Grundplatte
5 Druckseite

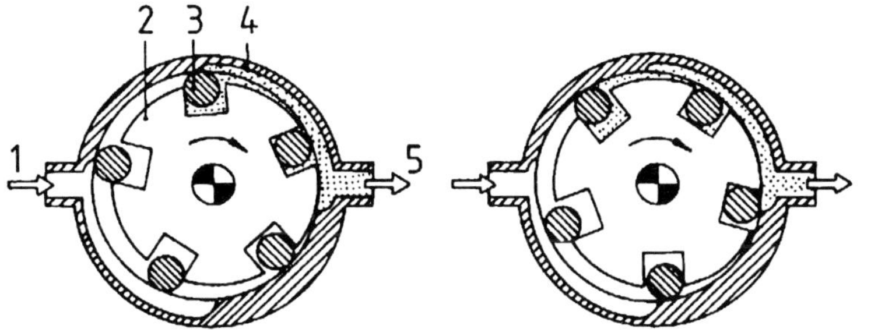


**Abb. 4.123.** Pumpenvorgang in einer Bosch-Rollenzellenpumpe [4.22]

Der Kraftstoffdurchströmt den Elektromotor, **Abb. 4.124**; da sich kein zündfähiges Gemisch im Motor-Pumpengehäuse befindet, entsteht dabei keine Explosionsgefahr.

1 Saugseite
2 Druckbegrenzer
3 Rollenzellenpumpe
4 Motoranker
5 Rückschlagventil
6 Druckseite

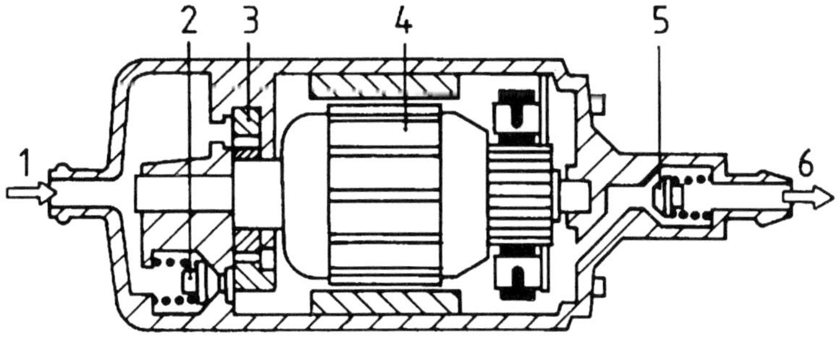


**Abb. 4.124.** Bosch-Elektrokraftstoffpumpe [4.22]

Beim Betätigen des Zünd-Start-Schalters läuft die Elektrokraftstoffpumpe an und bleibt so lange eingeschaltet wie der Motor läuft.

Das Kraftstoff-Filter 3 in Abb. 4.122 enthält einen Papiereinsatz mit einer mittleren Porenweite von 10 μm und ein nachgeschaltetes Fusselsieb.

Die Aufgabe des Verteilerrohres ist es, den Kraftstoff allen Einspritzventilen gleichmäßig zuzuführen und für gleichen Kraftstoffdruck an allen Einspritzventilen zu sorgen. Dies ist dadurch möglich, daß das Verteilerrohr eine Speicherfunktion erfüllt, indem sein Volumen gegenüber der pro Arbeitszyklus eingespritzten Menge groß ist.

Der Druckregler, ein membrangesteuerter Überströmdruckregler, regelt den Kraftstoffdruck je nach Anlage auf 2,5 oder 3 bar. Er sitzt am Ende des Verteilerrohres und besteht aus einem Metallgehäuse, das durch eine eingebördelte Membran in zwei Räume geteilt ist: eine Federkammer zur Aufnahme der die Membran belastenden vorgespannten Schraubenfeder und die Kammer für den Kraftstoff, **Abb. 4.125**.

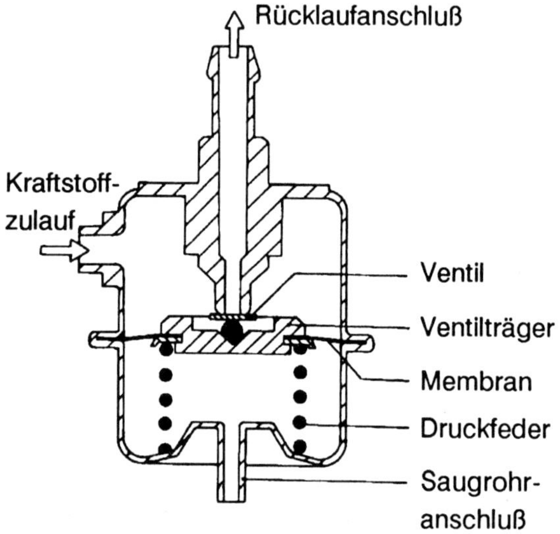


**Abb. 4.125.** Bosch-Druckregler [4.22]

Steigt der Druck über den Sollwert, so gibt ein von der Membran betätigtes Ventil die Öffnung für die Rücklaufleitung zum Kraftstofftank frei. Die Federkammer des Druckreglers ist mit dem Saugrohr hinter der Drosselklappe verbunden. Daraus ergibt sich, daß der Druck im Kraftstoff-System vom absoluten Druck im Saugrohr abhängt. Der Differenzdruck vor-nach Einspritzventil, d.h. der Druckabfall am Einspritzventil bleibt jedoch gleich.

Die Einspritzventile spritzen den Kraftstoff vor die Einlaßventile des Motors. Die Betätigung der Einspritzventile erfolgt elektromagnetisch vom Steuergerät gesteuert.

**Abb. 4.126** zeigt das Schnittbild eines elektromagnetischen Einspritzventiles. Einzelheiten über verschiedene Bauarten folgen im Kapitel 4.3.

Kraftstoff-Dosierung:

Der Betriebszustand des Motors wird über Meßfühler (Sensoren) festgestellt und in Form elektrischer Signale an das Steuergerät weitergeleitet. Die den Betriebszustand kennzeichnenden Hauptmeßgrößen sind die vom Motor angesaugte Luftmasse und die Motordrehzahl. Aus ihnen wird die Luftmenge pro Hub bestimmt, welche als Maß für den Lastzustand des Motors gilt.

Außer diesen Hauptmeßgrößen zur Erfassung des Motorbetriebszustandes sind weitere Meßgrößen zur Anpassung der Einspritzmenge an die motorischen Erfordernisse notwendig; so z.B. für Kaltstart und Warmlauf, für die Lastbereiche Leerlauf, Teillast, Vollast, für das Verhalten bei Beschleunigung und Verzögerung und zur Höchstdrehzahlbegrenzung.

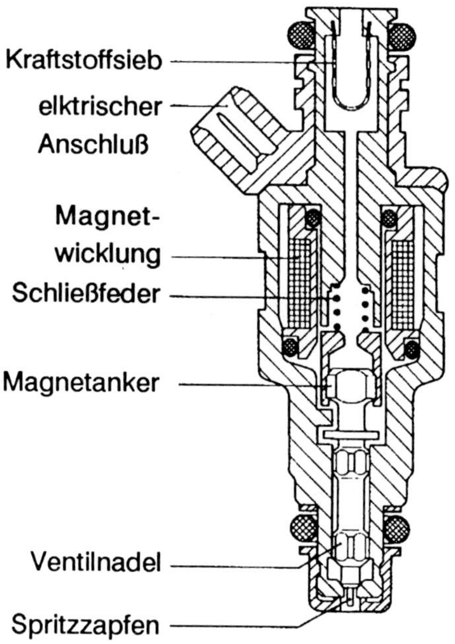


**Abb. 4.126.** Elektromagnetisches Bosch-Einspritzventil [4.22]

Die Information über Drehzahl und Einspritzzeitpunkt wird bei kontaktgesteuerten Zündanlagen vom Unterbrecherkontakt im Zündverteiler, bei kontaktlos gesteuerten Zündanlagen vom Klemme 1 der Zündspule an das Steuergerät der L-Jetronic geliefert.

Die Stauklappe im Luftmengenmesser mißt die vom Motor angesaugte Luftmenge. Meßprinzip ist die Messung des Staudruckes der angesaugten Luft bzw. der auf die Stauklappe wirkenden diesbezüglichen Kraft entgegen der Rückstellkraft einer Feder.

**Abb. 4.127** zeigt schematisch den Luftmengenmesser im Ansaugsystem. **Abb. 4.128** zeigt den Luftmengenmesser im einzelnen. Weitere Einzelheiten siehe Abschnitt 4.4. Luftmassenmessung.

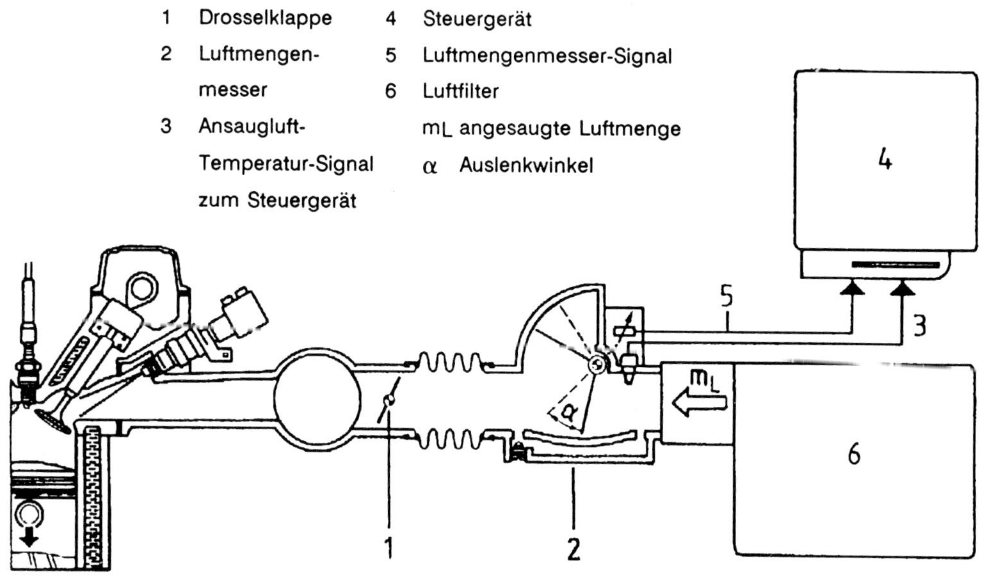


**Abb. 4.127.** Luftmengenmesser im Ansaugsystem bei der Bosch-L-Jetronic [4.22]

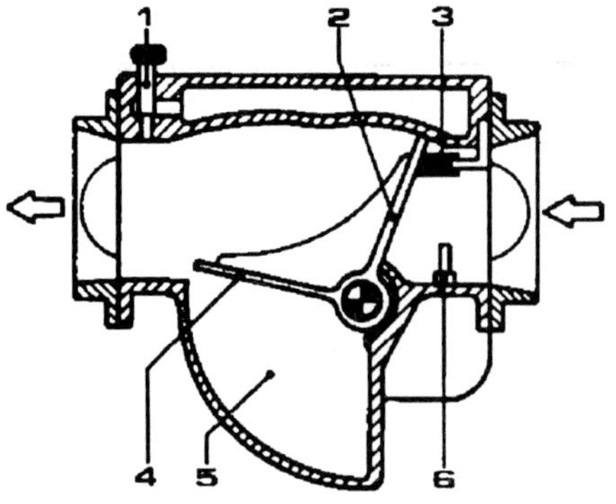


1 Leerlauf-Gemisch-Einstellschraube (Bypass), 2 Stauklappe, 3 Anschlag, 4 Kompensationsklappe, 5 Dämpfungskammer, 6 Lufttemperaturfühler

**Abb. 4.128.** Luftmengenmesser der Bosch-L-Jetronic [4.22]

Elektronisches Steuergerät:

Wie erwähnt, werden im elektronischen Steuergerät die von den Sensoren gelieferten Daten über den Betriebszustand des Motors ausgewertet und daraus Steuerimpulse für die Kraftstoffzumessung durch die Einspritzventile gebildet, wobei die Menge des einzuspritzenden Kraftstoffes über die Öffnungsdauer der Einspritzventile bestimmt wird.

Das elektronische Steuergerät befindet sich spritzwassergeschützt in einem Metallgehäuse. Es wird im Fahrzeug untergebracht, um von der Wärmeabstrahlung des Motors geschützt zu sein. Die elektronischen Bauteile des Steuergerätes sind auf Leiterplatten angeordnet. Durch die Verwendung von integrierten Schaltkreisen und Hybridbausteinen kann die Zahl der verwendeten Bauteile gering gehalten werden. Die Zuverlässigkeit des Steuergerätes kann durch Zusammenfassung von Funktionsgruppen in integrierten Schaltkreisen gesteigert werden.

Den kompletten Vorgang einer Verarbeitung motorischer Betriebsdaten bis zu den Einspritzimpulsen erkennt man aus **Abb. 4.129** und **Abb. 4.130**, die ein Blockschema des Steuergerätes und ein vollständiges Impulsschema der L-Jetronic für 4-Zylinder-Motoren zeigen.

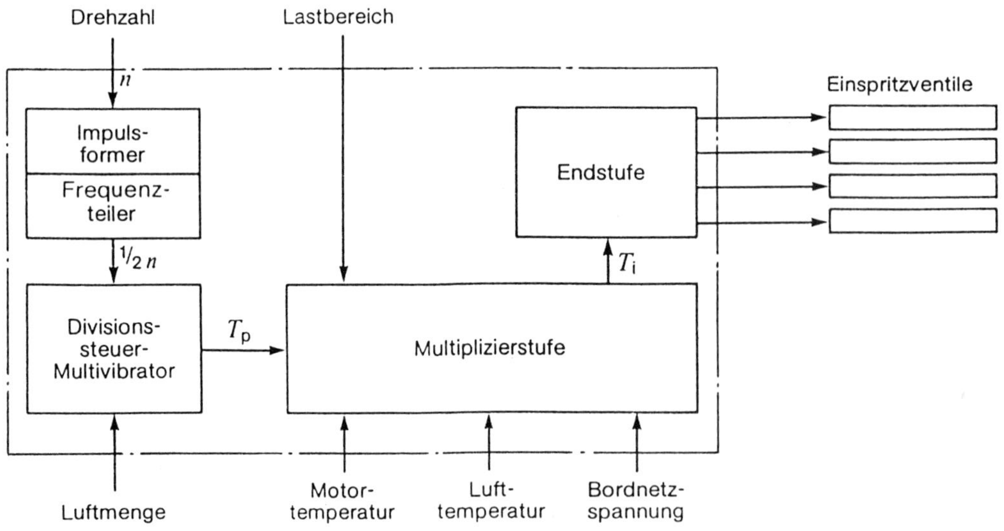


$T_i$ Einspritzimpulse, korrigiert, $T_p$ Einspritzgrundzeit, n Drehzahl

**Abb. 4.129.** Blockschema des Steuergerätes bei der Bosch-L-Jetronic [4.22]

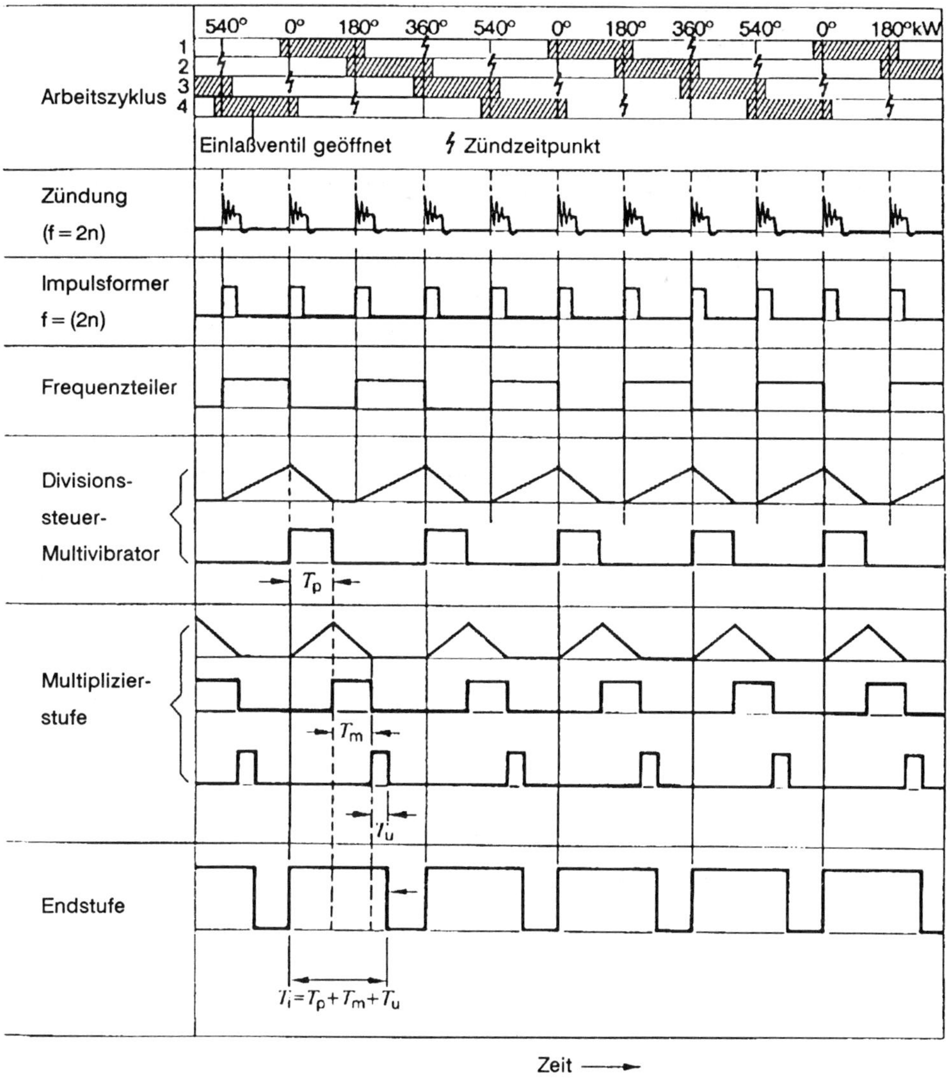


| | | | | | |
|---|---|---|---|---|---|
| f | Zündpulsfrequenz bzw. Zündfunkenzahl | $T_m$ | Impulszeitverlängerung durchKorrekturen | $T_i$ | Impulssteuerzeit. Die wirkliche Einspritzdauer je Zyklus weicht von der Impulssteuerzeit ab, weil sowohl eine Ansprech- als auch Abfallverzögerung die Einspritzdauer verändern. |
| n | Motordrehzahl | $T_u$ | Impulszeitverlängerung durch Spannungs kompensation | | |
| $T_p$ | Einspritzgrundzeit | | | | |

**Abb. 4.130.** Vollständiges Impulsschema der Bosch-L-Jetronic für 4-Zylinder-Motoren [4.22]

Die Taktfrequenz der Einspritzimpulse wird aus der Motordrehzahl ermittelt. Die von der Zündanlage gelieferten Impulse durchlaufen den Impulsformer, der aus dem angelieferten Signal Rechteckimpulse bildet. Diese Recheckimpulse werden einem Frequenzteiler zugeführt. Der Frequenzteiler teilt die durch die Zündfolge gegebene Impulsfrequenz so, daß je Arbeitsspiel zwei Impulse entstehen und zwar unabhängig von der Zylinderzahl. Der Impulsbeginn ist gleichzeitig der Einspritzbeginn der Einspritzventile. Pro Kurbelwellenumdrehung spritzt also jedes Einspritzventil einmal und zwar unabhängig von der Stellung des Einlaßventiles. Es kann also Kraftstoff vorgelagert oder in den einströmenden Luftstrom gespritzt werden.

Das Steuergerät wertet auch das Signal des Luftmengenmessers aus. Die Bildung der Einspritzgrundzeit erfolgt im Divisions-Steuermultivibrator (DSM). Dieser erhält vom Frequenzteiler die Information über die Drehzahl und wertet sie zusammen mit dem Luftmengensignal aus. Die jeweilige Spannung verwandelt der Divisons-Steuermultivibrator (DSM) in rechteckförmige Steuerimpulse um. Die Dauer $T_p$ dieser Impulse bestimmt die Einspritzgrundmenge.

Die Anpassung der Einspritzgrundmenge bzw. der Einspritzgrundzeit an die verschiedenen motorischen Betriebsbedingungen erfolgt durch die Multiplizierstufe. Diese errechnet aus den Informationen über den Motorbetriebszustand einen Korrekturfaktor k und multipliziert ihn mit der Einspritzgrundzeit $T_p$ zur Zeit $T_m$. Diese addiert sich zur Einspritzgrundzeit $T_p$. $T_m$ ist ein Maß für die Kraftstoffanreicherung, sogenannter "Anreicherungsfaktor".

Da die Anzugszeit der Einspritzventile stark von der Batteriespannung abhängt, muß diese berücksichtigt werden. Dies geschieht durch eine Verlängerung $T_u$ der vorberechneten Impulszeit (Spannungskompensation). Die Gesamtdauer der Einspritzimpulse $T_i$ ist also $T_i = T_p + T_m + T_u$.

Die von der Multiplizierstufe gebildeten Einspritzimpulse werden in einer nachfolgenden Endstufe verstärkt, bevor sie die Einspritzventile ansteuern. Sämtliche Einspritzventile des Motors öffnen und schließen gleichzeitig. Die Endstufe der L-Jetronik versorgt 3 oder 4 Ventile gleichzeitig mit Strom. Steuergeräte für 6- oder 8-Zylinder-Motoren besitzen 2 Endstufen, die im Gleichtakt arbeiten. Je Nockenwellenumdrehung wird jeweils die Hälfte des Kraftstoffes eingespritzt, den jeder Arbeitszylinder benötigt.

Bei jedem Einspritzventil ist entweder ein Vorwiderstand als Strombegrenzer in Reihe geschaltet oder man verwendet Steuergeräte mit geregelter Endstufe. Bei letzteren wird, sobald bei Impulsbeginn die Ventilanker angezogen worden sind, der Strom auf den bedeutend schwächeren Haltestrom abgeregelt. Man erhält so kurze Ansprechzeiten und durch die nach dem Einschalten zurückgeregelte Stromstärke eine geringere Belastung der Endstufe. Man kann dadurch bis zu 12 Ventile mit einer Endstufe schalten.

Feinanpassung an besondere Betriebszustände:

Kaltstartanreicherung:
Um beim Kaltstart Kondensationsverluste und schlechtere Brenngemischaufbereitung auszugleichen, d.h. das Anspringen zu erleichtern, muß das Brenngemisch angefettet werden. Dies kann entweder dadurch geschehen, daß die Einspritzzeit der Einspritzventile verlängert wird, oder daß ein zusätzliches Kaltstartventil im Saugrohr angeordnet wird, das beim Kaltstart für eine bestimmte Zeit, durch einen Thermozeitschalter begrenzt, in Funktion gesetzt wird.

**Abb. 4.131** zeigt ein Kaltstartventil. Im Ventil sitzt die Wicklung des Elektromagneten. In Ruhestellung preßt eine Feder den beweglichen Anker des Elektromagneten gegen eine Dichtung und verschließt damit das Ventil. Beim Erregen des Elektromagneten gibt der nunmehr vom Ventilsitz abgehobene Magnetanker den Kraftstoffdurchfluß frei. Der Kraftstoff gelangt tangential in eine Düse, die dem Strahl einen Drall zur besseren Zerstäubung gibt.

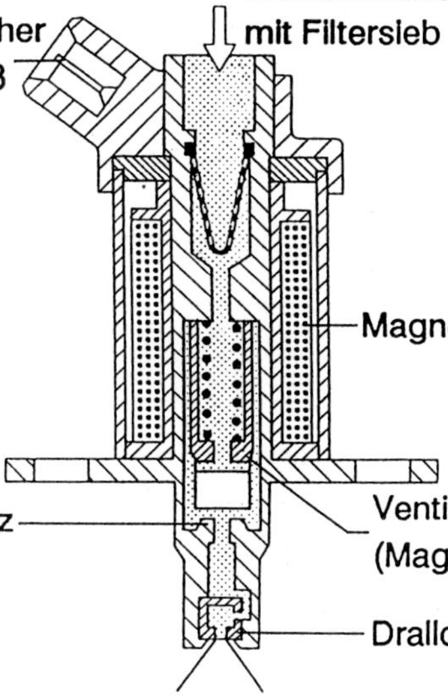


**Abb. 4.131.** Kaltstartventil der Bosch-Einspritzanlage [4.22]

Der Thermozeitschalter begrenzt zeit- und temperaturabhängig die Spritzzeit des Kaltstartventils. Der Thermozeitschalter, **Abb. 4.132**, besteht aus einem elektrisch beheizten Bimetallstreifen, der in Abhängigkeit von seiner Temperatur einen Kontakt öffnet oder schließt. Die Ansteuerung erfolgt über den Zünd-Start-Schalter. Der Thermozeitschalter ist an einer für die Motortemperatur repräsentativen Stelle befestigt.

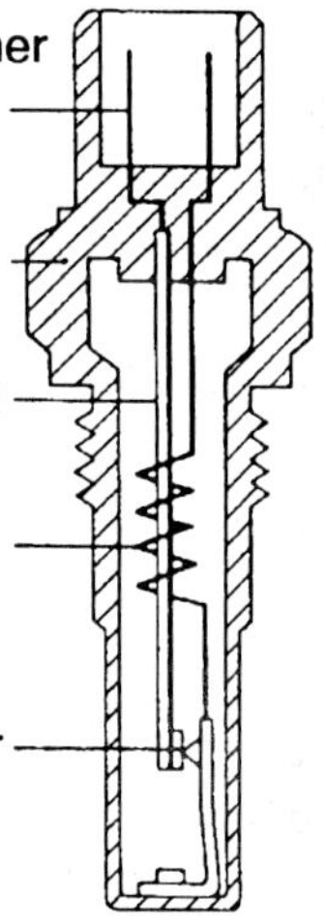


**Abb. 4.132.** Thermozeitschalter bei Bosch-Einspritzanlage [4.22]

Nachstart- und Warmlaufanreicherung:
Auch nach dem Kaltstart benötigt der Motor noch eine Anreicherung, da noch ein Teil des Kraftstoffes an den kalten Wandungen kondensiert und da die Brenngemischaufbereitung noch schlecht ist. Beträgt z.B. bei -20 °C die Anreicherung das Zwei- bis Dreifache gegenüber Motorbetrieb bei betriebswarmem Zustand, so kann die Nachstartanreicherung für ca. 30 sek 30 bis 60 % Mehrmenge ergeben.

**Abb. 4.133** zeigt einen typischen Verlauf der Anreicherung über der Zeit bei einer Starttemperatur von 20 °C.

Die Information des Steuergerätes über die Motortemperatur erfolgt über den Motor-Temperatur-Fühler, **Abb. 4.134**. Der Temperaturfühler ist bei luftgekühlten Motoren in den Motorblock eingeschraubt. Bei wassergekühlten Motoren ragt er in das Kühlmittel. Der Fühler hat einen der jeweiligen Temperatur entsprechenden Widerstand.

Beschleunigungsanreicherung:
Während des Beschleunigens mißt die L-Jetronic zusätzlich Kraftstoff zu, da beim plötzlichen Öffnen der Drosselklappe sonst das Luft-Kraftstoff-Gemisch kurzzeitig abmagern würde. Beim plötzlichen Öffnen der Stauklappe schwingt diese kurzzeitig über die Stellung bei voller Drosselklappenöffnung hinaus. Dieses Überschwingen bewirkt eine höhere Kraftstoffzuteilung.

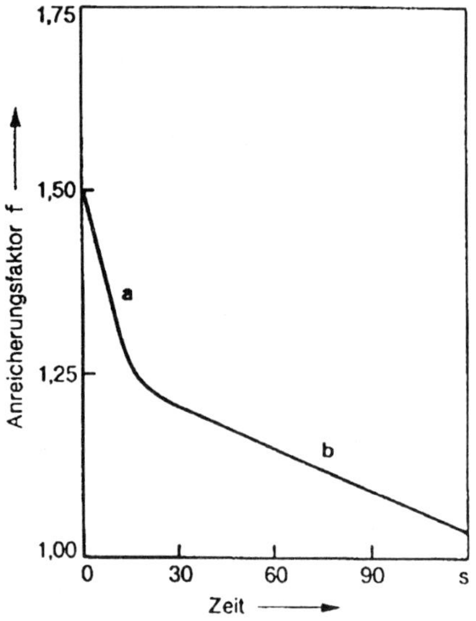


a) überwiegend zeitabhängiger Anteil
b) motortemperaturabhängiger Anteil

**Abb. 4.133.** Verlauf der Warmlaufanreicherung der Bosch-Einspritzung [4.22]

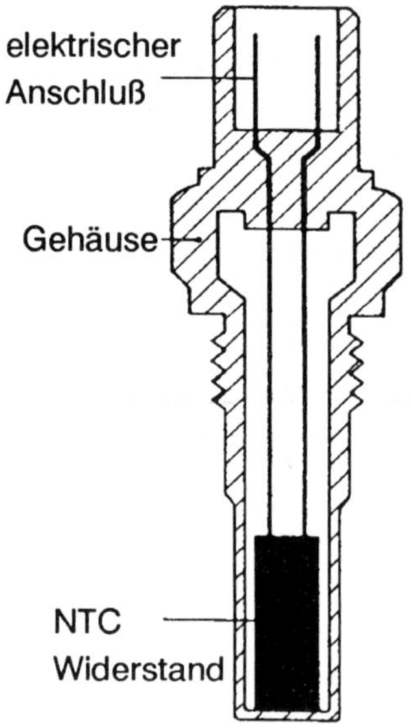


**Abb. 4.134.** Bosch-Motor-Temperaturfühler [4.22]

Vollastanreicherung:
Da die höchste Motorleistung bei gegenüber stöchiometrischem Brenngemisch angereicherten Brenngemisch erzielt wird, wird meist bei Vollast das Brenngemisch angefettet. Beim lambdageregelten Dreiwege-Katalysator-Konzept stört dies die abgasreinigende Wirkung; der Vollastbereich ist jedoch meist nicht im Abgastest-Programm enthalten, so daß eine solche Vollastanreicherung zulässig, wenn auch aus Umweltschutzgründen nicht sinnvoll ist.

Die Höhe der Vollastanreicherung ist motorspezifisch im Steuergerät programmiert. Die Information über den Lastzustand erhält das Steuergerät vom Drosselklappenschalter, der auch zusätzlich das Signal "Leerlauf" melden kann.

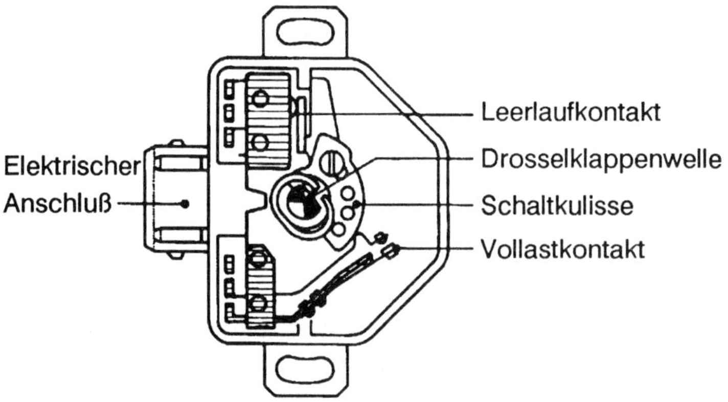


**Abb. 4.135.** Drosselklappenschalter bei Bosch-Einspritzung [4.22]

**Abb. 4.135** zeigt einen Drosselklappenschalter, der am Drosselklappenstutzen befestigt ist. Die Drosselklappenwelle, auf der die Drosselklappe sitzt, betätigt den Schalter. Eine Schaltkulisse fährt die Kontakte des Drosselklappenschalters an. In den Endstellungen Leerlauf und Vollast schließt jeweils ein Kontakt.

Steuerung der Leerlauf-Drehzahl:

Im Luftmengenmesser befindet sich ein verstellbarer Bypaß, über den eine geringe Luftmenge die Stauklappe umgehen kann. Mit der Leerlaufgemischeinstellschraube in diesem Bypaß läßt sich eine Grundeinstellung des Gemischverhältnisses einstellen.

Um auch bei kaltem Motor gleichmäßigen Leerlauf zu erzielen, kann die Leerlaufdrehzahl angehoben werden; dies führt außerdem zu einer schnelleren Erwärmung des Motors. Dies geschieht durch einen Zusatzluftschieber, **Abb. 4.136**. Dieser Zusatzluftschieber muß darüber hinaus eine erhöhte Luftmenge zur Überwindung der erhöhten Reibungswiderstände des nicht betriebswarmen Motors parallel zur Drosselklappe durchströmen lassen.

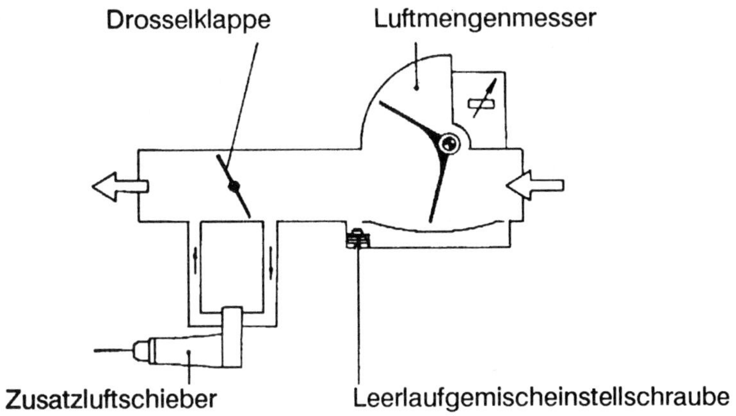


**Abb. 4.136.** Leerlaufdrehzahlsteuerung bei Bosch-L-Jetronic [4.22]

Der Zusatzluftschieber kann so ausgeführt sein, **Abb. 4.137**, daß ein elektrisch beheiztes Bimetall den Öffnungsquerschnitt in Abhängigkeit von der Temperatur verändert.

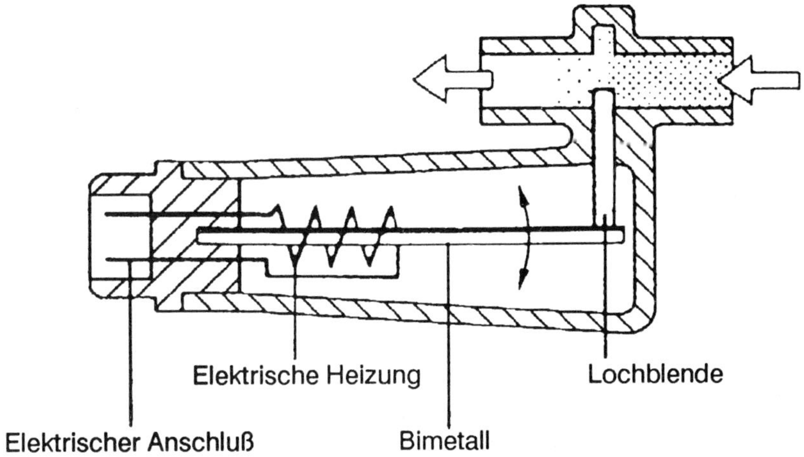


**Abb. 4.137.** Elektrisch beheizter Zusatzluftschieber bei der Bosch-Einspritzung [4.22]

Lufttemperaturanpassung:

Da die für die Verbrennung maßgebende Luftmasse von der Temperatur der angesaugten Luft abhängig ist, wird zur Erfassung dieses Effektes im Ansaugkanal des Luftmengenmessers ein Temperaturfühler angebracht. Dieser Temperaturfühler gibt entsprechende Informationen an das Steuergerät, welches die zu einspritzende Kraftstoffmenge entsprechend steuert.

Lambda-Regelung:

Für die optimale Funktion von Dreiwege-Katalysatoren, d.h. Katalysatoren, die gleichzeitig Kohlenmonoxyd und unverbrannte Kohlenwasserstoffe oxydieren sowie Stickoxyde reduzieren, ist die Einhaltung eines sehr engen Luftzahlbereiches Lambda 0,98 bis 1,02 erforderlich. Ein so enger Toleranzbereich kann nicht gesteuert, sondern muß geregelt werden. Daher wird mit einer sogenannten Lambda-Sonde im Auspuff der Sauerstoffpartialdruck gemessen. Das dem Steuergerät gemeldete Signal wird mit einem Sollwert verglichen und damit ein Zweipunkt-Regler angesteuert. Der Eingriff in die Kraftstoffzumessung erfolgt über die Öffnungsdauer der Einspritzventile.

Schubabschaltung:

Zur Verminderung des Kraftstoffverbrauches und gegebenenfalls der Schadstoffemissionen kann im Schiebebetrieb des Motors, d.h. bei geschlossener Drosselklappe und Motordrehzahlen höher als Leerlaufdrehzahl, die Kraftstoffeinspritzung unterbrochen werden. Dazu meldet der Drosselklappenschalter die Leerlaufposition an das Steuergerät. Die Höhe der Drehzahl, ab der die Einspritzimpulse unterdrückt werden, wird in Abhängigkeit von der Motortemperatur gesteuert.

Drehzahlbegrenzung:

Beim Überschreiten einer maximal zulässigen Motordrehzahl werden die Einspritzsignale unterdrückt und so die Kraftstoffzufuhr gesperrt.

Weiterentwicklungen der L-Jetronic von Bosch:

Die Weiterentwicklung der L-Jetronic hat spezielle Systeme für bestimmte Anforderungen ergeben, so z.B. die L3-Jetronic, die folgende Unterscheidungsmerkmale zur L-Jetronic aufweist:

- Das Steuergerät kann im Motorraum untergebracht werden und ist zudem am Luftmengenmesser angebaut. Damit vereinfachen sich Kabelverbindungen und der Montageaufwand sinkt.
- Der Einsatz der Digitaltechnik ermöglicht im Gegensatz zur Analogtechnik der L-Jetronic bessere Anpassungsmöglichkeiten. Das Mikrocomputer-System des Steuer-

gerätes ist besonders widerstandsfest gegen Hitze, Vibrationen und Feuchtigkeit. Dies wird durch Einsatz eines speziellen Hybrids erreicht, der außer dem Mikrocomputer fünf weitere integrierte Bausteine (IC) sowie 88 gedruckte Widerstände und 23 Kondensatoren enthält.

- Notlauffunktionen ermöglichen es, bei Ausfall des Mikrocomputers das Fahrzeug noch bis zur nächsten Werkstatt zu fahren. Die Prüfung der Eingangssignale auf Plausibilität scheidet unrealistische Eingangssignale aus und ersetzt sie durch einen im Steuergerät gespeicherten Wert.

4.2.1.2.2. LH-Jetronic von Bosch

Die LH-Jetronic, **Abb. 4.138** weist große Ähnlichkeit mit der L-Jetronic auf; der wesentliche Unterschied liegt aber in der Art der Luftmassenmessung: Bei der LH-Jetronic wird ein Hitzdraht-Luftmassenmesser verwendet. Der Ansaugluftstrom wird an einem beheizten Draht (Hitzdraht) vorbeigeleitet. Dieser Draht ist Teil einer elektrischen Brückenschaltung; er wird durch den ihn durchfließenden Strom auf konstanter Übertemperatur zur Ansauglufttemperatur gehalten. Der benötigte Heizstrom ist ein Maß für die vom Motor angesaugte Luftmasse. Er wird in ein Spannungssignal umgewandelt. Weitere Einzelheiten finden sich in Abschnitt 4.4. Luftmassenmessung. Ein Leerlauf-Drehsteller regelt die Leerlaufdrehzahl, in dem er mehr oder weniger Luft zuteilt.

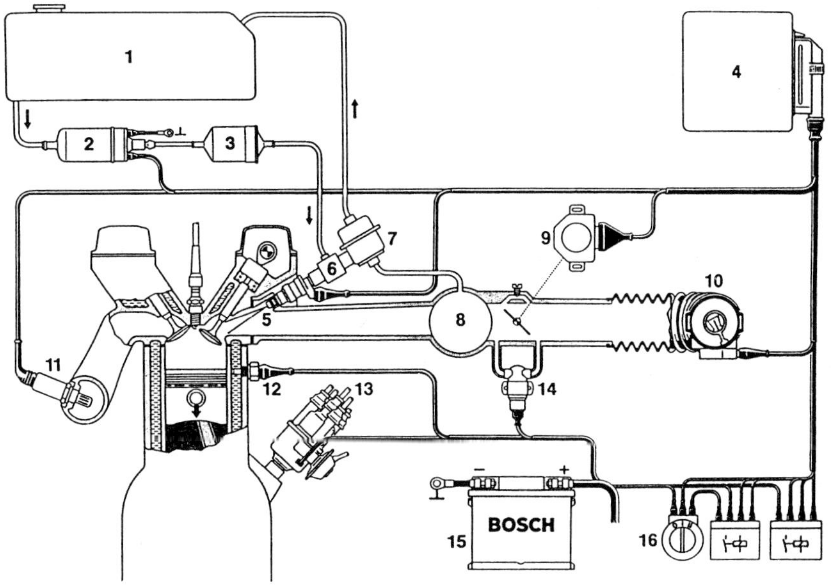


1 Kraftstoffbehälter, 2 Elektrokraftstoffpumpe, 3 Kraftstoffilter, 4 Steuergerät, 5 Einspritzventil, 6 Verteilerrohr, 7 Druckregler, 8 Sammelsaugrohr, 9 Drosselklappenschalter, 10 Hitzdrahtluftmassenmesser, 11 Lambda-Sonde, 12 Motortemperaturfühler, 13 Zündverteiler, 14 Leerlauf-Drehsteller, 15 Batterie, 16 Zünd-Start-Schalter

**Abb. 4.138.** Schema einer Bosch-LH-Jetronic [4.22]

### 4.2.1.3. Mechanisch-elektronische kontinuierliche Einspritzung

#### 4.2.1.3.1. K-Jetronic von Bosch

Als K-Jetronic wird ein mechanisch-hydraulisches, antriebsloses Einspritzsystem von Bosch bezeichnet. Bei diesem System wird der Kraftstoff in Abhängigkeit von der angesaugten Luftmenge zugemessen und kontinuierlich vor die Einlaßventile des Motors gespritzt.

Ursprünglich wurde die K-Jetronik als rein mechanisch arbeitendes System entwickelt; heute wird sie jedoch auch mit elektronischen Zusatzfunktionen wie Lambda-Regelung angeboten. Die Weiterentwicklung stellt die später behandelte KE-Jetronik dar, bei der ein elektronisches Steuergerät das mechanische Grundsystem ergänzt.

Die K-Jetronic besteht aus den drei Funktionsbereichen: Kraftstoffversorgung, Luftmengenmessung und Kraftstoffzumessung. **Abb. 4.139** zeigt ein Schema einer K-Jetronic Anlage mit Lambda-Regelung.

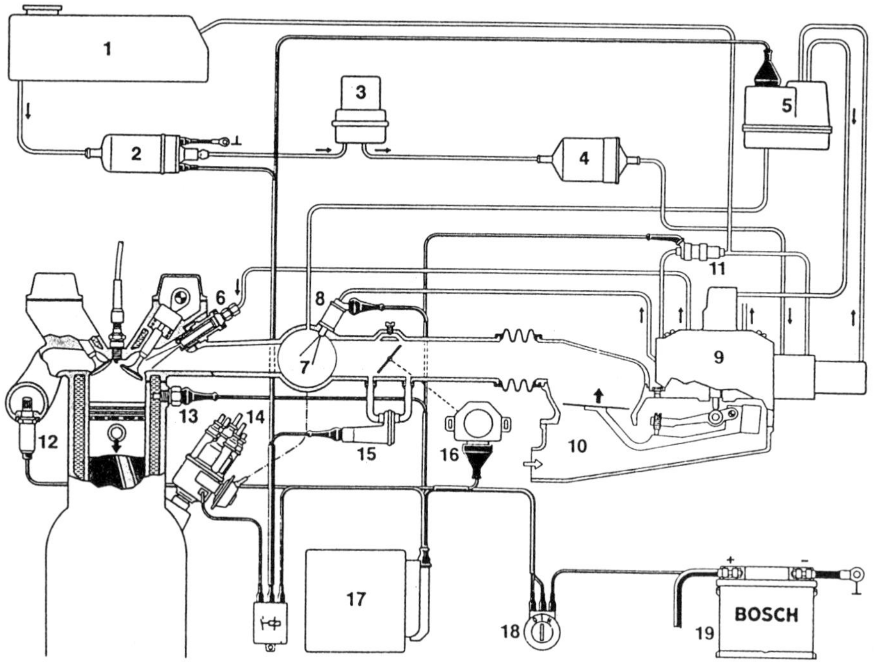


1 Kraftstoffbehälter, 2 Elektrokraftstoffpumpe, 3 Kraftstoffspeicher, 4 Kraftstoffilter, 5 Warmlaufregler, 6 Einspritzventil, 7 Sammelsaugrohr, 8 Kaltstartventil, 9 Kraftstoffmengenteiler, 10 Luftmengenmesser, 11 Taktventil, 12 Lambda-Sonde, 13 Thermozeitschalter, 14 Zündverteiler, 15 Zusatzluftschieber, 16 Drosselklappenschalter, 17 Steuergerät, 18 Zünd-Start-Schalter, 19 Batterie

**Abb. 4.139.** Schema einer Bosch-K-Jetronic-Anlage mit Lambda-Regelung [4.22]

Das Kraftstoffversorgungssystem besteht aus:

- Elektrokraftstoffpumpe;
- Kraftstoffspeicher;
- Feinfilter;
- Systemdruckregler und
- Einspritzventilen.

Eine elektrisch angetriebene Rollenzellenpumpe fördert den Kraftstoff vom Kraftstoffbehälter mit einem Druck von über 5 bar in einen Kraftstoffspeicher und durch einen Filter in den Kraftstoffmengenteiler. Vom Kraftstoffmengenteiler fließt der Kraftstoff zu den Einspritzventilen. Die Einspritzventile spritzen den Kraftstoff kontinuierlich in die Ansaugkanäle des Motors. Der Kraftstoff-Systemdruckregler hält den Versorgungsdruck im System konstant und leitet den überschüssigen Kraftstoff zum Kraftstoffbehälter zurück.

Die Elektrokraftstoffpumpe ist auf S. 253 im Rahmen der Beschreibung der L-Jetronic erläutert.

Der Kraftstoffspeicher, der in **Abb. 4.140** dargestellt ist, hält nach dem Abstellen des Motors für eine gewisse Zeit den Druck im Kraftstoffversorgungssystem, um das erneute Starten, besonders des heißen Motors, zu erleichtern. Die besondere Bauweise des Speichergehäuses wirkt dämpfend auf das Kraftstoffpumpengeräusch. Der Innenraum des Kraftstoffspeichers ist durch eine Membran in zwei Kammern unterteilt. Eine Kammer dient als Speicher für den Kraftstoff. Die andere Kammer bildet ein Ausgleichsvolumen und steht über einen Entlüftungsanschluß mit der Atmosphäre oder mit dem Kraftstoffbehälter in Verbindung. Während des Betriebs ist die Speicherkammer mit Kraftstoff gefüllt. Die Membran wölbt sich dabei gegen den Druck der Feder bis zum Anschlag in den Federraum. In dieser Stellung, die dem größten Speichervolumen entspricht, verbleibt die Membran, solange der Motor läuft.

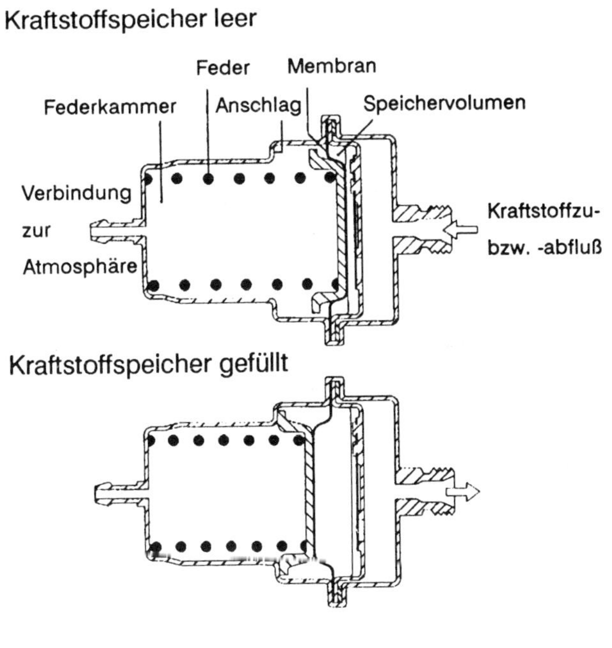


**Abb. 4.140.** Kraftstoffspeicher der Bosch-K-Jetronic [4.22]

Das Kraftstoff-Filter entspricht dem bei der L-Jetronik beschriebenen.

Der Systemdruckregler, der in **Abb. 4.141** dargestellt ist, hält den Druck im Kraftstoffsystem konstant.

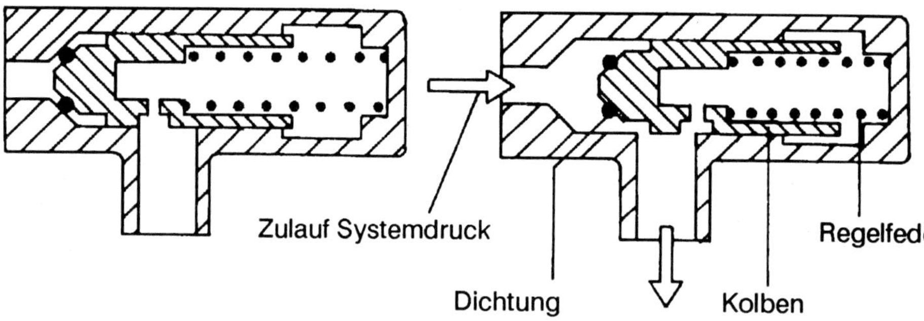


**Abb. 4.141.** Systemdruckregler am Kraftstoffmengenteiler der Bosch-K-Jetronic [4.22]

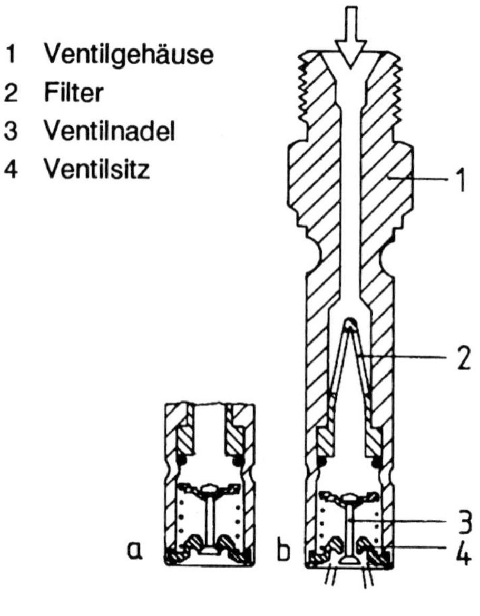


a) In Ruhestellung
b) In Betriebsstellung

**Abb. 4.142.** Einspritzventil der Bosch-K-Jetronic [4.22]

Die Einspritzventile öffnen bei einem bestimmten Druck, z.B. 3,5 bar, und lassen den Kraftstoff unter ständigem Schwingen der Ventilnadel ins Saugrohr einspritzen. Durch dieses mit hoher Frequenz schwingende ("schnarrende") Nadelventil, **Abb, 4.142**, soll eine gute Zerstäubung des Kraftstoffes bei kleinsten Einspritzmengen erreicht wer-den. Nach Abstellen des Motors schließen die Einspritzventile mit Sinken des Kraftstoffversorgungsdruckes. Es besteht auch die Möglichkeit, Luftumfaßte Einspritzventile zu verwenden. Unter Ausnutzung des Druckgefälles über der Drosselklappe wird ein Teil von der vom Motor angesaugten Luft über die Einspritzventile geführt, wodurch der Kraftstoff insbesondere im Leerlauf und bei Teillast besser zerstäubt wird.

Luftmengenmesser:

Der Luftmengenmesser arbeitet nach de Schwebekörperprinzip; er ist schematisch in **Abb. 4.143** dargestellt. Einzelheiten siehe Abschnitt 4.4.

1 Lufttrichter
2 Stauscheibe
3 Entlastungsquerschnitt
4 Gemischeinstellschraube
5 Drehpunkt
6 Hebel
7 Blattfeder

a) Stauscheibe in Ruhestellung
b) Stauscheibe in Arbeitsstellung

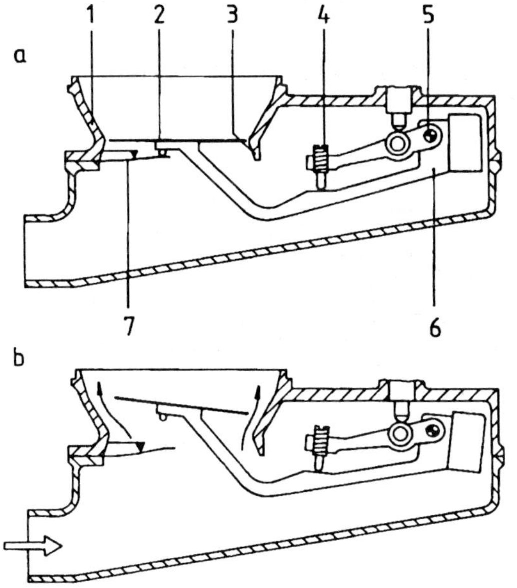


**Abb. 4.143.** Steigstrom-Luftmengenmesser der Bosch-K-Jetronic [4.22]

Die angesaugte Luftmenge ist die Hauptsteuergröße zur Bemessung der Grundeinspritzmenge. Da diese Luftmengenmessung der tatsächlichen Luftfüllung der Zylinder vorauseilt, tritt bei Änderung des Luftdurchsatzes ein gewisser Beschleunigungsanreicherungseffekt ein.

Im einzelnen besteht der Luftmengenmesser aus einem Lufttrichter, in dem sich eine bewegliche Stauscheibe befindet. Die durch den Lufttrichter strömende Luft bewegt die Stauscheibe um ein bestimmtes Maß aus ihrer Ruhelage. Ein Hebelsystem übeträgt die Bewegung der Stauscheibe auf einen Steuerkolben, der die Kraftstoffgrundmenge bestimmt, **Abb. 4.144**.

1 Ansaugluft
2 Steuerdruck
3 Kraftstoffzulauf
4 zugemessene Kraftstoffmenge
5 Steuerkolben
6 Schlitzträger
7 Kraftstoffmengenteiler

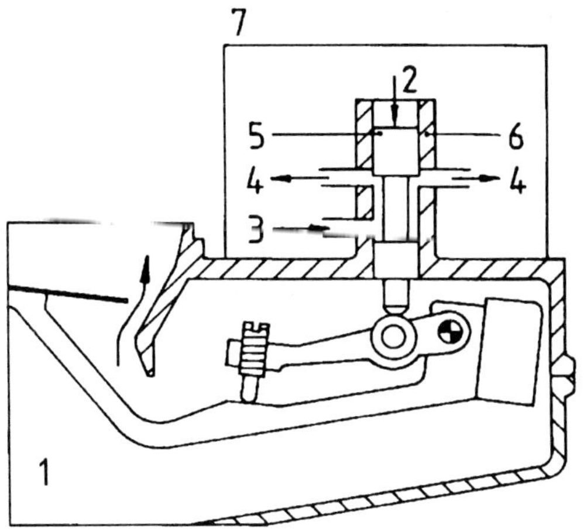


**Abb. 4.144.** Hebelsystem mit Steuerkolben und Schlitzträger im Kraftstoffmengenteiler der Bosch-K-Jetronic [4.22]

Bei möglichen Saugrohrrückzündungen (Fehlzündungen) des Motors können erhebliche Druckstöße im Ansaugsystem auftreten. Der Luftmengenmesser ist deshalb so gebaut, daß die Stauscheibe bei einer Rückzündung in die Gegenrichtung schwingen kann.

Als Gegenkraft zur Wirkung des Staudruckes auf die Stauscheibe dient der Staudruck auf der Oberseite des Steuerkolbens, Position 2 in Abb. 4.144. Dieser Steuerdruck wird über eine Drosselbohrung vom Systemdruck abgezweigt, **Abb. 4.145**.

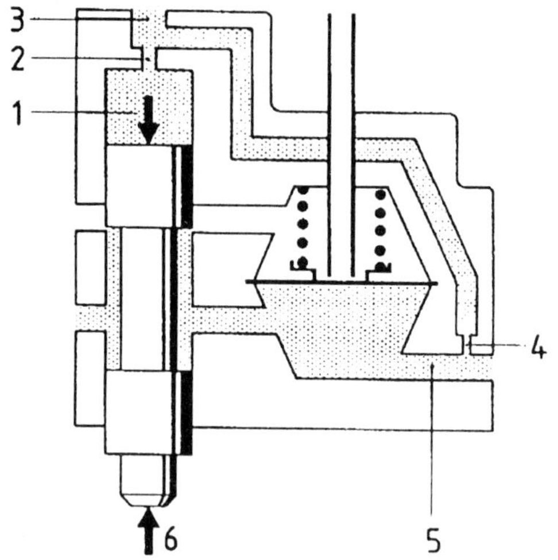


1 Wirkung des Steuerdrucks (hydraulische Kraft)
2 Dämpfungsdrossel
3 Leitung zum Warmlaufregler
4 Entkoppeldrossel
5 Systemdruck (Förderdruck)
6 Wirkung der Luftkraft

**Abb. 4.145.** Systemdruck und Steuerdruck bei der Bosch-K-Jetronic [4.22]

Die Drossel dient dabei zur Entkopplung von Steuerdruckkreis und Systemdruckkreis. Eine Leitung stellt die Verbindung zwischen Mengenteiler und Warmlaufregler (Steuerdruckregler) her. Der Steuerdruck beträgt beim Kaltstart etwa 0,5 bar und wird mit zunehmender Erwärmung des Motors vom Warmlaufregler auf etwa 3,7 bar angehoben. Die Höhe des Steuerdruckes beeinflußt die Kraftstoffzuteilung. Bei geringem Steuerdruck kann die angesaugte Luftmenge die Stauscheibe weiter anheben. Dadurch werden über den Steuerkolben die Steuerdrosseln weiter geöffnet und dem Motor mehr Kraftstoff zugeteilt.

Die Stellung des Steuerkolbens ist nur dann für den jeweiligen Kraftstoffdurchfluß entscheidend, wenn die Druckdifferenz am Steuerkolben stets gleich ist. Daher werden Differenzdruckventile verwendet die die Druckdifferenz zwichen Ober- und Unterkammer, die durch eine Membran getrennt sind, unabhängig vom Kraftstoffdurchsatz konstant auf 0,1 bar halten, **Abb. 4.146**. Die Unterkammern aller Ventile sind durch eine Ringleitung miteinander verbunden und stehen unter Förderdruck ( Systemdruck ). Der Ventilsitz befindet sich in der Oberkammer. Die Oberkammern sind mit einem Steuerschlitz und den Anschlüssen zu den Einspritzventilen verbunden. Sie sind gegeneinander abgedichtet. Die Membranen sind federbelastet. Der Differenzdruck wird durch die Kraft einer Schraubenfeder bestimmt. Strömt eine große Kraftstoffgrundmenge in die Oberkammer, so wölbt sich die Membran nach unten und öffnet den Auslaßquerschnitt des Differenzdruckventils, bis sich wieder der eingestellte Differenzdruck ergibt. Wird die Durchflußmenge geringer, so verringert sich aufgrund des Kräftegleichgewichts an der Membran der Ventilquerschnitt, bis sich wieder eine Druckdifferenz von 0,1 bar einstellt. An der Membran herrscht also

1 Kraftstoffzulauf (Systemdruck)
2 Oberkammer des Differenzdruckventils
3 Leitung zum Einspritzventil (Einspritzdruck)
4 Steuerkolben
5 Steuerkante und Steuerdrossel
6 Ventilfeder
7 Ventilmembran
8 Unterkammer des Differenzdruckventils

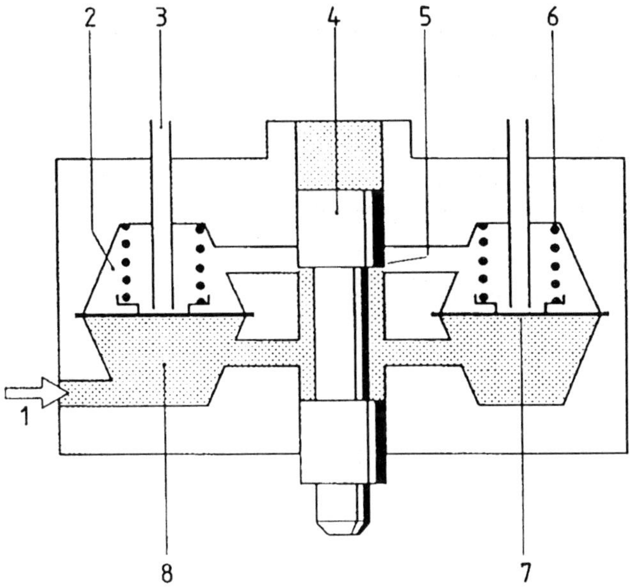


**Abb. 4.146.** Kraftstoffmengenteiler mit Differenzdruckventilen der Bosch-K-Jetronic [4.22]

Kräftegleichgewicht, das für jede Kraftstoffgrundmenge durch Regeln des Ventilquerschnittes aufrechterhalten wird.

Kraftstoff-Zumessung:

Die Grundanpassung des Luft-Kraftstoff-Gemisches erfolgt durch die Kontur des Lufttrichters. bei konstanter Erweiterung des Lufttrichters ergibt sich über den gesamten Hubbereich des Luftmengenmessers ein etwa konstantes Luft-Kraftstoff-Gemisch. Will man jedoch in bestimmten Betriebsbereichen fetteres oder magereres Brenngemisch erzielen, so muß man verschiedene Kegelwinkel des Lufttrichters vorsehen. **Abb. 4.147** zeigt mögliche Konturen am Luftmengenmesser.

1 für Höchstleistung
2 für Teillast
3 für Leerlauf

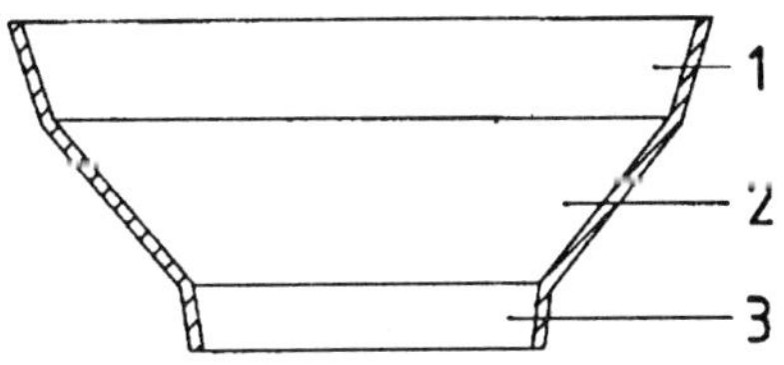


**Abb. 4.147.** Trichterkorrekturen am Luftmengenmesser der Bosch-K-Jetronic [4.22]

Eine Kaltstartanreicherung erfolgt über ein gesondertes Kaltstartventil in das Sammelsaugrohr, dessen Einschaltdauer von einem Thermozeitschalter begrenzt wird. Kaltstartventil und Thermozeitschalter entsprechen dem der L-Jetronic. Die Warmlaufanreicherung erfolgt durch den Warmlaufregler. Er senkt bei kaltem Motor in Abhängigkeit von der Motortemperatur den Steu-

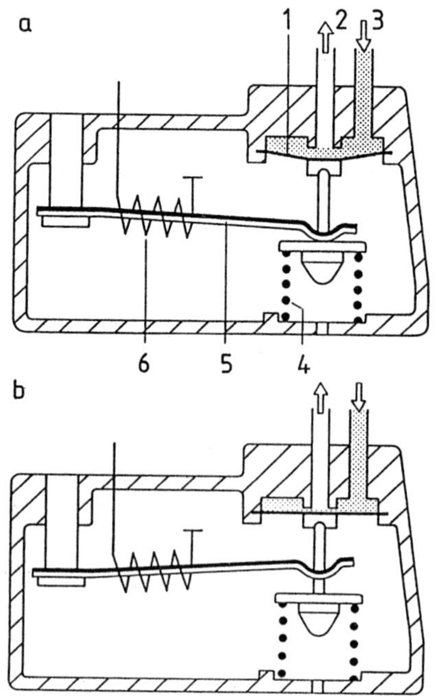


a) bei kaltem Motor
b) bei betriebswarmem Motor
1 Ventilmembran, 2 Rücklauf, 3 Steuerdruck (vom Gemischregler), 4 Ventilfeder, 5 Bimetallfeder, 6 elektrische Heizung

**Abb. 4.148.** Warmlaufregler der Bosch-K-Jetronic [4.22]

erdruck und bewirkt eine größere Öffnung der Steuerdrossel. **Abb. 4.148** zeigt den Warmlaufregler bei a) kaltem Motor und b) betriebswarmem Motor.

In kaltem Zustand drückt die Bimetallfeder gegen die Ventilfeder und verringert dadurch die wirksame Federkraft auf die Membranunterseite des Ventils. Der Absteuerquerschnitt des Ventils ist dann etwas weiter geöffnet, wodurch mehr Kraftstoff aus dem Steuerdruckkreis abgesteuert wird und damit der Steuerdruck niedrig ist. Elektrische Heizung und Motor erwärmen ab Startbeginn die Bimetallfeder. Sie biegt sich und verringert dabei die Gegenkraft auf die Ventilfeder. Die Wirkung der Ventilfeder auf das Flachsitzventil nimmt dadurch zu. Das Flachsitzventil verkleinert den Absteuerquerschnitt, wodurch der Druck im Steuerdruckkreis ansteigt. Die Warmlaufanreicherung ist beendet, wenn die Bimetallfeder völlig von der Ventilfeder abgehoben hat. Die nun ausschließlich wirkende Ventilfeder regelt den Steuerdruck auf seinen Normalwert. Der Steuerdruck beträgt beim Kaltstart etwa 0,5 bar und bei warmem Motor etwa 3,7 bar.

**Abb. 4.149** zeigt typische Kennlinien des Warmlaufreglers bei verschiedenen Motortemperaturen.

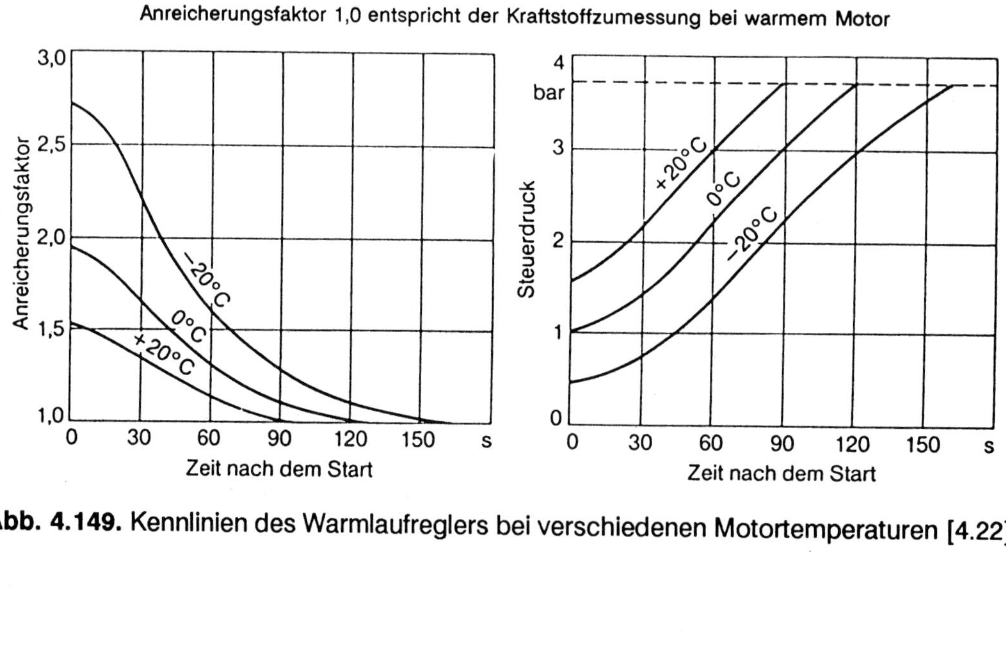


**Abb. 4.149.** Kennlinien des Warmlaufreglers bei verschiedenen Motortemperaturen [4.22]

Während des Warmlaufes sind höhere Reibungswiderstände zu überwinden, die im Leerlauf eine höhere Brenngemischmenge erfordern. Die erforderliche Zusatzluftmenge steuert der Zusatzluftschieber, der wie bei der L-Jetronic, S. 261, beschrieben, aufgebaut ist.

Wird bei Vollast eine Anreicherung zusätzlich zur Gemischkorrektur durch die Lufttrichterform gewünscht, so kann dies durch eine spezielle Form des Warmlaufreglers erfolgen, der den Steuerdruck in Abhängigkeit von der Motorbelastung regelt.

Beim Beschleunigen, d.h. beim plötzlichen Öffnen der Drosselklappe, schwingt die Stauscheibe über. Dieses Überschwingen ergibt eine erhöhte Kraftstoffzufuhr, eine Beschleunigungsanreicherung, mit der gutes Übergangsverhalten erreicht wird.

Mögliche, ergänzende Funktionen:

Wird eine Kraftstoffabschaltung im Schub gewünscht, so kann man parallel zur Stauscheibe einen Bypaß anordnen, der im Schubbetrieb geöffnet wird. Daraufhin geht die Stauscheibe in Nullage und unterbindet die Kraftstoffzufuhr. Zur Lambda-Eins-Regelung läßt sich der Druck in den Unterkammern des Kraftstoffmengenteilers variieren.

4.2.1.3.2. KE-Jetronic von Bosch

Die KE-Jetronic von Bosch ist eine Weiterentwicklung der K-Jetronic. Dem Grundsystem der K-Jetronic wurde zur Erhöhung der Flexibilität und zur Möglichkeit der Aufschaltung weiterer Funktionen ein elektronisches Steuergerät beigegeben. Dieses Steuergerät erhält von zusätzlichen Sensoren Informationen und greift korrigierend in die Gemischbildung ein.

Die Kraftstoffversorgung entspricht bis auf die im folgenden erwähnten Änderungen der der K-Jetronic: So ist bei der KE-Jetronic im Unterschied zur K-Jetronic, bei der der Warmlaufregler den Steuerdruck regelt, der hydraulische Gegendruck auf den Steuerkolben gleich dem Systemdruck. Dieser Steuerdruck muß besonders genau eingehalten werden, da sich eventuelle Schwankungen direkt auf das Kraftstoff-Luft-Verhältnis auswirken.

**Abb. 4.150** zeigt einen Schnitt durch den Systemdruckregler, von links fließt der Kraftstoff zu, auf der rechten Seite befindet sich der Rücklaufanschluß vom

1 Rücklauf vom Mengenteiler
2 zum Kraftstoffbehälter
3 Einstellschraube
4 Gegenfeder
5 Dichtung
6 Zulauf
7 Ventilfeder
8 Membran
9 Regelfeder
10 Ventilkörper

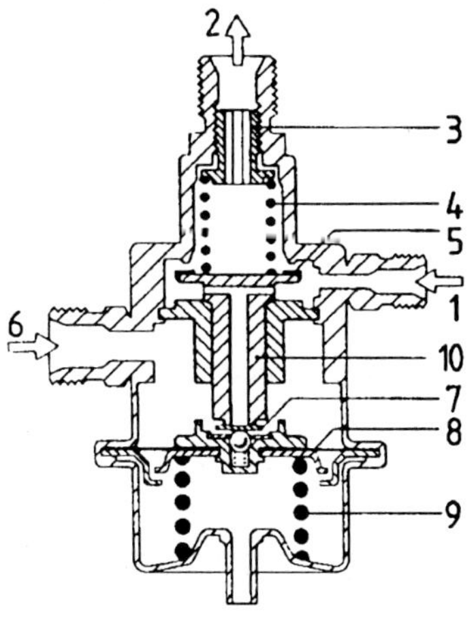


**Abb. 4.150.** Schnitt durch den Kraftstoff-Systemdruckregler bei der Bosch-KE-Jetronic [4.22]

Mengenteiler. Oben ist die Rücklaufleitung zum Kraftstoffbehälter angeschlossen. Sobald beim Start die Elektrokraftstoffpumpe Druck erzeugt, wandert die Regelmembran des Druckreglers nach unten. Zunächst folgt der verschiebbare Ventilkörper der Membran, weil ihn die obenliegende Gegenfeder nachschiebt. Nach einem kurzen Hub stößt der Ventilkörper an einen festen Anschlag und die Druckregelfunktion setzt ein. Die vom Kraftstoffmengenteiler rücklaufende Kraftstoffmenge, die sich aus der Drucksteller-Durchströmung und der Steuerkolben-Leckmenge zusammensetzt, kann zusammen mit der Abregelmenge über den jetzt geöffneten Dichtsitz zum Kraftstoffbehälter zurückfließen.

Beim Abstellen des Motors schaltet die Elektrokraftstoffpumpe ebenfalls ab. Wenn daraufhin der Druck im Kraftstoffversorgungssystem absinkt, dann geht der Ventilteller auf den Regelsitz zurück. Er schiebt anschließend den Ventilkörper entgegen der Kraft der Gegenfeder nach oben vor sich her, bis die Dichtung den Rücklauf zum Kraftstoffbehälter schließt.

Der Druck im Kraftstoffversorgungssystem sinkt rasch auf den Schließdruck ab, so daß die Einspritzventile dicht schließen. Dann steigt der Druck im System wieder auf den durch den Kraftstoffspeicher bestimmten Wert an.

Im Kraftstoffmengenteiler, **Abb. 4.151**, dämpft eine Dämpfungsdrossel Schwingungen, die durch Stauscheibenkräfte angeregt werden können. Beim Abstellen des Motors senkt sich der Steuerkolben auf einen axial wirkenden Dichtring, weil die Druckfeder und der Systemrestdruck auf den Steuerkolben wirken. Dadurch wird Druckverlust infolge Leckmenge an der Steuerkolbenführung verhindert. Der Kraftstoffspeicher, der den Systemdruck bei abgestelltem Motor höher als den jeweiligen Dampfdruck halten soll, kann sich nicht entleeren.

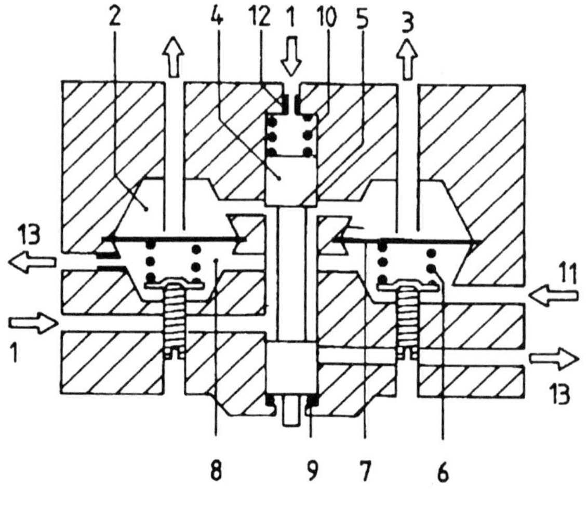


1 Kraftstoffzulauf (Systemdruck), 2 Oberkammer des Differenzdruckventils, 3 Leitung zum Einspritzventil, 4 Steuerkolben, 5 Steuerkante und Steuerschlitz, 6 Ventilfeder, 7 Ventilmembran, 8 Unterkammer des Differenzdruckventils, 9 axialer Dichtring, 10 Druckfeder, 11 Kraftstoff vom elektrohydraulischen Drucksteller, 12 Drossel, 13 Rücklaufleitung

**Abb. 4.151.** Kraftstoffmengenteiler mit Differenzdruckventilen bei der Bosch-KE-Jetronic [4.22]

Elektronisches Steuergerät:

Um über die angesaugte Luftmenge hinaus Kriterien für die zuzuteilende Kraftstoffmenge zu erhalten, erfassen Sensoren eine Reihe von Betriebsdaten, melden sie dem Steuergerät, das daraus einen Steuerstrom für den elektrohydraulischen Drucksteller bildet. Folgende Sensoren erfassen folgende Betriebskenngrößen:

- Drosselklappenschalter: Vollast, Leerlauf;
- Zündauslösungssystem: Drehzahl;
- Zünd-Start-Schalter: Start;
- Motortemperaturfühler: Motortemperatur;
- Barometerdose: Luftdruck;
- Lambda-Sonde: Brenngemisch-Zusammensetzung.

**Abb. 4.152** zeigt ein Blockschaltbild eines KE-Jetronic-Steuergerätes in Analogtechnik. Steuergeräte mit größerem Funktionsumfang werden in Digitaltechnik gebaut.

Elektrohydraulischer Drucksteller:

Der elektrohydraulische Drucksteller verändert in Abhängigkeit vom Betriebszustand des Motors und dem entsprechend dazu vom Steuergerät gebildeten Stromsignal den Druck in den Unterkammern der Differenzdruckventile. Dadurch verändert sich die den Einspritzventilen zugemessene Kraftstoffmenge.

**Abb. 4.153** zeigt den an den Kraftstoffmengenteiler angebauten elektrohydraulischen Drucksteller. Dieser stellt einen Differenzdruckregler dar, der nach Art eines Düse-Prallplatte-Systems arbeitet und dessen Druckabfall von einem elektrischen Strom gesteuert wird. Zwischen zwei Doppel-Magnetpolen hängt in einem Gehäuse aus nichtmagnetischem Material ein Anker in reibungsfreier Spannungslagerung.

Die Arbeitsweise des elektrohydraulischen Druckstellers geht aus **Abb. 4.154** hervor: In den Magnet-

Die Korrektursignale aus den verschiedenen Blöcken werden im Summierer verstärkt und dem elektrohydraulischen Drucksteller zugeleitet.

VK Vollastkorrektur
SAS Schubabschaltung
BA Beschleunigungsanreicherung
NA Nachstartanhebung
SA Startanhebung
WA Warmlaufanreicherung
SU Summierer
ES Endstufe

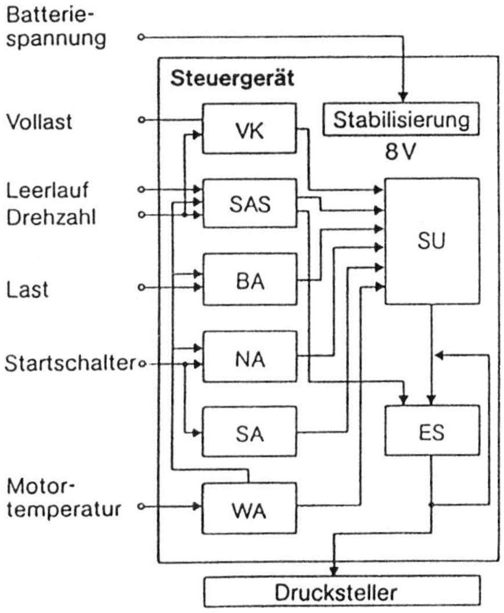


**Abb. 4.152.** Blockschaltbild eines Bosch KE-Jetronic-Steuergerätes in Analogtechnik [4.22]

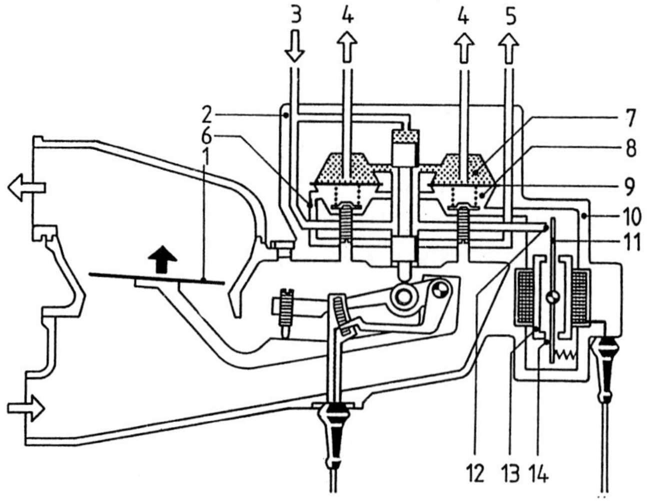


1 Stauklappe, 2 Kraftstoffmengenteiler, 3 Kraftstoffzufluß (Systemdruck), 4 Kraftstoff zu den Einspritzventilen, 5 Kraftstoff-Rücklaufleitung zum Druckregler, 6 Festdrossel, 7 Oberkammer, 8 Unterkammer, 9 Membran, 10 Drucksteller, 11 Prallplatte, 12 Düse, 13 Magnetpol, 14 Luftspalt

**Abb. 4.153.** Elektrohydraulischer Drucksteller am Kraftstoffmengenteiler der Bosch-KE-Jetronic[4.22]

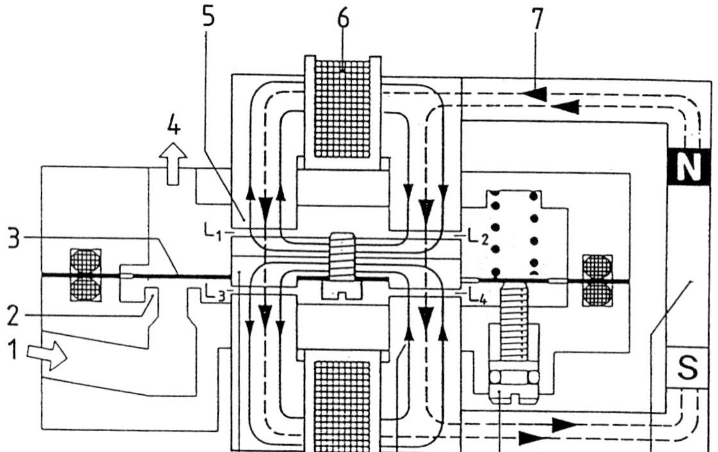


1 Kraftstoffzufluß (Systemdruck), 2 Düse, 3 Prallplatte, 4 Kraftstoffabfluß, 5 Magnetpol, 6 Magnetspule, 7 Dauermagnetfluß, 8 Permanentmagnet (um 90 Grad in die Zeichenebene gerückt), 9 Einstellschraube für Grundmoment, 10 Elektromagnetfluß, 11 Anker (L1 bis L4 Luftspalte)

**Abb. 4.154.** Querschnitt des elektrohydraulischen Druckstellers der Bosch-KE-Jetronic [4.22]

polen und den zugehörigen Luftspalten überlagern sich die Magnetflüsse eines Dauermagneten (gestrichelte Linie) und eines Elektromagneten (ausgezogene Linie).

Der Kraftstoffstrahl, der über die Düse eintritt, versucht die Prallplatte entgegen den magnetischen und mechanischen Kräften wegzudrücken. Die Druckdifferenz zwischen dem Zulauf- und Rücklaufanschluß bei einer Durchströmung, die durch eine in Reihe geschaltete Festdrossel bestimmt ist, ist proportional zum elektrischen Strom. Der entsprechend dem Druckstellerstrom veränderbare Druckabfall an der Düse ergibt einen veränderbaren Unterkammerdruck. Um den gleichen Wert ändert sich der Oberkammerdruck. dies wiederum bewirkt eine veränderte Differenz zwischen Oberkammer- und Systemdruck (also an den Steuerschlitzen) und stellt somit ein Mittel zum Beeinflussen der zu den Einspritzventilen strömenden Kraftstoffmenge dar.

Während Kaltstartanreicherung, Nachstartanreicherung, Warmlaufanreicherung im wesentlichen wie bei der K-Jetronic funktionieren, erfolgt bei nicht betriebswarmem Motor eine Beschleunigungsanreicherung. Das Steuergerät erkennt bei nicht betriebswarmem Motor aus der zeitlichen Veränderung des Lastsignals einen Beschleunigungsvorgang und löst eine Beschleunigungsanreicherung aus, deren Größe eine Funktion der Temperatur ist. Bei Auslösung dieser Beschleunigungsanreicherung entsteht ein nadelförmiger Anreicherungsimpuls von ca. 1 Sekunde Dauer.

Das Stauscheiben-Potentiometer, das die Stauscheibenbewegung des Luftmengenmessers mißt und für die Beschleunigungsanreicherung verantwortlich ist, ist in Schichttechnik auf Keramikbasis aufgebaut, **Abb. 4.155**.

1 Abgriffbürste
2 Hauptbürste
3 Schleiferhebel
4 Potentiometerplatte (aus der Bilderebene gerückt)
5 Gehäuse des Luftmengenmessers
6 Luftmengenmesserachse

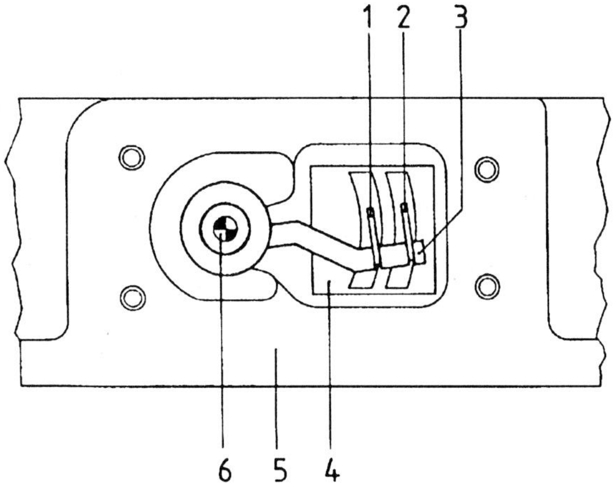


**Abb. 4.155.** Potentiometer zur Ermittlung der Stauscheibenstellung der Bosch-KE-Jetronic [4.22]

Die Leerlauf-Drehzahl-Regelung, **Abb. 4.156**, erfolgt durch Verwendung eines Leerlauf-Drehstellers. Dieser teilt dem Motor über einen Bypaß zur Drosselklappe mehr oder weniger Luft zu, je nach Abweichung der augenblicklichen Leerlauf-Drehzahl von der Solldrehzahl. **Abb. 4.157** zeigt den Leerlauf-Drehsteller im einzelnen.

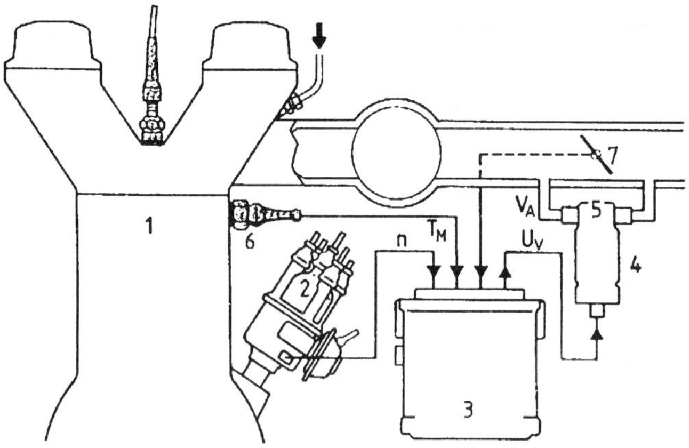


1 Regelstrecke: Motor
2 Regelgröße: Drehzahl n
3 Regler: Reglergerät (liefert Ansteuerspannung $U_V$)
4 Stellglied: Leerlauf-Drehsteller
5 Stellgröße: Bypassquerschnitt (Ansaug-Volumen $V_A$)
6 Hilfssteuergröße: Motortemperatur $T_M$
7 Hilfsteuergröße: Drosselklappenendstellung ($\alpha_{DK} = 0$)

**Abb. 4.156.** Regelkreis Leerlauf-Drehzahl-Regelung Bosch-KE-Jetronic [4.22]

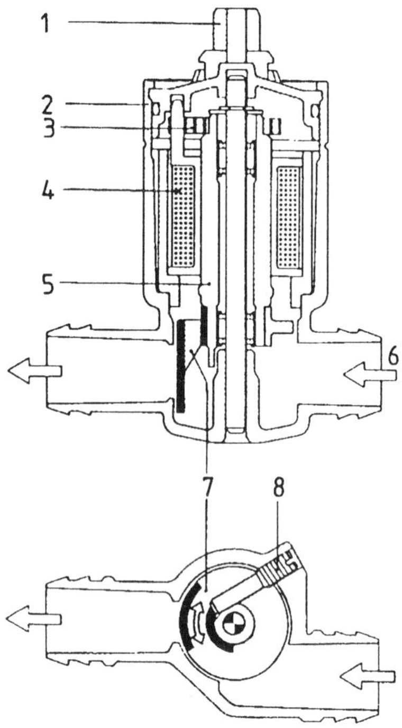


1 Elektrischer Anschluß, 2 Gehäuse, 3 Rückstellfeder, 4 Spule, 5 Drehanker, 6 Luftkanal als Bypass zur Drosselklappe, 7 Drehschieber, 8 Einstellbarer Anschlag

**Abb. 4.157.** Leerlauf-Drehsteller (Einwicklungs-Drehsteller) der Bosch-Einspritzung [4.22]

Schubabschaltung und Drehzahlbegrenzung erfolgen durch Betätigung des elektrohydraulischen Druckstellers. Im Kraftstoffmengenteiler drücken die Federn in den Unterkammern der Differenzdruckventile diese Ventile zu, da der Druckabfall im Steller fast Null wird. So wird die Kraftstoffzufuhr zu den Einspritzventilen abgesperrt.

**Abb. 4.158** zeigt die Mindestdrehzahl der Schubabschaltung abhängig von der Kühlmitteltemperatur, die Einschaltschwelle für die Schubabschaltung und die Wiedereinschaltschwelle für die Einspritzung.

Die Drehzahlbegrenzung durch Absperren der Kraftstoffzufuhr zeigt **Abb. 4.159**.

Die Höhenkorrektur übernimmt ein Sensor, der den Luftdruck erfaßt. Entsprechend dem momentan herrschenden Luftdruck gibt der Sensor ein Signal an das Steuergerät, das daraufhin den Druckstellerstrom verändert und somit über den Unterkammerdruck den Differenzdruck an den Zumeßschlitzen, d.h. die Kraftstoffmenge.

Bei Verwendung einer Lambda-Regelung wird das Signal der Lambda-Sonde im Steuergerät verarbeitet. Der erforderliche Regeleingriff zur Korrektur der Kraftstoffzuleitung erfolgt über den Drucksteller.

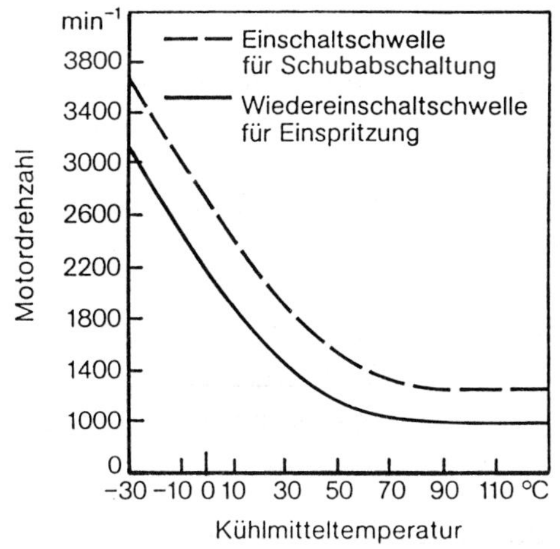


**Abb. 4.158.** Mindestdrehzahl der Schubabschaltung abhängig von der Kühlmitteltemperatur bei der Bosch-KE-Jetronic [4.22]

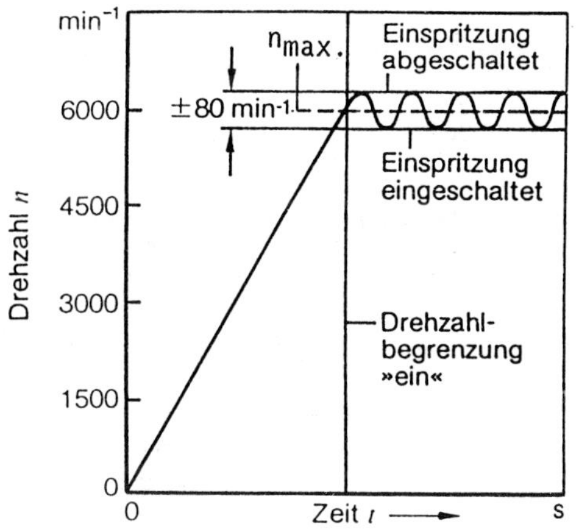


**Abb. 4.159.** Begrenzen der maximalen Drehzahl $n_{max}$ durch Absperren der Kraftstoffzufuhr bei der Bosch-KE-Jetronic [4.22]

## 4.3. Elektromagnetische Einspritzventile

### 4.3.1. Grundsätzliche Funktion und Aufbau

Einspritzventile haben die Aufgaben der exakten Zumessung der Kraftstoffmenge, die dem augenblicklichen Lastzustand des Motors entspricht und der Gemischaufbereitung.

Das Funktionsprinzip ist bei allen elektromagnetisch intermittierenden Einspritzventilen trotz unterschiedlicher konstruktiver Gestaltung gleich. Im geschlossenen Zustand wird die Ventilnadel, die starr mit einem Magnetanker verbunden ist, mittels einer Feder auf den Dichtsitz am Ventilauslaß gedrückt. Die Öffnung des Einspritzventiles erfolgt elektromagnetisch durch einen elektrischen Impuls des Steuergerätes. Wird die im Ventilgehäuse sitzende Magnetwicklung erregt, so wird die Düsennadel von ihrem Sitz abgehoben und gibt einen kalibrierten Zumeßquerschnitt frei, sodaß der unter Druck stehende Kraftstoff durch die Ventilmündung strömen kann. Der Ventilnadelhub wird durch einen mechanischen Anschlag auf 0,1 bis 0,2 mm begrenzt, **Abb. 4.160**.

a) Einspritzventil mit Ringspaltzumessung

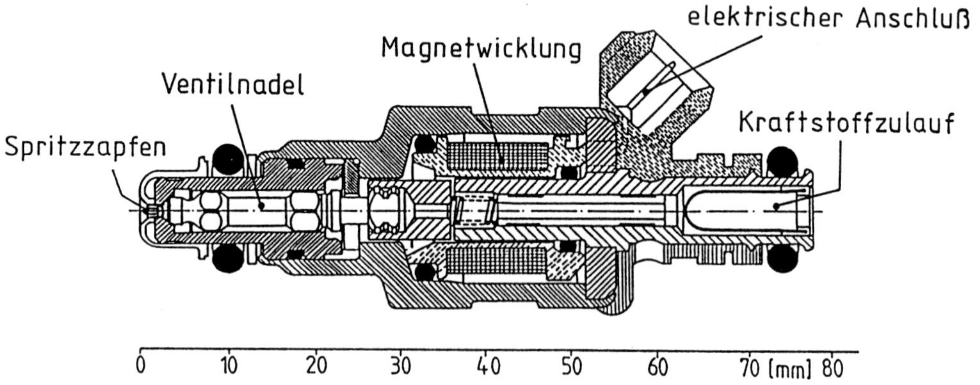


b) Einspritzventil mit Lochzumessung

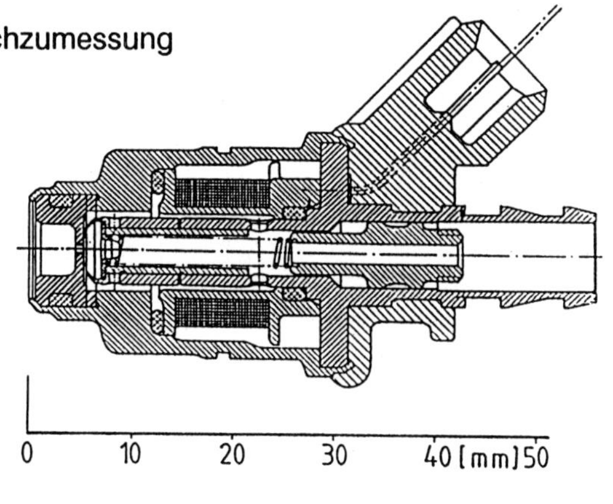


**Abb. 4.160.** Aufbau elektromagnetischer Einspritzventile [4.48]

Der Öffnungsvorgang dauert je nach Ventilbauart etwa 0.5 bis 1 ms, da das Magnetfeld aufgebaut werden muß, um die Vorspannkraft der Schließfeder, die hydrostatische Kraft am Ventilsitz und die Massenbeschleunigungskraft zu überwinden. Das Ansprechverhalten, das heißt die Zeitverzögerung zwischen elektrischen Einspritzimpulsbeginn und dem Zeitpunkt des Öffnungsbeginnes der Ventilnadel, wird dabei wesentlich von deren Gestaltung, der Auslegung der Magnetspule und des Stromkreises bestimmt. Eine geringe zu beschleunigende Masse begünstigt das Ansprechverhalten des Einspritzventiles. Die Masse der Ventilnadel, die starr mit dem Ventilanker verbunden ist, beträgt z.B. bei Ventilen des Typs Bosch EV 1.1 4,05 g und konnte bis zur Entwicklung des Ventiltyps Bosch EV 1.4 auf 2,7 g reduziert werden. Die Entwicklung geht in Richtung leichter, geometrisch einfach gestalteter Ventilnadeln mit geringer Masse, **Abb. 4.161.**

Die grundsätzlichen Unterscheidungsmerkmale von Einspritzventilen liegen in der konstruktiven Gestaltung des Zumeßquerschnittes und in der Form der Ventilnadel. **Abb. 4.162** zeigt schematische Darstellungen der Mündungen eines Spritzzapfenventiles, eines Einlochventiles und eines Mehrloch-Plattenventiles und die daraus resultierenden Einspritzstrahlformen.

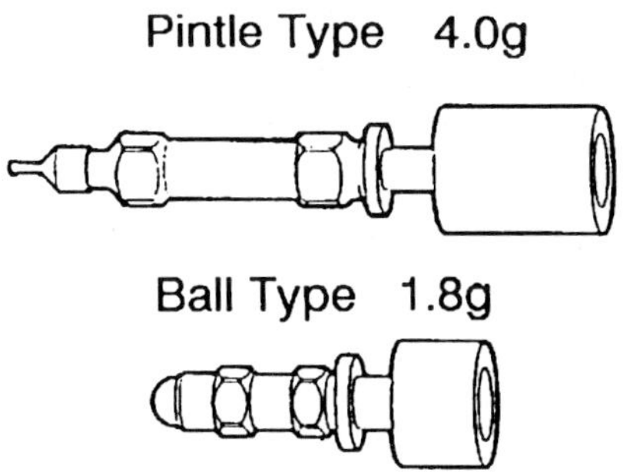


**Abb. 4.161.** Ausführung von Ventilnadeln [4.53]

Weiters ist eine konstruktive Möglichkeit dargestellt, den Strahl eines Einlochventiles mittels eines Strahlteilungsvorsatzes auf zwei Strahläste zu teilen, und so die Kraftstoffmenge gezielt in beide Saugkanäle eines 4-Ventilmotors einzuspritzen (Zweistrahlventil).

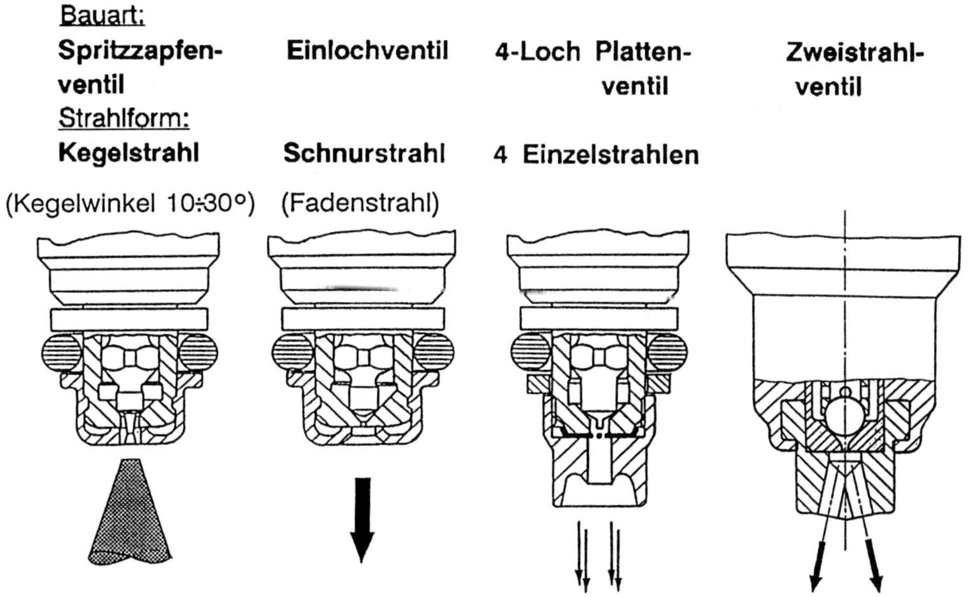


**Abb. 4.162.** Typische Bauarten von Einspritzventilen und Charakterisierung nach ihrer Strahlform [4.47 und 4.55]

## 4.3.2. Vergleich verschiedener Einspritzventilbauarten

### 4.3.2.1. Allgemeines

Bezüglich der Ventilbauart und der resultierenden Strahlform sind die meistverbreitesten Typen:

| Ventilbauart: | Strahlform: |
|---|---|
| Spritzzapfenventil | Kegelstrahl (Kegelwinkel 10-30°) |
| Mehrlochventile | Einstrahl (aus mehreren Einzelstrahlen gebildet) oder Zweistrahl (für 4-Ventilmotoren) |
| Einlochventile | Schnurstrahl (Fadenstrahl) |

Die direkte Gegenüberstellung der Ventilbauarten macht die Unterschiede hinsichtlich Strahlform, Strahlgeschwindigkeit, Tropfengrößenspektrum und Ansprechverhalten ersichtlich: Die Strahlform der gebräuchlichsten Einspritzventile ist in den Fotografien der Einspritzstrahlen, **Abb. 4.163** ersichtlich. Der zeitliche Ablauf eines Enspritzvorganges ist in den Aufnahmen bei intermittierendem Betrieb festgehalten. Die Aufnahmen wurden durch stroboskopische Blitzauflösung nach einer Zeitverzögerung $T_v = 2$, 4, und 6 ms nach elektronischer Impulsauslösung gemacht. Die Einspritzimpulsdauer beträgt $T_i = 4{,}5$ ms.

Die mittlere Geschwindigkeit aller im Strahl befindlichen Tropfen kann als Strahlgeschwindigkeit bezeichnet werden. Die erreichbare Geschwindigkeit hängt mit der Gestaltung der Zumeßbohrung zusammen, je nachdem wie gut die zur Verfügung stehende Druckenergie in Geschwindigkeitsenergie umgesetzt wird.

In gleicher Weise können für die mittleren Tropfengrößen (Sauterdurchmesser $D_{32}$) folgende Anhaltswerte genannte werden. Die Zahlenwerte beziehen sich auf umfangreiche Meßserien, welche mit einem integralen Streulichtmeßsystem durchgeführt worden sind, siehe auch Kap. 3.4.

| | |
|---|---|
| Spritzzapfenventile: | $D_{32} > 100\ \mu m$; |
| Mehrlochventile: | $D_{32} \approx 200\ \mu m$; |
| Einlochventile: | $D_{32} \approx 300\ \mu m$. |

Die Angabe eines mittleren Tropfendurchmessers für ein Einlochventil mit Schnurstrahlcharakter ist dabei ein Mittelwert aus den vielen kleinen Tropfen, welche den kompakten Kernstrahl umgeben; dieser selbst wird vom Meßsystem als einzelner großer zusammenhängender Tropfen interpretiert.

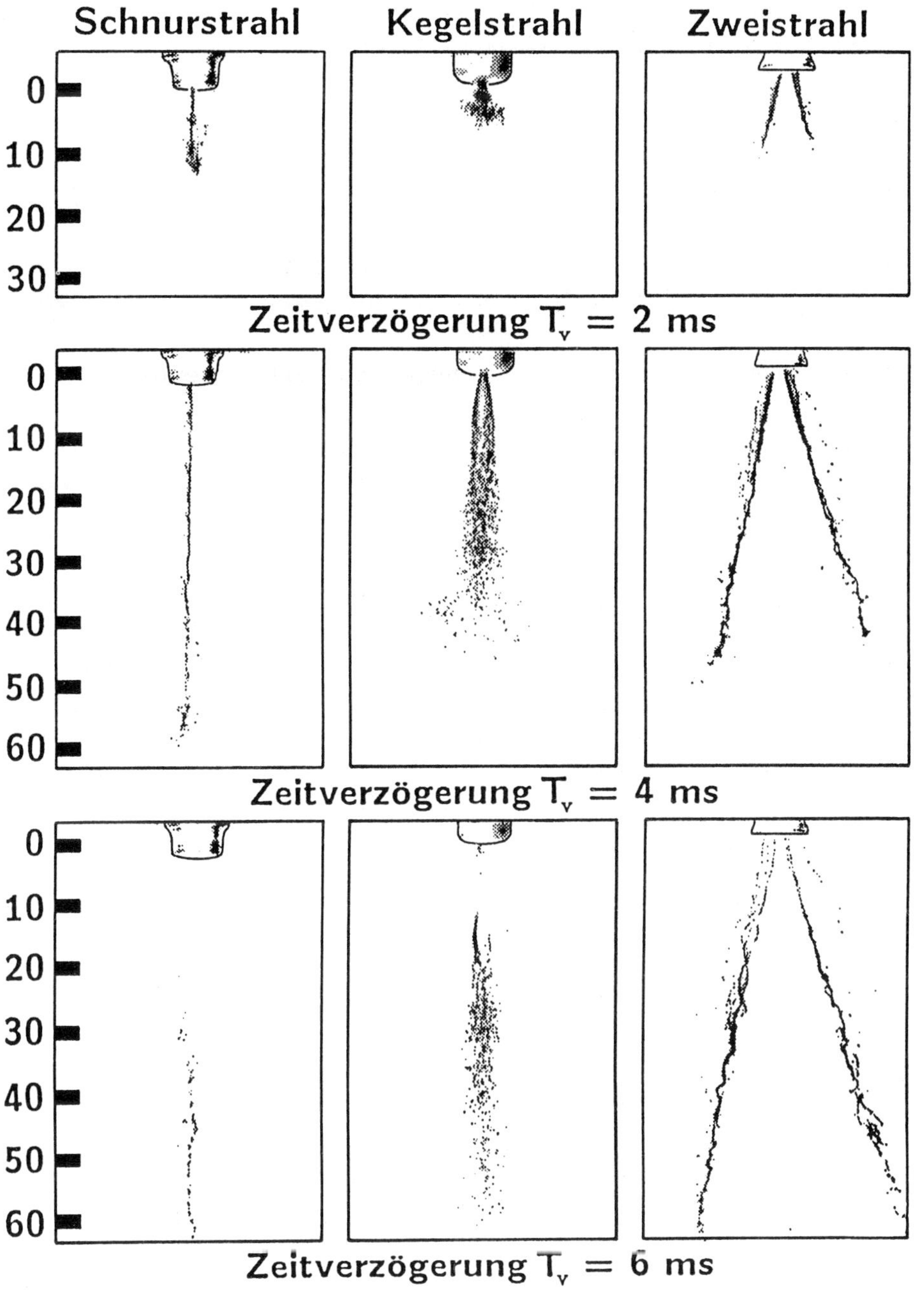


**Abb. 4.163.** Gegenüberstellung von Strahlaufnahmen spritzender elektromagnetischer Einspritzventile

Eine Möglichkeit, die Zerstäubungsgüte von intermittierenden Einspritzventilen zu verbessern, besteht darin die Ventilmündungen mit einer Luftumfassung zu versehen. Im Gegensatz zu kontinuierlich spritzenden Systemen besteht bei luftumfaßten intermittierenden Einspritzsystemen der Nachteil, daß nur ein geringer Teil der durch den Saugrohrunterdruck einströmenden

Zerstäubungsluft genutzt werden kann. Der Grund liegt einerseits in der geringen Einspritzdauer bei kleinen Motorlasten, und andererseits in den langen Einspritzintervallen bei kleiner Drehzahl.

### 4.3.2.2. Spritzzapfenventile (Kegelstrahlventile)

Spritzzapfenventile werden aufgrund der geometrischen Form des Zumeßquerschnittes auch als Ventile mit Ringspaltzumessung bezeichnet. Die Ventilnadel ist an ihrem vorderen Ende konisch in Form eines Spritzzapfens ausgeführt, Abb. 4.162. Der austretende Kraftstoff wird am Spritzzapfen umgelenkt und zu einem kegelmantelförmigen Strahl aufgeweitet, Abb. 4.163 Mitte. Der dabei wirkende Zerstäubungsmechanismus ist in Kapitel 2.5.1.1 beschrieben.

Durch entsprechende Gestaltung des Spritzzapfens kann die Strahlaufweitung variiert werden. Die Strahlaufweitung soll, um eine feine Zerstäubung zu erzielen möglichst groß sein. Stärkere Strahlaufweitung schafft eine größere Angriffsfläche für die Ansaugluftströmung und begünstigt die Zerstäubung. Diesem Umstand steht die Forderung nach möglichst geringer Benetzung der Saugrohrwand entgegen, welche bei einer kleinen Strahlaufweitung etwas günstiger ist.

Die Fertigung des Zumeßquerschnittes und der Ventilnadel mit dem Spritzzapfen ist mit hohen Anforderungen an die Herstellungsgenauigkeit verbunden, da eine Änderung der Ringspaltabmessungen eine Durchflußänderung bewirkt, und da bereits eine geringfügige Änderung der Spritzzapfengeometrie eine deutliche Veränderung der Strahlkontur und damit des Tropfenspektrums zur Folge hat.

### 4.3.2.3. Einlochventile (Schnurstrahlventil)

Die für Ventile dieses Bautyps charakteristische Strahlform ist in Abb. 4.163 links erkennbar und wird als Schnur- oder Fadenstrahl bezeichnet. Im Vergleich zu Spritzzapfenventilen weisen Einlochventile eine wesentlich einfachere Gestaltung der Ventilmündung auf, da der Zumeßquerschnitt durch eine kalibrierte Bohrung gebildet wird. Die Ventilnadel hat eine stark vereinfachte geometrische Form oder ist als Platte ausgeführt, wie aus Abb. 4.162 ersichtlich ist, und erfüllt nur die Funktion der Abdichtung des Ventilsitzes. Einlochventile sind im Vergleich zu Spritzzapfenventilen meist kostengünstiger und unempfindlicher gegenüber Ablagerungsbildungen.

Die Druckenergie des Kraftstoffes wird aufgrund des besseren Düsenwirkungsgrades $\eta_D$ besser in kinetische Energie umgewandelt. Die Strahlgeschwindigkeit ist relativ groß und beträgt etwa 20 m/s, bei einem Einspritzdruck von 3,0 bar.

Das Einspritzventil ist im Saugrohr so angeordnet, daß der Kraftstoffstrahl beim Einspritzvorgang auf den Ventilteller des Einlaßventiles trifft und durch den Aufprall zerteilt wird. Auf diese Weise kann die größere kinetische Energie des Einspritzstrahles wirkungsvoll in Zerstäubungsenergie umgesetzt werden.

#### 4.3.2.4. Mehrlochventile

Die Ventilmündungen von Mehrlochventilen bestehen aus einer Metallplatte mit mehreren Zumeßbohrungen. Die Platte wird durch eine auf die Ventilmündung aufgeschraubte Metallhülse gehalten.

Die konstruktive Gestaltung der Ventilmündungen dieses Ventiltyps eröffnet die Möglichkeit sowohl durch Variation der Anzahl der Zumeßbohrungen, als auch durch Änderung der räumlichen Lage der Bohrungsachsen zur Ventilachse, die Strahlform und das Zerstäubungsverhalten zu beeinflussen.

Im Hinblick auf den Einsatz in Motoren mit 4-Ventil-Technik bietet sich eine weitere Möglichkeit des Einsatzes von Lochplattenventilen durch eine Teilung des Einspritzstrahles in zwei auseinanderlaufende Strahläste an. Dabei ermöglichen Zweistrahlventile die symmetrische Kraftstoffzuteilung auf das Einlaßventilpaar eines Motorzylinders. Die Strahlteilung kann entweder bei Mehrloch-Plattenventilen durch entsprechend angeordnete Zumeßbohrungen der Saugrohrgabelung angepaßt werden oder sie erfolgt durch sogenannte Strahlteilungsvorsätze an Ventilmündungen von Einlochventilen, Abb. 4.162 rechts. Das Strahlbild eines solchen Zweistrahlventiles ist in Abb. 4.163 rechts dargestellt.

### 4.3.3. Wichtige Kenngrößen elektromagnetischer Einspritzventile

Neben Unterscheidungsmerkmalen wie Strahlform, Strahlaufweitung, Strahlgeschwindigkeit und Tropfenspektrum, ist das dynamische Verhalten ein wichtiges Kriterium zur Beurteilung eines Einspritzventiles.

Entsprechend den Betriebszuständen eines Motors wird die eingespritzte Kraftstoffmenge durch die Öffnungsdauer des Einspritzventiles bestimmt. Ohne Änderung der Relation zwischen Einspritzfrequenz und Motordrehzahl müssen Einspritzventile durch Variation der Öffnungsdauer einen Kraftstoffdurchsatzbereich von etwa 1:10 abdecken [4.47].

Das Durchflußverhalten wird durch den statischen Kraftstoffdurchsatz und durch die dynamische Durchflußmenge beschrieben.Der statische Kraftstoffdurchsatz ist jener Kraftstoffvolumen strom, der sich bei ununterbrochen geöffnetem Ventil bei einer bestimmten Druckdifferenz ergibt. Der lineare Zusammenhang zwischen Impulsdauer und eingespritzter Kraftstoffmenge ist in **Abb. 4.164** dargestellt.

Es gilt folgende theoretische Beziehung: $q = T_i \,.\, V$ (4.27)

$q$ [mm³] ..... eingespritztes Kraftstoffvolumen pro Hub
$T_i$ [ms] ..... Impulsdauer
$V$ [mm³/ms] ..... statische Durchflußvolumen

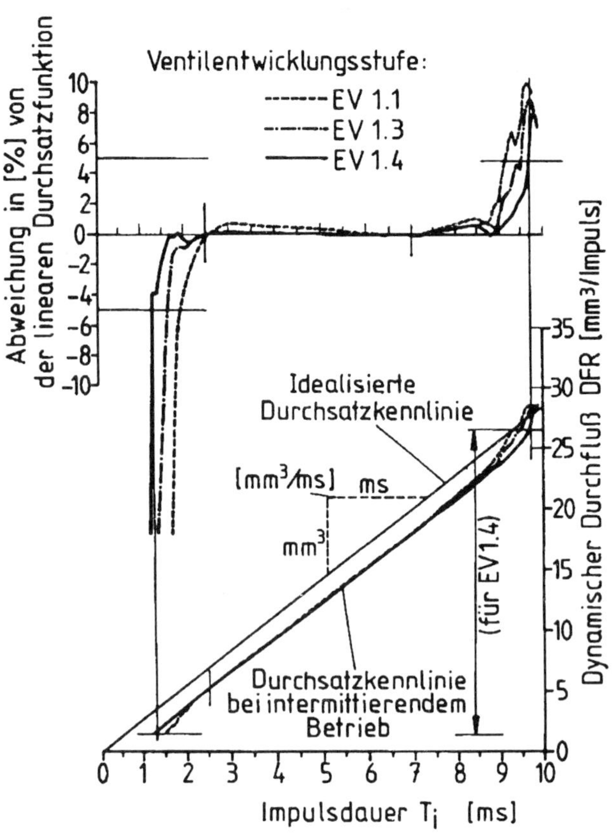


**Abb. 4.164.** Zusammenhang zwischen Impulsdauer und eingespritzter Kraftstoffmenge bei idealisiertem und tatsächlichem Verhalten [4.47]

Tatsächlich ist die statische Kennlinie aufgrund der Zeitdifferenz zwischen Impulsbeginn und dem Zeitpunkt des Abhebens der Ventilnadel von ihrem Sitz, der sogenannten Anzugszeit, und dem Schließen des Ventiles zu größeren Impulsdauern verschoben. Die Anzugszeiten von stromgesteuerten Ventilen (niederohmig), **Abb. 4.165** unten, sind kürzer als bei spannungsgesteuerten (hochohmig), Abb. 4.165 oben. Dabei zeigt sich am Nadelhubverlauf, daß die Ventilnadel beim Öffnen und Schließen nachprellt. Zusätzlich werden beim Öffnen und Schließen des Ventiles durch Beschleunigungen des Kraftstoffes Druckschwingungen angeregt und dadurch geringere Kraftstoffdurchsatzmengen erreicht. Die dynamische Durchsatzkennlinie weicht daher in der Öffnungs- und Schließphase erheblich von der statischen Kennlinie ab.

Die Linearität eines Einspritzventiles bezeichnet jenen Einspritzdauerbereich, in dem die Abweichung des tatsächlich auftretenden Kraftstoffdurchsatzes vom linearen Durchsatzverlauf innerhalb einer bestimmten Toleranz liegt. Die minimale Einspritzdauer ist, bedingt durch die Öffnungs- und Schließzeiten des Ventiles und den damit verbundenen Durchsatzstreuungen im nichtlinearen Bereich, begrenzt. Andererseits sind der maximalen Einspritzdauer, aufgrund der bei hohen Motordrehzahlen beschränkten Periodendauer, Grenzen gesetzt.

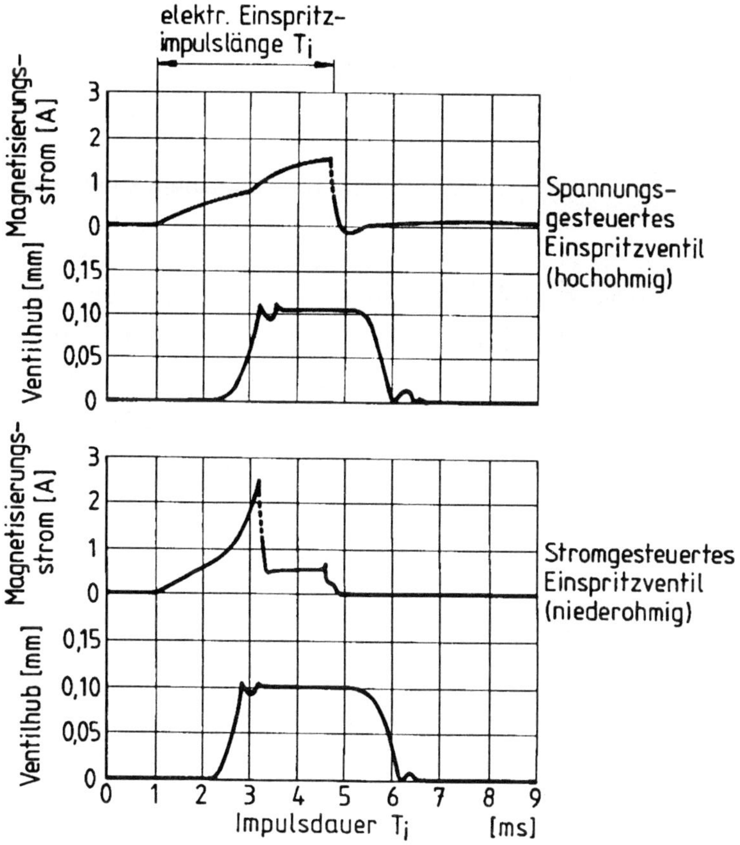


**Abb. 4.165.** Anzugszeiten von stromgesteuerten und spannungsgesteuerten Ventilen [4.49]

## 4.4. Luftmassenmessung

Die Erfassung der dem Motorzylinder zugeführten Luftmasse ist, wie bereits erwähnt, die wichtigste Voraussetzung zur optimalen Kraftstoffzumessung. Die dabei einzuhaltenden wichtigsten Randbedingungen sind ein Meßbereich von ca. 65:1 mit einem Meßfehler von 3 % und einer Zeitkonstante im Millisekundenbereich [4.46]. Selbstverständlich müssen hohe Langzeitstabilität gewährleistet und die im Motorenbau üblichen Temperaturbereiche von -40 bis +130 °C sowie Beschleunigungen bis 80 g ertragen werden. Wichtig ist ebenfalls Unempfindlichkeit gegen elektromagnetische Einstreuung. Auch das pulsierende Ansaugen der Motoren muß meßtechnisch beherrschbar sein.

Von den vielen denkbaren Meßprinzipien haben sich nur wenige durchgesetzt.

### 4.4.1. Stauklappenluftmengenmesser

Diese Geräte sind weit verbreitet und haben sich als sehr brauchbar erwiesen, wenn sie auch den Nachteil haben, daß bei Dichteänderungen der Luft ein gewisser Fehler auftritt. Nach der Bernoulli'schen Gleichung gilt für den Luftmassenstrom $m_L$ durch den Stauklappenluftmengenmesser.

$$m_L = \alpha \, . \, A \, . \, (\rho_L \, . \, \Delta p)^{0,5} \qquad (4.28)$$

$\alpha.A$ $[m^2]$ ..... Fläche des engsten Strömungsquerschnittes
$\alpha$ [-] ..... Durchflußzahl
$\rho_L$ $[kg.m^{-3}]$ ..... Luftdichte vor der Strahleinschnürung
$\Delta p$ $[N/m^2]$ ..... Druckabfall an der Stauklappe
$m_L$ $[kg.s^{-1}]$ ..... Durchflußmenge für Luft

Wesentlich ist, daß die dem Staudruck entsprechende Gegenkraft konstant gehalten wird, da nur dann ein direkter Zusammenhang zwischen Luftstrom und Auslenkung der Stauklappe entsteht.

Wie schon beschrieben, wird bei der K-Jetronic von Bosch diese Auslenkung direkt zur Steuerung der Benzinmenge benutzt, bei der L-Jetronic von Bosch über ein Potentiometer in ein Spannungssignal übersetzt.

Ändert sich die Luftdichte, so ergibt sich entsprechend der oben angeführten Gleichung ein Fehler entsprechend dem Wurzelwert der Luftdichteänderung. Daher wird meist noch ein Lufttemperaturfühler, gelegentlich auch ein Sensor für den Atmosphärendruck verwendet.

Bei den bei Verbrennungsmotoren üblichen pulsierenden Strömungen sind wegen des nach Bernoulli quadratischen Zusammenhanges zwischen Druckabfall und Luftgeschwindigkeit die Mittelwerte dieser beiden Größen im allgemeinen nicht gleich. Daher ergibt sich bei allen Meßsystemen dieser Art ein sogenannter "Pulsationsfehler", der mit zunehmender Pulsation, d.h. insbesondere bei Vollast, bei der durch die voll geöffnete Drosselklappe im Gegensatz zum Teillastbereich keine Dämpfung dieser Pulsationen erfolgt, zunimmt. Man kann nachweisen [4.46], daß Pulsationen immer zu Mehranzeigen des Luftmengenmessers führen. Die Mehranzeige wird je kleiner, je größer der Druckabfall im Ansaugsystem, das Saugvolumen und die Pulsationsfrequenz (Motordrehzahl) sind.

### 4.4.2. Wirbelfrequenz - Durchflußmesser

Diese Geräte haben eine vergleichsweise geringe Verbreitung erfahren. Sie arbeiten nach dem Kármán-Vortex-Prinzip, **Abb. 4.166**. An einem im Ansaugluftstrom angeordneten speziellen Wirbelkörper werden Luftwirbel erzeugt, deren Frequenz ein Maß für den Volumenstrom ist. Diese Frequenz wird gemessen, indem Ultraschallwellen quer zum Ansaugluftstrom ausgesandt werden. Die Fortpflanzungsgeschwindigkeit dieser Wellen wird von den Luftwirbeln beeinflußt. Diese wird von einem Ultraschallempfänger gemessen und ausgewertet.

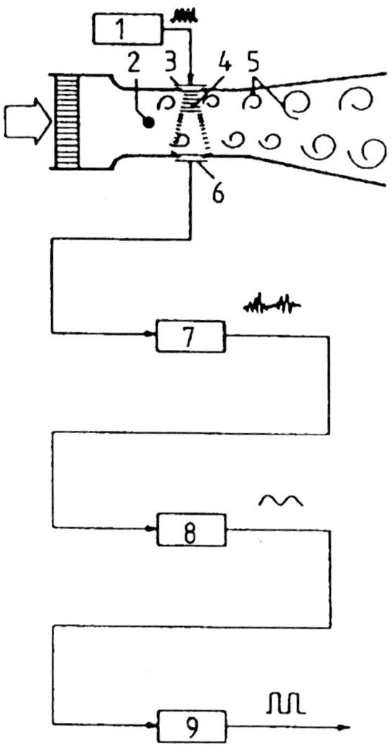


1 Oszillator, 2 Wirbelkörper, 3 Sender, 4 Ultraschallwellen, 5 Wirbel, 6 Empfänger, 7 Verstärker, 8 Filter, 9 Impulsformer

**Abb. 4.166.** Kármán-Vortex-Durchflußmesser [4.21]

### 4.4.3. Thermische Sensoren

Diese Sensoren sind nach dem heutigen Stand am besten geeignet, um den Ansaugluftstrom zu messen.

Die theoretische Grundlage der thermischen Sensoren bildet das King'sche Gesetz, das einen halbempirischen Zusammenhang zwischen dem erforderlichen Heizstrom und dem Luftmassenstrom darstellt. Vereinfacht geschrieben führt dies zu der Beziehung [4.46]:

$$I_H \approx K_1 + K_2 \,.\, (m_L)^{1/4} \qquad (4.29)$$

$I_H$ ..... Heizstrom des Sensors zur Aufrechterhaltung konstanter Temperatur

$K_1$, $K_2$ ..... Konstanten
$m_L$ ..... Luftmassendurchsatz

Diese Beziehung gilt unabhängig von der geometrischen Form des umströmten Körpers, d.h. sowohl für Hitzdraht- wie Heißfilm-Messer.

Ausführungsformen der thermischen Sensoren: Hitzdraht- und Heißfilm-Luftmassenmesser.

### 4.4.3.1. Hitzdrahtluftmassenmesser

Hier wird ein Draht in den Ansaugluftstrom gespannt und auf konstanter Temperatur gehalten, **Abb. 4.167**. Dabei ist der Hitzdraht Teil einer Brückenschaltung, deren Ausgangspannung auf Null geregelt wird. Auf diese Weise entsteht zwischen Luftmenge und Heizstrom der vorher gezeigte Zusammenhang.

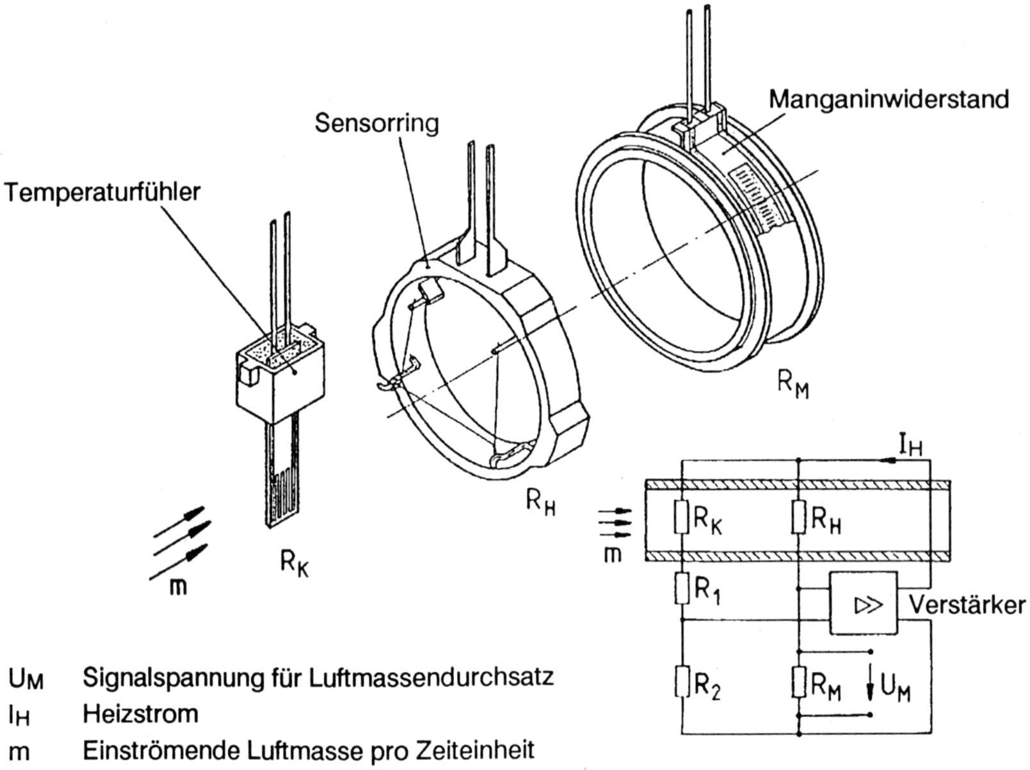


$U_M$ Signalspannung für Luftmassendurchsatz
$I_H$ Heizstrom
ṁ Einströmende Luftmasse pro Zeiteinheit
$R_H$ Hitzdrahtwiderstand
$R_K$ Temperatur-Kompensationsfühler
$R_1$,$R_2$ Hochohmige Widerstände
$R_M$ Präzisions-Meßwiderstand

**Abb. 4.167.** Komponenten des Hitzdrahtluftmassenmesser [4.22 und 4.46]

**Abb. 4.168** zeigt den Aufbau des Gerätes. Der Hitzdraht, ein Platindraht von 70 μm Durchmesser, ist im inneren Meßkanal aufgespannt, die Brückenwiderstände, die Regelschaltung und die Freibrennschaltung sind im Außengehäuse auf einer Hybridschaltung untergebracht. Der Abkühlungs- und Anregelvorgang verläuft aufgrund der geringen Hitzdrahtmasse so schnell, daß Grenzfrequenzen im Kilohertz-Bereich erreicht werden.

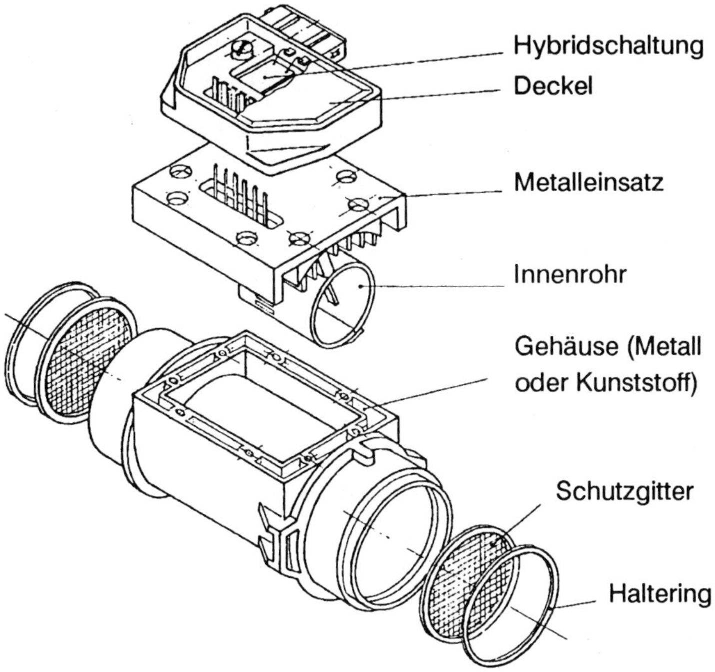


**Abb. 4.168.** Aufbau des Hitzdrahtluftmassenmessers [4.46]

Dadurch könnte prinzipiell bei pulsierender Strömung ein Mittelwertfehler vermieden werden. Dies gilt auch für Rückpulsationen, **Abb. 4.169** und **Abb. 4.170**; allerdings ist dies noch nicht allgemeiner Stand der Technik.

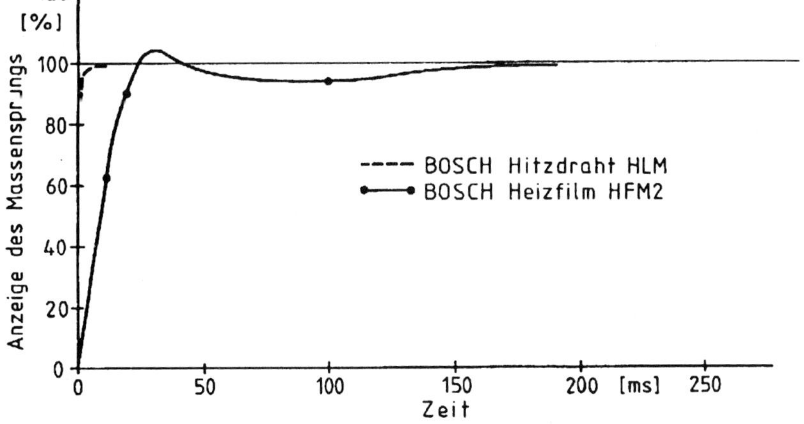


**Abb. 4.169.** Zeitverlauf des angezeigten Massenstroms bei Anregung über sprungförmige Durchflußänderung von 10 kg/h auf 310 kg/h [4.46]

1 Drosselklappenwinkel, 2 Stauklappenluftmengenmesser (L-Jetronic), 3 Hitzdrahtluftmassenmesser, 4 Heißfilmluftmassenmesser, 5 Druckfühler

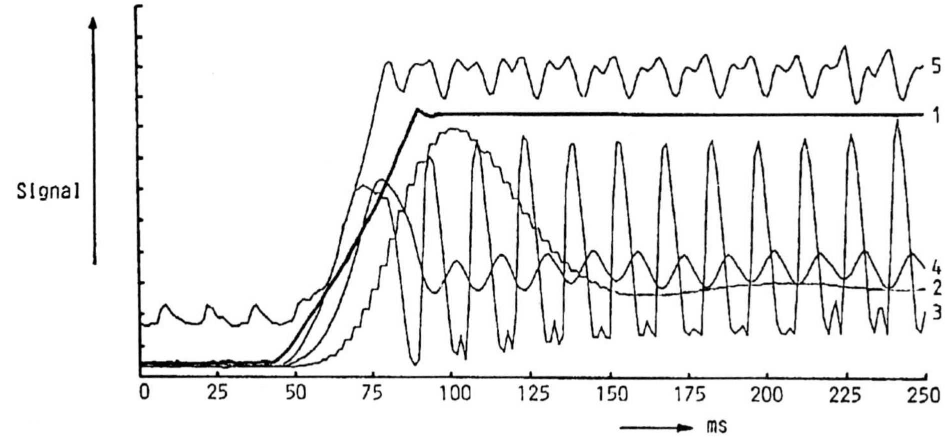


**Abb. 4.170.** Dynamisches Verhalten von Luftdurchsatzsensoren. Drosselklappe öffnet bei n = 2000 1/min [4.46]

Der in Abb. 4.170 vorhandene Rückpulsationsanteil zeigt sich an den Umkehrspitzen an den unteren Wendepunkten. Die Spitzen ergeben sich dadurch, daß thermische Sensoren Rückströmungen ebenfalls positiv anzeigen, da sie die Geschwindigkeitsrichtung nicht erkennen. Prinzipiell wäre es möglich, diese Spitzen elektronisch zu erfassen und nach Linearisierung entsprechend zu werten. In der Praxis wurde dies früher wegen des Aufwandes nicht realisiert, so daß derzeit bei thermischen Sensoren noch mit Pulsationsfehlern gerechnet werden muß. Der Hauptnachteil der Hitzdraht-Messung liegt in der Schmutzanfälligkeit durch im Ansaugluftstrom mitgeführten Staub. Dieser wird so eliminiert, daß beim Abstellen des Motors der Heizstrom kurzzeitig soweit erhöht wird, daß die Hitzdraht-Temperatur auf 1000 bis 1050 °C ansteigt und abgelagerten Schmutz wegbrennt.

### 4.4.3.2. Heißfilmluftmassenmesser

Der Heißfilmluftmassenmesser vermeidet den Nachteil des Heitzdrahtluftmassenmessers, der im empfindlichen Draht liegt und läßt sich darüber hinaus einfacher aufbauen, weil wesentliche Einzelteile auf einem Keramiksubstrat integriert werden. **Abb. 4.171** zeigt die Einbauverhältnisse eines Heißfilmluftmassenmessers in einem Meßkanal.

**Abb. 4.172** zeigt das Sensorelement mit den darauf befindlichen Widerständen: Heizwiderstand, Sensorwiderstand, Lufttemperaturfühlerwiderstand, Trimmwiderstand. Abb. 4.172 zeigt auch die Brückenschaltung des Heißfilmluftmassenmessers. Das Ansprechverhalten von thermischen Sensoren hängt grundsätzlich von der Masse des Sensors und von den Wärmeverlusten an der Sensoreinspannung ab. Am besten liegt hier naturgemäß der Hitzdraht-Sensor. Durch entsprechende Auslegung der Heiz- und Sensorwiderstände wird aber auch beim Heißfilm-Sensor befriedigendes Ansprechverhalten erreicht.

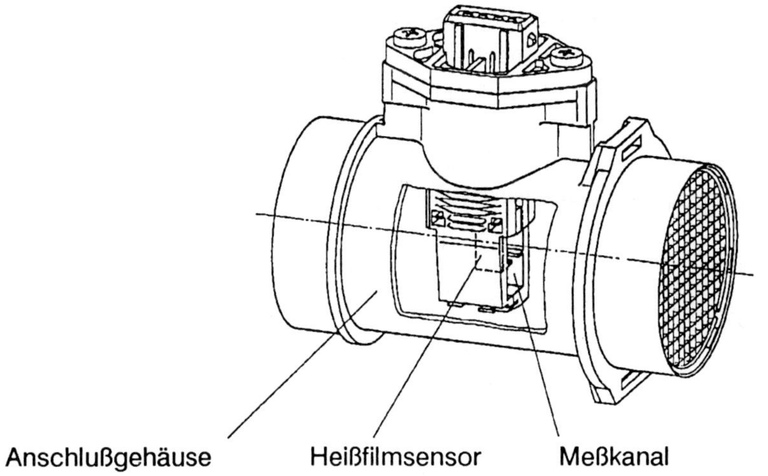


**Abb. 4.171.** Einbauverhältnisse eines Bosch-Heißfilmluftmassenmessers in einem Meßkanal [4.46]

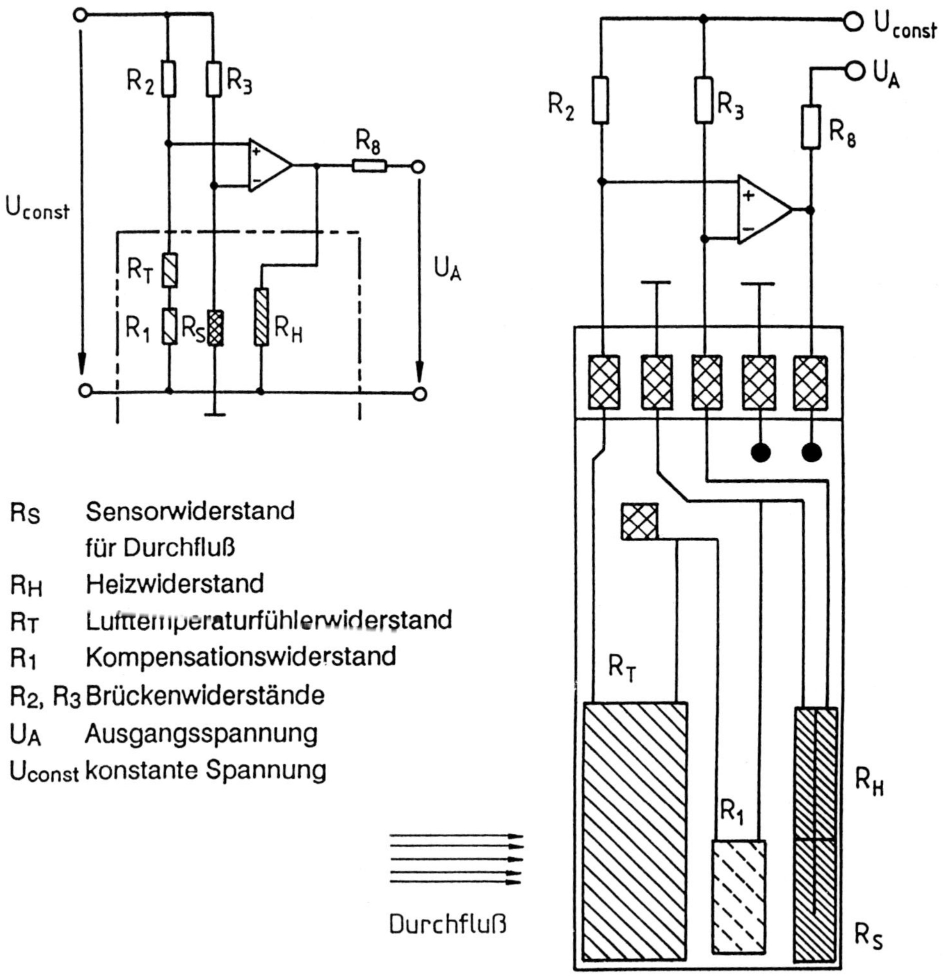


**Abb. 4.172.** Bosch-Heißfilmluftmassenmesser HFM2, Schaltung und Layout [4.46]

Beim Heißfilmluftmassenmesser wird das Verschmutzungsproblem so gelöst, daß die für den Wärmeübergang entscheidende Zone des Sensorwiderstandes und des Heizwiderstandes, Abb. 4.172, auf dem Sensorelement stromabwärts angeordnet ist. Dadurch erreicht man, daß der unvermeidliche Schmutzaufbau an der Sensorelement-Vorderkante mit dem Wärmeübergang nichts zu tun hat und nicht in die Sensorkennlinie eingeht. Freibrennen beim Heißfilm, wozu auch die erforderliche Heizleistung zu groß wäre, ist daher nicht erforderlich.

## 4.5. Kombination Gemischbildung - Zündung - Motormanagement

Zur Verringerung des elektronischen Aufwandes und um eine möglichst kompakte Steuereinheit für Zündung, Kraftstoffeinspritzung und u.U. andere Funktionen zu erhalten, kann es zweckmäßig sein, z.B. Zündsystem und Benzineinspritzungsystem gemeinsam elektronisch zu steuern. Ein solches System stellt die Motronic von Bosch dar. Charakteristisch ist die Vielzahl dreidimensionaler, beliebig programmierbarer Kennfelder für viele Teilfunktionen. Kern der Motronic ist das elektronische Steuergerät mit einem digital arbeitenden Mikrocomputer. Die heute zur Verfügung stehenden Mikrocomputer gestatten es, die Steuerung von Benzineinspritzung und Zündung miteinander zu verknüpfen. Es ist jeweils nur ein Mikrocomputer, eine Spannungsversorgung und ein Gehäuse für das Steuergerät erforderlich. Darüber hinaus können die Sensoren für die Benzineinspritzung und auch für die Zündung gemeinsam verwendet werden.

Das in den beiden folgenden **Abb. 4.173** und **Abb. 4.174** beschriebene System stellt die Kombination einer L- oder LH-Jetronic mit einem elektronisch gesteuerten Zündsystem dar. Beim Steuergerät wird wegen der Vielzahl der darzustellenden Funktionen Mikrocomputertechnik verwendet. Die Motordrehzahl wird direkt an der Kurbelwelle gemessen. Da der Zündzeitpunkt im Steuergerät berechnet wird, hat der Zündverteiler nur noch die Aufgabe, die Hochspannung zu verteilen. Neben der Verarbeitung der Signale des Klappenluftmengenmessers oder des Hitzdrahtluftmassenmessers zur Lasterfassung, kann diese derzeit neueste Anlage M2 von Bosch auch die Funktionen Leerlaufdrehzahlregelung, Steuerung der Tankentlüftung, Abgasrückführung, sequentielle Einspritzung, Klopfregelung und Selbstdiagnose erfüllen. Die Integration weiterer Funktionen wie Ladedruckregelung, Saugrohrumschaltung, Zündverteilung befindet sich in Vorbereitung.

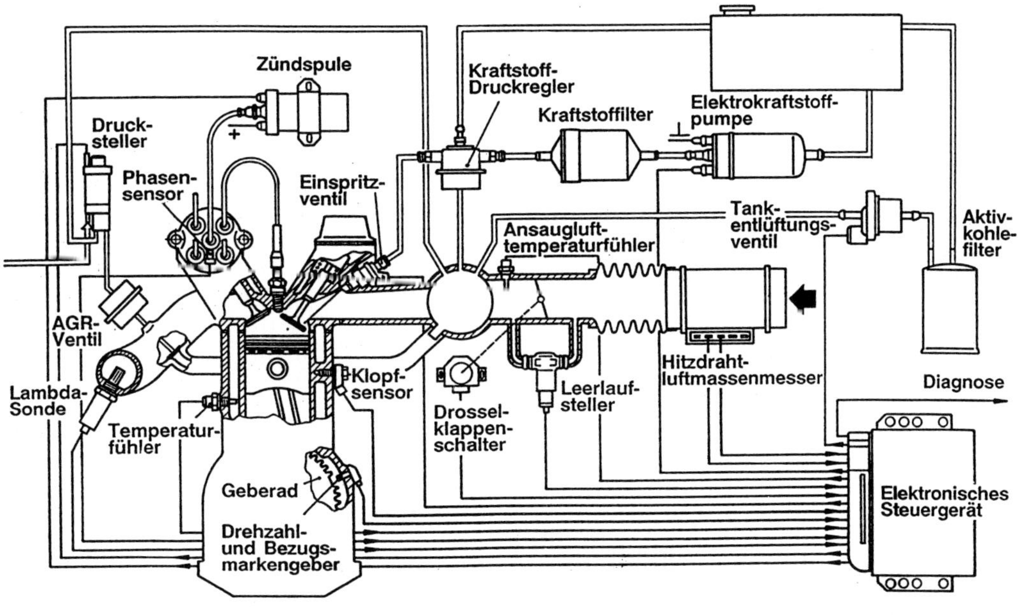


**Abb. 4.173.** Motronic M2 von Bosch [4.39]

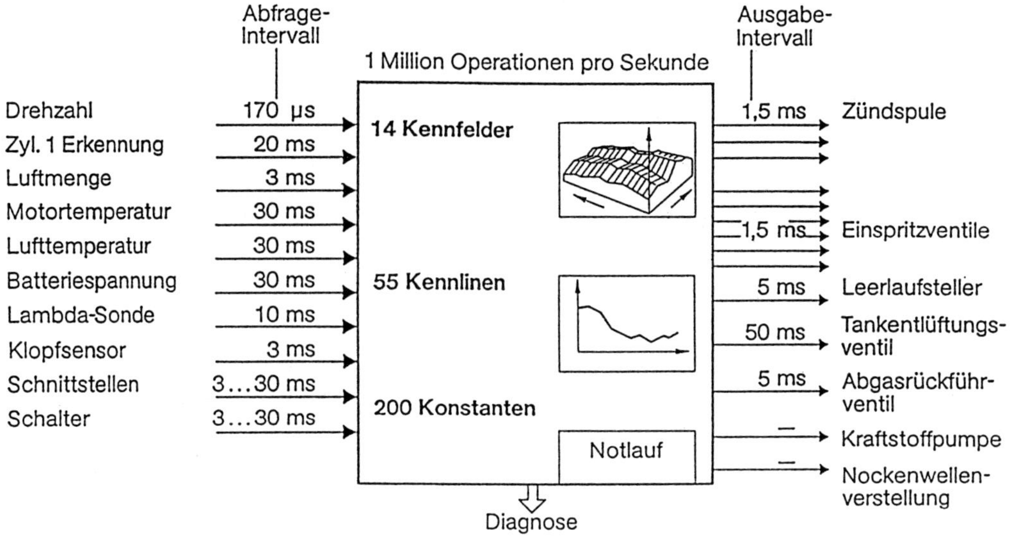


**Abb. 4.174.** Rechenleistung in Motorsteuerungssystemen [4.39]

Eine weitere, umfassende Lösung der Kombination der Systeme Gemischbildung-Zündung, zusammen mit einer Reihe weiterer Antriebsmanagementfunktionen wie getaktete Tankentlüftung, Eingriffsmöglichkeiten in das Motordrehmoment zur Fahrzeugstabilitätskontrolle sowie zur Getriebesteuerung, wurde beim BMW 12-Zylindermotor verwirklicht [4.50]. Diese Ausführung wird beispielhaft im weiteren beschrieben, soweit sie die Gemischbildung betrifft, da in ihr praktisch alle derzeit vorhandenen diesbezüglichen Möglichkeiten integriert sind.

Im Rahmen dieses Systems sind fünf miteinander kommunizierende und aufeinander abgestimmte elektronische Systeme in Verwendung, **Abb. 4.175**:

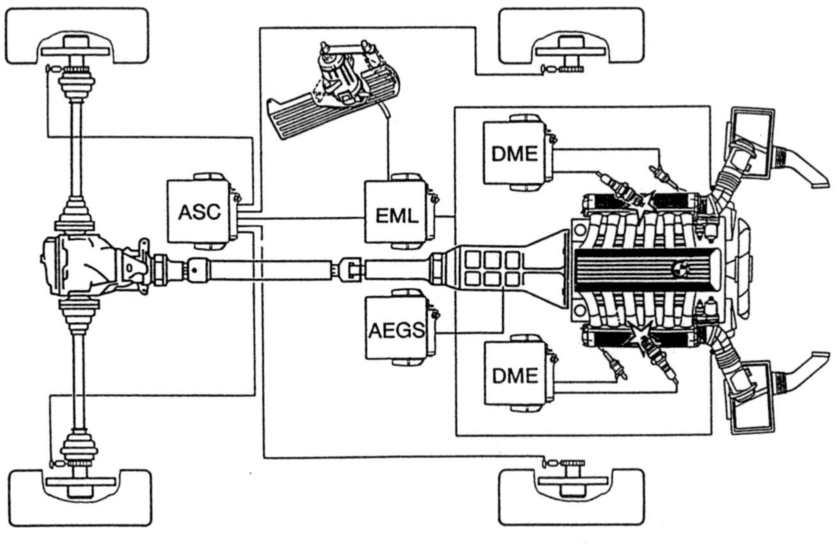


**Abb. 4.175.** Antriebsmanagement im BMW 750 iL [4.50]

- zwei Steuergeräte für je 1 digitale Motorelektronic (DME) für jede Zylinderreihe des V-12-Motors,
- eine doppelte elektronische Motorleistungsregelung (EML)
- elektronische Getriebesteuerung (AEGS)
- Antiblockiersystem mit Stabilitätskontrolle (ACS) und Motorschleppmoment-Regelung.

Das Antriebsmanagement erhält laufend über Sensoren und elektronische Schnittstellen ca. 70 Eingangsinformationen und verarbeitet diese je nach ihrer Bedeutung. Als Ergebnis werden die beiden elektrisch angetriebenen Drosselklappen angestellt, die Einspritzventile und Zündzeitpunkte angesteuert, Getriebestellung und gegebenenfalls Motordrehmoment beeinflußt.

Die digitale Motorelektronic ist so konzipiert, daß beide Zylinderreihen des V-12-Motors getrennt geregelt werden. Dadurch soll die Zumeßgenauigkeit von Luft und Kraftstoff im Bereich kleiner Luftdurchsätze gesteigert werden. Die wichtigsten Funktionen der digitalen Motorelektronic umfassen neben der Grundabstimmung über dem Kennfeld:

Betreffend: Brenngemisch

- Beschleunigungsanreicherung;
- weiches Einsetzen nach Schubabschaltung;
- Kaltstart;
- Lambdaregelung;
- Tankentlüftung;
- kennfeldabhängiger Einspritzzeitpunkt (sequentielle Gruppeneinspritzung).

Betreffend: Zündung

- Zündzeitpunktänderung im Hinblick auf Fahrverhalten;
- Zündzeitpunktkorrektur in Abhängigkeit der Motortemperatur;
- Klopfschutzfunktion.

Weitere Funktionen sind u.a.:

- Kennfeldabhängige Beheizung der Lambda-Sonde;
- Motordrehmomentregelung zur Fahrzeugstabilitätskontrolle;
- Kraftstoffverbrauchssignal (Messung der Einspritzimpulslänge);
- Diagnose- und Notlauf-Funktionen.

Die Wirkungsweise der elektronischen Motorleistungsregelung ist in **Abb. 4.176** dargestellt:

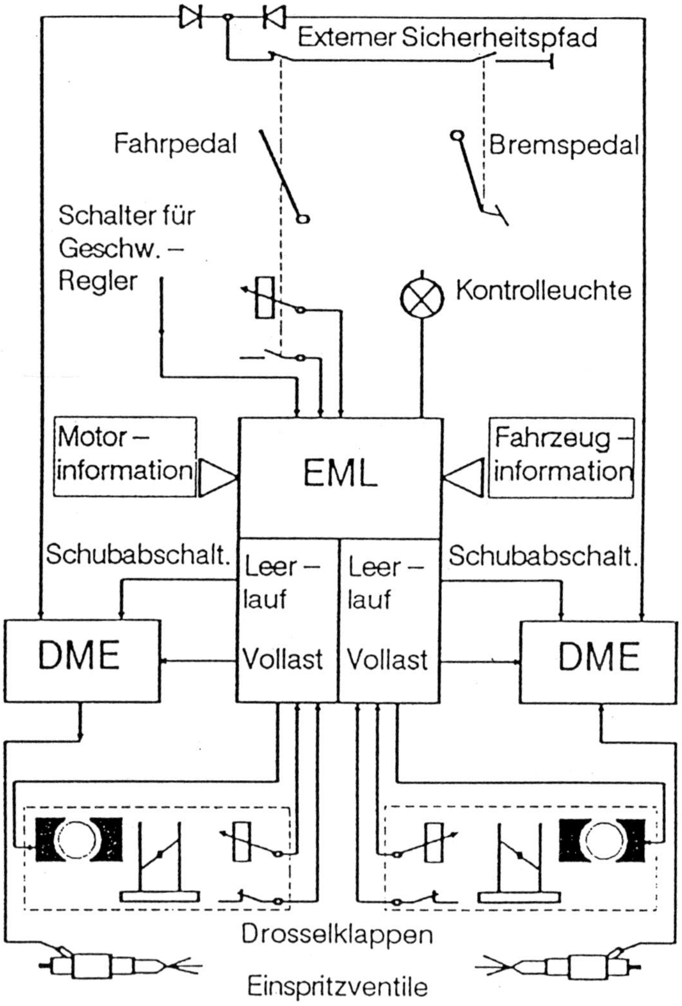


**Abb. 4.176.** Funktionsübersicht Elektronische Motorleistungsregelung (EML) [4.50]

Der Fahrerwunsch wird über Pedalwertgeber an das Steuergerät der elektronischen Motorleistungsregelung gemeldet. Dieses errechnet unter Berücksichtigung der vorliegenden Betriebsbedingungen die Drosselklappenwinkel und stellt sie ein. Beeinflussungen der Drosselklappenstellungen können erfolgen im Hinblick auf:

- optimalen Start in Abhängigkeit von der Motortemperatur;
- automatische Synchronisierung der beiden Zylinderreihen;
- komfortable Drehzahl- und Geschwindigkeitsregelung bzw. Begrenzung;
- Verhinderung von zu starkem Antriebsschlupf.

# 4.6. Anforderungen von Mehrventilmotoren an die Gemischbildung

## 4.6.1. Unterschiede zwischen Zwei- und Mehrventilmotoren im Hinblick auf die Gemischbildung

Der erste wesentliche Unterschied beim Übergang von einem auf zwei oder noch mehr Einlaßventile pro Zylinder liegt in der Vergrößerung sowohl des geometrischen, wie des effektiven Querschnittes an den Einlaßquerschnitten. **Abb. 4.177** zeigt nach [4.51] den Vergleich der durch Durchflußmessungen festgestellten effektiven Einlaßquerschnitte von AUDI-5-Zylinder-Motoren mit 2, 4 oder 5 Ventilen mit jeweils gleichem Hub/Bohrungsverhältnis von 86,4 mm/81 mm und einem Hubvolumen von 2,2 l. Die begrenzenden schraffierten Bänder rechts der Kurven zeigen die jeweils möglichen maximalen Ventilhübe.

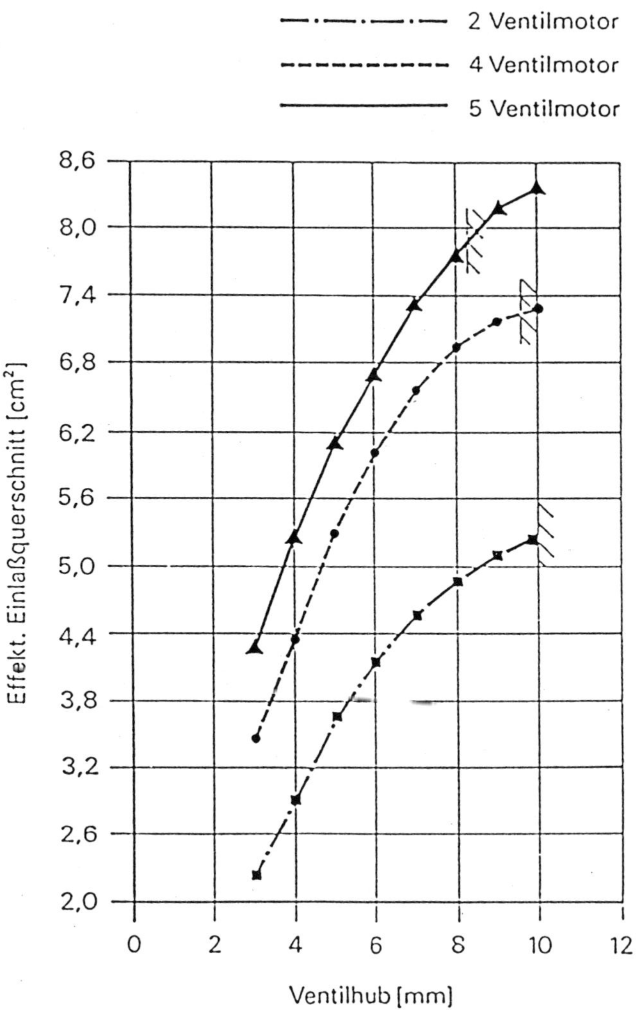


**Abb. 4.177.** Vergleich der effektiven Einlaßquerschnitte [4.51]

**Abb. 4.178** zeigt die konstruktive Ausführung des 5-Ventil-Zylinderkopfes. Aufgrund der größeren Einlaß-Querschnitte der Mehrventilmotoren treten geringere Strömungsverluste auf. Da auch die bewegten Ventilmassen bei den Mehrventilmotoren kleiner sind, besteht die Tendenz, die dadurch möglichen höheren Drehzahlen auszunutzen. Es läßt sich dadurch die Motorleistung weiter erhöhen.

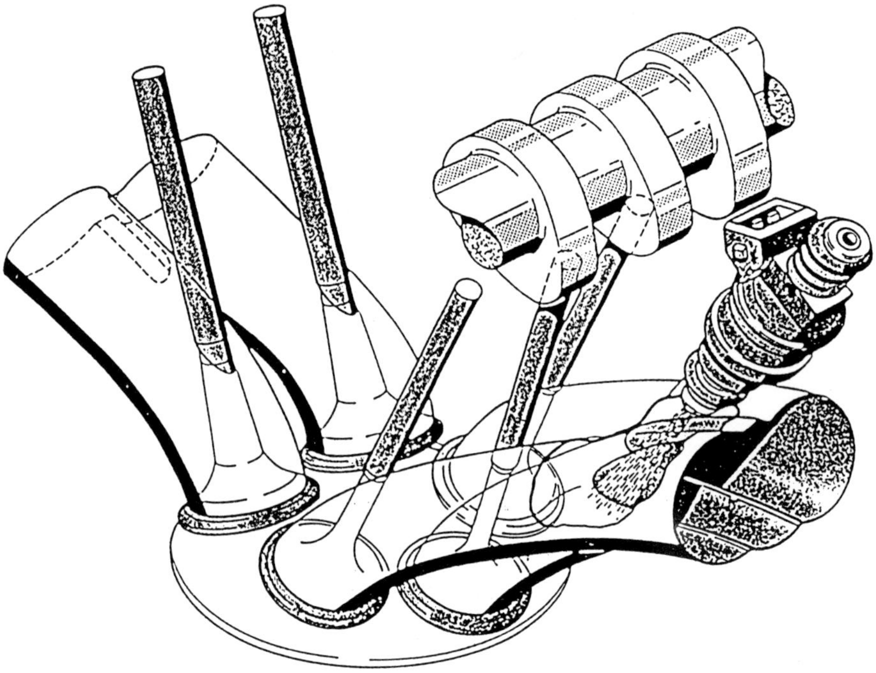

**Abb. 4.178.** 5-Ventilzylinderkopf und Lage des Einspritzventils [4.51]

Der zweite wesentliche Unterschied zwischen Motoren mit einem oder mehreren Einlaßventilen ist darin zu sehen, daß der Saugrohrtrakt in mehrere Kanäle aufgeteilt werden muß. Dies bedarf besonderer Sorgfalt, da sowohl günstiges Strömungsverhalten erreicht werden muß, weiterhin möglichst geringer Wärmeübergang vom Zylinderkopf auf die einströmende Luft, da sonst die Vorteile der Mehrventiltechnik eliminiert werden. Grundsätzlich läßt sich aber nicht vermeiden, daß bei Mehrventiltechnik das Oberflächen-Volumen-Verhältnis des Saugtraktes größer, d.h. ungünstiger wird.

Ein dritter wesentlicher Unterschied zwischen Motoren mit einem oder mehreren Einlaßventilen ergibt sich dadurch, daß nunmehr die Fragen gelöst werden müssen, ob eines oder mehrere Einspritzventile verwendet werden, ob gegebenenfalls bei Verwendung eines Einspritzventiles dieses zentral oder zu einem Kanal versetzt hin angeordnet wird oder ob ein Einstrahl- oder Mehrstrahl-Einspritzventil eingesetzt werden soll. Auch die Einspritzstrategie bei der Verwendung mehrerer Einspritzventile muß optimiert werden, d.h. es sind die Bereiche zu ermitteln, in denen gegebenenfalls eines oder beide Ventile in Funktion sind.

### 4.6.2. Auswirkungen der Unterschiede zwischen Zwei- und Mehr-Ventilmotoren auf die Gemischbildung und Optimierungsmöglichkeiten

Der vergrößerte Einlaßquerschnitt der Mehrventilmotoren bewirkt zusammen mit der Möglichkeit zur Erhöhung der Motordrehzahl und der Leistung höhere Luft- und Kraftstoffdurchsätze. Da die Leerlaufdrehzahl möglichst unverändert bleiben soll, und da sich der Leerlaufkraftstoff-Verbrauch beim Übergang auf Mehrventilmotoren kaum ändern dürfte, liegt das Entscheidende jedoch in der Vergrößerung des Durchsatzbereiches, sowohl für Kraftstoff, wie für Luft. Die folgende Übersicht zeigt am Beispiel der erwähnten AUDI-5-Zylinder-Turbo-Motoren die Ausdehnung des Kraftstoffdurchsatzbereiches zwischen 2- und 5-Ventil-Motor [4.51]:

| Motor | 2 Ventilmotor | 5 Ventilmotor |
|---|---|---|
| Leistung | 121 kW | 230 kW |
| Nenndrehzahl | 6300 $min^{-1}$ | 7000 $min^{-1}$ |
| Leerlaufdrehzahl | 700 $min^{-1}$ | 700 $min^{-1}$ |
| Kraftstoffdurchsatz-Bereich | 1 : 58 | 1 : 105 |
| Kraftstoffdurchsatz-Bereich pro Arbeitsspiel | 1 : 6,5 | 1 : 11,1 |

Man erkennt, daß der Kraftstoffdurchsatzbereich pro Arbeitsspiel von 1:6,5 auf 1:11,1 ansteigt. Bei Nennleistung und Drehzahl 7000 $min^{-1}$ beträgt die Einspritzdauer 17,1 ms, im Leerlauf 1,54 ms.

Die Einspritzzeit im Leerlauf ist hier bereits so kurz, daß Probleme mit der Reproduzierbarkeit auftreten können. Eine Abhilfemaßnahme wären zwei Einspritzventile pro Zylinder oder ein 2-stufiger Druckregler im Kraftstoffeinspritz-System. Allerdings arbeiten die Hersteller der Einspritzventile auch intensiv an der Erweiterung des Durchsatzbereiches.

Der erweiterte Durchsatzbereich stellt auch höhere Anforderungen an die Luftmeßeinrichtung. Probleme können durch Drosselung oder nicht ausreichende Auflösung der Signale auftreten. Jedenfalls muß auch hier, wie beim Einspritzventil diesen Umständen besonderes Augenmerk geschenkt und gegebenenfalls höherer Aufwand getrieben werden.

Wegen der großen Einlaßkanal-Querschnitte ergibt sich bei niedrigen Drehzahlen, insbesondere im Leerlauf, aufgrund der niedrigen Strömungsgeschwindigkeiten bei Mehrventilmotoren schlechtere Gemischaufbereitung; dies gegebenenfalls zusätzlich zu den erwähnten Problemen hinsichtlich der Kraftstoffdosierung.

Beobachtet werden muß bei Mehrventilmotoren auch die prinzipiell größere Oberfläche des Ansaugtraktes. Dadurch wird die Wandanlagerung des Kraftstoffes verstärkt, wodurch im allgemeinen ein gutes Ansprechverhalten des Motors im instationären Betrieb und im nicht betriebswarmen Zustand erschwert wird.

Die Wahl eines geeigneten Einspritzzeitpunktes ist bei Mehrventilmotoren von besonderer Bedeutung. Im Leerlauf und im Stationärbetrieb kann lange Vorlagerung positiven Einfluß haben, jedoch nicht im instationären Betrieb. **Abb. 4.179** zeigt Einspritzzeitpunkt-Bereiche, die sich beim erwähnten AUDI-5-Ventil-Turbo-Motor als günstig erwiesen haben: Im unteren Drehzahl- und Teillastbereich Einspritzung in das sich öffnende Einlaßventil, zu höheren Lasten hin in die geöffneten Einlaßventile. Bei den höchsten Durchsätzen nähert man sich dem Bereich dauernder Öffnung des Einspritzventiles. Bei hohen Drehzahlen und niedriger Last ergab Vorlagerung bessere Fahrbarkeit.

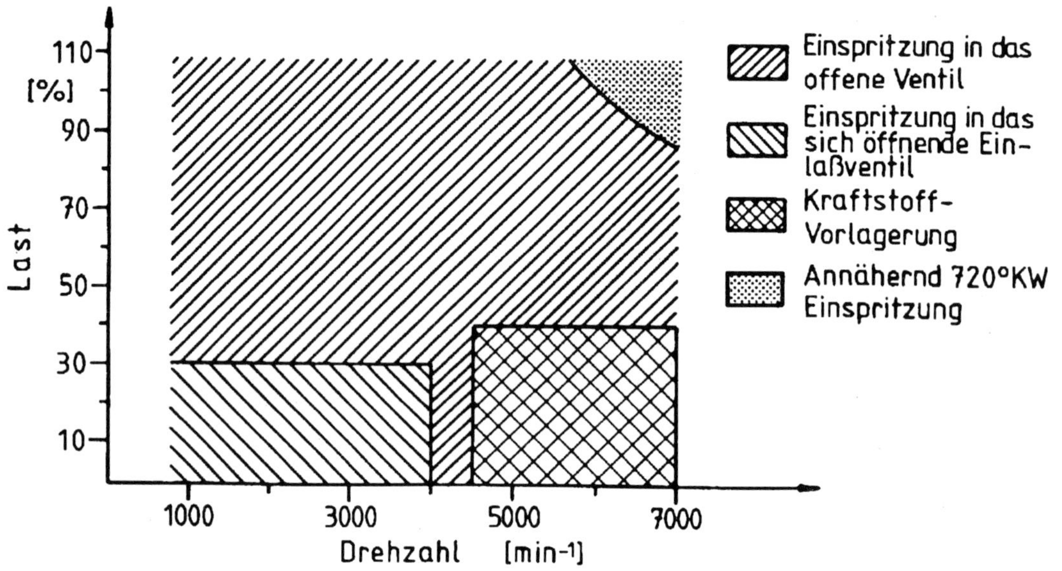


**Abb. 4.179.** Einspritzzeitpunkt-Bereiche [4.51]

Auch japanische Untersuchungen von [4.52] zeigen die besondere Bedeutung des Einspritzzeitpunktes. Bei Einspritzzeitpunkten im Bereich niedriger Einströmgeschwindigkeit traten infolge der schlechten Gemischaufbereitung und des Entstehens heterogenen Brenngemisches unvollkommene Verbrennung mit hohen Kohlenmonoxid-Emissionen, erhöhtem Verbrauch und vermindertem Mitteldruck auf.

[4.52] stellte fest, daß durch verstärktes Rückpulsieren des Brenngemisches aus den Zylindern von Mehrventilmotoren in das Saugrohr infolge der größeren Einlaßkanal-Querschnitte Ungleichheiten in der Gemischverteilung zwischen den einzelnen Zylindern auftreten können. Um dieses "Rückblasen" von Kraftstoff ins Saugrohr zu verringern, sollte während des Einströmvorganges so früh wie möglich eingespritzt werden.

**Abb. 4.180** zeigt den Einfluß des Einspritzzeitpunktes auf die Gemischverteilung bei diesem untersuchten Motor, dessen Daten in **Tabelle 4.2** angeführt sind.

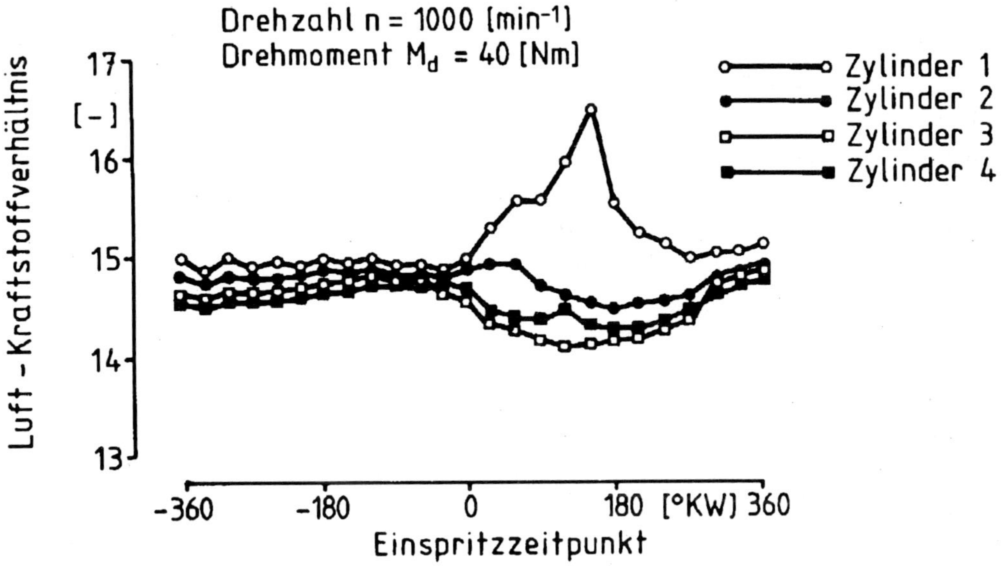


**Abb. 4.180.** Einfluß des Einspritzzeitpunktes auf die Gemischverteilung des 4-Ventil-Motors nach Tabelle 4.2 [4.52]

| | 4-Ventilmotor | 2-Ventilmotor |
|---|---|---|
| Bohrung | 81(mm) x 77(mm) | 81(mm) x 77(mm) |
| Hubraum | 1587(cc) | 1587(cc) |
| Verdichtungsverhältnis | 9,4 | 9,0 |
| Einlaßventildurchmesser | 30,5(mm) x 2 | 36(mm) |
| Auslaßventildurchmesser | 25,5(mm) x 2 | 31(mm) |
| Ventilsteuerung | 9 \| 9 / 51 \| 51 | 18 \| 12 / 46 \| 52 |
| Ventilhub | 7,2(mm) | 9,25(mm) |
| Verbrennungsraum | dachförmig | keilförmig |

**Tabelle 4.2.** Motor-Daten entsprechend Abb. 4.180 [4.52].

Bei Mehrventilmotoren muß neben der Wahl des richtigen Einspritzzeitpunktes im gesamten Betriebsbereich dem schon erwähnten Effekt der verstärkten Kraftstoff-Wandanlagerung insofern Rechnung getragen werden, daß die Beschleunigungsanreicherung besonders sorgfältig und flexibel angepaßt wird.

**Abb. 4.181** zeigt nach [4.51] den qualitativen Verlauf der Beschleunigungsanreicherung, wie er sich als optimal herausgestellt hat.

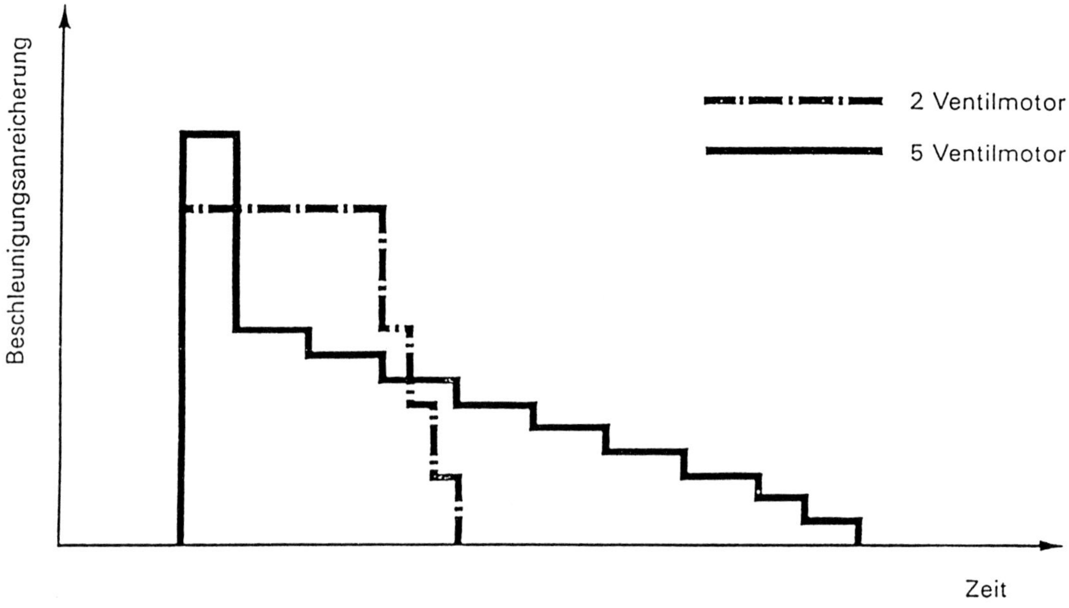


**Abb. 4.181.** Qualitativer Verlauf der Beschleunigungsanreicherung [4.51]

Die besondere Bedeutung der Beschleunigungsanreicherung beim Mehrventilmotor rührt weiterhin daher, daß sich beim Öffnen der Drosselklappe bei kleinen Drosselklappenwinkeln der Durchfluß stärker ändert als bei 2-Ventil-Motoren.

**Abb. 4.182** zeigt den Zusammenhang zwischen Luftdurchsatz und Drosselklappenwinkel für den Motor nach Tabelle 4.2.

Auch das Ansprechverhalten von Mehrventil-Motoren kann durch geeignete Abstimmung der Beschleunigungsanreicherung stärker als bei 2-Ventil-Motoren beeinflußt werden.

Aus dem Vorstehenden geht hervor, daß die Wahl des Einspritzzeitpunktes und die Abstimmung der Beschleunigungsanreicherung bei Mehrventilmotoren erheblich wichtiger ist, als bei 2-Ventil-Motoren. Insbesondere erscheint es sinnvoll, für solche Motoren nur sehr hochwertige, flexibel abstimmbare, sequentielle Einspritzsysteme zu verwenden, die auf die besonderen Erfordernisse des jeweiligen Motors umfassend abstimmbar sind.

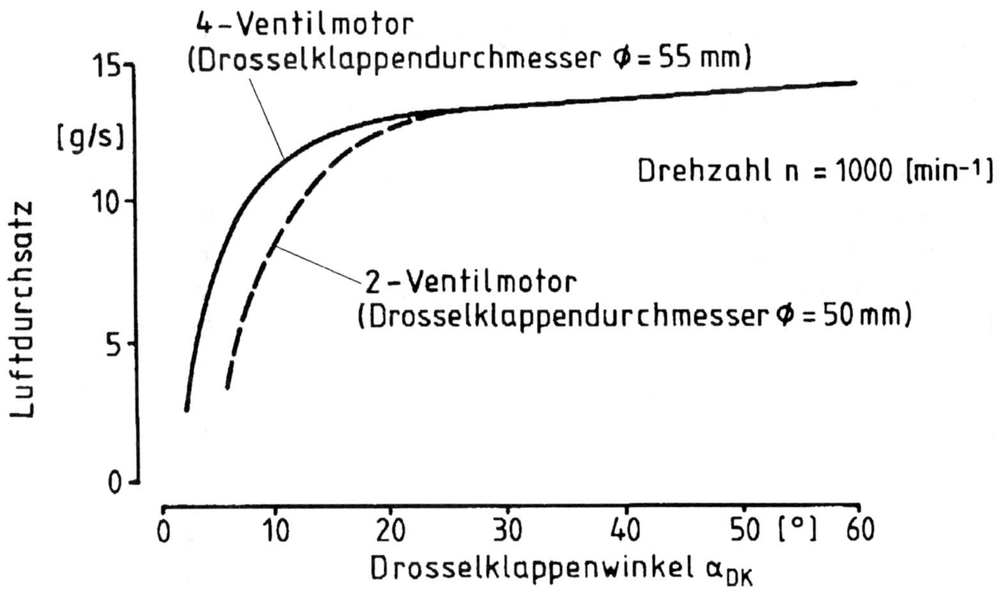


**Abb. 4.182.** Zusammenhang zwischen Luftdurchsatz und Drosselklappenwinkel für den Motor nach Tabelle 4.2 [4.52]

Die Frage, ob bei 4-Ventil-Motoren 2 Einspritzventile bessere Ergebnisse als ein Zweistrahlventil bringen, kann derzeit nicht abschließend beantwortet werden und dürfte von den jeweiligen Verhältnissen abhängen. Es kann aber erwartet werden, daß sowohl 2 Einspritzventile, als auch ein Zweistrahlventil insgesamt bessere Ergebnisse liefern, als ein zentrales Einstrahlventil. Untersuchungen von [4.51] bestätigen diese Aussagen. Nach [4.52] bringt die zentrale Anordnung eines Einspritzventiles ein besseres Ansprechverhalten, als bei Anordnung in einem der beiden Kanäle.

Ob bei 5-Ventil-Motoren 3-Strahl-Ventile eine gleichmäßige Verteilung des Kraftstoffes auf die 3 Einlaßkanäle bringen können, wird derzeit untersucht. Das Problem liegt nach [4.51] darin, daß sie sich u.U. anziehen und es so zu einer schlechten Gemischaufbereitung kommen kann.

Zusammenfassend läßt sich zur Gemischbildung bei Mehrventil-Motoren gegenüber 2-Ventil-Motoren sagen, daß wegen der erschwerten konstruktiven Randbedingungen der Mehrventilmotoren besonders hochwertige Einspritzsysteme sinnvoll sind, um das Potential derartiger Motoren auszuschöpfen. Derartige Einspritzsysteme sollten vollelektronisch sequentiell sein, mit der Möglichkeit zahlreiche Sonderfunktionen, insbesondere für die Dynamik, aufzuschalten.

Bei den Einspritzventilen für Mehrventil-Motoren muß besonderer Wert auf schnellschaltende Ventile und auf besonders gute Zerstäubung gelegt werden.

Die Applikation der Einspritzsysteme an Mehrventilmotoren erfordert infolge der stark erhöhten Zahl der zu berücksichtigenden Parameter wesentlich mehr Aufwand.

## 4.7. Vergleichende Bewertung der Gemischbildner

Prinzipiell lassen sich die Gemischbildner in zentrale und dezentrale Gemischbildner unterteilen. Bei den zentralen Gemischbildnern unterscheidet man zwischen Vergaser und Zentraleinspritz-Anlagen, bei den dezentralen Gemischbildnern zwischen Mehrfach-Vergaser-Anlagen und Einzelzylinder-Einspritzanlagen. Da Mehrfach-Vergaser-Anlagen heute kaum mehr verwendet werden, weil sie meist Probleme der Synchronisierung aufweisen, außerdem viel Bauvolumen beanspruchen und schließlich teuer sind, werden bei den dezentralen Gemischbildnern nur Einzelzylinder-Einspritzanlagen betrachtet.

**Abb. 4.183** zeigt einen "Stammbaum" der Gemischbildner, in den man die geschilderten und noch weitere Unterteilungen erkennen kann.

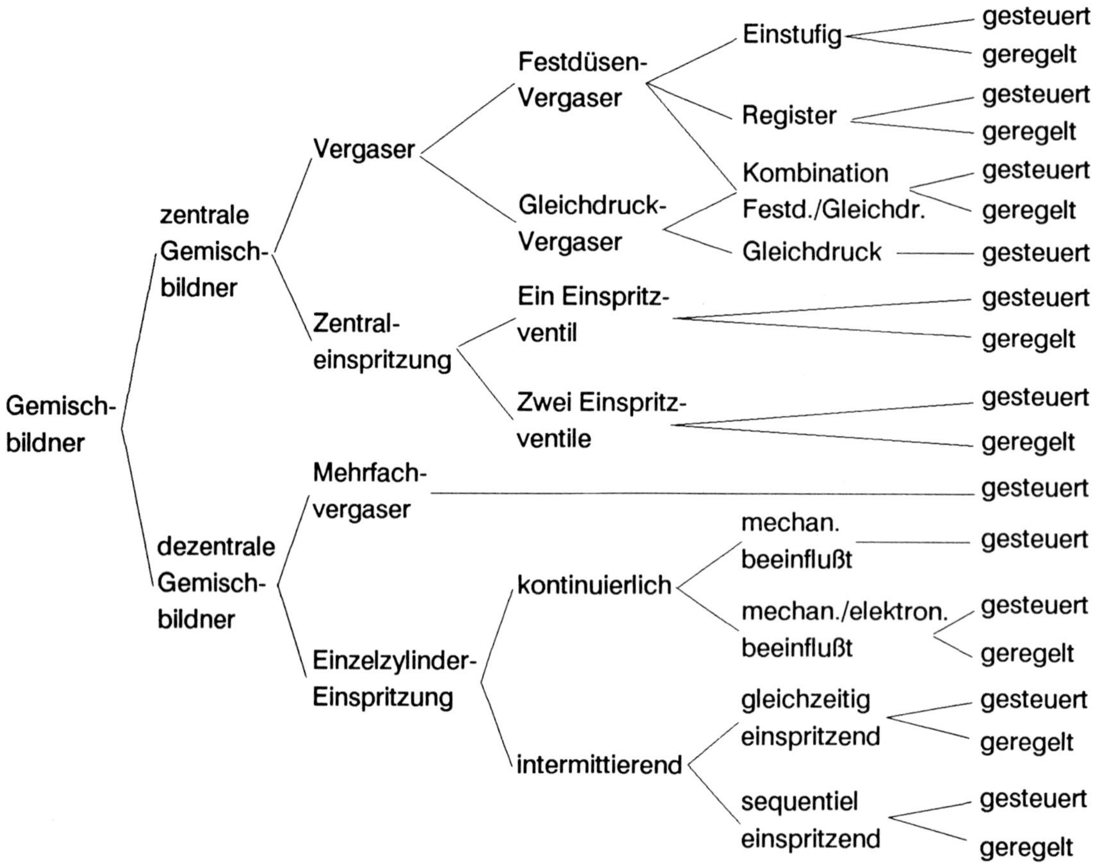


**Abb. 4.183.** "Stammbaum" der Gemischbildner

Über die Vor- und Nachteile der verschiedenen Systeme ist viel diskutiert und gestritten worden, wobei in die Diskussionen neben den rein fachlichen oft auch geschäftliche Interessen hineinspielten. Versucht man die Vor- und Nachteile in einer Tabelle zu ordnen, so ergibt sich **Tabelle 4.3**. Man erkennt, daß vom Aufwand her der einfache Vergaser unschlagbar niedrig liegt. Aller-

| Beurteilungsgröße | Zentrale Gemischbildner | | | | Dezentrale Gemischbildner | | | |
|---|---|---|---|---|---|---|---|---|
| | Vergaser | | | Zentral einspr. | kontinuierlich | | intermittierend elektr. beeinfl. | |
| | Einfach-Vergas. | Regis.-Vergas. | Elektron. Vergas. | | mech. beeinflußt | mech./elektron. beeinfl. | gleichzeitig einspritzend | sequentiell einspritzend |
| Aufwand, Kosten | gering | mittel | mittel | mittel | hoch | sehr hoch | hoch | sehr hoch |
| max. Leistung max. Drehmoment Ansprech-Verhalten | nieder | mittel | niedrig/ mittel | mittel | hoch | hoch | hoch | sehr hoch |
| Verbrauch (stat., inst., kalt/warm) | mittel | mittel | niedrig | niedrig | sehr niedrig | sehr niedrig | sehr niedrig | sehr niedrig |
| opt. Abgasreinigung (Regelfähigkeit) | ungeeignet | ungeeignet | geeignet | geeignet | ungeeignet | geeignet | geeignet | geeignet |
| Aufwand zur Entwicklung einschl. Saugrohr | hoch | sehr hoch | sehr hoch | hoch | mittel | hoch | mittel | sehr hoch |

**Tabelle 4.3.** Vor- und Nachteile verschiedener Gemischbildner

dings verlangt er hohes Einfühlungsvermögen in die komplizierten Strömungsverhältnisse bei Abstimmung und Entwicklung und einen relativ hohen Entwicklungsaufwand. Wenn die mit einem einfachen Vergaser erreichbaren Ziele ausreichen, stellt er die einfachste, robusteste Lösung dar.

Für höhere Ansprüche, insbesondere wenn Regelfähigkeit verlangt wird, sind die nächstkostengünstigen Lösungen die Zentraleinspritzung oder der elektronische Vergaser. Beide Systeme liegen in ihren Möglichkeiten und auch in den Kosten nahe beieinander. Für die Zentraleinspritzung spricht der einfachere, übersichtlichere Aufbau und der geringere Abstimmungsaufwand. Alle zentralen Gemischbildner müssen jedoch die Nachteile des gemischverteilenden Saugrohres mit den Problemen des Auf- und Abbaues und der schwierigen Gleichverteilung des Wandfilmes in Kauf nehmen. Wegen dieser Probleme kann man derartige Saugrohre nicht so auslegen, daß optimale Füllung und damit höchste Leistung und höchstes Drehmoment erreicht werden.

Will man höchste Ansprüche hinsichtlich Leistung, Drehmoment, Fahrverhalten, Komfort und Abgasreinigung befriedigen, so muß man dezentrale Gemischbildner anwenden.

Kontinuierlich oder gleichzeitig für alle Zylinder einspritzende Systeme können hier nicht die letzten Feinheiten erreichen, die bei sequentieller, d.h. zeitgerechter Einspritzung erzielbar sind. Allerdings werden die erreichbaren Vorteile bei stark steigendem Aufwand immer kleiner.

Die Zukunft wird für höchste Ansprüche bei dezentralen Gemischbildnern mit umfangreichen elektronischen Aufschaltungen, sequentiellen Einspritzzeitpunkten mit Steuer- und Regelfähigkeit liegen.

Mittelfristig stellt die (geregelte) Zentraleinspritzng eine Übergangslösung dar. Vergasern können, zumindest in Westeuropa und USA, in Automobilmotoren keine großen Chancen mehr eingeräumt werden.

**Abb. 4.184** zeigt eine Prognose hinsichtlich des Trends bei den Gemischbildungssystemen für Personenwagen.

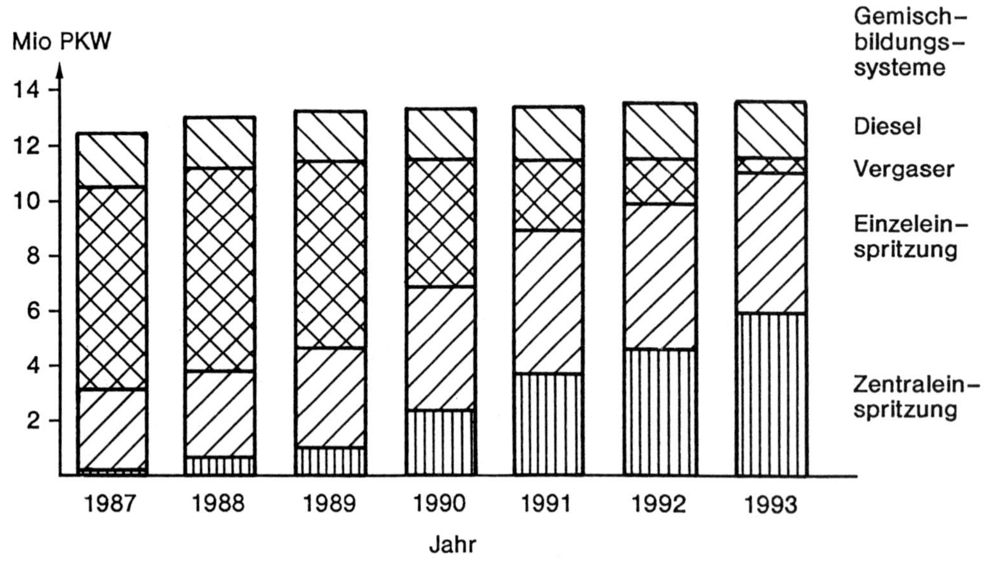


**Abb. 4.184.** Ablösung des Vergasers durch Einspritzung in Europa [4.72]

# 5. Ausführung der Saugrohre

## 5.1. Saugrohre für zentrale Gemischbildner

### 5.1.1. Anforderungen an das Saugrohr

Durch die von heutigen Motoren geforderten Eigenschaften guten Ansprechverhaltens, hoher Leistung bzw. hohen Drehmomentes, geringen Kraftstoffverbrauches sowie niedriger Schadstoffemissionen sind die Hauptanforderungen an das Saugrohr klar festgelegt:

- rascher Gemischtransport;
- geringer Druckverlust;
- gleichmäßige Gemischverteilung;
- geringe filmförmige Kraftstoffspeicherung.

Darüberhinaus ist das Saugrohr als Verbindungselement zwischen Gemischbildner und Zylinderkopf hohen mechanischen, thermischen und chemischen Beanspuchungen ausgesetzt.

Aufgabe des Saugrohrkonstrukteurs ist es nun, durch eine sorgfältig abgestimmte Saugrohrgeometrie, die sich teilweise widersprechenden Anforderungen bestmöglich zu erfüllen. Dabei ist, aufgrund der Komplexität des Problems, das Eingehen von Kompromissen sowie eine abschließende Feinabstimmung im Motorversuch nicht zu vermeiden.

Im folgenden werden nun die wichtigsten, saugrohrseitigen Einflußgrößen auf Liefergrad, Gemischverteilung und Wandfilmbildung bei Ansaugsystemen mit zentraler Gemischbildung dargelegt. Dabei werden neben der Aufzeigung und Beschreibung der Zusammenhänge auch Hinweise auf möglichst praxisgerechte Verbesserungsmaßnahmen am Saugrohr sowie einfache Formeln zur überschlägigen Saugrohrdimensionierung gegeben.

### 5.1.2. Grundsätzliche Gestaltungsrichtlinien

Unabhängig von der vorliegenden Ansaugsystem- oder Motorbauart bzw. unabhängig vom gewählten Saugrohrtyp gibt es grundsätzliche Konstruktionsrichtlinien, welche für alle Saugrohre mit zentraler Gemischbildung Gültigkeit haben. Diese allgemeingültigen Richtlinien lassen sich in 3 Forderungen an die Saugrohrgeometrie zusammenfassen. Es sind dies die Forderungen nach:

- räumlicher Symmetrie;
- Temperatursymmetrie;

- Zeitsymmetrie.

Die Notwendigkeit ersterer Forderung als Grundvoraussetzung für eine gleichmäßige Verteilung des vom Gemischbildner kommenden Kraftstoff-Luftgemisches auf die Einzelzylinder erscheint ohne weiteres einleuchtend. Wie aus **Abb. 5.1** ersehen werden kann, ist das Saugrohr stets symmetrisch bezüglich einer senkrecht zur Motorachse durch die Gemischbildnermitte gelegten Ebene auszuführen. Dabei ist der Gemischbildner immer in der Mitte zwischen den außen- bzw. innenliegenden Einlaßkanalpaaren angeordnet. Ein Ausgleich eventuell bereits im Gemischbildner erzeugter Strömungsasymmetrien durch eine bewußte, asymmetrische Gestaltung des Saugrohres ist aufgrund der großen Sensibilität nahezu aller gemischbildnerbedingten Strömungsstörungen, siehe Kapitel 4.1., nicht anzuraten. Eine bei einem Gemischbildner erreichte Fehlerkompensation könnte sich so, oft nur als Folge von Fertigungstoleranzen, bei Verwendung eines anderen Gemischbildners zu einer Fehlerverstärkung umwandeln.

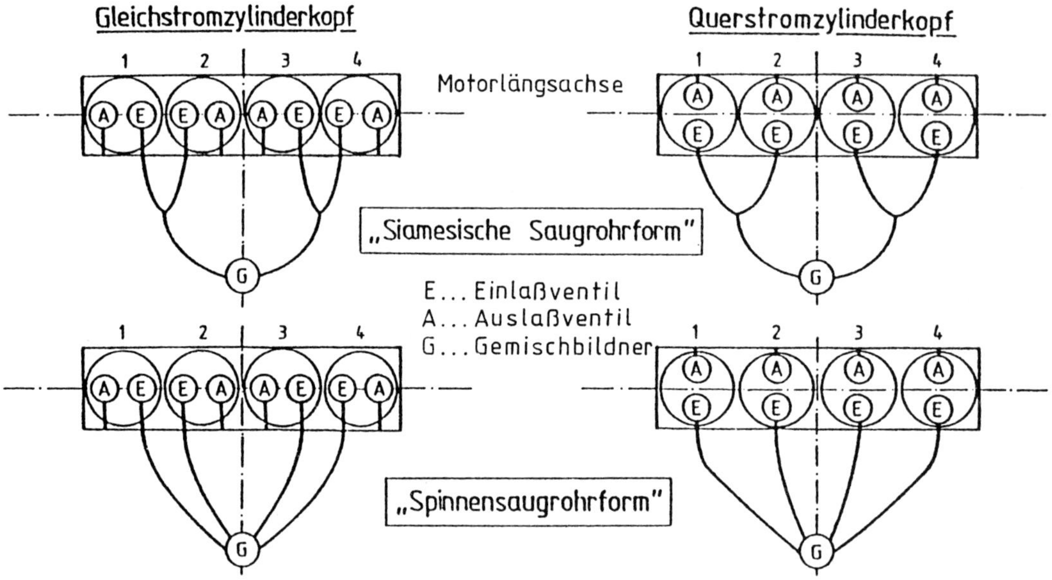


**Abb. 5.1.** Darstellung verschiedener Saugrohrgrundformen in Abhängigkeit von der Zylinderkopfart [5.1]

Genauso zwingend wie die Forderung nach räumlicher Symmetrie erscheint jene nach Temperatursymmetrie. Während eine asymmetrische Temperaturverteilung im Saugrohr infolge asymmetrischer Gestaltung des Kühlmittel - oder Abgasbeheizungskastens durch die erste Forderung ja bereits ausgeklammert werden kann, ist eine solche durch die Lage des Saugrohres im Motorraum durchaus denkbar. So unterliegen bei längs im Fahrzeug eingebauten Motoren die in Fahrtrichtung vorn liegenden Einzelrohre wesentlich stärkeren, fahrzustandabhängigen Temperaturschwankungen (Fahrtwind, Lüfter), welche eine ungleiche Kraftstoffverdampfung zwischen vorderer und hinterer Saugrohrhälfte herbeiführen [5.2 und 5.3]. Wenngleich auch der Einfluß der Temperaturverteilung auf die stationäre Gemischverteilung stark saugrohrformabhängig, insgesamt jedoch eher gering sein dürfte, sind die Auswirkungen der Temperaturverteilung bei instationärem Motorbetrieb (Beschleunigen, Verzögern) unabhängig vom gewählten Saugrohrtyp nicht mehr vernachlässigbar.

Der Forderung nach Temperatursymmetrie sollte bei längs im Fahrzeug eingebauten Motoren daher durch entsprechende Abschirmung des Saugrohres gegenüber dem Fahrt- bzw. Lüfterwind entsprochen werden.

Bei quer im Fahrzeug eingebauten Motoren ist das Problem der einseitigen Saugrohrkühlung meist nicht gegeben. Im Sinne rascher Saugrohrerwärmung erscheint eine Anbringung des Ansaugsystemes auf der fahrtrichtungsabgewandten Seite günstiger.

Im Gegensatz zu den bisher erläuterten Forderungen an die Saugrohrgestaltung wird die dritte oben genannte Forderung, die Forderung nach zeitlicher Symmetrie ("Saugsymmetrie"), in der Literatur unterschiedlich stark bewertet.

Man versteht darunter stets gleiche zeitliche Saugabstände zwischen den aus einem gemeinsamen Rohrabschnitt saugenden Zylindern. Zu zeitlicher Asymmetrie, also zu unterschiedlichen Saugabständen innerhalb eines Rohrabschnittes, kann es kommen, wenn je zwei Zylinder aus einem gemeinsamen Rohr ansaugen und die Saugtakte dieser Zylinder - entsprechend der festgelegten Saugfolge - unmittelbar hintereinander erfolgen. Zeitliche Saugsymmetrie ist somit nur in einem Saugrohr der siamesischen Saugrohrgrundform, Abb. 5.1, möglich.

Ein Einfluß auf die Gemischverteilung entsteht nun dadurch, daß während der Saugpause innerhalb eines Rohrabschnittes der darin befindliche Wandfilm abdampft und dem nach der Saugpause erstansaugenden Zylinder zukommt. Dieser Einfluß ist umso größer

- je später die Verzweigung des gemeinsamen Sammelrohres auf die Einzelzylinder erfolgt;
- je größer die im Sammelrohr vorliegende Wandfilmmenge ist;
- je intensiver die Wandfilmverdampfung im Sammelrohr abläuft und
- je geringer die Drehzahl, d.h. je größer die zur Wandfilmverdampfung zur Verfügung stehende Zeit zwischen den einzelnen Saughüben ist.

Bei einem Vierzylindermotor mit siamesischem Saugrohrtyp, Abb. 5.1, würden bei der in der Praxis üblichen Saugfolge 1-3-4-2 die innenliegenden Zylinder 2 und 3 vor den außen liegenden Zylindern 1 und 4 innerhalb der beiden gemeinsamen Sammelrohre ansaugen, somit entsprechend der vorangegangenen, längeren Saugpause mehr Kraftstoffdampf erhalten.

Eine Umkehrung der Saugfolge auf 1-2-4-3 zieht demgemäß auch eine Umkehrung der Begünstigung nach sich, was auch in zahlreichen praktischen Untersuchungen - teilweise unter Verwendung unterschiedlicher Nockenwellen - nachgewiesen werden konnte [5.3, 5.4, 5.5, 5.6, 5.7, 5.8, 5.9, 5.10].

Abhilfe gegen den Saugfolgeeinfluß kann teilweise dadurch erreicht werden, daß zwischen den beiden, auf der linken und rechten Saugrohrhälfte liegenden Sammelrohrenden (Verzweigungspunkte zu den Einzelzylindern) eine Ausgleichsleitung angebracht wird, sodaß jeder Zylinder bei jedem Saughub sowohl aus der eigenen, als auch aus der benachbarten Sammelleitung ansaugt [5.3, 5.5, 5.11, 5.12]. Damit treten in den Sammelleitungen keine unterschiedlichen Saugpausen mehr auf.

Als Alternative zu dieser Maßnahme bietet sich nur der Übergang auf eine andere Saugrohrform an, welche sich mehr an den Spinnensaugrohrtyp anlehnt, Abb. 5.1.

### 5.1.3. Saugrohrgrundform

Die Saugrohrgrundform wird durch die Art des Ansaugsystems sowie den gewählten Saugrohrtyp bestimmt.

#### 5.1.3.1. Ansaugsystemart

Analog der bei den Gemischbildnern vorgenommenen Unterteilung unterscheidet man Flachstrom-, Schrägstrom- und Fallstromsaugrohre, wobei sich die Schrägstromsaugrohre in der Praxis nur durch ihre geneigte Einbaulage von den Flachstromsaugrohren unterscheiden und daher im weiteren den Flachstromsaugrohren zugeordnet werden.

Die Wahl der optimalen Ansaugsystemart richtet sich in erster Linie nach der vorliegenden Motorbauform, **Abb. 5.2**, den Platzverhältissen im Motorraum und dem Gemischbildner.

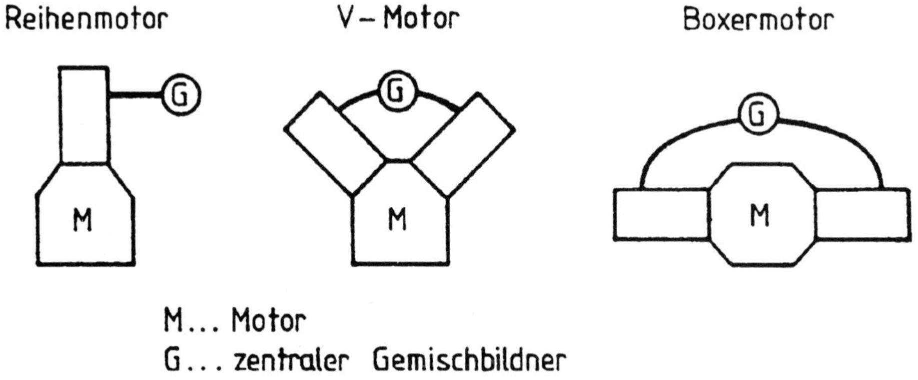


**Abb. 5.2.** Darstellung üblicher Bauformen des Hubkolbenmotors

Vom Standpunkt der Gemischbildung her betrachtet, sollte bei Reihenmotoren dem Flachstromansaugsystem gegenüber dem Fallstromansaugsystem der Vorzug gegeben werden, da

Flachstromsysteme sehr strömungsgünstig ausgeführt werden können. Demgegenüber weisen Fallstromansaugsysteme systembedingt eine sehr scharfe, rechtwinkelige Umlenkung des vom Gemischbildner kommenden Mehrphasengemisches unmittelbar nach Eintritt in das Saugrohr auf, **Abb. 5.3**, welche eine wesentliche Erhöhung sowohl des Gesamtdruckverlustes, als auch der Wandniederschlagsbildung am Saugrohrboden hervorruft.

Flachstromansaugsystem

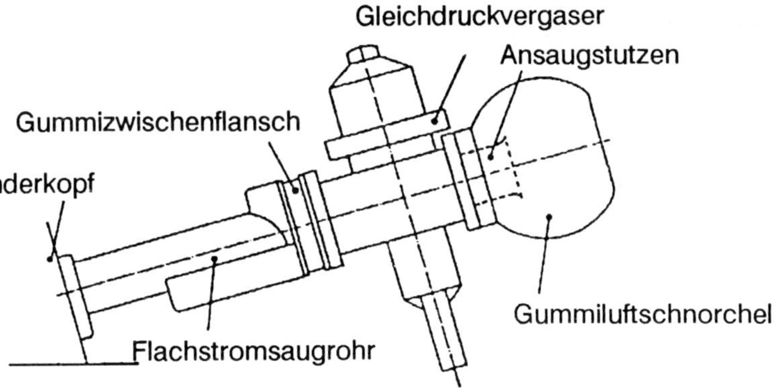


Fallstromansaugsystem

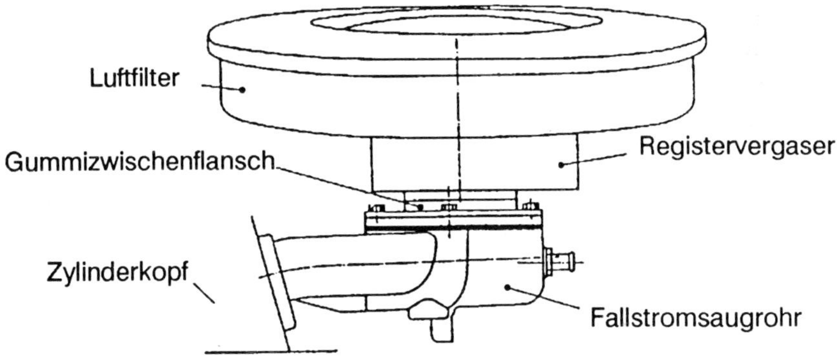


**Abb. 5.3.** Seitenansicht verschiedener Ansaugsysteme bei einem um 15° geneigten Reihenmotor [5.1]

Einen Vergleich der unter gleichen äußeren Bedingungen, jedoch mit verschiedenen Ansaugsystemen, am selben Vierzylinder-Reihenmotor ermittelten Vollast-Mitteldrücke zeigt **Abb. 5.4**. Trotz gleicher Einzelrohrdurchmesser, gleicher Vollast-Luftzahlen, optimaler Zündzeitpunkte und etwa gleich guter Gemischverteilung (Streuungen < 4%) liegen die mit dem Fallstromansaugsystem erzielbaren Bestwerte oberhalb 1500 U/min deutlich unter jenen des Flachstromansaugsystems, die Differenz beträgt im Mittel ca. 0,5 bar. Der in den letzten Jahren deutlich verzeichenbare Trend zu Fallstromansaugsystemen, welcher im Widerspruch zu obigem Ergebnis zu stehen scheint, hat hingegen seine Ursache in der kompakteren Bauweise dieser Systeme sowie dem wesentlich größeren Angebot an entsprechenden, den heutigen Anforderungen (z.B. Lambda-Regelung) gerecht werdenden Gemischbildnern.

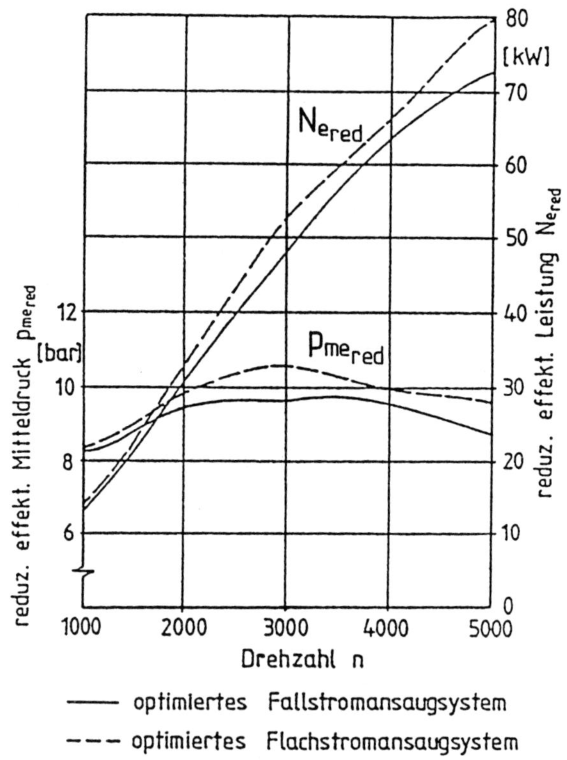


**Abb. 5.4.** Leistungs- und Mitteldruckvergleich eines Vergaser-Reihenmotors mit zwei verschiedenen, optimierten Ansaugsystemen [5.1]

Anders als beim Reihenmotor sind die Verhältnisse beim V-Motor und Boxermotor, wo praktisch nur Fallstromansaugsysteme denkbar sind. Dabei weist der V-Motor, aufgrund der für zentrale Gemischbildung sehr günstigen Anordnung der Zylinder sowie seiner gegenüber einem zylinderanzahlgleichen Reihenmotor kleineren Baulänge, sehr kurze Ansaugwege auf, wodurch ein gutes Instationärverhalten solcher Motoren zu erwarten ist.

Wesentlich ungünstiger sind die diesbezüglichen Voraussetzungen beim Boxermotor, wo gemäß Abb. 5.2 bei zentraler Gemischbildung lange Ansaugwege in Kauf genommen werden müssen.

5.1.3.2. Saugrohrformtyp

Unabhängig von der Art des Ansaugsystems lassen sich nahezu alle derzeit bekannten und in Verwendung stehenden Saugrohre von Ottomotoren mit zentraler Gemischbildung auf zwei verschiedene Saugrohrformtypen zurückführen; es sind dies die "siamesische Saugrohrform" und die "Spinnensaugrohrform", Abb. 5.1.

Charakteristisches Merkmal der siamesischen Saugrohrform ist das Vorhandensein von gemeinsamen Rohrabschnitten (Sammelrohren), aus denen je nach Zylinderanzahl und Motorbauart zwei oder mehr Einzelzylinder ansaugen. So weist der Ansaugweg eines Vierzylindermotors mit siamesischem Saugrohr gemäß Abb. 5.1 zwei hintereinander angeordnete Verzweigungen auf, wobei die erste Verzweigung unmittelbar hinter dem Gemischbildner, die zweite knapp vor den Einlaßkanälen des Zylinderkopfes liegt. Bei siamesischen Flachstromsaugrohren finden beide Gemischumlenkungen in derselben Ebene (horizontal oder leicht geneigt) statt, während bei Fallstromsaugrohren die 1. Umlenkung in vertikaler, die 2. Umlenkung in horizontaler Ebene erfolgt.

Bei Sechs- oder Achtzylindermotoren mit nur einem Gemischbildner sind theoretisch auch drei hintereinander angeordnete Verzweigungen denkbar, doch werden Mehrzylindermotoren dieser Zylinderzahl heute fast ausschließlich mit zwei oder mehr Gemischbildnern (z.B. zwei Einzel-

oder ein Doppelvergaser) ausgeführt; dadurch zerfällt das Saugrohr in zwei separate Drei- oder Vierzylindersaugrohre.

Die Vorteile der siamesischen Saugrohrgrundform sind gleiche Ansaugwege zu den einzelnen Zylindern, was zumindest theoretisch eine gasdynamische Abstimmung des Saugrohres ermöglicht (in der Praxis ist mit den mit Rücksicht auf den instationären Motorbetrieb möglichst kurz ausgeführten Vergasersaugrohren zumeist kein gasdynamischer Nachladeeffekt erzielbar), hohe mittlere Gemischtransportgeschwindigkeiten in den gemeinsamen Rohrabschnitten (zwei anstelle eines Saughubes pro 2 Kurbelwellenumdrehungen), geringere benetzbare Oberfläche sowie geringeres Saugrohrgesamtgewicht. Die gegenüber Spinnensaugrohren sehr späte, endgültige Aufteilung des Gemisches auf die Einzelzylinder verleiht darüberhinaus diesem Saugrohrtyp noch die günstige Eigenschaft, daß vom Gemischbildner hervorgerufene Strömungsstörungen (z.B. Asymmetrien) im Verlauf des - mit Umlenkungen versehenen - Sammelrohrweges abgebaut werden und so nur in abgeschwächter Form die 2. Verteilstelle er-reichen. Es ist klar, daß damit allerdings auch die Wirksamkeit nachträglich angebrachter Gemischverteilungskorrektureinrichtungen im Verteilkörper, die später noch erwähnt werden, herabgesetzt wird.

Die Hauptnachteile der siamesischen Saugrohrform liegen in dem bereits erläuterten Einfluß der Saugfolge auf die Gemischverteilung sowie - bei Reihenmotoren - im Vorliegen einseitig gekrümmter Rohre unmittelbar vor der endgültigen Aufteilung auf die Einzelzylinder. Durch die sich in den Rohrkrümmern ausbildenden Sekundärströmungen fließt der an der 1. Verteilstelle niedergeschlagene Wandfilm in Schraubenlinien-Bahnen der 2. Verteilstelle zu. Welchen Zylindern diese Wandfilmmengen schließlich zugute kommen, hängt neben der Saugrohrgeometrie (Rohrdurchmesser, -länge, -krümmung) noch von Luftdurchsatz, der Wandfilmabsolutmenge und den auch drosselklappenwinkelabhängigen Eintrittsbedingungen des Gemischstromes ab und läßt sich für das gesamte Kennfeld daher kaum voraussagen. Tatsächlich hat [5.13] in Versuchen mit siamesischen Saugrohren nachgewiesen, daß je nach Luftdurchsatz und Krümmungsradius der Wandfilm einmal dem linken und einmal dem rechten Zylinder jedes Sammelrohres zukommt. Da die in [5.14] vorgeschlagene Anbringung von längeren, geraden Beruhigungsstrecken vor jeder Verzweigung mit Rücksicht auf den instationären Motorbetrieb nicht empfohlen werden kann, bietet sich als wirksame Maßnahme nur eine Minimierung des filmförmigen Kraftstoffanteiles durch intensive Saugrohrbeheizung an.

Im Gegensatz zu den "siamesischen Saugrohren" liegt bei den sogenannten "Spinnensaugrohren" nur eine Verteilstelle unmittelbar am Saugrohreintritt vor, von wo aus das Gemisch den Zylinder in separaten Rohrabschnitten zugeführt wird, Abb. 5.1. Die Verteilung des vom Gemischbildner kommenden Kraftstoff-Luft-Gemisches erfolgt hier also zentral, einfache und wirkungsvolle nachträgliche Korrigierbarkeit der Verteilung einerseits, jedoch auch große Sensibilität hinsichtlich Asymmetrie der eintretenden Gemischströmung andererseits sind die Folgen. Da sämtliche Zylinder des Motors aus einem gemeinsamen Verteilkörper ansaugen, somit also vor jedem Ansaugtakt gleiche Saugpausen vorliegen, verteilt sich der dort aus dem Wandfilm abdampfende Kraftstoff gleichmäßig auf alle Zylinder und es ist kein Einfluß der Saugfolge auf die Gemischverteilung mehr möglich.

Die im allgemeinen geringeren Gemischumlenkwinkel von Spinnensaugrohren rufen darüberhinaus einen kleineren Gesamtdruckverlust sowie geringere Wandniederschlagsbildung hervor.

Den oben erwähnten Vorteilen der Spinnensaugrohrform stehen jedoch auch zahlreiche Nachteile gegenüber. So werden durch die Anordnung von je einem Einzelrohr pro Zylinder nicht nur Baugewicht und benetzbare Oberfläche, sondern auch die mittlere Gemischtransportgeschwindigkeit im Saugrohr abgesenkt, da in jedem Einzelrohr nur noch ein Ansaugtakt pro 2 Kurbelwellenumdrehungen erfolgt.

Der Hauptnachteil der Spinnensaugrohrform liegt jedoch - bei Verwendung als Flachstromsaugrohr - in den unterschiedlichen horizontalen Umlenkwinkeln.

Während in der Teillast, aufgrund der intensiven "Sekundärzerstäubung" des Kraftstoffes am weitgehend geschlossenen Drosselklappenspalt, kaum nennenswerte Luftzahlunterschiede in den Einzelzylindern auftreten, **Abb. 5.5**, kommt es gemäß **Abb. 5.6** im vollastnahen Bereich zu deutlichen Überfettungen der innenliegenden Zylinder.

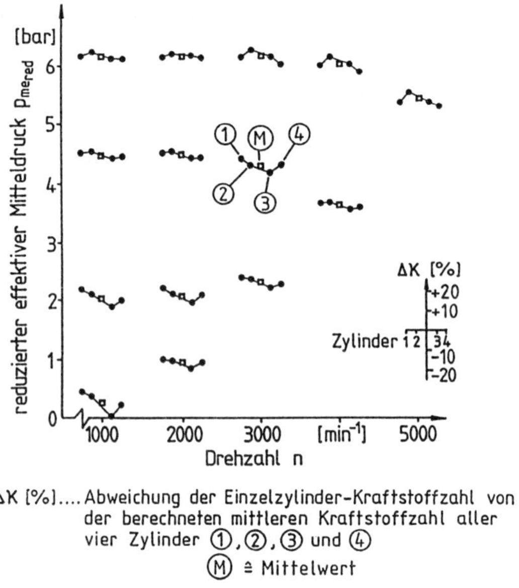


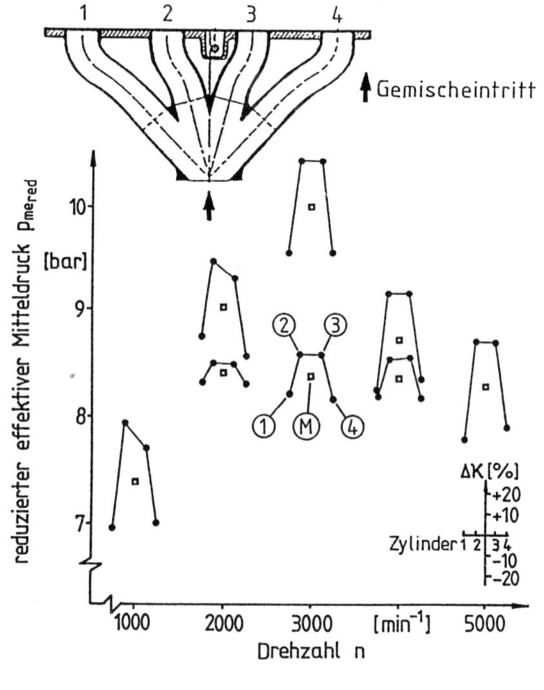


**Abb. 5.5.** Teillast-Gemischverteilung in einem nichtoptimierten Flachstrom-Spinnensaugrohr [5.1]

**Abb. 5.6.** Vollast-Gemischverteilung in einem nicht optimierten Flachstrom-Spinnensaugrohr [5.1]

Die Ermittlung der Luftzahl für den Gesamtmotor $\lambda_{ges}$ durch Bildung der arithmetischen Mittelwerte der Einzelzylinderluftzahlen $\lambda_i$ führt nur dann zu einem richtigen Ergebnis, wenn die den einzelnen Zylindern zugeführte Kraftstoffmasse identisch ist. Ermittelt man hingegen die Luftzahl des Gesamtmotors $\lambda_{ges}$ durch Bildung des arithmetischen Mittelwertes der Kehrwerte der Einzelzylinderluftzahlen $1/\lambda_i$:

$$\frac{1}{i} \Sigma_i \frac{1}{\lambda_i} = \frac{1}{\lambda_{ges}} \tag{5.1}$$

$\lambda_i$ [-] ..... Einzelzylinderluftzahl
$\lambda_{ges}$ [-] ..... Luftzahl des Gesamtmotors

so erhält man dann ein richtiges Ergebnis, wenn die Verteilung der Ansaugluft auf die Einzelzylinder gleichmäßig erfolgt. Da bei Vergasermotoren die Ursache schlechter Gemischbildung hauptsächlich in der unregelmäßigen Kraftstoffverteilung zu suchen ist, wird die Luftzahl des Gesamtmotors wie bereits in [5.8] angeregt, gemäß (5.1) errechnet.

Der Reziprokwert der Luftzahl $\kappa = 1/\lambda$ wird als "Kraftstoffzahl" bezeichnet. Die relative Abweichung der Kraftstoffzahl eines Zylinders von der Kraftstoffzahl des Gesamtmotors $\delta\kappa_i$ entspricht der prozentuellen Abweichung der dem Zylinder zugeführten Kraftstoffmasse von der Kraftstoffmasse, die er bei gleichmäßiger Kraftstoffverteilung erhalten müßte. Positive Werte von $\delta\kappa_i$ weisen auf ein relativ zum Gesamtmotor betrachtet zu fettes Gemisch für Zylinder "i" hin, negative $\delta\kappa_i$-Werte kennzeichnen ein zu mageres Gemisch für Zylinder "i".

Die relative Abweichung $\delta\kappa_i$ der Kraftstoffzahl $\kappa_i$ des i-ten Einzelzylinders von der rechnerisch ermittelten, mittleren Kraftstoffzahl $\kappa_m$ aller Zylinder ist ein Maß für die Güte der Gemischverteilung:

$$\kappa_m = \frac{1}{\lambda_m} = \frac{1}{4} \Sigma_i \frac{1}{\lambda_i} = \frac{1}{4} \Sigma_i \left(\frac{m_K}{m_L}\right)_i \tag{5.2}$$

$i = 1, 2, 3, 4$

$\kappa_m$ [-] ..... mittlere Kraftstoffzahl
$\lambda_m$ [-] ..... mittlere Luftzahl
$m_K$ [kg] ..... Kraftstoffmasse
$m_L$ [kg] ..... Luftmasse

Die Ursache dafür liegt darin, daß die mit größerem Öffnungswinkel abnehmende Drosselklappenzerstäubung die Ausbildung immer größerer Tropfen nach sich zieht, welche dann nach Eintritt in das Saugrohr die Umlenkung zu den außenliegenden Zylindern nicht mehr mitmachen. Wie an späterer Stelle noch ausgeführt wird, kann hier eine Gleichverteilung nur durch zusätzliche Einbauten im Bereich der Verteilstelle erreicht werden.

### 5.1.4. Saugrohrbeheizung

Über den Einfluß der Beheizung auf Gemischverteilung und Wandfilmbildung existieren in der Literatur eine Vielzahl von sehr umfangreichen und systematischen Untersuchungen sowohl theoretischer, als auch praktischer Art [5.2, 5.4, 5.6, 5.7, 5.13, 5.33, 5.34, 5.35, 5.36, 5.37, 5.38, 5.39, 5.40, 5.41, 5.42, 5.43, 5.44, 5.45, 5.46, 5.47, 5.48, 5.49, 5.50, 5.51, 5.52, 5.53, 5.54, 5.55, 5.56, 5.57, 5.58, 5.59, 5.60]. Dabei wird übereinstimmend der Gemischvorwärmung durch Beheizung der Saugrohrwand, insbesondere im Bereich der Verteilstelle unmittelbar nach dem Gemischbildner ("Hotspot"), gegenüber allen anderen Vorwärmungsarten der Vorzug gegeben, da sie hauptsächlich den unerwünschten filmförmigen Kraftstoffanteil erfaßt und den übrigen, dampf- und tröpfchenförmigen Gemischstrom nur wenig erwärmt. Damit wird der durch Gemischvorwärmung zu erwartende Leistungsverlust sowie die Erhöhung der Klopfneigung in Grenzen gehalten; darüberhinaus ist nur durch Beheizung der Saugrohrwand auch eine Verdampfung der schwerer siedenden Kraftstoffanteile im Wandfilm garantiert. **Abb. 5.7** und **Abb. 5.8** zeigen die gemessene Gemischverteilung in einem sereinmäßigen, kühlmittelbeheizten Sechszylinder-Fallstromsaugrohr bei Kühlmitteltemperturen von 10°C und 85 - 90°C (betriebswarm).

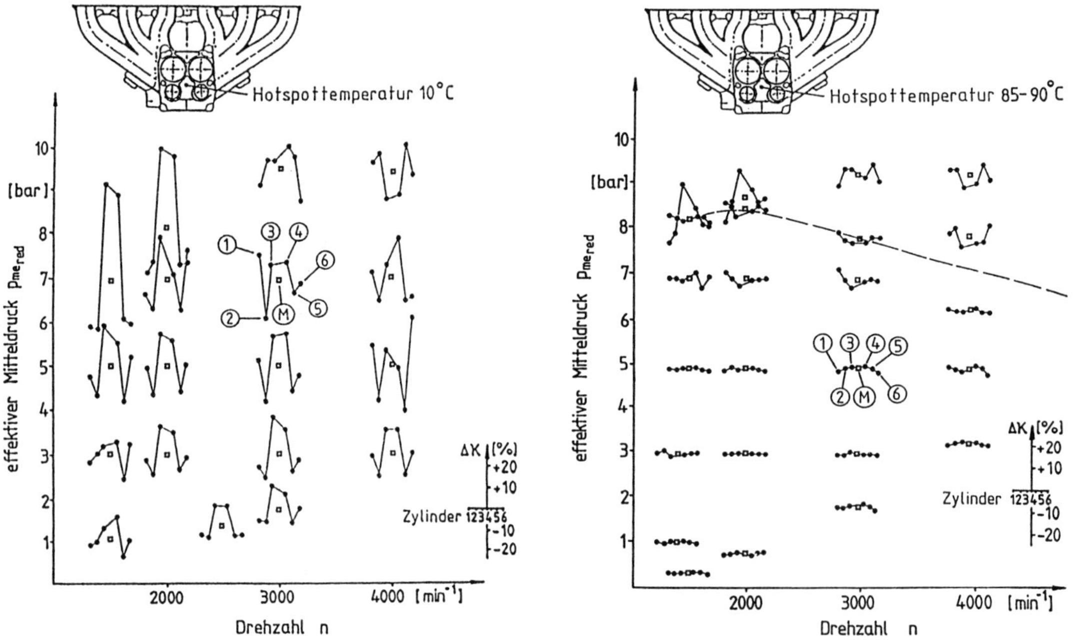


ΔK [%].... Abweichung der Einzelzylinder-Kraftstoffzahl von der berechneten mittleren Kraftstoffzahl aller sechs Zylinder ①, ②, ③, ④, ⑤ und ⑥

Ⓜ ≙ Mittelwert

**Abb. 5.7.** Gemischverteilung im kalten Saugrohr (Hotspottemperatur 10°C) [5.33]

**Abb. 5.8.** Gemischverteilung im betriebswarmen Saugrohr (Hotspottempertur 85 - 90°C) [5.33]

Die Verschlechterung der Gemischverteilung im vollastnahen Betriebsbereich fällt mit dem Ansprechen der 2. Stufe des Vergasers, das durch die strichliert eingezeichnete Linie in Abb. 5.8

charakterisiert ist, zusammen. Bei den auf dieser Linie liegenden Betriebspunkten sind die Drosselklappen der ersten Vergaserstufen etwa 50° geöffnet, die Drosselklappen der zweiten Vergaserstufen sind noch geschlossen.

Die Verbesserung der Gemischverteilung mit zunehmender Hotspottemperatur ist deutlich erkennbar, ebenso der daraus resultierende Anstieg der Vollast-Mitteldruckkurve. Wie die folgende **Abb. 5.9** zeigt, kann durch weitere Steigerung der Beheizung auch die Gemischverteilung noch weiter verbessert werden.

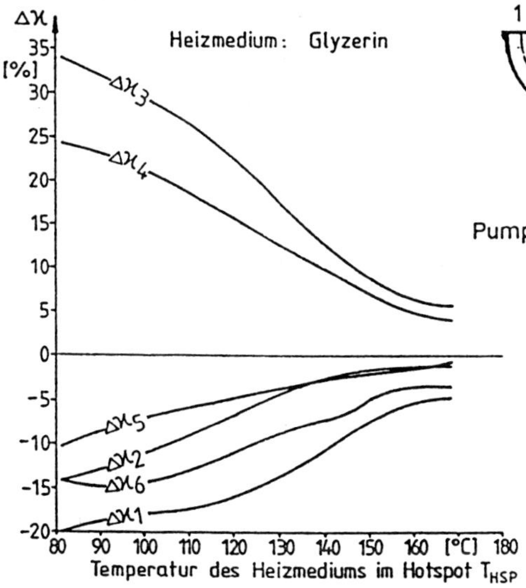


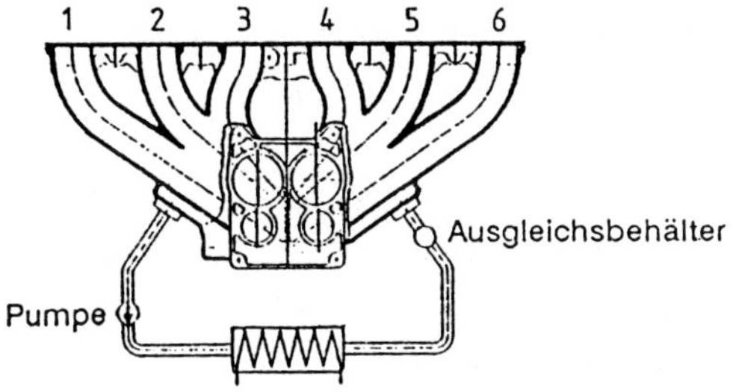


Δκ [%] .... Abweichung der Einzelzylinder-Kraftstoffzahl von der berechneten mittleren Kraftstoffzahl aller sechs Zylinder

**Abb. 5.9.** Einfluß der Hotspottemperatur auf die Gemischverteilung bei n = 2000 min$^{-1}$, Vollast [5.33]

Verglichen mit der Saugrohrwandbeheizung läßt sich durch Luftvorwärmung die Gemischverteilung nur geringfügig verbessern, **Abb. 5.10**.

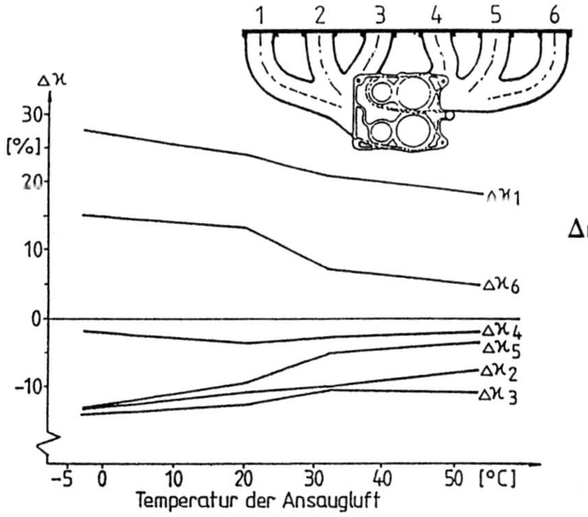


Δκ [%] .... Abweichung der Einzelzylinder-Kraftstoffzahl von der berechneten mittleren Kraftstoffzahl aller sechs Zylinder

**Abb. 5.10.** Einfluß der Ansauglufttemperatur auf die Gemischverteilung bei n = 2000 min$^{-1}$, Vollast [5.33]

Durch den ungünstigen Einfluß der Luftvorwärmung auf Liefergrad und Klopfverhalten ist darüberhinaus diese Vorwärmungsart auf die Teillast beschränkt. Mit Hilfe einer entsprechenden Regelung, welche die Ansauglufttemperatur in der Teillast auf ca. 45°C begrenzt, kann Luftvorwärmung hingegen als relativ einfache Maßnahme zur Verbesserung des Warmlaufverhaltens eingesetzt werden [5.47].

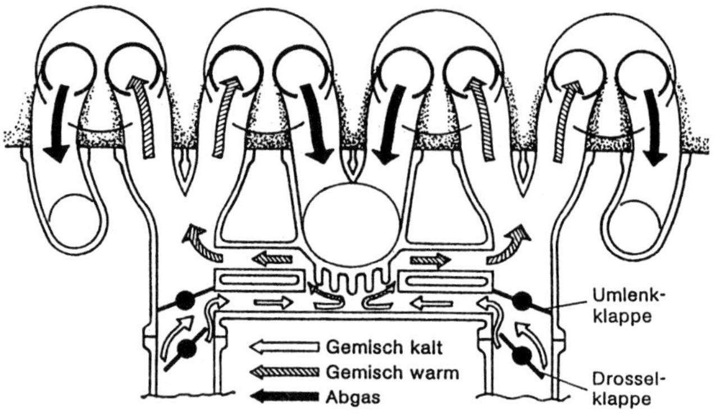


**Abb. 5.11.** Integriert gegossenes Saugrohr nach dem "Duplex"-Prinzip mit abgasbeheiztem Gemisch von Volvo, Modelljahr 1968 [5.58]

Eine Vorwärmung nicht nur der Ansaugluft, sondern des gesamten Kraftstoff-Luftgemisches erfolgt beim sogenannten "Duplex"-Prinzip, **Abb. 5.11**. Dabei wird im Warmlauf, bei einigen Ausführungen auch in der betriebswarmen Teillast, der gesamte Gemischstrom aus dem Saugrohr abgezweigt, außerhalb beheizt und anschließend rückgeführt. Im vollastnahen Bereich und bei Beschleunigung findet keine Gemischumlenkung statt, sodaß das Gemisch auf kürzestem Weg in das Saugrohr gelangt. Die Öffnung und Verschließung des Hauptkanales sowie die Umlenkung in die beheizten Bypass-Leitungen besorgt eine im Zwischenflanschkanal angeordnete 2. Drosselklappe.

Nachteile dieses Systemes sind, wie bei der Luftvorwärmung, der ungünstige Einfluß auf Liefergrad und Klopfverhalten, sowie zusätzlich noch ein erhöhter Druckverlust. Da aber bei zentraler Gemischbildung gerade in der Vorlast die größten Probleme hinsichtlich Gemischverteilung und Wandfilmbildung auftreten, stellt das "Duplex"-Prinzip keine befriedigende Lösung zur Verbesserung der Gemischverteilung dar.

Eine weitere Möglichkeit der Gemischvorwärmung liegt in der Beheizung ausschließlich des in den Gemischbildner eintretenden Kraftstoffes. Damit ist zwar eine verbesserte Zerstäubung (Herabsetzung der Oberflächenspannung) sowie intensivere Verdampfung des Kraftstoffes erzielbar, eine Reduzierung der schwerer siedenden Wandfilmanteile tritt dadurch jedoch nicht ein [5.38].

Zusammenfassend kann also festgestellt werden, daß die Beheizung der Saugrohrwand die günstigste Art der Gemischvorwärmung darstellt.

Nichtmehr so einhellig wie über die Vorwärmungsart sind die in der Literatur vorzufindenden Meinungen über das optimale Heizmedium zur Erwärmung der Saugrohrwand. Den Vorteilen höherer Temperatur und einer schnelleren Verfügbarkeit der Wärme bei Abgasbeheizung stehen die Nachteile schwererer Regelbarkeit und eines schlechteren Wärmeüberganges im Vergleich zur Kühlmittelbeheizung gegenüber. Angesichts der immer strenger werdenden Abgasgesetze, welche heute weltweit durch - mit zu Beginn mit kaltem Motor zu durchfahrenden - Abgastests überprüft werden, erscheint derzeit allerdings die rasche Verfügbarkeit der Wärme die dringlichste Forderung an die Beheizung zu sein.

Welches Heizmedium nun tatsächlich zur Saugrohrbeheizung herangezogen werden soll, wird in der Praxis jedoch hauptsächlich von den beim jeweiligen Motor vorliegenden, konstruktiven Voraussetzungen abhängen (Art von Kühlung, Zylinderkopf, Auspuffführung etc.).

Bei Vorliegen eines Gleichstromzylinderkopfes, bei welchem gemäß Abb. 5.1 Einlaß und Auslaß auf der selben Zylinderkopfseite angeordnet sind, sollte vorzugsweise Abgasbeheizung vorgesehen werden, da optimale Abgasführung und Abgasregelung leicht zu realisieren sind und damit eine rasche und problemlose Saugrohrerwärmung garantiert ist. Schwieriger ist dagegen eine Abgasbeheizung des Saugrohres bei Vorliegen eines Querstromzylinderkopfes (nahezu alle V- und Boxermotoren), da hier sehr große Distanzen zwischen Einlaß- und Auslaßkrümmer zu überbrücken sind. Bei günstiger Anordnung der Ventile gemäß der in Abb. 5.1 links (Gleichstromzylinderkopf) gezeigten Weise kann das Abgas durch saugrohrseitige Bohrungen im Zylinderkopf den Auslaßkanälen entnommen und dem Saugrohr zugeführt werden, für die Rückführung des Abgases in das Auspuffsystem sind jedoch meist lange Rohrleitungen nicht zu vermeiden. Darüberhinaus ist bei dieser Konstruktion eine Regelung der Abgastemperatur schwierig zu realisieren.

Eine Zuführung des Kraftstoffluftgemisches zum Abgas, wie es bei dem bereits erläuterten "Duplex"-System erfolgt, ist aufgrund der langen Wege und der damit verbundenen Gefahr der Wandfilmbildung noch problematischer. Wie die **Abb. 5.12** und **Abb. 5.13** zeigen, wurde sie dennoch bei einigen englischen Fahrzeugmodellen realisiert.

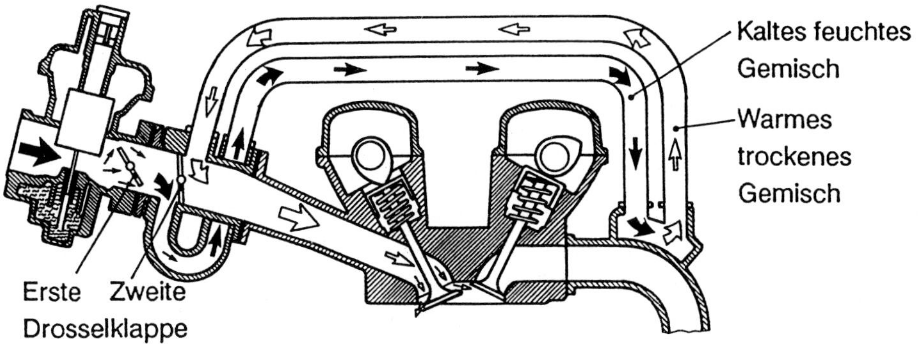


**Abb. 5.12.** Ausführung des "Duplex"-Ansaugsystemes mit abgasbeheiztem Gemisch am Lotus-Elan, Modelljahr 1968 [5.58]

Eine weitere, im Motorenbau bisher nur im Versuchsstadium anzutreffende Möglichkeit des Wärmetransportes vom Abgas zum Frischgemisch stellen die sogenannten "Wärmerohre" (engl. "heat pipes") dar. Diese, zumeist vertikal angebrachten und mit einer Flüssigkeit gefüllten Rohre ragen mit dem unteren Ende in das Auspuffsystem hinein, wodurch bereits wenige Sekunden nach dem Start eine Erwärmung und schließlich Verdampfung der am Rohrboden befindlichen Flüssigkeit erfolgt. Der aufsteigende Dampf kondensiert nun am oberen, im Zwischenflansch

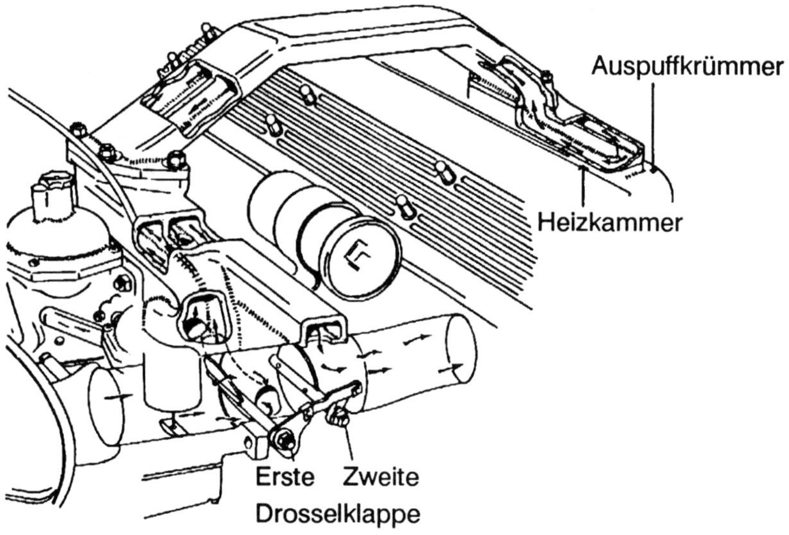


**Abb. 5.13.** Ausführung des "Duplex"-Ansaugsystemes mit abgasbeheiztem Gemisch am Jaguar-Motor, Modelljahr 1968 [5.58]

zwischen Gemischbildner und Saugrohr oder am Saugrohrhotspot angeordneten, kalten Rohrende, gibt dort die frei werdende Kondensationswärme ab und fließt wieder zum Rohrboden zurück. Somit findet ein andauernder Wärmetransport von den heißen Auspuffgasen zur kühlen Frischladung statt [5.61, 5.62, 5.63, 5.64].

Die einfachste und häufigst angewandte Möglichkeit der Saugrohrbeheizung bei Querstrommotoren stellt hingegen die Kühlmittelbeheizung dar, bei welcher das Motor-Kühlmittel direkt vom Zylinderkopf durch den Befestigungsflansch des Saugrohres in einen am Saugrohr außen angegossenen Wasserkasten geleitet wird. Geringe Strömungsquerschnitte im Wasserkasten erhöhen den Wärmeübergang Kühlmittel-Saugrohrwand, ebenso an die Saugrohrwand angegossene Rippen oder Stifte zur Vergrößerung der Wandoberfläche. Eine Regelung der Kühlmittelbeheizung ist im allgemeinen nicht notwendig, da durch die vergleichsweise wesentlich niedrigeren Temperaturen des Kühlmittels gegenüber Abgas keine Gefahr der Gemischüberhitzung (Klopfen,Leistungsverlust) besteht. Das Hauptproblem der Kühlmittelbeheizung liegt, wie eingangs bereits erwähnt, in der sehr langsamen Verfügbarkeit der Wärme. Da aber gerade in der Anfangsphase der Abgastests der Großteil der CO- und HC- Gesamtschadstoffemissionen sowie des Gesamtkraftstoffverbrauches anfällt, **Abb. 5.14**, werden kühlmittelbeheizte Saugrohre oft zusätzlich noch mit einer elektrischen Beheizungseinrichtung ausgestattet, **Abb. 5.15**.

Hinsichtlich der Bauform der elektrischen Zusatzheizungen unterscheidet man zwischen Vorwärmdeckeln, welche - wie in Abb. 5.15 dargestellt - am Saugrohrboden ("Hotspot") an der Stelle des größten Wandniederschlages angebracht werden, und Heizwaben, welche zumeist in einem eigenen Zwischenflansch direkt unterhalb des Gemischbildners (bei Registervergasern meist nur unter der 1. Stufe) sitzen und folglich vom Frischgemischstrom durchsetzt werden, Abb. 5.3 und **Abb. 5.16**.

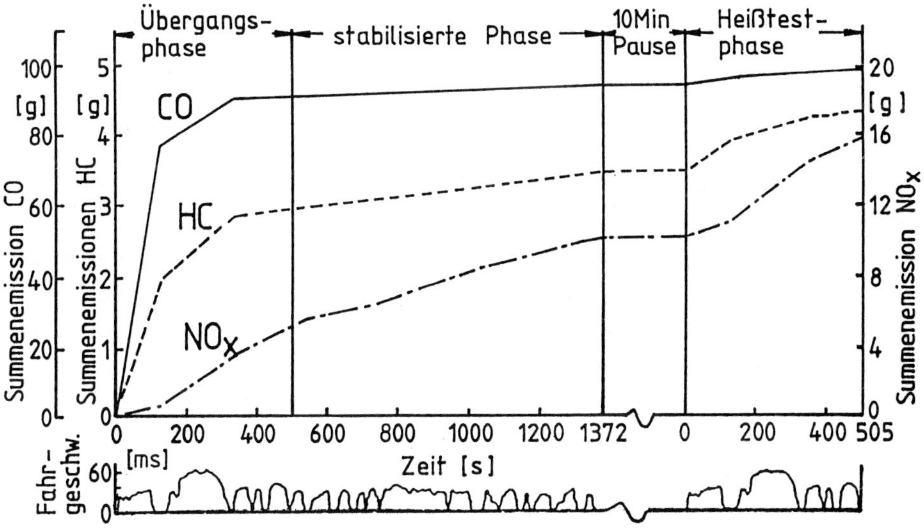


**Abb. 5.14.** Summenemissionen beim USA-Fahrzyklus (FTP 75) über der Zeit

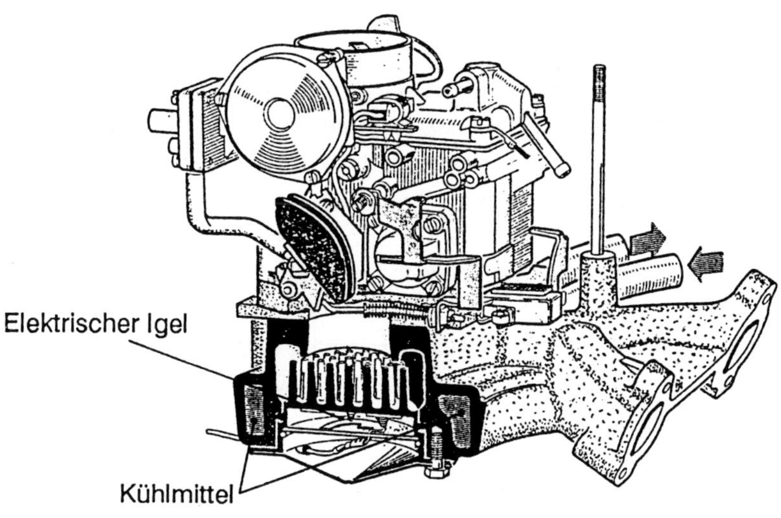


**Abb. 5. 15.** Kühlmittelbeheiztes Saugrohr mit zusätzlich eingebautem, elektrischen Vorwärmdeckel ("Igel") [5.65]

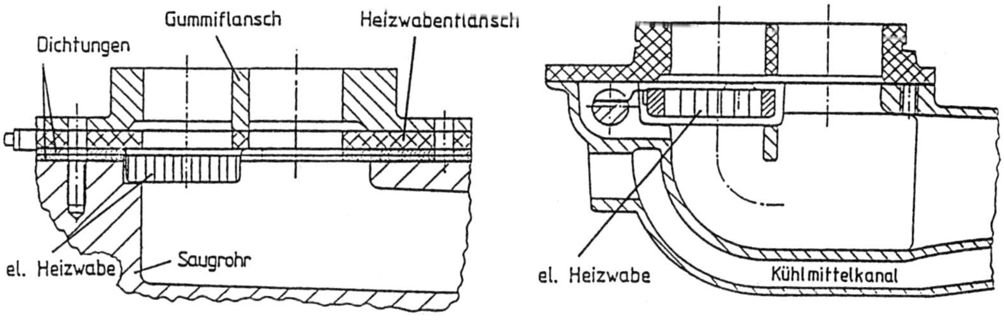


**Abb. 5.16.** Saugrohre mit elektrischer Heizwabe unter der 1. Registervergaserstufe [5.1]

Die Heizelemente sowohl der Vorwärmdeckel, als auch die Heizwaben bestehen aus keramischen PTC-Elementen ("Positive Temperature Coefficient"), welche die Eigenschaft haben, über einen großen Temperaturbereich einen annähernd konstanten, niedrigen elektrischen Innenwiderstand zu besitzen. Führt man durch Anlegen einer Spannung eine Erwärmung des PTC-Elementes über eine bestimmte Grenztemperatur herbei, so steigt dessen elektrischer Innenwiderstand schlagartig an und limitiert so zwangsläufig den im Heizelement fließenden Strom. Damit ist eine weitere Erwärmung der Heizwabe nicht mehr möglich. Der Anstieg des Innenwiderstandes resultiert aus einem, bei einer bestimmten Temperatur stattfindenden Wechsel der keramischen Gitterstruktur von einem hexagonalen zu einem kubischen Gitter. Da dieser Vorgang bei Unterschreiten obiger Grenztemperatur reversibel ist, ist das PTC-Heizelement in der Lage, sich je nach Kühlung (Gemischmenge und -temperatur) die zur Erreichung der Grenztemperatur notwendige Strommenge selbst zu entnehmen. Dadurch und durch den Umstand, daß eine bestimmte Höchsttemperatur (meist ca. 150°C) nie überschritten werden kann, handelt es sich beim PTC-Element um eine sehr wirtschaftliche und sichere Beheizungseinrichtung, welche darüberhinaus noch die Vorteile rascher Erwärmung (ca. 4 Sekunden) und einer weitreichenden Temperaturkonstanz bei Schwankungen der angelegten Spannung aufweist. Weitere Einzelheiten über PTC-Elemente siehe [5.66, 5.67, 5.68].

Sowohl Vorwärmdeckel, als auch Heizwaben sind gegenüber dem Saugrohr thermisch isoliert. Dadurch liegt bereits wenige Sekunden nach Umlegen des Zündschlüssels, also noch im Verlauf des Anstartvorganges des Motors, die volle Heizwirkung vor. Nach Anspringen des Motors bleiben die elektrischen Zusatzbeheizungen solange eingeschaltet, bis eine Kühlmitteltemperatur von ca. 60°C erreicht ist. Aus Gründen der Energieersparnis, die Zusatzbeheizungen nehmen elektrische Leistungen von ca. 200 - 400 W auf, erfolgt sodann die Abschaltung der Zusatzeinrichtungen und der Übergang auf ausschließliche Kühlmittelbeheizung.

Hinsichtlich ihrer wandfilmreduzierenden Wirksamkeit im Warmlauf erweisen sich die im Saugrohrboden angebrachten Vorwärmdeckel, unabhängig von der geometrischen Ausführung, **Abb. 5.17**, den im Gemischstrom hängenden Heizwaben überlegen, da sie bei der Erwärmung

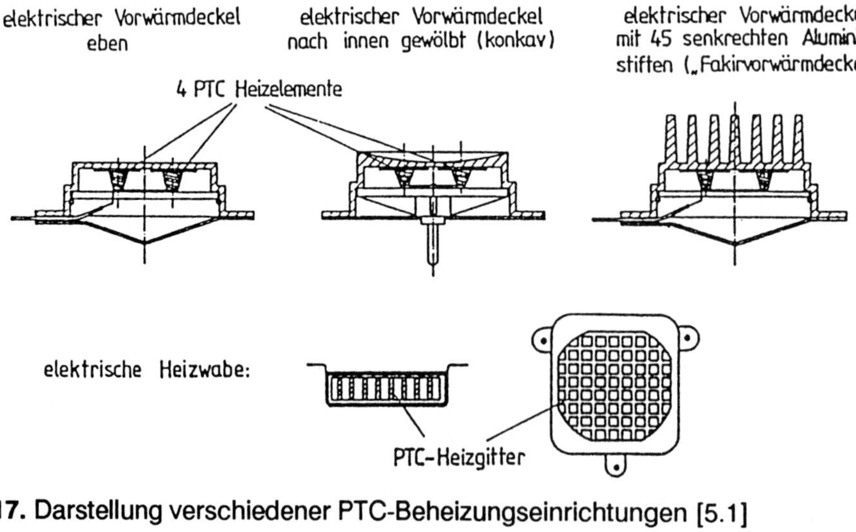


**Abb. 5.17.** Darstellung verschiedener PTC-Beheizungseinrichtungen [5.1]

nur den filmförmigen Kraftstoffanteil erfassen [5.1]. Der Wirkungsbereich beschränkt sich dabei, aufgrund der geringen absoluten Heizleistungen, auf die untere Teillast (z.B. ECE-Stadtzyklus), was dem praktischen Bedarf während des Warmlaufes jedoch zumeist entspricht. Nach Abschalten der Vorwärmdeckel, also im betriebswarmen Motorzustand, kühlen die vom übrigen Saugrohr thermisch isolierten Vorwärmdeckel rasch ab und stellen so eine potentielle Kraftstoffkondensationsstelle dar. Hier erweisen sich die Heizwaben als die günstigere Lösung, da sie eine parallele Kühlmittelbeheizung des gesamten Saugrohrbodens gestatten. Die Wirksamkeit der Heizwaben kann noch dadurch geringfügig gesteigert werden, indem man sie gemäß **Abb. 5.18** etwas absenkt, sodaß nur die größeren, die Gemischumlenkung nicht mitmachenden Tropfen die Heizwabe passieren. Darüberhinaus bewirkt der oberhalb der Heizwabe entstehende Bypass, insbesondere bei einflutigen Gemischbildnern, eine Absenkung des Druckverlustes.

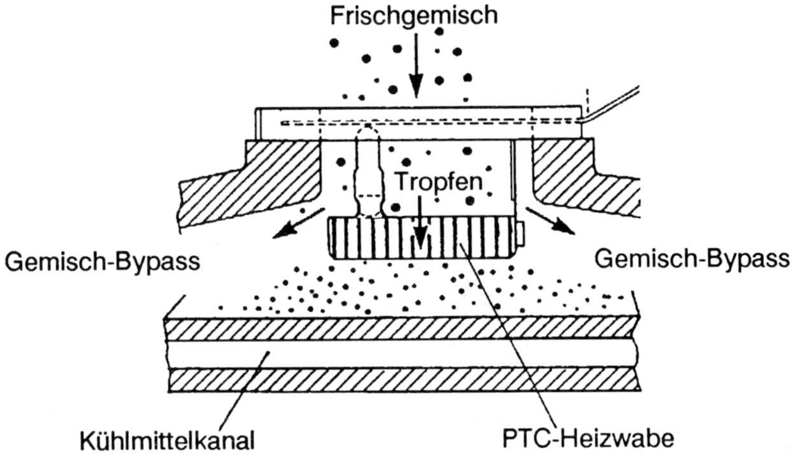


**Abb. 5.18.** Kühlmittelbeheiztes Saugrohr mit abgesenkt eingebauter PTC-Heizwabe [5.66]

**Abb. 5.19** zeigt abschließend die in 4 Lastpunkten des ECE-Stadtzyklus ermittelten, direkt unterhalb des Gemischbildners am Saugrohrboden niedergeschlagenen Wandfilmanteile bei ver-

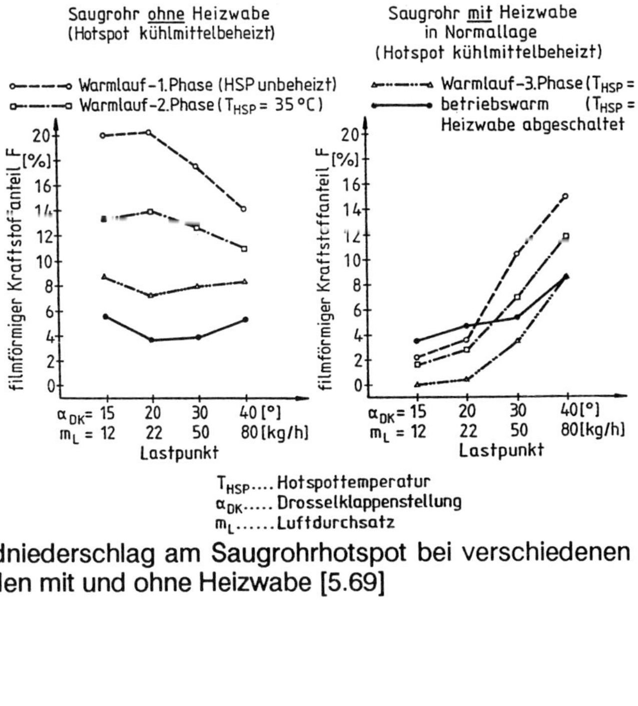


**Abb. 5.19.** Wandniederschlag am Saugrohrhotspot bei verschiedenen Last- und Betriebszuständen mit und ohne Heizwabe [5.69]

schiedenen Betriebszuständen des Motors. Das kühlmittelbeheizte Saugrohr war dabei einmal mit und einmal ohne zusätzlicher PTC-Heizwabe (Heizleistung ca. 200W) ausgestattet. Die wandniederschlagsreduzierende Wirkung der Heizwabe, insbesondere im leerlaufnahen Bereich, ist deutlich zu erkennen.

### 5.1.5. Saugrohrvolumen

Das Volumen eines Saugrohres wird festgelegt durch Länge und Querschnitt der Einzelrohre sowie das Volumen des Verteilkörpers.

Wie instationäre Untersuchungen an Ansaugsystemen mit zentraler Gemischbildung zeigen [5.69, 5.70, 5.72], werden insbesondere Ansprechverhalten und Abgasqualität wesentlich vom Ansaugrohrvolumen beeinflußt.

#### 5.1.5.1. Einzelrohrquerschnitt

In Hinblick auf möglichst geringe Gemischtransportzeiten (Gas, Tropfen, Wandfilm), minimale gespeicherte Wandfilmmengen, größtmöglichen Wärme- und Stoffübergang sowie geringstes Baugewicht sind die Einzelrohrquerschnitte grundsätzlich so klein wie möglich zu wählen. Die Untergrenze der praktisch wählbaren Querschnitte wird dabei durch den mit kleiner werdendem Rohrquerschnitt stark ansteigenden Reibungsdruckverlust bestimmt, welcher ab einer gewissen Höhe eine unzulässig hohe Liefergradverminderung in der Vollast nach sich zieht.

**Abb. 5.20** zeigt die für einen konstanten Vollastpunkt errechneten Tropfenflugzeiten in einem 250 mm langen, geraden Saugrohr unterschiedlichen Durchmessers. Der günstige Einfluß enger Einzelrohrquerschnitte ist deutlich erkennbar.

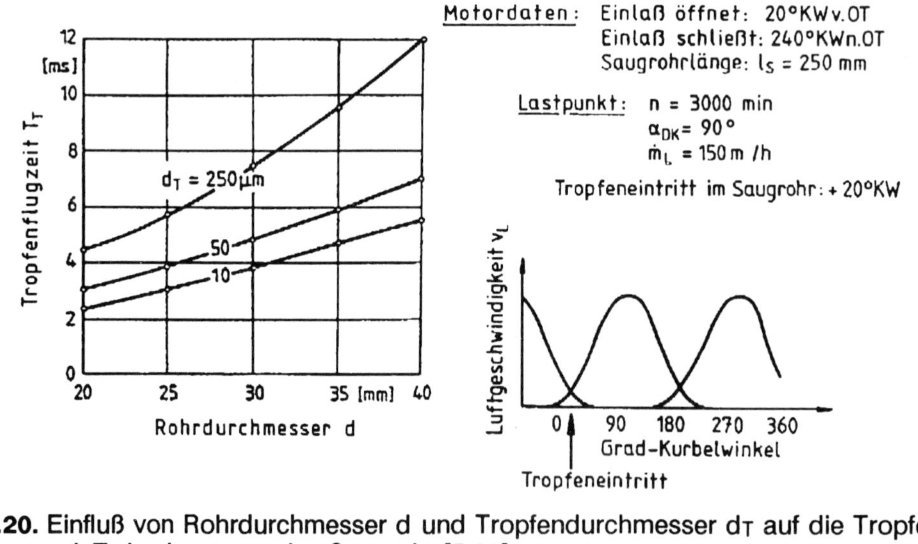


**Abb. 5.20.** Einfluß von Rohrdurchmesser d und Tropfendurchmesser $d_T$ auf die Tropfenflugzeit $T_T$ in einem geraden Saugrohr [5.21]

Ebenso wird durch eine Verminderung der Einzelrohrquerschnitte auch eine starke Erhöhung der Wandfilmtransportgeschwindigkeiten erreicht, wie das in **Abb. 5.21** links dargestellte Rechenergebnis für eine stationäre Rohrströmung zeigt. Infolge der Kontinuitätsbedingung führt eine höhere Wandfilmtransportgeschwindigkeit auch zu einer Abnahme der Filmdicke, was unter zusätzlicher Berücksichtigung der geringeren, benetzbaren Saugrohroberfläche die in Abb.5.21 rechts dargestellte Verminderung der im Saugrohr gespeicherten Wandfilmmengen nach sich zieht. Wie in Kapitel 2.5.2. bereits ausgeführt, wird durch eine höhere Strömungsgeschwindigkeit des Wandfilmes auch der Wärmeübergang Rohrwand - Wandfilm erhöht, darüberhinaus verstärkt sich der an der Phasengrenzfläche Gas - Film stattfindende Stoffaustausch.

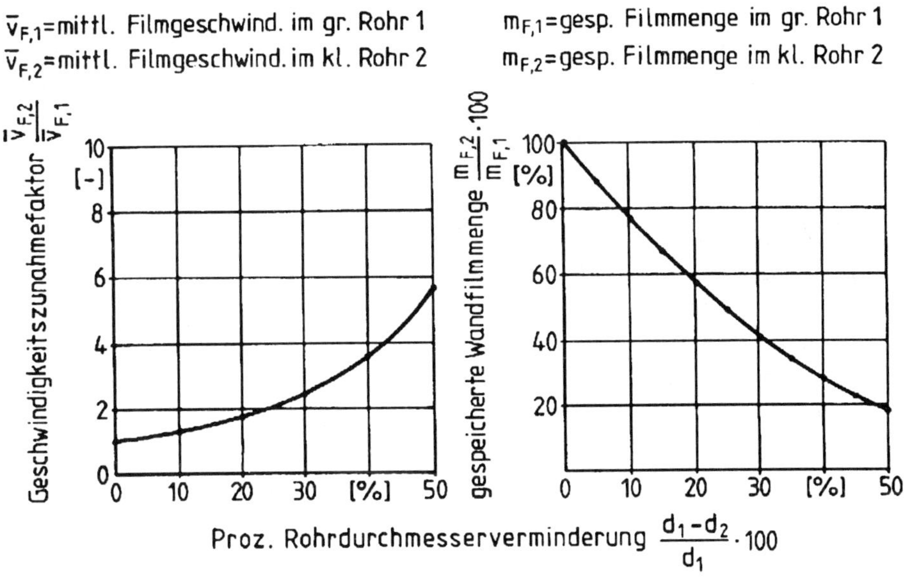


**Abb. 5. 21.** Einfluß einer Rohrdurchmesserverminderung auf die mittlere Strömungsgeschwindigkeit und das gespeicherte Volumen eines stationär strömenden Saugrohrwandfilmes [5.1]

Der mit abnehmendem Rohrdurchmesser stark ansteigende Reibungsdruckverlust in einem geraden Rohr konstanter Länge ist aus **Abb. 5.22** ersichtlich. Die Berechnung der Druckverlustkurven erfolgt mittels des für horizontale, turbulente Zweiphasenrohrströmung gut geeigneten Rechenverfahrens nach Chawla [5.73].

Wie aus der **Abb. 5.22** zu ersehen ist, steigt erst bei Unterschreitung eines vom maximalen Gemischdurchsatz abhängigen Grenzdurchmessers - bei dem hier vorliegenden, maximalen Luftdurchsatz von 300 kg/h etwa 35 mm - der Druckverlust stark an. Für den Saugrohrkonstrukteur ergibt sich damit die Aufgabe, bei der Auslegung der Einzelrohrquerschnitte den günstigsten Kompromiß zwischen maximaler Gemischtransportgeschwindigkeit und minimalem Reibungsdruck-verlust im Saugrohr zu finden.

Als Faustformel zur überschlägigen Berechnung des kleinstmöglichen, "optimalen" Einzelrohr-

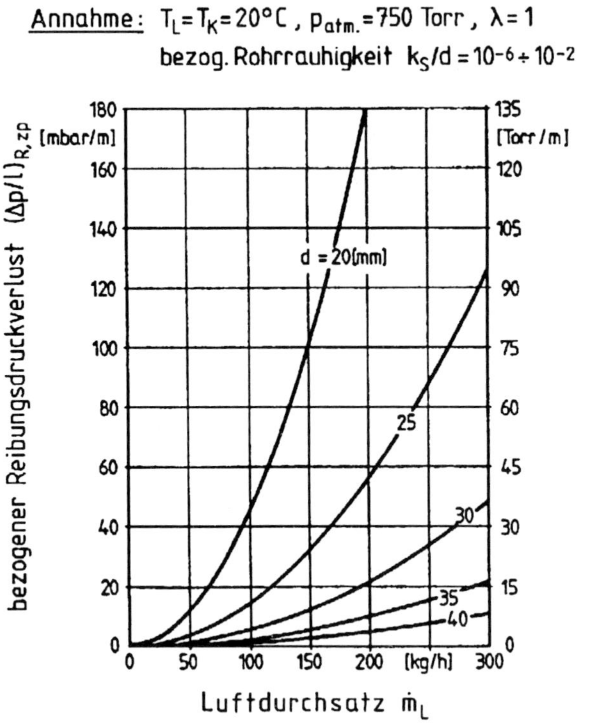


**Abb. 5.22.** Berechneter Reibungsverlust pro Rohrlänge in einem geraden Rohr verschiedenen Durchmessers d bei stationärer Zweiphasenströmung [5.1, 5.73]

querschnittes kann die in [5.1] durch Auswertung einer umfangreichen Saugrohrstatistik ermittelte, sehr einfache und praxisnahe Beziehung

$$A_{s,opt} = f_{SE} \,.\, N_{e,max} \qquad (5.3)$$

$A_{s,opt}$ [mm²] ..... optimaler Einzelrohrquerschnitt

$N_{e,max}$ [kW] ..... maximale effektive Leistung (Motornennleistung)

$f_{SE}$ [mm².kW⁻¹] ..... spezifischer Einzelrohrquerschnittsfaktor

herangezogen werden. Der spezifische Einzelrohrquerschnittsfaktor wurde nach Pachta [5.1] auf 12 $mm^2.kW^{-1}$ festgelegt. Die Gleichung (5.3) ist für alle Saugrohre mit kreisförmiger Rohrquerschnittsform gültig.

Bei Saugrohren mit rechteckigen Einzelrohrquerschnitten müssen, aufgrund des gegenüber der Kreisform erhöhten Druckverlustes, größere Einzelrohrquerschnitte vorgesehen werden. Der dazu notwendige Querschnittvergrößerungsfaktor "f" läßt sich für eine einphasige, turbulente Rohrströmung durch Einsetzen der entsprechenden hydraulischen Durchmesser $d_h$ in die Druckverlustgleichung von Blasius [5.77] berechnen. Unter der Voraussetzung gleichen Druckverlustes bei gleichem Luftdurchsatz erhält man für den für rechteckige Einzelrohre erforderlichen Querschnittsvergrößerungsfaktor f:

$$f = \frac{A_{recht.}}{A_{rund}} = \varepsilon \,.\, \left\{\frac{(1+\varepsilon)^{10}}{\varepsilon^{24} \,.\, \pi^{5}}\right\}^{1/19} \qquad (5.4)$$

$A_{recht.}$ ..... rechteckiger Einzelrohrquerschnitt

$A_{rund}$ ..... runder Einzelrohrquerschnitt

$\varepsilon = a/b$ ..... Seitenlängenverhältnis des Rechteckquerschnittes $A = a \,.\, b$

**Abb. 5.23** zeigt aus Glg. (5.4) errechnete Werte in graphischer Form. Durch Umformung von Glg. (5.4) läßt sich anstelle des Querschnittsvergrößerungsfaktors f direkt die auf den entsprechenden Kreisdurchmesser d bezogene Basislänge a des Rechteckquerschnittes errechnen, Glg. (5.5) bzw. Abb. 5.23 rechts.

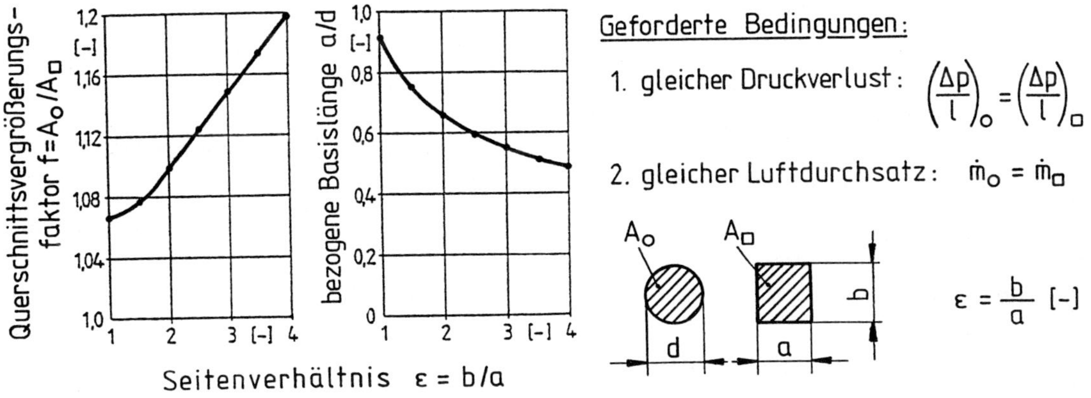


**Abb. 5.23.** Erforderliche Querschnittsvergrößerung bei Übergang von einem kreisförmigen auf einen rechteckigen Rohrquerschnitt bei einphasiger, turbulenter Gasströmung ($2300 \leq Re \leq 10^5$) [5.1]

$$a = \frac{d}{2} \left\{ \frac{\pi^7 \cdot (1 + \varepsilon)^5}{\varepsilon^{12}} \right\}^{1/19} \tag{5.5}$$

a [m] ..... Basislänge des Einzelrohrrechteckquerschnittes
d [m] ..... Durchmesser des Einzelrohr-Kreisquerschnittes

5.1.5.2. Einzelrohrlänge

Die Festlegung der Einzelrohrlänge erfolgt bei Saugrohren mit zentraler Gemischbildung unter gänzlich anderen Gesichtspunkten als bei Saugrohren mit Einzeleinspritzung. Während man bei letzteren bewußt größere Einzelrohrlängen anstrebt, um unter Ausnutzung der sich ausbildenden Saugrohrschwingungen günstige Nachladeeffekte in bestimmtem Drehzahlbereich zu erzielen, erfordern geringe Gemischdurchsatzzeiten und kleine Wandfilmspeichermengen bei Zentraleinspritz- und Vergasersaugrohren stets so kurze Rohrlängen wie möglich.

Bei Saugrohren vom Typ "Spinnensaugrohr" läßt sich dies zumeist ohne weitere Nachteile, durch Anbringung annähernd gerader Verbindungsrohre zwischen den Zylinderkopf-Einlaßkanälen und dem zentralen Saugrohrverteilkörper, realisieren. Saugrohre des "siamesischen Saugrohrtyps" erfordern hingegen oft längere gemeinsame Rohrabschnitte, um symmetrische Einlaufbedingungen an der 2. Verzweigung zu ermöglichen. Darüberhinaus sollte sowohl bei Spinnen-, als auch siamesischen Saugrohren darauf geachtet werden, daß gewisse Mindest-Krümmerradien nicht unterschritten werden, um einen unnötig hohen Druckverlustanstieg zu vermeiden.

5.1.5.3. Volumen des Verteilkörpers

Jenen Bereich unmittelbar nach bzw. unterhalb des Gemischbildnerflansches, bei welchem die Einzelrohre (Spinnenform) bzw. Sammelrohre (siamesische Form) zusammenlaufen, bezeichnet man als Verteilbereich, Verteilstelle oder Verteilkörper. Da es sich um einen Bereich hohen Wandniederschlages handelt und darüberhinaus die Aufteilung der Frischladung auf die Einzel- oder Sammelrohre hier irreversibel festgelegt wird, kommt der Gestaltung des Verteilkörpers große Bedeutung zu.

Die Hauptursachen für die im Verteilbereich besonders intensiv stattfindende Wandfilmbildung sind die starke Abnahme der Strömungsgeschwindigkeit durch plötzliche Querschnittserweiterung, bei allen Fallstromsaugrohren die zusätzlich starke Gemischumlenkung, die intensive Wirbelbildung durch die unmittelbar vorgelagerte Drosselklappe und das Vorliegen noch fast des gesamten Tröpfchenspektrums einschließlich der nur mangelhaft zerstäubten großen Tropfen.

Durch Ausbildung eines möglichst kleinen und totraumfreien Verteilkörpervolumens (z.B. durch Ausrundung von Ecken) kann zwar der Tröpfchenniederschlag am Saugrohrboden nicht verhindert, die anschließende Kraftstoffspeicherung jedoch stark reduziert werden. Damit sind wichtige Voraussetzungen für einen ruckelfreien und schadstoffarmen, instationären Motorbetrieb gegeben.

## 5.1.6. Gemischumlenkungen und -verzweigungen

Die Verteilung eines zentral aufbereiteten Gemisches auf die Einzelzylinder eines Mehrzylindermotors macht die Anbringung von Umlenkungen und Verzweigungen erforderlich.

Umlenkungen können in Saugrohren sowohl durch Krümmer, als auch durch Kniestücke realisiert werden. Unter dem Gesichtspunkt möglichst geringen direkten Druckverlustes sind Rohrkrümmer den Kniestücken klar vorzuziehen, da sich bei Kniestücken zusätzlich zum direkten Druckverlust durch Ausbildung von Sekundärströmungen noch ein Druckverlust durch Strömungsablösung hinter der Knie-Innenkante addiert.

Für den Druckverlust in einphasig stationär durchströmten Rohren gilt, unter Vernachlässigung des Beschleunigungsdruckverlustes [5.1],

$$\Delta p_{ges} = \Delta p_R + \Delta p_E = \lambda_R \frac{l}{d} \frac{\rho v^2}{2} + \Sigma\zeta \frac{\rho v^2}{2} \qquad (5.6)$$

| | | |
|---|---|---|
| $\Delta p_{ges}$ | [Pa] | ..... Gesamtdruckverlust |
| $\Delta p_R$ | [Pa] | ..... Reibungsdruckverlust |
| $\Delta p_E$ | [Pa] | ..... Druckverlust durch Einzelwiderstände (Umlenkungen, Einschnürungen, Erweiterungen etc.) |

$\lambda_R$ [-] ..... Rohrreibungsbeiwert
l [m] ..... Rohrlänge
d [m] ..... Rohrdurchmesser
$\zeta$ [-] ..... Widerstandsbeiwert
$\rho$ [kg.m$^{-3}$] ..... Dichte
v [m.s$^{-1}$] ..... Geschwindigkeit

wobei der letzte Term in Glg. (5.6) die Summe aller Einzelwiderstände mit gleichen oder unterschiedlichen Widerstandsbeiwerten bedeutet. Während die bei geraden Rohren vorliegenden Rohrreibungsbeiwerte $\lambda_R$, je nach Rohrrauhigkeit und Reynoldszahl der Strömung, Werte zwischen 0,01 - 0,07 annehmen [5.77], sind die bei Strömungsumlenkungen - insbesondere bei Kniestücken - wirksamen Widerstandsbeiwerte deutlich höher. **Tabelle 5.1.**

Krümmer

| | $\zeta_{glatt}$ | | | | | $\zeta_{rauh}$ |
|---|---|---|---|---|---|---|
| δ | 15° | 22,5° | 45° | 60° | 90° | 90° |
| R = d | 0,03 | 0,045 | 0,14 | 0,19 | 0,21 | 0,51 |
| R = 2d | 0,03 | 0,045 | 0,09 | 0,12 | 0,14 | 0,30 |
| R = 4d | 0,03 | 0,045 | 0,08 | 0,10 | 0,11 | 0,23 |
| R = 6d | 0,03 | 0,045 | 0,075 | 0,09 | 0,09 | 0,18 |
| R = 10d | 0,03 | 0,045 | 0,07 | 0,07 | 0,11 | 0,20 |

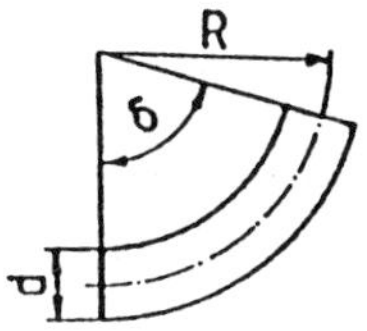


„glatt"..... technisch glatte Rohre
„rauh"..... technisch rauhe Rohre

Scharfkantige Kniestücke

| δ | 10° | 15° | 22,5° | 30° | 45° | 60° | 90° | 105° | 120° |
|---|---|---|---|---|---|---|---|---|---|
| $\zeta_{glatt}$ | 0,034 | 0,042 | 0,066 | 0,13 | 0,236 | 0,471 | 1,129 | 1,80 | 2,26 |
| $\zeta_{rauh}$ | 0,044 | 0,062 | 0,154 | 0,165 | 0,32 | 0,684 | 1,265 | 2,00 | 2,54 |

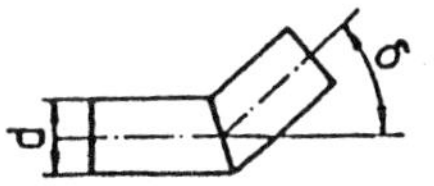


**Tabelle 5.1.** Widerstandsbeiwerte $\zeta$ [-] für Krümmer und scharfkantige Kniestücke mit Kreisquerschnitt [5.78]

Ein guter Überblick über die bei Rohrverzweigungen verschiedenster Geometrie auftretenden Widerstandsbeiwerte wird in [5.74] gegeben.

Wie in Kapitel 2.6 bereits ausgeführt, steigt mit zunehmendem Umlenkwinkel auch die Gefahr des Tröpfchenniederschlags an der Saugrohrwand. Die sich ausbildenden Sekundärströmungen lenken darüberhinaus den Wandfilm in schraubenförmige Bahnen. Umlenkungen des Kraftstoff-Luftgemisches sollten daher so gering wie möglich und nicht unmittelbar vor Verzweigungen vorgenommen werden.

Bei Vorliegen ungleicher Umlenkwinkel zu den einzelnen Zylindern, wie sie bei Flachstrom-Spinnensaugrohren häufig anzutreffen sind, ist Gemischgleichverteilung meist nur durch zusätzlich eingebaute Umlenkhilfen möglich.

### 5.1.7. Rohrquerschnittsform

Der Einfluß der Rohrquerschnittsform auf den Druckverlust wurde bereits erläutert. Aufgrund des geringen Umfang/Flächenverhältnisses rufen kreisförmige Rohrquerschnitte den kleinsten Reibungsdruckverlust hervor. Da dieser jedoch im Verhältnis zu den Druckverlusten durch Umlenkungen, Verzweigungen usw. gering ist, erscheint es sinnvoller, die Einzelrohrquerschnittsform in Hinblick auf eine optimale Gestaltung des Verteilkörpers auszuwählen. Hier erweisen sich rechteckige Einzelrohrquerschnitte, insbesondere hochgestellte Rechteckformen, als die vorteilhafteren Geometrien, da sie sowohl kompaktere Verteilkörperkonstruktionen, **Abb. 5.24** links, als auch geringere maximale Umlenkwinkel gestatten, Abb. 5.24 rechts.

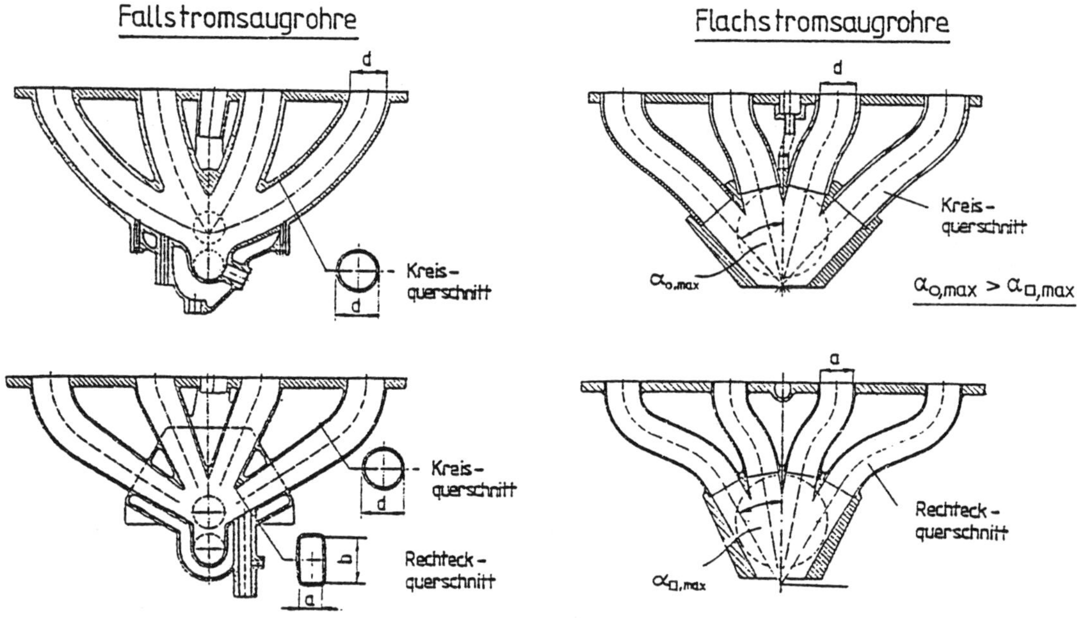


**Abb. 5.24.** Einfluß der Rohrquerschnittsform auf die Verteilkörpergeometrie [5.1]

Darüberhinaus fallen die bei kreisförmigen Einzelrohren entstehenden Verschneidungsrippen an Boden und Decke des Saugrohres weg, welche einen nicht unwesentlichen Einfluß auf die Wandfilmverteilung im Saugrohr ausüben.

Bei kühlmittel- oder abgasbeheizten Einzelrohren ist darüberhinaus eine intensivere Wandfilmverdampfung möglich, da sich der an den Rohrwänden abwärts fließende Kraftstoff am ebenen Boden gleichmäßig dick verteilen kann.

### 5.1.8. Verteilkörperform inklusive Einbauten

Form und Gestaltung des Verteilkörpers haben sowohl bei Fallstrom-, als auch bei Flachstromsaugrohren den meist größten Einfluß auf die Gemischverteilung. Dabei genügen in diesem Bereich oft schon geringste geometrische Veränderungen, um eine Änderung oder gar ein Umkippen des Gemischverteilung zugunsten eines anderen Zylinders oder Zylinderpaares herbeizuführen.

Grundsätzlich ist für alle Saugrohrarten der Verteilkörper möglichst kompakt zu gestalten. Toträume, wie sie z.B. bei Fallstromsaugrohren bevorzugt unterhalb des Gemischbildners auftreten, Abb. 5.16 links, sind durch entsprechende Abrundungen gemäß Abb. 5.16 rechts zu vermeiden, da neben erhöhtem Druckverlust dort auch vermehrte Kraftstoffansammlungen zu verzeichnen sind. Darüberhinaus sollte der gesamte Verteilkörperbereich einer intensiven Abgas- oder Kühlmittelbeheizung unterzogen werden.

Neben diesen allgemeingültigen Richtlinien gibt es noch eine Reihe weiterer, von der vorliegenden Saugrohrgrundform abhängiger Formparameter, welche die Gemischverteilung entscheidend beeinflussen.

So sind bei Fallstromsaugrohren insbesondere die Lage der Gemischeinlaßöffnungen in das Saugrohr sowie der Verteilstellenerweiterungswinkel von Bedeutung.

Eine Lageveränderung der Einlaßöffnung(en) kann, ebenso wie eine Vertauschung der Drosselklappenöffnungsrichtung in der Teillast, ein völliges Umkippen der Gemischverteilung zugunsten eines anderen Zylinderpaares hervorrufen. **Abb. 5.25** zeigt, wie durch eine geringe Ver-

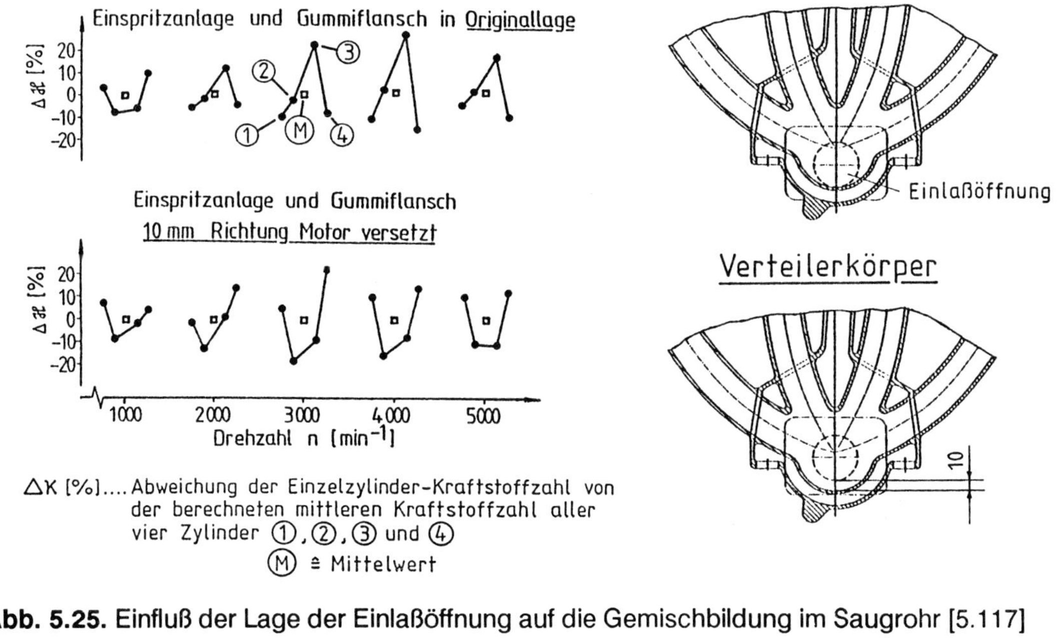


**Abb. 5.25.** Einfluß der Lage der Einlaßöffnung auf die Gemischbildung im Saugrohr [5.117]

schiebung einer einflutigen Zentraleinspritzlage in Richtung Saugrohrmitte eine nahezu gegenläufige Verteilungsstruktur herbeigeführt wurde. Die Hauptursache für diese Veränderung dürfte im Herausrücken der Einlaßöffnung aus der rückseitigen Verteilkörperausnehmung begründet sein, welche der vertikal in das Saugrohr eintretenden Gemischströmung eine zu den innenliegenden Zylindern ausgerichtete Strömungsumlenkung verleiht. Umgekehrt läßt sich durch eine bewußte Verengung der Verteilstelle, **Abb. 5.26**, eine Abmagerung der außenliegenden Zylinder erreichen. Hierbei wird nicht nur die Strömung zu den inneren Zylindern kanalisiert, sondern auch der durch den Staudruck unterhalb der Einlaßöffnung(en) nach außen fließende Wandfilm zum Abreißen gebracht.

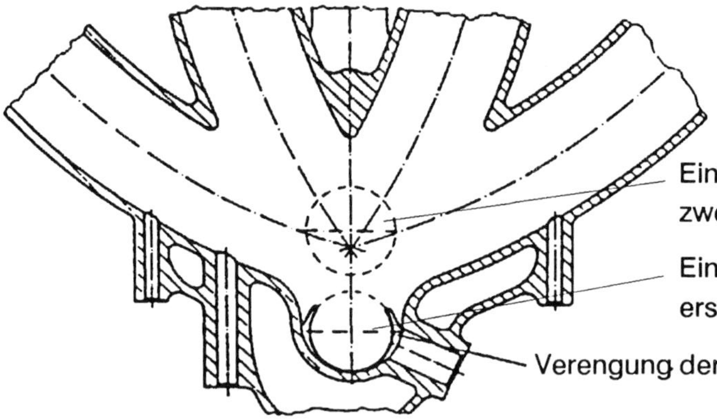


**Abb. 5.26.** Fallstrom-Spinnensaugrohr mit verengter Verteilstelle unter der 1. Registervergaserstufe [5.1]

Eine weitere, vor allem im vollastnahen Bereich sehr wirksame Maßnahme zur Verbesserung der Gemischverteilung in Fallstromsaugrohren stellt die Anbringung von nur ca. 3 mm hohen Wandfilmleitrippen am Verteilkörperboden, **Abb. 5.27**, dar. Diese Maßnahme ist einfach und auch nachträglich durchführbar, läßt - da sie nur den Wandfilm erfaßt - die meist sehr gute Teillast - Gemischverteilung unverändert und hat infolge der geringen Rippenhöhe keine Auswirkungen auf den Liefergrad. Die Rippen können sowohl als Wandfilmleitrippen [5.1, 5.80, 5.40], als auch als Wandfilmabrißkanten ("Spritzringe" [5.75]) eingesetzt werden.

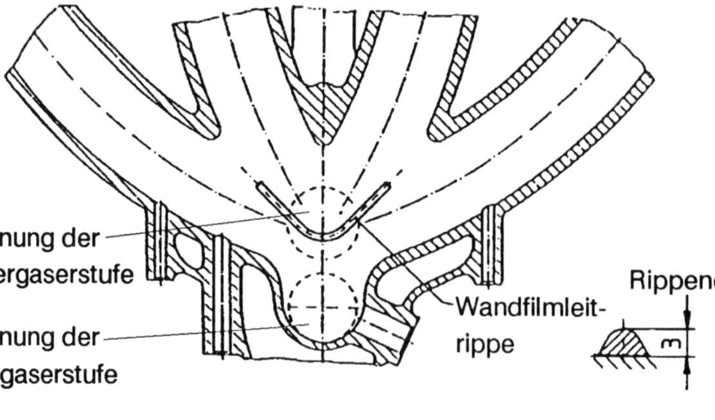


**Abb. 5.27.** Fallstrom-Spinnensaugrohr mit Wandfilm-Leitrippe am Hotspot [5.1]

Bei Flachstromsaugrohren, wo gemäß Abb. 5.6 das gesamte, in das Saugrohr eintretende Gemisch eine Hauptströmung in Richtung der innenliegenden Zylinder aufweist, reicht die Anbringung von 3 mm hohen Wandfilmleitrippen am Saugrohrboden nicht aus. Da hier, infolge der unterschiedlichen Umlenkwinkel neben dem Wandfilm auch die im Gemisch fliegenden Tröpfchen maßgeblichen Anteil an der Fehlverteilung haben, muß der gesamte Gemischstrom nach Eintritt in das Saugrohr zunächst eine Vorumlenkung nach außen erhalten. Hier haben sich vertikale, vom Saugrohrboden bis zur -decke reichende Stege, **Abb. 5.28**, gut bewährt. Eventuell am Steg niedergeschlagener Wandfilm reißt spätestens an der Stegrückseite wieder ab, wodurch sich, im Gegensatz zur siamesischen Saugrohrform, kein unkontrollierbarer Wandfilmstrom ausbilden kann. Darüberhinaus bleibt der Vorteil gleicher Saugabstände im Verteilkörper erhalten.

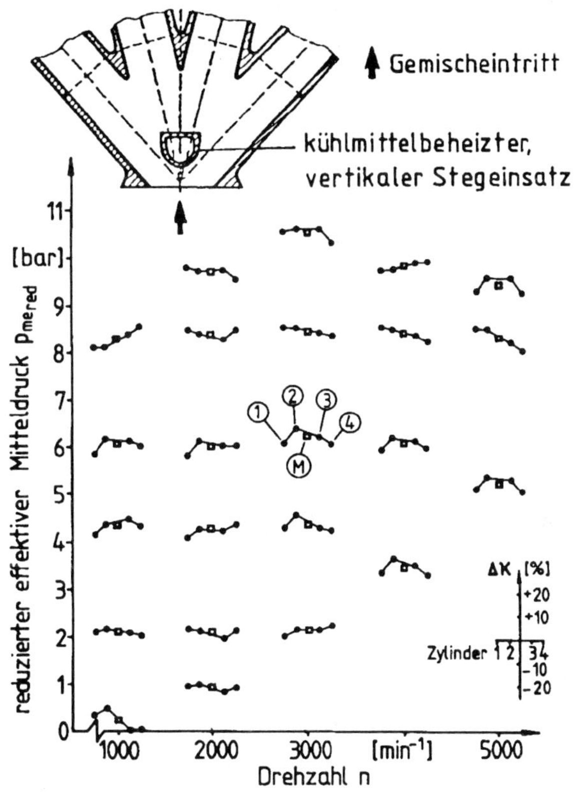


ΔK [%].... Abweichung der Einzelzylinder-Kraftstoffzahl von der berechneten mittleren Kraftstoffzahl aller vier Zylinder ①, ②, ③ und ④
Ⓜ ≙ Mittelwert

**Abb. 5.28.** Erzielte Gemischverteilung in einem optimierten Flachstrom-Spinnensaugrohr mit vertikalem Stegeinsatz [5.71]

Eine interessante Lösungsmöglichkeit des bei Flachstrom-Spinnensaugrohren zwangsläufig auftretenden Problems der ungleichen Umlenkwinkel im Verteilkörper wird in [5.75] vorgestellt. Statt der üblichen, horizontalen Aneinanderreihung der Einzelrohrmündungen ordnet [5.75] diese an einem zur Einlaßöffnung konzentrischen, vertikalen Kreis an, **Abb. 5.29**, wobei das vom Vergaser kommende Gemisch entsprechend der Saugfolge rotiert. Als gravierende Nachteil dieser Anordnung erweisen sich jedoch die starke Abhängigkeit der Gemischverteilung von der Drosselklappenstellung (Begünstigung des oben oder unten liegenden Rohrpaares je nach Öffnungsrichtung) sowie der am Saugrohrboden fließenden Wandfilmmengenstrom, welcher infolge der Schwerkraft stets den unteren Einzelrohren zukommt.

Zusatzeinbauten zur Verminderung des Druckverlustes, wie sie in Form von Leitblechen oder Leitschaufeln in der Lüftungstechnik eingesetzt werden (reine Luftströmung), sollten Aufgrund ihres großen Einflusses auf die Gemischverteilung bei Saugrohren mit zentraler Gemischbildung nicht eingesetzt werden.

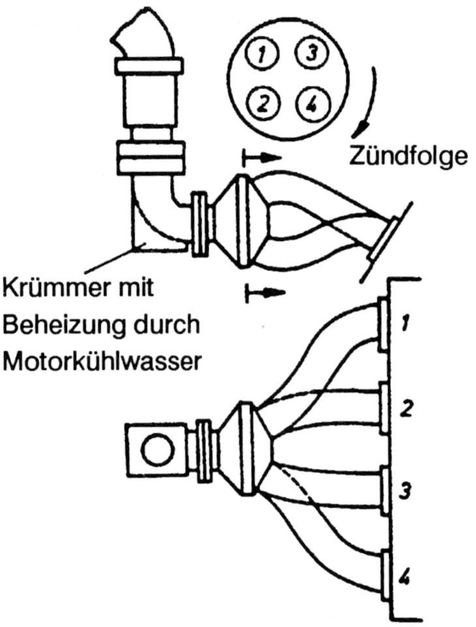


**Abb. 5.29.** "Vollsymmetrisches" Flachstrom-Spinnensaugrohr [5.75]

Demgegenüber sind Verteilkörper-Zusatzeinbauten zur Verbesserung der Kraftstoffverdampfung im Warmlauf, wie bereits im Kapitel "Saugrohrbeheizung" erläutert, durchaus sinnvoll. Allerdings muß auch bei diesen Einbauten eine Abstimmung mit der übrigen Saugrohrgeometrie hinsichtlich Gemischverteilung erfolgen.

### 5.1.9. Neigung des Saugrohres

Durch den bereits erläuterten Einfluß der Schwerkraft auf den Wandfilmtransport ist eine Querneigung des Saugrohres, wie sie durch eine Schräglage von längs im Fahrzeug eingebauten Motoren entstehen kann, unbedingt zu vermeiden.

Demgegenüber ist eine Längsneigung des Saugrohres in Strömungsrichtung, im Sinne eines rascheren Wandfilmtransportes sowie einer geringeren Gefahr von Kraftstoffansammlungen, durchaus zu befürworten.

### 5.1.10 Anschlußbohrungen

Anschlußbohrungen im Saugrohr, wie zum Beispiel Bohrungen zur Unterdruckentnahme oder Abgasrückführung, haben nur geringen Einfluß auf die Gemischverteilung, da in ihnen praktisch kein Gemischtransport stattfindet.

Bei ungünstiger Lage derselben im Saugrohr, beispielsweise im Bereich der Verteilkörperbodens sowie in Totwassergebieten, können sie sich jedoch bei Vollast mit Kraftstoff anfüllen, welcher dann im Schubbetrieb zusätzlich zum üblichen Wandfilm abdampft und so eine unerwünschte Gemischanreicherung herbeiführt. Aus diesem Grund ist es ratsam, insbesondere große Bohrungen, wie z.B. die Bohrung für die Bremskraftverstärkung, an der Saugrohroberseite vorzusehen, wobei zuvor im Versuch ein Ort möglichst geringer Kraftstoffbeaufschlagung ermittelt werden sollte.

### 5.1.11. Saugrohrmaterial

Der Werkstoff eines Vergasersaugrohres sollte folgende Anforderungen genügen:

- Eignung zum Gießen;
- gute Wärmeleitfähigkeit;
- geringe spezifische Wärmekapazität;
- hohe mechanische Belastbarkeit;
- chemische Beständigkeit gegen Kraftstoffe, Öle, Additive;
- thermische Belastbarkeit;
- vertretbare Kosten.

Hohe mechanische Belastbarkeit ist erforderlich, da insbesondere die Vibrationen des Motors das Saugrohrmaterial stark beanspruchen. Geringe spezifische Wärmekapazität garantiert rasche Erwärmung des noch kalten Saugrohres im Warmlauf, gute Wärmeleitfähigkeit wiederum hohe Temperaturen an der Rohrwandinnenseite.

Zahlreiche Leichtmetallegierungen, insbesondere Aluminiumlegierungen, erfüllen obige Anforderungen in hohem Maße.

Hinsichtlich des Einflusses einer Saugrohrbeschichtung (z.B. Teflon) auf die Gemischverteilung sind in der Literatur trotz zahlreicher Untersuchungen keine einheitlichen Ergebnisse vorzufinden [5.33, 5.81, 5.82]. So führt die durch Beschichtung veränderte Benetzbarkeit der Rohroberfläche bei einigen Saugrohren zu Verbesserungen bei anderen zu Verschlechterungen. Das Ergebnis einer Saugrohrbeschichtung ist somit abhängig von der vorliegenden Saugrohrgeometrie und läßt sich daher nicht allgemein bewerten.

### 5.1.12. Oberflächenrauhigkeit

Der Einfluß der Oberflächenrauhigkeit auf den Reibungsdruckverlust ist bei der in Saugrohren mit zentraler Gemischbildung vorliegenden Mehrphasenströmung geringer als bei einphasiger Strömung. Die Ursache dafür liegt vermutlich in der Glättung der Phasengrenzfläche der welligen Filmströmung durch die kleinen, schroffen Erhebungen der Gußoberfläche [5.77], wodurch sich in manchen Fällen sogar eine Abnahme des Gesamtdruckverlustes mit zunehmender Rohrrauhigkeit ergeben kann [5.77, 5.73].

Darüberhinaus ergaben Versuche [5.1] mit formgleichen, jedoch unterschiedlich rauhen Saugrohren (Korngrößen von 0,1 - 1 mm) keinen Einfluß der Rohrrauhigkeit auf Gemischverteilung und Wandfilmbildung, **Abb. 5.30**.

Somit kann zusammengefaßt werden, daß der Saugrohr-Oberflächenrauhigkeit bei der Gestaltung eines Saugrohres nur untergeordnete Bedeutung zukommt.

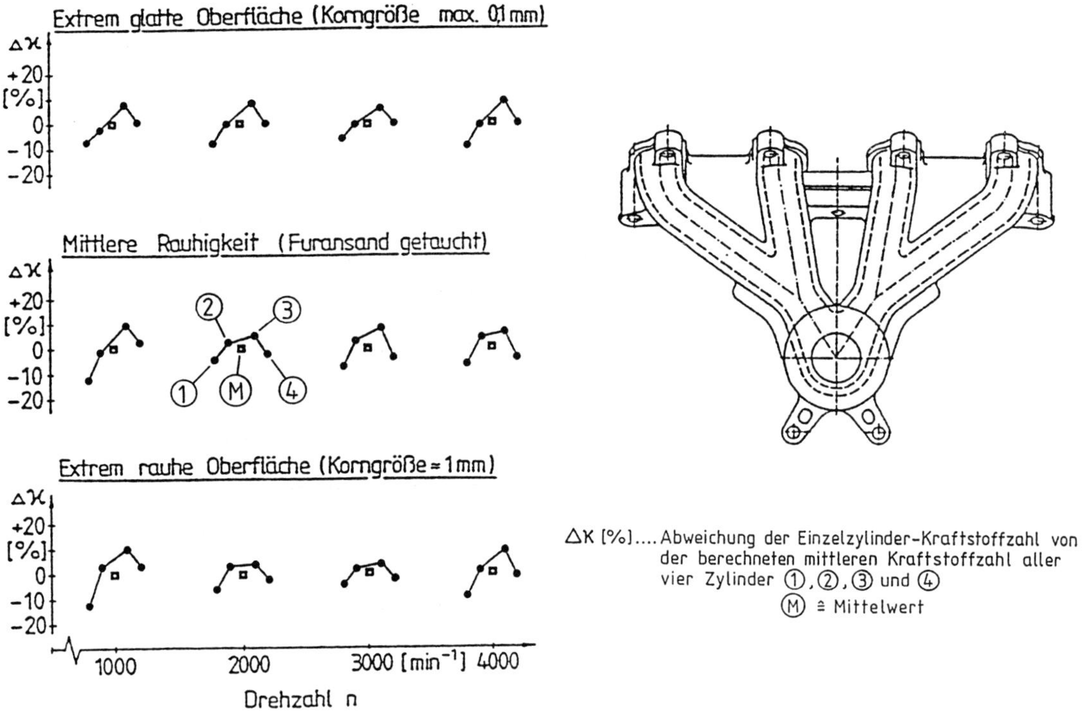


**Abb. 5.30.** Einfluß der Saugrohr-Oberflächenrauhigkeit auf die Vollast-Gemischverteilung [5.1]

### 5.1.13. Zwischenflansch Saugrohr-Gemischbildner

Die Hauptaufgaben des zwischen Saugrohr und Gemischbildner angeordneten Zwischenflansches sind

- Wärmeisolierung des Gemischbildners gegenüber dem abgas- oder kühlmittelbeheizten Saugrohr, um Dampfblasenbildung im Gemischbildner zu verhindern (Schwimmerkammer, Kanäle, Leitungen);
- Dämpfung der Motorschwingungen gegenüber dem Gemischbildner, um Fehldosierungen sowie vorzeitigem Verschleiß der beweglichen Teile vorzubeugen.

Als Zwischenflanschwerkstoff findet daher zumeist eine temperaturbeständige Gummimischung mit schwimmend einvulkanisierten Stahlblechen zur Flanschverstärkung Verwendung.

Darüberhinaus können durch spezielle Zwischenflanscheinbauten die Gemischaufbereitung verbessert und die Gemischverteilung gezielt beeinflußt werden.

Nach ihrer Wirkungsweise können folgende Einsätze unterschieden werden:

- Einbauten zur Verbesserung der Kraftstoffverdampfung, wie die bereits besprochenen PTC-Heizwaben, Wärmerohre oder "Duplex"- Systeme;

- Einbauten zur Ablösung des im Gemischbildnerhauptkanal niedergeschlagenen Wandfilmes, wie z.B. Spritzringe [5.75] oder (innen gezackte) Blenden [5.58], **Abb. 5.31**;

- Einbauten zur Gemischhomogenisierung (Verwirbelung [5.83], Mehrfachumlenkung [5.84, 5.85] usw.), welche jedoch stets einen erheblichen Druckverlust hervorrufen. Eine Ausnahme könnte hier ein zwischen Gemischbildner und Saugrohr angeordneter Abgasturbolader mit dem Hauptzweck der Gemischhomogenisierung darstellen, doch wäre sicherzustellen, daß dieser keine unzulässig hohe Erwärmung des Kraftstoff-Luftgemisches herbeiführt.

A Drosselklappe
B Vergasergehäuse
C "Deflector" Ring
D Adapter
E Adapterdichtung
F Saugrohr
G Gemisch

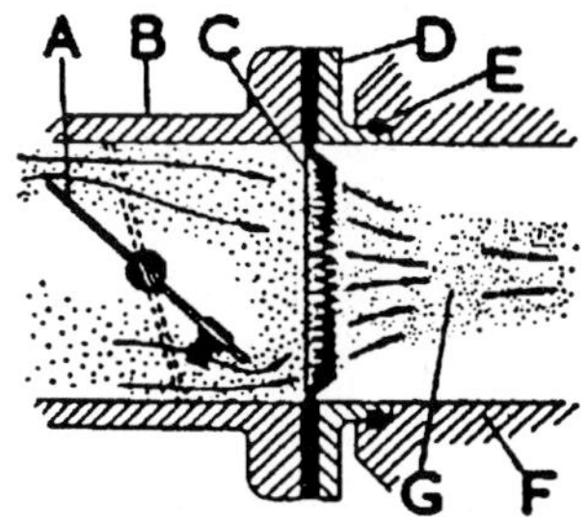


**Abb. 5.31.** Spritzring oder "Fuel deflector" im Vergaserflansch zur Ablösung des Kraftstoffilmes [5.58]

- Einbauten, welche die Gemischströmung unmittelbar vor Eintritt in den Saugrohr-Verteilkörper in eine bevorzugte Richtung umlenken oder um einen bestimmten Winkel verdrehen. Dadurch können sowohl konstruktive Mängel der Saugrohrgeometrie, als auch gemischbildnerbedingte Strömungsasymmetrien ausgeglichen werden, **Abb. 5.32**. Bei Einbauten dieser Verwendungsgruppe ist jedoch zu beachten, daß schon geringste Form- oder Einbaulageveränderungen der Einsätze die Gemischverteilung im Saugrohr stark verändern kön-nen. Genaue Fertigung und sorgfältige Feinabstimmung auf dem Motorenprüfstand sind daher unerläßlich.

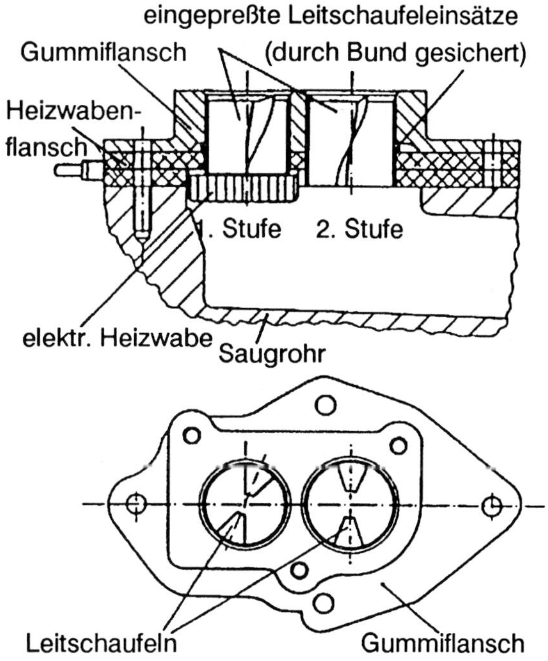


**Abb. 5.32.** Zwischenflansch eines Fallstrom-Registervergasers mit Leitschaufeleinsatz [5.1]

## 5.2. Saugrohrgestaltung für dezentrale Gemischbildner

### 5.2.1. Allgemeines

Wie bereits in Kap. 4.2. erwähnt, sind als dezentrale Gemischbildner sowohl Einzelvergaser, als auch Einzeleinspritzanlagen zu verstehen. Da aber Einzelvegaseranlagen kaum noch Bedeutung aufweisen, befasst sich dieser Abschnitt nur mit der Saugrohrgestaltung für Einspritzmotoren.

Bei der Formgebung von Saugrohren für Motoren mit zentraler Gemischbildung ist der Konstrukteur infolge zahlreicher Erfordernisse, die unbedingt berücksichtigt werden müssen, stark eingeschränkt [5.1]. Der Wandfilmaufbau und die Wandfilmabdampfung bei instationärem Betrieb verlangen nach einer möglichst geringen benetzbaren Oberfläche. Die Transportzeit der Kraftstofftropfen von der zentralen Gemischbildungsstelle zum Zylinder soll kurz sein. Dies läßt nur geringe Saugrohrlängen zu. Hohe Strömungsgeschwindigkeit begünstigt die Gemischbildung in entscheidendem Maß; dies erfordert kleine Saugrohrdurchmesser.

Die Drehmomentverläufe, die mit selbstansaugenden Motoren mit zentraler Gemischbildung erreicht werden, können somit als Ausgangsbasis herangezogen werden, da hier meist die niedrigsten Drehmomentwerte vorliegen. Die Drehmomentmaxima liegen oft im mittleren Drehzahlbereich um 3500 $min^{-1}$. Unterschiedliche Drehmomentverläufe bei niederen bzw. hohen Drehzahlen werden im wesentlichen mit verschiedenen Ventilsteuerzeiten erreicht.

Durch die Verwendung einer Einzelzylinder-Einspritzung mit dem Einspritzventil in der Nähe des Einlaßventiles können die oben genannten Probleme der Motoren mit zentraler Gemischbildung umgangen werden. Dies erlaubt neben einer möglichst strömungsgünstigen Gestaltung der Sauganlage eine weitgehend freie Wahl der geometrischen Abmessungen der gesamten Sauganlage und damit die Nutzung gasdynamischer Aufladeeffekte [5.86]. Der effektive Mitteldruck bzw. die Motorleistung kann dadurch in einzelnen Drehzahlbereichen um bis zu 20 % angehoben werden.

Bezüglich der Selbstaufladung von Verbrennungsmotoren sind die Schwingrohraufladung und die Resonanzaufladung, **Abb. 5.33**, allgemein bekannt und haben in der praktischen Anwendung Bedeutung erlangt.

### 5.2.2. Resonanzaufladung

Bei der Resonanzaufladung sind Gruppen von Zylindern mit gleichen Zündabständen über kurze Rohre an Resonanzbehälter angeschlossen. Diese sind über Resonanzrohre mit einem Sammelbehälter verbunden und wirken als Helmholtz-Resonatoren.

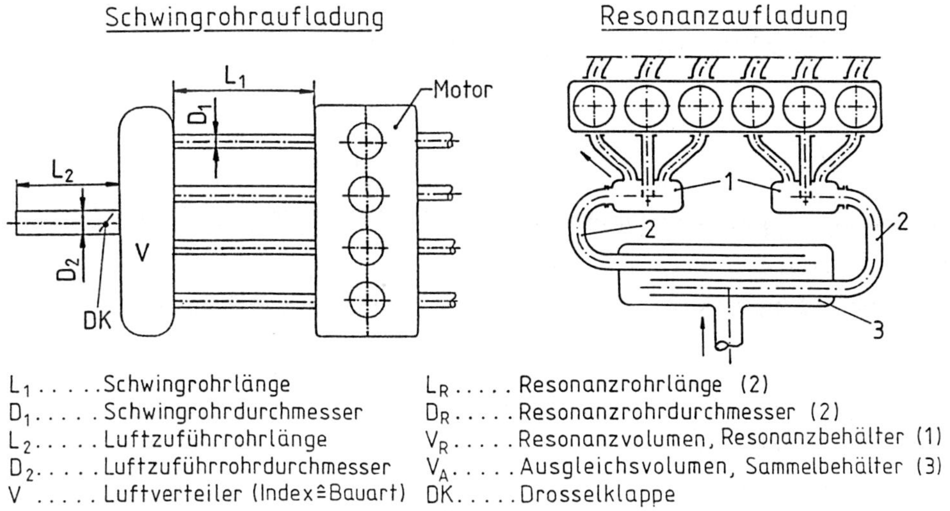


**Abb. 5.33.** Sauganlagen für Schwingrohraufladung und Resonanzaufladung [5.86 und 5.87]

Die Aufladung kommt dann zustande, wenn die Grundharmonische der durch die periodischen Saugzyklen der Zylinder hervorgerufenen Erregung mit der Eigenfrequenz des Systems übereinstimmt.

Wesentlich ist hierbei das Zusammenwirken von drei Zylindern mit je 240 ° KW versetzten Saugphasen, die sich zeitlich nicht überschneiden. Die Zylinder müssen über möglichst kurze Saugleitungen an den Resonanzbehälter angeschlossen werden.

In Abb. 5.33. rechts, ist eine mögliche Lösung der Resonanzaufladung zu sehen. Die Zylinder eines Sechszylindermotors mit einer Zündfolge 1-5-3-6-2-4 sind an die Resonanzbehälter in zwei Gruppen unterteilt angeschlossen. Die Saugperioden der einem gemeinsamen Resonanzbehälter angehörenden Zylinder überdecken sich dadurch, wie oben vorausgesetzt, zeitlich nicht.

Charakteristische Merkmale der Resonanzaufladung sind die nahezu ungedämpfte Schwingung in den Auszugstutzen und eine Einsenkung des Massenstromverlaufes in der Mitte der Einlaßphase, bedingt durch die hier herrschenden ungünstigen Druckverhältnisse. Jeweils am Beginn und Ende der Einlaßphase treten Maxima im Massenstromverlauf auf.

Der Nachteil der Resonanzaufladung am Saugmotor ist, daß jeweils knapp außerhalb des Resonanzbereiches wenig Luftaufwandssteigerung erreicht wird und so nur eine extreme Drehmomentspitze auftritt.

Praktische Bedeutung hat die Resonanzaufladung in Kombination mit der Abgasturboaufladung (kombinierte Aufladung) bei Fahrzeugmotoren (hauptsächlich LKW-Dieselmotoren) dadurch erhalten, daß sie die Drehmomentschwäche der Turboaufladung im unteren Drehzahlbereich zu mildern vermag. Diesbezüglich wird auf die zahlreiche, einschlägige Literatur verwiesen [5.88,

5.89, 5.90]. Die Abstimmung wird meist so getroffen, daß durch das Resonanzsystem im Drehzahlbereich um 1100 $min^{-1}$ bis 1400 $min^{-1}$ eine Luftaufwandsteigerung gegenüber der reinen Abgas-Turboaufladung erreicht werden kann.

Wie in [5.91, 5.92] beschrieben, kann das Prinzip der kombinierten Aufladung auch bei PKW-Ottomotoren hoher Literleistung angewendet werden und wesentlich zur Verbesserung des motorischen Betriebsverhaltens beitragen. **Abb. 5.34** zeigt entsprechende Leistungs- bzw. Drehmomentverläufe.

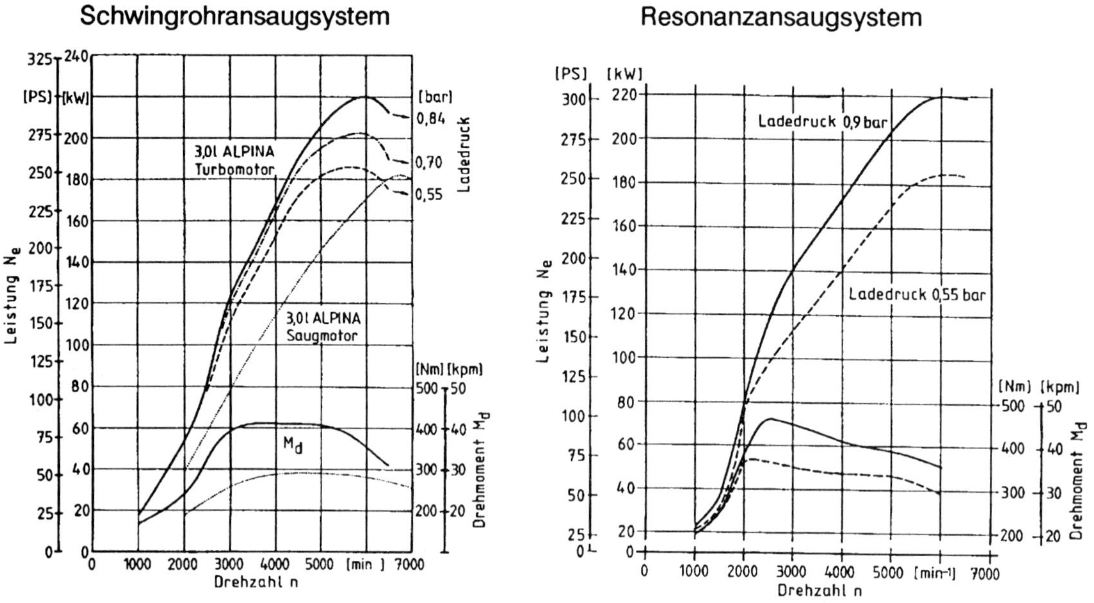


**Abb. 5.34.** Leistungs- und Drehmomentverläufe des Alpina-Turbomotors mit Schwingrohransaugsystem bzw. Resonanzansaugsystem [5.91]

In [5.93] wird dargestellt, daß die Resonanzaufladung auch am schnellaufenden PKW-Otto-Saugmotor bei sehr hohen Drehzahlen zu ausgezeichneten Luftaufwandwerten führt, siehe **Abb. 5.35**.

Die für die Auslegung der Resonanzaufladung maßgebenden Größen sind:

- Länge des Resonanzrohres;
- Durchmesser des Resonanzrohres;
- Volumen des Resonanzbehälters;
- Resonanzdrehzahl;
- Hubvolumen des Motors.

Die Ansaugleitungen (Verbindung Zylinder - Resonanzbehälter) sollten, wie schon erwähnt, möglichst kurz, bei ausreichendem Durchmesser, bemessen werden.

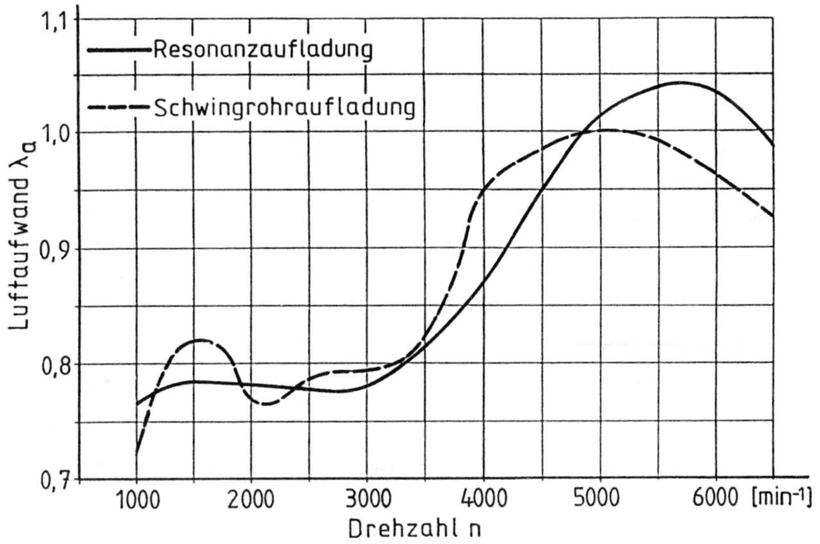


**Abb. 5.35.** Luftaufwand $\lambda_a$ des 911-Carrera-Motors mit Resonanz-Ansaugsystem [5.93].

Eine Verlängerung des Resonanzrohres, bzw. eine Verringerung des Resonanzrohrdurchmessers, bzw. eine Vergrößerung des Resonanzbehältervolumens führen jeweils zu einer Absenkung der Resonanzdrehzahl.

Die dargestellte Vielfalt des möglichen Einsatzbereiches der Reonanzaufladung deutet gleichzeitig auf den weiten Variationsbereich der Parameter hin. Resonanzrohrlänge von 0,4 m bis 1,4 m, Resonanzrohrdurchmesser von 40 mm bis 80 mm, Resonanzbehältervolumen von 0,15 l bis 4 l.

Am 4-Zylinder-Reihen-Motor mit je 180° KW versetzter Saugphase können wesentliche Merkmale der oben definierten Resonanzaufladung nicht erzeugt werden.Um eine Überschneidung der Saugzyklen zu vermeiden, müssen zwei Zylinder mit je 360° KW versetzten Saugphasen zusammengefaßt werden. Dies bedeutet, daß die Zylinder 2 und 3 sowie die Zylinder 1 und 4 zusammengefaßt werden müssen. Das besprochene Prinzip erfordert aber kurze Verbindungsleitungen von den Zylindern zum Resonanzbehälter und Behältervolumina der Größenordnung von 0,2 $dm^3$. Dies steht jedoch im Widerspruch zu der geometrisch gegebenen Entfernung der Zylinder 1 und 4, sodaß eine derartige Sauganlage praktisch kaum verwirklicht werden kann, siehe **Abb. 5.36**.

Um die Forderung nach möglichst kurzen Saugleitungen und kleinem Resonanzbehältervolumen erfüllen zu können, wurden bei einer weiteren Versuchsanlage alle 4 Zylinder in einem Resonanzbehälter zusammengefaßt, Abb. 5.36 rechts. Die geometrischen Abmessungen entsprachen somit dem in [5.86] dargestellten Prinzip einer Resonanzanlage, der entscheidende Unterschied gegenüber [5.86] liegt darin, daß sich hier die Saugzyklen und damit Anregungsphasen der am Behälter angeschlossenen Zylinder zeitlich überschneiden.

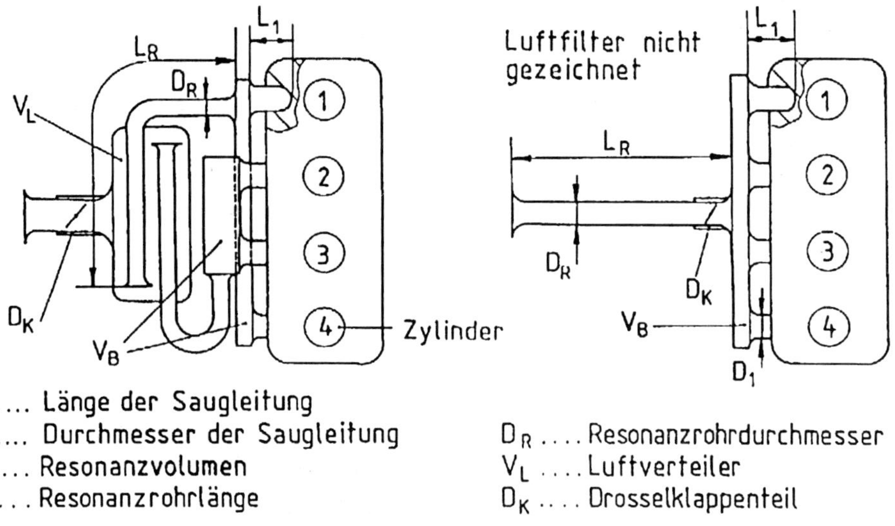


**Abb. 5.36.** Resonanzanlagen für 4-Zylinder-Reihen-Motor mit einem bzw. zwei Resonanzbehältern [5.94]

**Abb. 5.37** zeigt die gemessenen Mitteldruckverläufe bei unterschiedlicher Auslegung des Resonanzrohres. In krassem Gegensatz zu den in [5.86] beschriebenen Anlagen tritt hier ein breiter Drehzahlbereich mit erhöhtem Drehmoment auf, ohne die Ausbildung einer markanten Drehmomentspitze. Ursache hierfür sind die sich überschneidenden Saugzyklen der angeschlossenen Zylinder.

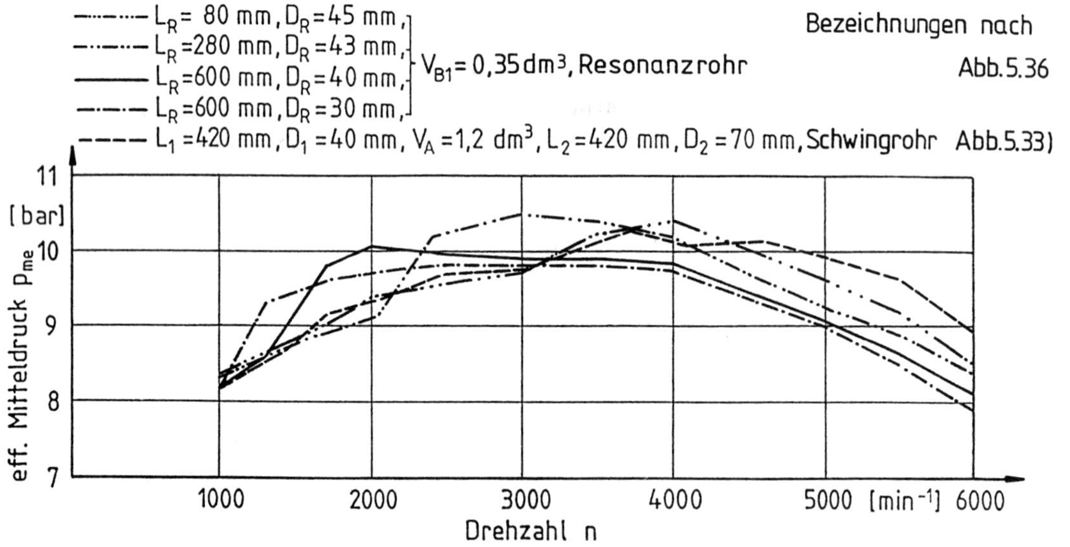


**Abb. 5.37.** Effektiver Mitteldruck über der Drehzahl verschiedener Resonanzanlagen mit einem Resonanzrohr für vier Zylinder im Vergleich zu einer Schwingrohranlage nach Abb. 5.33 [5.94]

Bemerkenswert ist der Drehmomentverlauf mit einem Resonanzrohr von 600 mm Länge und 40 mm Durchmesser. Im Drehzahlbereich von 1700 $min^{-1}$ bis 4000 $min^{-1}$ tritt ein nahezu konstanter Mitteldruck von 9,9 bar auf. Bei einer Resonanzrohrlänge von 80 mm, die im vorliegenden Fall durch den Drosselklappenstutzen gegeben ist, gleicht der Mitteldruckverlauf genau dem eines mit Vergaser erzielten Mitteldruckverlaufes.

Zum Vergleich wurde auch der Mitteldruckverlauf einer konventionellen Schwingrohranlage eingezeichnet.

### 5.2.3. Schwingrohraufladung

Hier besitzt jeder Zylinder ein eigenes Saugrohr einer bestimmter Länge, das an einem Luftverteiler angeschlossen ist. Ein grundsätzlich anderes physikalisches Geschehen als bei der Resonanzaufladung liegt der Schwingrohraufladung zugrunde: Eine tiefe Drucksenke am Einlaßventil zu Beginn der Einlaßphase. Diese Unterdruckwelle durchläuft das Saugrohr und wird am offenen Rohrende gegensinnig, also als Überdruckwelle reflektiert; diese bewirkt bei zeitlich gesehen richtiger Lage kurz vor dem Schließen des Einlaßventiles einen Aufladeeffekt, woraus der hohe Luftaufwand und damit optimale Mitteldruck resultieren. Eine gegenseitige Beeinflussung der einzelnen Zylinder erfolgt über den Luftverteiler, ist aber für die beabsichtigte Wirkung nicht erforderlich.

Bei der Schwingrohraufladung steigt der Saugrohrdruck in der Mitte der Einlaßphase infolge der im Luftverteiler reflektierten Druckwelle stark an. Der Massenstromverlauf durch das Einlaßventil zeigt dementsprechend ein Maximum in der Mitte der Einlaßphase. Nach dem Schließen des Einlaßventiles schwingt die Luftsäule im Idealfall entsprechend der Eigenfrequenz eines einseitig geschlossenen Rohres gedämpft weiter.

**Abb. 5.38** zeigt die Verläufe des effektiven Mitteldruckes unterschiedlicher Sauganlagen. Bei der Schwingrohraufladung tritt ein relativ breiter Drehzahlbereich optimalen Mitteldruckes auf. Bei Drehzahlen über den abgestimmten Drehzahlbereich hinaus zeigt sich jedoch ein erheblicher Mitteldruckverlust.

Wird eine erhebliche Liefergradsteigerung gegenüber einem frei ansaugenden Motor über einen breiteren Drehzahlbereich gewünscht, so sollte die Schwingrohraufladung angewendet werden.

In [5.94 und 5.108] wurden systematisch Parametervariationen durchgeführt. Abb. 5.33, links, zeigt den Aufbau dieser Schwingrohr-Anlage. In dieser Parameterstudie wurden die Einflüsse der Schwingrohrlänge, des Schwingrohrdurch-messers, der Luftzuführrohrlänge, des Luftzuführrohrdurchmessers und des Luftverteilers auf den maximalen effektiven Mitteldruck untersucht. Man erkennt in den folgenden Abbildungen bei welchen Drehzahlen Mitteldruckmaxima bzw. - minima auftreten, ferner das Ausmaß der Mitteldruckänderung in teilweise sehr engen Drehzahlgrenzen und die relativen Differenzen zwischen den einzelnen Verläufen.

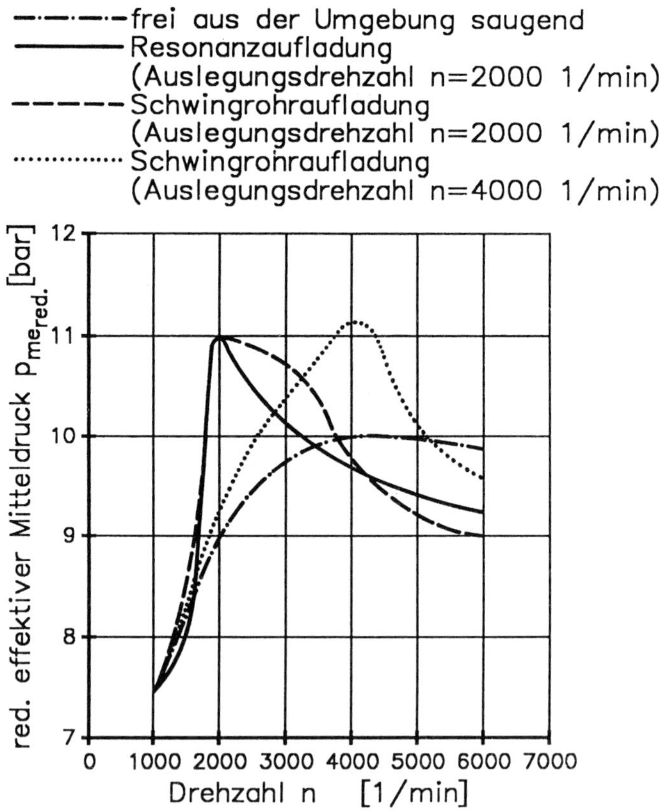


**Abb. 5.38.** Kennlinien unterschiedlicher Sauganlagen

**Abb. 5.39** zeigt den Einfluß der Schwingrohrlänge $L_1$ auf den maximalen Mitteldruck. Lange Schwingrohre bewirken hohes Drehmoment bei niederen Drehzahlen, aber einen erheblichen Verlust an maximaler Leistung, also bei hoher Drehzahl Kurze Schwingrohre garantieren hohe maximale Leistung, aber geringes Drehmoment bei niederen Drehzahlen. Die Größenordnung der Unterschiede bis zu 20 % ist hier zu beachten.

Wie **Abb. 5.40** zeigt, sind kleine Schwingrohrdurchmesser $D_1$ bei niederen Drehzahlen von Vorteil, während große Schwingrohrdurchmesser entsprechende Leistungsausbeute bei hohen Drehzahlen ermöglichen. Man beachte wieder die Größenordnung der Differenzen.

Bezüglich des Luftverteilers wurde festgestellt, daß dessen Volumen auf den Mitteldruckverlauf weniger Einfluß hat, **Abb. 5.41**, als die Bauart, d.h. die geometrische Anordnung der Luftzuführung und der Schwingrohre am Luftverteiler, **Abb. 5.42**, **Abb. 5.43**, und **Abb. 5.44**.

**Abb. 5.45** zeigt den Einfluß der Luftverteilerbauart auf den Mitteldruck. Bei der Angabe des Luftverteilervolumens V deutet der jeweilige Index auf die Luftverteilerbauart hin.

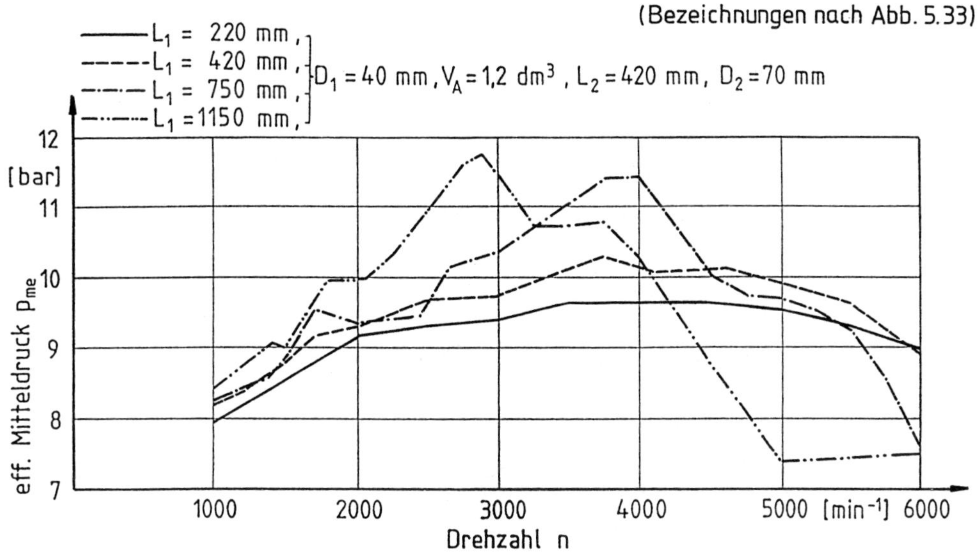


**Abb. 5.39.** Einfluß der Schwingrohrlänge $L_1$ auf den maximalen effektiven Mitteldruck über der Drehzahl [5.94]

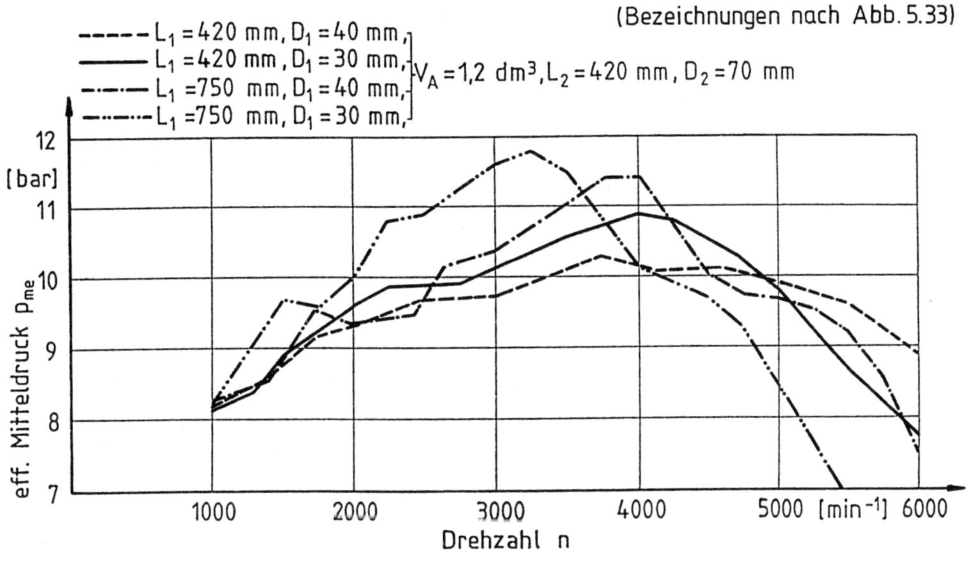


**Abb. 5.40.** Einfluß des Schwingrohrdurchmessers $D_1$ auf den maximalen effektiven Mitteldruck über der Drehzahl für zwei Schwingrohrlängen [5.94]

Die Länge der Luftzuführung $L_2$ wirkt sich in erster Linie im unteren Drehzahlbereich auf den Drehmomentverlauf aus, **Abb. 5.46**. Eine Luftzuführrohrlänge von 600 mm ist bei der Drehzahl von 1600 $min^{-1}$ von Vorteil, während eine sehr kurze Luftzuführung von nur 80 mm Länge bei Drehzahlen um 2500 $min^{-1}$ einen Mitteldruckgewinn bewirkt. Über der Drehzahl von 4000 $min^{-1}$

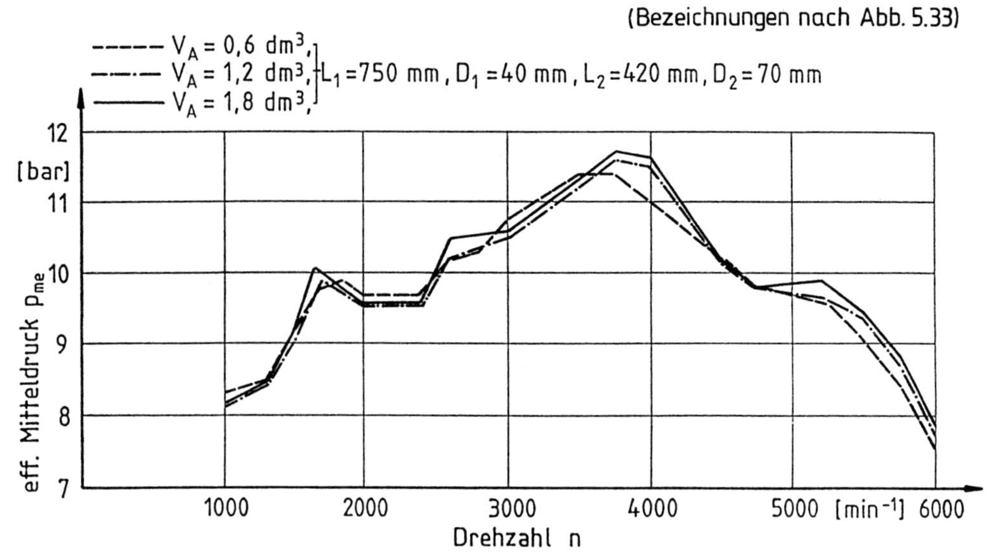


**Abb. 5.41.** Einfluß des Luftverteilervolumens $V_A$ auf den maximalen effektiven Mitteldruck über der Drehzahl

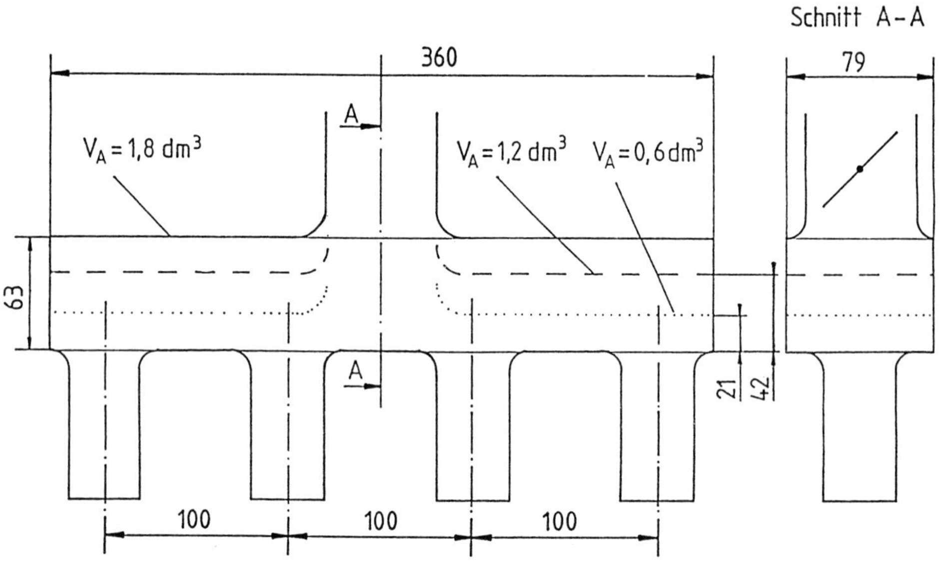


**Abb. 5.42.** Luftverteiler mit paralleler Ein- und Ausströmung in einer Ebene, Bauart A [5.94]

sind derzeit gebräuchliche Luftzuführrohrlängen bei ausreichendem Durchmesser von kaum meßbarem Einfluß auf den maximalen Mitteldruck.

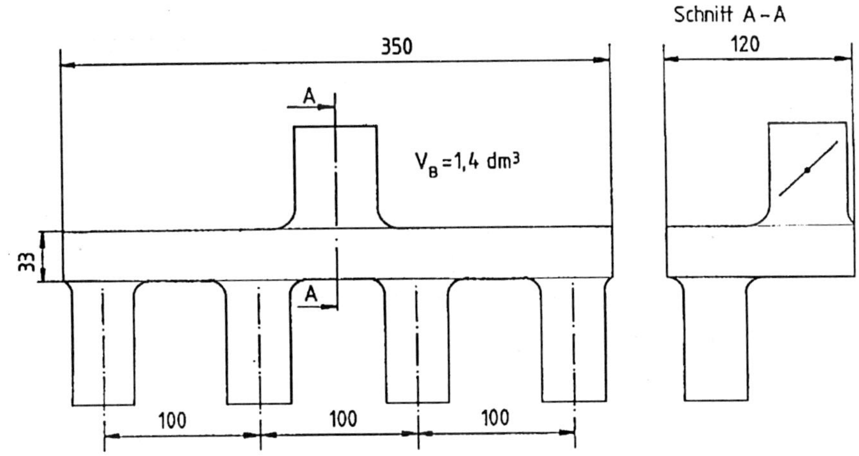


**Abb. 5.43.** Luftverteiler mit paralleler Ein- und Ausströmung in versetzten Ebenen, Bauart B [5.94]

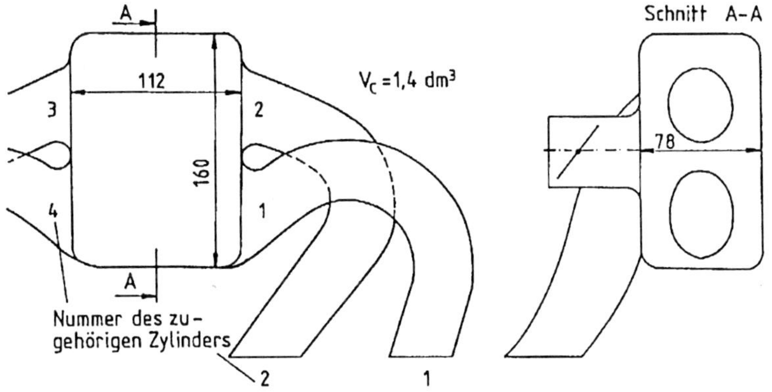


**Abb. 5.44.** Luftverteiler mit zur Ausströmung normaler Einströmung, Bauart C [5.94]

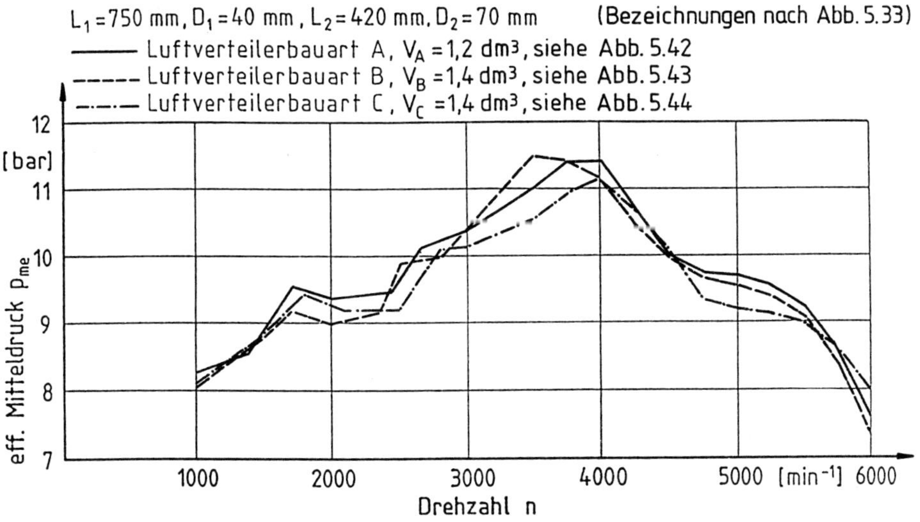


**Abb. 5.45.** Einfluß der Luftverteilerbauart auf den maximalen effektiven Mitteldruck über der Drehzahl [5.94]

Wie **Abb. 5. 47** zeigt, beeinflußt der Durchmesser der Luftzuführung D2 in erster Linie die Mitteldruckspitze im unteren Drehzahlbereich.

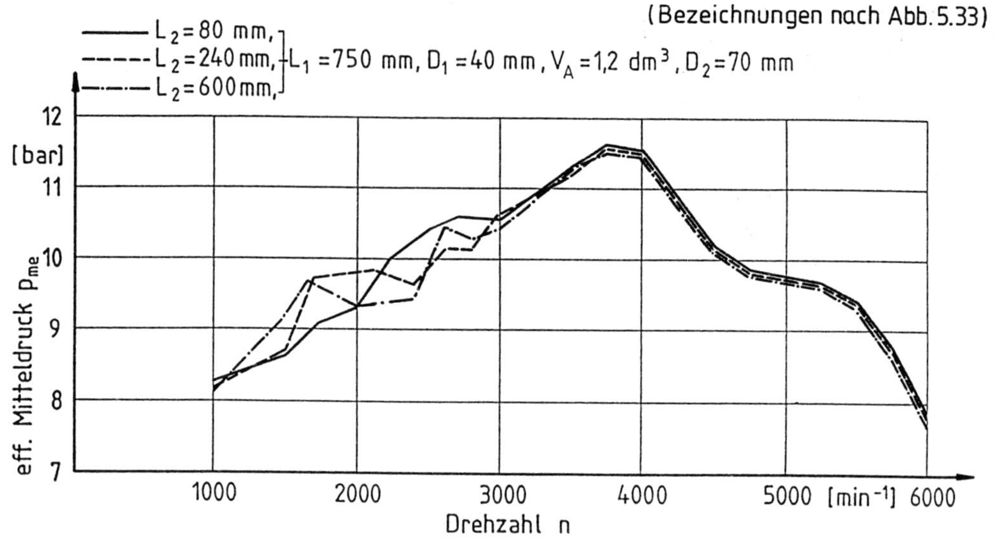


**Abb. 5.46.** Einfluß der Luftzuführrohrlänge L2 auf den maximalen effektiven Mitteldruck über der Drehzahl [5.94]

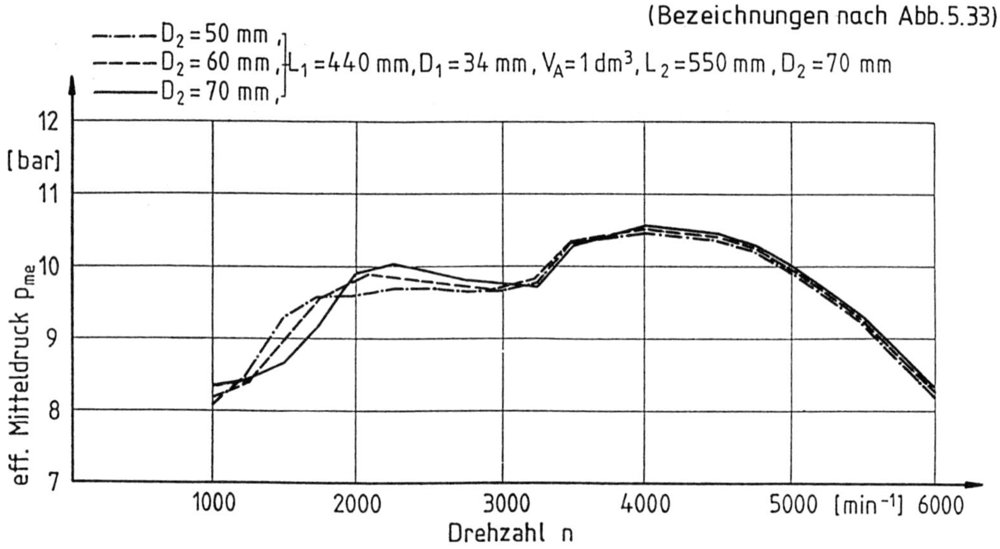


**Abb. 5.47.** Einfluß des Luftzuführrohrdurchmessers D2 auf den maximalen effektiven Mitteldruck über der Drehzahl [5.94]

Haupteinflußgrößen auf den Mitteldruckverlauf sind somit die Schwingrohrlänge $L_1$ und der Schwingrohrdurchmesser $D_1$, wobei durch geeignete Abstimmung der Luftzuführung und des Luftverteilers der Drehmomentverlauf im unteren Drehzahlbereich angehoben werden kann.

In **Abb. 5.48** ist der maximale effektive Mitteldruck einer Sauganlage mit LH-Jetronic, abgestimmt entsprechend der Vorgabe maximalen Mitteldruckes im mittleren Drehzahlbereich, dem Mitteldruckverlauf der serienmäßigen Sauganlage mit LH-Jetronic gegenübergestellt. Durchschnittlich 5 % mehr Mitteldruck können bei gleicher maximaler Leistung erreicht werden.

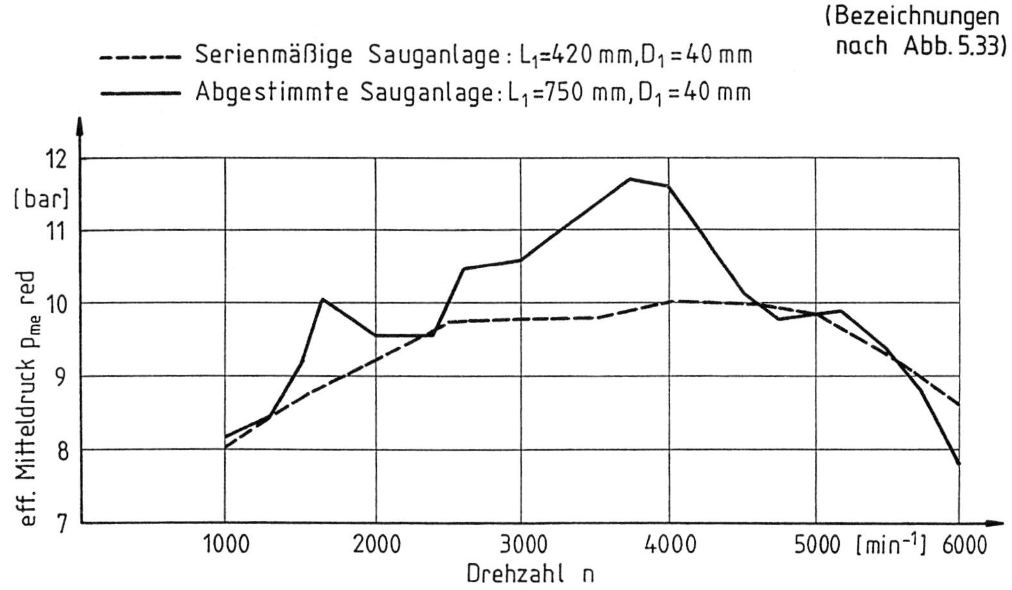


**Abb. 5.48.** Maximaler Mitteldruckverlauf einer serienmäßigen und speziell abgestimmten Sauganlage [5.105]

### 5.2.4. Unkonventionelle Sauganlagen ohne variable Abmessungen

in [5.94] wurden als Vorstufe zu variablen Sauganlagen zwei Saugrohrkombinationen ohne bewegliche bzw. verstellbare Elemente untersucht. **Abb. 5.49** zeigt ein sogenanntes "Zündfolgesaugrohr", wobei je zwei Zylinder mit 360 ° KW versetzter Saugfolge über ein T-Stück gekoppelt wurden. Es war von Interesse, ob einerseits die Restschwingung des einen Zylinders den Ansaugvorgang des zweiten positiv beeinflussen kann und ob andererseits ein Stück gemeinsames Schwingrohr von Vorteil sein könnte.

**Abb. 5.50** zeigt das Ergebnis, wobei einem eher geringen Drehmomentgewinn im unteren Drehzahlbereich ein hoher Drehmomentverlust bei hohen Drehzahlen gegenübersteht.

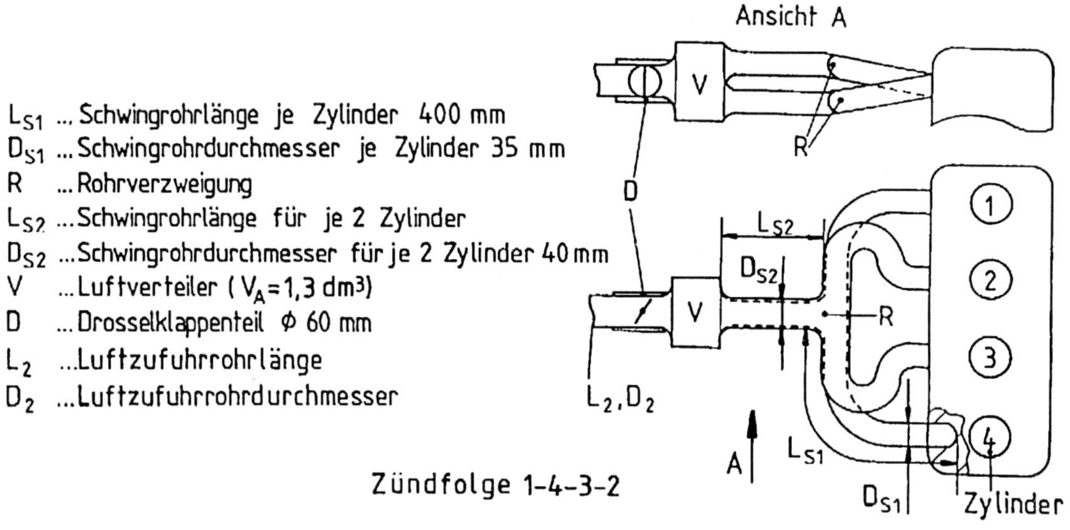


**Abb. 5.49.** Aufbau des "Zündfolgesaugrohres" [5.94]

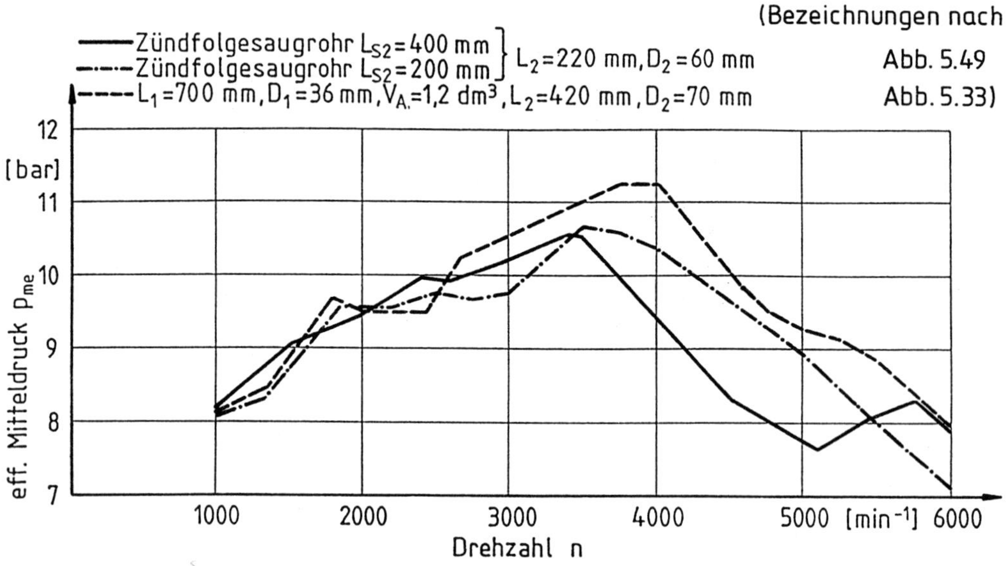


**Abb. 5.50.** Effektiver Mitteldruck über der Drehzahl von zwei verschiedenen Zündfolgesaugrohren nach Abb. 5.49 und einer konventionellen Schwingrohranlage nach Abb. 5.33 [5.94]

Eine weitere Möglichkeit zur Drehmomentsteigerung wurde in einem relativ langen U-förmigen Schwingrohr, das zufolge einer Querverbindung eine zweite Schwingrohrlänge beinhaltet, **Abb. 5.51**, gesehen.

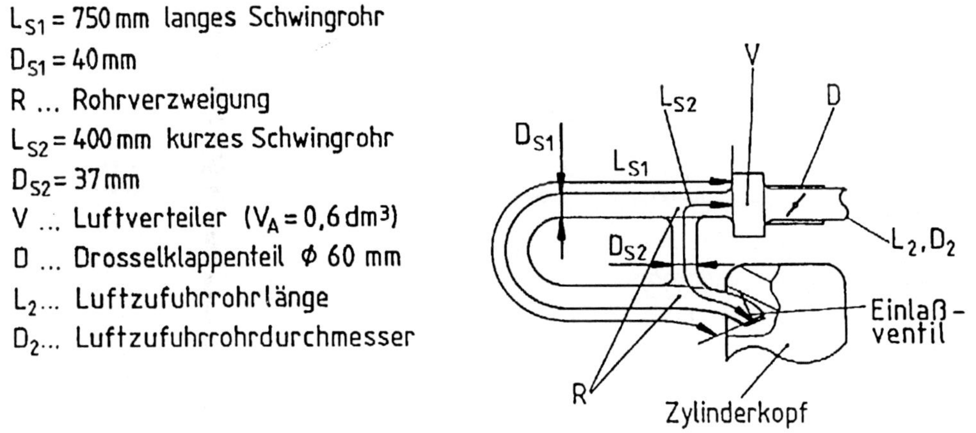


**Abb. 5.51.** Schnitt durch das U-förmige Schwingrohr [5.94]

Das erzielte Ergebnis war, wie **Abb. 5.52** zeigt, erheblich schlechter wie jenes des langen Schwingrohres ohne Querverbindung. Auch der erwartete Anstieg der maximalen Leistung blieb aus.

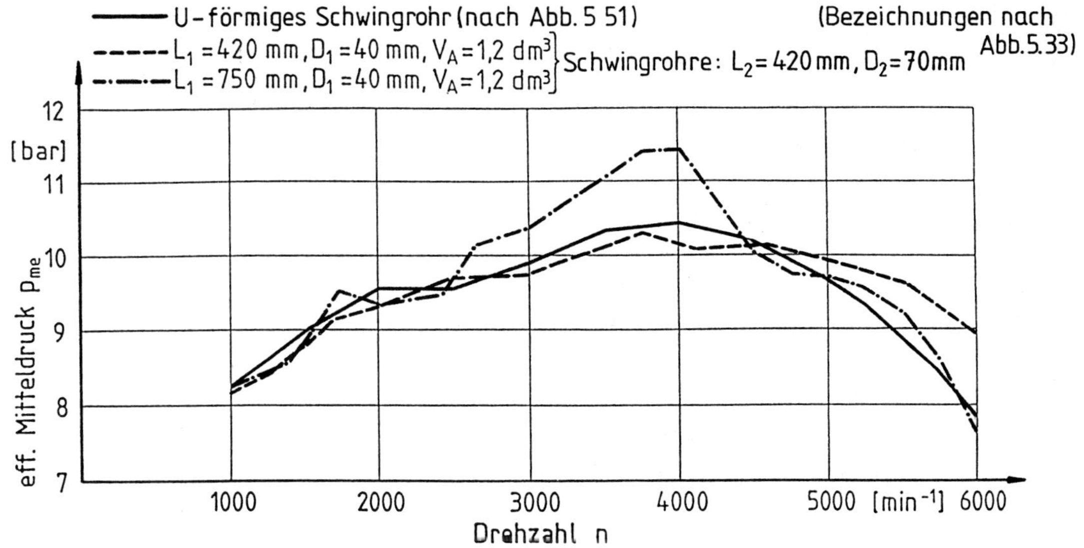


**Abb. 5.52.** Effektiver Mitteldruck über der Drehzahl des U-förmigen Schwingrohres nach Abb. 5.51 und von zwei konvetionellen Schwingrohranlagen nach Abb. 5.33 [5.94]

Aus diesen Ergebnissen ist der Schluß zu ziehen, daß bei kombinierten Sauganlagen Elemente verwendet werden sollten, die die wirksame Schwingrohrlänge eindeutig festlegen, damit das gegebene Potential voll ausgeschöpft werden kann und nicht Schwingungsüberlagerungen zu geringen Druckamplituden, ungünstigen Phasenverschiebungen und damit zu nicht optimalem Luftaufwand führen.

Aus Abb. 5.39 ist ersichtlich, daß in ihren Abmessungen sehr unterschiedliche Sauganlagen bei Drehzahlen um 1000 $min^{-1}$ äußerst wenig Einfluß auf den Mitteldruck haben. Die Amplituden der Saugrohrschwingung sind in diesem Betriebspunkt zu klein, um das Rückströmen bereits in den Zylinder eingebrachter Frischladung in das Saugrohr beeinflussen zu können.

In **Abb. 5.53** ist der Massenstrom durch das Einlaßventil bei der Drehzahl von 1500 $min^{-1}$ über dem Kurbelwinkel dargestellt. Bereits wenige Kurbelwellenwinkelgrade nach dem unteren Totpunkt beginnt das Rückströmen, wobei in diesem Fall ca. 10 % der in den Zylinder eingebrachten Frischladung wieder verlorengehen.

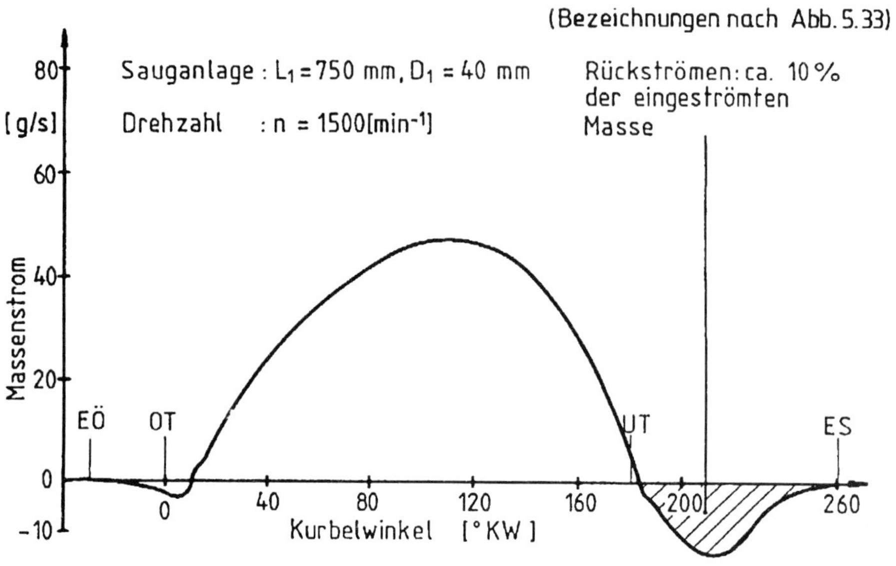


**Abb. 5.53.** Massenstromverlauf am Einlaßventil über dem Kurbelwinkel [5.94]

Als Abhilfemaßnahme wurden in [5.105] Rückschlagventile untersucht. Unter Rückschlagventilen sind die im 2-Takt-Motorenbau bekannten und dort zur Einlaßsteuerung allgemein angewendeten Membranventile zu verstehen.

Durch den Anbau dieser Rückschlagventile direkt an den Zylinderkopf knapp vor dem Einlaßventil kann, abgesehen von dem geringfügig schädlichen Einfluß des Totvolumens zwischen dem Rückschlagventil und dem Einlaßventil, das Rückströmen von Frischladung aus dem Zylinder verhindert werden.

**Abb. 5.54** zeigt den hohen Drehmomentgewinn bei Drehzahlen unterhalb 3000 $min^{-1}$. Der Verlust im oberen Drehzahlbereich beruht nicht nur auf Druckverlusten am Rückschlagventil sondern folgt auch aus einer ungünstigen Phasenverschiebung des Druckverlaufes kurz vor dem Schließen des Einlaßventiles und ist somit auch ein gasdynamisches Problem.

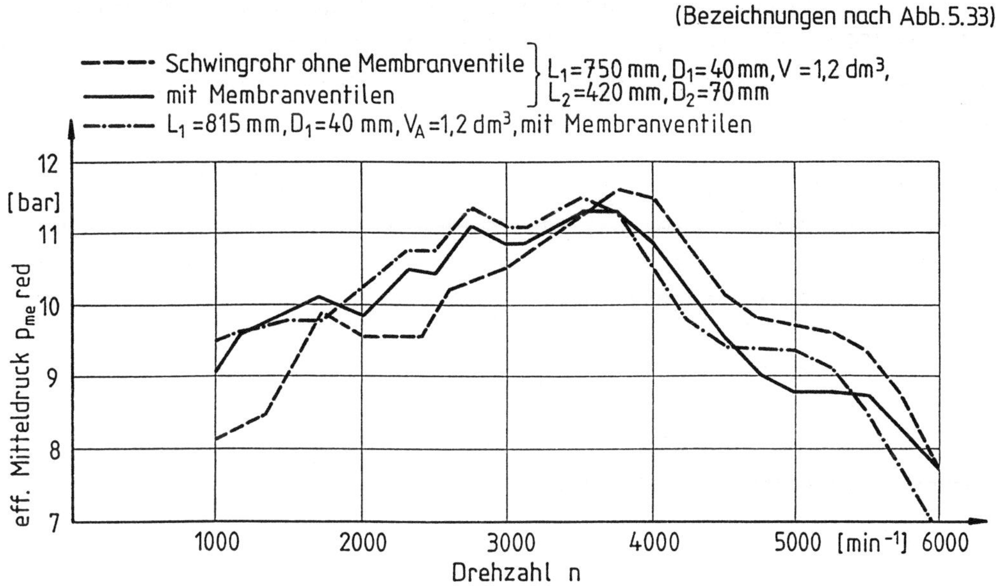


**Abb. 5.54.** Einfluß von Rückschlagventilen (Membranventile) auf den maximalen Mitteldruck [5.105]

Auch Untersuchungen zur Verhinderung des Drehmomentverlustes im oberen Drehzahlbereich bei Verwendung der Rückschlagventile wurden durchgeführt. Als einzige erfolgversprechende Maßnahme erscheint das gänzliche Öffnen der Membranzungen bzw. Wegklappen der Membranventile im oberen Drehzahlbereich.

### 5.2.5. Variable Sauganlagen

Da die Vorgänge im Schwingrohr mit Schallgeschwindigkeit ablaufen, gibt es für jede Schwingrohrlänge eine Drehzahl optimalen Luftaufwandes infolge der Schwingrohraufladung. Hier liegt der Gedanke nahe, Sauganlagen variabel auszuführen, um die Vorteile der Schwingrohraufladung in einem sehr breiten Drehzahlbereich optimal zu nutzen.

Gerade in den letzten Jahren wurde diesbezüglich viel gearbeitet [5.95, 5.96, 5.97, 5.98, 5.99, 5.100, 5.101].

Eigene Erkenntnisse aus Versuchen und Berechnungen führten zu dem Schluß, daß möglichst glatte Rohre, d.h. ohne Verzweigungen und Querverbindungen, sowie eindeutige Reflexionsbedingungen zur vollständigen Nutzung des gegebenen Potentials von Vorteil sind.

In **Abb. 5.55** ist der Aufbau einer am Institut für Verbrennungskraftmaschinen und Kraftfahrzeugbau der TU Wien entwickelten und untersuchten Sauganlage dargestellt, die die Variation der

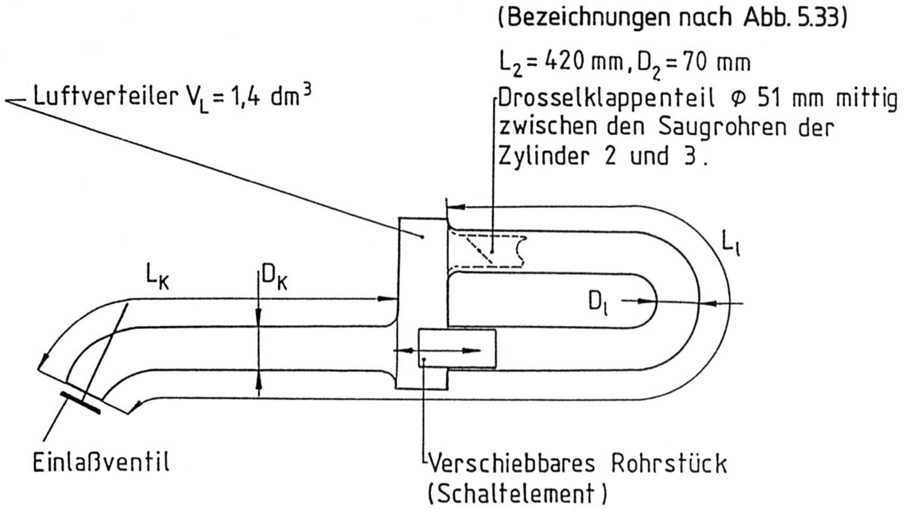


**Abb. 5.55.** Schnitt durch die zweistufig längenvariable Sauganlage mit einem Luftverteiler [5.94]

Schwingrohrlänge ermöglicht. Wie aus dem Schnitt ersichtlich ist, wird ein relativ langes Schwingrohr durch den flachen Luftverteiler geführt. Im Schwingrohr ist ein verschiebbares Rohrstück eingebaut, das bei der Durchführung durch den Luftverteiler ein Öffnen des Schwingrohres erlaubt. Bei niederen Drehzahlen ist die Lage des Rohrstückes derart, daß die volle Schwingrohrlänge wirkt, bei hohen Drehzahlen wird das Rohrstück im Saugrohr verschoben, und damit ein Ansaugen aus dem Luftverteiler über die kurze Schwingrohrlänge ermöglicht. Diese Bauart hat den Vorteil, daß sie das gesamte Sauganlagenvolumen nicht erhöht.

In **Abb. 5.56** ist der damit erreichte Drehmomentverlauf dem der serienmäßigen Sauganlage gegenübergestellt. Bei größerer maximaler Leistung ist der Mitteldruckverlauf im unteren Drehzahlbereich deutlich höher.

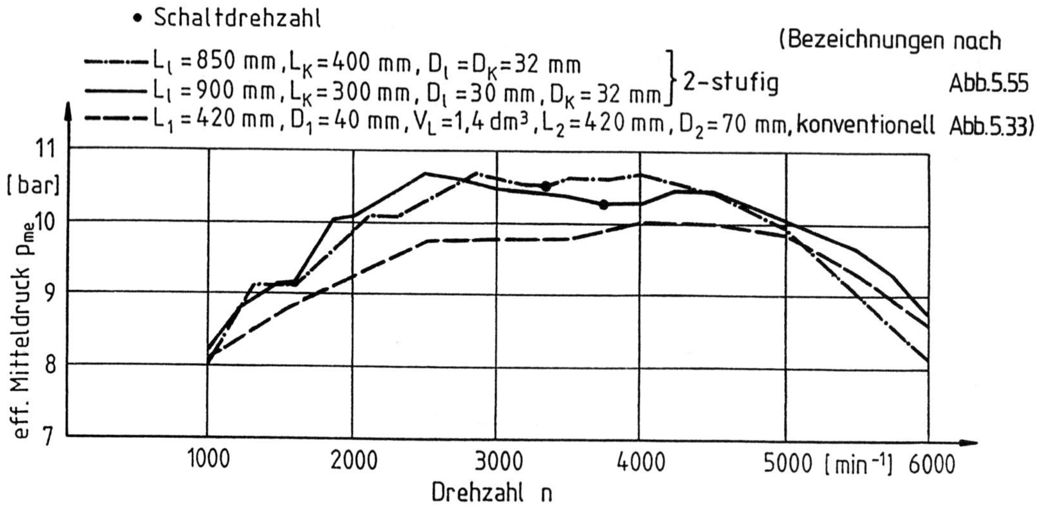


**Abb. 5.56.** Effektiver Mitteldruck über der Drehzahl einer 2-stufig schaltbaren Sauganlage nach Abb. 5.55 und einer konventionellen Schwingrohranlage nach Abb. 5.33 [5.94]

Weiterhin wurde die in **Abb. 5.57** dargestellte Anordnung untersucht. Die Frage war, ob ein Zusatzbehälter, der über vier Schwingrohrhälften mit dem Luftverteiler verbunden ist, ausreicht, um bei offenen Schaltelementen einen optimalen Luftaufwand im oberen Drehzahlbereich zu ermöglichen.

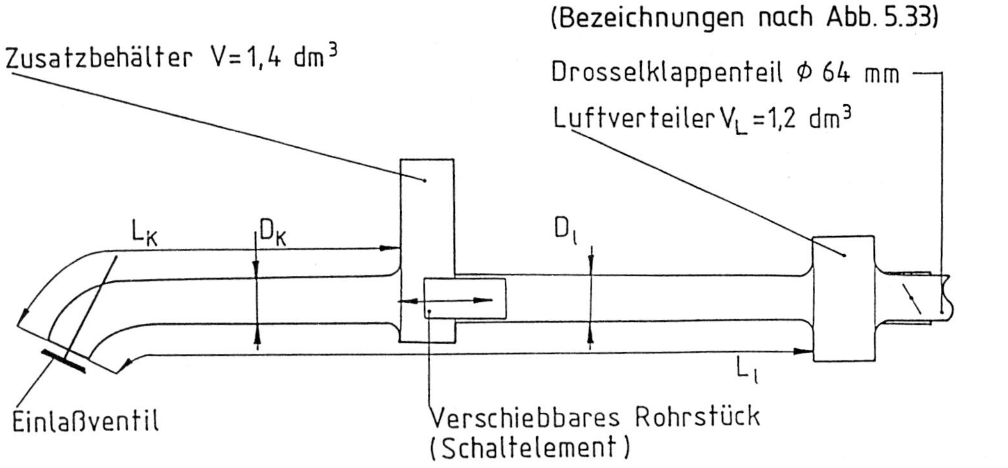


**Abb. 5.57.** Schnitt durch die zweistufig längenvariable Sauganlage mit Luftverteiler und Zusatzbehälter [5.94]

Wie in **Abb. 5.58** dargestellt, war dies bei einem Zusatzbehältervolumen von 1,4 $dm^3$ der Fall. Es wurden sogar bessere Mitteldruckwerte als mit der zuvor beschriebenen Anordnung erreicht. Da die Schwingrohre gerade ausgeführt und die Schaltelemente optimal abgedichtet wurden, entsprach die dargestellte Anordnung bei geschlossenen Schaltelementen einer konventionellen Schwingrohranlage.

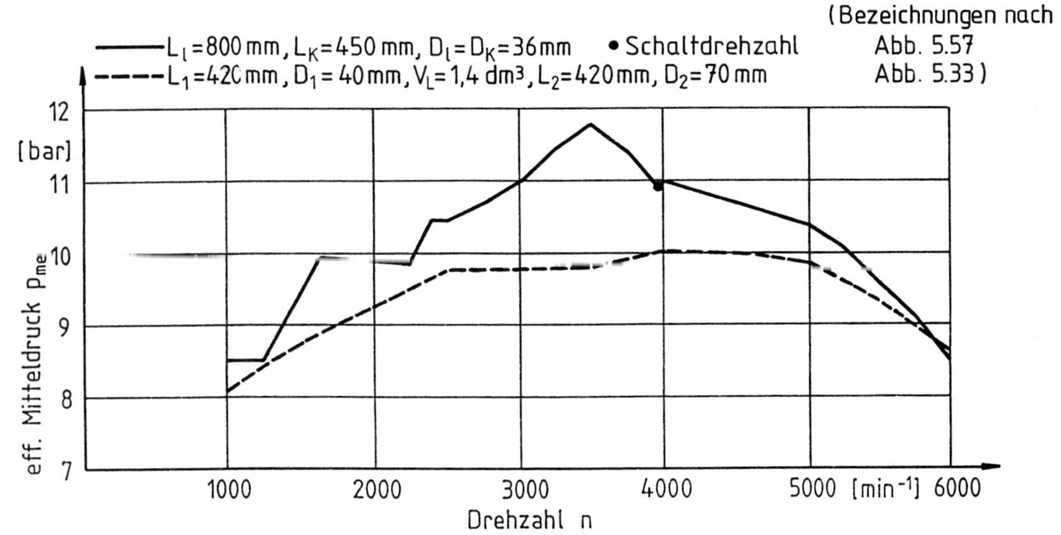


**Abb. 5.58.** Effektiver Mitteldruck über der Drehzahl einer 2-stufig schaltbaren Sauganlage nach Abb. 5.57 und einer konventionellen Schwingrohranlage nach Abb. 5.33 [5.94]

Der Mitteldruckverlauf ist dadurch auch im unteren Drehzahlbereich optimal und somit insgesamt besser als bei der zuvor untersuchten variablen Sauganlage.

Der Nachteil der Sauganlage mit Zusatzbehälter und Luftverteiler ist das im vorliegenden Fall um 1,2 $dm^3$ größere Sauganlagenvolumen.

Zusammenfassend wurde gegenüber der serienmäßigen Sauganlage mit der zweistufig längenvariablen Sauganlage mit Luftverteiler und Zusatzbehälter eine um 2 % höhere Maximalleistung, ein um 18 % höherer maximaler Mitteldruck und über den ganzen Drehzahlbereich gemittelt, ein um durchschnittlich 9 % höherer Mitteldruck erreicht.

Auch in einer Forschungsarbeit von Ford wurde eine zweistufig längenvariable Sauganlage mit gleichem Funktionsprinzip vorgestellt [5.96].

In **Abb. 5.59** ist der Aufbau einer am Institut für Verbrennungskraftmaschinen und Kraftfahrwesen der TU Wien entwickelten und untersuchten stufenlos längenvariablen Sauganlage dargestellt. Diese ist in einem großen Bereich stufenlos längenvariierbar ohne dadurch ihren Platzbedarf zu verändern. Damit kann jeder gewünschten Drehzahl die entsprechende optimale Schwingrohrlänge kontinuierlich zugeordnet werden. Diese Zuordnung führt zu dem maximal möglichen Drehmomentverlauf über einen weiten Drehzahlbereich und verhindert darüberhinaus lokale Unstetigkeiten wie Drehmomentspitzen oder Drehmomenteinbrüche.

In [5.97] und [5.98] wurden ähnliche Sauganlagen patentrechtlich geschützt.

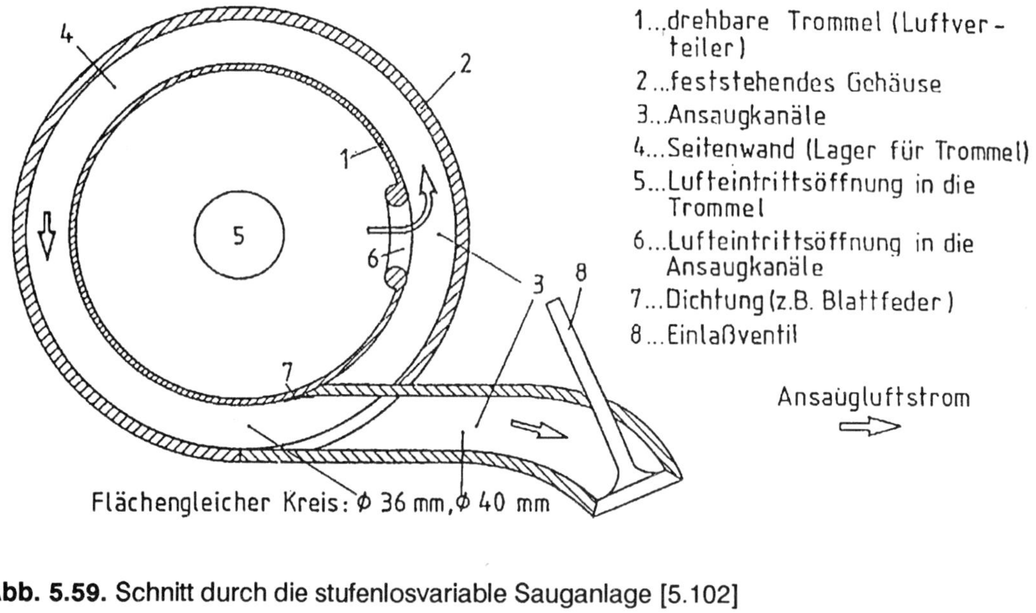


**Abb. 5.59.** Schnitt durch die stufenlosvariable Sauganlage [5.102]

Die Sauganlage nach Abb. 5.59 besteht in einer innenliegenden Trommel, welche in einem außenliegenden motorfesten Gehäuse drehbar gelagert ist. Das außenliegende starre Gehäuse stellt die Außenwand der rechteckig ausgebildeten Ansaugkanäle dar, die zwischen Gehäuse und Trommel befindlichen Lager bilden die Seitenwände. Die innere Wand der gekrümmten Ansaugkanäle bildet die drehbar gelagerte innen hohl ausgebildete Trommel, die gleichzeitig auch die Funktion des Luftverteilers innehat.

Die Ansaugluft tritt durch die Öffnung des mit dem Gehäuse fest verbundenen Außendeckels seitlich in den Luftverteiler ein und gelangt über die in der beweglichen Trommel angeordneten Öffnungen in die außenliegenden Ansaugkanäle. Durch Verdrehen der Trommel gegenüber dem motorfesten Gehäuse kann nun die von der Ansaugluft durchströmte Einzelrohrlänge stufenlos variiert werden, die Außenabmessungen des gesamten Saugrohres bleiben dabei unverändert. Zur Verringerung des Platzbedarfes des gesamten Ansaugsystems ist es darüberhinaus denkbar, die Luftmengenmeßeinrichtung oder auch das Luftfilter in die Trommel zu integrieren.

Die in **Abb. 5.60** dargestellten Mitteldruckverläufe bestätigen die richtige Funktion der beschriebenen Anordnung bei 3 jeweils festgehaltenen Schwingrohrlängen. In **Abb. 5.61** sind die Mitteldruckverläufe einer serienmäßigen Sauganlage und der stufenlos variablen Sauganlage bei mit steigender Drehzahl kontinuierlich kürzer werdenden Schwingrohren einander gegenübergestellt. Entsprechend der gewählten maximalen Länge der variablen Sauganlage steigt der Mitteldruckverlauf bis zur Drehzahl von 3300 $min^{-1}$ steil an und fällt mit zunehmender Drehzahl entsprechend der nachlassenden Wirkung der Schwingrohraufladung wieder ab.

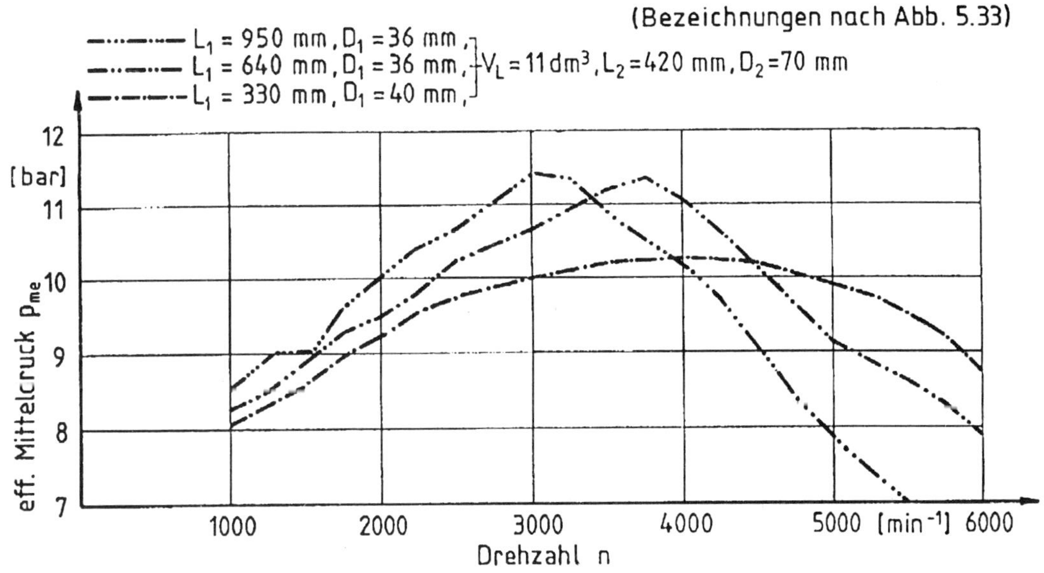


**Abb. 5.60.** Effektiver Mitteldruck über der Drehzahl bei drei festgehaltenen Längen der stufenlos variablen Sauganlage nach Abb. 5.59 [5.102]

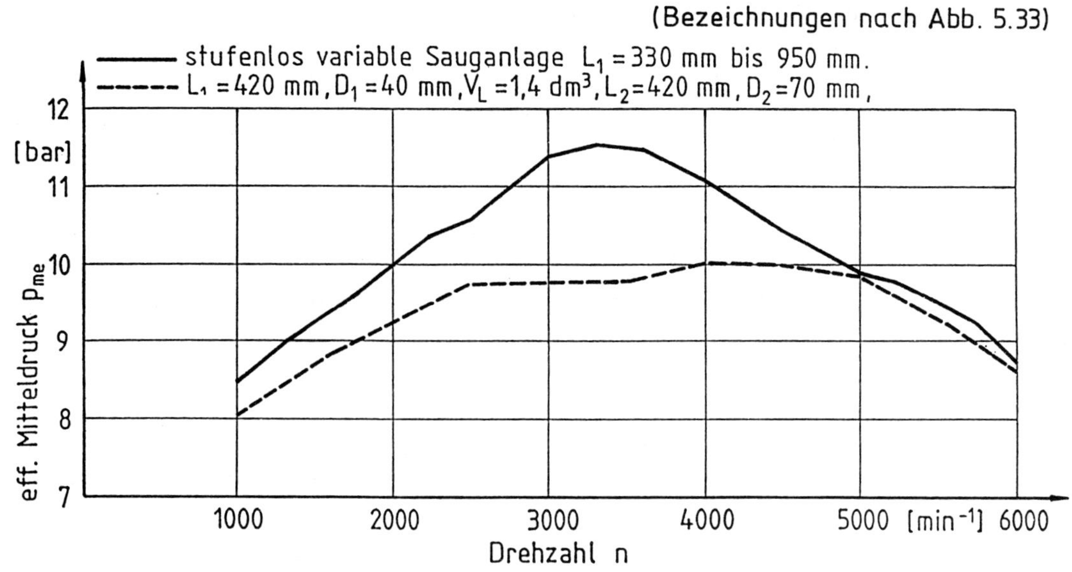


**Abb. 5.61.** Effektiver Mitteldruck über der Drehzahl der stufenlos längenvariablen Sauganlage und einer konventionellen Schwingrohranlage [5.102]

### 5.2.6. Berechnung von Saugrohren für Einzeleinspritzung

Die möglichen Berechnungsverfahren für Saugrohre von Verbrennungskraftmaschinen sind sehr vielfältig.

Der Zweck der Berechnung von Saugrohren ist es, in Abhängigkeit von den geometrischen Abmessungen die Druck- und Massenstromschwingungen an bestimmten Stellen der Sauganlage zu berechnen. In weiterer Folge können mit der Kenntnis der Schwingungen die Zustandsverläufe, Druck und Temperatur im Zylinder sowie die Erfolgsgrößen des Ladungswechsels wie Luftaufwand und Liefergrad gerechnet werden.

Ein weiterer Zweck ist die Vorausberechnung der Eigenfrequenzen des Saugsystemes, um so gewünschte oder ungewünschte Resonanzdrehzahlen im Auslegungsstadium des Motors bestimmen zu können.

Abgesehen vom Trivialfall des konstanten Druckes im Saugrohr gibt es folgende grobe Einteilungsstufen der Verfahren zur Saugrohrberechnung:

- Quasistationäre Füll- und Entleermethode;
- Schwingungsbetrachtung, manchmal auch als akustische Methode bezeichnet;
- Berechnung nach der akustischen Theorie;

- Instationäre Berechnungsmethode.

Der Rechenaufwand steigt entsprechend der obigen Liste von oben nach unten. Die beiden letzten Verfahren sind praktisch nur mehr mittels elektronischer Datenverarbeitung durchführbar.

Die obige Aufstellung soll nur eine grobe Übersicht sein. In der praktischen Verwendung gibt es heute viele Erweiterungen, Abwandlungen oder Kombinationen der aufgezeigten Verfahren, welche alle das Ziel haben, bei einer gewünschten Genauigkeit den kleinstmöglichen Rechenaufwand zu benötigen.

Der heutige Trend der Berechnung von Saugrohren geht dahin, anfangs eine Schwingungsbetrachtung zur groben Festlegung der Abmessungen der Sauganlage bei gewünschten Eigenfrequenzen des Systems durchzuführen und anschliessend die instationäre Rechenmethode zur exakten Auslegung samt zahlreichen Variationsrechnungen zwecks Optimierung des Ladungswechsels durchzuführen.

# 6. Sonderformen der Gemischbildung

Mit dem Streben nach optimaler Gemischbildung, also exakter Zumessung, raschem Transport, gleichmäßiger Gemischverteilung sowie guter Gemischaufbereitung bei allen Motorbetriebsbedingungen entstanden eine Vielzahl unterschiedlichster Lösungsvorschläge, welche jedoch nicht zum Serieneinsatz kamen. Die Gründe dafür sind in meist zu hohem Aufwand in Relation zum erzielten Nutzen zu sehen. In diesem Kapitel wird daher nur kurz auf einige dieser Sonderformen der Gemischbildung eingegangen.

## 6.1. Sonderformen zentraler Gemischbildung

Da bei zentraler Gemischbildung die Verteilung des Brenngemisches im Saugrohr eines der Hauptprobleme darstellt, ist man bestrebt, im gesamten Kennfeldbereich des Motors eine möglichst gute Gemischaufbereitung durch den zentralen Gemischbildner sicherzustellen. Dies ist insofern von Bedeutung, da ein Kraftstoff-Luft-Gemisch hoher Zerstäubungsqualität die Gleichmäßigkeit der Gemischverteilung begünstigt. Sind nun herkömmliche zentrale Gemischbildner in der Lage, dieser Forderung bei niedriger Last des Motors nachzukommen, so treten insbesondere bei vollastnahem Betrieb und niedrigen Drehzahlen aufgrund geringer Luftgeschwindigkeiten im Gemischbildner teilweise sehr unzufriedenstellende Zerstäubungsqualitäten auf.

**Abb. 6.1** zeigt eine Zentraleinspritzung mit Überschalldrossel. Die Funktionsweise ist wie folgt:

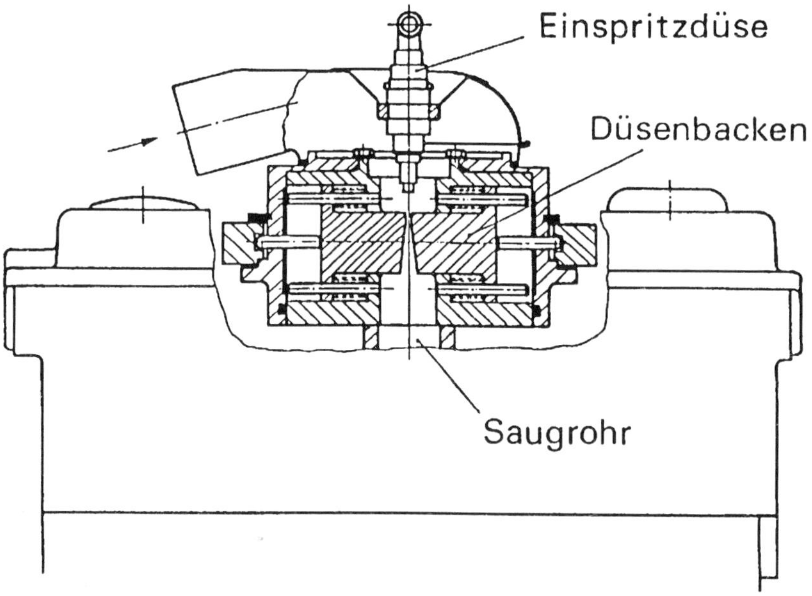


**Abb. 6.1.** Zentraleinspritzung mit Überschalldrossel [6.1]

Während der Kraftstoff über das zentral angeordnete Einspritzventil in bekannter Weise zugeführt wird, wird der Luftstrom durch Verschieben der Düsenbacken auf den gewünschten Wert eingestellt. Je nach Druckverhältnis Saugrohr/Umgebung können sehr hohe Luftgeschwindigkeiten im engsten Spalt zwischen den Düsenbacken erzielt werden, welche in weiterer Folge zu einer guten Aufbereitung des zugeführten Kraftstoffes führen. Führt diese Anordnung zwar zu einer deutlichen Verbesserung der Vollastgemischverteilung bei niedrigen Motordrehzahlen, so ist doch der beträchtliche mechanische Aufwand problematisch.

**Abb. 6.2** zeigt eine andere Ausführung der Zentraleinspritzung. Hier wird der Kraftstoff mit einem Teil der Verbrennungsluft voraufbereitet und an der engsten Stelle des Lavaldüsen-ähnlichen-Lufttrichters zugeführt. Auch dieses System lieferte - speziell bei Teillast - eine ausgezeichnete Gemischverteilung. Problematisch war jedoch das dynamische Verhalten, weil beim plötzlichen Gasgeben der Strömungskörper zu weit aus dem Lufttrichter herausgezogen wurde, so daß das Abfallen der Strömungsgeschwindigkeit im Lufttrichter die Zufuhr von Kraftstoff aus der spiralförmigen Ringnut bremste.

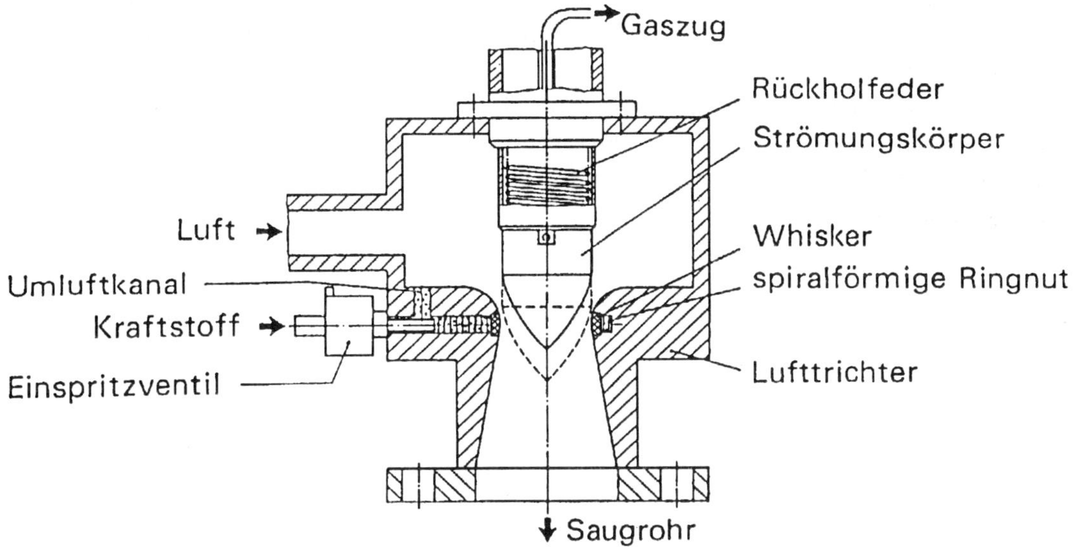


**Abb. 6.2.** Zentraleinspritzung mit Lavaldüsen-Drossel [6.1 und 6.5]

Weiterhin war problematisch, daß der Strömungskörper entweder vom Saugrohrunterdruck angesaugt wurde oder aber infolge Betätigungskraft in die andere Endlage schnellte.

Sicherlich sind die erwähnten Probleme der zentralen Einspritzung technisch lösbar. Es zeigte sich jedoch bei allen diesen Anlagen immer wieder, daß sehr hoher Aufwand getrieben werden muß, um eine gute Aufbereitung mit entsprechend guter Verteilung auf die einzelnen Zylinder zu erzielen. Macht man eine Kostengegenüberstellung Zentraleinspritzung zu Multipoint-Einspritzung, so zeigt sich im allgemeinen, daß speziell für den 4-Zylinder-Motor der Mehraufwand für das komplizierte Drosselteil höher ist als die Mehrkosten für beispielsweise drei zusätzliche Einspritzventile einer Multipoint-Einspritzung.

Auch eine Kombination Saugvergaser-Turbolader ist denkbar und wurde versuchstechnisch erprobt [6.1]. Bei dieser Anordnung kommt der Verdichterstufe, deren Gehäuse zusätzlich kühlmittelbeheizt ist, die Aufgabe der Nachzerstäubung sowie der Kraftstoffwandfilmaufbereitung des vom Vergaser zur Verfügung gestellten Kraftstoff-Luft-Gemisches zu.

Aufgrund der Nachzerstäubung und der innigen Vermischung von Kraftstoff und Luft durch das schnellaufende Rad des Turboverdichters ergibt sich eine von der Saugrohrkonstruktion weitgehend unabhängig gute Verteilung des verdichteten Gemisches auf die einzelnen Zylinder des Verbrennungsmotors. Der konstruktive Aufwand dieses Systems ist jedoch beträchtlich.

Mehrfach wurde versucht, die bei geöffneter Drosselklappe und geringen Luftgeschwindigkeiten schlechte Kraftstoffzerstäubung dadurch zu verbessern, daß Ultraschallzerstäuber eingesetzt wurden.

Gelingt es Kraftstoff dosiert auf die schwingende Fläche des Ultraschallzerstäubers zu bringen, so läßt sich tatsächlich eine sehr feine Zerstäubung bei relativ geringem Leistungsaufwand für den Schwinger erreichen. Einzelheiten des Zerstäubungsvorganges sind im Kap. 6.2 erwähnt.

**Abb. 6.3** zeigt eine Versuchsanordnung eines Ultraschall-Zerstäubers in einem Fallstrom-Vergaser. Auch mit Gleichdruck-Vergasern wurden in den Sechziger-Jahren vom Verfasser entsprechende Versuche durchgeführt.

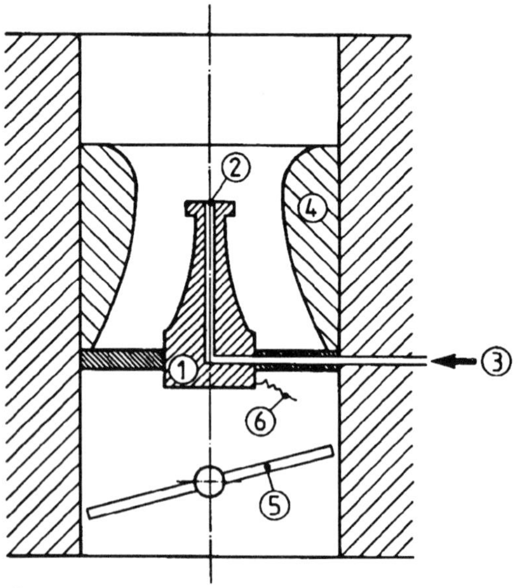


**Abb. 6.3.** Ultraschallzerstäuber in einem Vergaser

Hauptprobleme waren immer, den Kraftstoff einesteils dosiert so auf die schwingende Fläche zu bringen, daß durch eine passende Höhe der Flüssigkeit auf dem Schwinger gute Zerstäubung auftritt und andernteils zu verhindern, daß der feine Kraftstoffnebel nicht mehr mit dem Vergaser- oder Saugrohrwänden in Berührung kam, was sonst zur erneuerten Bildung großer Tropfen führt.

Aus USA kam 1967 der Vorschlag fluidische Schaltelemente im Vergaser einzusetzen [6.3 und 6.4]. **Abb. 6.4** zeigt das Grundprinzip: In diesem Vergaser ist ein Fluidic-Element eingebaut, dessen proportionale Kennlinie bewirkt, daß proportional zum Unterdruck im Vergaser, der Kraftstoffstrom einer Kraftstoff-Förderpumpe zur Einspritzung in den Vergaser gelenkt wird. Bei hohem Unterdruck, d.h. hohem Luftdurchsatz im Vergaser wird also mehr Kraftstoff in den Vergaser eingespritzt als bei geringerem Luftdurchsatz; der Rest des Kraftstoffstromes fließt jeweils in den Tank zurück. Es wurden etliche Versuchsvarianten dieses Vergasers gebaut.

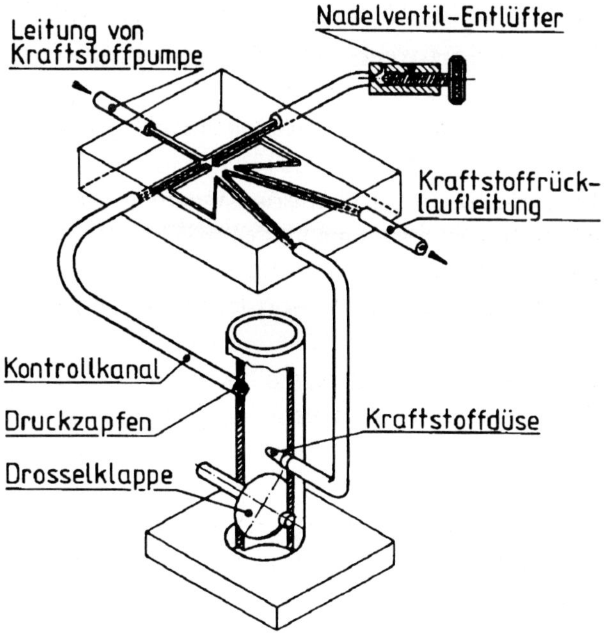


**Abb. 6.4.** Fluidic-Vergaser

## 6.2. Sonderformen dezentraler Gemischbildung

Bei der luftunterstützten Kraftstoffeinspritzung AFI versuchte man den Vorteil des Vergasers als einfache und kostengünstige Kraftstoffdosierung zu erhalten und die Nachteile der Wandfilmbildung im Saugrohr zu vermeiden, indem der zugemessene Kraftstoff abgesaugt und in speziellen engen Leitungen - mit Luft vermischt - den Zylindern zugeführt wird. Die Anlage zeigt **Abb. 6.5**.

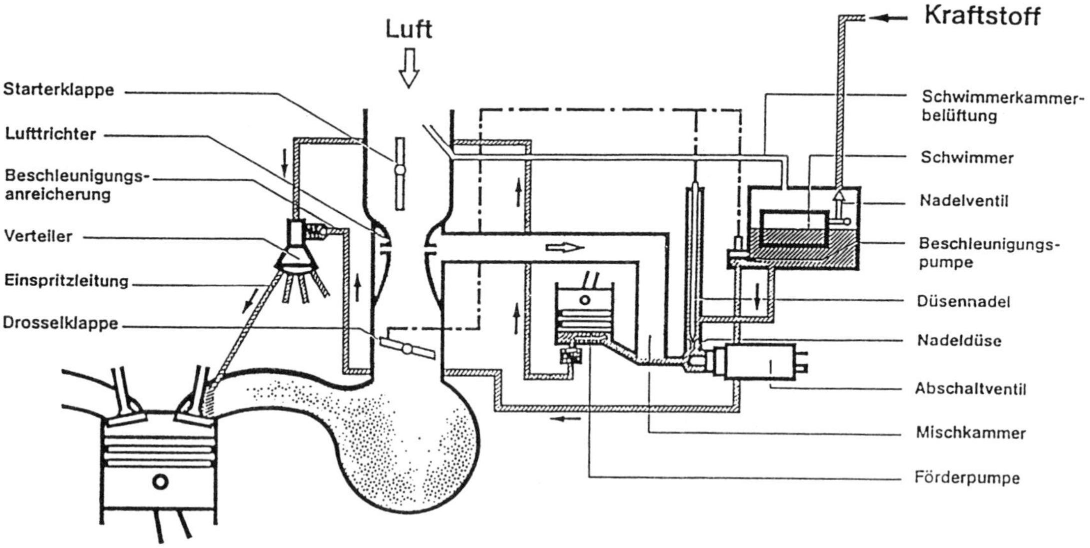


**Abb. 6.5.** Luftunterstützte Kraftstoffeinspritzung (AFI) [6.1]

Betrachtet man zunächst den linken Teil von Abb.6.5, so findet man die vom Vergaser her bekannte Luftführung am Motor. Die Luft strömt über die Drosselklappe in den Motor. Beim Vergaser würde der Unterdruck, der im Venturirohr erzeugt wird, Kraftstoff ansaugen. Dies wird jedoch durch eine Förderpumpe, die im rechten Abschnitt ersichtlich ist, verhindert. Der zugemessene Kraftstoff wird von dieser kleinen Pumpe mit einem entsprechenden Anteil an Verbrennungsluft abgesaugt. Über die entsprechende Anzahl von Einspritzleitungen wird das sehr fette Benzin/Luftgemisch in die einzelnen Saugrohrarme zu den Zylindern geleitet. Auf diese Art und Weise kann mit Hilfe der Vergasertechnik eine Multipoint-Einspritzung realisiert werden.

Konnte mit diesem System zwar gutes Kaltstart-, Warmlauf- und Heißstart-Verhalten erzielt werden, so sind doch Probleme im instationären Motorbetrieb, in der gleichmäßigen Verteilung des fetten Kraftstoff-Luft-Gemisches im Verteiler sowie im Mehraufwand bei Einsatz einer Luftzahl-Regelung zu sehen.

**Abb. 6.6** zeigt eine andere Form der Verbesserung der Gemischaufbereitung, eine Benzineinspritzung, bei der das aus dem Magnetventil ausströmende Benzin von einem Umluftstrom erfaßt wird und dann durch eine anschließende Aufbereitungsstrecke mit Beheizung aufbereitet wird. Auf diese Weise ist es möglich, einen gerichteten Benzin/Luftstrom, bei dem der Kraftstoff sehr

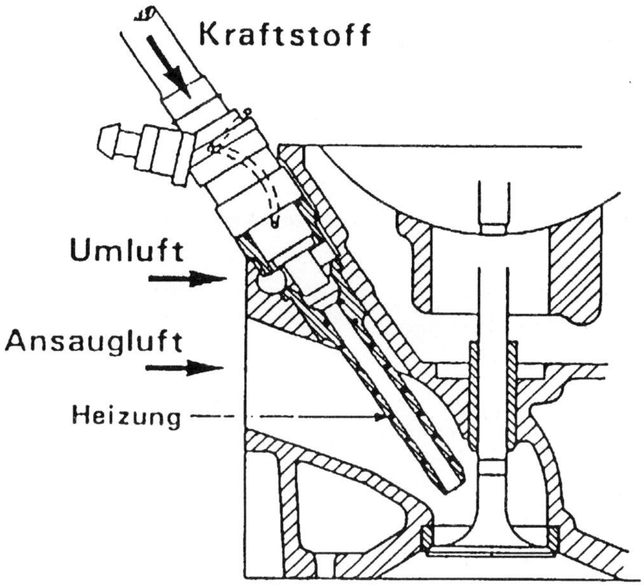


**Abb. 6.6.** Benzineinspritzung mit Aufbereitung und Beheizung des Kraftstoffes [6.1]

gut aufbereitet ist, zu erzeugen. Damit kann am Einlaßventil des Motors vorbei direkt in den Brennraum eingeblasen werden, so daß die Wandbenetzung durch Benzin im Saugrohr stark reduziert wird, wodurch sich Vorteile hinsichtlich des instationären Motorbetriebes ergeben, und unter Umständen Gemischschichtungseffekte erzielbar sind.

Eine weitere Möglichkeit, den sowohl von einer Einzelzylindereinspritzung wie von einem zentralen Gemischbildner zugemessenen Kraftstoff bestmöglich aufzubereiten ergibt sich durch den Einsatz von Ultraschallzerstäubern [6.2]. Die Kraftstoffaufbereitung beruht dabei auf dem Prinzip einer vertikalen Zerstäuberfläche, auf der die Flüssigkeitsschicht zur Kapillarwellenbildung angeregt wird. D.h. Kraftstoff wird in geeigneter Weise auf die Zerstäuberfläche gebracht und dort feinst zerstäubt.

Ab einer bestimmten, von den Stoffwerten der zu vernebelnden Flüssigkeit sowie der Erregerfrequenz abhängigen, Schwingungshöhe, der Einsatzamplitude, bilden sich auf der Flüssigkeitsoberfläche schachbrettartig angeordnete stehende Kapillarwellen. Die Einsatzamplitude wird von dem den Schwinger erregenden Oszillator vorgegeben. Ist die Einsatzamplitude erreicht, d.h., bilden sich Kapillarwellen, so steigt die Amplitude weiter an. Schließlich reißen die Wellenberge ab und werden von der Flüssigkeitsoberfläche weggeschleudert. Der Anstieg der Wellenamplitude ist in erster Linie von den Stoffwerten der Flüssigkeit, aber auch von anderen weitgehend unbekannten stabilisierenden Effekten abhängig.

Eine Anordnung der Ultraschallschwinger ist in **Abb. 6.7** gezeigt. Diese sind in den unteren Bogen der Ansaugrohre mit Flanschen befestigt und durch Schläuche mit dem Sammelrohr verbunden. Aufgrund der Druckdifferenz zwischen dem Sammelrohr und den Ansaugrohren wird

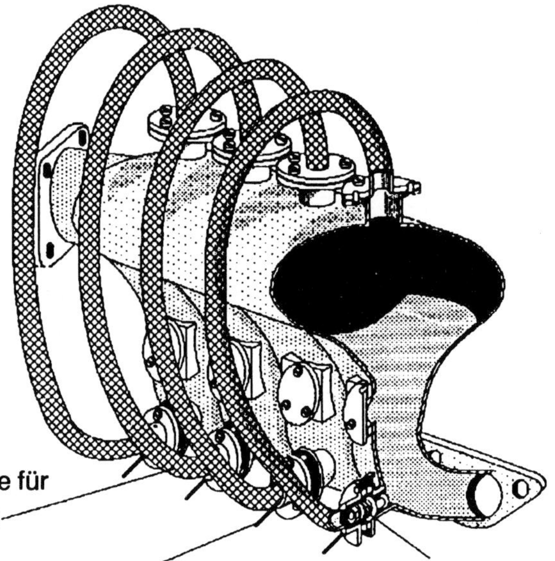


**Abb. 6.7.** Anordnung der Ultraschallvernebler im modifitierten Ansaugkrümmer des Ford CVHi-Motors [6.2]

ein Trägerluftstrom von hinten an die Vernebler herangeführt. Er dient dazu, den feinen, schon durch kleinste Luftbewegungen zu beeinflussenden Brennstoffnebel zu stabilisieren und gut mit dem Hauptteil der Ansaugluft zu vermischen.

Durch die bessere Gemischaufbereitung haben sich im Vergleich mit einer herkömmlichen Einzelzylindereinspritzanlagen insbesondere bei niederen Drehzahlen Verbrauchsvorteile bei stationärem Motorbetrieb gezeigt. Auch bei diesem System sind Probleme hinsichtlich des Instationärverhalten zu erwarten, auch der Mehraufwand ist hier zu bedenken.

Die in diesem Kapitel gezeigten Sonderformen der Gemischbildung stehen stellvertretend für eine große Zahl an unterschiedlichsten Entwicklungen auf diesem Sektor. Erhöhter konstruktiver Aufwand spricht meist gegen den Serieneinsatz solcher Systeme.

# 7. Literaturverzeichnis

## Kapitel 1


[1.1] Löhner, K.; Müller, H.: Gemischbildung und Verbrennung im Ottomotor. Springer-Verlag Wien (1967).

[1.2] Pischinger, A.; Pischinger, R.; Krassnig, G.; Taucar, G.; Sams, Th.: Die Thermodynamik der Verbrennungskraftmaschine. Springer-Verlag Wien (1989).

[1.3] Schmidt, F.A.F.: Verbrennungskraftmaschinen, Springer Verlag Berlin (1967).

[1.4] Lenz, H.P.: Vorlesung Verbrennungskraftmaschinen-Grundzüge.- Vorlesungsskriptum - Institut für Verbrennungskraftmaschinen und Kraftfahrzeugbau der Technischen Universität Wien. 5. Auflage (1989).

[1.5] Vibe, I.I.: Brennverlauf und Kreisprozeß von Verbrennungsmotoren, VEB Technik Berlin (1970).

[1.6] Lange, K.: Berechnung von Druckverlauf und Wirkungsgrad im Verbrennungsmotor, Motortechnische Zeitschrift 30 (1969), Nr.5, S. 173-176

[1.7] Woschni, Gerhard; Anisits, Ferenc: Eine Methode zur Vorausberechnung der Änderung des Brennverlaufes mittelschnellaufender Dieselmotoren bei geänderten Betriebsbedingungen, Motortechnische Zeitschrift 34 (1973), Nr.4, S. 106-115.

[1.8] Nakai, Meroji; et al: Stabilized Combustion in a Spark Ignited Engine through a Long Spark Duration, SAE Paper 850075 (1985).

[1.9] Moser, Winfried: Vergleichende Untersuchung von Brennraumsignalen bei Ottomotoren im Hinblick auf Motorregelung, Dissertation Technische Universität Wien (1988).

[1.10] Akhlaghi, Mehdi: Laufunruhe, Abgasemissionen und Verbrauch eines Ottomotors bei Magerbetrieb und Möglichkeiten zur Ausweitung des mageren Betriebsbereiches. Dissertation Technische Universität Wien (1978).

[1.11] Lawton, B.; Elmore, K.G.; Render, M.E.J.: Performance of a Small-Scale Turbulence Generator in a Rotary Piston Engine. Conference on fuel economy and emission of lean burn engines. London (1978).

[1.12] Lucas, G.G.; Brunt, M.; Petrovic, S.: Lean Mixture Running of the Spark Ignition Engine by the Generation of a Vortex System within the Intake. SAE Paper 780964 (1978).

[1.13] Göschel, B.: Maßnahmen zur Verbrennung extrem magerer Gemische in Ottomotoren mit äußerer Gemischbildung. Dissertation Technische Universität Stuttgart (1977).

[1.14] Prescher, K.: Brennraumform Ottomotor. FVV Heft R 390 (1980).

[1.15] Quissek, Friedrich: Über den Einfluß außen erzeugter Ladungsbewegung auf das Betriebsverhalten eines hochverdichteten Ottomotors, Fortschrittsbericht VDI Nr.165 (1985).

[1.16] Hofbauer, P.; Hoffmann, E.: Einfluß der Ladungsbewegung und der Brennraumform auf das ottomotorische Arbeitsverfahren. ÖIZ, 17. Jahrgang (1974), Heft 4, S. 128-137.

[1.17] Nagayama, I.; Yasushi, A.; Yasuo, I.: Effects of Swirl and Squish on S.I. Engine Combustion and Emission. SAE Paper 770217 (1977).

[1.18] Thring, R.H.; Overington, M.T.: Gasoline Engine Combustion - The High Ratio Compact Chamber. SAE Paper 820166 (1982).

[1.19] Overington, M.T.; Thring, R.H.: Gasoline Engine Combustion -Turbulence and the Combustion Chamber. SAE Paper 810017 (1981).

[1.20] Bloss, W.H.; et al: Experimentelle und theoretische Analyse der Verdichtungserhöhung bei Ottomotoren mit dem Audi - Brennverfahren. Automobil-Industrie 27. Jahrgang (1982), Heft 1 bis 3.

[1.21] Carstensen, Hartmut: Über den Einfluß von Brennraumform und Einlaßdrall in einem hochverdichteten Ottomotor, Diplomarbeit Technische Universität Wien (1984).

[1.22] Lee, Wenpo; Schäfer, Hans-Jürgen: Verbrauchsreduzierung am Ottomotor durch Optimierung von Brennraumform und Verdichtungsverhältnis, Motortechnische Zeitschrift 82 (1982), Nr.6, S. 279-284.

[1.23] Gruden, Dusan; Höchsmann, Günther: Betriebsverhalten des thermodynamisch optimierten Porsche-(TOP)-Motors 924 bei Betrieb mit M 15-Kraftsoff, Motortechnische Zeitschrift 42 (1981), Nr. 4, S. 133-137.

[1.24] Bender, Karl-Heinz; et al: Der neue BMW-Vierzylinder-Motor. Motortechnische Zeitschrift 48 (1987), Nr. 12, S. 493-500.

[1.25] Abthoff, Jörg; et al: Daimler-Benz 2.3 Litre, 16-Valve High-Performance Engine. SAE Paper 841226 (1984).

[1.26] Brandstetter, W.R.; Decker, G.; Reichel, K.: The Water-Cooled Volkswagen PCI-Stratified Charge Engine, SAE Paper 750869 (1975).

[1.27] Gruden, Dusan; Lange, Karlheinz: Betriebsverhalten und Abgasemissionen eines Verbrennungsmotors mit dem Porsche-Schichtlade-Kammer-System, Motortechnische Zeitschrift 35 (1974), Nr.10, S. 307-313.

[1.28] May, Michael G.; Spinnler, Fritz: Betriebserfahrungen mit hochverdichteten Ottomotoren nach dem May Fireball-Verfahren, Motortechnische Zeitschrift 39 (1978), Nr. 6, S. 243-246.

[1.29] Date, T.; Yagi, S.; Ishizuya, A.; Fujii, I.: Research and Development of the Honda CVCC engine. SAE Paper 740605 (1974).

[1.30] Beitz W.; Küttner, K.-H.: Taschenbuch für den Maschinenbau/Dubbel. 14., vollst. neubearb. u. erw. Auflage. Springer-Verlag Berlin Heidelberg New York (1981).

[1.31] Bertling, H.: Untersuchung der Streuungen im Energieumsetzungsverlauf eines Ottomotors. Dissertation an der TU Braunschweig (1974).

[1.32] Näser, Karl-Heinz: Physikalisch-chemische Meßmethoden. VEB Deutscher Verlag für Grundstoffindustrie Leipzig (1981), 3. Auflage.

[1.33] N.N.: Deutsche Normen, DIN 51900 Teil 1.

[1.34] Ißler, J.: Zündung und Abgas, Robert Bosch GmbH. Techn. Zentrum, Autoelektrik Bosch Techn. Berichte 3, Heft 1, Nov. 1969.

## Kapitel 2

[2.1] Schröter, W.; Lautenschläger, K.-H.; Bibrack, H.; Schnabel, A.: Chemie. 11. Auflage, VEB Fachbuchverlag Leibzig (1977).

[2.2] Dubbel: Taschenbuch für den Maschinenbau, 1. Band. 13. Auflage, Springer Verlag Berlin (1974).

[2.3] D' Ans, Lax: Taschenbuch für den Chemiker und Physiker, 1. Band. 3. Auflage, Springer Verlag Berlin (1967).

[2.4] Rompps: Chemielexikon, Band 3. 8. Auflage, Frankh'sche Verlagshandlung Stuttgart (1983).

[2.5] Schmidt, A.: Neue Wege bei der Herstellung von Vergasertreibstoffen, Band 3. Springer Verlag Wien New York (1978).

[2.6] Dabelstein, W.E.A.: Unverbleite Ottokraftstoffe - Möglichkeiten und Grenzen der Herstellung. VDI Berichte 531 (1984) S.289 - 306.

[2.7] N.N.: Kraftfahrtechnisches Taschenbuch Bosch. 19. Auflage, VDI-Verlag GmbH Düsseldorf (1984).

[2.8] Hassel, D.; Pauli, E.; Dursbeck, F.: Das Abgas-Emissionsverhalten in der Bundesrepublik Deutschland im Bezugsjahr 1980. Berichte 9/80 Umweltbundesamt, Erich Schmidt Verlag Berlin (1980).

[2.9] Rau, B.: Einfluß wechselnder Gasqualitäten auf den Betrieb von Gasmotoren. MTZ Motortechnische Zeitschrift 44 (1983) 6.

[2.10] Pischinger, F.; Adams, W.: Abgasemissionen bei Verwendung alternativer Kraftstoffe für Kraftfahrzeug-Ottomotoren. VDI-Berichte 531 (1984). S. 325 - 340.

[2.11] Mollenhauer, K.; Pucher, H.: Der Stadtgasmotor - ein umweltfreundlicher Stationärantrieb. MTZ Motortechnische Zeitschrift 2 (1983), S. 41 - 44.

[2.12] Fessler, H.; Pischinger, R.: Alternative Ottokraftstoffe. 5. Zwischenbericht zur Studie U 601 A "Schadstoffemissionen von Kraftfahrzeugen sowie zu erwartende Entwicklungen". Institut für Verbrennungskraftmaschinen und Thermodynamik an der TU Graz (1985).

[2.13] Kampelmühler, F.Th.: Untersuchung und systematische Verbesserung des Kaltstart- und Warmlaufverhaltens eines 4-Takt-Ottomotors mit Benzineinspritzung. Fortschritt-Berichte der VDI-Z., Reihe 6 (1982) 100.

[2.14] Gruden, D.; Brachert, T.-F.; Höchsmann, G.: Motorinterne Maßnahmen zur Minderung der Abgas-Emissionen. VDI-Berichte 531 (1984) S. 169-187.

[2.15] Moser, F.: Über das Verhalten von Fahrzeug-Ottomotoren, insbesondere Vergasermotoren, im nicht betriebswarmen Zustand, und Wege zur Verbesserung der Abgasemission und Kraftstoffverbrauch in der Warmlaufphase. Dissertation TU Wien (1977).

[2.16] Schmillen, K.; Dübel, F.M.; Schiffgens, H.J.; Pischinger F.: Nutzung von Biogas in Gaszündstrahlmotoren. MTZ 50 (1989) 7/8.

[2.17] Müller, H.; Rohde, S.; Klink, G.: Gemischbildung, Verbrennung und Abgas im Ottomotor. Fachbibliographie mit Referaten bis 1965, Braunschweig (1972).

[2.18] Brauer, H.: Grundlagen der Einphasen- und Mehrphasenströmungen. Verlag Sauerländer, Aarau und Frankfurt am Main (1971).

[2.19] Kaskas, A.: Berechnung der stationären und instationären Bewegung von Kugeln in ruhenden und strömenden Medien. Diplomarbeit am Lehrstuhl für Thermodynamik und Verfahrenstechnik der TU Berlin (1964).

[2.20] Pachta-Reyhofen, G.: Wandfilmbildung und Gemischverteilung bei Vierzylinder-Reihenmotoren in Abhängigkeit von Vergaser- und Saugrohrkonstruktion. Fortschritt-Berichte der VDI-Zeitschriften, Reihe 12 (1986) 62.

[2.21] Nati, V.: Untersuchung der Tropfenflugbahnen in Ansaugsystemen von Vierzylinder-Vergasermotoren verschiedener Bauart. Diplomarbeit am Institut für Verbrennungskraftmaschinen und Kraftfahrzeugbau der TU Wien, (1985).

[2.22] Demel, H.: Mögichkeiten zur Verbesserung der Gemischverteilung an Vergasermotoren unter besonderer Berücksichtigung des Einflusses des Kraftstoffilmes. Fortschritt-Berichte der VDI-Zeitschriften, Reihe 6 (1982) 107.

[2.23] Diem, E.: Dreidimensionale Berechnung der Tropfenbahnen mit Randwertelementen. Unveröffentlichter Bericht des Institutes für Verbrennungskraftmaschinen und Kraftfahrzeugbau an der TU Wien, B 1359 (1986).

[2.24] Lo, R.S.; Lalas, D.P.: Parametric study of fuel-droplet flow in an idealized engine induction system. SAE-Paper 770645 (1977).

[2.25] Eisfeld, F.: Der Einfluß der Brennstoffeinbringung auf die Aufbereitung und Verbrennung. Vortrag bei der Tagung: Verdampfung von Brennstoffen und Brennstoffilmen in Motoren, Turbinen und Feuerungen. Haus der Technik, Essen, Oktober 1980.

[2.26] Chapman, M.: Two dimensional numerical simulation of inlet manifold flow in a four cylinder internal combustion engine. SAE Paper Series 790244 (1979).

[2.27] Binder, A.: Berechnung der Tropfenbahnen und des Tropfenwachstums in einer Keilströmung. Diplomarbeit an der TU Wien (1980).

[2.28] Achleitner, E.; Czerwinski, J.; Ullrich, W.: Vergleich der Serienzündkerze und der Wirbelkammerzündkerze bezüglich Druckverlauf, Lichtverlauf und Wärmefreisetzung am hoch-verdichteten Vierzylinder-Reihenmotor. Interner Bericht des Institutes für Verbrennungskraftmaschinen und Kraftfahrzeugbau an der TU Wien, B 1022 (1981).

[2.29] Kauba, H.: Untersuchung von Einflußgrößen auf die Wandniederschlagsbildung in Saugrohren von Vergasermotoren. Diplomarbeit am Institut für Verbrennungskraftmaschinen und Kraftfahrzeugbau der TU Wien, (1983).

[2.30] Elsayed-Ahmed, M.Y.: Verdunstung, Tropfen- und Filmbildung in Vergaseranlagen. Dissertation an der TU Braunschweig (1971).

[2.31] Löhner, K.; Elsayed-Ahmed, M.: Verdunstung, Tropfen- und Filmbildung in Vergaseranlagen. MTZ 35 (1974) 6, S. 186-192.

[2.32] Rajkow, I.J.; Jerschow, W.W.: Zur Frage der Filmbildung in Vergasermotoren. Übersetzung aus der sowj. Zeitschrift "Avtomobilnaja promyzlennost" 11 (1964) S. 6-10.

[2.33] Fisher, C.H.: Carburation. Vol. 1, 3rd edition, Chapman and Hall, London (1951).

[2.34] Scherenberg, D.: Einfluß der Gemischaufbereitung auf die Emissionen beim Start und Warmlauf sowie beim Übergang von Last in Schubbetrieb eines Ottomotors bei verschiedenen Motortemperaturen. Dissertation an der TU Karlsruhe (1979).

[2.35] Klink, G.: Transport und Verteilung von Kraftstoff durch die Saugleitung eines Vierzylinder-Reihenmotors mit einem Vergaser. Dissertation TU Braunschweig (1973) und ATZ 78 (1976) 4, S. 155-161.

[2.36] Boam, D.J.; Finlay, I.C.: A Computer model of fuel evaporation in the intake system of a carburetted petrol engine. Confer. London Juni 1979, C 89/79.

[2.37] Stebar, R.F.; Everett, R.L.: New emphasis on fuel volatility-effects on vehicle warm up with quick-release chokes. SAE-Paper 720934 (1972).

[2.38] Dörges, E.A.: Gemischverteilung an einem Vierzylinder-Vergasermotor. ATZ 59 (1957) 7, S. 194-201.

[2.39] Sawa, N.: Das Verhalten des Kraftstoffes in der Ansaugleitung während der Verbrennung. Übersetzung aus der jap. Zeitschrift "Iidosha Gijutsu" Band 27 (1973) 4, S. 342-349.

[2.40] Mramor, F.: Gemischbildung in Mehrzylinder-Ottomotoren mit Vergaserbetrieb. Deutsche Kraftfahrtforschung 82 (1944).

[2.41] Jante, A.: Über die Gemischverteilung an Vergasermotoren. ÖIZ 7 (1964) 1, S. 7-17.

[2.42] Liimata, D.R.; Hurt, R.F.; Deller, R.W.; Hull, W.L.: Effects of mixture distribution on exhaust emissions as indicated by engine data and the hydraulic analogy. SAE-Int. Mid-Year Meeting, Montreal/Canada, Juni 1971.

[2.43] Asire, H.W.: Das Brennstoffgemisch im Ansaugkrümmer. "Der Motorwagen", S. 294-301.

[2.44] Dika, R.J.: A discussion of V-8 engine intake manifold design. General Motors engineering journal Jan-Feb-March (1959).

[2.45] Gruden, D.; Richter, H.; Korte, V.: Möglichkeiten zur Verbesserung der Wirtschaftlichkeit von Ottomotoren. Automobil Industrie 2 (1984) S. 179-185.

[2.46] N.N.: DIN 70020, November 1976, Deutsches Institut für Normung e.V., Berlin.

[2.47] N.N.: ÖNORM V 5003, 1. Juni 1978, Österreichisches Normungsinstitut, Wien.

[2.48] N.N.: DIN 6270, Mai 1970, Beiblatt 1, Deutsches Institut für Normung e.V., Berlin.

[2.49] N.N.: DIN 1940, Dezember 1976, Deutsches Institut für Normung e.V., Berlin.

[2.50] N.N.: DIN 51600, Juli 1984, Deutsches Institut für Normung e.V., Berlin.

[2.51] N.N.: DIN 51607, Deutsches Institut für Normung e.V., Berlin: Juli 1984.

[2.52] N.N.: ÖNORM C 1103, Österreichisches Normungsinstitut, Wien, 1. Jänner 1984.

[2.53] N.N.: ÖNORM C 1102, Österreichisches Normungsinstitut, Wien, 1. Februar 1985.

[2.54] N.N.: DIN 51751, Deutsches Institut für Normung e.V., Berlin.

[2.55] N.N.: ÖNORM C 1160, Österreichisches Normunsinstitut, Wien.

[2.56] Mikulic, L.; Lenz, H.P.; Bamer, F.: Verbrauchsminderung bei Einspritz-Ottomotoren durch spezielle Saugrohrgestaltung. ATZ Automobiltechnische Zeitschrift 86 (1984) 10, S. 437-442.

[2.57] Seifert, H.: Die charakteristischen Merkmale der Schwingrohr- und Resonanzaufladung bei Verbrennungsmotoren XIX. Int. FISITA-Kongreß Melbourne, 8.-12. Nov. 1982, SAE-Paper 82032.

[2.58] Cser, G.: Ein neuartiges Verfahren zur Verbesserung der Abgasturboaufladung. MTZ 32 (1971) 10.

[2.59] Engelmann, K.W.: Design of a tuned intake manifold. ASME-Publication (1973) 73-WA/DGP-2.

[2.60] Anisitz, F.; Spinnler, F.: Entwicklung der kombinierten Aufladung am neuen Sauer-Fahrzeugdieselmotor D4KT. MTZ 39 (1978) 10.

[2.61] Indra, F.: Kombinierte Aufladung an einem Personenwagen-Ottomotor hoher Literleistung. MTZ 40 (1979) 12.

[2.62] Zürner, H.: Entwicklung von aufgeladenen MAN-Fahrzeug-Dieselmotoren in Sechszylinder-Reihenbauart. MTZ 41 (1980) 2.

[2.63] Fraidl, G.: 3. Zwischenbericht zum Forschungsauftrag: "Einfluß der Gemischaufbereitung auf das motorische Betriebsverhalten bei intermittierender Einspritzung". Unveröffentlichter Bericht des Institutes für Verbrennungskraftmaschinen und Kraftfahrzeugbau an der TU Wien, B 1098 (1982).

[2.64] Fraidl, G.: 7. Zwischenbreicht zum Forschungsauftrag: "Einfluß der Gemischaufbereitung auf das motorische Betriebsverhalten bei intermittierender Saugrohreinspritzung". Un-veröffentlichter Bericht am Institut für Verbrennungskraftmaschinen und Kraftfahrzeugbau der TU Wien, B 1136 (1983).

[2.65] Robinson, J.A.; Brehob, W.M.: The Influence of Improved Mixture Quality on Engine Exhaust Emissions and Performance. Journal of the Air Pollution Control Association 17 (1967) 7, S.446-453.

[2.66] Harrington, J.A.: A Study of Carburettion Effects on Power, Emissions, Lean Misfire Limit and EGR Tolerance of a Single-Cylinder Engine. SAE Paper 760754 (1976).

[2.67] Lindsay, R.; Thomas, A.; Woodworth, J.A.; Zeschmann, E.G.: Influence of Homogeneous Charge on the Exhaust Emissions of Hydrocarbons, Carbon Monoxide and Nitric Oxide from a Multicylinder Engine. SAE Paper 710588 (1971).

[2.68] Hardenberg, H.O.: Thermodynamische Betrachtungen zum Mercedes-Benz Methanol-Gasmotor-Konzept. Automobilindustrie (1983) 3, S. 297-310.

[2.69] Polach, W.: Verbesserung der Verbrennung bei hoher Verdichtung und großer Turbulenz durch Benzineinspritzung. MTZ 44 (1983) 7/8, S. 269-273.

[2.70] Almstadt, K.: Einfluß des Gemischzustandes an der Zündkerze auf die Entflammungsphase im Ottomotor. Dissertation TU-Braunschweig 1985.

[2.71] Matthes, W.R.; Mc. Gill; R.N.: Effects of the Degree of Fuel Atomization on Single-Cylinder Engine Performance. SAE Paper 760117 (1976).

[2.72] Trösch, H.A.: Die Zerstäubung von Flüssigkeiten. Chemie -Ing. -Techn. 26 (1954) 6, S. 311-320.

[2.73] Schmidt, P.; Walzel, P.: Zerstäubung von Flüssigkeiten Chem. Ing. Tech. 52 (1980) 4, S. 304-311.

[2.74] Ohnesorge, W.v.: Die Bildung von Tropfen an Düsen und die Auflösung flüssiger Strahlen. Zeitschrift f. angewandte Mathematik und Mechanik 16 (1936) 6, S. 355-358.

[2.75] Walzel, P.; Michalski, H.: Strömungszustände an Düsen bei kleinen Flüssigkeitsdurchsätzen. Verfahrenstechnik 14 (1980) 3.

[2.76] Rayleigh, Lord: On the Instability of Jets. Proc. London Math. Soc. Vol.10 (1878/79), S. 4-13.

[2.77] Weber, C.: Zum Zerfall eines Flüssigkeitsstrahles. Zeitschrift für angewandte Mathematik und Mechanik 11 (1931) 2, S. 136-154.

[2.78] Haenlein, A.: Über den Zerfall eines Flüssigkeitsstrahles. Forschung 2 (1931) 4, S. 139-149.

[2.79] Chawla, T.C.: Droplet Size Resulting from Breakup of Liquid at Gas-Liquid Interfaces of Liquid Submerged Subsonic and Sonic Gas Jets. International Journal of Multiphase Flow 2 (1975) S. 471-475.

[2.80] Ostrach, S.; Koestel, A.: Film Instabilities in Two-Phase Flows. A.I.Ch.E. Journal 11 (1965) 2, S. 294-303.

[2.81] Tatterson, D.F.; Dallman, J.L.; Hanratty, T.J.: Drop Sizes in Annular Gas-Liquid Flows. A.I.Ch.E. Journal 23 (1977) 1, S. 68-76.

[2.82] Holfelder, O.: Zur Strahlzerstäubung bei Dieselmotoren, Forschung 3 (1932) 5, S. 229-240.

[2.83] Lenz, H.P.: Zur Berechnung des Zerfalls von Flüssigkeitsstrahlen niedriger Austrittsgeschwindigkeiten. Fortschritt-Berichte VDI-Z. Reihe 3, Nr.20, VDI-Verlag Düsseldorf 1967.

[2.84] Sterling, A.M.; Sleicher, C.A.: The Instability of Capillary Jets. Journal of Fluid Mechanics 68 (1975) 3, S. 477-495.

[2.85] Huang, J.C.P.: The Break-Up of Axisymmetric Liquid Sheets. Journal of Fluid Mechanics 43 (1970), part 2, S. 305-319.

[2.86] Fraser, R.P.; Eisenklam, P.; Dombrowski, N.; Hasson, D.: Drop Formation from Rapidly Moving Liquid Sheets. A.I.Ch.E. Journal 8 (1962) 5, S. 672-680.

[2.87] Dombrowski, N.; Johns, W.R.: The Aerodynamic Instability and Disintegration of Viscous Liquid Sheets. Chemical Engineering Science (1963) 18, S. 203-214.

[2.88] Dombrowski, N.; Hooper, P.C.: The Effect of Ambient Density on Drop Formation in Sprays. Chemical Engineering Science 77 (1962), S. 291-305.

[2.89] Dombrowski, N.; Hasson, D.; Ward, D.E.: Some Aspects of Liquid Flow through Fan Spray Nozzles. Chemical Engineering Science (1960) 12, S. 35-50.

[2.90] Dombrowski, N.; Hooper, P.C.: A Study of the Sprays Formed by Impinging Jets in Laminar and Turbulent Flow. Journal of Fluid Mechanics 18 (1963) part 3, S. 392-400.

[2.91] Fraser, R.P.; Dombrowski, N.; Routley, J.H.: The Atomization of a Liquid Sheet by an Impinging Air-Stream. Chemical Engineering Science 18 (1963), S. 339-353.

[2.92] Clark, C.J.; Dombrowski, N.: An Experimental Study of the Flow of Thin Liquid Sheets in Hot Atmospheres. I. Fluid Mechanics 64 (1974) 1, S. 167-175.

[2.93] Parlange, J.Y.: A Theory of Water-Bells. Journal of Fluid Mechanics 29 (1967) 2, S. 361-372.

[2.94] Taylor, G.: The Dynamics of Thin Sheets of Fluids. Proc. Roy. Soc. Volume A1253(1959) S. 289-321.

[2.95] Lee, S.Y.; Tankin, R.S.: Study of a Liquid Spray in a Non Condensable Environment. Int. J. Heat Mass Transfer 27 (1984) 3, S. 351-361.

[2.96] Lee, S.Y.; Tankin, R.S.: Study of a Liquid Spray in a Condensable Environment. Int. J. Heat Transfer 27 (1984) 3, S. 363-374.

[2.97] Fraidl, G.K.: Gemischaufbereitung und motorisches Betriebsverhalten bei intermittierender Saugrohreinspritzung, Dissertation TU Wien 1987. VDI Fortschritt-Berichte, Reihe 12, Nr. 90, Düsseldorf 1987.

[2.98] Lenz, H.P.: Über Zerstäubung von Flüssigkeiten und Anwendung instationärer Hydrodnamik zur Brennstoffeinspritzung bei Verbrennungsmotoren. Dissertation ETH Zürich 1966.

[2.99] Lenz, H.P.: Über Grundlagen der Zerstäubung und ihre Anwendung bei Vergasern von Ottomotoren, Fortschritt-Bericht, VDI-Zeitschrift, Reihe 6, Nr. 14 (1967).

[2.100] Hinze, J.O.: Forced Deformations of Viscous Liquid Globules. Applied Scientific Research (1948) A1, S. 263-272.

[2.101] Hinze, J.O.: Critical Speeds and Sizes of Liquid Globules. Applied Scientific Research (1948) A1, S. 273-288.

[2.102] Hinze, J.O.: Fundamentals of the Hydrodynamic Mechanism of Splitting in Dispersion Processes. A.I.Ch.E. Journal 1 (1955) 3, S. 289-295.

[2.103] Lane, W.R.: Shatter of Drops in Streams of Air. Industrial and Engineering Chemistry 43 (1951) 6, S. 1312-1317.

[2.104] Simmons, H.C.: The Correlation of Drop Size Distribution in Fuel Nozzle Sprays, Part I and II. ASME Journal of Engineering for Power (1977) 3, S. 309-319.

[2.105] Simmons, H.C.: The Prediction of Sauter Mean Diameter for Gas Turbine Fuel Nozzles of Different Types. ASME Journal of Engineering for Power 102 (1980) 3, S. 646-652.

[2.106] van Lier, J.J.L.; van Paassen, C.A.A.: Überblick über die Forschungsarbeit "Einspritzkühlung", VGB Kraftwerkstechnik 60 (1980) 12.

[2.107] Sangeorzan, B.P.; Uyehara, D.A.; Myers, P.S.: Time-Resolved Drop Size Measurements in an Intermittend High-Pressure Fuel Spray. SAE Paper 841361 (1984).

[2.108] Rizk, N.K.; Lefebvre, A.H.: Spray Characteristics of Plain-Jet Airblast Atomizers. ASME Journal of Engineering for Gas Turbines and Power 106 (1984) 3, S. 634-638.

[2.109] Rizk, N.K.; Lefebvre, A.H.: The Influence of Liquid Film Thickness on Airblast Atomization. ASME Journal of Engineering for Power 102 (1980) 3, S. 706-710.

[2.110] Jasuja, A.K.: Airblast Atomization of Alternative Liquid Petroleum Fuels under High Pressure Conditions. ASME Journal of Engineering for Power 103 (1981) 3, S. 514-518.

[2.111] Jasuja, A.K.: Atomization of Crude and Residual Fuel Oils, ASME Journal of Engineering for Power 101 (1979) 2, S. 250-258.

[2.112] Rizkalla, A.A.; Lefebvre, A.H.: Influence of Liquid Properties on Airblast Atomizer Spray Characteristics. ASME Journal of Engineering for Power (1975) 2, S. 173-179.

[2.113] Rizkalla, A.A.; Lefebvre, A.H.: The Influence of Air and Liquid Properties on Airlast Atomization. Journal of Fluids Engineering, September 1975. S. 316-320.

[2.114] Lorenzotto, G.E.; Lefebvre, A.H.: Measurements of Drop Size on a Plain-Jet Airblast Atomizer. AIAA Journal 15 (1977) 7, S. 1006-1010.

[2.115] Rizk, N.K.; Lefebvre, A.H.: Influence of Atomizer Design Features on Mean Drop Size. AIAA Journal 21 (1983) 8, S. 1139-1142.

[2.116] Kim, K.Y.; Marshall, J.R.: Drop-Size Distribution from Pneumatic Atomizers. A.I.Ch.E. Journal 17 (1961) 2, S. 312-318.

[2.117] Gretzinger, J.; Marshall, J.R.: Characteristics of Pneumatic Atomization. A.I.Ch.E. Journal 7 (1961) 2, S. 312-318.

[2.118] Löhner, Müller: Gemischbildung und Verbrennung im Ottomotor, Springer Verlag Wien - New York 1967.

[2.119] Huber, E.W.: Untersuchung der Neigung von Flugmotorkraftstoffen zur Dampfblasenbildung unter den möglichen Bedingungen, 1. Zwischenarbeit TH Graz, Lehrstuhl f. Verbrennungskraftmaschinen und Wärmelehre (1944), S. 1-24.

[2.120] Orlicek, A.F.; Pöll, H.: Hilfsbuch für Mineralöltechniker. Springer-Verlag, Wien 1951.

[2.121] Henning, H.: Zur Berechnung des Zustandes im Vergaser, ATZ 63 (1961), S. 323-330.

[2.122] Widmaier, O.: Kraftstoffe für Ottomotoren. Zeitschrift für Chemie und Technik von Kohle, Öl und Gas 50 (1969) 4, S. 97-132.

[2.123] Jin, J.D.; Borman, G.L.: A Model for Multicomponent Droplet Vaporization at High Ambient Pressures. SAE Paper 850264 (1985).

[2.124] Law, C.K.: Multicomponent Droplet Combustion with Rapid Internal Mixing. Combustion and Flame 26 (1976) S. 219-233.

[2.125] Lui, X.Q.; Wang, C.H.; Law, C.K.: Simulation of Fuel Droplet Gasification in SI Engines. Journal of Engineering for Gas Turbines and Power 106 (1984) S. 849-853.

[2.126] Scherenberg, D.: Einfluß der Gemischaufbereitung auf die Emissionen beim Start und Warmlauf sowie beim Übergang von Last in Schubbetrieb eines Ottomotors bei verschiedenen Motortemperaturen. Dissertation TH Karlsruhe 1979.

[2.127] Maisch, Wolfgang: KE-Jetronic - Ein elektronisch gesteuertes Einspritzsystem mit Notlauffähigkeit. ATZ Automobiltechnische Zeitschrift 84 (1982) 11.

[2.128] Willumeit, Hans-Peter, Bauer, Martin: Emissionen und Leistung eines Ottomotors bei sauerstoffangereicherter Verbrennungsluft. MTZ Motortechnische Zeitschrift 49 (1988) 4.

[2.129] Grossmann: Zum Flüssigkeitsbetrieb von PKW. Vortrag beim ÖIAV in Wien (1982).

[2.130] N.N.: Österreichische Normung EN 288.

[2.131] Leiter, E.: Strömungsmechanik: Nach Vorlesungen, K. Oswatlisch. Bd. 1, Vieweg Braunschweig 1978.

[2.132] Prandtl, L.: Strömungslehre, 6. Auflage, Friedr. Vieweg & Sohn, Braunschweig, 1965.

[2.133] Bruno Eck: Technische Strömungslehre, Springer Verlag, Berlin 1944.

[2.134] Marhold, A.: Vergaserkraftstoffzusammensetzung und Emissionen. 4. Informationsseminar praxisbezogene Qualitätsanforderungen an Kraftstoffe, TU Wien. Forschungsinstitut für Chemie und Technologie von Erdölproduktion.

[2.135] Schmidt, F.A.F.: Verbrennungskraftmaschinen, Springer Verlag Berlin (1967).

## Kapitel 3

[3.1] Moser, F.: Über das Verhalten von Fahrzeug-Ottomotoren, insbesondere Vergasermotoren, im nichtbetriebswarmen Zustand und Wege zur Verbesserung der Abgasemissionen und Kraftstoffverbrauch in der Warmlaufphase. Dissertation TU Wien (1977).

[3.2] D'Alleva, B.A.; Lovell, W.G.: Relation of Exhaust Gas Composition to Air-Fuel Ratios. SAE-Journal 38 90 (1936).

[3.3] Weatherford, W.D.: Find Fuel-Air Ratio Graphically. Petroleum Refiner, 1959, S. 181.

[3.4] Spindt, R.S.: Air-Fuel Ratios from Exhaust Analysis. SAE-Paper 650507 (1965).

[3.5] Eltinge, Lamont: Fuel-Air Ratio and Distribution from Exhaust Gas Composition. SAE 680114 (1968).

[3.6] Lange, Karlheinz: Verfahren zur Berechnung der Luftzahl aus der Abgaszusammensetzung. MTZ 37 (1976).

[3.7] Brettschneider, Johannes: Berechnung des Luftverhältnisses von Luft- Kraftstoff-Gemischen und des Einflusses von Meßfehlern auf Lambda. Bosch Technische Berichte 6 (1979), Nr.4, S. 177-186.

[3.8] Pucher, Ernst: Meßprinzip und Aufbau des neu entwickelten Lambda-Meßgerätes. Fortschritt-Bericht VDI Reihe 6 Nr. 173. Düsseldorf: VDI-Verlag 1985; S. 4-15.

[3.9] Vassell, W.C.; Logothetis, E.M.; Hetrick, R.E.: Extended Range Air-to-Fuel Ratio Sensor. SAE 841250 (1984).

[3.10] Pucher, E.; Lenz, H.P.: Entwicklung eines neuartigen Lambdameters mit Hilfe eines Ein-Komponenten-Meßverfahrens. VDI-Berichte; 553. Düsseldorf: VDI-Verlag 1985; S. 127-140.

[3.11] Takeuchi, K.; Murayama, H.; Senda, J.; Yanada, K.: Droplet Size Distribution in Diesel Fuel Spray. Bulletin of JSAE 26 (1983) 215, S. 797-804.

[3.12] Ueno, S.; u.a.: Wide-Range Air-Fuel Ratio Sensor. SAE 860409 (1986).

[3.13] Wiedemann, H.M.; u.a.: Beheizte Zirkondioxid-Sonde für stöchiometrische und magere Luft-Kraftstoff-Gemische. Bosch Technische Berichte 7 (1984) 5.

[3.14] Pucher, E.; Lenz, H.P.: Theoretischen Grundlagen und Entwicklung eines instationären Luftzahlmeßgerätes. VDI Berichte Nr. 681, 1988.

[3.15] Kohoutek, Peter: Luftverhältnisbestimmung an 2-Taktmotoren auf Basis einer Restsauerstoffmessung. Diplomarbeit an der TU Wien. 1989.

[3.16] Bürkholz, A.: Meßmethoden zur Tropfengrößenbestimmung, Chemie - Ing.-Techn. 45/1 (1973), S. 1-7.

[3.17] Michel, B.: Tropfengrößenbestimmung bei Zerstäubung durch einen Ölbrenner. Öl- und Gasfeuerung. 14 (1969) 2, S. 137-144.

[3.18] Trösch, H.A.: Zerfall von Flüssigkeiten und Tropfengrößenbestimmung. Chemie - Ing.-Technik 31 (1959) 10, S. 667-673.

[3.19] Jandl, G.; Bell, O.: Fotographische Methoden zur Bestimmung von Tropfenspektren. Brennstoff-Wärme-Kraft 26 (1974) 7, S. 313-319.

[3.20] Atkinson, D.S.F.; Strauss, W.: Droplet Size and Surface Tension in Venturi Scrubbers. Journal of the Air Pollution Control Association 28 (1978) 11, S. 1114-1118.

[3.21] Peters, B.D.: Laser-Video Imaging and Measurement of Fuel Droplets in a SI Engine. I. Mechanical Engineers (1983), 81/83, S. 23-30.

[3.22] Pishkoff, J.M.; Hammand, O.C.; Chraplyvy, A.R.: Diagnostic Measurements of Fuel Spray Dispresion ASME Paper 80-WA/HT-35 (1980).

[3.23] Seger, G.; Sinsel, F.: Untersuchung einer Zerstäubungsvorrichtung mit Hilfe der Kurzzeitmikroholographie. Staub-Reinhaltung der Luft. 30 (1970) 11, S. 471-475.

[3.24] Michel, B.; Seger, G.: Die Holographie als Hilfsmittel zur Untersuchung der Gemischaufbereitung in Verbrennungsmotoren und Gasturbinen. MTZ 32 (1971) 7, S. 252-255.

[3.25] Rottenkolber, H.: Holographie als Meßmethode. Werkstatt und Betrieb 103 (1970) 3, S. 189-193.

[3.26] Fraidl, G.K.: Gemischaufbereitung und motorisches Betriebsverhalten bei intermittierender Saugrohreinspritzung, Fortschritt Berichte VDI, Reihe 12, Nr. 90, 1987.

[3.27] Hamidi, A.A.; Swithenbank, J.: Treatment of Multiple Scattering of Light in Laser Diffraction Measurement Techniques in Dense Sprays and Particle Fields. Journal of the Institute of Energy 101 (1986) June, S. 101-105.

[3.28] Swithenbank, H.; Beer, J.M.; Taylor, D.S.; Abbat, D.; Mc. Creath, G.C.: A Laser Diagnostic Technique for the Measurement of Droplet and Particle Size Distribution. AIAA paper Nr. 76/79, AIAA, 14. Aerospace Sciences Meeting, Washington,DC., 1976.

[3.29] Dodge, L.G.: Calibration of the Malvern Particle Sizer. Applied Optics 23 (1984) 14, S. 2415-2419.

[3.30] Demel, H.; Diem, E.; Lenz, H.P.: Quantitative Messung des Kraftstoffilmes in Saugrohren von Ottomotoren. Sonderdruck MTZ 44 (1983) 7/8, S. 275-278.

[3.31] Mramor, F.: Gemischbildung in Mehrzylinder-Ottomotoren mit Vergaserbetrieb. Deutsche Kraftfahrforschung. H. 82 (1944).

[3.32] Jante, A.: Über die Gemischbildung an Vergasermotoren. ÖIZ 7 (1964) 1, S. 7-17.

[3.33] Elsayed-Ahmed, M.Y.: Verdunstung, Tropfen- und Filmbildung in Vergaseranlagen. Dissertation TU Braunschweig 1971.

[3.34] Jakobs, R.; Rosemann, G.: Modellversuche zur Gemischaufbereitung bei Ottomotoren. Fa. Pierburg, Neuss (1977).

[3.35] Kurabayashi, T.; Karasawa, T.: Measurement of quantity of liquid attached on a wall of an air flowing pipe by means of a rotary ring separator Jari Technical Memorandum Nr. 1 (1971), S. 23-30.

[3.36] Kurabayashi, T.; Karasawa, T.: On the method of measure of liquid quantity attached on air flowing pipe wall. Jari Technical Memorandum Nr. 1 (1971) S. 41-50.

[3.37] Gruber, F.: Aufbau und Erprobung eines instationären Luftverhältnismeßgerätes, Diplomarbeit, Institut für Verbrennungskraftmaschinen und Kraftfahrzeugbau der TU Wien, 1989.

[3.38] Hayashi, S.; Sawa, N.: Measurement of fuel liquid-film flow in intake pipe of two-stroke motorcycle engine using conduction-probe. SAE Paper Series 840554 (1984).

[3.39] Böhme, W.: Abschlußbericht zum Forschungsbericht: "Entwicklung eines Strahlbild-Vermessungsprüfstandes" TU Wien, Interner Institutsbericht B 1605, Sept. 1988. nicht veröffentlicht.

[3.40] Richter, H.: Meßeinrichtung zur kontinuierlichen Ermittlung der Schadstoff-Massenemissionen bei stationären und instationären Motor-Betriebszuständen. Dissertation TU Wien, Juli 1978.

[3.41] N.N.: Kraftfahrtechnisches Taschenbuch/Bosch. 20. Auflage. Düsseldorf, VDI Verlag, 1987.

[3.42] Brand, F.L.: Akustische Verfahren zur Durchflußmessung. Messen Prüfen Automatisieren. April 1987.

[3.43] N.N.: Massendurchflußmesser für Gase. Degussa AG, Datenblatt Nr. 8498.

[3.44] Leiter, E.: Strömungsmechanik. Band 1, Grundlagen und technische Anwendungen. Braunschweig: Vieweg, 1. Auflage 1978.

[3.45] Bandel, W.: Ermittlung des stationären und dynamischen Verhaltens einer geometrischen Kraftstoffverbrauchseinrichtung.

[3.46] Wichart, K.: Möglichkeiten und Maßnahmen zur Verminderung der Ladungswechselverluste beim Ottomotor. Fortschritt-Berichte VDI, Reihe 12, Nr. 91. Düsseldorf, VDI Verlag 1987.

[3.47] Matsumura, T.; Nonyoshi, Y.: New Fuel Metaing Technique for Compensating Wall Flow in a Transient Condition Using the Model-Matching Methode. JSAE Review Vol. 10, No. 3, S. 5-9. 1989.

[3.48] N.N.: Präzisions-Durchfluß-Meßgerät PLU 103 A. Betriebsanleitung. Pierburg Luftfahrtgeräte Union GmbH. Neuss.

## Kapitel 4

[4.1] Kretzschmer, F.: Strömungsform und Durchflußzahl der Meßdrossel. VDI-Forsch.-Heft Nr. 381 (1936).

[4.2] Hansen, M.: Düsen und Blenden bei kleinen Reynolds-Zahlen. Forschg. Ing.-Wesen, Bd. 4 (1933).

[4.3] Schultz-Grunow, F.: Durchflußverfahren für pulsierende Strömungen. Forschgs.-Ing.-Wesen, Bd. 12 (1941) H.3, S. 117-126.

[4.4] Eck, B.: Technische Strömungslehre. 7. Auflage, Springer-Verlag Berlin (1966).

[4.5] Ackeret, J.: Grenzschichten in geraden und gekrümmten Diffusoren. JUTAM Symposium Freiburg/Br. 1957, Grenzschichtforschung, hrsgg. v. H. Görtler, Springer (1958).

[4.6] Sprenger, H.: Experimentelle Untersuchungen an geraden und gekrümmten Diffusoren. Mitt. Inst. f. Aerodynamik, Zürich Nr. 27 (1959).

[4.7] N.N.: Interner Versuchsbericht der Firma Zenith, Lyon Nr. 152 vom 22. 3. 61 mit Anlage.

[4.8] Pierburg, Alfred; Lenz Hans-Peter: Vergaser für Kraftfahrzeug-Motoren, 4. Auflage, VDI-Verlag GmbH. Düsseldorf (1970).

[4.9] Schmid, E.: Thermodynamik, Springer-Verlag (1962).

[4.10] Dutta, Rathindra: Optimierungsaufgabe - System Lufttrichter-Vorzerstäuber und Hauptkanal des Vergasers, Deutsche Vergaser Gesellschaft, Neuß (1977).

[4.11] N.N.: Bosch-Mitteilungsblätter K3/EEV-ZEE-Europa-312-7 K3/EEV-EV10-303-1.

[4.12] Schauer, W.: Interner Bericht der Deutschen Vergaser Gesellschaft, Neuß, vom 20. 12. 1967.

[4.13] Linzer, V.: Ein Beitrag zur Theorie des Vergasers. Diss. TH Wien 1963.

[4.14] Interner Versuchsbericht der Bendix-Stromberg Carburetor Co. South Bend, Indiana, USA; BX, Abschnitt II, Teil II.

[4.15] Bockelmann, Wilfried; Steinbrink, Rainer: Der neue Pierburg-Registervergaser 2E, Motortechnische Zeitschrift 43 (1982), Nr. 10, S. 493-498.

[4.16] Bolt, J.A.; Boerma, M.: Der Einfluß des Einlaßluftverhältnisses auf die Vergaserdosierung. (Englisch) SAE-Abhandlung Nr. 660 119 (1966).

[4.17] Lenz, H.P.: Zur Entwicklung von Höhenkorrektoren für Vergaser von Ottomotoren. Fortschritt-Berichte VDI-Zeitschrift, Reihe 3, Nr. 26.

[4.18] Furuyama, Mikio; Ohgane, Hiroaki: A Comparison of Pulsating and Steady Flows in Terms of Carburetor Characteristics, JSAE Review Vol. 8 (1987), No. 3, S. 18-23.

[4.19] Lenz, H. P.: Carburation and Mixture Pretreatment in the Mercedes-Benz Twin Camshaft In-Line Engine, Instn Mech Engrs, Conference Publication 19 (1973), S. 119-125.

[4.20] Härtel, Günter R.:Neues Gemischbildungssystem für Ottomotoren, Automobiltechnische Zeitschrift 83 (1981), Nr. 5, S. 219-222.

[4.21] Robert Bosch GmbH: Kraftfahrtechnisches Taschenbuch. 19. Auflage, VDI-Verlag (1984).

[4.22] Robert Bosch GmbH: Autoelektrik, Autoelektronik am Ottomotor. 1. Ausgabe, VDI-Verlag (1987).

[4.23] Jwamoto, A.; Sato, K.: Recant Simgle-Point Injection System. JSAE Review Vol. 9 (1988), No. 1, S. 22-28.

[4.24] Olaf von Fersen: Das DPI-Einspritzsystem, MOT 18 (1988), S. 106-109.

[4.25] Großmann, D.: Zum Flüssigkeitsbetrireb von PKW. Vortrag beim ÖIAV in Wien (1982).

[4.26] Borrmeister, J.: Untersuchungen am Audi-Motor M118. Wiss.-Z. TU Dresden 18 (1969) 2, S. 539-546.

[4.27] Zander, W.: Die Entwicklung von Saugrohren als Beitrag zur Abgasentgiftung der Vergasermotoren. MTZ 31 (1970) 2, S. 52/53.

[4.28] Lange, K.: Einfluß verschiedener Vergaser- und Saugrohrformen auf die Gemischverteilung an einem Vierzylinder-Reihenmotor. Fortschr.-Berichte VDI-Zeitschriften, Reihe 6 (1969) 24.

[4.29] Pachta-Reyhofen, G.; Lenz, H.P.: Möglichkeiten und Grenzen der nachträglichen Optimierung der Gemischverteilung in Ansaugsystemen mit zentraler Gemischbildung. XXI. FISITA-Kongress, Belgrad (1986), Yugoslav SAE Paper 865029.

[4.30] Smetana, G.: 3. Zwischenbericht zum Forschungsauftrg "Vergleich elektronischer Vergaser zur Zentraleinspritzung". Unveröffentlichter Bericht B 1375, Institut für Verbrennungskraftmaschinen und Kraftfahrzeugbau an der TU Wien (1986).

[4.31] Freche, F.: Gemischverteilung am BMW 310 mit Quetschkopf. Kraftfahrzeugtechnik 10 (1960) S. 42-45.

[4.32] Löhner, K.; Müller, H.; König, H.C.; Klink, G.: Untersuchungen über die Auswirkungen verschiedener Arten der Gemischbildung auf die Zusammensetzung der Abgase der einzelnen Zylinder sowie der Sammelprobe eines Viertakt-Ottomotors. Fortschritt-Berichte VDI-Z., Reihe 6 (1967) 15.

[4.33] Takahama, Kawamura; Mase, Oda: Der Einfluß der Drosselklappe des Vergasers auf die Gemischverteilung in Benzinmotoren. Übersetzung aus dem Tagungsheft der 43. Veranstaltung der Jap. Ges. d. Mech., H. 143 (1965) S. 133-135.

[4.34] Borrmeister, J.; Birkit, A.: Probleme der Kraftstoff-Zuteilung und Gemischaufbereitung bei der Verwirklichung eines wirtschaftlichen und schadstoffarmen Motorbetriebes von Viertakt-Ottomotoren. Kraftfahrzeugtechnik 4/79 (1979) S. 108-112.

[4.35] Müller, F.: Entgiftung der Abgase von Ottomotoren durch konstruktive Maßnahmen an Vergaser und Zündlage. Wiss.-Z. der Technischen Universität Dresden 17 (1968) 5, S. 1377-1388 und "die Technik" (1970) 1.

[4.36] Smetana, G.: 2. Zwischenbericht zum Forschungsauftrag "Vergleich elektronischer Vergaser zur Zentraleinspritzung". Unveröffentlichter Bericht B 1338, Institut für Verbrennungskraftmaschinen und Kraftfahrzeugbau der Technischen Universität Wien (1986).

[4.37] Lenz, H.P.: Über Grundlagen der Zerstäubung und ihre Anwendung bei Vergasern von Ottomotoren. Fortschritt-Bericht VDI-Z., Reihe 6 (1967) 14.

[4.38] Fa. Opel: Opel-Multec-Zentraleinspritzung, Technische Information (1988).

[4.39] Lembke, M.: Ausführungen heutiger und zukünftiger Einspritzanlagen. Vortrag anläßlich des Seminars "Gemischbildung bei Ottomotoren", Institut für Verbrennungskraftmaschinen und Kraftfahrzeugbau der Technischen Universität Wien, Nov. 1988.

[4.40] N.N.: Bosch und Pierburg System OHG., Technische Information, Ecotronik-Lambda = 1-Regelung.

[4.41] Schürz, W.: Ursachen für "hängende Gemischverteilung" bei Verwendung von Luftführungseinsätzen und Zerstäubungsvorrichtungen. Unveröffentlichter Bericht B 1562, Institut für Verbrennungskraftmaschinen und Kraftfahrzeugbau der Technischen Universität Wien (1988).

[4.42] Duelli, H.: Luftführungseinsätze und Zerstäubungsvorrichtungen. Unveröffentlichter Bericht B 1514, Institut für Verbrennungskraftmaschinen und Kraftfahrzeugbau der Technischen Universität Wien (1987).

[4.43] N.N.: Bosch Technische Unterrichtung. Diesel-Einspritzausrüstung. Robert Bosch GmbH. Abt. techn. Druckschriften KH/VDT (1970).

[4.44] Duelli, H.: Einspritzzeitpunktvariation. Unveröffentlichter Bericht B 1463, Institut für Verbrennungskraftmaschinen und Kraftfahrzeugbau der Technischen Universität Wien (1987).

[4.45] N.N.: Bosch Technische Unterrichtung. Benzineinspritzung D- und L-Jetronic. Robert Bosch GmbH. Abt. techn. Druckschriften KH/VDT (1975).

[4.46] Sauer: Luftmassenmessung. Vortrag anläßlich des Seminars "Gemischbildung bei Ottomotoren". Institut für Verbrennungskraftmaschinen und Kraftfahrzeugbau der Technischen Universität Wien, Nov. 1988.

[4.47] Greiner, M.; Romann, P.; Steinbrenner, U.: Bosch Fuel Injectors-New Developments, Robert Bosch GmbH., SAE Techn. Paper 870124 (Feb. 1987).

[4.48] Fraidl, G.K.: Gemischaufbereitung und motorisches Betriebsverhalten bei intermittierender Saugrohreinspritzung. VDI-Fortschrittsberichte, Reihe 12, Nr. 90, Düsseldorf 1987.

[4.49] Nomura, T.; Irino, H.: Non-Linearity at Low Flow Rates from Electromagnetic Fuel Injector. JSAE Review Vol. 8, No. 4, 1987.

[4.50] Krappel, A.; Guggenmos J.; Goldbrunner W.: Elektronikkonzept beim BMW-12-Zylindermotor. Automobil-Industrie Nr. 1/88.

[4.51] Vogt, R.: Anforderungen der Mehrventilmotoren an die Gemischbildung. Seminar "Gemischbildung bei Ottomotoren". Institut für Verbrennungskraftmaschinen und Kraftfahrzeugbau der TU Wien, Novemver 1988.

[4.52] Nakamura, N.; Namura, K.; Suzuki, M.: Key Factors of Fuel Injection System to Draw Out Good Response in 4-Valve Engine. SAE Paper 870126.

[4.53] Mikulic. L.; Quissek, F.; Fraidl, G.K.; Carstensen, H.: Sequentielle Einspritzung. Mehrfacheinspritzung Gemischbildung an schnellbrennenden Ottokonzepten. Seminar: "Gemischbildung bei Ottomotoren", Institut für Verbrennungskraftmaschinen und Kraftfahrzeugbau der Technischen Universität Wien, Nov. 1988.

[4.54] Andrighetti, J.P.; Gallup, D.R.: Design-Development of the Lucas CAV multipoint gasoline injector. SAE 870127 (1987).

[4.55] Matsuhara, M.; Ando, T.; Takada, S.; Takeuchi, H.: As an fuel injecor for multipoint injection system. SAE 860486 (1986).

[4.56] N.N.: New fuel injector design lowers cost society of Automotive Engineers. Inc. March 1985.

[4.57] N.N.: Mitteilungsblatt Bing-Schiebervergaser, Fa. Fritz Hintermayer GmbH.-Bing. Nürnberg, 1981.

[4.58] N.N.: Mitteilungsblatt. Bing-Membranvergaser 48, Fa. Fritz Hintermayer GmbH.-Bing. Nürnberg, 1989.

[4.59] Pachta-Reyhofen, G.: Wandfilmbildung und Gemischverteilung bei Vierzylinder-Reihenmotoren in Abhängigkeit von Vergaser- und Saugrohrkonstruktion. VDI-Fortschritt-Berichte, Reihe 12, Nr. 62, 1986.

[4.60] Kling, G.: Transport und Verteilung von Kraftstoff durch die Saugleitung eines Vierzylinder-Reihenmotors mit einem Vergaser. Dissertation TU Braunschweig (1973) und ATZ 78 (1976) 4, S. 155-161.

[4.61] Mramor, F.: Gemischbildung in Mehrzylinder-Ottomotoren mit Vergaserbetrieb. Deutsche Kraftfahrtforschung 82 (1944).

[4.62] Lenz, H.P.; Dutta, R.: Durchfluß an Nadeldüsen. VDI-Z-Fortschritt-Berichte, Reihe 6, Nr. 31, April 1971.

[4.63] Duelli, H.: Luftführungseinsätze und Zerstäubungsvorschriften. 7. Zwischenbericht zum Forschungsvorhaben "Abstimmung einer Sauganlage mit Mono-Jetronic", B 1514, Institut für Verbrennungskraftmaschinen und Kraftfahrzeugbau der TU Wien, November 1987.

[4.64] Schürz, W.: Ursachen für "hängende Gemischverteilung" bei Verwendung von Luftführungseinsätzen und Zerstäubungsvorrichtungen. 10. Zwischenbericht zum Forschungsvorhaben "Abstimmung einer Sauganlage mit Mono-Jetronic", B 1562, Institut für Verbrennungskraftmaschinen und Kraftfahrzeugbau der TU Wien, Mai 1988.

[4.65] Demel, H.: Mögichkeiten zur Verbesserung der Gemischverteilung an Vergasermotoren unter besonderer Berücksichtigung des Einflusses des Kraftstoffilmes. Fortschritt-Berichte der VDI-Zeitschriften, Reihe 6 (1982) 107.

[4.66] Jante, A.: Über die Gemischverteilung an Vergasermotoren. ÖIZ 7 (1964) 1, S. 7-17.

[4.67] Liimata, D.R.; Hurt, R.F.; Deller, R.W.; Hull, W.L.: Effects of mixture distribution on exhaust emissions as indicated by engine data and the hydraulic analogy. SAE-Int. Mid-Year Meeting, Montreal/Canada, Juni 1971.

[4.68] Smetana, G.: Vergleich von elektronisch geregeltem Vergaser und intermittierender Zentraleinspritzung. VDI-Fortschritt-Berichte, Reihe 12, Nr. 134, 1989.

[4.69] Toyoda, T.; Inoue, T.; Aoki, K.: Single point electronic injection system Higashifuji Technical Center, Toyota Motor Corp. SAE 820902.

[4.70] Knapp, H.; Lembke, M.: A new low pressure single point gasoline injection system Robert Bosch GmbH. SAE 850293.

[4.71] Takoda, K.; Shiozawa, K.; Oishi, K.; Inoue, T.: Toyota central injection (Ci) system for lean combustion and high transient response. Toyota Motor Corp. SAE 851675.

[4.72] Lohr F.W.: Marktorientierte Kraftfahrzeugentwicklung. 2. Aachener-Kolloquium, Aachen, Okt. 1989.

[4.73] Bamer, F.: Einfluß der Gemischeinbringung bei Saugrohr-Einspritzung. XX. Fisita-Kongreß, Wien, 1984. SAE-845034.

## Kapitel 5

[5.1] Pachta-Reyhofen, G.: Wandfilmbildung und Gemischverteilung bei Vierzylinder-Reihenmotoren in Abhängigkeit von Vergaser- und Saugrohrkonstruktion. VDI-Fortschritt-Berichte, Reihe 12, Nr. 62, 1986.

[5.2] Mramor, F.: Gemischbildung in Mehrzylinder-Ottomotoren mit Vergaserbetrieb. Deutsche Kraftfahrtforschung 82 (1944).

[5.3] Jante, A.: Über die Gemischverteilung an Vergasermotoren, ÖIZ 7 (1964) 1, S. 7-17.

[5.4] Klink, G.: Transport und Verteilung von Kraftstoff durch die Saugleitung eines Vierzylinder-Reihenmotors mit einem Vergaser. Dissertation TU Braunschweig (1973) und ATZ 78 (1976) 4, S. 155-161.

[5.5] Dörges, E.A.: Gemischverteilung an einem Vierzylinder-Vergasermotor. ATZ 59 (1957) 7, S. 194-201.

[5.6] Borrmeister, J.: Untersuchungen am Audi-Motor, M118. Wiss. Z. TU Dresden 18 (1969) 2, S. 539-546.

[5.7] Löhner, K.: Gemischbildung im Ottomotor. VDI-Berichte 42 (1960) S. 37-44.

[5.8] Müller, H.: Gemischbildung und Gemischverteilung bei Ottomotoren mit Vergaserbetrieb. MTZ 28 (1967) 8, S. 313-319.

[5.9] Müller, H.: Ursachen und Umfang der ungleichen Gemischverteilung an Mehrzylinder-Ottomotoren. MTZ 28 (1967) 9, S. 335-339.

[5.10] Dörges, E.A.: Gemischverteilung an Mehrzylinder-Vergasermotoren. ATZ 61 (1959) 6, S. 167-175.

[5.11] Bartsch, F.: Motorenentwicklung auf neuen Wegen. Motoren-Rundschau H. 9 und 10 (1967).

[5.12] Lenz, H.P.: Forschung und Entwicklung in der Deutschen Vergaser-Gesellschaft. Automobil-Industrie 14 (1969) 2.

[5.13] Inoue, M.: Einige Betrachtungen über die Ansaugleitungen der Benzinmotoren für Kraftfahrzeuge. Übersetzung aus der Japanischen Zeitschift "Nainen Kikan" (Die Brennkraftmaschine) Band 5 (1965) 51, S. 11-19.

[5.14] Sawa, N.; Hori, S.: Distribution of fuel Liquid-film flow in intake pipe. Jari Technical Memorandum Nr. 10 (1972).

[5.15] Moser. F.: Über das Verhalten von Fahrzeug-Ottomotoren, insbesondere Vergasermotoren, im nicht betriebswarmen Zustand, und Wege zur Verbesserung der Abgasemissionen und Kraftstoffverbrauch in der Warmlaufphase. Dissertation TU Wien, (1977).

[5.16] Bulaty, Thomas: Ein Programmsystem zur Berechnung des Zusammenwirkens von Verbrennungsmotoren und Abgasturboladern. MTZ 43 (1982) 11, S. 535-543.

[5.17] Ryti, Matti: Ein Rechenprogramm für den Ladungswechsel aufgeladener Dieselmotoren. Brown Boveri Mitteilungen Band 55 (1968), Nr. 8, S. 429-439.

[5.18] Woschni, Gerhard: Elektronische Berechnung von Verbrennungsmotor Kreisprozessen. MTZ 26 (1965) Nr. 11, S. 439-446.

[5.19] Geringer, Bernhard; Duelli, Heinz: Programm zur Ladungswechseloptimierung unter Berücksichtigung von Saugrohrschwingungen und Restgasgehalt. VDI Bericht 537 (1984) S. 53-68.

[5.20] Woschni, Gerhard; Fleger, Johann: Experimentelle Bestimmung des örtlich gemittelten Wärmeübergangskoeffizienten im Ottomotor. MTZ 42 (1981), Nr. 6, S. 229-234.

[5.21] Collatz, L.: Numerische Behandlung von Differentialgleichungen. Springer-Verlag, Berlin/Göttingen/Heidelberg 1955.

[5.22] Ohatat, Akira; Ishida, Yasuhiko: Dynamic Inlet Pressute and Volumetric Efficiency of Four Cycle Cylinder Engine. SAE Paper (1982), Nr. 820407.

[5.23] Fiala, W.; Willumeit, H.P.: Schwingungen in Gaswechselleitungen von Kolbebenmaschinen. MTZ 28 (1967), Nr. 4, S. 144-151.

[5.24] Engelmann, H.W.: Design of a Tuned Intake Maniford. ASME (1974) Nr. 73-WA/DGP-2.

[5.25] Ohata, Akira: Development of Toyota variable induction System. VDI-Fortschrittbericht (1985) Nr. 173, S. 32-44.

[5.26] Ryti, Matti: Schwingungen in den Luftleitungen aufgeladener Dieselmotoren. Brown Boveri Mitteilungen 52 (1965) Nr. 3, S. 190-203.

[5.27] Seifert, H.: Instationäre Strömungsvorgänge in Rohrleitungen an Verbrennungskraftmaschinen. Springer Verlag (1962) Berlin, Göttingen, Heidelberg.

[5.28] Seifert, H. und Mitarbeiter: Die Berechnung instationärer Strömungsvorgänge in den Rohrleitungs-Systemen von Mehrzylindermotoren. MTZ 74 (1972), Nr. 11, S.421-428.

[5.29] Lax, P.D.; Wendroff, B.: Systems of conservation laws. Comm. Pure Appl. Math. Vol 13 (1960).

[5.30] Seifert, Hans und Mitarbeiter: Beschreibung des Programmsystems PROMO, FVV Forschungsbericht, Hefte 160-1 bis 160-9 (1974) und 238-1 bis 238-6 (1977).

[5.31] Seifert, Hans: Erfahrungen mit einem mathematischen Modell zur Simulation von Arbeitsverfahren in Verbrennungsmotoren. MTZ 39 (1978), Nr. 7/8, S. 321-325.

[5.32] Görg, K.A.: Verfahren zur Berechnung der Gasströmung durch Drosselstellen in einem instationär durchströmten Rohrsystem. Bericht des Lehrstuhls Konstruktionstechnik (1978), ruhr Universität Bochum.

[5.33] Demel, H.: Möglichkeiten zur Verbesserung der Gemischverteilung an Vergasermotoren unter besonderer Berücksichtigung des Einflusses des Kraftstoffilmes. Fortschritt-Berichte der VDI-Zeitschriften, Reihe 6 (1982) 107.

[5.34] Lo, R.S.; Lolas, D.P.: Parametric Study of fuel-droplet flow in an idealized engine induction system. SAE Paper 770645.

[5.35] Elsayed-Ahmed, M.Y.: Verdunstung, Tropfen- und Filmbildung in Vergaseranlagen. Dissertation an der TU Braunschweig (1971).

[5.36] Rajkow, I.J.; Jerschow, W.W.: Zur Frage der Filmbildung in Vergasermotoren. Übersetzung aus der sowj. Zeitschfit "Avtomobilnaja Promyzlennost" 11 (1964) S. 6-10.

[5.37] Scherenberg, D.: Einfluß der Gemischaufbereitung auf die Emissionen beim Start und Warmlauf sowie beim Übergang von Last in Schubbetrieb eines Ottomotors bei verschiedenen Motortemperaturen. Dissertation TU Karlsruhe (1979).

[5.38] Boam, D.J.; Finlay, I.C.: A computer model of fuel evaporation in the intake system of a carburetted petrol engine. Confer. London Juni 1979, C89/79.

[5.39] Stebar, R.F.; Everett, R.L.: New emphasis on fuel volatilityeffects on vehicle warm up with quick-release chokes. SAE Paper 720934.

[5.40] Zander, W.: Die Entwicklung von Saugrohren als Beitrag zur Abgasentgiftung der Vergasermotoren. MTZ 31 (1970) 2, S. 52/53.

[5.41] Nefischer, A.: Möglichkeiten zur Verbesserung der filmförmigen Kraftstoffverdampfung in Saugrohren von Vergasermotoren. Diplomarbeit an der TU Wien (1980).

[5.42] Eberan-Eberhorst, R.: Wege zu sauberen Autoabgasen in naher Zukunft. ATZ 74 (1972) 11.

[5.43] Kennmann, H.: Anforderungen heutiger Ottomotoren an die Gemischbildungseinrichtung. Adam Opel AG. Öffentlichkeitsarbeit (1978).

[5.44] Bedale, P.W.: Mixture formation. Übersetzung eines Sonderdruckes. Amt. Div. Inst. Mech. Engs. 8/59 (1959) S. 3-14.

[5.45] Jakobs, R.; Rosemann, G.: Modellversuche zur Gemischaufbereitung bei Ottomotoren. Fa. Pierburg, Neuss (1977).

[5.46] Bockelmann, W.: Saugrohrentwicklung, Saugrohrbeheizung. Interne Untersuchung, Fa. Pierburg, Neuss (1979).

[5.47] Brandstetter, W.: Spezielle Eigenschaften des Luftfilters und ihre Wirkung auf das Fahrverhalten von Ottomotoren. Interne Veröffentlichung. Volkswagenwerk Wolfsburg (1982).

[5.48] Kay, I.W.: Manifold fuel film effects in an SI-engine. SAE Paper Series 780944 (1978).

[5.49] Härtel, G.; Wobky, P.; Rosemann, G.: Zusammenhänge zwischen erreichbarer Gemischaufbereitung, Abgasrückführung, Abgasemission und Kraftstoffverbrauch am Ottomotor. Interne Veröffentlichung, Deutsche Vergaser GmbH., Neuss (1975).

[5.50] Bond, D.W.: Quick heat intake manifold for reducing cold engine emission. SAE Paper 720935 (1972).

[5.51] Kraus, L.: Maßnahmen zur Treibstoffeinsparung bei Personenwagen - Neuentwicklung. Automobil-Revue 39 (1974).

[5.52] Jones, J.H.; Gaghardi, J.C.: Vehicle exhaust emission experiments using a pre-mixed and pre-heated air fuel charge. SAE Paper 670485 (1967).

[5.53] N.N.: Der Einfluß des Verfahrens zum Anwärmen der Ansaugleitung auf die Leistung des Motors ZIL 130 bei nicht stationärem Betrieb. Sowj. Zeitschrift "Konstruieren, Forschen, Prüfen" (1965).

[5.54] Croft, B.H.: Automatic control of petrol engine fuelling during cold start and warming-up. ISATA 1979.

[5.55] Pao, H.C.: The measurement of fuel evaporation in the induction system during warm-up. SAE Paper Series 820409 (1982).

[5.56] N.N.: Industrie-Information der Fa. Pierbaurg GmbH. Neuss, 4 (1978) S. 1-5.

[5.57] Barthalomew, E.: Potentialities of emission reduction by design of induction systems. SAE Paper 660109 (1966).

[5.58] Berg, W.: Aufwand und Probleme für Gesetzgeber und Automobilindustrie bei der Kontrolle der Schadstoffemissionen von Personenkraftwagen mit Otto- und Diesel-Motoren. Dissertation TU Braunschweig (1982).

[5.59] YU, T.C.: Fuel distribution studies - a new look to an old problem. SAE Transdictions, Vol 71 (1963).

[5.60] Grossmann: Exhaust gas improvement and fuel saving by improved methods of preparing and distributing the fuel/air mixture. Automotive Fuels Symposium, Fa. Shell, 23/44 Sept. 1976 in Eddelsen (BRD).

[5.61] Curtis, T.: Meet the vapipe. Motor week ending June 16 (1973).

[5.62] Harnded, J.L.: Heat pipe early fuel eyaporation. SAE Paper 760565 1976).

[5.63] Harrow, G.A.; Mills, W.D.; Thomas, A.; Finlay, I.C.: The vapipe - a practical system for producing homogeneous gasoline-air mixtures. SAE Paper 760564 (1976).

[5.64] Zusammenfassung der Vorträge der Internationalen Heat Pipe Konferenz, 15.-17.Oktober 1973. Stuttgart (BRD).

[5.65] Beier, R.; Fränkle, G.; Haahtela, O.; Hiereth, H.; Kordon, H.; Pundt, D.; Riesenberg, K.O.: Verdrängermaschinen, Teil II Hubkolbenmotoren, Handbuchreihe Energie; Band 2, München: Technischer Verlag Resch; Köln Verlag TÜV Rheinland (1983).

[5.66] Berg, P.: PTC honeycomb heater for improved fuel vaporization SAE Paper Series 810156 (1981) S. 69-74.

[5.67] Paganelli, J.: PTP-ceramic heaters in automative controle. SAE Paper Series 840143 (1984).

[5.68] Aquino, Ch.F.: The effect of local heating on A/F ratio control. SAE Paper Series 820411 (1982)

[5.69] Hofbauer, P.: Gemischbildung und Verbrennung des Fahrzeug-Ottomotors im stationären Prüfstandsbetrieb und im instationären Fahrbetrieb. Diplom-Arbeit TU Wien (1967).

[5.70] Hires, S.D.; Overington, M.T.: Transient mixture strength excursions - an investigation of their causes and the development of a constant mixture strength fuelling strategy. SAE Paper Series 810495 (1981).

[5.71] Pachta-Reyhofen, G.; Lenz, H.P.: Möglichkeiten und Grenzen der nachträglichen Optimierung der Gemischverteilung in Ansaugsystemen mit zentraler Gemischbidlung. XXI. FISITA-Kongreß, Belgrad (1986), SAE Paper Series 865029.

[5.72] Nishimura, Y.; Ohyama, Y.; Sasayama, T.: Transient response of fuel supply system for carburetor engine. SAE Paper Series 810788 (1981).

[5.73] Huhn, J.; Wolf, J.: Zweiphasenströmung. 1. Auflage, VEB Fachbuchverlag Leipzig (1975).

[5.74] Jacubzig, J.: Ladungswechsel, Vorhaben Nr. 160. Teilbericht 9: Durchflußzahlen, Rohrverzweigung. FVV-Forschungsberichte Verbrennungskraftmaschinen, H. 160-9 (1978).

[5.75] Lange, K.: Einfluß verschiedener Vergaser- und Saugrohrformen auf die Gemischverteilung an einem Vierzylinder-Reihenmotor. Fortschritt-Berichte VDI-Zeitschriften, Reihe 6 (1969) 24.

[5.76] Nati, V.: Untersuchung der Tropfenflugbahnen in Ansaugsystemen von Vierzylinder-Vergasermotoren verschiedenster Bauart. Diplomarbeit am Institut für Verbrennungskraftmaschinen und Kraftfahrzeugbau der TU Wien, B 1272 (1985).

[5.77] Brauer, H.: Grundlagen der Einphasen- und Mehrphasenströmungen. Verlag Sauerländer, Aarau und Frankfurt am Main (1971).

[5.78] Dubbel: Taschenbuch für den Maschinenbau, 1. Band. 13. Auflage, Springer Verlag Berlin (1974).

[5.79] Smetana, G.: 3. Zwischenbericht zum Forschungsauftrag "Vergleich elektronischer Vergaser zur Zentraleinspritzung". Unveröffentlichter Bericht B 1375. Institut für Verbrennungskraftmaschinen und Kraftfahrzeugbau der TU Wien (1986).

[5.80] Dika, R.J.: A discussion of V-8 engine intake manifold design. General Motors engineering journal Jan-Feb-March (1959).

[5.81] Müller, H.: Die Auswirkung einer Beschichtung der Innenoberfläche an einer Saugleitung auf die Gemischverteilung. Interner Bericht (1972).

[5.82] Müller, H.: Analyse eines Gemischverteilungskennfeldes. Interner Bericht (1972).

[5.83] Französische Patentschrift Nr. 7442953 vom 27.12.1974. Erfinder: M.Y. Serruys.

[5.84] Marsee, F.J.; Olree, R.M.; Hill, J.L.; Temby, A.L.: Lean burn - a rational approach to emission control. SAE Paper 82031, XIX. FISITA Congress Melbourne (1982).

[5.85] Marsee, F.J.; Olree, R.M.: Distribution factors that influence emissions and operation of lean burn engines. Paper C99/79, Inst. of Mech. Eng., London (1979).

[5.86] Seifert, Hans: Die charakteristischen Merkmale der Schwingrohr- und Resonanzaufladung bei Verbrennungsmotoren. XIX. Fisita Kongreß, Melbourne, Australien, SAE Paper 82032 (1982).

[5.87] Duelli, H.; Geringer, B.; Bauer, F.: Möglichkeiten der Saugrohrentwicklung zur Verbesserung des motorischen Betriebsverhaltens durch Berechnung und Versuch. 6. Wiener Motoren Symposium. Institut für Verbrennungskraftmaschinen und Kraftfahrzeugbau der TU Wien. VDI-Fortschritt-Berichte, Reihe 6, Nr. 173.

[5.88] Cser, Gyula: Ein neuartiges Verfahren zur Verbesserung der Abgasturboaufladung. MTZ 32 (1971) Nr. 10, S. 368-373.

[5.89] Anisits, Ferenc; Spinnler, Fritz: Entwicklung der kombinierten Aufladung am neuen Saurer-Fahrzeugdieselmotor D4KT. MTZ 39 (1978) Nr. 10, S. 447-451.

[5.90] Löhr, Joachim: Neue Aufladeverfahren zur Erhöhung von Wirtschaftlichkeit und Leistung bei Nutzfahrzeug-Dieselmotoren im Vergleich zu Saugmotoren. Verkehrsunfall und Fahrzeugtechnik 21 (1983) Nr. 11, S. 323-326.

[5.91] Indra, Fritz: Kombinierte Aufladung an einem Personenwagen-Ottomotor hoher Literleistung. MTZ 40 (1979) Nr. 12, S. 581-584.

[5.92] Indra, Fritz: Entwicklung eines aufgeladenen Ottomotors für Personenwagen mit 73,5 kW Literleistung. ATZ 80 (1978) Nr. 4, S. 141-146.

[5.93] Dorsch, H.; Rutschmann, E.; Ulrich. J.G.; Zickwolf, P.: 20 Jahre Porsche 911-Auslegung und Daten der neuen 3.2-Liter-Motoren. MTZ 44 (1983) Nr. 9, S. 317-322.

[5.94] Duelli, H.: Berechnungen und Versuche zur Optimierung von Ansaugsystemen für Mehrzylindermotoren und Einzylinder-Einspritzung. VDI-Fortschrittberichte, Reihe 12, Nr. 85, 1987.

[5.95] Yamaguchi, Jack: Variable intake passage improves torque characteristics. Automotive Engineering 92 (1984) Nr. 7, S. 78/79.

[5.96] Engels, Hans Rainer; Main, Jeremy John: Neue Entwicklungen auf dem Gebiet der Antriebsregelung für Personenwagen. MTZ 46 (1985) Nr. 12, S. 481-487.

[5.97] Gassmann, Hans: Ansaugleitung von Brennkraftmaschinen. Deutsche Patentschrift (1957) 957 802.

[5.98] Ueda, Kazuhiko; Hitomi, Mitsuo; Sasski, Junzo: Ansaugvorrichtung für Kolben-Verbrennungskraftmaschinen. Offenlegungsschrift (1984) DE 34 46377 A1.

[5.99] Gartner, Jurij; Kaindl, Wolfgang: Register-Luftansauganlage für Brennkraftmaschinen, insbesondere Mehrzylinder-Einspritz-Brennkraftmaschinen. Europäische Patentanmeldung (1983) 0098 543 A1.

[5.100] Takeda, Keiso: Luftansaugvorrichtung für eine Brennkraftmaschine. Offenlegungsschrift (1984) DE 34 16950 A1.

[5.101] Yamaguchi, Jack: Honda chooses 90-degree V-8 to lower hood height: Automotive Engineering 94 (1986) Nr. 2, S. 125-131.

[5.102] Lenz, H.P.; Duelli, H.: Neue stufenlos längenvariable Sauganlage für optimalen Drehmomentverlauf eines Einspritzmotors. ATZ 89 (1987) 6.

[5.103] Mikulic, L.; Lenz, H.P.; Bamer, F.: Verbrauchsminderung bei Einspritz-Ottomotoren durch spezielle Saugrohrgestaltung. ATZ 86 (1984) 10.

[5.104] Geringer, B.: Untersuchung des Einflusses von Schwingungsvorgängen im Saugrohr eines Vierzylinder-Ottomotors auf den Ladungswechsel. Diplomarbeit am Institut für Verbrennungskraftmaschinen und Kraftfahrwesen der TU Wien, B 1159, Sept. 1983.

[5.105] Duelli, H.: Gestaltung von Saugrohren für Einspritzmotoren. Seminar: "Gemischbildung bei Ottomotoren" Institut für Verbrennungskraftmaschinen und Kraftfahrzeugbau der TU Wien, Nov. 1986.

[5.106] Burghardt, H.M.; Arnold, G.: Rechnerische Auslegung des gestalteten Ansaugsystemes Dual Ram Automobil-Industrie, 5/89.

[5.107] Smetana, G.: Stand der Saugrohrtechnik. Seminar: "Gemischbildung bei Ottomotoren" Institut für Verbrennungskraftmaschinen und Kraftfahrzeugbau der TU Wien, Nov. 1988.

[5.108] Bamer, F.: Saugrohre zur Erhöhung von Drehmoment und Leistung. SDP-Technik Technisch - Wissenschaftliche Berichte, Steyr-Daimler-Puch AG. 1985.

## Kapitel 6

[6.1] Emmenthal, D.: Sonderformen der Gemischaufbereitung. Seminar: "Gemischbildung bei Ottomotoren", Institut für Verbrennungskraftmaschinen und Kraftfahrzeugbau der TU Wien, November 1988.

[6.2] Eigenbord, C.; Poeschl, G.: Ultraschallvernebler als Gemischbildner für Ottomotoren im Vergleich zu herkömmlichen Einspritzdüsen. MTZ 49 (1988) 7/8.

[6.3] Binder Alan, M.: Throttle is only moving part. SAE-Journal, August 1967.

[6.4] N.N.: US. Patent 3.389.894 vom 25.6.1968.

[6.5] N.N.: Entwicklungsring KRM, Leverkusen.

# Sachverzeichnis

# Die Verbrennungskraftmaschine

**Neue Folge**

**Herausgegeben von**
**Hans List und Anton Pischinger**

Band 5

R. Pischinger, G. Kraßnig, G. Taučar, T. Sams

## Thermodynamik der Verbrennungskraftmaschine

1989. 281 Abbildungen und 14 Tabellen. XX, 524 Seiten.
Gebunden DM 186,–, öS 1300,–. ISBN 3-211-82105-8

Die stürmische Entwicklung der EDV und der Meßtechnik hat in den vergangenen Jahren eine detaillierte Analyse der thermodynamischen Vorgänge im Verbrennungsmotor ermöglicht und dazu geführt, daß die Prozeßrechnung ein nicht mehr wegzudenkendes Instrument bei der Entwicklung moderner Verbrennungsmotoren geworden ist. Ein Nachfolgewerk für den im Jahr 1939 in der alten Folge der Reihe „Die Verbrennungskraftmaschine" erschienenen Band „Thermodynamik der Verbrennungskraftmaschine" von Professor Hans List war daher längst fällig.
Das nunmehr vorliegende neue Buch berücksichtigt diese Entwicklung. Ausgehend von den thermodynamischen Grundlagen und einer Darstellung des Verbrennungsmotors wird die Berechnung des realen Arbeitsprozesses sowie der Aufladung behandelt. Die Auswertung von Messungen an mehreren ausgeführten Motoren und ein eigenes Kapitel über die einschlägige Meßtechnik zeigen die bei thermodynamischen Untersuchungen anzuwendenden Methoden. Im Anhang sind die thermodynamischen Stoffwerte in zahlreichen Diagrammen und Tabellen wiedergegeben.
Durch seinen systematischen Aufbau ermöglicht das Buch eine Einarbeitung in die Probleme, die bei der thermodynamischen Berechnung des motorischen Arbeitsprozesses auftreten. Dem erfahrenen Fachmann bietet es den Vorteil, daß Rechenmodelle, thermodynamische Stoffwerte, Meßprobleme und Meßergebnisse, die in Fachaufsätzen verstreut vorliegen oder überhaupt noch nicht veröffentlicht wurden, in einem Band zusammengefaßt sind, so daß nun ein Arbeitsunterlage vorliegt, die bisher nicht verfügbar war.

**Springer-Verlag Wien New York**